Ernst-Christian Koch
Sprengstoffe, Treibmittel, Pyrotechnika

Weitere empfehlenswerte Titel

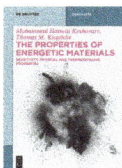

Ernst-Christian Koch

Sprengstoffe, Treibmittel, Pyrotechnika

2. Auflage

DE GRUYTER

Autor
Dr. Ernst-Christian Koch
Lutra*dyn*-Energetic Materials Science & Technology
Burgherrenstr. 132
67661 Kaiserslautern
Deutschland
e-c.koch@lutradyn.com

ISBN 978-3-11-055784-8
e-ISBN (PDF) 978-3-11-055965-1
e-ISBN (EPUB) 978-3-11-055793-0

Library of Congress Control Number: 2019941253

Bibliografische Information der Deutschen Nationalbibliothek
Die Deutsche Nationalbibliothek verzeichnet diese Publikation in der Deutschen
Nationalbibliografie; detaillierte bibliografische Daten sind im Internet über
http://dnb.dnb.de abrufbar.

© 2019 Walter de Gruyter GmbH, Berlin/Boston
Satz: le-tex publishing services GmbH, Leipzig
Druck und Bindung: CPI books GmbH, Leck
Covergestaltung: Das Titelblatt zeigt eine amtliche Aufnahme der U.S. Navy und zwar die Detonation
eines U-Boot-gestützten UGM-109 Tomahawk Marschflugkörpers der U.S. Navy auf ein RA-5C
Vigilante Zieldarstellungsflugzeug auf San Clemente Island, California (USA), nach einer Flugstrecke
von circa 650 km. Aufgenommen am 1. April 1986.
Bildquelle: Defense Imagery Management Operations Center/US Navy/DN-SC-86-06115

www.degruyter.com

Meiner Familie gewidmet

Geleitwort zur 1. Auflage

Die langjährige Beschäftigung mit Explosivstoffen hat mir gezeigt, dass dies ein Gebiet mit vielerlei Facetten ist. Es sind chemische Probleme zu bearbeiten genauso wie physikalische, aber auch rechtliche Fragestellungen. Um dem gerecht zu werden, hat der Verfasser, der eine langjährige Erfahrung aus der Industrie und NATO-Gremien besitzt, mit großem Fachverstand und viel Akribie eine Zusammenstellung in Form eines Lexikons mit über 500 Stichworten vorgelegt. Die einzelnen Einträge sind präzise, mit der bei einem Lexikon nötigen Tiefe, ausgeführt. Ausführliche Literaturzitate erlauben eine tiefergehende Beschäftigung mit dem Thema. Das Werk ist für Anfänger von Nutzen, um sich in das Gebiet einzuarbeiten. Auch der erfahrene Benutzer kann sich über Randgebiete seines Faches informieren. Das Buch sollte in keiner Bibliothek der mit Explosivstoffen befassten Industrie und den einschlägigen Instituten fehlen.

Swisttal-Heimerzheim im November 2017

Dipl.-Phys. Roland Wild, Regierungsdirektor a. D.

https://doi.org/10.1515/9783110559651-201

Vorwort & Dank zur 2. Auflage

Der gute Zuspruch zur ersten Auflage, die ermutigende Resonanz der Fachleserschaft sowie der Wunsch vieler Leser nach einer elektronischen Version hat diese zweite Auf lage hervorgebracht.

Frau Karin Sora, *Vice president Science, Technology, Engineering & Mathematics (STEM)*, vom Verlagshaus DeGruyter (DG) danke ich sehr herzlich für ihr Interesse dieses Buch zu produzieren und herauszugeben.

Frau Dr. Carina Kniep, ehemals *Editorial Director Physical Sciences/DG*, danke ich für die wertvolle Koordination in der Frühphase dieses Projekts.

Frau Lena Stoll, *Project Editor Chemistry & Materials Science/DG* und **Frau Dr. Ria Fritz**, *Project Editor Chemistry/DG*, danke ich für die sehr gute Zusammenarbeit bei der Konzeption, Umsetzung und Werbung für dieses Buch.

Frau Jeannette Krause, *Verlagsherstellung/le-tex publishing services GmbH*, danke ich sehr für die stets rasche und reibungslose Kommunikation sowie die umsichtige und gelungene Umsetzung eines komplizierten Manuskripts.

Diese zweite, korrigierte Auflage ist gegenüber der ersten Auflage um 98 neue Stichworte, zahlreiche weitere Literaturstellen und Tabellen erweitert. Außerdem ist sie nun auch als elektronische Version (E-Book) verfügbar.

Ich bedanke mich erneut bei vielen Kolleginnen und Kollegen für ihre Hinweise und Korrekturen. Insbesondere danken möchte ich:

Herrn Dr. Werner Arnold, Ingolstadt, für die kritische Durchsicht, Korrektur und Ergänzung vieler Stichworte im Bereich Detonik und Panzerdurchschlag,

Herrn Dr. Kurt Schubert, Gunzenhausen, für die akribische Durchsicht der ersten Auflage nach sachlichen und Rechtschreibfehlern, und

Herrn Dr. Paul Wanninger, Adelsberg, für seine gewissenhafte Durchsicht, kritische Rezension der ersten Auflage sowie für viele Hinweise zu Fehlern und fehlenden Einträgen und die Überlassung umfangreicher Informationen zur Technologie in Deutschland entwickelter kunststoffgebundener Explosivstoffe.

Ich wünsche Ihnen nun mit diesem Buch erfolgreiche Recherchen sowie wertvolle Impulse für Ihre Arbeit.

Weiterhin würde ich mich sehr freuen, Hinweise auf Fehler und notwendige Ergänzungen für zukünftige Auflagen dieses Buches zu erhalten.

Kaiserslautern im April 2019   *Ernst-Christian Koch*

https://doi.org/10.1515/9783110559651-202

Vorwort & Dank zur 1. Auflage

Ohne Explosivstoffe wäre unsere heutige Welt nicht vorstellbar. In Munition dienen Sprengstoffe, Treibmittel und Pyrotechnika dem Schutz und der Verteidigung. Gleichwohl können Munition und Explosivstoffe in den falschen Händen aber auch Zerstörung und Chaos bedeuten.

Weniger kontrovers ist der Einsatz von Explosivstoffen in der Entwicklung unserer Lebensräume. Straßen, Tunnel sowie Bauvorhaben auf felsigem Grund sind ohne Explosivstoffe genauso undenkbar, wie Abbrucharbeiten an Bauwerken oder die Gewinnung von Rohstoffen über und unter Tage. Mit Explosivstoffen können Halbzeuge einfach und kostengünstig umgeformt und komplizierte Materialkombinationen gefügt werden. Fast schon vergessen ist der massenhafte Einsatz von Explosivstoffnieten im Flugzeugbau. Eine Fülle von Gasgeneratoren sorgt heute in nahezu jedem Kraftfahrzeug für Sicherheit bei Unfällen, wodurch schon unzählige Leben gerettet oder schwerere Verletzungen verhindert wurden. Leucht- und Rauchsignale helfen in Notsituationen. Feuerwerke krönen Fest- und Feiertage. Die Erkundung des Weltraums wäre ohne die vielfältigen energetischen Materialien in chemischen Antrieben, Aktuatoren, Trennschrauben und Schneidschnüren nicht möglich. Schließlich eröffnet der Einsatz von Explosivstoffen die Herstellung neuer Materialien (SHS bzw. Detonationssynthese) die auf andere Weise nicht zugänglich wären.

Ein deutschsprachiges Lexikon zum Thema Sprengstoffe, Treibmittel und Pyrotechnika, das auch Zugang zur Primärliteratur eröffnet, fehlte bislang und wird mit diesem Buch nun vorgelegt. Auf 460 Seiten finden sich 590 Einträge mit 133 Tabellen, 82 Abbildungen, über 200 Formeldarstellungen sowie knapp 900 Literaturstellen.

Die Auswahl der Einträge ist naturgemäß subjektiv und orientiert sich an meinen gegenwärtigen und früheren Arbeitsgebieten.

Ein Buch, zumal eines, das den Anspruch einer Enzyklopädie erhebt, kann und darf nicht das Werk eines Einzelnen sein. Ich bin daher vielen aktuellen und ehemaligen Kolleginnen und Kollegen zu großem Dank für Hinweise, Informationen und Kommentare verpflichtet.

Stellvertretend für viele danken möchte ich an dieser Stelle **Herrn Diplomphysiker Roland Wild**, stellvertretender Direktor i. R. der Außenstelle Heimerzheim des Wehrwissenschaftlichen Instituts für Werk-Explosiv- und Betriebstoffe (WIWEB) für die Begutachtung des Manuskripts, seine wertvollen Hinweise und die Bereitschaft, ein Geleitwort zu schreiben!

Ich wünsche Ihnen nun viel Freude beim Lesen und Nachschlagen und würde mich sehr freuen, auch Hinweise auf Fehler und notwendige Ergänzungen für zukünftige Auflagen dieses Buches zu erhalten.

Kaiserslautern im November 2017 *Ernst-Christian Koch*

https://doi.org/10.1515/9783110559651-203

Inhalt

Abkürzungen

α	Winkel, °
α	Covolumen, m^3
α	Ausdehnungskoeffizient, K^{-1}
α_λ	Spektraler Massenextinktionskoeffizient, $m^2\,g^{-1}$
γ	Isentropenexponent, −
Δ	Ladedichte, $g\,cm^{-3}$
$\Delta_c H$	Verbrennungsenthalpie in Sauerstoff, $kJ\,mol^{-1}$
$\Delta_{det} H$	Detonationsenthalpie, $kJ\,mol^{-1}$
$\Delta_{diss} H$	Dissozationsenthalpie, $kJ\,mol^{-1}$
$\Delta_{ex} H$	Explosionsenthalpie, $kJ\,mol^{-1}$
$\Delta_{melt} H$	Schmelzenthalpie, $kJ\,mol^{-1}$
$\Delta_{vap} H$	Verdampfungsenthalpie, $kJ\,mol^{-1}$
$\Delta_f H$	Bildungsenthalpie
ρ	Dichte, $g\,cm^{-3}$
ϕ	Kamlet-Parameter
Φ	Fluorgehalt, Gew.-%
$\mathfrak{H}$	Hugoniot
Λ	Sauerstoffbilanz, Gew.-%
μ	Bruchteil, −
a	Temperaturkoeffizient des Vielleschen Gesetzes, $mm\,s^{-1}\,MPa^{-1}$
A	Lebhaftigkeit
A	empirische Konstante, 3,9712 (*Kamlet*)
ADN	Ammoniumdinitramid, $NH_4N_3O_4$
A_E	Aktivierungsenergie, $kJ\,mol^{-1}$
A_N	Aerosolausbeute, $g\,g^{-1}$
AN	Ammoniumnitrat, NH_4NO_3
AP	Ammoniumperchlorat, NH_4ClO_4
AZM	Anzündmischung
B	empirische Konstante, 1,30 (*Kamlet*)
B_λ	Beleuchtungsstärke, lx
BAM	Bundesanstalt für Materialprüfung und Forschung
BET	Spezifische Oberfläche nach Brunauer-Emmet-Teller, $m^2\,g^{-1}$.
C	Masse Explosivstoff (*Gurney*-Modell)
CAS	Chemical Abstracts Service-Registrierungsnummer
cd	Lichtintensität
c_L	Schallgeschwindigkeit, longitudinal, $m\,s^{-1}$
CL	China Lake
CMDB	Composite Modified Double Base
c_p	Spezifische Wärme, $J\,K^{-1}\,mol^{-1}$

https://doi.org/10.1515/9783110559651-204

DBP	Dibutylphthalat, $C_{16}H_{22}O_4$
DDT	Deflagration to Detonation Transition
DM	Deutsches Muster
DMF	Dimethylformamid
DMSO	Dimethylsulfoxid, C_2H_6SO
DOA	Dioctyladipat, $C_{24}H_{38}O_4$
DOS	Dioctylsebacat, $C_{26}H_{50}O_4$
DRH	Deliqueszenzfeuchte, % RH
DSC	Differential Scanning Calorimetry, Dynamische Differential Kalorimetrie
d_p	Partikeldurchmesser, µm
E_a	Aktivierungsenergie, $kJ\,mol^{-1}$
E_λ	Spezifische Lichtleistung bzw. Strahlungsleistung, $cd\,s\,g^{-1}$ bzw. $J\,g^{-1}\,sr^{-1}$
EI(D)S	Extremely Insensitive (Detonating) Substances
EINECS	EG-Stoffinventar-Nummer
ESD	Electrostatic Discharge, Elektrostatische Entladung
EVA	Ethylvinylacetat, $(C_{24}H_{44}O_4)_n$
f	Pulverkonstante (Force), $J\,g^{-1}$
F_p	Flammpunkt, °C
FT	Fourier-Transform
FTS	Festtreibstoff
G	Freie Enthalpie
GHS	Global Harmonised System
h	Höhe über Boden, m
H	Enthalpie
HC	Hexachlorethan, C_2Cl_6
HE	Sprengstoff
H_i	Selbstentzündungsenthalpie, kJ
HMX	Oktogen, $C_4H_8N_8O_8$
H-Sätze	Gefahrenhinweise (*H*azard) nach GHS
HOF	Hypofluorige Säure, H-O-F
HPC	Hydroxypropylcellulose
HVD	High Velocity Detonation
ICT	Fraunhofer Institut für Chemische Technologie
ICt_{50}	Mittlere handlungsunfähigmachende Konzentration, $mg\,min^{-1}\,m^{-3}$
I_λ	Lichtstärke, cd
I_{sp}	Spezifischer Impuls, $Ns\,kg^{-1}$
IR	Infrarot
κ	Wärmeleitfähigkeit, $W\,K^{-1}\,m^{-1}$
K	empirische Konstante, 240,86 (*Kamlet*)
L	Phasenübergangsenthalpie, $kJ\,mol^{-1}$
LANL	Los Alamos National Laboratory

LCt50	Konzentration die bei einer Einwirkzeit von 1 Minute zu einer 50 % Mortalität führt, $mg\,m^{-3}$
LLNL	Lawrence Livermore National Laboratory
LOI	Limiting Oxygen Index (O_2-Grenzkonzentration für die stabile Verbrennung), Vol-% O_2
LSGT	Large Scale Gap Test (Stoßwellenempfidlichkeitsprüfung bei großem Kaliber)
LVD	Low Velocity Detonation
M, m	Masse, kg
M	Mittlere Molmasse, $g\,mol^{-1}$
M	Masse beschleunigter Metallmantel (*Gurney*-Modell)
M	Masse gasförmiger Produkte pro Stoffmenge gasförmiger Produkte (*Kamlet*)
Mk	Mark
MMW	Millimeter Wellen
m_r	Molare Masse, $g\,mol^{-1}$
m_z	Masse des Anzündmittels, kg
N	Unbeschleunigte Gegenmasse (*Gurney*-Modell)
N	Stickstoffgehalt, Gew.-%
N	Stoffmenge gasförmiger Produkte pro Gramm Explosivstoff (*Kamlet*)
n	Druckexponent, –
NC	Nitrocellulose, variable Zusammensetzung
NGl	Nitroglycerin, $C_3H_5N_3O_9$
NGu	Nitroguanidin, $CH_4N_4O_2$
NIR	Nahes Infrarot, λ = 0,8 bis 1,5 µm
NOL	Naval Ordnance Laboratory
NTO	Nitrotriazolon, $C_2H_2N_4O_3$
p, P	Druck, MPa
PBX	Plastic Bonded Explosive, Kunststoffgebundener Sprengstoff
P_{CJ}	Chapman Jouguet Druck, GPa
PETN	Nitropenta
PIB	Polyisobutylen, $(C_4H_8)_n$
P_{NoGo}	Grenzinitierungsdruck, GPa
P-Sätze	Sicherheitshinweise (*Precautionary*) nach GHS
ppm	Parts per Million
PT	Pyrotechnischer Satz
P_R	Roter Phosphor
q	Reaktionswärme, $kJ\,g^{-1}$
Q_{ex}	Explosionswärme, $kJ\,g^{-1}$
r	Radius, m
R_0	Universelle Gaskonstante,
RDX	Hexogen, $C_3H_6N_6O_6$

REACH   Hinweise zur Registrierung LRS, LPRS CL-SVHC, SVHC
Reib-E   Reibempfindlichkeit, N
RT   Raumtemperatur, 20 °C
S   Entropie
S   Oberfläche, m^2
Schlag-E   Schlagempfindlichkeit, J
Sdp   Siedepunkt, °C
Smp   Schmelzpunkt, °C
SP   Schwarzpulver
SR   Superintendant Research
SS-X-YYYY   Sprengstoff, X bezeichnet den Anfangsbuchstaben, Y ist alphanumerisch
SSGT   Small Scale Gap Test (Stoßwellenempfidlichkeitsprüfung bei kleinem Kaliber)
SSM   Sprengstoffmischung
t Zeit, s
T   Temperatur, K
T_{ad} Adiabatische Flammentemperatur, K oder °C
TEQ   Toxizitätsäquivalent, ng (10^{-12} g)
T_{ex5} 5 s-Selbstentzündungstemperatur, °C
T_i Zündtemperatur, °C
TLP   Treibladungspulver
TMD   Theoretisch Maximale Dichte, g cm^{-3}
TNT   Trinitrotoluol, $C_7H_5N_3O_6$
T_p Phasenübergangstemperatur, °C
Trauzl   Bleiblockausbauchung nach Trauzl, cm^3
u Abbrandgeschwindigkeit, m s^{-1}
U   Innere Energie
UN   United Nations
V_D, w Detonationsgeschwindigkeit
v   Spezifisches Volumen, cm^{3}g^{-1}
V_m Volumen des Raketenmotors, m^3
V/Vo   Zylinderexpansion, –
VIS   Visueller Bereich, λ = 380–780 nm
VZ   Verzögerungs-
w   Wellengeschwindigkeit, m s^{-1}
x   Ortskoordinate, m
z   skalierter Abstand, $z = \frac{r}{\sqrt[3]{M}}$
Z   Zersetzungspunkt in der Thermoanalyse, °C
ZS   Zündstoff
$\sqrt{2E_G}$ Gurney-Konstante, mm µs^{-1}
$\varnothing_{cr}$ Kritischer Durchmesser, mm
$\varnothing$ Kaliber, mm

Indices

ad	adiabatisch
ber	berechnet
CJ	sich auf den Chapman-Jouguet Zustand beziehend
exp	experimentell
h	hexagonal
k	kubisch
mnkl	monoklin
orh	orthorhombisch
p	bei konstantem Druck
r	Rhomboedrisch
s	Oberfläche
tg	trigonal
v	bei konstantem Volumen
∞	Umgebung
50	bezogen auf 50 % der Prüfungen z. B. Reib-E_{50} beschreibt die Energie bei der 50 % der Prüfungen zu einer positiven Reaktion führen

Anmerkungen

Allen Sacheinträgen, sofern diese keine Eigennamen oder aus dem Englischen über-
nommene Fachbegriffe darstellen, folgt nach der

Überschrift

die kursiv gesetzte englische Übersetzung

title

Im Falle unterschiedlicher Schreibweisen im amerikanischen Englisch (a.e.) oder britischen Englisch (b.e.) sind diese entsprechend gekennzeichnet.

Im Fließtext wird verschiedentlich auf Personen, Eigennamen sowie auch andere
Einträge in diesem Lexikon durch *kursive Hervorhebung* des Eintrags hingewiesen.

Sollten gesetzlich geschützte Warennamen im Text nicht als solche gekennzeichnet sein, bedeutet das nicht, dass diese frei verwendbar sind.

Findet sich bei einem Stoffeintrag keine Zeile mit dem Begriff „Aspekt", so ist der
Stoff entweder farblos oder die Farbe ist nicht bekannt.

Soweit anwendbar beziehen sich alle Explosions- und Verbrennungsenthalpien
auf $H_2O_{(l)}$ als Endprodukt.

Kursiv gesetzte Zahlen bei Stoffeinträgen kennzeichnen berechnete Werte.

GHS-Codes und Gefahrenbezeichnung

01 Explosionsgefährlich
02 Hochentzündlich, Leicht entzündlich, Entzündlich
03 Brandfördernd
04 unter Druck verdichtete, verflüssigte, tiefgekühlt verflüssigte und gelöste Gase
05 Ätzend
06 Sehr giftig, Giftig
07 Reizend
08 Gesundheitsschädlich
09 Umweltgefährlich

REACH-Codes

Substanz ist hier eingetragen:
LPRS der List of Pregistered Substances
LRS   List of registered Substances
SVHC Substance of Very High Concern

https://doi.org/10.1515/9783110559651-205

Rechtlicher Hinweis

Der Umgang mit explosionsgefährlichen Stoffen ist in Deutschland durch das Sprengstoffgesetz, seine Verordnungen und die untergesetzlichen Vorschriften der Berufsgenossenschaftlichen Versicherungsträger geregelt. Die Bundeswehr und Polizeibehörden der Länder und des Bundes haben eigene diesbezügliche Vorschriften erlassen.

Explosionsgefährliche Stoffe dürfen nur von entsprechend qualifizierten und behördlich befähigten Personen in den behördlich genehmigten Einrichtungen gehandhabt werden.

Dieses Buch und die darin enthaltenen Informationen sind sorgfältig erarbeitet, dennoch sind DeGruyter und der Autor dieses Buches nicht haftbar für Sach- und oder Personenschäden jeglicher Art, die durch Verwendung oder Mißbrauch der in diesem Buch enthaltenen Informationen entstehen.

A

AAD

AAD bezeichnet ein ternäres, bei Temperaturen um $T = 100\,°C$ schmelzendes eutektisches Sprengstoffgemisch. Es besteht aus 50 Gew.-% Ammoniumnitrat, 25 Gew.-% 3-Amino-1,2,4-triazoliumnitrat (AtrzN) und 25 Gew.-% 3,5-Diamino-1,2,4-triazoliumnitrat (DtrzN). Eine Mischung aus gleichen Massenanteilen AAD und Oktogen (Klasse II) wird als AH-55 bezeichnet und wird als Ersatz für *Composition B* (Comp B) untersucht (Tab. A.1). Die Deliqueszenzfeuchte für AH-55 liegt zwischen 60 und 70 % RH (20 °C).

Tab. A.1: Eigenschaften von AAD und AAD/Oktogen (50/50).

Parameter	AAD	AAD/HMX (AH-55)
V_D (m s^{-1})	8550	7970
P_{CJ} (GPa)	26	27,3
ρ_{exp} (g cm^{-3})	1,66	1,70
ρ_{ber} (g cm^{-3})	1,689	1,764
$\varnothing_{cr}$ (mm)		12,5
Smp (°C)	104 (DSC)	
Z (°C)	203	203
Reib-E_{50}(N)	> 355	258
Schlag-E_{50} (J)	21	9

AH-55 zeigt eine direkt mit *Composition B* vergleichbare Leistung, ist aber unempfindlicher als dieses.

- P. W. Leonard, D. E. Chavez, P. R. Bowden, E. G. Francois, Nitrate Salt Based Melt Cast materials, *Propellants Explos. Pyrotech.* **2018**, *43*, 11–14.

AASTP

Allied Ammunition Storage and Transport Publication

Die AASTP ist eine von der NATO Conference of National Armament Directors (CNAD) Ammunition Safety Group (AC/326) erstellte und herausgegebene Vorschriftenreihe (Tab. A.2). Sie umfasst gegenwärtig fünf Vorschriften, die die Grundsätze der Lagerung und des Transports von Explosivstoffen und Munition im militärischen Umfeld behandeln.

https://doi.org/10.1515/9783110559651-001

Tab. A.2: AASTP

AASTP-1	Manual of NATO Safety Principles for the Storage of Military Ammunition and Explosives
AASTP-2	Manual of NATO Safety Principles for the Transport of Military Ammunition and Explosives
AASTP-3	Manual of NATO Safety Principles for the Hazard Classification of Military Ammunition and Explosives
AASTP-4	Manual of Explosives Safety Risk Analysis
AASTP-5	NATO Guidelines for the Storage, Maintenance and Transport of Ammunition on Deployed Missions or Operations

Abbrand
combustion

Der Abbrand bzw. die Deflagration eines Explosivstoffs ist die subsonische Ausbreitung der Flammenfront in einem energetischen Material, die allein durch chemische Reaktionen, Wärmestrahlung, Wärmeleitung, Wärmetransport und Stofftransportprozesse gestützt wird.

Beim Abbrand eines einzelnen energetischen Formkörpers (z. B. Festtreibstoff, Pulverkorn, Leuchtkörper, Nebeltablette, usw.) schreitet die Flammenfront senkrecht zur Oberfläche des energetischen Materials in parallelen Schichten der Dicke, x (mm), voran (*Piobert'sches Gesetz*).

Die lineare Abbrandgeschwindigkeit

$$u = \frac{dx}{dt} \ [\mathrm{mm\,s^{-1}}]$$

bei herrschendem Druck, p [MPa], und Temperatur, T [K], wird durch das *Vieille'sche Gesetz* beschrieben

$$u = a \cdot p^n$$

oder in differentieller Schreibweise:

$$dx = a\,p^n\,dt\,.$$

Dabei beschreibt a die Temperaturabhängigkeit des Abbrands, p den herrschenden Druck und n den Druckexponenten.

Der Einfluss von Energiegehalt q_i, Wärmefluss Q und Wärmestrahlung I auf die Abbrandgeschwindigkeit kann nach *Eisenreich et al.* (2000) über folgenden Ausdruck durch Messung bei verschiedenen Umgebungstemperaturen T_∞ bestimmt werden:

$$u = \frac{Q+I}{\rho \cdot (c_\mathrm{p} \cdot [T_\mathrm{s} - T_\infty] + L - \sum_i q_i)}\,.$$

Mit L = Phasenübergangswärmen, q_i = Reaktionswärme, c_p = spezifischer Wärme, ρ = Dichte und T_s = Temperatur der Reaktionszone.

Auf der Oberfläche eines nicht inhibierten Formkörpers schreitet der Abbrand mit der von u verschiedenen Geschwindigkeit u' fort (wobei $u' > u$). Bei geringen Drucken und auch an Luft können beide Geschwindigkeiten beobachtet werden. Ein zylindrischer Pulverstab brennt daher nach *Mache* (1918) stationär mit einer kegelförmigen Spitze des Winkels 2α.

$$\frac{u}{u'} = \sin\alpha.$$

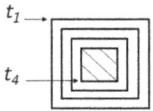

Formkörper, z. B. mit Quadergestalt, brennen von außen unter Erhalt der rechtwinkeligen Geometrie ab. Ein Innenbrenner mit quadratischer Ausnehmung hingegen brennt rasch mit abgerundeten Ecken, um schließlich eine kreisförmige Ausnehmung zu erhalten (Abb. A.1).

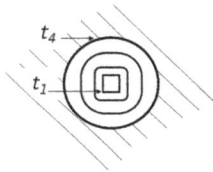

Abb. A.1: Brennflächen rechtwinkeliger Formkörper.

Bei der Anzündung eines energetischen Materials vergeht in Abhängigkeit von den Eigenschaften des Substrats eine gewisse Zeit bis ein stationärer Abbrand mit $u = u_{stat}$ (mm s^{-1}) erreicht ist. Der Verlauf der Abbrandgeschwindigkeit, $u(t)$ als Funktion der Zeit t (s) kann mit folgendem empirischen Ausdruck angenähert werden, wobei c eine empirische Konstante ist

$$u(t) = u_{stat}(1 - e^{-ct^2}).$$

Wenn m_0 die Startmasse eines energetischen Formkörpers beschreibt und m_t diejenige zum Zeitpunkt t, so beschreibt

$$\mu(t) = 1 - \frac{m_t}{m_0}$$

den zum Zeitpunkt t verbrannten Bruchteil, $\mu(t)$. Für den verbrannten Bruchteil lässt sich dann auch schreiben

$$dm = m_0\, d\mu.$$

Mit der Oberfläche des Formkörpers, S, [m^2] sowie dessen Dichte ρ [kg m^{-3}] ergibt sich dann

$$dm = S\rho dx$$
$$m_0 d\mu = S\rho dx$$
$$d\mu = \frac{S\rho}{m_0}dx.$$

Mit dem Vieille'schen Gesetz $dx = ap^n dt$ ergibt sich schließlich

$$\frac{d\mu}{dt} = \frac{S\rho a}{m_0}p^n.$$

Wird die rechte Seite mit der Startoberfläche S_0 erweitert, so ergibt sich

$$\frac{d\mu}{dt} = \frac{S}{S_0} \frac{S_0 \rho a}{m_0} p^n.$$

Man setzt

$$A = \frac{S_0 \rho a}{m_0}$$

und bezeichnet dabei A als Lebhaftigkeit bzw. Abbrandkoeffizient.

- H. Mache, *Die Physik der Verbrennungserscheinungen*, Walter de Gruyter, **1918**, 133 S.
- T. Vahlen, *Ballistik*, 2. Aufl., Walter de Gruyter, Berlin, **1942**, 267 S.
- R. E. Kutterer, *Ballistik*, Braunschweig, 3. Aufl. Vieweg, **1959**, 304 S.
- N. Eisenreich, W. Eckl, T. Fischer, V. Weiser, S. Kelzenberg, G. Langer, A. Baier, Burning Phenomena of the Gun Propellant JA2, *Propellants Explos. Pyrotech.* **2000**, *25*, 143–148.

Abel, Sir Frederick Augustus (1827–1902)

Der in London gebürtige Chemiker Sir Frederick Augustus Abel arbeitete seit 1853 an der Royal Military Academy. Ihm gelang erstmalig die Herstellung einer stabilen Nitrocellulose durch langes Kochen und Mahlen der Fasern. Auch entdeckte er die Stabilisierung der Nitrocellulose durch Diphenylamin und entwickelte ein Schießpulver (*Cordite*), eine Methode zur Prüfung der Stabilität (*Abel-Test*) und führte den Zündpunkt von Explosivstoffen als sicherheitstechnisches Charakteristikum ein.

Abel'sche Gleichung
Abel equation

Für den bei Brennschluss in einer ballistischen Bombe erreichten maximalen Gasdruck p_{max} gilt mit dem Ausschließungsvolumen (Covolumen) der Verbrennungsgase α, der Pulverkonstante (*Force, Impetus*) f, der Masse des Pulvers m und dem Volumen des Pulvers V bzw. der Ladedichte $m/V = \Delta$

$$p\frac{m}{V - \alpha \cdot m}_{max}$$
$$p\frac{\Delta}{1 - \alpha}_{max}.$$

Zur experimentellen Bestimmung von f und α wird das zu untersuchende Pulver bei verschiedenen Ladedichten Δ verbrannt. Der Auftrag des reziproken Maximaldrucks gegen die reziproke Ladedichte liefert eine Gerade (Abb. A.2), deren Steigung mit der Pulverkonstanten f korreliert, $\tan\gamma = f^{-1}$, und der Ordinatenabschnitt das Ausgleichsvolumen liefert.

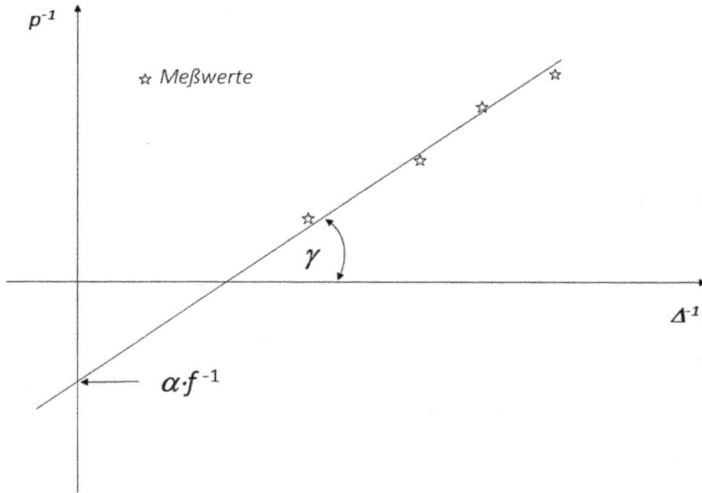

Abb. A.2: Reziproker Maximaldruck gegen reziproke Ladedichte.

- D. Grune, Studies of the Combustion of Solid Propellants at High Pressures, *Propellants Explos.* **1976**, *1*, 27–28.

Abel-Test
Abel's test

Der Abel-Test ist die älteste Stabilitätsprobe für nitratesterhaltige energetische Materialien. Dazu wird die Zeit ermittelt, die eine definierte Menge des auf 65,5 °C bzw. 82,2 °C erwärmten Materials benötigt, um Kaliumiodidstärkepapier durch Iodausscheidung zu bläuen. Der Abel-Test gehört zu den vorgeschriebenen Tests für Bu-NENA und ist in der STANAG 4583 eingehend beschrieben.

Die dabei in der wässrigen Phase des Kaliumiodidstärkepapiers ablaufende Reaktion kann wie folgt beschrieben werden:

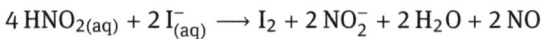

$$4\,HNO_{2(aq)} + 2\,I^-_{(aq)} \longrightarrow I_2 + 2\,NO_2^- + 2\,H_2O + 2\,NO$$

Das freigesetzte Iod reagiert mit Stärke zu einem intensiv violetten Komplex.

- *Chemical test procedures and Requirements for n-Butyl-2 Nitratoethyl-Nnitramine (n-Butyl NENA)*, STANAG 4583, 1st edn., 18 Juni **2007**, NATO Standardisation Agency, Brussels.

Adamsit, DM

Diphenylaminechlorarsine

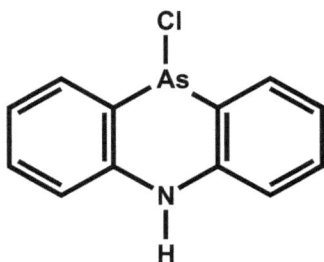

Diphenylaminchlorarsin		
Aspekt		gelbe Kristalle, technisch: grün
Formel		$AsC_{12}ClNH_9$
GHS		06, 09
H-Sätze		331-301-410
P-Sätze		
CAS		[578-94-9]
m_r	$g\,mol^{-1}$	277,585
ρ	$g\,cm^{-3}$	1,65
$\Delta_f H$	$kJ\,mol^{-1}$	
$\Delta_c H$	$kJ\,mol^{-1}$	
	$kJ\,g^{-1}$	
	$kJ\,cm^{-3}$	
Smp	°C	195
Sdp	°C	410(Z)
Fp	°C	113
Λ	Gew.-%	−170,03
N	Gew.-%	5,04
LCt_{50}	ppm	30
ICt_{50}	$ppb\,min^{-1}$	2–5

Adamsit ist einer der wirksamsten Nasen- und Rachenreizstoffe. DM kann aufgrund seiner guten thermischen Beständigkeit entweder pyrotechnisch verschwelt oder detonativ ausgebracht werden. DM ist hydrolysebeständig und besitzt bei Raumtemperatur praktisch keinen Dampfdruck. DM kann durch Natriumsulfidlösung und Oxidationsmittel entgiftet werden.

- S. Franke, *Lehrbuch der Militärchemie, Band 1*, Militärverlag der Deutschen Demokratischen Republik, 2. Auflage, Leipzig, **1977**, 175–180.
- N. Westphal, *Studienmaterial zur Chemie Der Militärisch Bedeutsamen Gifte*, Dresden, **1972**, 49.

Adiabatisch
adiabatic

Die Zustandsänderung (p, V) eines thermodynamischen Systems wird als adiabatisch bezeichnet, wenn kein Wärmeaustausch zwischen dem System und der Umgebung auftritt. Der jeweilige Zustand in der p-V-Ebene wird mit der Adiabatengleichung beschrieben

$$p_2 \cdot V_2^\gamma = p_1 \cdot V_1^\gamma$$

mit

$$\frac{c_p}{c_v} = \gamma$$

und grafisch dargestellt als Adiabate (Isentrope) bezeichnet.

- G. M. Barrow, G. W. Herzog, *Physikalische Chemie*, Vieweg, Wiesbaden, 6. Aufl. **1984**, Teil II, 41–45.

Aerosil®

Aerosil ist eine Wortmarke der Evonik Degussa GmbH, in Essen für ein hochtemperaturhydrolytisch hergestelltes röntgenamorphes Siliciumdioxid (veraltet *Kieselsäure*) (CAS-Nr.: [112945-52-5] und [60842-32-2], $\Delta_f H$ = −902 kJ mol^{-1}). Zur Herstellung von Aerosil wird eine flüchtige Siliciumverbindung (z. B. SiCl$_4$) in eine Knallgasflamme (H$_2$/Luft) eingedüst. Bei den Reaktionsbedingungen hydrolysiert SiCl$_4$ zu Siliciumdioxid und Salzsäure. Das entstehende feste SiO$_2$ koaguliert in der Flamme mit anderen Partikeln und bildet Teilchenaggregate mit Durchmessern zwischen 10 und 100 nm entsprechend spezifischen Oberflächen zwischen 300 m^2 g^{-1} und 50 m^2 g^{-1}. Die Oberfläche von Aerosil wird wesentlich durch Si-OH- und Si-O-Si-Gruppen bestimmt. Aerosil verliert in der DSC von T = 80–150 °C physikalisch gebundenes Wasser und die Silanolgruppen können gemäß

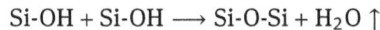

$$\text{Si-OH} + \text{Si-OH} \longrightarrow \text{Si-O-Si} + \text{H}_2\text{O} \uparrow$$

zu Siloxangruppen kondensieren. Typische Stampfdichten für Aerosil betragen 50–100 g l^{-1}. Mit Aerosil® identische Produkte sind die als Cabosil® (Cabot Corporation) oder HDK® (Wacker Chemie AG) vertriebenen Produkte. Aerosil wird häufig im 0,1–0,6 Gew.-Bereich verschiedenen Salzen (Nitrate, Perchlorate) als Rieselhilfe und Antibackmittel zugesetzt. Obgleich dieser Zusatz ohne Auswirkung auf die chemische Stabilität pyrotechnischer Zusammensetzungen ist, haben Moretti et al. (2015) eine Schlagempfindlichkeitserhöhung gegenüber unbehandelten Sätzen beobachtet. Aerosil ist physiologisch unbedenklich (oral wie inhalativ), es ist bei der Handhabung lediglich der Arbeitsplatzgrenzwert von 4 ppm einzuhalten.

- M. Ettlinger, H. Ferch, D. Korth, *Aerosil®, Aluminiumoxid C und Titandioxid P25 für Katalysatoren, Schriftenreihe Pigmente Nummer 72*, Degussa, Frankfurt, **1988**, 24 S.
- J. Moretti, *Sustainable Incendiary Projectiles*, SERDP & ESTCP Webinar 16 July **2015**. https://www.serdp-estcp.org/News-and-Events/Calendar/Webinar-Series-07-16-15/(language)/eng-US

AFX

AFX ist das allen im Bereich der Forschungseinrichtungen der United States Air Force entwickelten Sprengstoffmischungen vorangestellte Akronym. Die Rahmenzusammensetzungen der veröffentlichen Formulierungen sind nachfolgend in Tab. A.3 beschrieben.

Tab. A.3: AFX-Sprengstoffmischungen.

AFX-Serie	Verarbeitung	Hauptbestandteil(e)
100	gießbar	RDX
200	gießbar	HMX
300	–	*nicht vergeben oder nicht öffentlich*
400	gießbar	(EAK) Ethylendiamindinitrat, Ammoniumnitrat, Kaliumnitrat
500	pressbar	2,4,6-Tris-(pikrylamino)-8-triazin
600	–	NTO
700	gießbar	RDX und Aluminium
800	gießbar	HMX und Aluminium
900	–	Nitroguanidin
1000	–	geschäumter Sprengstoff
1100	gießbar	TNT und Aluminium
1200	–	Wolframpulver

Agent
agent

Der englische Ausdruck *Agent* steht oftmals verkürzend für den Begriff *Chemical Warfare Agent* (deutsch: chemischer Kampfstoff), siehe auch *Agent-Defeat-Wirkladungen*. Im Bereich der chemischen Kampfstoffe wird das Präfix „Agent" insbesondere als integraler Bestandteil von *BZ* (*Agent Buzz*) (siehe dort) sowie der von 1961–1971 im Vietnamkrieg massiv eingesetzten Entlaubungsmittel (*Rainbow Herbicides*) verwendet:

Agent Blue: (Natriumdimethylarsenat + Dimethylarsinsäure)
Agent Green: (n-Butylester der 2,4,5-Trichlorphenoxyessigsäure)
Agent Orange: (iso-Octylester der 2,4,5-Trichlorphenoxyessigsäure + 2,4- Dichlorphenoxyessigsäure)

Agent Pink: (n-Butyl- und iso-Butylester der 2,4,5-Trichlorphenoxyessigsäure)
Agent Purple: (n-Butylester der 2,4,5-Trichlorphenoxyessigsäure + 2,4- Dichlorphen-
               oxyessigsäure)
Agent White: (Triisopropylammoniumsalz der 2,4-Dichlorphenoxyessigsäure + Pi-
               cloram)

- F. Barnaby, *Ecological Consequences of the Second Indochina War*, SIPRI, Stockholm, **1976**, 119 S.
- R. E. Langford, *Introduction to Weapons of Mass Destruction*, Wiley-Interscience, New York, **2004**, 232; 274–276.

Agent-Defeat-Wirkladungen
agent defeat weapon/agent defeat warhead

ADW (Agent Defeat Weapons) sind pyrotechnische Sätze oder Sprengladungen, die der Bekämpfung und Neutralisierung gelagerter bzw. ausgebrachter biologischer (Bakterien, Toxine, Viren) und chemischer Kampfstoffe mit nervenschädigender, allgemeinschädigender, hautschädigender, psychotoxischer und reizerregender Wirkung dienen. ADW wirken auf verschiedene Weise; zum einen durch die Anwendung von Hitze, wodurch die thermische Zersetzung der Kampfstoffe eintritt, zum anderen durch die Freisetzung hochreaktiver Spezies, die im Falle der chemischen Kampfstoffe der Festlegung ausgewählter Elemente (z. B. F, Cl) dient um so eine De-novo-Bildung der Kampfstoffe zu unterdrücken. Gegen biologische Kampfstoffe hingegen werden gezielt solche Formulierungen eingesetzt, die beim Abbrand oder der Detonation bakterizide und viruzide Stoffe wie z. B. Fluorwasserstoff, elementares Iod oder Silber freisetzen.

- A. K. Chinnam, A. Shlomovich, O. Shamis, N. Petrutik, D. Kumar, K. Wang, E. P. Komarala, D. S. Tov, M. Sućeska, Q. L. Yan, M. Gozin, Combustion of energetic iodine-rich coordination polymer – Engineering of new biocidal materials, *Chem. Eng. J.* **2018**, *350*, 1084–1091.
- *Review of Thermal Destruction Technologies for Chemical and Biological Agents Bound on Materials*, U.S. Environmental Protection Agency (EPA) Office of Research and Development (ORD) National Homeland Security Research Center (NHSRC), October **2015**, 129 S.
- V. Weiser, J. Neutz, N. Eisenreich, E. Roth, H. Schneider, S. Kelzenberg, Development and Characterization of pyrotechnic Compositions as Counter Measures against Toxic Clouds, *ICT-JATA*, Karlsruhe, **2005**, V-5.
- D. Windle, 'Agent defeat weapons' ready for use, *New Scientist*, 21. February **2003**.
- R. R. McGuire, D. L. Ornellas, F. H. Helm, C. L. Coon, M. Finger, Detonation Chemistry: An Investigation of Fluorine as an Oxidizing Moiety in Explosives, *Det. Symp.*, **1981**, 940–951.

Airbag
airbag

Ein Airbag besteht aus einem gasdichten textilen Prallsack und einem damit pneumatisch verbundenen pyrotechnischen Gasgenerator. Abb. A.3 zeigt einen pyrotechnischen Gasgenerator der ersten Generation im Schnitt.

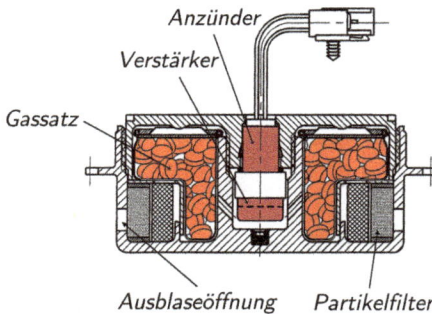

Abb. A.3: Schnittbild eines pyrotechnischen Gasgenerators.

Gasgeneratorsätze der ersten Generation (bis etwa Ende der 1990er-Jahre) enthielten oftmals Natriumazid als gasbildende Hauptkomponente (Tab. A.4). Das freiwerdende Natrium wurde in diesen Sätzen entweder mit Kieselsäure als Silikat abgefangen bzw. mit Molybdänsulfid und Schwefel als Natriumsulfid gebunden.

Tab. A.4: Ältere (vor 1995) azidhaltige Airbag-Sätze.

Inhaltsstoffe	Satz 1	Satz 2
Natriumazid, NaN_3 (Gew.-%)	57	63
Kaliumnitrat, KNO_3 (Gew.-%)	13	
Kieselsäure, SiO_2 (Gew.-%)	30	
Molybdänsulfid, MoS_2 (Gew.-%)		30
Schwefel, S_8 (Gew.-%)		17

Die formalen Reaktionsgleichungen für beide Sätze lauten:

Satz 1

$$1\,NaN_3 + 0{,}15\,KNO_3 + 0{,}575\,SiO_2 \longrightarrow 0{,}5\,Na_2SiO_3 + 0{,}075\,K_2SiO_3 + 1{,}575\,N_2$$

Satz 2

$$4\,NaN_3 + MoS_2 \longrightarrow 2\,Na_2S + Mo + 6\,N_2$$

$$2\,NaN_3 + 1/8\,S_8 \longrightarrow Na_2S + 3\,N_2$$

Die hohe Giftigkeit des Natriumazids und die relativ geringe Gasmenge dieser Sätze (0,3 bis 0,35 l g^{-1}) haben zur Entwicklung neuer azidfreier Sätze geführt (Tab. A.5). Diese meist sauerstoffausbilanzierten Sätze enthalten Stickstoffverbindungen mit geringem Kohlenstoffanteil (z. B. Guanidinnitrat, Nitroguanidin oder Tetrazolderivate) als Brennstoffe und liefern bis zu 0,85 l Gas pro Gramm Satz bei Normalbedingungen.

Tab. A.5: Moderne azidfreie Airbagsätze.

Inhaltsstoffe	Satz 3	Satz 4
Ammoniumnitrat (PSAN), NH_4NO_3 (Gew.-%)		66,8
Kaliumnitrat*, KNO_3 (Gew.-%)		6,7
Kaliumperchlorat, $KClO_4$ (Gew.-%)	35	
Nitroguanidin, $CH_4N_4O_2$ (Gew.-%)	15	
Guanidinnitrat, $CN_4H_6O_3$ (Gew.-%)	50	
Diammonium-5,5'-bis-1H-tetrazolat, $C_2H_8N_{10}$ (Gew.-%)		21,5
Glasfasern, SiO_2 (Gew.-%)		5
Sauerstoffbilanz, Λ (Gew.-%)	−1,55	+0,55
Brenngeschwindigkeit, u (mm s^{-1})	34,7 bei 20 MPa	16,4 bei 20,7 MPa
Druckexponent, n	0,380	0,62
Gasausbeute	81,32 Gew.-%	4 Mol/100 g

* Phasenstabilisator für NH_4NO_3

Die besonderen Anforderungen an Gasgeneratorsätze für Fahrzeuginsassen-schutzsysteme (Airbag, Gurtstraffer, usw.) sind
–   variable Verbrennungstemperatur,
–   Anteil an toxikologisch bedenklichen Stoffen unterhalb der gesetzlichen Grenzwerte,
–   variables Anzünd- und Abbrandverhalten,
–   hohe Gasausbeute > 14 mol kg^{-1},
–   ungiftige Ausgangsstoffe und Reaktionsprodukte,
–   hinreichende chemische und thermische Stabilität,
–   geringe Empfindlichkeit,
–   niedrige Kosten und gute Verfügbarkeit der Komponenten,
–   gute Verarbeitbarkeit im technischen und industriellen Maßstab und
–   Recyclingfähigkeit.

Für die Gaszusammensetzung von Fahrzeuginnenraumairbags gelten folgende Grenzwerte (Tab. A.6)
Neben der Verwendung in Fahrzeuginsassenschutzsystemen werden Airbags auch in anderen Bereichen z. B. als Notauftaucheinrichtung (NAE) für Unterseeboote mit beschädigter Außenhülle verwendet. Bei diesen Gasgeneratoren werden die heißen Reaktionsgase durch Kontakt mit endotherm zerfallenden Stoffen abgekühlt.

Tab. A.6: Höchstwerte für Gasbestandteile nach USCAR.

Gas	Fahrzeugseite (ppm)	Fahrerseite (ppm)
Chlor, Cl_2	1	0,25
Kohlenmonoxid, CO	461	115
Kohlendioxid, CO_2	30.000	7500
Phosgen, $COCl_2$	0,33	0,08
Stickstoffmonoxid, NO	75	18,75
Stickstoffdioxid, NO_2	5	1,25
Ammoniak, NH_3	35	9
Hydrogenchlorid, HCl	5	1,25
Schwefeldioxid, SO_2	5	1,25
Sulfan, H_2S	15	3,75
Benzol, C_6H_6	22,5	5,63
Cyanwasserstoff, HCN	4,7	1,18
Formaldehyd, H_2CO	1	0,25

Typische Stoffe für eine solche ablative Kühlung sind z. B. Ammoniumoxalat, das sich gemäß

$$(NH_4)_2C_2O_4 + \text{Wärme} \longrightarrow 2\,NH_3 + CO + CO_2 + H_2O$$

endotherm zersetzt. Das Massenverhältnis Gasgeneratorsatz/Kühlmittel beträgt etwa 0,7/1. Das Normgasvolumen bei diesen Gasgeneratoren inklusive Kühlmittel beträgt etwa $1\,l\,g^{-1}$.

- K. Menke, J. Neutz, U. Schleicher, *Pyrotechnische Kaltgasgeneratoren als Bestandteil von Unterwasser-Rettungssystemen für U-Boote und Tauchplattformen*, in *Wehrwissenschaftliche Forschung Jahresbericht 2011 Innovative Verteidigungsforschung für ein zukunftsorientiertes Fähigkeitsprofil der deutschen Streitkräfte 11*, Bundesministerium der Verteidigung, Bonn, April **2012**, 28–29.
- S. Zeuner, R. Schropp, A. Hofmann, K. H. Rödig, *Nitrocellulosefreie gaserzeugende Zusammensetzung*, EP1275629B1, **2012**, Deutschland.
- V. Mendenhall, G. K. Lund, *Gas Generating Compositions Having Glass Fibers*, US 2010/0116384, **2010**, USA.
- USCAR Inflator Technical Requirements and Validation, *USCAR-24*, Juni **2004**, 93 S.

Akardit I
Acardite

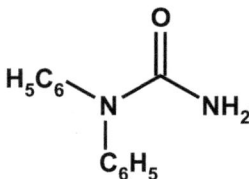

N,N-Diphenylharnstoff		
Formel		$C_{13}H_{12}N_2O$
REACH		LPRS
EINECS		210-048-6
CAS		[603-54-3]
m_r	g mol^{-1}	212,251
ρ	g cm^{-3}	1,276
Smp	°C	189
Sdp	°C	260 (Z)
$\Delta_f H$	kJ mol^{-1}	−122,7
$\Delta_c H$	kJ mol^{-1}	−6708,7
	kJ g^{-1}	−31,608
	kJ cm^{-3}	−40,332
Λ	Gew.-%	−233,68
N	Gew.-%	13,2

Akardit I wird in Massenanteilen bis zu 0,8 Gew.-% als Stabilisator für NC-haltige *Treibladungspulver (TLP)* und auch als Abbrandmodifikator verwendet.

Akardit II
Acardite-II

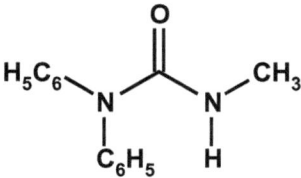

N'-Methyl-N,N-Diphenylharnstoff		
Formel		$C_{14}H_{14}N_2O$
REACH		LPRS
EINECS		236-039-7
CAS		[13114-72-2]
m_r	g mol^{-1}	226,278
ρ	g cm^{-3}	1,151
Smp	°C	171,2
$\Delta_f H$	kJ mol^{-1}	−106,7
$\Delta_c H$	kJ mol^{-1}	−7403,4
	kJ g^{-1}	−32,719
	kJ cm^{-3}	−37,659
Λ	Gew.-%	−240,4
N	Gew.-%	12,38

Akardit II dient als Stabilisator und Gelatinator für NC-haltige TLPs.

Akardit III

Acardite-III

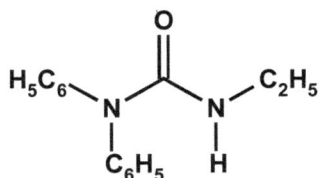

N'-Ethyl-N,N-Diphenylharnstoff		
Formel		$C_{15}H_{16}N_2O$
REACH		LPRS
EINECS		242-052-9
CAS		[18168-01-9]
m_r	g mol^{-1}	240,305
ρ	g cm^{-3}	1,128
Smp	°C	73,1
$\Delta_f H$	kJ mol^{-1}	−152,7
$\Delta_c H$	kJ mol^{-1}	−8036,7
	kJ g^{-1}	−37,725
	kJ cm^{-3}	−33,445
Λ	Gew.-%	−246,34
N	Gew.-%	11,66

Akardit III wird als Stabilisator und Gelatinator für NC-haltige TLPs verwendet.

Akaroidharz

Red gum, Yacca gum

Akaroidharz, auch *Gummi acaroides* genannt, ist ein rötliches Harz, das durch Oxidation aus dem Pflanzensaft des australischen Grasbaums gewonnen wird. Die ungefähre Zusammensetzung des Harzes kann mit $C_6H_{5,42-5,59}O_{1,15-1,66}$ beschrieben werden; CAS-Nr. [9000-20-8]. Die Bildungsenthalpie beträgt etwa $\Delta_f H = -450$ kJ mol^{-1}. A. dient als Brennstoff und Bindemittel in pyrotechnischen Sätzen. Es gibt zwischen $T = 70$–$110\,°C$ Feuchtigkeit ab und beginnt sich ab $T = 235\,°C$ zu zersetzen. Typische Verunreinigungen in technischem Akaroidharz können Sand und Pflanzenteile sein.

- W. Meyerriecks, Organic Fuels Composition and Formation Enthalpy Part II – Resins, Charcoal, Pitch, Gilsonite and Waxes, *J. Pyrotech.* **1999**, *9*, 1–19

Aktuatoren

pyromechanism

Aktuatoren – auch auslösende Elemente genannt – sind Einmalgeräte mit meist langer Funktionslebensdauer und großer Zuverlässigkeit. In ihnen wird durch elektrisch oder auch mechanisch initiierte Deflagration eines Treibladungspulvers ein Kolben bewegt, der je nach Anordnung Zug- oder Schubwirkung ausüben kann. Aktuatoren dieses Typs sind z. B. Zug- und Schubbolzen (Abb. A.4 & A.5), Abscherbolzen, Kabelschneider (Abb. A.6 & A.7) sowie öffnende oder schließende Ventile.

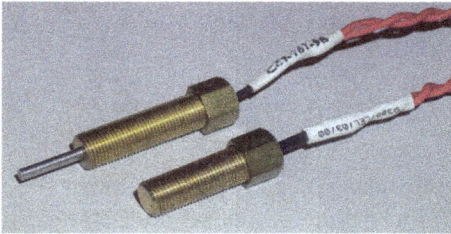

Abb. A.4: Elektrischer Schubbolzen abgefeuert (oben) und nicht abgefeuert (unten).

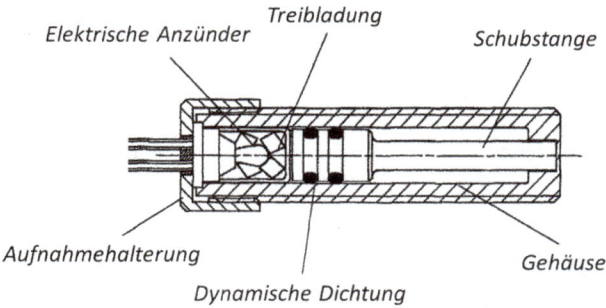

Elektrische Anzünder
Treibladung
Schubstange
Aufnahmehalterung
Gehäuse
Dynamische Dichtung

Abb. A.5: Nicht abgefeuerter Schubbolzen im Schnittbild.

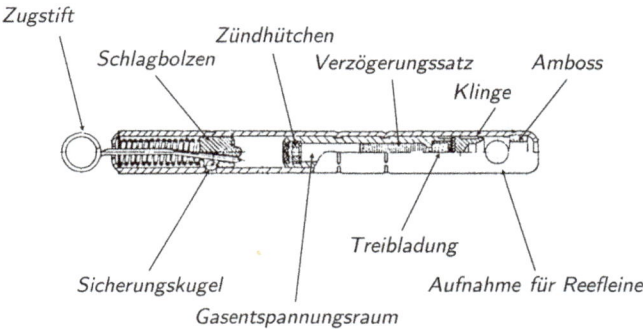

Zugstift
Schlagbolzen
Zündhütchen
Verzögerungssatz
Amboss
Klinge
Sicherungskugel
Treibladung
Aufnahme für Reefleine
Gasentspannungsraum

Abb. A.6: Reefleinenschneider, mechanisch mit pyrotechnischer Verzögerung im Schnittbild.

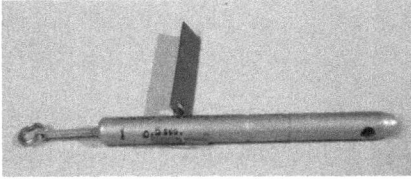

Abb. A.7: Reefleinenschneider, mechanisch mit pyrotechnischer Verzögerung und Sicherungsstift (nicht sichtbar in der Schnittzeichnung).

Andere Aktuatoren können Sprengstoffe enthalten und zerlegen sich detonativ. Ein Beispiel hierfür sind z. B. Trennschrauben.

- K. O. Brauer, *Handbook of Pyrotechnics*, Chemical Publishing Company, New York, **1974**, 402 S.
- R. T. Barbour, *Pyrotechnics in Industry*, McGraw-Hill Book, New York, **1981**, 190 S.

Alex

Alex ist eine Bezeichnung für sehr feines sphärisches Aluminiumpulver, dessen Partikeldurchmesser im zweistelligen Nanometerbereich liegt. Alex wird durch elektrische **Ex**plosionen von **Al**uminiumdraht unter kontrolliert zusammengesetzter Atmosphäre (gezielte Bildung einer dünnen, stabilisierenden Oxidschicht) gewonnen. Aufgrund des sehr hohen Verhältnisses von Oberfläche zu Masse reagieren Alex-Partikel deutlich schneller als mikrometrische Al-Partikel. In Tab. A.7 finden sich verschiedene Alex-Typen und deren typische Eigenschaften.

- Q. S. M. Kwok, R. C. Fouchard, A.-M. Turcotte, P. D. Lightfoot, R. Bowes, D. E. G. Jones, Characterization of Aluminum Nanopowder Compositions, *Propellants Explos. Pyrotech.* **2002**, *27*, 229–240.
- V. E. Zarko, A. A. Gromov (Hrsg.), *Energetic Nanomaterials*, Elsevier, **2016**, 374 S.

Tab. A.7: Eigenschaften verschiedener Alex-Typen.

Typ	Passivierung	Beschichtung	BET ($m^2\,g^{-1}$)	d_p (nm)	Al-Gehalt (Gew.-%)	T_z [*] (°C)
Alex	Luft	–	$11,8 \pm 0,4$	188	$89 \pm 0,2$	547
C-Alex	Luft	0,1 Gew.-% 12DHB [$]	$11,3 \pm 0,1$	192	$88 \pm 1,5$	n. a.
CH-Alex	Luft	0,1 Gew.-% 12DHB + 1 Gew.-% HTPB	n. a.	n. a.	$89 \pm 1,0$	n. a.
L-Alex	Stearinsäure	–	n. a.	n. a.	79	498
VF-Alex	Luft	Viton®A + [§]	$6,9 \pm 0,2$	322	$78 \pm 1,5$	440

[*] $300\,K \cdot s^{-1}$ Heizrate, Luft, 0.1 MPa.
[$] 1,2-Dihydroxybenzol.
[§] Ester von 1H,1H-Perfluorundecanol mit Furandion.

ALICE

Das Akronym ALICE steht für das kryogene System **Al**uminium/**Ice** ($Al + H_2O_{(s)}$), das als umweltfreundlicher Raketentreibstoff und Wasserstoffgenerator verwendet wird.

- G. A. Risha, T. L. Connell Jr., R. A. Yetter, V. Yang, T. D. Wood, M. A. Pfeil, T. L. Pourpoint, S. F. Son, *Aluminum-Ice (ALICE) Propellants for Hydrogen Generation and Propulsion, AIAA 2009-4877, 45th AIAA/ASME/SAE/ASEE Joint Propulsion Conference & Exhibit*, 2–5 August **2009**, Denver, USA.

Alterung
aging (AmE) ageing (BrE)

An Explosivstoffen können, bedingt durch die inhärente Reaktivität und damit Unverträglichkeit der enthaltenen Komponenten bzw. auch durch die Einwirkung von Wärme, Sauerstoff und Feuchtigkeit, chemische und physikalische Änderungen auftreten, die zu einer Änderung der Leistung sowie der Empfindlichkeit führen. Zur Untersuchung der Alterung von Explosivstoffen werden Messverfahren wie Mikrokalorimetrie, Wärmeflusskalorimetrie (HFC) und *Accelerating Rate Calorimetry* (ARC) eingesetzt. Zum Schutz gegen Alterung werden z. B. kunststoffgebundenen Sprengstoffen Antioxidantien zugesetzt.

- M. A. Bohn (Hrsg.) *Heat Flow Calorimetry on Energetic Materials*, Fraunhofer IRB Verlag, Karlsruhe, **2008**, 377 S.

Aluminium
aluminum (AmE), aluminium (BrE)

Aspekt		silbergrau bis schwarz
Formel		Al
GSH		02
H-Sätze		H250-H261
P-Sätze		P210-P222-P231+P232-P370+P378a-P422a-P501
EINECS		231-072-3
CAS		[7429-90-5]
m_r	$g\,mol^{-1}$	26,98
ρ	$g\,cm^{-3}$	2,699
Sdp	°C	2330
$\Delta_m H$	$kJ\,mol^{-1}$	10,67
$\Delta_v H$	$kJ\,mol^{-1}$	290,8
c_p	$J\,mol^{-1}\,K^{-1}$	24,30
c_L	$m\,s^{-1}$	6390
k	$W\,m^{-1}\,K^{-1}$	237
$\Delta_c H$	$kJ\,mol^{-1}$	−837,5

Smp	°C	660,4
	kJ g^{-1}	-31,041
	kJ cm^{-3}	-83,781
Λ	Gew.-%	-88,951

Al ist ein in Abhängigkeit von der Partikelgröße silberweißes bis schwarzes Pulver. Al ist stabil in schwach saurer Umgebung im Gegensatz zu Magnesium. Allerdings ist es inkompatibel mit basisch reagierenden Stoffen wie Hydroxiden oder Carbonaten. An der Luft bildet Al eine Schicht aus Hydroxiden z. B. $Al(OH)_3$. Al reagiert exotherm mit vielen Metallen in einer Legierungsreaktion, z. B. mit Co (AlCo), Ni (AlNi), Pd (AlPd) und Pt (AlPt). In Sprengstoffen kann Al – eine hinreichend hohe Detonationstemperatur $T > 2500\,K$ vorausgesetzt – zur Reaktion gebracht werden. Die Reaktion des Al erfolgt allerdings nicht bereits in der Chemischen Reaktionszone (CRZ), sondern erst hinter der Chapman-Jouguet(CJ)-Ebene, in den sich ausdehnenden Produktgasen. Daher kann die Detonationsgeschwindigkeit von Sprengstoffen durch Al-Zusatz nicht gesteigert werden. Bei erfolgreicher Reaktion von Al wird durch die Aufheizung der Produktgase allerdings der Blastdruck erhöht. Die Metallbeschleunigungsfähigkeit (Gurney-Energie) von Sprengstoffen wird durch Al-Zusatz auch nicht verbessert. Al wird in der Pyrotechnik hauptsächlich in Knall- und Blitzsätzen zusammen mit Kaliumperchlorat bzw. Bariumnitrat eingesetzt. In Leuchtsätzen ist Al nur selten zu finden, da es im Vergleich zu Magnesium ein nur kleines Flammenvolumen bildet. Auch muss beachtet werden, dass Aluminium mit Erdalkalimetallen zur Bildung schwerflüchtiger Komplexoxide vom Spinell-Typ (Al_2SrO_4) neigt, die der Flamme eine starke Kontinuumsstrahlung verleihen und damit der Farbreinheit entgegenstehen. Auch reagiert Aluminium in der Flammenzone bevorzugt mit Halogenen, so dass im Fall der Elemente Calcium, Strontium, Barium und Kupfer die Bildung der für die spezifische Lichtemission erforderlichen Monochloride erschwert, wenn nicht sogar verhindert wird. Eine umfassende Untersuchung von Aluminium und Aluminium-Magnesium-Legierungen als Brennstoffe in VIS-Leuchtsätzen findet sich bei Kott (1970). Farnell (1972) hat den Einfluss von Übergangsmetallverbindungen auf die Leistung von Aluminium/NaNO$_3$-Leuchtsätzen untersucht. Ein weiteres wichtiges Einsatzgebiet für *Al* ist die Verwendung als metallischer Brennstoff in vielen Raketentreibsätzen auf der Basis von Ammoniumperchlorat oder Nitraminverbindungen wie Hexogen bzw. Oktogen. Aluminium dient hier neben der Erhöhung der thermodynamischen Leistung auch als ein den Abbrand stabilisierender Zusatz. Weiterhin ist die Abbrandgeschwindigkeit von aluminisierten Treibstoffen erheblich höher als bei nichtmetallisierten Treibstoffen.

- A. C. Kott, G. A. Lane, Aluminum-Fueled Flares, *IPS*, Snowmass-at-Aspen Colorado, **1970**, 137–166.
- P. L. Farnell, R. P. Westerdahl, F. R. Taylor), The Influence of Transition Metal Compounds on the Aluminum-Sodium Nitrate Reaction, *IPS*, Colorado-Springs, Colorado, **1972**, 271–290.

- G. R. Lakshminarayanan, G. S. Mannix, T. Carney, G. Chen, Evaluation of Alternative Fuel and Binder Materials in hand Held Signals Illuminant Compositions, *ARWEC-TR-99008*, Picatinny Arsenal, November **2000**.
- A. Hahma, Ignition and Combustion of Aluminum in High Explosives, *J. Pyrotech.* **2007**, *26*, 24–46.
- H. Ritter, S. Braun, High Explosive Containing Ultrafine Aluminum ALEX, *Propellants Explos. Pyrotech.* **2001**, *26*, 311–314.

Aluminiumhydrid

α-alane

Formel		AlH_3
UN-HD		4.3
REACH		LPRS
EINECS		232-053-2
CAS		[7784-21-6]
m_r	$g\,mol^{-1}$	30,005
ρ	$g\,cm^{-3}$	1,477
Z	°C	157 (H_2-Abspaltung)
$\Delta_f H$	$kJ\,mol^{-1}$	−45
$\Delta_c H$	$kJ\,mol^{-1}$	−1221
	$kJ\,g^{-1}$	−40,693
	$kJ\,cm^{-3}$	−60,104
Λ	Gew.-%	−159,97

AlH_3 tritt in sechs verschiedenen Polymorphen auf. Nur das durch Dotierung des Kristallgitters stabilisierte α-AlH_3 ist von technischem Interesse. AlH_3 ist ein polykristallines Material, das als energetischer Zusatz für Geltreibstoffe, pyrotechnische Sätze und Sprengstoffe untersucht wird.

- H. Fong, E. McLaughlin, P. E. Penwell, M. A. Petrie MARK A, D. Stout, US201615184962, *Crystallization and Stabilization in the Synthesis of Microcrystalline Alpha Alane*, USA, **2016**.
- T. Bazyn, R. Eyer, H. Krier, N. Glumac, Combustion Characteristics of Aluminum Hydride at Elevated Pressure and Temperature, *J. Propul. Power* **2004**, *20*, 427–431.

Amatex

Amatex ist die Bezeichnung für schmelzgießbare Sprengstoffe auf der Grundlage von TNT, Ammoniumnitrat (AN) und Hexogen (Tab. A.8 & A.9). Amatex wird in der Praxis meist durch Aufschmelzen von *Amatol* mit *Composition B* in den entsprechenden Proportionen erhalten. Amatex-Sprengstoffmischungen verhalten sich nicht ideal, wobei die Abweichung vom Idealverhalten mit dem Gewichtsanteil an *Ammoniumnitrat (AN)* korreliert. Amatex-Sprengstoffe zeigen gute Ergebnisse im Vakuumstabilitätstest.

Tab. A.8: Zusammensetzung Amatex-Explosivstoffmischungen.

	Amatex 5	Amatex 9	Amatex 20	Amatex 20K	Amatex 30	Amatex 40
TNT (Gew.-%)	50	41	40	40	40	40
NH_4NO_3 [*] (Gew.-%)	25	50	40	36	30	20
Hexogen (Gew.-%)	25	9	20	20	30	40
KNO_3 (Gew.-%)	–	–	–	4		
ρ (g cm^{-3})			1,615	1,60	1,625	1,650

[*] Median 500 µm Durchmesser.

Tab. A.9: Leistung und Eigenschaften von Amatex-Explosivstoffmischungen.

Parameter	Amatex 20	Amatex 20K	Amatex 40
V_D (m s^{-1})	7009	6790	7545
P_{CJ} (GPa)	20,5		
$\Delta_f H$ (kJ kg^{-1})	–	−1954	
ρ (g cm^{-3})	1,61		1,66
$\varnothing_{cr}$ (mm)	18	19 ≫ 25	
$\Delta_{melt} H$ (J g^{-1})	38,6	38,6	
c_p (J g^{-1} K^{-1})	–	1,67	
Z (°C)	–	156	
A_E (kJ mol^{-1})	137	138	
T_{5ex}(°C)	240		
Schlag-E (J)	7,6		

Untersuchungen an Amatex 20 und Amatex 40 haben gezeigt, dass, unabhängig von der Partikelgröße des verwendeten Ammoniumnitrats (15–500 µm), nur etwa 50 Gew.-% in der Detonationszone reagieren.

Amatex 20 zeigt eine größere Empfindlichkeit im NOL-SSGT als TNT, aber eine geringere als Composition B. Im 2. Weltkrieg enthielt britische Abwurfmunition oftmals Amatex 9.

Amatol

Amatol ist die Bezeichnung für schmelzgießbare Sprengstoffe auf der Grundlage von TNT und Ammoniumnitrat (Tab. A.10 & A.11). Amatol wurde während des 1. Weltkrieges erstmals auf britischer Seite als Sprengstoff eingesetzt um den TNT-Bestand zu strecken (Amatol-80/20 und Amatol 50/50). Die während des 2. Weltkrieges in Deutschland entwickelten Sprengstoffe Amatol-39, -40 und -41 waren schmelzgießbare Zusammensetzungen auf der Basis von 2,4-Dinitroanisol, 1,3-Dinitrobenzol und Ethylendiamindinitrat (EDDN), Hexogen und Ammoniumnitrat (AN).

Tab. A.10: Zusammensetzung Amatol-Explosivstoffmischungen.

	Amatol 80/20	Amatol 60/40	Amatol 50/50	Amatol 45/55	Amatol 40/60	Amatol 30/70
TNT (Gew.-%)	20	40	50	55	60	70
NH_4NO_3 (Gew.-%)	80	60	50	45	40	30
ρ (g cm^{-3})	1,46	1,61	1,59		1,54	1,63

Tab. A.11: Leistung und Eigenschaften von Amatol-Explosivstoffmischungen.

Parameter	Amatol 80/20	Amatol 60/40	Amatol 50/50	Amatol 45/55	Amatol 40/60	Amatol 30/70
V_D (m s^{-1})	5200	5760	5975	6470	6500	6370
P_{CJ} (GPa)			14,67			
$\Delta_f H$ (kJ kg^{-1})		−2840				
$\Delta_{det} H$ (kJ kg^{-1})	4270					
ρ (g cm^{-3})	1,46	1,60	1,58		1,54	1,63
TMD (g cm^{-3})	1,71					1,675
$\varnothing_{cr}$(mm)	80					
$\Delta_{melt} H$ (J g^{-1})	20,4	38,6	48,2			
c_p (J g^{-1} K^{-1})			1,602			
Z(°C)		218				
T_{ex-5s}(°C)	280–300	270	254–265			
Trauzl (cm^3)	385	360	350	353	335	
Schlag-E (5 kg cm)	25	15	19	–	21	–

Die im Plate-Dent-Test erzielte Einbeulung mit Amatol 60/40 nimmt mit abnehmender Korngröße (275 > 68 > 15 µm) des verwendeten Ammoniumnitrats zu (1,88 > 2,20 > 2,54 mm) und weist auf eine Steigerung des CJ-Drucks hin. Die Reaktionszone in Amatol 80/20 beträgt 4 mm bei ρ = 1,67 g cm^{-3}.

Der 50 % Auslösedruck im NOL-LSGT für Amatol-60/40 beträgt 3,30 GPa.

Amidpulver
amid powder

Als Amidpulver werden die von *Millon & Reset* 1843 vorgeschlagenen schwefelfreien TLP bezeichnet.
- 40–45 Gew.-% Kaliumnitrat
- 35–38 Gew.-% Ammoniumnitrat
- 14–22 Gew.-% Holzkohle

7-Amino-4,6-dinitrobenzofuroxan – ADNBF

7-amino-4,6-dinitrobenzofurazanoxide

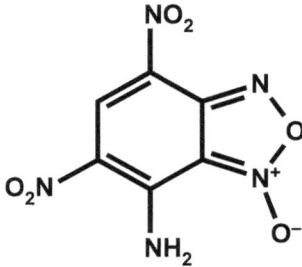

Formel		$C_6H_3N_5O_6$
CAS		[97096-78-1]
m_r	$g\,mol^{-1}$	241,12
ρ	$g\,cm^{-3}$	1,902
$\Delta_f H$	$kJ\,mol^{-1}$	154
$\Delta_{ex} H$	$kJ\,mol^{-1}$	−1260,5
	$kJ\,g^{-1}$	−5,228
	$kJ\,cm^{-3}$	−9,943
$\Delta_c H$	$kJ\,mol^{-1}$	−2943,9
	$kJ\,g^{-1}$	−12,209
	$kJ\,cm^{-3}$	−23,222
Λ	Gew.-%	−49,77
N	Gew.-%	29,04
Smp	°C	270 (Z)
Schlag-E	cm	28–41, 2,5 kg
V_D	$m\,s^{-1}$	*8220* @ 1,901 $g\,cm^{-3}$
P_{CJ}	GPa	*32,9*

ADNBF ist ein experimenteller unempfindlicher Sprengstoff, der in den 1980er-Jahren erstmalig am Lawrence Livermore National Laboratory (LLNL) hergestellt wurde. Im Vergleich zu dem verwandten 4,6-Dinitrobenzofuroxan ist ADNBF aufgrund der zusätzlichen Aminogruppe deutlich besser stabilisiert und damit weniger empfindlich gegenüber Schlag und Stoß. ADNBF ist Bestandteil von PBXC-18.

- M. L. Chan, C. D. Lind, P. Politzer, Shock Sensitivity of Energetically Substituted Benzofuroxans, *9th Det. Symp.*, Portland, USA, **1989**, 566–572.

4-Amino-3,7-dinitrotriazolo-[5,1c][1,2,4]triazin, DPX-26

4-amino-3,7-dinitrotriazolo-[5,1c][1,2,4]triazine

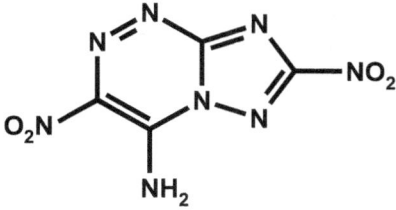

Aspekt		cremefarbene Kristalle
Formel		$C_4H_2N_8O_4$
CAS		[1941251-35-9]
m_r	$g\,mol^{-1}$	226,11
ρ	$g\,cm^{-3}$	1,86
$\Delta_f H$	$kJ\,mol^{-1}$	387
$\Delta_{ex}H$	$kJ\,mol^{-1}$	−1140,3
	$kJ\,g^{-1}$	−5,043
	$kJ\,cm^{-3}$	−9,380
$\Delta_c H$	$kJ\,mol^{-1}$	−2246,9
	$kJ\,g^{-1}$	−9,937
	$kJ\,cm^{-3}$	−18,483
Λ	Gew.-%	−35,38
N	Gew.-%	49,56
Smp	°C	232 (Z)
Reib-E	N	> 360 ABL
Schlag-E	J	29 LANL (Type 12 tool)
V_D	$m\,s^{-1}$	*8700* @ 1,86 g cm $^{-3}$
P_{CJ}	GPa	*32* @ 1,86 g cm $^{-3}$

DPX-26 ist ein kürzlich synthetisierter Experimentalsprengstoff mit guter thermischer Stabilität, geringer Empfindlichkeit und einer mit Hexogen vergleichbaren Leistung. Die Oxidation von DPX-26 mit hypofluoriger Säure (HOF) ergibt das 2-*N*-oxid, DPX-27, für das aufgrund der besseren Sauerstoffbilanz ein deutlich gesteigerter Detonationsdruck, aber auch eine höhere Empfindlichkeit, vorhergesagt werden.

- D. G. Piercey, D. E. Chavez, B. L. Scott, G. H. Imler, D. A. Parrish, An Energetic Triazolo-1,2,4-triazine and its Oxide, *Angew. Chem.* **2016**, *128*, 15541–15544.

Aminoguanidin-5,5′-azotetrazolat, AGTZ

aminoguanidine-5,5′-azotetrazolate

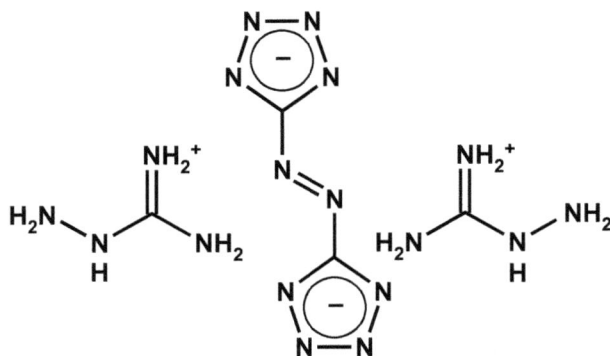

Aspekt		gelbe Kristalle
Formel		$C_4H_{14}N_{18}$
CAS		[862107-15-1]
m_r	g mol^{-1}	314,276
ρ	g cm^{-3}	1,54
$\Delta_f H$	kJ mol^{-1}	434,30
$\Delta_{ex} H$	kJ mol^{-1}	−613,9
	kJ g^{-1}	−1,953
	kJ cm^{-3}	−3,008
$\Delta_c H$	kJ mol^{-1}	−4009,2
	kJ g^{-1}	−12,757
	kJ cm^{-3}	−19,646
Λ	Gew.-%	−64,55
N	Gew.-%	40,47
Smp	°C	218 (Z)
Reib-E	N	>355
Schlag-E	J	15

AGTZ wird als stickstoffreicher Brennstoff in Gasgeneratorsätzen verwendet.

- U. Bley, R. Hagel, J. Havlik, A. Hoschenko, P. S. Lechner, *Pyrotechnisches Mittel*, EP1890986B1, RUAG, **2013**.

1-Amino-3-methyl-1,2,3-triazoliumnitrat, 1-AMTN

1-amino-3-methyl-1,2,3-triazolium nitrate

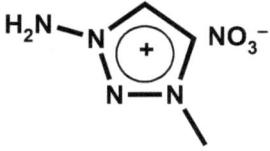

Aspekt		gelbe Kristalle
Formel		$C_3H_7N_5O_3$
CAS		[944132-38-1]
m_r	$g\,mol^{-1}$	161,12
ρ	$g\,cm^{-3}$	1,615
$\Delta_f H$	$kJ\,mol^{-1}$	71
$\Delta_{ex} H$	$kJ\,mol^{-1}$	−799,51
	$kJ\,g^{-1}$	−4,962
	$kJ\,cm^{-3}$	−8,014
$\Delta_c H$	$kJ\,mol^{-1}$	−2252,1
	$kJ\,g^{-1}$	−13,978
	$kJ\,cm^{-3}$	−22,574
Λ	Gew.-%	−64,55
N	Gew.-%	43,47
Smp	°C	88
Z	°C	185
Reib-E	N	> 355
Schlag-E	J	> 20

1-AMTN wird als unempfindliche Alternative zu TNT untersucht. Der kritische Durchmesser bei $\rho = 1,63\,g\,cm^{-3}$ beträgt $\varnothing_{cr} > 18\,mm$.

- A. Brand, T. Hawkins, G. Drake, I. M. K. Ismail, G. Warmoth, L. Hudgens, Energetic Ionic Liquids as TNT Replacements, *JANNAF 33rd Propellant & Explosives Development & Characterization Subcommittee (PEDCS) / 22nd Safety & Environmental Protection Subcommittee (SEPS) Joint Meeting*, Sandestin Beach, **2006**.
- G. Drake, G. Kaplan, L. Hall, T. Hawkins, J. Larue, A new family of energetic ionic liquids 1-amino-3-alkyl-1,2,3-triazolium nitrates, *J. Chem. Cryst.* **2007**, *37*, 15–23.
- Z. Wang, J. Zhang, J. Wu, X. Yin, T. Zhang, Replacement of 2,4,6-trinitrotoluene by two eutectics formed between 4-amino-1,2,4-triazolium nitrate and 4-amino-1,2,4-triazolium perchlorate, *RSC Adv.* **2016**, *6*, 44742–44748.

4-Amino-1-methyl-1,2,4-triazoliumnitrat, 4-AMTN

4-Amino-1-methyl-1,2,4-triazolium nitrate

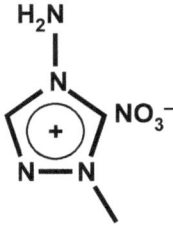

C1N		
Formel		$C_3H_7N_5O_3$
CAS		nicht vergeben
m_r	$g\,mol^{-1}$	161,12
ρ	$g\,cm^{-3}$	1,4
$\Delta_f H$	$kJ\,mol^{-1}$	−228,40
$\Delta_{ex}H$	$kJ\,mol^{-1}$	−610,30
	$kJ\,g^{-1}$	−3,789
	$kJ\,cm^{-3}$	−5,303
$\Delta_c H$	$kJ\,mol^{-1}$	−1952,6
	$kJ\,g^{-1}$	−12,119
	$kJ\,cm^{-3}$	−19,572
Λ	Gew.-%	−64,55
N	Gew.-%	43,47
Smp	°C	−54(g)
Z	°C	249
Reib-E	N	> 355
Schlag-E	J	20

4-AMTN wird als nichtflüchtiger und im Vergleich zu NGl oder DNDA deutlich stabilerer Weichmacher für TLP untersucht. 4-AMTN wird auch als Monergol untersucht, brennt allerdings erst ab einem Druck von 12 MPa mit $u \sim 10\,mm\,s^{-1}$. Modifiziert mit Al und Methylcellulose brennt 4-AMTN bereits bei Drucken ab 2 MPa.

- U. Schaller, T. Keicher, H. Krause, S. Schlechtriem, EILS – suitablesubstances for future energetic applications? *ICT-Jata*, Karlsruhe, **2016**, V9.

Aminonitroguanidin, ANQ

aminonitroguanidine

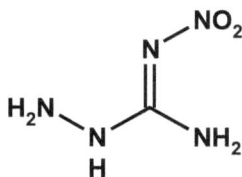

ANQ		
Formel		$C_1H_5N_5O_2$
EINECS		242-139-1
CAS		[18264-75-0]
m_r	$g\,mol^{-1}$	119,083
ρ	$g\,cm^{-3}$	1,767
$\Delta_f H$	$kJ\,mol^{-1}$	25
$\Delta_{ex} H$	$kJ\,mol^{-1}$	−537,5
	$kJ\,g^{-1}$	−4,513
	$kJ\,cm^{-3}$	−7,975
$\Delta_c H$	$kJ\,mol^{-1}$	−1133,1
	$kJ\,g^{-1}$	−9,515
	$kJ\,cm^{-3}$	−16,813
Λ	Gew.-%	−33,59
N	Gew.-%	58,81
Smp	°C	190 (Z)
Reib-E	N	190
Schlag-E	J	> 20
V_D	$m\,s^{-1}$	8365 @ 1,61 $g\,cm^{-3}$
P_{CJ}	GPa	28,1 @ 1,61 $g\,cm^{-3}$
$\sqrt{(2E_G)}$	$mm\,\mu s^{-1}$	2,55 @ 1,61 $g\,cm^{-3}$
P_{NoGo}	GPa	39 (BICT-SSWGT)

ANQ wird durch Reaktion von NGu mit Hydrazin in moderater Ausbeute erhalten. Es ist ein Sprengstoff mit ähnlichen Leistungseigenschaften wie Hexogen, allerdings deutlich geringerer Stoßwellenempfindlichkeit als Hexogen. Eine neuere Synthesemethode für ANQ geht von *N*-Nitro-*S*-methylisothioharnstoff aus. Aufgrund seiner Basizität bildet ANQ auch energetische Salze mit starken Mineralsäuren und sauren Stickstoffverbindungen.

- H. H. Licht, B. Wanders, L'explosif aminonitroguanidine (ANQ), *Rapport CO 206/91*, ISL-Saint Louis, Frankreich, **1991**.
- B. Fuqiang, H. Huan, Jia Siyuan, L. Xiangzhi, W. Bozhou, *Method for synthesizing 1-amino-3-nitroguanidine*, CN-Patent 105503661A, **2015**, China.
- N. Fischer, T. M. Klapötke, J. Stierstorfer, 1-Amino-3-nitroguanidine (ANQ) in High-Performance Ionic Energetic Materials, *Z. Naturforsch.* **2012**, *67b*, 573–588.

3-Amino-5-nitro-1,2,4-triazol, ANTA

3-Amino-5-nitro-1,2,4-triazole

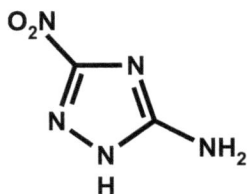

Aspekt		gelbe Nadeln
Formel		$C_2H_3N_5O_2$
CAS		[58794-77-7]
m_r	g mol^{-1}	129,078
ρ	g cm^{-3}	1,819 (α-Polymorph)
$\Delta_f H$	kJ mol^{-1}	87,86
$\Delta_{ex} H$	kJ mol^{-1}	−548,2
	kJ g^{-1}	−4,247
	kJ cm^{-3}	−7,725
$\Delta_c H$	kJ mol^{-1}	−1303,8
	kJ g^{-1}	−10,101
	kJ cm^{-3}	−18,373
Λ	Gew.-%	−43,38
N	Gew.-%	54,26
Smp	°C	227 (Z)
Reib-E	N	168
Schlag-E	cm	> 177 mit 2,5 kg Type 12 Werkzeug
V_D	m s^{-1}	7710 @ 1,752 g cm^{-3} mit 5 Gew.-% Kel-F 800

ANTA ist ein unempfindlicher Sprengstoff mit moderatem Energiegehalt.

- R. L. Simpson, P. F. Pagoria, A. R. Mitchell, C. L. Coon, Synthesis, Properties and Performance of the High Explosive ANTA, *Propellants Explos. Pyrotech.* **1994**, *19*, 174–179.

5-Amino-1*H*-tetrazol, 5-AT

5-Amino-1H-tetrazole

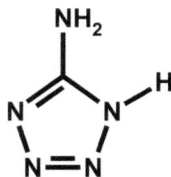

Formel		$C_1H_3N_5$
GHS		02, 07
REACH		LPRS
EINECS		224-581-7
CAS		[4418-61-5]
m_r	$g\,mol^{-1}$	85,068
ρ	$g\,cm^{-3}$	1,502
$\Delta_f H$	$kJ\,mol^{-1}$	207,78
$\Delta_c H$	$kJ\,mol^{-1}$	−1030,3
	$kJ\,g^{-1}$	−12,111
	$kJ\,cm^{-3}$	−22,030
Λ	Gew.-%	−65,83
N	Gew.-%	82,31
Smp	°C	203 (Z)

5-AT ist sehr hygroskopisch und bildet ein Monohydrat. Es wird häufig als stickstoffreicher Brennstoff in Gasgeneratoren und Pyrotechnika verwendet. Schwermetallsalze des 5-AT werden gegenwärtig als Primärsprengstoffe untersucht.

- H. Stadler, K. Ballreich, H. Gawlick, *Pyrotechnisches Gemisch*, DE1446918A, **1966**, Deutschland.
- J. J. Sabatini, J. D. Moretti, High-Nitrogen-Based Pyrotechnics: Perchlorate-Free Red- and Green-Light Illuminants Based on 5-Aminotetrazole, *Chem. Eur. J.* **2013**, *19*, 12839–12845.

3-Amino-1,2,4-triazoliumnitrat, AtrzN

3-amino-1,2,4-triazolium nitrate, amitrole nitrate

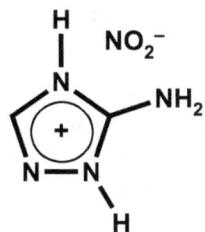

Formel		$C_2H_5N_5O_3$
CAS		[13040-74-9]
m_r	$g\,mol^{-1}$	147,094
ρ	$g\,cm^{-3}$	~ 1.5
$\Delta_f H$	$kJ\,mol^{-1}$	−171
$\Delta_{ex} H$	$kJ\,mol^{-1}$	−525,7
	$kJ\,g^{-1}$	−3,575
	$kJ\,cm^{-3}$	−5,362

$\Delta_c H$	kJ mol^{-1}	−1330,6
	kJ g^{-1}	−9,046
	kJ cm^{-3}	−13,569
Λ	Gew.-%	−38,07
N	Gew.-%	47,62
Smp	°C	179
Z	°C	180
Reib-E$_{50}$	N	> 355
Schlag-E$_{50}$	J	38,9

AtrzN ist als Komponente für Airbagsätze vorgeschlagen worden. Als EILS wird AtrzN in Mischungen mit Ammoniumnitrat und 3,5-Diamino-1,2,4-triazoliumnitrat (siehe *AAD*) für unempfindliche schmelzgießbare Explosivstoffe untersucht.

- L. I. Bagal, M. S. Pevzner, V. A. Lopyrev, Basicity and Structure of 1,2,4-triazole derivatives, *Khim. Geterot. Soed.* **1966**, *3*, 440–442
- P. W. Leonard, D. E. Chavez, P. R. Bowden, E. G. Francois, Nitrate Salt Based Melt Cast materials, *Propellants Explos. Pyrotech.* **2018**, *43*, 11–14.

Ammonal
ammonal

Ammonale sind schmelzgießbare Sprengstoffe auf der Grundlage des ternären Systems *TNT*, *Ammoniumnitrat* und *Aluminium* (Tab. A.12 & A.13, Abb. A.8). Diese Mischungen wurden in Deutschland auch als Füllpulver (Fp) 19 und 13-113 sowie in der UdSSR als Grammonal A-8 und A-45 bezeichnet. Daneben wurden auch andere Mischungen als Ammonal bezeichnet, sofern diese *AN*, Al und eine Kohlenstoffquelle enthielten.

Die Detonationsgeschwindigkeit der Ammonale ist niedriger als die der entsprechenden Amatole. Allerdings führt die stark exotherme Nachverbrennung des Aluminiums zu einer deutlichen Verlängerung der positiven Druckphase und führt damit insgesamt zu einer Verbesserung des Arbeitsvermögens, was sich auch in den gegenüber den Amatolen deutlich größeren Bleiblockausbauchungen zeigt. Ammona-

Tab. A.12: Ammonal-Explosivstoffmischungen (1).

Gew.-%	DE-Ammonal-I	DE-Ammonal-II	US-Ammonal-I	US-Ammonal-II	Fp	Fp-19	Fp-13-113	A-8	A-45
TNT	30	31	67	12	40	55	20	12	45
NH$_4$NO$_3$	54	44,9	22	72	40	35	70	80	40
Aluminium	16	24,1	11	16	20	10	10	8	15
ρ (g cm^{-3})				1,65	1,62				

Tab. A.13: Ammonal-Explosivstoffmischungen (2).

Parameter	US-Ammonal-I	Fp	A-8	A-45
V_D (m s^{-1})			3900	6050
ρ (g cm^{-3})	1,65	1,74		
$\Delta_{melt}H$ (J g^{-1})	64,6	38,6		
c_p (J g^{-1} K^{-1})		1,268		
Z (°C)		250		
$\varnothing_{cr}$ (mm)			35	70
Trauzl (cm^3)			430	450

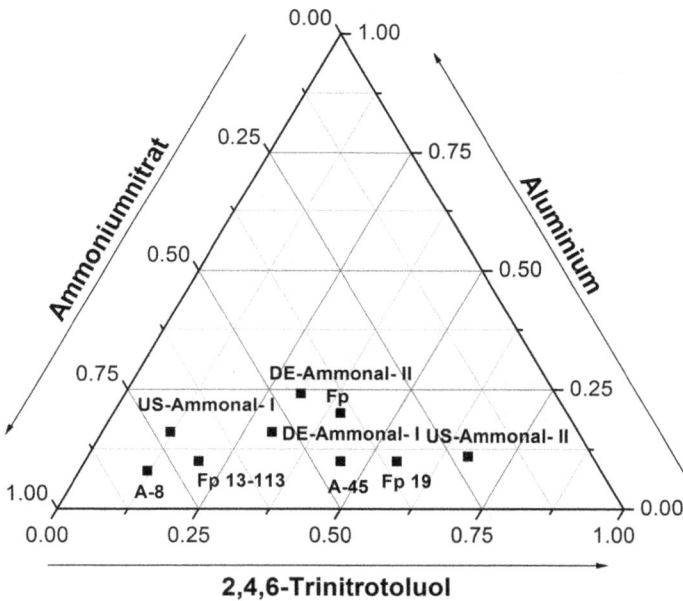

Abb. A.8: Sprengstoffmischungen im ternären System Al/AN/TNT.

le wurden auch als Unterwassersprengstoffe in Wasserbomben und Torpedogefechtsköpfen verwendet. Im Gegensatz zu den Amatolen sind Ammonale aufgrund des enthaltenen Aluminiums deutlich schlag- und reibempfindlicher und reagieren auch bei Beschuss. Daher wurden die Ammonale in Deutschland im 2. Weltkrieg in Torpedogefechtsköpfen durch beschusssichere Mischungen aus TNT/Hexanitrodiphenylamin/Aluminium (*Schießwolle*) ersetzt.

Ammoniumcer(IV)nitrat

ammonium hexanitrato cerate(IV)

Aspekt		orangerot
Formel		$(NH_4)_2[Ce(NO_3)_6]$
H-Sätze		H272-H315-H319-H355
P-Sätze		P221-P210-P305+P351+P338-P302+P352-P321-P501a
REACH		LPRS
EINECS		240-827-6
CAS		[16774-21-3] bzw. [10139-51-2]
m_r	$g\,mol^{-1}$	548,222
ρ	$g\,cm^{-3}$	2,49
$\Delta_f H$	$kJ\,mol^{-1}$	−2370 (geschätzt)
Λ	Gew.-%	+35,02
N	Gew.-%	20,44

Ammoniumcer(IV)nitrat ist gut wasser- und alkohollöslich und besitzt einen leicht stechenden Geruch. Über den Einsatz von Ammoniumcer(IV)nitrat als Oxidationsmittel haben Jennings-White (1990) und Barr (2010) berichtet. Ammoniumcer(IV)nitrat wird auch zur Phasenstabilisierung und als Abbrandmodifikator für Ammoniumnitrat eingesetzt.

- C. Jennings-White, Some Esoteric Firework Materials, *Pyrotechnica*, **1990**, *XIII*, 26–32.
- G. M. Barr, Alternative Oxidation Systems for Propellants and Pyrotechnics, *Transfer Report MPhil/PhD*, Cranfield University, June, **2010**.

Ammoniumchlorat, AC

ammonium chlorate

Formel		NH_4ClO_3
GHS		01
H-Sätze		H
P-Sätze		P
UN		1461
REACH		LPRS
EINECS		233-468-1
CAS		[10192-29-7]
m_r	$g\,mol^{-1}$	101,48966
ρ	$g\,cm^{-3}$	1,93(XRD); 1,91(Flotation)
$\Delta_f H$	$kJ\,mol^{-1}$	−231
$\Delta_{ex} H$	$kJ\,mol^{-1}$	−194,9
	$kJ\,g^{-1}$	−1,920
	$kJ\,cm^{-3}$	−3,706
Λ	Gew.-%	+23,65
N	Gew.-%	13,80

Z	°C	90–102
A_E	kJ mol^{-1}	100–140
V_D	m s^{-1}	3300 @ 0,9 g cm^{-3}, im Eisenrohr $\varnothing_i$ = 26 mm und 4 mm Wandstärke
Schlag-E$_{50}$	J	3
Trauzl	cm^3	254

AC ist eine nichthygroskopische, mechanisch und thermisch sehr empfindliche Substanz, die bereits bei Raumtemperatur durch Elektronenübertragungsprozesse zwischen Kation und Anion etwa wie folgt zerfällt:

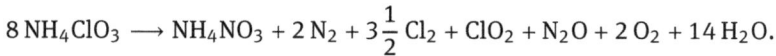

$$8\,NH_4ClO_3 \longrightarrow NH_4NO_3 + 2\,N_2 + 3\frac{1}{2}\,Cl_2 + ClO_2 + N_2O + 2\,O_2 + 14\,H_2O.$$

Durch die Zersetzungsprodukte wird der Zerfall autokatalytisch beschleunigt. AC kann unbeabsichtigt durch doppelte Umsetzung aus Ammoniumsalzen und Chloraten gemäß

$$NH_4X + MClO_3 \longrightarrow NH_4ClO_3 + MX$$

entstehen, weshalb pyrotechnische Mischungen aus Chloraten und Ammoniumsalzen sehr gefährlich sind.

- F. Solymosi, Kinetik und Mechanismus der thermischen Zersetzung von Ammoniumhalogenaten im festen Zustand, in V. Boldyrev, K. Meyer (Hrsg.), *Festkörperchemie*, VEB Deutscher Verlag für Grundstoffchemie, **1973**, 424–441.
- H. Kast, Über explosible Ammonsalze, *Z. ges. Schieß- u. Spreng.* **1926**, *21*, 204–209, *Z. ges. Schieß- u. Spreng.* **1927**, *22*, 6–9

Ammoniumchlorid, NH$_4$Cl

ammonium chloride

Formel		NH$_4$Cl
H-Sätze		H302-H319
P-Sätze		P264-P280-P301+P312-P305+P351+P338-P337+P313-P501a
REACH		LRS
EINECS		235-186-4
CAS		[12125-02-9]
m_r	g mol^{-1}	53,491
ρ	g cm^{-3}	1,527
Sbl	°C	340
$\Delta_f H$	kJ mol^{-1}	−314
Λ	Gew.-%	−44,87
N	Gew.-%	26,19

Ammoniumchlorid ist ein schwach hygroskopisches, farbloses Salz. Es wird in der Pyrotechnik in *Nebelsätzen* zusammen mit KClO$_3$ als Oxidationsmittel eingesetzt. Trotz einer möglichen Metathese zum explosiblen *Ammoniumchlorat* gemäß

$$KClO_3 + NH_4Cl \longrightarrow KCl + NH_4ClO_3$$

sind solche Sätze erstaunlich stabil. Shimizu (1981) führt dies auf das niedrigere Löslichkeitsprodukt von $KClO_3$ im Vergleich zu NH_4ClO_3 und KCl zurück, was eine Verschiebung des Gleichgewichts auf die rechte Seite verhindert. Neben der Anwendung von NH_4Cl in Rauchsätzen wird es auch vereinzelt als Cl-Quelle in rot und grün brennenden Leucht- und Blinksätzen (siehe Tab. B.14) verwendet.

- T. Shimizu, *Fireworks*, Pyrotechnica Publications, Midland, **1981**, 342.

Ammoniumdichromat (VI)
ammonium dichromate

Aspekt		orangerot
Formel		$(NH_4)_2Cr_2O_7$
GHS		03,05,06,08,09
H-Sätze		H200-H301-H330-H334-H350-H360-H372-H314-H272-H312-H317-H400-H410
P-Sätze		P221-P301+P310-P303+P361+P353-P305+P351+P338-P320-P373-P401a-P405-P501a
REACH		LRS, CL-SVHC
EINECS		232-143-1
CAS		[7789-09-5]
m_r	g mol^{-1}	252,065
ρ	g cm^{-3}	2,155
$\Delta_f H$	kJ mol^{-1}	−1806,65
Smp	°C	n. a.
Z	°C	180
Λ	Gew-%	0
N	Gew.-%	11,11
Schlag-E$_{50}$	J	20
Koenen	mm,	Typ < 4, F

Ammoniumdichromat ist eine reibunempfindliche Substanz, die in Wasser sehr gut löslich und als ballistischer Modifikator Einsatz in Festtreibstoffen findet. Ammoniumdichromat entzündet sich im Wood'schen Metallbad ab 240 °C und brennt unter Aussprühen des glühenden Oxids (Cr_2O_3).

$$(NH_4)_2Cr_2O_7 \longrightarrow Cr_2O_3 + N_2 + 4H_2O$$

Früher wurde Ammoniumdichromat im Schulunterricht für den „Vulkanversuch" (Stoffumwandlung orange → grün, Funkensprühen) verwendet, ist aber heute aufgrund der krebserregenden Wirkung von Chrom-(VI)-Verbindungen nicht mehr zulässig.

Ammoniumdinitramid, ADN

Formel		$NH_4[N(NO_2)_2]$
REACH		LPRS
EINECS		604-184-9
CAS		[140456-78-6]
m_r	$g\,mol^{-1}$	124,056
ρ	$g\,cm^{-3}$	1,831
$\rho\,100\,°C$	$g\,cm^{-3}$	1,560
c_p	$J\,g^{-1}\,K^{-1}$	1,8
$\Delta_{melt}H$	$J\,g^{-1}$	130
$\Delta_f H$	$kJ\,mol^{-1}$	$-150,6$
$\Delta_{ex}H$	$kJ\,mol^{-1}$	-420
	$kJ\,g^{-1}$	$-3,386$
	$kJ\,cm^{-3}$	$-6,199$
Λ	Gew.-%	$+25,79$
N	Gew.-%	45,16
Smp	°C	92,9
Sdp	°C	127 (Z.)
Reib-E	N	> 360
Schlag-E	J	12 (geprillt), 8 (Pulver)
V_D	$m\,s^{-1}$	5990 @ $1,76\,g\,cm^{-3}$ (gegossen mit 1 Gew.-% MgO)@ 100 mm ⌀
P_{CJ}	GPa	14 @ 43 ⌀ mm und $1,66\,g\,cm^{-3}$.

ADN ist ein Oxidationsmittel und verhält sich wie ein nichtidealer Sprengstoff. Trotz des niedrigen Schmelzpunkts von $T = 92\,°C$ ist dessen Stabilität dennoch ausreichend für eine Anwendung in kunststoffgebundenen Treibsätzen (Manelis 1995). Aufgrund der hohen spezifischen Gasbildungsrate im Vergleich zu *Ammoniumperchlorat (AP)* wird ADN als Ersatz für AP in vielen taktischen Antriebssystemen diskutiert. Ein weiterer Vorteil von ADN gegenüber AP ist die Abwesenheit von Chlor. Daher ist die Signatur des Abgasstrahls ADN-haltige Sätze günstiger als die von AP. ADN ist in Mischungen mit HTPB und Polynimmo-Bindern stabil. Hingegen ist die Stabilität mit Polyglyn nicht gegeben. Auch mit reaktiven Isocyanaten ist ADN nicht kompatibel, was Probleme bei der Anwendung in HTPB-gebundenen Systemen schafft. Wingborg konnte 2016 zeigen, dass der Zusatz von nur 1 Gew.-% Hexamethylentetramin ADN/AN/HTPB-Formulierungen gegenüber Zerfall stabilisiert. ADN bildet mit Ammoniumnitrat im Massenverhältnis 33/67 ein bei 60 °C schmelzendes Eutektikum.

- N. Wingborg, M. Calabro, Green Solid Propellants for Launchers, SP2016_3125163, *Space Propulsion Conf.*, Rome, **2016**.
- A. Hahma, H. Edvinsson, H. Östmark, The properties of Ammonium Dinitramine (ADN): Part 2: Melt casting, *J. Energ. Mater.* **2010**, *28*, 114–138.
- S. Löbbecke, H. H. Krause, A. Pfeil, Thermal Analysis of Ammonium Dinitramide Decomposition, *Propellants Explos. Pyrotech.* **1997**, *22*, 184–188.
- G. B. Manelis, Thermal decomposition of dinitramide ammonium salt, *26th ICT Jata*, **1995**, Karlsruhe, Nr. 15.

Ammoniumnitrat, AN

Ammonsalpeter (ugs.)		
Formel		NH_4NO_3
GHS		03, 07
H-Sätze		H271-H315-H319-H335
P-Sätze		P210-P221-P283-P305+P351+P338-P405-P501a
UN		1942
REACH		LRS
EINECS		229-347-8
CAS		[6484-52-2]
m_r	$g\,mol^{-1}$	80,043
ρ	$g\,cm^{-3}$	1,725
$\Delta_f H$	$kJ\,mol^{-1}$	−365,56
$\Delta_{ex}H$	$kJ\,mol^{-1}$	−127,2
	$kJ\,g^{-1}$	−1,590
	$kJ\,cm^{-3}$	−2,742
Λ	Gew.-%	+19,99
N	Gew.-%	35,00
Smp	°C	169,9
Sdp	°C	210
Z	°C	249
Koenen	mm,	Typ 1, F

AN ist ein hygroskopisches Pulver. AN bildet den Hauptbestandteil der sogenannten *Ammonium-Nitrate-Fuel-Oil(ANFO)*-Sprengmittel. In der Pyrotechnik ist es aufgrund der niedrigen Flammentemperatur nur von untergeordnetem Interesse. AN wird als Oxidationsmittel in umweltfreundlichen Rauchsätzen und Anzündmischungen für Brandsätze vorgeschlagen. AN wird zusammen mit anorganischen und organischen Nitraten in Festtreibstoffsätzen und Gassätzen für Airbag-Anwendungen eingesetzt. Da AN eine Reihe von Phasenübergängen mit Volumenänderungen zeigt (Tab. A.14), wird es mit einer Reihe von Zusätzen, wie z. B. Caesiumnitrat, Kaliumnitrat oder Kaliumdini-tramid dotiert, welche die Phasenumwandlung unterdrücken bzw. verschieben. Dieses AN wird dann als PSAN (phasenstabilisiertes AN) bezeichnet. AN bildet mit Salpeter-säure Ammoniumtrinitrat, $NH_4NO_3 \cdot 2\,HNO_3$, das in situ bei Nitrierungsreaktionen verwendet wird. Zum Einsatz in ANFO wird geprilltes (kugelförmiges) AN verwendet.

Tab. A.14: Phasenübergänge bei unstabilisiertem AN.

Phasenumwandlung	I–II	II–III	III–IV	IV–V	V–VI
T [°C]	125,2	84,2	32,1	−16	−170

- E. G. Mahadevan, *Ammonium Nitrate Explosives for Civil Applications*, Wiley-VCH, Weinheim, **2013**, 214 S.
- J. R. C. Duke, F. J. Llewellyn, The crystal structure of ammonium trinitrate, $NH_4NO_3 \cdot 2\,HNO_3$, *Acta Cryst.* **1950**, *3*, 305–311.

Ammoniumnitratocuprat (II)

Aspekt		dunkel blaugrüne Kristalle
Formel		$(NH_4)_3[Cu(NO_3)_4](NO_3)$
CAS		[215184-39-7]
m_r	$g\,mol^{-1}$	427,6862
ρ	$g\,cm^{-3}$	1,936
$\Delta_f H$	$kJ\,mol^{-1}$	−2500
Λ	Gew.-%	+29,93
N	Gew.-%	26,20
Smp	°C	151
$T_{p(or \to c)}$	°C	144

Ammoniumnitratocuprat (II) zerfällt in feuchter Atmosphäre langsam zu Kupfer(II)nitrat und Ammoniumnitrat.

- V. Morozov, A. A. Fedorova, S. I. Troyanov, Synthesis and Crystal Structure of Alkali Metal and Ammonium Nitratocuprates(II) $M_3[Cu(NO_3)_4](NO_3)$ (M = K, NH_4, Rb) and $Cs_2[Cu(NO_3)_4]$, *Z. Anorg. Allg. Chem.* **1998**, *624*, 1543–1547.

Ammoniumoxalat

Formel		$(NH_4)_2C_2O_4$
H-Sätze		H302-H312
P-Sätze		P280-P301+P312-P302+P352-P312-P322-P501a
REACH		LPRS
EINECS		214-202-3
CAS		[1113-38-8]
m_r	$g\,mol^{-1}$	124,097
ρ	$g\,cm^{-3}$	1,48
$\Delta_f H$	$kJ\,mol^{-1}$	−1123
Λ	Gew.-%	−51,57
N	Gew.-%	22,57
Smp	°C	212 (Z)

Ammoniumoxalat bildet mit Feuchtigkeit das Monohydrat CAS-Nr. [6009-70-7], $\rho = 1,582\,g\,cm^{-3}$, $\Delta_f H = -1425\,kJ\,mol^{-1}$, das bei $T = 78\,°C$ das Kristallwasser abgibt. Ammoniumoxalat dient als endothermer Zusatz in Kaltgasgeneratoren oder als Bestandteil ablativer Kühlungen.

- H. Ratz, H. Gawlick, W. Spranger, G. Marondel, W. Siegelin, *Druckgaserzeugender kühle Gase liefernder Treibsatz*, DE-Patent 1806550B2, Dynamit Nobel **1976**.

Ammoniumperchlorat, AP

Formel		NH_4ClO_4
GHS		01
H-Sätze		H200-H271
P-Sätze		P210-P221-P283-P373-P401a-P501a
UN		1442
REACH		LRS
EINECS		232-235-1
CAS		[7790-98-9]
m_r	$g\,mol^{-1}$	117,489
ρ	$g\,cm^{-3}$	1,95
$\Delta_f H$	$kJ\,mol^{-1}$	−295,77
$\Delta_{ex} H$	$kJ\,mol^{-1}$	−131,4
	$kJ\,g^{-1}$	−1,118
	$kJ\,cm^{-3}$	−2,181
Λ	Gew.-%	+34,04
N	Gew.-%	11,92
Smp	°C	130
Sdp	°C	n.a.
$T_{p(or\to c)}$	°C	240
Z	°C	274
Koenen	mm, Typ	3, F

AP ist nicht hygroskopisch und zählt zu den wichtigsten pyrotechnischen Oxidationsmitteln. Es ist Hauptbestandteil vieler Composite-Festtreibstoffsätze in Flugkörpern, z. B. in den Boostern des ehemaligen Space-Shuttles. In der klassischen Pyrotechnik findet AP vereinzelte Anwendung in farbigen Signalsätzen 75 % AP − 25 % $M(acac)_x$ (M = Ca, Sr, Ba, Mo, Zr, Cu, La) (Dumont 1992) und Raketensätzen 29 % AP − 30 % $M(NO_3)_2$ (M = Sr, Ba) − 40 % Mg_3Al_4 − 10 % Polyesterharz (Shimizu 1977), Blinksätzen und spektral angepassten IR-Scheinzielwirkmassen, sowie in IR-Wirkmassen für kinematische IR-Scheinziele.

In Mischungen mit Magnesium erfolgt rasche Zersetzung unter Ammoniakentwicklung nach

$$Mg + 2\,NH_4ClO_4 \longrightarrow 2\,NH_3 \uparrow + H_2 \uparrow + Mg(ClO_4)_2 \,.$$

Aus diesem Grund muss bei Mg/AP-Sätzen stets passiviertes Magnesium eingesetzt werden. Besonders gefährlich sind Mischungen aus Chloraten und AP. Diese liefern in doppelter Umsetzung unter anderem das explosionsgefährliche Ammoniumchlorat.

Weitere unverträgliche Kontaktstoffe sind die Carbonate der Akali- und Erdalkalimetalle, welche gemäß

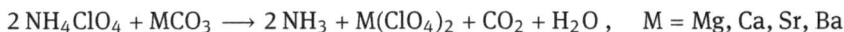

$$2\,NH_4ClO_4 + MCO_3 \longrightarrow 2\,NH_3 + M(ClO_4)_2 + CO_2 + H_2O \,, \quad M = Mg, Ca, Sr, Ba$$
$$2\,NH_4ClO_4 + M_2CO_3 \longrightarrow 2\,NH_3 + 2\,MClO_4 + CO_2 + H_2O \,, \quad M = Li, Na, K \,,$$

abreagieren.

Bei thermischer Belastung von AP erfolgt zunächst bei $T < 180\,°C$ eine geringe Sublimation von AP mit Dissoziation gemäß

$$NH_4ClO_{4(s)} \longrightarrow NH_4ClO_{4(g)} \longrightarrow NH_3 + HClO_4,$$

wobei Ammoniak und Perchlorsäure an der Kristalloberfläche adsorbiert werden. Bei $240\,°C$ erfolgt eine Phasenumwandlung von der orthorhombischen in die kubische Modifikation. Im Temperaturbereich zwischen $300–350\,°C$ findet dann die Oxidation des adsorbierten NH_3 und $HClO_4$ zu H_2O, O_2 und NO statt. Bei $T > 430\,°C$ schließlich ist die Zersetzung des AP abgeschlossen. Der Zersetzungsmechanismus von AP variiert stark mit den Untersuchungsbedingungen.

- J. L. Dumont, Pyrotechnische Zusammensetzungen zur Herstellung von farbigem Feuerwerk, EP252803B1, Frankreich, **1992**.
- T. Shimizu, Compositions containing luminance agents and propellants for signal rockets, JP52120113A, Japan, **1977**.

Ammoniumpikrat, Explosive D, Dunnite, SS D 8070
ammonium picrate

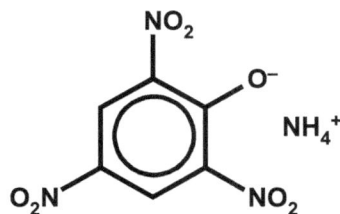

Aspekt		gelbes bzw. rotes Kristallpulver
Formel		$C_6H_6N_4O_7$
REACH		LPRS
EINECS		205-038-3
CAS		[131-74-8]
m_r	$g\,mol^{-1}$	246,136
ρ	$g\,cm^{-3}$	1,717
$\Delta_f H$	$kJ\,mol^{-1}$	−386
$\Delta_{ex} H$	$kJ\,mol^{-1}$	−1035,1
	$kJ\,g^{-1}$	−4,208
	$kJ\,cm^{-3}$	−7,225
$\Delta_c H$	$kJ\,mol^{-1}$	−2832,6
	$kJ\,g^{-1}$	−11,508
	$kJ\,cm^{-3}$	−19,760

Λ	Gew.-%	−52
N	Gew.-%	22,76
Smp	°C	280
Z	°C	320
Schlag-E	J	> 20
Trauzl	cm^3	280
V_D	m s^{-1}	7338 @ 1,717 g cm^{-3},
		6850 @ 1,55 g cm^{-3},
		4990 @ 1,0 g cm^{-3}

Ammoniumpikrat wurde aufgrund seiner geringen mechanischen und thermischen Empfindlichkeit gegenüber Schlag- und Stoßbeanspruchung in panzerbrechender Schiffsartilleriemunition verwendet. Ammoniumpikrat kann auch als Ausgangssubstanz für die Synthese von 1,3,5-Triamino-2,4,6-trinitrobenzol (TATB) genutzt werden. Raucharme rote Bengalsätze enthalten 54 Gew.-% A. und 46 Gew.-% Strontiumnitrat.

- M. Coburn, P. Hsu, G. S. Lee A. R. Mitchell, P. F. Pagoria. R. Schmidt, *Synthesis and Purification of 1,3,5-triamino-2,4,6-trinitrobenzene (TATB)*, US7057072B, **2006**, USA.

Ammonium-2,4,5-trinitroimidazolat, ATNI
ammonium-2,4,5-trinitroimidazolate

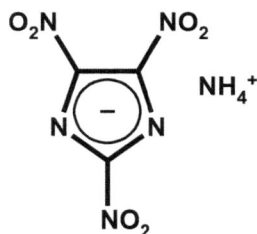

Formel		C$_3$H$_4$N$_6$O$_6$
CAS		[63839-60-1]
m_r	g mol^{-1}	220,101
ρ	g cm^{-3}	1,835
$\Delta_f H$	kJ mol^{-1}	−87
$\Delta_{ex} H$	kJ mol^{-1}	−1107,6
	kJ g^{-1}	−5,032
	kJ cm^{-3}	−9,234
$\Delta_c H$	kJ mol^{-1}	−1665,2
	kJ g^{-1}	−7,566
	kJ cm^{-3}	−13,883

$\varLambda$	Gew.-%	−14,54
N	Gew.-%	38,18
Smp	°C	248
DSC-onset	°C	320
Schlag-E	cm	50,3 (type 12)
V_D	m s^{-1}	8560 @ 1,835 g cm^{-3},
P_{CJ}	GPa	33

- M. D. Coburn, *Ammonium 2,4,6-Trinitroimidazole*, US 4028154, **1977**, USA.

Ammonpulver
ammon powder

Ammonpulver bezeichnet ein schwefelfreies Schwarzpulver nachfolgender Zusammensetzung:
- 80–90 Gew.-% Ammoniumnitrat
- 10–20 Gew.-% Holzkohle

Ähnlich wie Amidpulver wurde es bei minimalem Mündungsfeuer bis in den 1. Weltkrieg hinein als Artillerie-TLP verwendet.

- P. Rusch, Nitropulver und Ammonpulver als Treibmittel – der Weg zu einer erfolgverheißenden Bekämpfung der Rohrerosion, *Mitteilungen aus dem Gebiete des Seewesens* **1909**, *37*, 1–43.

Amorces
toy caps

Amorces, die in Deutschland auch *Zündplättchen* genannt werden, zählen zu den früher als *Knallspielwaren* bezeichneten pyrotechnischen Gegenständen der Kategorie F1 und werden in Spielzeugpistolen und anderen durch Schlag betätigten Spielwaren verwendet. Als Wirkmasse enthalten Amorces geringe Mengen der *Armstrong'schen Mischung*. Um Gehörschäden durch Amorces insbesondere bei Kindern zu verhindern wurde 2001 in der einschlägigen DIN EN 71 der Emissionsschalldruckpegel, Lp_A, für ohrnahes Spielzeug von 92 dB (A) auf 80 dB (A) abgesenkt weshalb auch seit dieser Zeit die Ladungsmasse der Amorces deutlich verringert wurde.

- *Bundestags-Drucksache 15/1159*, Bonn, 10.06.**2003**; http://dipbt.bundestag.de/doc/btd/15/011/1501159.pdf
- K. R. Mniszewski, K. L. Kosanke, Air Blast TNT Equivalency for Rolls of Paper Toy Caps, *J. Pyrotech.*, **2005**, *21*, 13–20.

Anfeuerung
first fire

Eine Anfeuerung bezeichnet einen pyrotechnischen Satz, welcher der Anzündung eines anderen pyrotechnischen Satzes dient und auf diesem wenigstens stellenweise fest aufgebracht ist. Anfeuerungen können mit dem anderen pyrotechnischen Satz verpresst, zusammen extrudiert, aber auch separat nach Herstellung des pyrotechnischen Wirkkörpers auf diesen aufgestrichen oder auch getaucht werden. Die Anfeuerung hat im Vergleich zu dem anderen pyrotechnischen Satz (z. B. Leuchtsatz) selbst eine niedrigere spezifische Anzündenergie, H_{ix} (J m^{-2}) bzw. Anzündtemperatur als dieser, erzeugt aber beim Abbrand einen hinreichend hohen Wärmefluss, H_{ix} (J m^{-2}) bzw. hinreichend hohe Temperatur um den Trägersatz anzuzünden.

$$H_{ix} = \frac{c_p(T_i - T_0)}{A}$$

Bei pyrotechnischen Sätzen mit sehr hohen Anzündtemperaturen (z. B. Leuchtsätze oder Thermite) können zwischen der Anfeuerung und dem eigentlichen Wirksatz auch Zwischensätze vorhanden sein. Diese stellen oftmals Mischungen der Anfeuerung und des Wirksatzes in bestimmten Proportionen dar und sollen den Übergang des Abbrandes von der Anfeuerung auf den Wirksatz verbessern. Hier gelten ebenfalls die obigen Ausführungen. Der Zwischensatz besitzt eine höhere Anzündtemperatur als die Anfeuerung, liefert aber auch deutlich heißere Abbrandprodukte als die Anfeuerung und kann daher den eigentlichen Wirksatz verlässlich anzünden.

ANFO
ammonium nitrate fuel oil explosives

ANFO sind fließfähige Mischungen aus geprilltem AN und Mineralöl mit einem ungefähren Massenverhältnis von 94,3 Gew-& AN und 5,5 Gew.-% Mineralöl. Bei dieser Zusammensetzung ist die Mischung genau sauerstoffausbilanziert (Λ = 0 Gew.-%) Tab. A.15 zeigt die Eigenschaften von ANFO mit AN-Prills hoher Dichte (HDAN) und niedriger Dichte (LDAN).

- E. G. Mahadevan, *Ammonium Nitrate Explosives for Civil Applications*, Wiley-VCH, Weinheim, **2013**, 214 S.

Tab. A.15: Eigenschaften von ANFO.

Parameter	ANFO-HDAN	ANFO-LDAN
V_D (m s^{-1})	1500–1800	4000
ρ (g cm^{-3})	0,90–0,98	0,70–0,82
$\varnothing_{cr(offen)}$ (cm)	22,8	6,3
$\varnothing_{cr(Einschluss)}$ (cm)	10,1	4,4

Anlaufstrecke
run-to-detonation distance

Die Anlaufstrecke kennzeichnet bei einem Explosivstoff bei gegebener Dichte, Temperatur und Ladungsdurchmesser die für das Erreichen einer quasistationären Detonationsgeschwindigkeit erforderliche Strecke bei variablem Initiierungsdruck. Die Anlaufstrecke wird nach Popolato (1980) im sogenannten „pop-plot" dargestellt. Abb. A.9 zeigt die Anlaufstrecke verschiedener Explosivstoffe bei gegebener Dichte als Funktion des Initiierungsdrucks.

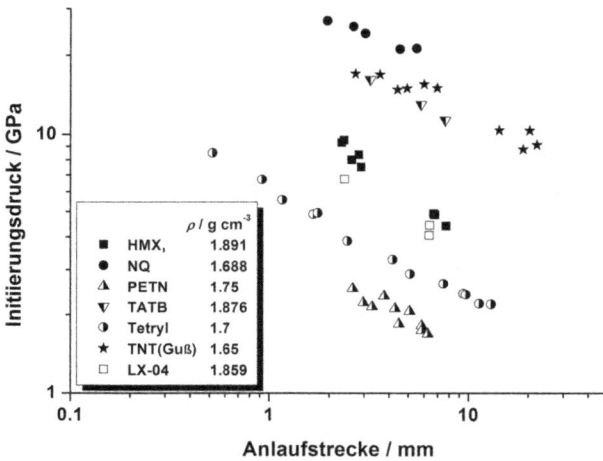

Abb. A.9: Anlaufstrecke nach *Popolato.*

- T. R. Gibbs, A. Popolato (Hrsg.), *LASL Explosive Property Data*, University of California Press, **1980**, 471 S.

Anthracen
anthracene

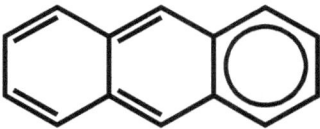

Aspekt	perlmuttartig schimmernde farblose Kristalle
Formel	$C_{14}H_{10}$
GHS	07,09
H-Sätze	H400-H410-H317
P-Sätze	P261-P280-P302+P352-P321-P363-P501a
UN	3077

REACH		LRS, SVHC
EINECS		204-371-1
CAS		[120-12-7]
m_r	$g\,mol^{-1}$	178,24
ρ	$g\,cm^{-3}$	1,252
$\Delta_f H$	$kJ\,mol^{-1}$	−129,16
$\Delta_c H$	$kJ\,mol^{-1}$	−6809,3
	$kJ\,g^{-1}$	−38,205
	$kJ\,cm^{-3}$	−47,833
Λ	Gew.-%	−296,24
Smp	°C	218
Sdp	°C	340

Technisches Anthracen erscheint beige. Während des 2. Weltkriegs wurden Anthracen und Naphthalin in Deutschland als Ersatzstoffe für Schellack in pyrotechnischen Leuchtsätzen verwendet. Es gibt eine Reihe von Rauchsätzen auf Basis von Anthracen/HC und Mg z. B. {20/60/20}. Das Anthracen dient in diesen Anwendungen als endothermer Zusatz der die heftige Reaktion von Mg mit HC dämpft. Gleichzeitig wird dabei Ruß durch die Pyrolyse (Cyclodehydrogenierung) von Anthracen freigesetzt. Anthracen wird von Nourdin (1994) als Brennstoff in Brandmassen vorgeschlagen. Nielson empfiehlt Anthracen als kühlenden Zusatz in sauerstoffunterbilanzierten Wirkmassen für kinematische IR-Scheinziele mit Schwarzkörpersignatur auf der Basis Mg/AP/HTPB {15/33/35/17}. Die bei Umgang mit Anthracen auftretenden dermatologischen Symptome (Photosensibilisierung) sind auf die Verunreinigung technischer Qualitäten mit höheren benzoiden Aromaten zurückzuführen.

- E. Nourdin, *Composition incendiaire et projectile incendiaire dispersant une telle composition*, EP0663376 A1, **1994**, France.
- D. B. Nielson, D. M. Lester, *Black body decoy flare compositions for thrusted applications and methods of use*, US5834680, **1998**, USA.

Antimon
antimony

Aspekt	silbergrau bis schwarz
Formel	Sb
GHS	06, 09
H-Sätze	H301-H332-H411
P-Sätze	P261-P301+P310-P304+P340-P321-P405-P501a
UN	2871
REACH	LRS
EINECS	231-146-5
CAS	[7440-36-0]

m_r	g mol^{-1}	121,757
ρ	g cm^{-3}	6,691
Smp	°C	631
Sdp	°C	1587
$\Delta_m H$	kJ mol^{-1}	21,985
$\Delta_b H$	kJ mol^{-1}	165,8
c_p	J K^{-1} mol^{-1}	25,23
κ	W m^{-1} K^{-1}	25,9
$\Delta_c H$	kJ mol^{-1}	−485,5
	kJ g^{-1}	−3,987
	kJ cm^{-3}	−26,680
Λ	Gew.-%	−19,71

Sb wird im Feuerwerk zur Erzeugung weißer Flammen als Brennstoff mit KNO$_3$ und Schwefel eingesetzt. Sb wurde in Deutschland vor 1945 als Brennstoff in gaslosen Verzögerungssätzen mit KMnO$_4$ als Oxidationsmittel (KMnO$_4$/Sb: 67/33) verwendet. Moghaddam (1993) hat das Abbrandverhalten von Sb/KMnO$_4$-Mischungen untersucht. Brown et al. (1998) haben den Einfluss verschiedener Sb-Partikelgrößen im System Sb/KMnO$_4$ analysiert. Held hat verschiedene Sb/Element-Mischungen als Koruskativ-Einlage (siehe *Koruskativstoffe*) in Hohlladungen untersucht.

- A. Z. Moghaddam, Combustion reactions of antimony + potassium permanganate mixtures. Rate of propagation and influence of loading pressure, *Thermochimica Acta* **1993**, *223*, 193–200.
- M. E. Brown, S. J. Taylor, M. J. Tribelhorn, Fuel–Oxidant Particle Contact in Binary Pyrotechnic Reactions, *Propellants Explos. Pyrotech.* **1998**, *23*, 320–327.

Antimon(III)-sulfid, Stibnit
antimony(III) sulfide

Antimontrisulfid, Grauspießglanz		
Aspekt		schwarz
Formel		Sb$_2$S$_3$
GHS		07, 09
H-Sätze		H302-H332-H411
P-Sätze		P261-P273-P301+P312-P304+P340-P312-P501a
UN		1549
REACH		LRS
EINECS		215-713-4
CAS		[1345-04-6]
m_r	g mol^{-1}	339,68
ρ	g cm^{-3}	4,64
Smp	°C	565 (unter Sauerstoffausschluss)
Z	°C	250

$\Delta_f H$	kJ mol^{-1}	$-147,28$
$\Delta_c H$	kJ mol^{-1}	-1715
	kJ g^{-1}	$-5,049$
	kJ cm^{-3}	$-23,427$
Λ	Gew.-%	$-42,39$
c_p	J K^{-1} mol^{-1}	$117,87$
κ	W m^{-1} K^{-1}	$25,9$

Ähnlich wie Schwefel wird auch Antimon(III)sulfid in vielen pyrotechnischen Mischungen eingesetzt um den Zündpunkt zu senken. Aufgrund seiner großen Härte dient es auch gleichzeitig als Brennstoff und zur Sensibilisierung in Friktionssätzen. Daneben findet Antimon(III)-sulfid Verwendung als Brennstoff in relativ empfindlichen Knallsätzen zusammen mit Kaliumchlorat bzw. Kaliumperchlorat und Aluminium. Wird im Feuerwerk für Glittereffekte und „weißes Feuer" eingesetzt.

- C. J. White, Glitter Chemistry, *J. Pyrotech.* **1998**, *8*, 53–70.

Anzünden
ignite

Unter dem Begriff Anzünden versteht man im Deutschen immer das Einleiten einer thermischen, subsonischen Reaktion eines energetischen Materials, also eines Abbrandes bzw. einer Deflagration. Der Anzündvorgang beginnt mit der exothermen Reaktion des Substrats und ist bei Erreichen des stationären Abbrands abgeschlossen. Ein energetisches Material kann durch Wärmetransport, Wärmeleitung, Wärmestrahlung und auch durch Stoßwellen angezündet werden. Anzündmittel erzeugen Flammen, heiße Partikeln und Gase. Die in Anzündmitteln enthaltenen energetischen Materialien sind pyrotechnische Sätze. Diese Sätze enthalten bei elektrischen Anzündern meist thermisch empfindliche Primärsprengstoffe wie z. B. *Bleistyphnat*. Für eine erfolgreiche Anzündung muss der Anzünder das anzuzündende Substrat deutlich über seine Anzündtemperatur bringen. Das Anzündvermögen und die Anzündempfindlichkeit von pyrotechnischen Sätzen kann in der sogenannten Gap-Test-Apparatur bestimmt werden. Bei der Anzündung eines energetischen Materials durch Stoßwellen, entspricht nach Hardt (1974) die erforderliche Stoßenergie, E_i, der thermischen Selbstentzündungsenthalpie, H_i bei der Zündtemperatur T_i (K) mit der spezifischen Wärme c_p (J K^{-1} g^{-1}) des Satzes

$$E_i = 0.5 \cdot \frac{p^2}{u_s^2 \cdot \rho_0^2} , \quad H_i = c_p(T_i - T_0) .$$

Die Anzündung eines Raketentreibstoffsatzes mit progressiver Geometrie ist nachfolgend dargestellt (Abb. A.10). Die Phase $t_0 - t_1$ kennzeichnet die Anzündverzögerung des Anzündsatzes und korreliert mit dessen eigener Anzündempfindlichkeit. Die Phase $t_1 - t_2$ beschreibt den Druckanstieg bis zum stationären Abbrand des Anzündsatzes.

Bei t_3 schließlich entzündet sich auch der Festtreibstoffsatz, erkennbar durch einen weiteren Druckanstieg.

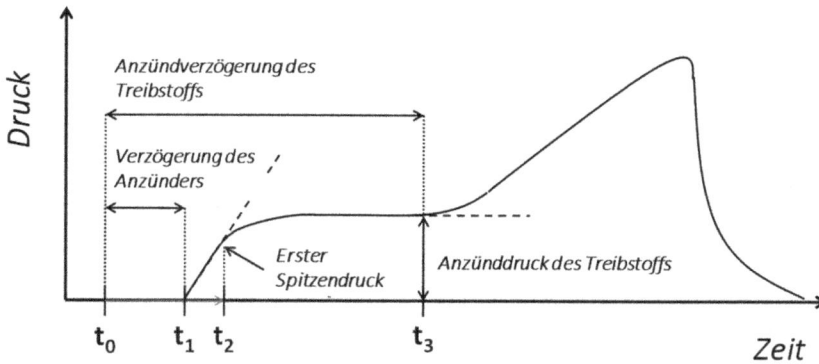

Abb. A.10: Druck-Zeit-Verlauf bei der Anzündung eines FTS nach Koch (2012).

- E.-C. Koch, *Metal-Fluorocarbon Based Energetic Materials*, Wiley-VCH, **2012**, 210–215.
- G. Klingenberg, Experimental Study on the Performance of Pyrotechnic Igniters, *Propellants Explos. Pyrotech.* **1984**, *9*, 91–107.
- A. P. Hardt, R. H. Martinson, Initiation of pyrotechnic Mixtures by Shock, *8th Symposium on Explosives and Pyrotechnics*, Philadelphia, **1974**, 53.

Anzünd-Gap-Test
ignition gap test

Mit dem Anzünd-Gap-Test kann die Auslösedistanz für pyrotechnische Sätze bestimmt werden. Dabei wird ein 100 mg Pressling (⌀ = 5 mm) des zu untersuchenden Materials mit einem ebenso großen Donor-Pellet aus B/KNO$_3$ (30/70) über eine Distanz durch die Luft angezündet. Bei der Messung wird der Median der Entfernung bestimmt, bei der eine Anzündung stattfindet. Die kleinste messbare Entfernung beträgt dabei 2,5 mm. Trotz des großen Aufwands – pro Substanz werden zwischen 30–40 Messungen benötigt – wird der Test in Großbritannien wegen der realitätsnahen Konfiguration gerne verwendet. Tab. A.16 zeigt die Medianwerte für einige ausgewählte Anzündsätze. Abb. A.11 zeigt den Aufbau der Apparatur.

- E. A. Robinson, G. I. Lindsley, E. L. Charsley, S. B. Warrington, Assessing the Ignition Characteristics of Pyrotechnics, *10th International Pyrotechnic Seminar*, **1985**, 25.
- G. I. Lindsley, E. A. Robinson, E. L. Charsley, S. B. Warrington, A Comparison of the Ignition Characteristics of Selected Metal/Oxidant Systems, *11th International Pyrotechnic Seminar*, **1986**, 425–440.

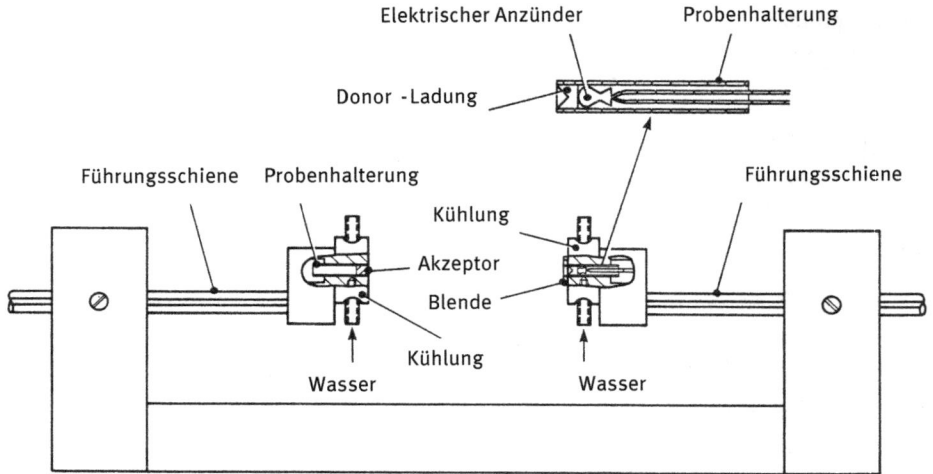

Abb. A.11: Anzünd-Gap-Test-Apparatur nach Lindsley (1985).

Tab. A.16: Gapwerte für verschiedene Sätze.

Satz (Gew.-%)	Bezeichnung	d_{50} (mm)
Si/KNO$_3$ (50/50)		19
Mg/KNO$_3$ (50/50)		21
Ti/KNO3 (50/50)		31
B/KNO$_3$ (10/90)		36
B/Si/KNO$_3$ (20/10/70)		44
B/KNO$_3$ (30/70)		52
Si/KNO$_3$/2K-SP (40/40/20)		63
B/K$_2$Cr$_2$O$_7$ (15/85)		82
3K-SP (75/15/10)	G40	83

Anzündlitze
quick match

Eine Anzündlitze ist eine mit offener Flamme abbrennende Anzündschnur (Abb. A.12). Sie enthält eine Korn-Schwarzpulver-Seele mit Ba(NO$_3$)$_2$ als Oxidationsmittel, die mit mehreren Lagen feiner Textilfäden und einer Kunststofffolie umgeben ist. Ein dünner Kupferdraht als Seele sorgt für die notwendige Zugfestigkeit und gestattet auch die bleibende Verformung. Anzündlitze gibt es als langsam brennende (gelbe Litze) mit $u = 23 \pm 5\,\mathrm{s\,m^{-1}}$ sowie als schnell brennendes Anzündmittel (rote Litze) mit $u = 10 \pm 2\,\mathrm{s\,m^{-1}}$ Abbrandgeschwindigkeit.

Abb. A.12: Schwarzpulverhaltige Anzündmittel (Anzündlitze rot, gelb, Viscofuze®, Stoppine, Tapematch® von oben).

Anzündmittel

igniter

Anzündmittel dienen der Auslösung und Einleitung eines Abbrandvorgangs bzw. einer Deflagration. Anzündmittel erzeugen eine Flamme und/oder heiße Partikeln. Typischerweise wird zwischen primären Anzündmitteln und sekundären Anzündmitteln unterschieden. Primäre Anzündmittel sind Anzündhütchen (Anstich-, Schlag-, Reib- oder elektrische Anzündhütchen). Sekundäre Anzündmittel sind Anzündverstärker, Anzündübertrager, Anzündverzögerer und Anzündschnüre. Die Masse des benötigten Anzündmittels, m_z (g) für Raketenmotoren mit einem Leervolumen, V_m (cm^3) kann wie folgt abgeschätzt werden: $m_z = 0,5 \cdot V_m^{0,316098}$.

- Solid Rocket Motor Igniters, *NASA SP8051*, **1971**, 112 S.

Anzündsatz

ignition mixture

Anzündsätze sind pyrotechnische Sätze, die beim Abbrand heiße Gase und/oder kondensierte Partikeln erzeugen, die auf ein Substrat einwirken und dort zu einer Anzündung führen. Anzündmischungen besitzen manchmal auch eine leicht positive

Tab. A.17: Pyrotechnische Anzündsätze.

Inhaltsstoffe (Gew.-%)	MTV	B/KNO$_3$	Benite	Eimite	Ex-98	Y-593	AZM-421	ZPP
Kaliumperchlorat					61,9		12,9	42
Kaliumnitrat		75	51	27,6		75		
Bariumchromat							59,0	
Nitrocellulose		5	30	40			2,8	
Bor		20						
Magnesium	60			16,7	6,4			
Titan							7,6	
Zirconium							17,7	52
Holzkohle			10,2			10		
PTFE	35							
Nitroglycerin					17,4			
TEGDN					13,7			
Viton®A	15							5
Schwefel			6,8	9,8		5		
Centralit			1,0		0,6			
Graphit								1
Resorcin				5,9				

Sauerstoffbilanz, $\Lambda > 0$, da so die Anzündverzugszeit (t_2-t_3) (Abb. A.10) deutlich verringert werden kann. Die Zusammensetzungen einiger pyrotechnischer Anzündsätze sind oben beschrieben (Tab. A.17).

AOP
Allied Ordnance Publication

AOP *(Allied Ordnance Publication)* ist eine vom NATO Standardisation Office (NSO) herausgegebene Schriftenreihe zu Munition und den darin enthaltenen Explosivstoffen. Da STANAGs (Standardization Agreements) stets zeitaufwändig ratifiziert werden müssen, werden seit 2014 technische Details nur noch in AOPs dokumentiert. Deren kurzfristige Änderung und Anpassung kann auch ohne Ratifizierung erfolgen. Wichtige ausgewählte AOPs sind in Tab. A.18 aufgelistet.

Tab. A.18: Einige Explosivstoff- und munitionsrelevante AOPs.

AOP-2	Identification of Ammunition
AOP-6	Catalogue of Interchangeable Ammunition
AOP-7	Manual of data requirements and tests for the qualification of explosive materials for military use
AOP-8	NATO Fuze Characteristics Data

Tab. A.18: (Fortsetzung)

AOP-15	Guidance on the Assessment of the Safety and Suitability for Service of Non-Nuclear Munitions for NATO Armed Forces
AOP-16	Fuzing Systems – Guidelines for STANAG 4187
AOP-20	Manual of Tests for the Safety Qualification of Fuzing Systems
AOP-21	Initiation Systems Characterization and Safety Test Methods and Procedures for Detonating Explosive Components
AOP-22	Design Criteria and Test Methods for Inductive Setting of Large Calibre Projectile Fuzes
AOP-26	NATO Catalogue of qualified explosives
AOP-29	NAAG – Surface-to-Surface Artillery Panel
AOP-31	Demolition Materiel Design Principles
AOP-32	Demolition Materiel Assessment and Testing of Safety and Suitability for Service
AOP-34	Vibration Test Method and Severities for Munitions Carried in Tracked Vehicles
AOP-36	NATO Hand Book of Standard Smoke Munitions
AOP-38	Specialist Glossary of Terms and Definitions on Ammunition Safety
AOP-39	Guidance on the Assessment and Development of Insensitive Munitions
AOP-40	Ammunition Data Sheets
AOP-42	Integrated Design Analysis for Munition Initiation and Other Safety Critical Systems
AOP-43	Electro-Explosive Devices Assessment and Test Methods for Characterization
AOP-46	The Scientific Basis for The Whole Life Assessment of Munitions
AOP-48	Explosives, Nitrocellulose Based Propellants, Stability Test Procedures and Requirements Using Stabilizer Depletion
AOP-56	Compendium of Chemical and Physical Tests for Analysis of Energetic Materials Against their Applicable NATO STANAG
AOP-57	Test for Measuring the Burning Rate of Solid Rocket Propellants with Subscale Motors
AOP-58	Methods for Analyzing Data from Tests designed to Measure the Burning Rate of Solid Rocket Propellants with Subscale Motors
AOP-59	Non-Intrusive Methods for Measuring the Burning Rate of Solid Rocket Propellants
AOP-60	In-Service Surveillance of Munitions Conditions Monitoring of Energetic Materials
AOP-62	In Service Surveillance of Munitions – General Guidance
AOP-64	In Service Surveillance of Munitions – Condition Monitoring of Energetic Materials

Diese und andere AOPs können, sofern der Verteilerkreis nicht eingeschränkt ist, direkt bei der NSO heruntergeladen werden.

- Weblink: https://nso.nato.int/nso/, Zugriff am 25. März 2019.

Aquariumtest
aquarium test

Der Aquariumtest dient der Bestimmung der Detonationsgeschwindigkeit, V_D (m s^{-1}) und des Detonationsdruckes, P_{CJ} (GPa). Wasser als optisch transparentes und inertes Medium gestattet dabei die Beobachtung der von der detonierenden Ladung ausgehenden Stoßwelle durch Änderung des Brechungsindex (Schlierenverfahren). Alternativ zu Wasser kann auch ein anderes optisch transparentes Medium wie z. B. Plexiglas verwendet werden.

- J. K. Rigdon, I. B. Akst, An Analysis of the „Aquarium Technique" as a Precision Detonation Pressure Measurement Gage, *Det. Symp.*, **1970**, 59–66.

ARC, Accelerated Rate Calorimetry

Mit ARC wird die Stabilität von Explosivstoffen bewertet. Dabei wird in einem sehr empfindlichen adiabatischen Kalorimeter eine Probe stufenweise erhitzt und jeweils für einen bestimmten Zeitraum bei der Temperatur belassen und die Temperaturänderung gemessen. Das Ergebnis der Messung ist die Zeit bis zum Erreichen der maximalen Reaktionsgeschwindigkeit (engl. *Time to Maximum Rate*, TMR) wie die nachstehende Abb. A.13 zeigt.

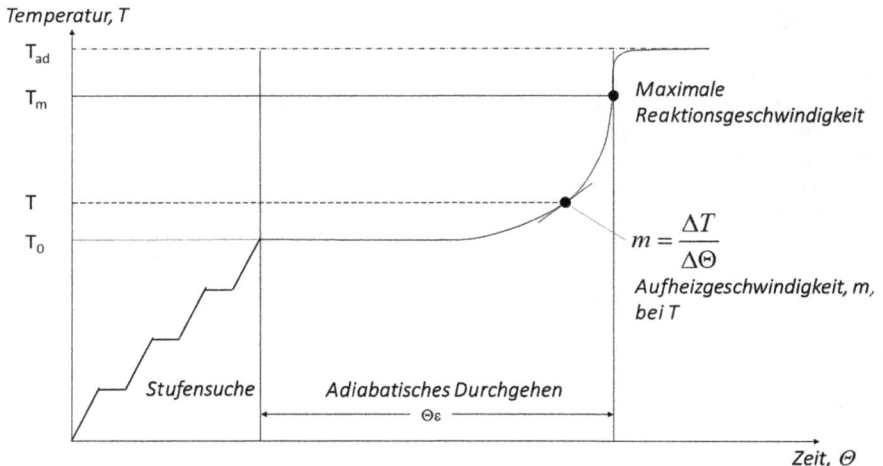

Abb. A.13: ARC-Diagramm nach Townsend.

- D. I. Townsend, Accelerating Rate Calorimetry, *I. Chem. E. Symposium Series No. 68*, 3/Q1–3/Q14, **1981**.

Arbeitsvermögen
brisance

Die bei einer Detonation freigesetzte Energie kann genutzt werden um mechanische Arbeit zu verrichten. Gängige Methoden, das Arbeitsvermögen bzw. die Brisanz von Explosivstoffen zu bestimmen, sind z. B. die *Bleiblockmethode* die insbesondere bei wenig brisanten (vorwiegend zivil verwendeten) Explosivstoffen eingesetzt wird, der *Stauchungsapparat* nach Kast sowie der *Zylindertest*. Daneben gibt es weitere Methoden wie z. B. den *Plate-Dent-Test*, der auch Aufschluss über den Detonationsdruck liefert und den daraus abgeleiteten *Floret-Test*, der sich aufgrund seiner kleinen Ladungsmasse (> 1 g) auch für experimentelle Explosivstoffe eignet und weiterhin Informationen zu deren Stoßwellenempfindlichkeit liefert.

Argonblitz, Argonbombe
argon bomb

Die bei der Detonation von Explosivstoffen auftretenden Stoßwellen heizen die umgebende Atmosphäre durch adiabatische Kompression stark auf und liefern daher stets sehr intensive Strahlungsereignisse. Diese intensive Strahlung kann für die Kurzzeitfotografie bei der Untersuchung von Detonationsphänomenen verwendet werden. Während Sauerstoff und Stickstoff als molekulare Gase unter der Einwirkung einer Stoßwelle zunächst dissoziieren ($\Delta_{diss}H(O_2)$ = 498 kJ mol^{-1}, $\Delta_{diss}H(N_2)$ = 945 kJ mol^{-1}) und diese Energie verlorengeht, können monoatomare Gase zu höheren Temperaturen und daher unter Berücksichtigung des Planck'schen Strahlungsgesetztes folglich auch zu höheren Strahlungsintensitäten angeregt werden. Argon ist als häufigstes natürlich vorkommendes Edelgas kostengünstig für diesen Zweck und besitzt auch eine im Vergleich zu N_2, und O_2 nur halb so große Wärmekapazität ($c_p(Ar)$ = 521 J kg^{-1} K^{-1}), was weiterhin das Erreichen hoher Temperaturen begünstigt. Dazu wird Argon in einem geeigneten Behälter mit optisch transparenter Front zu der zu beleuchtenden Seite des Objekts hin positioniert und mit einer Sprengladung angeregt (Abb. A.14).

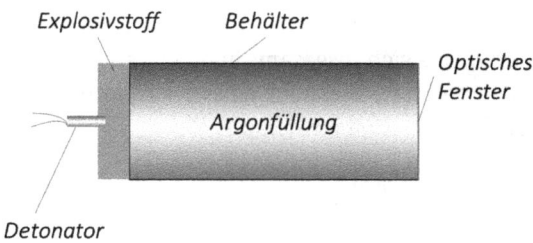

Abb. A.14: Argonbombe nach Davis.

- W. C. Davis, T. R. Salyer, S. I. Jackson, T. D. Aslam, Explosive-Driven Shockwaves in Argon, *13th International Detonation Symposium*, 1035–1044, **2006.**
- M. Held, High-Speed Photography, J. Carleone (Hrsg.) *Tactical Missile Warheads*, Vol 155 *Progress in Astronautics and Aeronautics*, A. R. Seebass (Hrsg.), American Institute of Astronautics and Aeronautics, Washington, **1993**, 609–673.

Armstrong-Mischung
Armstrong's mixture

Als Armstrong-Mischung wird eine mit geringen Anteilen Calciumcarbonat gepufferte Mischung aus
- 75 Gew.-% Kaliumchlorat und
- 25 Gew.-% roter Phosphor

bezeichnet. Diese Mischung ist seit dem 19. Jhd. bekannt und wurde ursprünglich aufgrund ihrer extremen Empfindlichkeit und hohen Brisanz als Initialstoff vorgeschlagen. Wenngleich die Herstellung der Armstrong-Mischung unter einem Lösemittel, das die extreme Reibempfindlichkeit dämpfen soll, empfohlen wird, ereignen sich trotzdem immer wieder schwere Unfälle bei der Herstellung dieser Mischung.

- R. R. Rollins, Potassium Chlorate/Red Phosphorus Mixtures, *7th Symposium on Explosives and Pyrotechnics*, Philadelphia, **1981**, III-11.
- Pressemeldung zu Unfall im Jahre **2016** https://eic.rsc.org/news/technician-injured-in-explosion/2000361.article.

Arrested Reactive Milling, ARM

ARM bzw. auch *Mechanical Activation (MA)*, bezeichnet eine Form der mechanischen Aktivierung von miteinander exotherm reaktionsfähigen Komponenten durch einen intensiven Mahlvorgang bei Raumtemperatur oder auch verminderter Temperatur (*cryomilling*) bis kurz vor das Einsetzen (*onset*) der Reaktion. Durch den hohen mechanischen Energieeintrag findet eine Partikelzerkleinerung und damit eine Vergrößerung der spezifischen Oberflächen statt. Im Falle metallischer Partikeln erfolgt auch eine Ablation von reaktionshemmenden Oxidschichten. Weiterhin werden durch die Behandlung bereits auf mikroskopischer Ebene enge Kontakte der Partikeln hergestellt und damit Diffusionswege verkürzt, was sich insgesamt in einer verminderten Aktivierungsenergie (verringerte Zündtemperatur), aber auch einer gesteigerten Empfindlichkeit für die auf diese Weise hergestellten Stoffe widerspiegelt.

- T. R. Sippel, S. F. Son, L. J. Groven, Altering Reactivity of Aluminum with Selective Inclusion of Polytetrafluoroethylene through Mechanical Activation, *Propellants Explos. Pyrotech.* **2013**, *38*, 286–295.
- M. Schoenitz, T. S. Ward, E. L. Dreizin, Arrested Reactive Milling for In-Situ Production of Energetic Nanocomposites for Propulsion and Energy-Intensive Technologies in Exploration Missions, AIAA2005-717, *43rd AIAA Aerospace Sciences Meeting and Exhibition*, 10–13 Januar, Reno, USA, **2005**.

ARX

Australian Research Explosive

Das einer vierstelligen Zahlenfolge vorangestellte Akronym ARX kennzeichnet im Verantwortungsbereich der australischen DST-Group entwickelte Explosivstoffzusammensetzungen. Die Formulierungen beschreiben:

ARX 1000–1999 pressbare Sprengstoffe,

ARX 2000–2999 Sprengstoffe mit nichtenergetischen Bindern,

ARX 3000–3999 Sprengstoffe mit energetischen Bindern,

ARX 4000–4999 schmelzgießbare Sprengstoffe auf der Grunglage von TNT oder anderen schmelzgießbaren Explosivstoffen,

ARX-5000 noch nicht vergebene Ziffern.

- M. D. Cliff, R. M. Dexter, *Nomenclature und Cataloguing of Experimental Explosive Compositions, DSTO-TN-0284*, DSTO Aeronautical and maritime Research Laboratory, Melbourne, NSW, Australia, **2000**, 16 S.

Asphalt

asphaltum, gilsonite

Asphalt ist ein natürlich auftretendes Gemisch hochsiedender Kohlenwasserstoffe mit der ungefähren Zusammensetzung, $C_6H_{8,42}O_{0,07}N_{0,2}S_{0,008}$, CAS-Nr. [12002-43-6], $\rho = 1,05\,\mathrm{g\,cm^{-3}}$, $\Delta_f H = -27,6\,\mathrm{kJ\,mol^{-1}}$. Asphalt schmilzt bei etwa $T = 260\,°C$. Es wurde früher als Brennstoff und Bindemittel in pyrotechnischen Leuchtsätzen und als Haftlack im Sprengstoffbereich verwendet.

ATEC, Acetyltriethylcitrat

acetyltriethyl citrate

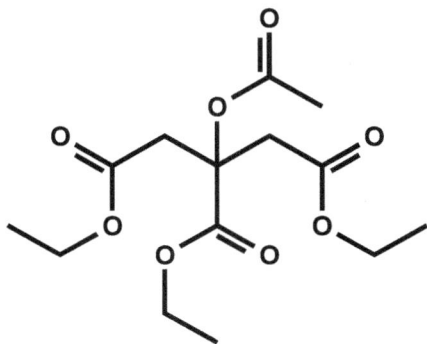

Citroflex®		
Formel		$C_{14}H_{22}O_8$
REACH		LPRS
EINECS		201-066-5
CAS		[77-89-4]
m_r	$g\,mol^{-1}$	318,324
ρ	$g\,cm^{-3}$	1,135
$\Delta_f H$	$kJ\,mol^{-1}$	−1738,87
$\Delta_c H$	$kJ\,mol^{-1}$	−6914,5
	$kJ\,g^{-1}$	−21,722
	$kJ\,cm^{-3}$	−24,654
Λ	Gew.-%	−155,81
Sdp	°C	132

ATEC ist ein hochsiedender, nichtenergetischer und toxikologisch unbedenklicher Weichmacher für TLPs.

Ausschwitzen
(to) exsude

Ausschwitzen bezeichnet das bei Temperaturwechsellagerung beobachtete Austreten flüchtiger Bestandteile aus Dynamiten (Nitroglycerin). Bei schmelzgießbaren Sprengstoffen (z. B. auf Basis von TNT) können durch Verunreinigungen Eutektika entstehen, die bei T < Smp(TNT) erweichen und ausseigern.

- H. Kast, L. Metz, *Chemische Untersuchung der Spreng- und Zündstoffe*, Vieweg, **1931**, 461.

Ausströmgeschwindigkeit, *w*
exit velocity

w ist die Geschwindigkeit, mit der die Verbrennungsgase aus der Brennkammer eines Raketentriebwerks durch eine Klemmung (Düse) in die Umgebung strömen. *w* ist primär vom Verhältnis der Brennkammertemperatur (T_0) zur mittleren Molmasse der Verbrennungsprodukte ($\overline{M}$) abhängig und wird sekundär vom Verhältnis des Umgebungsdrucks (p_e) zum Brennkammerdruck (p_0) beeinflusst.

Bei Vernachlässigung der Düseneingangsgeschwindigkeit kann die Ausströmgeschwindigkeit wie nachfolgend gezeigt berechnet werden:

$$w = \sqrt{2c_p \cdot (T_0 - T_e)},$$

wobei die Indices *0* die Brennkammer und *e* die Düsenaustrittsfläche bezeichnen. Mit

$$c_p = \frac{\gamma}{\gamma - 1} \cdot \frac{R_0}{\overline{M}} \quad \text{und} \quad \frac{T_e}{T_0} = \left(\frac{p_e}{p_0}\right)^{\frac{\gamma}{\gamma-1}}$$

ergibt sich daraus

$$w = \sqrt{\frac{2\gamma}{\gamma-1} \cdot \frac{R_0}{\overline{M}} \cdot T_0 \left[1 - \left(\frac{p_e}{p_0}\right)^{\frac{\gamma}{\gamma-1}}\right]}$$

R_0 = Universelle Gaskonstante, γ = Istropenexponent, $\overline{M}$ = Mittlere Molmasse der Flammengase.

- H. G. Mebus, *Berechnung von Raketentriebwerken*, C. F. Winter'sche Verlagsbuchhandlung, Füssen, **1957**, 120 S.

Azide

azides

Als Azide werden die Salze der Stickstoffwasserstoffsäure, HN_3 bezeichnet. *Natriumazid*, NaN_3, war ein wichtiger Bestandteil der ersten Generation von Gasgeneratorsätzen in Airbags, ist aber aufgrund seiner hohen Toxizität zwischenzeitlich durch andere stickstoffreiche Verbindungen substituiert worden. Bleiazid ist (zurzeit noch) der wichtigste Initialsprengstoff gefolgt von Silberazid. Azide wie z. B. Trimethylsilylazid $(H_3C)_3Si{-}N_3$, werden auch als Azidgruppen-Übertragungsreagentien in der organischen Synthese zur Herstellung energetischer Binder wie z. B. *GAP* verwendet.

- H. D. Fair, R. F. Walker, *Energetic Materials – Physics and Chemistry of the Inorganic Azides* Volume 1, **1977**, 503 S.; Ibid *Energetic Materials – Technology of the Inorganic Azides* Volume 2, Plenum Press, **1977**, 296 S.
- Trimethylsilylazid, in G. Brauer, *Handbuch der Präparativen Anorganischen Chemie*, Band II, **1978** 710.

AZM

AZM ist das im Bereich der Deutschen Bundeswehr verwendete Kürzel, das einer meist dreistelligen Zahlenfolge vorangestellt wird und eine Anzündmischung kennzeichnet.

3,3′-Azo-bis(6-amino-1,2,4,5-tetrazin), DAAT

3,3′-Azo-bis(6-amino-1,2,4,5-tetrazine)

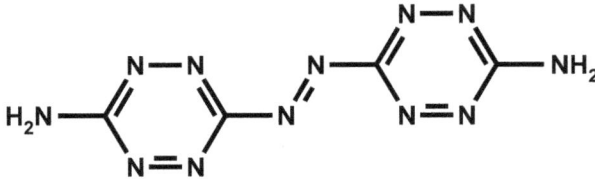

Formel		$C_4H_4N_{12}$
CAS		[303749-95-3]
m_r	$g\,mol^{-1}$	220,155
ρ	$g\,cm^{-3}$	1,84
$\Delta_f H$	$kJ\,mol^{-1}$	1035
$\Delta_c H$	$kJ\,mol^{-1}$	−3180,7
	$kJ\,g^{-1}$	−14,448
	$kJ\,cm^{-3}$	−26,584
Λ	Gew.-%	−72,67
N	Gew.-%	76,35
DSC-onset	°C	288
Reib-E	N	324
Schlag-E	J	5
V_D	$m\,s^{-1}$	7400 @ $1,64\,g\,cm^{-3}$.
P_{CJ}	GPa	24,0 @ $1,64\,g\,cm^{-3}$.

Die Oxidation von DAAT (z. B. mit HOF) liefert $DAATO_n$ mit n als Index des Oxidationsgrades. $DAATO_n$ sind meist sauerstoffüberbilanziert und daher sehr empfindlich, zeigen niedrige Anzündverzugszeiten und hohe Abbrandgeschwindigkeiten.

- A. N. Ali, M. M. Sandstrom, D. M. Oschwald, K. M. Moore, S. F. Son, Laser Ignition of DAAF, DHT and $DAATO_{3.5}$, *Propellants, Explos., Pyrotech.* **2005**, *30*, 351–355.

Azo-bis(2,2′,4,4′,6,6′-hexanitrodiphenyl), ABH

azo-bis(2,2′,4,4′,6,6′-hexanitrodiphenyl)

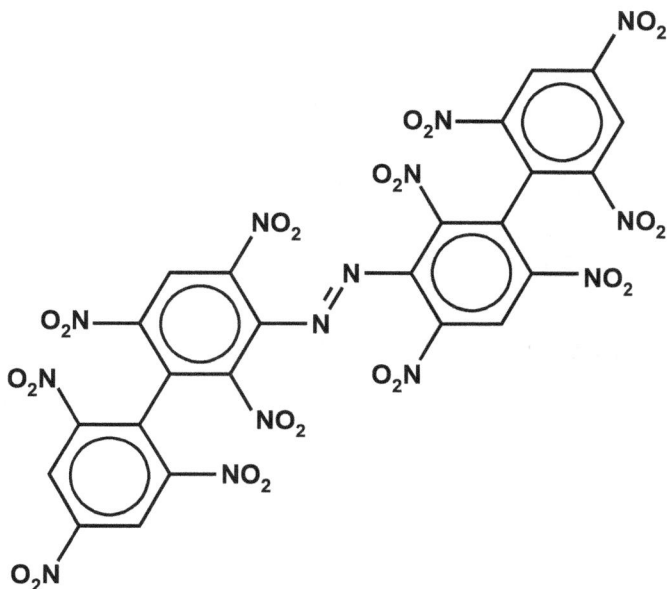

Aspekt		ziegelrotbraune Kristalle
Formel		$C_{24}H_6N_{14}O_{24}$
CAS		[23987-32-8]
m_r	g mol^{-1}	874,391
ρ	g cm^{-3}	1,78
$\Delta_f H$	kJ mol^{-1}	478,23
Λ	Gew.-%	−49,4
N	Gew.-%	22,43
$\Delta_{ex}H$	kJ mol^{-1}	−4472,2
	kJ g^{-1}	−5,114
	kJ cm^{-3}	−9,104
$\Delta_c H$	kJ mol^{-1}	−10780,2
	kJ g^{-1}	−12,329
	kJ cm^{-3}	−21,945
DSC-onset	°C	275
Reib-E	N	> 360
Schlag-E	cm	40 mit Type 12 Tool
V_D	m s^{-1}	7600 @ 1,78 g cm^{-3}.
P_{CJ}	GPa	26,9

ABH wurde zum Einsatz in thermisch beanspruchten Anwendungen und EBW (Exploding Bridgewire)-Detonatoren entwickelt.

Azobis(isobutyronitril), AIBN

azobisisobutyronitrile

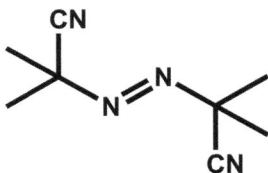

Azoisobuttersäurenitril, AZDN		
Aspekt		farblos
Formel		$C_8H_{12}N_4$
GHS		01, 02, 07
H-Sätze		H242-H302-H332-H412
P-Sätze		P210-280-273
UN		2952
REACH		LRS
EINECS		201-132-3
CAS		[78-67-1]
m_r	$g\,mol^{-1}$	164,21
ρ	$g\,cm^{-3}$	1,10
$\Delta_f H$	$kJ\,mol^{-1}$	246,02
$\Delta_c H$	$kJ\,mol^{-1}$	−5109
	$kJ\,g^{-1}$	−31,114
	$kJ\,cm^{-3}$	−34,225
$\Delta_z H$	$kJ\,g^{-1}$	−1,3 (*Roberts et al.*)
Λ	Gew.-%	−214,35
N	Gew.-%	34,12
Schlag-E	J	3 (Rauchentwicklung)
Reib-E	N	363 (Rauchentwicklung)
Smp	°C	101(Z)
Koenen	mm, Typ	1,5, A

AIBN wird als Radikalstarter verwendet. Obwohl AIBN den Detonationsstoß (UN-Prüf-serie 1a) nicht weiterleitet (nur Deflagration) und im Koenen-Test ein negatives Ergeb-nis liefert, zeigt der Zeit-/Druck-Test (UN-Prüfserie 1c) eine positive Reaktion, weshalb die Substanz als explosionsgefährlich gilt. Auch ist zu beachten, dass AIBN ein posi-tives Ergebnis nach UN-Prüfserie 3c liefert (adiabatische Selbstaufheizung).

- T. A. Roberts, M. Royle, Classification of Energetic Industrial Chemicals for Transport, *ICHEME Symp. Ser.* **1991**, *124*, 191–208.

Azodicarbonamid

azobisformamide

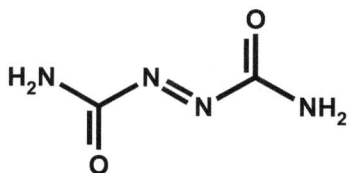

Celogen®, AC		
Aspekt		gelbliches Pulver
Formel		$C_2H_4N_4O_2$
GHS		08
H-Sätze		H334
P-Sätze		P261-P284-P304+P340-P342+P311
UN		3242
WGK		1
REACH		LRS
EINECS		204-650-8
CAS		[123-77-3]
m_r	$g\,mol^{-1}$	116,079
ρ	$g\,cm^{-3}$	1,66
$\Delta_f H$	$kJ\,mol^{-1}$	−292
$\Delta_c H$	$kJ\,mol^{-1}$	−1066,7
	$kJ\,g^{-1}$	−9,189
	$kJ\,cm^{-3}$	−15,254
$\Delta_z H$	$kJ\,g^{-1}$	−1,105
Λ	Gew.-%	−55,13
N	Gew.-%	48,26
Schlag-E	J	> 50
Reib-E	N	> 355
Z	°C	194
Smp	°C	225 (Z)

Azodicarbonamid wird als Ausblasemittel in Nebelsätzen (siehe z. B. KM-Nebel) und als Flammenexpander in Leuchtsätzen verwendet.

- T. A. Roberts, M. Royle, Classification of Energetic Industrial Chemicals for Transport, *ICHEME Symposium Series*, No. **1992**, *124*, 191–208.

Azoxytriazolon, AZTO
azoxytriazolone

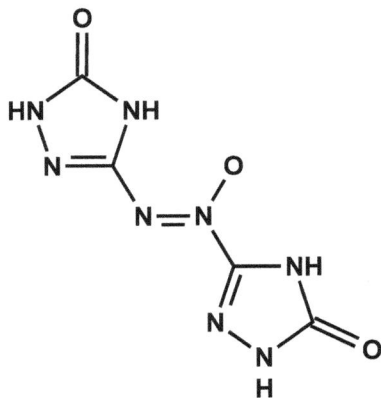

Aspekt		grünlichgelbe Kristalle
Formel		$C_4H_4N_8O_3$
CAS		[960607-22-1]
m_r	$g\,mol^{-1}$	212,15
ρ	$g\,cm^{-3}$	1,905
$\Delta_f H$	$kJ\,mol^{-1}$	11,0
$\Delta_{ex} H$	$kJ\,mol^{-1}$	−703,2
	$kJ\,g^{-1}$	−3,314
	$kJ\,cm^{-3}$	−6,314
$\Delta_c H$	$kJ\,mol^{-1}$	−2092,9
	$kJ\,g^{-1}$	−9,866
	$kJ\,cm^{-3}$	−18,796
Λ	Gew.-%	−52,8
N	Gew.-%	52,83
DSC-onset	°C	267
Reib-E	N	> 360
Schlag-E	J	> 50
V_D	$m\,s^{-1}$	*8062*
P_{CJ}	GPa	*27,99*

Das mit *3,3'-Diamino-4,4'-azoxyfurazan* (DAAF) isomere AZTO entsteht durch elektrochemische Redoxreaktion von wässrigen, angesäuerten *NTO*-Lösungen durch Komproportionierung gemäß

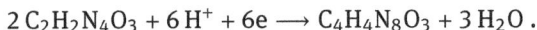

$$2\,C_2H_2N_4O_3 + 6\,H^+ + 6e \longrightarrow C_4H_4N_8O_3 + 3\,H_2O\,.$$

Allerdings entstehen durch weitergehende Reduktion auch immer zwischen 3 und 10 Gew-% Azotriazolon, $C_4H_4N_8O_2$, CAS-Nr.: [1352233-46-5], welches zusammen mit dem AZTO auskristallisiert. Daher war bislang keine Reindarstellung von AZTO möglich.

Dessen ungeachtet ist AZTO aufgrund des einfachen synthetischen Zugangs, seiner hohen Dichte und der geringen mechanischen und thermischen Empfindlichkeit von hohem Interesse als Explosivstoff für große Ladungen.

- M. P. Cronin, A. I. Day, L. Wallace, Electrochemical remediation produces a new high-nitrogen compound from NTO wastewaters, *J. Hazmat.* **2007**, *149*, 527–531.

B

B-14-Binder

B-14 ist ein rußgefülltes Bindemittel der *Nicotech GmbH* in Aetingen, Schweiz, auf der Basis eines Abietinsäure-(Kolophonium)-Styrol-Copolymers. Als Lösemittel enthält B-14 Butanol bzw. Xylol. B-14 findet Anwendung als Haftlack in der Pyrotechnik (Anzündtabelletten und Leuchtspursätze) und im Sprengstoffbereich (Zündverstärker).

B/KNO$_3$

Bor-/Kaliumnitrat-/Binder-Mischungen (18–24/70–77/5–6), Bezeichnungen: AZM O 953X bzw. SR43, werden als sehr energiereiche Anzündmischungen verwendet. Bei deren Abbrand entsteht ein hoher Anteil kondensierter Verbrennungsprodukte (z. B. Bornitrid, BN, Kaliummetaborat, KBO$_2$).

Abb. B.1 zeigt die Abbrandgeschwindigkeit, Explosionenthalpie und Zündtemperatur als Funktion der Zusammensetzung. B/KNO$_3$ ist reibunempfindlich und besitzt eine Grenzschlagenergie von $E_s > 20$ J.

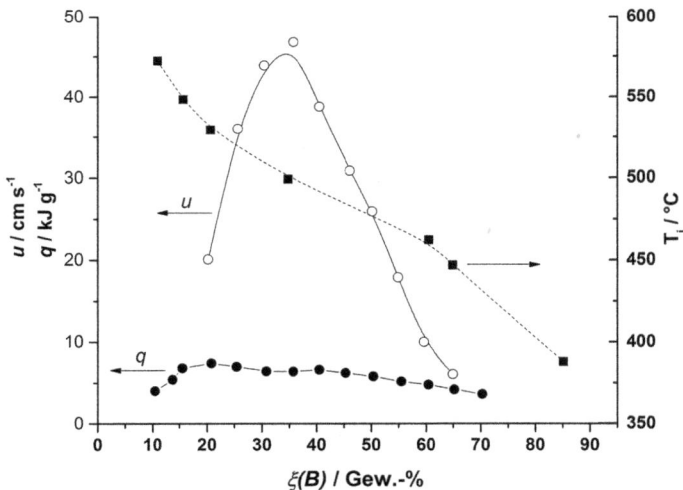

Abb. B.1: Explosionsenthalpie, q, Zündtemperatur, T_i, und Abbrandgeschwindigkeit, u, von B/KNO$_3$ als Funktion der Stöchiometrie nach Berger (1986).

https://doi.org/10.1515/9783110559651-002

- B. Berger, Bestimmung der Abbrandcharakteristika sowie der Sicherheitskenndaten verschiedener binärer pyrotechnischer Anzünd- und Verzögerungssysteme, *ICT Jahrestagung*, Karlsruhe, **1986**, P-72.
- J. Stupp, Über die chemische Stabilität von Bor-Kaliumnitrat-Anzündmischungen, *ICT Jata*, Karlsruhe, **1985**, V-33.
- D. Barišin, I. Batinić-Haberle, The Influence of the Various Types of Binder on the Burning Characteristics of the Magnesium-, Boron-, and Aluminum-Based Igniters, *Propellants Explos. Pyrotech.* **1994**, *19*, 127–132.

Bacon, Roger (1214–1292)

Von dem in Ilchester geborenen und in Oxford verstorbenen Franziskanermönch ist eine als Anagramm verschlüsselte Zusammensetzung des Schwarzpulvers sowie eine Reinigungsmethode für das darin benötigte Kaliumnitrat überliefert.

- G. I. Brown, *The Big Bang – A History of Explosives*, Sutton Publishing, Phoenix Mill, **1998**, 5–8.

Ballistik
ballistics

Als Ballistik wird die Lehre vom Schuss bezeichnet. Als Teilgebiet der Mechanik umfasst die Ballistik die Bewegung von Körpern und den Einfluss der Luft und der Schwerkraft auf diese. Die einzelnen Teilgebiete der Ballistik umfassen die
- Innenballistik, *internal (BrE)* bzw. *interior ballistics (AmE)*, behandelt die Vorgänge von der Entzündung des Pulvers bis zum Zeitpunkt, an dem das Geschoss das Rohr verlässt,
- Zwischenballistik, *transient ballistics*, behandelt die Vorgänge beim Austritt des Geschosses aus dem Rohr,
- Außenballistik, *external ballistics*, behandelt den Flug des Geschosses und
- Endballistik, *terminal ballistics*, behandelt die Wechselwirkung des Geschosses mit dem Ziel.

Bei Raketenantrieben umfasst die Innenballistik die Vorgänge in der Brennkammer bis zur Entspannung der Gase auf Umgebungsdruck.

- B. P. Kneubuehl, *Ballistik*, Springer, Berlin, **2019**, 437 S.
- Z. Rosenberg, E. Dekel, *Terminal Ballistics*, Springer, New York, **2012**, 323 S.
- Thermodynamic Interior Ballistic Model with Global Parameters, *NATO STANAG 4367*, Edition 3, **2000**.
- Definition and Determination of Ballistic Properties of Gun Propellant, *NATO STANAG 4115*, Edition 2, **1997**.
- G. Weihrauch, *Ballistische Forschung im ISL*, ISL, Saint Louis, **1994**, 393 S.

- H. Krier, M. Summerfeld, Hrsg. *Interior Ballistics of Guns*, Progress in Astronautics and Aeronautics, AIAA, **1979**, *66*, 384 S.
- W. Wolff, *Raketen und Raketenballistik*, Deutscher Militärverlag, Berlin, **1964**, 342 S.
- H. Athen, *Ballistik*, 2. Aufl., Quelle & Meyer, Heidelberg, **1958**, 258 S.
- R. E. Kutterer, *Ballistik*, 3. Aufl., Vieweg, Braunschweig, **1959**, 304 S.
- N. N. *Internal Ballistics*, His Majesty's Stationary Office, London, **1951**, 311 S.
- T. Vahlen, *Ballistik*, 2. Aufl., deGruyter, Berlin, **1942**, 267 S.
- C. Cranz, K. Becker, Ballistik Bde. 1–3 + Ergänzungsband, Springer, Berlin, **1926–1935**.

Ballistische Bombe
ballistic bomb

Eine ballistische Bombe ist ein hochdruckfester (bis p = 1 GPa), verschraubbarer Metallbehälter, in dem die ballistische Leistung von Treibladungspulvern bzw. Anzündelementen zu Güteprüfzwecken bestimmt werden kann (Abb. B.2). Dazu enthält die Bombe eine Vorrichtung zur elektrischen Anzündung sowie eine Druckmesseinrichtung. Es wird der zeitaufgelöste Druckanstieg in der Bombe gemessen. In Abhängigkeit von der Ladedichte, Δ (g cm^{-3}), der Bombe kann die Pulverkonstante, f (*Force*), des Pulvers bestimmt werden (siehe auch Abel'sche Gleichung).

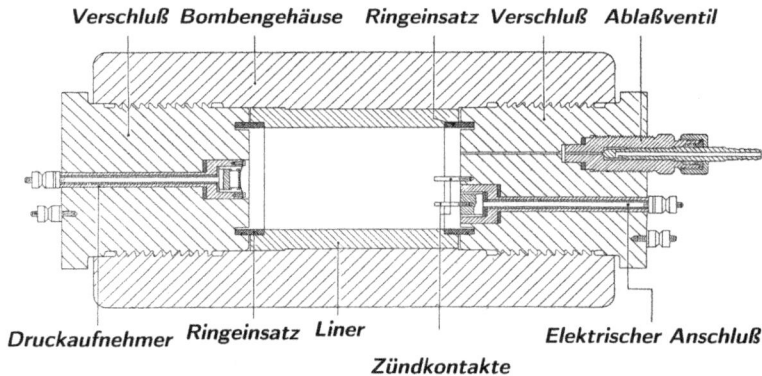

Abb. B.2: Schnittbild einer ballistischen Bombe bis 1 GPa Druck.

Ballistischer Mörser
ballistic mortar

Der ballistische Mörser ist eine Messvorrichtung zur vergleichenden Bestimmung des Arbeitsvermögens von Sprengstoffen. Dazu werden 10 g des Explosivstoffs in einem Mörser gezündet. Die Schwaden treiben ein Stahlgeschoss aus dem Mörser, während der Rückstoß für eine Auslenkung des pendelartig aufgehängten Mörsers sorgt. Diese

Auslenkung ist ein Maß für das Arbeitsvermögen und wird mit der Auslenkung eines Bezugssprengstoffs wie z. B. Sprenggelatine oder TNT verglichen.

- H. Ahrens, Internationale Studiengruppe zur Vereinheitlichung der Sprengstoffprüfmethoden, *Propellants Explos.* **1977**, *2*, 21–30.

Ballistit
ballistite

Das von Alfred Nobel 1888 erfundene Ballistit war das erste industriell hergestellte rauchlose, zweibasige Treibladungspulver auf der Grundlage von Nitrocellulose und Nitroglycerin mit Diphenylamin als Stabilisator.
- 49,5 Gew.-% Nitrocellulose
- 49,5 Gew.-% Nitroglycerin
- 1,0 Gew.-% Diphenylamin

BAM, Bundesanstalt für Materialforschung und -prüfung
Federal Institute for Materials Research and Testing

Die BAM ist eine dem Bundesministerium für Wirtschaft und Energie nachgeordnete Bundesbehörde mit Sitz in Berlin. Die BAM hat einen über das Sprengstoffgesetz definierten gesetzlichen Auftrag im Bereich der Prüfung und Zulassung zivil genutzter Explosivstoffe und explosivstoffhaltiger Gegenstände. Die dafür zuständige Abteilung ist der Fachbereich II.3 Explosivstoffe. Die BAM unterhält bei Horstwalde südlich von Berlin ein ca. 12 km^2 großes Testgelände auf dem unter anderem alle einschlägigen Prüfungen an Explosivstoffen durchgeführt werden können.

- http://www.bam.de, Zugriff am 29. März 2019.
- https://www.tes.bam.de/de/mitteilungen/tts/, Zugriff am 29. März 2019.

BAM-Fallhammer
BAM impact apparatus

Der BAM-Fallhammer dient der Ermittlung der Schlagempfindlichkeit explosionsgefährlicher Stoffe gemäß den Bestimmungen der UN-Prüfserie 3(a) (ii). Der Fallhammer besteht aus einem Gestell, in dem ein schienengeführtes Gewicht der Masse m = 1 kg, 2 kg oder 5 kg aus einer Höhe von h = 0,15 bis zu 0,75 m auf der Probenaufnahme (Abb. B.3) aufschlägt. Die Probe (V = 40 mm^3) wird dabei zwischen die Stahlzylinder und entlang des Radius des unteren Stahlzylinders eingebracht. Bei flüssigen Substanzen wird der obere Stahlzylinder mit einem Gummiring oberhalb der Führung im Abstand zu 2 mm vom unteren Stahlzylinder fixiert. Die Schlagenergie E wird zu $m \cdot h \sim E$ [N · m] bestimmt. Angaben sind, soweit nicht anders gekennzeichnet, Grenzschlagenergien, bei denen noch keine Auslösung stattfindet oder 50-%-Energien, bei denen in 50 % der Versuche eine Auslösung (Explosion, Verfärbung) stattfindet.

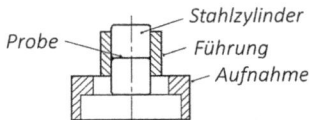

Abb. B.3: Probenaufnahme BAM-Fallhammer.

Bei Raumtemperatur flüssige Explosivstoffe gelangen nach Licht (1996) durch Kapillarkräfte z. T. zwischen Führung und Zylinder und werden daher bei dieser Prüfung auch zusätzlichen Scherkräften ausgesetzt, woraus eine erhöhte Empfindlichkeit resultiert. Gleichermaßen wird bei niedrigschmelzenden Explosivstoffen und einer bevorzugten Platzierung des Explosivstoffs um den Radius des unteren Zylinders und entlang der Innenfläche der Führung eine erhöhte Schlagempfindlichkeit beobachtet, die ebenfalls auf Scherkräfte zurückzuführen ist.

- *Recommendations on the Transport of Dangerous Goods – Manual of Tests and Criteria* – 5th rev. edn. United Nations, **2009**, 75–82.
- H. H. Licht, Die mechanische Empfindlichkeit von niedrig schmelzenden Explosivstoffen, *ISL-R 107/96*, ISL, Saint-Louis, 28. Februar **1996**, 11 S.
- H. Koenen, K. H. Ide, K.-H. Swart, Sicherheitstechnische Kenndaten explosionsfähiger Stoffe, I. Mitteilung, *Explosivstoffe*, **1961**, *9*, 30–42.

BAM-Reibeapparat
BAM friction apparatus

Der BAM-Reibeapparat dient der Ermittlung der Reibempfindlichkeit fester, pastöser und flüssiger Stoffe gemäß den Bestimmungen der UN-Prüfserie 3(b)(i). Der Reibapparat besteht aus einem elektrischen Antrieb, der über Exzenter und Schubstange eine Probenplatte bewegt, sowie einen beweglichen Belastungsarm der durch Gewichte verschiedener Massen Reibkräfte zwischen 50–360 N aufbringen kann. Die Probe ($V = 10\,\text{mm}^3$) wird dazu, wie in Abb. B.4 dargestellt, auf einer Porzellanplatte als Kegel platziert, damit der Porzellanreibestift mit seinem Radius exakt den unteren Kegelrand berührt.

- *Recommendations on the Transport of Dangerous Goods – Manual of Tests and Criteria* – 5th rev. edn. United Nations, **2009**, 104–107.
- H. Koenen, K. H. Die, K.-H. Swart, Sicherheitstechnische Kenndaten explosionsfähiger Stoffe, I. Mitteilung, *Explosivstoffe*, **1961**, *9*, 30–42.

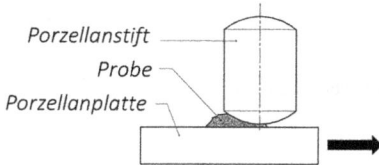

Porzellanstift
Probe
Porzellanplatte

Abb. B.4: Probenaufnahme im BAM-Reibapparat und Bewegungsrichtung der Porzellanplatte.

Baratol
baratol

Wird das Ammoniumnitrat in Amatol durch Bariumnitrat, $Ba(NO_3)_2$, ersetzt, so erhält man Baratol (Tab. B.1 & B.2). Da Bariumnitrat im Gegensatz zu Ammoniumnitrat nicht hygroskopisch ist, wurden Baratole ebenso wie die Baronale als Ersatz für Amatole und Ammonale verwendet.

Tab. B.1: Baratol-Explosivstoffmischungen (1).

Baratol-	24/76	28/72	30/70	33/67	35/65	20/80	10/90
TNT (Gew.-%)	24	28	30	33	35	80	90
$Ba(NO_3)_2$ (Gew.-%)	76	72	70	67	65	20	10
ρ (g cm^{-3})	2,619	2,45	2,452	2,55	2,35		

Tab. B.2: Baratol-Explosivstoffmischungen (2).

Baratol-	24/76	28/72	30/70	35/65	33/67	10/90
V_D (m s^{-1})	4925	5000	5120	5150		5900
P_{CJ} (GPa)	14	15,4		13.5		
$\Delta_{det}H$ (kJ kg^{-1})	3100					
ρ (g cm^{-3})	2,619		2,452	2,35	2,55	1,65
TMD (g cm^{-3})	2,634					
$\varnothing_{cr}$ (mm)	43,2					
$\Delta_m H$ (J g^{-1})	23,1				31,8	
c_p (J g^{-1} K^{-1})	0,657				0,841	
Z (°C)	240					
T_{5ex} (°C)	385					
c_L (m s^{-1})	2900					
κ (W cm^{-1} K^{-1})	49,57					
Schlag-E (J)	47,5					

Aufgrund der hohen Dichte und niedrigen Detonationsgeschwindigkeit kann Baratol (24/76) zusammen mit Composition B in Explosivstofflinsen zur Erzeugung ebener Stoßwellen verwendet werden. Baratol (24/76) wird in der Literatur häufig nur als Baratol bezeichnet. Nur etwa 20–30 % des zugesetzten Nitratsauerstoffs reagieren in der CJ-Ebene.

Der 50-%-Auslösedruck von Baratol (24/76) im LANL-LSGT beträgt 17,57 GPa.

Barbara

Die heilige Barbara ist eine historisch nicht belegbare Märtyrerin, die im vierten Jahrhundert von Kaiser Maximinus Daja in Nikomedia (heutiges Izmit/Türkei) als Christin hingerichtet wurde (Abb. B.5). Ihr Fest am 4. Dezember wurde aufgrund der nicht nachweisbaren Existenz 1969 im zweiten vatikanischen Konzil aus dem offiziellen Festkalender der katholischen Kirche gestrichen. Die heilige Barbara gilt unter anderem als Schutzpatronin der Artilleristen, Bergleute, Feuerwerker, Sprengmeister, Büchsenmacher und Waffenschmiede. Von der heiligen Barbara abgeleitet ist die sogenannte *Barbarameldung* der Artilleristen. Diese fasst die vom Truppenwetterdienst für das Schießen ermittelten meteorologischen Werte (Windrichtung, Windstärke, Luftdruck usw.) zusammen.

- H.-H. Kritzinger, F. Stuhlmann, *Artillerie und Ballistik in Stichworten*, Springer Verlag, Berlin, **1939**, 33.

Bariumcarbonat
barium carbonate

Aspekt		farblose Kristalle
Formel		$BaCO_3$
GHS		07
H-Sätze		H302
P-Sätze		P264-P270-P301+P312-P330-P501a
EINECS		208-167-3
CAS		[513-77-9]
m_r	$g\,mol^{-1}$	197,339
ρ	$g\,cm^{-3}$	4,43
$T_{p(\alpha > \beta)}$	°C	810
Smp	°C	1360 (Z)
c_p	$J\,mol^{-1}\,K^{-1}$	85,35
$\Delta_f H$	$kJ\,mol^{-1}$	−1216,3
Λ	Gew.-%	0

$BaCO_3$ dient als flammenfärbender Zusatz in Feuerwerksformulierungen.

Abb. B.5: Die Heilige Barbara als Holzskulptur von Tilman Riemenschneider (um 1510) Bayerisches Nationalmuseum, München (Quelle Wikipedia: https://commons.wikimedia.org/wiki/File:Tilman_Riemenschneider_Barbara-1.jpg).

Bariumchloratmonohydrat
barium chlorate monohydrate

Aspekt		farblose Kristalle
Formel		$Ba(ClO_3)_2 \cdot H_2O$
GHS		03, 07, 09
H-Sätze		H271-H302-H332-H411
P-Sätze		P210-P221-P283-P306+P360-P371+P380+P375-P501a
UN		1445
EINECS		236-760-7
CAS		[10294-38-9]
m_r	$g\,mol^{-1}$	322,248
ρ	$g\,cm^{-3}$	3,180
Smp	°C	406 (Z)
c_p	$J\,g^{-1}\,K^{-1}$	0,658
$\Delta_f H$	$kJ\,mol^{-1}$	−1066
Λ	Gew.-%	+29,79
Koenen	mm, Typ	< 1, 0

Bariumchloratmonohydrat war lange Zeit das einzig praktikable Oxidationsmittel für grüne Leuchtsätze mit hoher Farbsättigung. Tab. B.3 zeigt metallfreie Leuchtsätze mit hoher Farbsättigung. Satz I wird mit Alkohol angefeuchtet, während die Sätze II und III mit Wasser verarbeitet werden.

Tab. B.3: Metallfreie bariumchlorathaltige Lichtsignalsätze (Angaben in Gew.-%).

	I	II	III
$Ba(ClO_3)_2 \cdot (H_2O)$	64	79	53
$Ba(NO_3)_2$		6,5	
$KClO_3$	18		28
Lactose		1,7	
Schellack	18		
Anthracen		10,5	
Akaroidharz			10
Holzkohle			5
Dextrin			4
Methylcellulose		2,3	

Allerdings hat die geringe thermische Beständigkeit und hohe Empfindlichkeit chlorathaltiger Sätze zu einem Ersatz durch $Ba(NO_3)_2$ geführt, so dass technische und militärische Leuchtsätze heute kein Bariumchloratmonohydrat mehr enthalten. Nach wie vor ist Bariumchloratmonohydrat allerdings ein Bestandteil von grün brennenden Bengalsätzen. Bariumchloratmonohydrat verliert beim Erhitzen ab 130 °C sein Kristallwasser. Bei der Schmelztemperatur erfolgt augenblicklich eine exotherme Zersetzung nach

$$Ba(ClO_3)_2 \longrightarrow BaCl_2 + 3\,O_2.$$

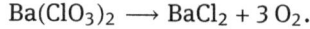

- K. H. Stern, *High Temperature Properties and Thermal Decomposition of Inorganic Salts with Oxyanions*, CRC Press, Boca Raton, **2001**, 193.

Bariumchromat
barium chromate

Aspekt		gelbes Kristallpulver
Formel		$BaCrO_4$
GHS		03, 07, 08, 09
H-Sätze		H272-H350-H400-H410-H302-H332-H317
P-Sätze		P210-P221-P302+P352-P321-P405-P501a
UN		1479
REACH		LPRS
EINECS		233-660-5
CAS		[10294-40-3]
m_r	g mol^{-1}	253,324
ρ	g cm^{-3}	4,498
Smp	°C	1400 (Z)
$\Delta_f H$	kJ mol^{-1}	−1445,99
Λ	Gew.-%	+9,47

Barytgelb (ugs.) ist das am meisten verwendete Oxidationsmittel in gaslosen pyrotechnischen Sätzen für Anzünd- und Verzögerungszwecke. Es wird meist in Mischung mit Kaliumperchlorat und Metalllegierungen als Verzögerungssatz (VZ-Satz) verwendet. Abb. B.6 zeigt ternäre Diagramme für die Abbrandgeschwindigkeit und die Sauerstoffbilanz von VZ-Sätzen auf der Grundlage von $BaCrO_4/KClO_4/W$ nach Weingarten (1966).

- G. Weingarten, *Pyrotechnic Delay Systems*, in F. B. Pollard, J. H. Arnold (Hrsg.), *Aerospace Ordnance Handbook*, Prentice-Hall, Englewood Cliffs, **1966**, 254–317.

Bariumhexafluorosilikat
Barium hexafluorosilicate

Formel		$BaSiF_6$
REACH		LPRS
EINECS		241-189-1
CAS		[17125-80-3]
m_r	g mol^{-1}	279,416
ρ	g cm^{-3}	4,279

Abbrandgeschwindigkeit
(mm s^{-1})

	0.5500
	2.450
	4.350
	6.250
	8.150
	10.05
	11.95
	13.85
	15.75

Sauerstoffbilanz
(Gew.-%)

	-15,30
	-12,33
	-9,350
	-6,375
	-3,400
	-0,4250
	2,550
	5,525
	8,500

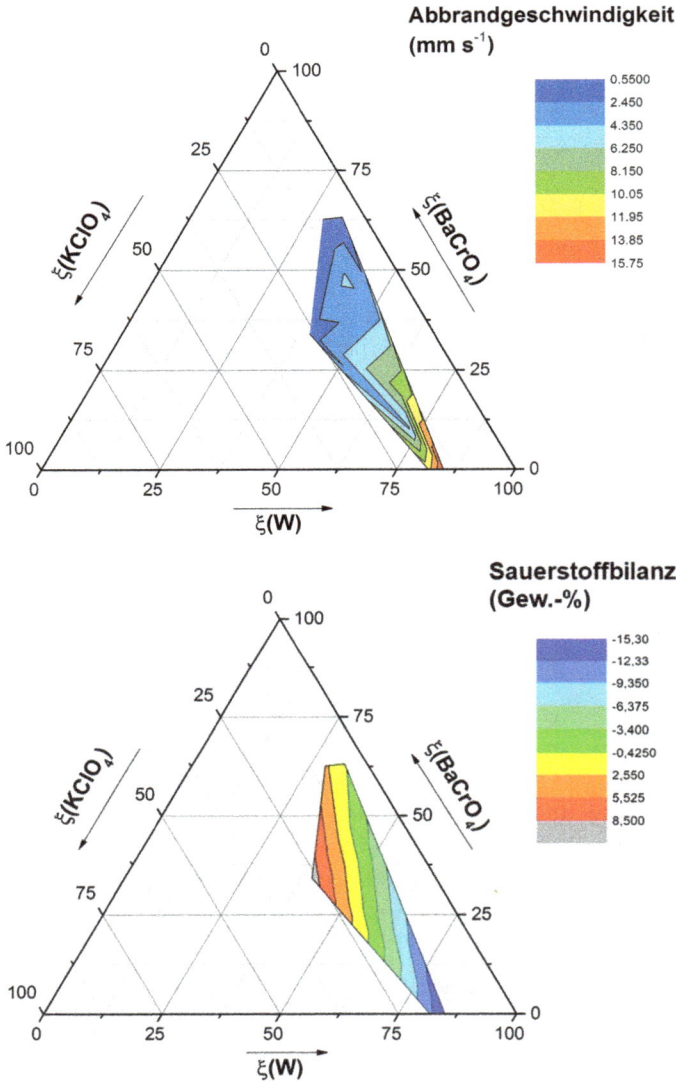

Abb. B.6: Abbrandgeschwindigkeit (links) und Sauerstoffbilanz (rechts) von BaCrO$_4$/KClO$_4$/W.

Smp	°C	1580
$\Delta_f H$	kJ mol^{-1}	−2952
Λ	Gew.-%	0

Bariumhexafluorosilikat wird als Flussmittel in VZ-und L-Spursätzen verwendet.

- G. Faber, H. Florin, P.-J. Grommes, P. Röh, *Verzögerungssätze mit langen Verzögerungszeiten*, EP 0 332 986 B1, **1993**, Deutschland.
- U. Ticmanis, M. Kaiser, M. Künstlinger, K. Redecker, Stabilität von Nitrocellulose in Anzündmischungen, *ICT-Jata*, Karlsruhe, **2000**, P-65.

Bariumnitrat

barium nitrate

Formel		Ba(NO$_3$)$_2$
GHS		07
H-Sätze		H302-H332
P-Sätze		P261-P264-P301+P312-P304+P340-P312-P501a
UN		1446
EINECS		233-020-5
CAS		[10022-31-8]
m_r	g mol^{-1}	322,248
ρ	g cm^{-3}	3,24
Smp	°C	590 (Z)
c_p	J g^{-1} K^{-1}	0,578
$\Delta_f H$	kJ mol^{-1}	−992,07
Λ	Gew.-%	+30,61
N	Gew.-%	8,69

Bariumnitrat ist ein nicht hygroskopisches Salz, seine thermische Zersetzung erfolgt nach

$$Ba(NO_3)_2 \longrightarrow BaO_{(s)} + 2\,NO_2 + 0,5\,O_2.$$

In Abwesenheit von Halogenen liefert Bariumnitrat eine weiße Flamme, was auf das gebildete breitbandig emittierende BaO$_{(s)}$ zurückzuführen ist. In Gegenwart von Chlorverbindungen (z. B. PVC oder KClO$_3$) entsteht beim Abbrand BaCl$_{(g)}$ das durch thermische Anregung intensiv grünes Licht emittiert. Bariumnitrat wird zusammen mit feinem Aluminium zu Knallsätzen verarbeitet, die eine deutlich höhere Zündtemperatur aufweisen als Al/KClO$_4$.

- N. M. Varyonykh, N. V. Obeziyaev, Y. E. Sheludyak, Peculiarities of Combustion of Mg/Sr(NO$_3$)$_2$ and Mg/Ba(NO$_3$)$_2$ Mixtures, *IPS*, **2002**, 391–396.
- N. M. Varyonykh, N. V. Obeziyaev, Y. E. Sheludyak, Thermal parameters of the burning wave for stoichiometric mixtures of different oxidizers with metals, *IPS*, **2005**, P-144.
- N. M. Varyonykh, N. V. Obeziyaev, Y. E. Sheludyak, Combustion peculiarities of mixtures of barium nitrate with different metals, *IPS*, **2006**, 711–725.
- N. M. Varyonykh, N. V. Obeziyaev, Y. E. Sheludyak, Thermal parameters of the burning wave for barium nitrate/magnesium/ organic additive pyrotechnic mixtures, *IPS*, **2008**, 585–590.

Bariumperchlorat

barium perchlorate

Formel	Ba(ClO$_4$)$_2$
GHS	03, 07
H-Sätze	H271-H302-H332
P-Sätze	P210-P221-P283-P306+P360-P371+P380+P375-P501a

UN		1447
REACH		LPRS
EINECS		236-710-4
CAS		[13465-95-7]
m_r	g mol^{-1}	336,231
ρ	g cm^{-3}	3,20
Smp	°C	473 (Z)
T_p	°C	283
T_p	°C	355
$\Delta_f H$	kJ mol^{-1}	−799,98
Λ	Gew.-%	+38,07

Bariumperchlorat ist ein stark hygroskopisches kristallines Pulver, welches bei Zutritt von Luftfeuchtigkeit rasch das Trihydrat bildet (Ba(ClO$_4$)$_2$ · 3 H$_2$O, [10294-39-0], $\rho = 2,740$ g · cm^{-3}, $\Delta_f H = -1996$ kJ · mol^{-1}). Bariumperchlorat ist in Wasser und Alkoholen leicht löslich. Wasmann (1975) beschrieb erstmalig die Anwendung von Bariumperchlorat im Zusammenhang mit Blinksätzen (siehe auch Strontiumperchlorat).

- F. W. Wasmann, Pulsierend abbrennende pyrotechnische Systeme, *ICT-Jata*, Karlsruhe, **1975**, 239–250.

Bariumperoxid
barium peroxide

Formel		BaO$_2$
GHS		03, 07
H-Sätze		H272-H302-H332
P-Sätze		P210-P220-P221-P261-P280-P501a
UN		1449
REACH		LPRS
EINECS		215-128-4
CAS		[1304-29-6]
m_r	g mol^{-1}	169,329
ρ	g cm^{-3}	4,96
Smp	°C	> 700 (Z)
$\Delta_f H$	kJ mol^{-1}	−634,29
Λ	Gew.-%	+9,45

BaO$_2$ wird hauptsächlich in VIS- aber auch und NIR-L-Spursätzen eingesetzt (Henry 1998). Des Weiteren ist BaO$_2$ ein wichtiges Oxidationsmittel in schnellen Verzögerungssätzen zusammen mit Eisen, Mangan und Molybdän. Ellern (1968) zitiert die Anwendung von BaO$_2$ als Oxidationsmittel in VZ-Sätzen zusammen mit metallischem Selen und Tellur. BaO$_2$/Aluminium-Mischungen mit ξ(BaO$_2$) > 0.7 werden als schnelle Anzündsätze verwendet. Aufgrund der starken Schlackebildung wird BaO$_2$ zusammen mit Mg auch als „Zündkirsche" für Thermitladungen eingesetzt. Mischungen aus BaO_2 und Aluminium können sich in Gegenwart von Feuchtigkeit erwärmen.

- G. H. Henry III., M. A. Owens, L. T. Jarret, M. A. Tucker, F. M. Bone, *Infrared Tracer for Ammunition*, US 5.811.724, **1998**, USA.
- J. Stupp, Untersuchungen über Selbstentzündungsreaktionen eines bariumperoxidhaltigen Glimmspursatzes, *CTI-Einführungssymposium*, 13–15. Juni **1973**, 14 S. + Anhang.

Bariumpikrat

barium picrate

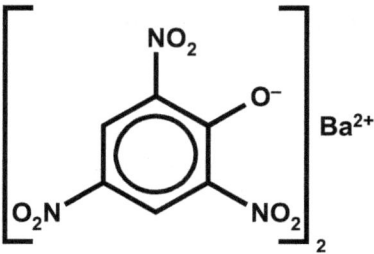

Aspekt		gelbes Kristallpulver
Formel		$BaC_{12}H_4N_6O_{14}$
CAS		[25733-98-6]
m_r	$g\,mol^{-1}$	593,532
Z	°C	403 (wasserfrei)
	°C	333 (Pentahydrat)
$\Delta_f H$	$kJ\,mol^{-1}$	−1032
Λ	Gew.-%	−35,04
N	Gew.-%	14,16

Bariumpikrat ist relativ unempfindlich gegenüber Schlag und Reibung.

- S. Kaye, *Encyclopedia of Explosives and Related Items, Volume 8*, US Army Armament Research and Development Command, Dover, NJ, **1978**, P-279.

Bariumsulfat

barium sulfate (AmE) barium sulphate (BrE)

Baryt, Schwerspat	
Formel	$BaSO_4$
REACH	LRS
EINECS	231-784-4
CAS	[7727-43-7]

m_r	$g\,mol^{-1}$	233,40
ρ	$g\,cm^{-3}$	4,50
Smp	°C	1580
T_p	°C	1149 (rhombisch – monoklin)
$\Delta_f H$	$kJ\,mol^{-1}$	−1473,19
Λ	Gew.-%	+6,86

Weber (1984) schlägt $BaSO_4$ als zusätzliches Oxidationsmittel in Blinksätzen vor. $BaSO_4$ findet heutzutage Einsatz als Co-Oxidationsmittel in Verzögerungssätzen und Dunkelspursätzen mit starken Reduktionsmitteln wie B, Si, Ti, Zr und ist als Oxidator in VZ-Sätzen vorgeschlagen worden.

- H. Weber, *Pyrotechnischer Leuchtsatz mit intermittierender Strahlungsemission*, DE3313521A1, **1984**, Deutschland.
- D. Funke, H. Zöllner, *Pyrotechnischer Verzögerungssatz militärischer Verzögerungselemente*, DE102014018792A1, **2015**, Deutschland.
- S. M. Tichapondwa, W. W. Focke, O. del Fabbro, J. Gisby, C. Kelly, A Comparative Study of Si-BaSO₄ and Si-CaSO₄ Pyrotechnic Time-Delay Compositions, *J. Energ. Mater.* **2016**, *34*, 342–356

Barium – Toxizität & Radiotoxizität
barium combustion products

Das Barium-Ion ist ein Muskelzellgift. Daher wirken wasserlösliche Bariumsalze nach oraler aber auch dermaler Aufnahme ($\geq 2\,mg/kg$ Körpergewicht) insbesondere auf den Magen-Darm-Trakt (z. B. Erbrechen, Durchfälle) sowie das Herz (z. B. Rhythmusstörungen, Bradykardie). Die Inhalation wasserlöslicher Stäube des Barium führt zur Bronchokonstriktion und kann bei höheren Konzentrationen auch zu den vorher beschriebenen Vergiftungserscheinungen führen.

Steinhauser (2009) hat sich mit der Frage beschäftigt, wie weit der auf der chemischen Ähnlichkeit beruhende Austausch von Radium (^{226}Ra und ^{228}Ra) gegen Barium oder auch Strontium in natürlichen Erzen (z. B. als Radiobaryt, $Ba_{x-y}(Ra)_y SO_4$, y = ppm) zu einer gefährlichen Freisetzung von Radium beim Abbrand daraus gefertigter Pyrotechnika führen kann. Die Untersuchung verschiedener kommerzieller pyrotechnischer Sätze ergab, dass die Hauptaktivität der Proben auf die Anwesenheit des ubiquitären ^{40}K zurückzuführen ist ($A(^{40}K) = 10\text{–}20\,Bq\,g^{-1}$), während die auf ^{226}Ra und ^{228}Ra zurückgehenden Aktivitäten lediglich zwischen $A = 16\text{–}260\,mBq\,g^{-1}$ betragen.

- S. Moeschlin, *Klinik und Therapie der Vergiftungen*, Thieme, Stuttgart, **1986**, 207–209.
- G. Steinhauser, A. Musilek, Do pyrotechnics contain radium? *Enviro. Res. Lett.* **2009**, 4, 034006, 6 S.

Baronal
baronal

Baronal ist eine Zusammensetzung aus Bariumnitrat, Aluminium und TNT (Tab. B.4 & B.5). Baronal wurde im 2. Weltkrieg in den USA als Unterwassersprengstoff eingesetzt.

Tab. B.4: Baronal Zusammensetzung.

	Baronal
TNT (Gew.-%)	35
Ba(NO$_3$)$_2$ (Gew.-%)	50
Aluminium (Gew.-%)	15
ρ (g cm^{-3})	2,32

Tab. B.5: Baronal Eigenschaften.

Parameter	Baronal
V_D (m s^{-1})	5450
$\Delta_f H$ (kJ kg^{-1})	−1715
$\Delta_{det} H$ (kJ kg^{-1})	−4748
ρ (g cm^{-3})	2,32
$\Delta_{melt} H$ (J g^{-1})	33,7
T_{ex-5s} (°C)	345
Schlag-E (J)	6

Base Bleed

Die Reichweitensteigerung eines Rohrwaffengeschosses gelingt über die Faktoren Mündungsgeschwindigkeit, v_0, einen zusätzlichen Antrieb (z. B. RAP = *Rocket-Assisted Projectile*) sowie über die Verbesserung des ballistischen Koeffizienten, c_w. Der ballistische Koeffizient selbst ist die Summe seiner Einzelbeiträge

$$c_w = c_{Ww} + c_{WR} + c_{WB}$$

mit c_{Ww} = Formwiderstand, c_{WR} = Reibungswiderstand und c_{WB} = Bodensog. Bis weit in den Überschallbereich hinein macht der Bodensog, c_{WB}, etwa die Hälfte des Gesamtwiderstands bei schlanken Spitzgeschossen aus. Der Bodensog wiederum kann zum einen durch eine konische Formgebung des Geschoßbodens (*boat tail*), verringert werden. *Schroeder* hat 1951 herausgefunden, dass durch Luftaustritt am Geschossboden der Druck erhöht und damit der Bodensog weithin verringert werden kann. In der Praxis wird ähnlich einer Leuchtspur ein pyrotechnischer Satz am Boden zum Abbrand gebracht. Das Ausströmen der Abbrandprodukte, I, verringert dabei den Bodensog wirksam, wenn der herrschende Druck möglichst nah am Umgebungsdruck ist.

$$I = \frac{\frac{dm}{dt}}{v \cdot \rho_{Luft} \cdot A}$$

Mit Base Bleed ausgestatte Geschosse haben eine bis zu 15 % größere Reichweite als solche ohne Base Bleed, außerdem ist die Endgeschwindigkeit von Geschossen bis zu 20 % höher als bei Geschossen ohne Base Bleed. Typische Base-Bleed-Formulierungen sind AP/HTPB bzw. Mg/Nitrat/Binder. Abb. B.7 zeigt die Abnahme des Bodensogs mit Zunahme des Ausströmfaktors, I, für eine Base-Bleed-Formulierung der allgemeinen Zusammensetzung:

- Magnesium, Mg
- Strontiumnitrat, $Sr(NO_3)_2$
- Ammoniumperchlorat, NH_4ClO_4
- Calciumresinat, $C_{40}CaH_{58}O_4$

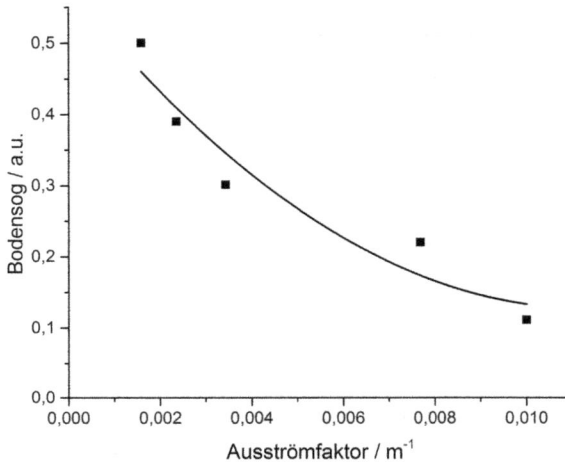

Abb. B.7: Bodensog als Funktion des Ausströmfaktors einer Base-Bleed-Ladung.

- K. K. Kuo, J. N. Fleming (Hrsg.), Base Bleed, Hemisphere Publishing, New York, **1991**, 314 S.
- S. N. B. Murthy (Hrsg.), Aerodynamics of base combustion, Volume 40, Progress in Astronautics and Aeronautics, New York, **1976**, 522 S.
- E. M. Cortright, A. H. Schroeder, *Preliminary investigation of Effectiveness of Base Bleed in Reducing Drag of Blunt Base Bodies in Supersonic Stream*, NACA, **1951**, 24 S.

Basisches Kupfernitrat, BCN

basic copper nitrate

Aspekt		hellgrünes Salz
Formel		$Cu_2(OH)_3(NO_3)$
REACH		LRS
EINECS		439-590-3; 601-793-1
CAS		[12158-75-7]
m_r	$g\,mol^{-1}$	240,12
ρ	$g\,cm^{-3}$	3,389

$\Delta_f H$	$kJ\,mol^{-1}$	−864,56
Λ	Gew.-%	+16,66
N	Gew.-%	5,83

BCN ist wenig wasserlöslich und entsprechend nicht hygroskopisch. Es wird als Oxidator in Gasgeneratoren verwendet und wurde als alternativer Oxidator in grünen Leuchtsätzen untersucht.

- G. Steinhauser, K. Tarantik, T. M. Klapötke, Copper in Pyrotechnics, *J. Pyrotech.* **2008**, *27*, 3–13.
- J. P. Auffredic, D. Louer, M. Louer, Décomposition thermique topotactique de l'hydroxynitrate de cuivre $Cu_2(OH)_3NO_3$ étude thermodynamique et structurale, *Journees de Calorimetrie et d'Analyse Thermique*, **1978**, *9A*, *B13*, 97–107.

BATEG, TEGDA
1,2-bis(2-azidoethoxy)ethane

Bisazidotriethylenglykol, 1,2-Bis(2-azidoethoxy)ethan		
Formel		$C_6H_{12}N_6O_2$
CAS		[59559-06-7]
m_r	$g\,mol^{-1}$	200,198
ρ	$g\,cm^{-3}$	1,15
$\Delta_f H$	$kJ\,mol^{-1}$	+215; *+240*
$\Delta_c H$	$kJ\,mol^{-1}$	−4295,1
	$kJ\,g^{-1}$	−21,454
	$kJ\,cm^{-3}$	−24,672
Λ	Gew.-%	−127,87
N	Gew.-%	41,98
P_{vap}	Pa	0,176
T_g	°C	−110,1
Reib-E	N	144
Schlag-E	J	3

BATEG ist ein von *Alvarez et al.* erstmals synthetisierter Weichmacher für Treibladungspulver.

- F. Alvarez, N. V. Latypov, E. Holmgren, M. Wanhatalo, New Ingredients for CMDB Propellants, *NTREM 2008*, Pardubice, 9.–11. April **2008**, 442–447.
- J. Böhnlein Mauß, T. Keicher, U. Schaller, M. Helfrich, BATEG – Ein Neuer Weichmacher für NC-Basierte TLP? *Workshop Treib- und Explosivstoffe*, 16–17. November **2016**, FhG-ICT, Pfinztal.

Becker, Richard (1887–1955)

Richard Becker war ein Deutscher Physiker und beschäftigte sich seit 1913 mit der Theorie der Stoßwellen und Detonation. Er hat neben Chapman und Jouguet sowie zusammen mit seinem Schüler Döring wesentlich zur Entwicklung der Detonationstheorie beigetragen. Becker hat erstmalig die Detonationsgeschwindigkeit von Nitroglycerin aufgrund rein theoretischer Überlegungen berechnet.

- R. Becker, Zur Theorie der Detonation, Z. Elektrochem. **1917**, 23, 40–49;
- R. Becker, Stoßwelle und Detonation, Z. Physik, **1922**, 8, 321–362.
- Eintrag in der Deutschen Nationalbibliothek: http://d-nb.info/gnd/118079433, Zugriff am 29. März 2019.

Bengalische Lichter
bengal flames/lights

Unter bengalischen Flammen/Lichtern versteht man mit farbigen Flammen abbrennende pyrotechnische Sätze (meist ohne metallische Brennstoffe), die entweder lose oder in dünnen Papierhülsen verpresst verwendet werden. Typische Zusammensetzungen sind in Tab. B.6 angegeben.

- R. Lancaster, Fireworks, Chemical Publishing Company, NY, 3rd edn. 1998.

Tab. B.6: Zusammensetzungen pyrotechnischer Sätze für Bengallichter.

Inhaltsstoffe (Gew.-%)	Blau	Grün	Gelb	Rosa	Rot	Violett	Weiß
Akaroidharz	–	15	–	–	–	10	–
Ammoniumperchlorat	–	–	–	–	–	50	–
Antimon	–	1,5	–	–	–	–	–
Antimonsulfid	–	–	–	–	–	–	22
Bariumcarbonat	–	–	–	9	–	–	–
Bariumnitrat	–	68,5	–	–	–	–	–
Benzoesäure	–	–	–	–	–	10	–
Chloropren	10	–	–	–	–	–	–
Lindenholzkohle	–	–	–	–	3	–	–
Kaliumchlorat	–	–	–	51	9	–	–
Kaliumnitrat	–	–	–	–	–	–	67
Kaliumperchlorat	60	15	75	–	–	20	–
Kupfer(II)oxid	10	–	–	–	–	5	–
Lactose Monohydrat	20	–	–	15	–	–	–
Natriumoxalat	–	–	10	–	–	–	–
Schellack	–	–	15	–	–	–	–
Schwefel	–	–	–	–	21	–	11
Strontiumcarbonat	–	–	–	–	2	5	–
Strontiumnitrat	–	–	–	–	65	–	–
Strontiumsulfat	–	–	–	25	–	–	–

Benite

Als Benite werden Anzündmittel bezeichnet, die aus einer Mischung von Schwarzpulver (2K oder 3K) und Nitrocellulose bestehen (siehe auch *Eimite*, *Oxite*, *Ex-98*) (Tab. B.7 & B.8).

Tab. B.7: Benite-Mischungen.

Inhaltsstoffe (Gew.-%)	NKP-S 526	NKP-S 536	A
Nitrocellulose	30	37	40 (13,15 Gew.-% N)
Kaliumnitrat	51	47	44,3
Holzkohle	10,2	12	9,4
Schwefel	6,8	–	6,3
Akardit	1	1	
Dibutylphthalat	1	1	
Ethylcentralit			0,5

Tab. B.8: Eigenschaften von Benite-Mischungen.

Parameter	NKP-S 526	NKP-S-536	A
Zündtemperatur (°C)	–	281	
Explosionswärme, ber. ($J\,g^{-1}$)	3033	3298	
Flammentemperatur, adiabatisch (°C)	2127	–	
Pulverkonstante ($J\,g^{-1}$)			553,5

- H. Hassmann, *Igniter Assembly Containing Strands of Benite*, US Patent 3.182.595, USA, **1965**.
- F. Volk, M. Hund, D. Müller, Determination of the performance of Ignition Powders, *3e Congres International de Pyrotechnie du Groupe de Travail de Pyrotechnie Spatiale et 12e International Pyrotechnics Seminar*, 8.–12. Juni **1987**, Juan-les-Pins, France, 97.
- G. Klingenberg, Experimental Study on the Performance of Pyrotechnic Igniters, *Propellants, Explos. Pyrotech.*, **1984**, *9*, 91–107.

Benzotriazol, BTA
1H-Benzotriazole

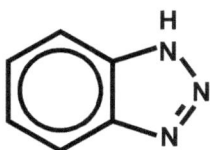

Formel	$C_6H_5N_3$
GHS	07
H-Sätze	H302-H332-H-319-H419

P-Sätze		P273-P280h-P305+P351+P338
REACH		LRS
EINECS		202-394-1
CAS		[95-14-7]
m_r	g mol^{-1}	119,126
ρ	g cm^{-3}	1,34
$\Delta_f H$	kJ mol^{-1}	236,48
$\Delta_{ex} H$	kJ mol^{-1}	−309
	kJ g^{-1}	−2,594
	kJ cm^{-3}	−3,476
$\Delta_c H$	kJ mol^{-1}	−3312,2
	kJ g^{-1}	−27,804
	kJ cm^{-3}	−37,258
Λ	Gew.-%	−194,74
N	Gew.-%	35,27
Smp	°C	100
Sdp	°C	350
Reib-E	N	>355
Schlag-E	J	>40
Koenen	mm	1 (Typ O)
Trauzl	ml	9

Trotz seiner hohen Zersetzungswärme ist Benzotriazol nicht explosionsgefährlich im Sinne des Sprengstoffgesetzes bzw. gemäß den Prüfungen nach UN-Testserie 1. So erfolgt z. B. keine Weiterleitung eines Detonationsstoßes im BAM-50/60-Stahlrohr. Benzotriazol wird als Brennstoff in spektral angepassten Leuchtsätzen und gaserzeugenden pyrotechnischen Sätzen verwendet.

- J. S. Brusnahan, R. Pietrobon, M. Morgan, L. V. Krishnamoorthy, Organic Fuels in Spectral Flare Compositions, *PARARI 2011*, Brisbane, Australien, **2011**.
- M. Malow, K. D. Wehrstedt, S. Neuenfeld, On the Explosive properties of 1H-benzotriazole and 1H-1,2,3-triazole, *Tetrahedron Lett.* **2007**, *48*, 1233–1235.

Benzotrifuroxan, BTF

benzotrifuroxane, benzo[1,2-c:3,4-c′:5,6-c″]tris[1,2,5]oxadiazol-1,4,7-trioxid

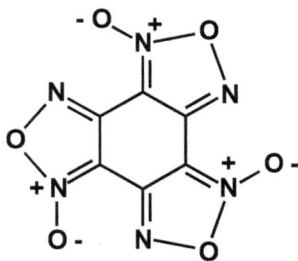

Formel		$C_6N_6O_6$
CAS		[3470-17-5]
m_r	$g\,mol^{-1}$	252,103
ρ	$g\,cm^{-3}$	1,901
$\Delta_f H$	$kJ\,mol^{-1}$	−602
$\Delta_{ex}H$	$kJ\,mol^{-1}$	−1522,2
	$kJ\,g^{-1}$	−6,038
	$kJ\,cm^{-3}$	−11,478
$\Delta_c H$	$kJ\,mol^{-1}$	−1759,1
	$kJ\,g^{-1}$	−6,978
	$kJ\,cm^{-3}$	−13,265
Λ	Gew.-%	−38,08
N	Gew.-%	33,34
Smp	°C	199
T_{crit}	°C	248–250
Schlag-E	cm	22,7 mit Werkzeug 12
V_D	$m\,s^{-1}$	8410 @ 1,82 $g\,cm^{-3}$
P_{CJ}	GPa	33,8 @ 1,82 $g\,cm^{-3}$
T_{CJ}	K	3990
$\varnothing_{cr}$	mm	0,5–1

BTF wird zu Erzeugung von Nanodiamanten untersucht.

- A. Dolgoborodov, M. Brazhnikov, M. Makhov, S. Gubin, I. Maklashova, Detonation performance of high-dense BTF charges, *Journal of Physics Conference Series 500*, **2014**, 052010.

Berger, Beat (1949–2014)

Beat Berger war ein schweizer Chemiker und Pyrotechniker. Er arbeitete ab 1979 für das Explosivstofflaboratorium der Streitkräfte der Schweiz (zunächst *Gruppe Rüstungsdienste* später *armasuisse*) in Thun. Berger hat sich insbesondere mit den Grundlagen der Empfindlichkeit und Leistung pyrotechnischer Sätze sowie der Bewertung neuartiger Brennstoffe, Oxidatoren und Bindemittel in der Pyrotechnik beschäftigt.

- E.-C. Koch, Beat Berger 1949–2014, *Propellants Explos. Pyrotech.* **2014**, *39*, 634–635.

Berger, Ernest Edouard Frédéric (1876–1934)

Ernest Berger war ein französischer Chemiker. Er arbeitete von 1908 bis etwa 1923 für das chemische Laboratorium der Artillerie in Versailles und entwickelte dort 1916 die nach ihm benannten pyrotechnischen Tarnnebel (siehe *Berger Mischung*).

- E.-C. Koch, 1916–2016 The Berger Smoke Mixture turns 100, *Propellants Explos. Pyrotech.* **2016**, *41*, 779–781

Berger-Mischung
Berger's mixture

Nach dem französischen Chemiker Berger bezeichnete Gruppe von pyrotechnischen Sätzen zur Erzeugung von Tarnnebeln auf der Grundlage von Organochlorverbindungen und Metallen bzw. Metallverbindungen. Da als Organochlorverbindung seitdem oftmals Hexachlorethan (HC) verwendet wird, werden entsprechende Sätze als HC-Nebelsätze oder einfach nur als HC bezeichnet. Die bekannteste Zusammensetzung enthält

- 45 Gew.-% Zink
- 55 Gew.-% Hexachlorethan

deren Reaktion wie folgt angenommen werden kann

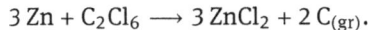

$$3\,Zn + C_2Cl_6 \longrightarrow 3\,ZnCl_2 + 2\,C_{(gr)}.$$

Da metallisches Zink bei Anwesenheit von Feuchtigkeitsspuren zur Zersetzung neigt, enthalten moderne HC-Sätze Zinkoxid und als feuchtigkeitsbeständigere Reduktionsmittel Aluminium.

HC Typ C
- 5,0 Gew.-% Aluminium
- 48,5 Gew.-% Zinkoxid
- 46,5 Gew.-% Hexachlorethan

Dabei laufen formal folgende Reaktionen ab:

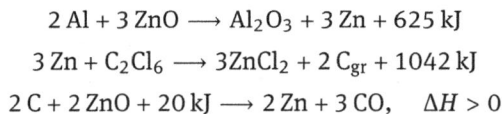

$$2\,Al + 3\,ZnO \longrightarrow Al_2O_3 + 3\,Zn + 625\,kJ$$
$$3\,Zn + C_2Cl_6 \longrightarrow 3\,ZnCl_2 + 2\,C_{gr} + 1042\,kJ$$
$$2\,C + 2\,ZnO + 20\,kJ \longrightarrow 2\,Zn + 3\,CO, \quad \Delta H > 0$$

Das bei der Verbrennung entstehende Zinkchlorid besitzt eine sehr niedrige Deliqueszenzfeuchte (DRH = 15 %) und zieht daher begierig Luftfeuchtigkeit an. Die Anfangs gebildeten Aerosoltröpfchen reagieren aufgrund der Säure, $[Zn(H_2O)_2]Cl_2$, zunächst stark sauer (pH = 1), bei weiterer Wasseraufnahme der Aerosoltröpfchen bildet sich schließlich die schwächere Säure $[Zn(H_2O)_6]Cl_2$. Diese Säuren wirken auf ungeschützte Metalle stark korrosiv, lösen Stärke und Cellulose auf und zerstören auch lebendes Gewebe. Daher ist es bei der Inhalation von HC-Aerosol schon zu zahlreichen Todesfällen und Verletzungen gekommen. Aus diesem Grund darf HC heute bei vielen Streitkräften nicht mehr verwendet werden (Leistung von HC siehe *Nebelsätze*).

- E.-C. Koch, *Metal-Halocarbon Pyrolant Combustion*, Handbook of Combustion, Vol. 5 New Technologies, Eds. M. Lackner, F. Winter, A. K. Agrawal, Wiley-VCH, Weinheim, **2010**, 355–402.
- *Hexachlorethane Smoke* in *Toxicity of Military Smokes and Obscurants, Volume 1*, National Academy Press, Washington DC, **1997**, 127–160.

Bergmann-Junk-Siebert-Test

Der Bergmann-Junk-Siebert-Test ist ein Stabilitätstest für Nitrocellulose und Treibladungspulver. Dabei werden NC, einbasige Pulver, sowie zweibasige Pulver erhitzt und die entstandenen Stickoxide NO_x mit Wasser aufgenommen und titrimetrisch bestimmt (siehe Tab. B.9).

Tab. B.9: Bergmann-Junk-Siebert Test

Substanz	Menge (g)	Prüftemperatur (°C)	Dauer (h)	Verbraucht von 0.01 n NaOH zur Neutralisierung der eluierten Säuren
Nitrocellulose	2	132	2	≤ 12.5 ml/g
Einbasige Pulver (ohne NGl)	5	132	5	≤ 10 bis 12 ml/g
Zweibasige Pulver (≤ 10 wt.-% NGl)	5	115	16	≤ 10 bis 12 ml/g
Zweibasige Pulver (> 10 wt.-% NGl)	5	115	8	≤ 10 bis 12 ml/g
Zweibasige Pulver	5	115	16	≤ 10 bis 12 ml/g

- Committee of Experts on the Transport of Dangerous Goods and on the Globally Harmonized System of Classification and Labelling of Chemicals, *Stability tests for nitrocellulose*, 12 October **2017**.
- Bundeswehrprüfvorschrift TL-1376-0600 M 2.22.1.

Berliner Blau
Prussian blue, ferric ferrocyanide

Eisen(III)-hexacyanidoferrat(II/III), Vossenblau		
Aspekt		dunkelblauer Feststoff
Formel		$Fe_4[Fe(CN)_6]_3$
REACH		LPRS
EINECS		237-875-5
CAS		[14038-43-8]
m_r	g mol^{-1}	859,242
ρ	g cm^{-3}	1,8
$\Delta_f H$	kJ mol^{-1}	+1184
Z	°C	>250
Λ	Gew.-%	−80,07
N	Gew.-%	29,34

Das wasserunlösliche Berliner Blau wird als Abbrandmoderator und aufgrund seiner hohen positiven Bildungsenthalpie auch häufig als energiereicher Brennstoff in der Pyrotechnik verwendet.

- M. Weber, F. Hinzmann, *Pyrotechnische Ladung*, DE-Patent 3031369, **1982**, Deutschland.

Berthelot, Marcellin (1827–1907)

Berthelot war ein französischer Chemiker sowie später Bildungs- und Außenminister der dritten französischen Republik. Er begründete die Thermochemie der Explosivstoffe und veröffentlichte dazu 1883 eine zweibändige Monographie. Außerdem arbeitete er mit *Paul Vieille* zusammen an der Entwicklung der ballistischen Bombe und erkannte zusammen mit diesem die Stoßwelle als notwendiges Charakteristikum der Detonation von Explosivstoffen.

- M. Berthelot, *Sur la Force des Matières Explosives d'après la Thermochimie*, Gauthier-Villars, Paris, **1883**, 2 Bde. 408 & 445 S.

Berthollet, Claude Louis (1748–1822)

Berthollet war ein französischer Chemiker. Er entdeckte die Chlorsäure und ihre Salze, die Chlorate, sowie deren oxidierende Wirkung. Er entwickelte 1786 das weiße Schießpulver, welches für die Verwendung in Waffen zu brisant war, aber als Vorläufer der Chloratsprengstoffe angesehen werden kann.

Weißes Schießpulver
- 60 Gew.-% Kaliumchlorat, $KClO_3$
- 20 Gew.-% Kaliumhexacyanoferrat(II), $K_4[Fe(CN)_6]$
- 20 Gew.-% Rohrzucker, $C_{12}H_{22}O_{11}$

- K. A. Hofmann, U. R. Hofmann, *Anorganische Chemie*, 9. Auflage, Friedrich Vieweg, Braunschweig, **1941**, 662.

Besatz
stemming, tamper

Als Besatz wird die Füllung eines Sprengloches über der Ladung mit inerten Stoffen wie Lehm, Sand, Zement oder Wasser bezeichnet.

Bickford, William (1774–1834)

Bickford war ein englischer Ingenieur, der 1831 die nach ihm benannte Sicherheitsanzündschnur (engl. *Bickford fuze*) entwickelte.

BICT, Bundesinstitut für Chemisch-Technische Untersuchungen

Das BICT war eine ehemalige, dem Bundesverteidigungsministerium unterstellte, wissenschaftliche Behörde für Explosivstoffe und Munition mit ausgedehnten Laboratorien, Prüf- und Versuchseinrichtungen in Swisttal-Heimerzheim. Das BICT ging aus dem Institut für chemisch-technische Untersuchungen (CTI) hervor, das vor dem Wechsel nach Swisttal-Heimerzheim seine Verwaltung in Bonn hatte. Am BICT wurden seit 1972 (damals noch unter der Firmierung Chemisch-Technisches Institut, CTI) die heute noch gebräuchlichen standardisierten Prüfverfahren für Explosivstoffe entwickelt. Das BICT wurde 1997 mit dem in Erding ansässigen Wehrwissenschaftlichen Institut für Materialuntersuchungen zum Wehrwissenschaftlichen Institut für Werk-, Explosiv- und Betriebsstoffe, WIWEB zusammengeführt. Zum 30. Juni 2009 wurde das Institut in Swisttal-Heimerzheim geschlossen. International bekannte Wissenschaftler am BICT waren Dr. Friedrich Trimborn (1933–2009) und Dr. *Carl-Otto Leiber* (siehe dort).

- C.-O. Leiber, Friedrich Trimborn 1933–2009, *Propellants Explos. Pyrotech.* **2010**, *35*, 5–6.
- N. N., *Stellungnahme zum Wehrwissenschaftlichen Institut für Werk-, Explosiv- und Betriebsstoffe (WIWEB), Erding*, Wissenschaftsrat, **2008**, 79, https://www.wissenschaftsrat.de/download/archiv/8784-08.pdf, Zugriff am 25. März 2019.

BICT-Gap-Test

Der BICT-Gap-Test ist ein Prüfverfahren zur Ermittlung der Detonationsübertragung durch Stoßwellen von Explosivstoffen mit kritischen Durchmessern $\varnothing_{cr} < 20$ mm. Dazu wird, wie in Abb. B.8 gezeigt, der zu prüfende Explosivstoff als Gieß- oder Presskörper in einem Plexiglasrohr der Stoßwelle einer HWC-Geberladung ausgesetzt. Über die Dicke der Wasserschicht kann der auf die Empfängerladung einwirkende Stoßdruck eingestellt werden. Tab. B.10 zeigt typische Grenzstoßdrucke (kR = keine Reaktion) und die Höhe der Wassersäule (mm) bei der keine Reaktion (Detonationsweiterleitung) stattfindet.

- F. Trimborn, Eine einfache Versuchsanordnung zum „Gap-Test", *Explosivstoffe*, **1967**, *15*, 169–175.
- F. Trimborn, R. Wild, Shock-Wave Measurements in Water for Calibrating the BICT-Gap-Test, *Propellants Explos. Pyrotech.* **1982**, *7*, 87–90.

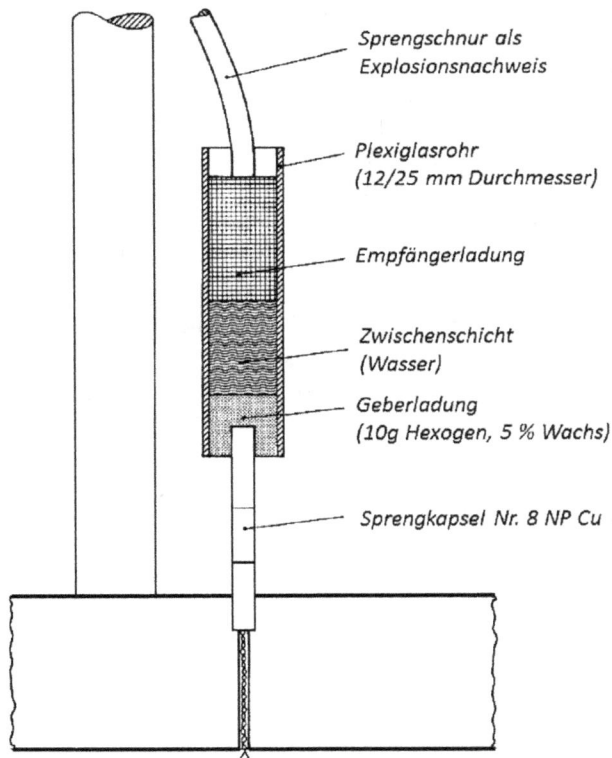

Abb. B.8: Aufbau BICT-Gap-Test.

Tab. B.10: No-Go-Gap-Testwerte für verschiedene Sprengstoffmischungen.

	ρ (g cm^{-3})	h_{kR} (mm)	P_{kR} (GPa)
Comp B	1,68	18	2,09
HWC	1,63	22	1,61
Hexyl	1,50	20	1,86
PETN/Wachs (93/7)	1,60	29	0,98
Pentolit	1,65	23	1,50
Pikrinsäure	1,58	17	2,24
Tetryl	1,53	24	1,40
TNT	1,53	22	1,61
TNT	1,58	7	4,95
TNT	1,61	6	5,31

Tab. B.10: No-Go-Gap-Testwerte für verschiedene Sprengstoffmischungen. (Fortsetzung)

PBXW-11	1,79		1,96
	1,81		2,60
	1,82		3,04
PBXN-9	1,73		3,88
	1,75		4,22
	1,78		4,58
KS32	1,63	10	3,88
PBXN-5		20	1,86
PBXN-109		12	3,29

Bildungsenthalpie

enthalpy of formation, heat of formation

Die bei der Bildung eines Mols einer chemischen Verbindung aus den Elementen bei konstantem Druck freiwerdende Reaktionswärme wird als Bildungsenthalpie bezeichnet. Definitionsgemäß wird die von einem thermodynamischen System abgegebene Wärmemenge (exotherme Reaktion) mit einem Minuszeichen versehen. In Tabellenwerken werden die Standardbildungsenthalpien, ($\Delta_f H$) bei 25 °C (298,15 K) und Standarddruck 0,1 MPa aufgeführt.

Tab. B.11, S. 92–104 zeigt die Bildungsenthalpie und andere wichtige physikalische Eigenschaften wichtiger Verbindungen.

- R. Blachnik (Hrsg.), *D'Ans Lax Taschenbuch für Chemiker und Physiker, Band 3, Elemente, anorganische Verbindungen und Materialien, Minerale*, Springer, Berlin, **1998**, 1463 S.
- C. Synowietz (Hrsg.), *D'Ans Lax Taschenbuch für Chemiker und Physiker, Band 2, Organische Verbindungen*, Minerale, Springer, Berlin, **1983**, 1128 S.

Tab. B.11: Bindungsenthalpie und andere physikalische Daten wichtiger Verbindungen.

Verbindung	m_r (g mol^{-1})	ρ (g cm^{-3})	Smp (°C)	Sdp (°C)	$\Delta_f H$ (kJ mol^{-1})	c_p (J mol^{-1} K^{-1})
AlBr$_3$	266,71	3,205	97,5	257	−511,3	100,5
Al$_4$C$_3$	143,96	2,95	2230	Z	−208,8	116,1
Al$_2$O$_3$ CaO	158,04	3,64	1600	Z	−2326,2	120,8
Al$_2$O$_3$ 3CaO	270,20	3,02	1535	Z	−3587,8	209,7
AlCl$_3$	133,34	2,44	192	sub	−705,6	91,1
AlF$_3$	83,98	3,197	454 (pt*)	1275 sub	−1510,4	75,1
AlI$_3$	407,69	3,98	191	360	−302,9	98,9
AlN	40,99	3,09	>2400	−	−318,0	30,1
Al$_2$O$_3$	101,96	4,05	2050		−1675	79
Al(OH)$_3$	78,00	3,98	300 (−H$_2$O)	−	−1276,1	93,15
AlP	57,96	2,424	2550		−164,4	42
AlPO$_4$	121,95	2,56	580, 705, 1047 (pt) 2000		−1733,4	93
Al$_2$S$_3$	150,16	2,02	1100		−724	112,9
Al$_2$(SO$_4$)$_3$	342,15	2,83	450 (Z)		−3440,8	259,4
AlSb	148,73	4,279	1080		−50,4	46,4
Al$_2$O$_3$ SiO$_2$	162,05	3,14	1816		−2590,3	122,8
3 Al$_2$O$_3$ 2 SiO$_2$	426,05	3,00	1840		−6820,5	325,4
AsCl$_3$	181,28	2,16	−19,8	131,4	−305,1	133,5
AsF$_3$	131,92	3,01	−5,95	58	−821,3	126,5
AsF$_5$	169,91	7,71	−79,8	−52,8	−1237	
As$_2$O$_3$	197,84	3,87	312	459	−654,8	97
As$_2$S$_3$	246,04	3,49	170 (pt), 312	707	−167,4	116,5
BBr$_3$	250,54	2,643	−46	91,3	−238,5	128,03
BCl$_3$	117,19	1,434	−107,2	12,4	−403	62,4
BF$_3$	67,81	2,99	−131 (pt), −128,7	−99,9	−1136,6	50
HBO$_2$	43,82	2,486	176		−789	
BI$_3$	391,52	3,35	49,9	210	+71,1	70,7
B$_2$O$_3$	69,62	1,805	460	2066	−1271,9	62,59
BP	41,785		1227		−79	30,25
B$_2$S$_3$	117,81	1,93	563		−252,2	117,1
BaBr$_2$	297,16	4,781	857	2028	−757,7	77,0
BaCl$_2$	208,24	3,888	920 pt, 963	2026	−858,6	75,1
BaF$_2$	175,34	4,893	967 pt, 1207 pt, 1368	2270	−1208	72,2

Tab. B.11: Bindungsenthalpie und andere physikalische Daten wichtiger Verbindungen. (Fortsetzung)

Verbindung	m_r (g mol^{-1})	ρ (g cm^{-3})	Smp (°C)	Sdp (°C)	$\Delta_f H$ (kJ mol^{-1})	c_p (J mol^{-1} K^{-1})
BaI_2	391,15	5,15	711		−605,4	77,5
BaO	153,34	5,685	2015		−553,5	47,27
$Ba(OH)_2$	171,35	4,50	284 pt, 508		−946,3	101,6
$Ba_3(PO_4)_2$	601,93	4,1	1727		−4174	77,8
BaS	169,40	4,25	2227		−460,2	49,4
$BaSiO_3$	213,42	4,399	1605		−1623,6	90
$BaTiO_3$	233,21	5,85	120 pt, 1460 pt, 1616		−1659,8	102,5
$BaWO_4$	385,19	5,04	1490		−1703	133,8
$3BeO\,B_2O_3$			1495		−3134	Binnewies
$BeBr_2$	168,83	3,465	473 Sbl		−355,6	66,06
$BeCl_2$	79,92	1,899	403 pt, 415	487	−496,2	62,4
BeF_2	47,01	1,986	227 pt, 552	1167	−1026,8	51,8
BeI_2	262,82	4,325	480	486	−188,7	68,9
BeO	25,01	3,020	2507		−608,4	25,57
$Be(OH)_2$	43,03	1,924	>1000		−902,9	65,7
BeS	41,08	2,36			−234,3	34,1
$BeSO_4$	105,07	2,443	590 pt, 635 pt		−1200,8	86,1
$BeWO_4$					−1513,4	97,28
$BiBr_3$	448,69	5,72	158 pt, 218	453	−276,1	100,8
$BiCl_3$	315,34	4,75	233	447	−379,1	100,4
BiF_3	265,98	8,25	649	900	−909,2	85,8
BiI_3	589,69	5,778	408	540	−150,6	105,6
BiO	224,98	7,2	180 Z		−209	
$Bi(OH)_3$	260	4,36	100 −H_2O		−711	
Bi_2S_3	514,15	6,78	>763		−143,1	122,1
HBr	80,92	3,6443*	−86,9	−66,77	−36,2	29,12
CBr_4	331,63	3,42	90,1	102	+50,2	91,2
CCl_4	153,82	1,5867	−23	76,8	−132,8	133,9
CF_4	88,0	1,960*	−184	−128	−933,2	61,1
CI_4	519,63	4,34	171 Z	307	392,21	
CO	28,01	1,250*	−205	−191	−110,5	29,14
CO_2	44,01	1,101*	−56,6		−393,5	37,13
COF	47,009				−171,5	
COF_2	66,007	2,045*	−114	−83	−623,8	
$Ca_3(BO_3)_2$	237,86	3,10	1487		−3429,1	187,9
$CaBr_2$	199,90	3,354	742	1783	−683,3	75,1

Tab. B.11: Bindungsenthalpie und andere physikalische Daten wichtiger Verbindungen. (Fortsetzung)

Verbindung	m_r (g mol^{-1})	ρ (g cm^{-3})	Smp (°C)	Sdp (°C)	$\Delta_f H$ (kJ mol^{-1})	c_p (J mol^{-1} K^{-1})
$CaCl_2$	110,99	2,152	782	2206	−795,8	72,86
CaF_2	78,08	3,18	1151 pt, 1418	2505	−1225,2	68,6
CaI_2	293,89	3,956	754	1110	−536,8	77,2
CaO	56,08	3,4	2927	3570	−635,1	42,1
$Ca(OH)_2$	74,09	2,23	450 Z		−986,1	87,5
Ca_3P_2	182,19	2,51	−1600 Z		−506,3	116,3
$Ca_3(PO_4)_2$	310,18	3,14	1150 pt, 1470 pt, 1810		−4120	227,8
CaS	72,14	2,58	2525		−473,2	47,4
$CaSiO_3$	116,16	3,07	1125 pt, 1544		−1634,9	85,27
$CaTiO_3$	135,98	4,10	1257 pt, 1960		−1660,6	97,65
$CaWO_4$	287,93	6,06	1555		−1645,2	124,44
HCl	36,46	1,639*	−114,8	−84,9	−92,31	29,12
$CrBr_3$	291,72	4,63	958 Sbl	−	−432,6	96,4
$CrCl_3$	158,36	2,76	1150	945 Sbl	−556,4	91,8
CrF_3	108,99	3,8	1100–1200 Sbl		−1174	78,74
CrI_3	305,80	4,92	868, 1100 Z		−156,9	73,7
CrO_3	99,99	2,7	198	−	−589,5	69,3
$CsBF4$	219,71	3,2	220 pt, 550		−1887,82	
$CsBr$	212,81	4,44	636	1300	−405,4	52,2
Cs_2CO_3	325,82	4,24	610		−1147,3	123,8
$CsCl$	168,36	3,988	470 pt, 645	1290	−442,8	52,4
CsF	151,90	4,115	703	1250	−554,7	52
CsI	259,81	4,51	445 pt, 627	1280	−346,6	52,6
Cs_2O	281,81	4,25	400 Z		−346	76
$CsOH$	149,9	3,675	220 pt, 227	990	−416,1	67,9
Cs_2SO_4	361,87	4,243	667 pt, 1005		−1443	135,1
Cs_3PO_4	493,71				−1909	
$CsPF_6$	277,82				−2379	
$CuBr_2$	223,35	4,77	498	900	−138,5	75,7
$CuCl_2$	134,45	3,386	370 pt, 488 pt, 628	993 Z	−218	71,9
CuF_2	101,54	4,23	836	1670	−538,9	65,6
$Cu(OH)_2$	97,56	3,93			−450	95
CuP_2	125,49	4,2			−121	71,1
Cu_3P	221,61	7,147	1022		−151,5	87,8

Tab. B.11: Bindungsenthalpie und andere physikalische Daten wichtiger Verbindungen.
(Fortsetzung)

Verbindung	m_r (g mol^{-1})	ρ (g cm^{-3})	Smp (°C)	Sdp (°C)	$\Delta_f H$ (kJ mol^{-1})	c_p (J mol^{-1} K^{-1})
Cu_2S	159,15	5,6	110 pt, 440 pt, 1127		−81,2	76,9
CuS	95,61	4,671	507 Z		−53,1	47,82
$CuSO_4$	159,60	3,606	200,560 Z		−771,4	98,8
HF	20,01	0,901*	−83,36	19,46	−268,5	29,14
$FeBr_3$	295,57		120		−268,2	96,9
$FeCO_3$	115,86	3,85			−740,5	82,06
$FeCl_3$	162,21	2,904	303 Z	319	−399,4	96,6
FeF_3	112,84	3,52	926 Sbl		−1041,8	91
Fe_2P	142,67	6,56	1370		−160,2	74,99
FeS_2	119,98	5	743 Z		−171,5	62,1
$Fe_2(SO_4)_3$	399,88	3,097	1178 Z		−2583	265
Fe_2SiO_4	203,78	4,34	1205		−1438	132,8
H_2O	18,01	1	0	100	−285,83	75,28
HDO	19,0214	1,054	2,04	100,7	−286	
D_2O	20,0276	1,106	3,81	101,4	−294,6	84,4
$HfBr_4$	498,11	4,90	420		−767,3	17,6
HfC	190,5	12,6	3890		−251	34,4
$HfCl_4$	320,3		315		−990,4	120,5
HfF_4	254,48	7,13	962 Sbl		−1930,5	100,4
HfI_4	686,11	5,5	449		−493,7	144,3
HfN	192,5	13,7	3305		−373,6	39,4
HfO_2	210,49	9,68	1700 pt, 2900		−1144,7	60,2
HI	127,91	5,789*	−50,79	−35,54	−26,4	29,2
KBF_4	125,908	2,505	278 pt, 570		−1887	115
KBO_2	81,91		950	1401	−994,96	67,04
KBr	119,01	2,75	734	1383	−393,8	52,31
KCN	65,12	1,52	622	1625	−113,47	66,35
K_2CO_3	138,21	2,428	250, 428, 622 pt, 901		−1150,18	114,24
$KHCO_3$	100,12	2,17	100–200 Z		−963	48,1
KCl	74,56	1,984	772	1437	−436,68	51,71
KF	58,097	2,49	857	1502	−568,61	48,97
KI	166,01	3,126	685	1345	−327,9	52,78
KNO_2	85,11	1,915	88 pt, 440 Z		−369,8	74,94
K_2O	94,20	2,32	740		−361,5	74,42

Tab. B.11: Bindungsenthalpie und andere physikalische Daten wichtiger Verbindungen. (Fortsetzung)

Verbindung	m_r (g mol^{-1})	ρ (g cm^{-3})	Smp (°C)	Sdp (°C)	$\Delta_f H$ (kJ mol^{-1})	c_p (J mol^{-1} K^{-1})
KOCN	81,12	2,056	700–900		−418,65	
KOH	56,11	2,044	249 pt, 410	1327	−424,68	64,90
KPF$_6$	184,07	2,591	575 Z		−2350,61	
K$_3$PO$_4$	212,266	2,61	1640		−1988,24	164,85
K$_2$HPO$_4$	174,18	1,5	315 pt, 400 Z		−1775,77	141,29
KH$_2$PO$_4$	136,09	2,338	171 pt, 253		−1568,33	116,57
K$_2$S	110,27	1,740	777 pt, 948		−376,56	74,68
KSCN	97,18	1,886	141,4 pt, 175,1	500 Z	−203,4	
K$_2$SO$_3$	158,27				−1126,75	123,43
K$_2$SO$_4$	174,27	2,662	583 pt, 1069		−1437,79	131,19
KHSO$_4$	136,17	2,322	164,2 pt, 180,5, 218		−1158	
K$_2$S$_2$O$_3$	190,315	2,59			−1173,61	
K$_2$SiF$_6$	220,28	2,66			−2956	
K$_2$TiF$_6$	240,09	3,012	780			
K$_2$TiO$_3$	174,10	3,1	1515		−1610	
K$_2$WO$_4$	326,05	4,208	388 pt, 933		−1510,3	194,56
LiAlO$_2$	65,9	3,41	1609,8		−1188,7	67,83
LiBF$_4$	93,74	0,852	195 Z		−1876	
LiBO$_2$	49,75	1,397	785 pt, 844		−1019,22	60,37
LiBr	86,85	3,464	550	1265	−350,9	48,94
Li$_2$CO$_3$	73,89	2,111	350 pt, 410 pt, 720		1216,04	96,23
LiCl	42,39	2,068	610	1383	−408,27	48,03
LiF	25,94	2,64	848	1717	−616,93	41,92
LiI	133,84	4,06	469	1176	−270,08	50,28
Li$_3$N	48,96	1,84	115 Z		+10,8	
Li$_2$O	29,88	2,013	1560	2563	−598,73	54,09
LiOH	23,95	1,46	471	1624	−484,93	49,58
Li$_2$SO$_4$	109,94	2,221	575 pt, 859		−1436,49	120,96
Li$_2$SiF$_6$	155,96	2,8			−2880	
Li$_2$SiO$_3$	89,96	2,52	1201		−1649,5	100,48
Li$_2$SiO$_4$	119,84	2,392	1255		−2330	146,63
Li$_2$TiO$_3$	109,78	3,42	1212 pt, 1547		−1670,7	109,9
Li$_2$ZrO$_3$	153,10	3,51			−1760,2	109,54

Tab. B.11: Bindungsenthalpie und andere physikalische Daten wichtiger Verbindungen. (Fortsetzung)

Verbindung	m_r (g mol^{-1})	ρ (g cm^{-3})	Smp (°C)	Sdp (°C)	$\Delta_f H$ (kJ mol^{-1})	c_p (J mol^{-1} K^{-1})
MgBr$_2$	184,12	3,72	711	1156	−524,26	73,16
MgCO$_3$	84,32	3,037	900 Z −CO$_2$		−1095,8	75,52
MgCl$_2$	95,22	2,316			−1279	159,1
MgF$_2$	62,31	3,13	1263	2262	−1124,24	61,54
MgI$_2$	278,12	4,43	633	981	−366,94	74,85
MgO	40,31	3,576	2831	3600	−601,24	37,11
Mg(OH)$_2$	58,33	2,4	269 Z (−H$_2$O)		−924,66	77,22
Mg$_3$(PO$_4$)$_2$	262,88	2,74	1348		−3780,66	213,11
MgS	56,38	2,84	> 2000		−345,72	45,58
MgSO$_4$	120,37	2,96	1127		−1284,9	96,20
MgSiO$_3$	100,40	3,11	630 pt, 985 pt, 1577		−1548,92	81,95
Mg$_2$SiO$_4$	140,71	3,275	1898		−2076,94	118,72
MgTiO$_3$	120,21	4,05	1630		−1576,2	91,9
MnBr$_2$	214,75	4,385	698		−385,8	75,3
MnCl$_2$	125,84	2,977	650	1231	−481,3	73,0
MnF$_2$	92,93	3,891	750 pt, 900		−849,9	67,8
MnF$_3$	111,93	3,54	285 Z, Sbl		−1071,1	91,2
MnI$_2$	308,75	5,01	638	1017	−266,1	75,3
MnO	70,94	5,18	1842		−385,2	44,1
MnP	85,91	5,39	1190		−113	46,86
MnS	87,00	3,99	1430		−214,2	50
MnS$_2$	119,07	3,46			−223,8	70,1
MnSO$_4$	151,00	3,181	700 Z		−1065,3	100,2
MnSiO$_3$	131,02	3,72	1286 Z		−1320,9	86,4
Mn$_2$SiO$_4$	201,96	4,043	1346 Z		−1730,5	129,9
MnTiO$_3$	150,82	4,54	1404		−1358,6	100,1
MnWO$_4$	302,79	7,2			−305	124,3
MoBr$_2$	255,76	4,88			−121,4	
MoBr$_3$	335,67				−171,5	
MoBr$_4$	415,58				−188,3	
MoCl$_2$	166,85	3,714	727	1427	−285,8	74,5
MoCl$_3$	202,3	3,74	300 Z		−403,3	94,8
MoCl$_4$	237,75	3,192	272 Z		−479,5	118,3
MoCl$_5$	273,21	2,928	194	268	−423,6	155,6
MoF$_6$	209,93	2,543	17,5	35	−1586	170
MoO$_2$	127,94	6,47			−588,9	55,98

Tab. B.11: Bindungsenthalpie und andere physikalische Daten wichtiger Verbindungen. (Fortsetzung)

Verbindung	m_r (g mol^{-1})	ρ (g cm^{-3})	Smp (°C)	Sdp (°C)	$\Delta_f H$ (kJ mol^{-1})	c_p (J mol^{-1} K^{-1})
MoO_2Cl_2	198,84	3,31	170	250	−717,1	104,4
$MoOF_4$	187,93	3	98	186	−1380	127
Mo_2S_3	288,06	5,91	1807		−407,1	109,3
MoS_2	160,04	4,8	450 Sbl	1750	−276,1	63,6
MoS_3	192,13		350 Z		−309,6	82,6
NH_3	17,03	0,77147*	−77,7	−33,4	−45,9	35,7
N_2O	44,01	1,9775*	−90,91	−88,56	+82,05	38,8
NO	30,006	1,3402*	−163,6	−151,7	+90,3	29,8
NO_2	46,01	1,4494*	−11,25	21,1	+33,1	36,6
NH_4Br	97,95	2,431	137	452 Sbl	−270,3	96
NH_4F	37,04	1,0092			−464	65,3
NH_4I	144,94	2,515	551		−202,1	81,7
$NaBF_4$	109,79	2,47	311 pt, 408		−1844	
$NaBO_2$	65,80	2,464	966	1447	−975,7	66,63
$Na_2B_2O_4$ ·10 H_2O	381,37	1,73	320 Z −H_2O		−6262	615
$NaBr$	102,9	3,202	747	1390	−361,4	51,89
Na_2CO_3	105,99	2,532	450 pt, 851		−1130,8	111
$NaHCO_3$	84,01	2,238	270 Z −CO_2		−950,8	87,6
$NaCl$	58,44	2,163	800	1461	−411,1	50,5
NaF	41,99	2,79	993	1695	−575,4	46,9
NaI	149,89	3,667	661	1304	−287,9	52,2
$NaNO_2$	68,99	2,168	284	320 Z	−359	69
Na_2O	61,98	2,27	750,970 pt, 1132	1950 Z	−418	68,9
$NaOH$	40,00	2,13	299 pt, 323	1554	−425,9	59,6
NaH_2PO_4	119,977				−1537	117
Na_2HPO_4	141,959				−1748	135
Na_3PO_4	169,94	2,5	1583		−1917,4	150
$NaHSO_4$	120,06	2,435	315 Z		−1126	
Na_2SO_4	142,04	2,663	185, 241 pt, 884		−1387,8	128,2
Na_2SiF_6	188,06	2,679			−2833	
Na_2SiO_3	122,06	2,4	1089		−1561,5	111,9
$NiBr_2$	218,51	5,098	963	904 Sbl	−211,9	75,4
$NiCO_3$	118,72	4,388	400 −CO_2		−694,5	86,2
$NiCl_2$	139,62	3,55	1031/1001	993/965 Sbl	−304,9	71,68
NiF_2	96,71	4,63			−657,7	64,03

Tab. B.11: Bindungsenthalpie und andere physikalische Daten wichtiger Verbindungen. (Fortsetzung)

Verbindung	m_r (g mol^{-1})	ρ (g cm^{-3})	Smp (°C)	Sdp (°C)	$\Delta_f H$ (kJ mol^{-1})	c_p (J mol^{-1} K^{-1})
NiI$_2$	312,52	5,834	797		−78,2	77,4
NiO	74,71	7,45	250,292 pt, 1955		−239,7	44,31
Ni$_2$O$_3$	165,378	4,83	600 Z		−489,53	
Ni(OH)$_2$	92,72	4,1	230 Z − H$_2$O		−528,1	59,51
Ni$_2$P	148,39	7,2	1112		−184,1	64,81
Ni$_3$P	207,08	5,99			−220	87,79
Ni$_5$P$_2$	355,50	7,28	1185		−435	152
NiS	90,77	5,5	379 pt, 976		−87,9	47,12
NiS$_2$	122,8	4,45	1007		−131,4	70,6
Ni$_3$S$_2$	240,26	5,82	556 pt, 789		−216,3	117,74
Ni$_3$S$_4$	304,39	4,81	353 Z		−301,2	164,8
NiSO$_4$	154,77	3,68	848		−872,9	137,96
NiTiO$_3$	154,59	5,097	1775		−1202,4	99,3
PBr$_3$	270,70	2,852	−40,5	172,9	−184,5	134,7
PBr$_5$	430,494	3,6	84 Z		−269,91	
PCl$_3$	137,333	1,5778	−93,6	75,5	−319,7	131,38
PCl$_5$	208,24	2,12	164 Sbl		−445,5	142,52
PF$_3$	87,97	3,907*	−151	−101	−958,4	58,7
PF$_5$	125,97	5,805	−83	−75	−1594,4	84,9
PH$_3$	34,00	1,5307*	−133,8	−87,77	+5,4	37,1
P$_2$H$_4$	65,979		−99	63	−5,02	
PI$_3$	411,69	4,18	61,5	227	−18	78,00
PO	46,973	g			−23,55	
PO$_2$	62,973	g			−276,6	41,04
P$_4$O$_6$	109,945	2,135	23,8	175,3	−2263,8	238,49
P$_4$O$_{10}$	283,89	2,3	422		−3009,8	211,5
POCl$_3$	153,33	1,675	1,2	105,3	−597,1	138,79
H$_3$PO$_2$	66,00	1,49	26,5	130 Sbl	−608,8	
H$_3$PO$_3$	82,00	1,65	73,6	250 Z	−971,5	
H$_3$PO$_4$	98,00	1,88	42,35		−1279	106,23
PbB$_4$O$_7$	362,44	5,85	160 Z −H$_2$O		−2857	151,66
PbBr$_2$	367,01	6,667	373	916	−277,4	79,6
PbCO$_3$	267,2	6,6	315 Z		−699,1	87,4
PbCl$_2$	278,10	5,85	501	950	−359,4	77,1
PbCl$_4$	349,00	3,18	−15	> 50 Expl	−553,4	100,5

Tab. B.11: Bindungsenthalpie und andere physikalische Daten wichtiger Verbindungen. (Fortsetzung)

Verbindung	m_r (g mol^{-1})	ρ (g cm^{-3})	Smp (°C)	Sdp (°C)	$\Delta_f H$ (kJ mol^{-1})	c_p (J mol^{-1} K^{-1})
PbF$_2$	245,19	8,37	260 pt, 855	1290	−677	72,3
PbI$_2$	461,00	6,16	410	847	−175,4	77,6
PbO	223,19	8,0	890	1472	−218,1	45,8
PbS	239,25	7,5	1114		−98,6	49,43
PbSO$_4$	303,25	6,29	866	1170	−923,1	86,4
PbSiO$_3$	283,27	6,49	766		−1144,9	90,06
PbTiO$_3$	303,09	7,82	490	1286	−1198,7	104,4
PbWO$_4$	455,04	8,52	1123		−1121,7	119,9
RbBF$_4$	172,27	2,82	590		−1880	
RbBr	165,37	3,35	693	1340	−394,6	52,8
RbCO$_3$	230,94	3,545	303	873	−1136,0	117,6
RbHCO$_3$	146,48		175 Z		−963	
RbCl	120,92	2,76	718	1390	−435,4	52,3
RbF	104,47	3,557	795	1410	−557,7	50,5
RbI	212,37	3,55	656	1300	−333,9	52,5
Rb$_2$O	186,94	3,72	270, 340 pt, 505		−339,0	74,1
RbOH	102,48	3,203	94, 245 pt, 301		−418	
RbHSO$_4$	182,54	2,892	208		−1145	
Rb$_2$SO$_4$	266,99	3,613	653 pt, 1060	1700	−1435,6	113,1
SF$_6$	146,05	6,516*	−51	−64	−1222,15	96,6
H$_2$S	34,08	1,539*	−85,6	−60,4	−20,7	34,22
S$_4$N$_4$	184,27	2,2	179	185 Expl	+460,2	
SO	48,059				+5	
SO$_2$	64,06	2,9262*	−72,7	−10,8	−296,8	39,9
SO$_3$	80,06	1,9229	16,8	44,8	−395,8	50,7
H$_2$SO$_4$	98,07	1,834	10,36	330	−814	138,9
H$_2$SO$_4 \cdot$ H$_2$O	116,09	1,788	8,62	290	−1127	215,1
SbBr$_3$	361,46	4,148	96,6	288	−259,4	112,7
SbCl$_3$	228,11	3,14	73,4	219	−381,1	110,5
SbCl$_5$	299,02	2,336	4	140 Z	−440,2	158,9
SbF$_3$	178,75	4,379	292	376	−915,4	90,2
SbI$_3$	502,46	4,917	170	401	−100,4	98,1
Sb$_2$O$_3$	291,50	5,76	656	1425	−708,6	101,4
Sb$_2$O$_5$	323,50	6,7	380 Z		−971,9	117,6
SiBr$_4$	347,72	2,814	5,4	152,8	−457,3	146,4
SiC	40,1	3,22	2100 pt	2700 Sbl	−73,2	26,9

Tab. B.11: Bindungsenthalpie und andere physikalische Daten wichtiger Verbindungen. (Fortsetzung)

Verbindung	m_r (g mol^{-1})	ρ (g cm^{-3})	Smp (°C)	Sdp (°C)	$\Delta_f H$ (kJ mol^{-1})	c_p (J mol^{-1} K^{-1})
SiCl$_4$	169,9	1,483	−70,4	57,57	−577,4	145,3
SiF$_4$	104,08	4,69	−90,3	−86	−1614,9	73,6
SiI$_4$	535,70	4,108	120,5	287,5	−189,5	108
Si$_3$N$_4$	140,28	3,17	1900 Z		−744,8	99,5
SiO	44,09	2,13	1702		−99,58	29,9
SiO$_2$	60,08	2,648	575, 806 pt, 1550		−910,9	44,6
SiS$_2$	92,21	2,02	1090	1250 Sbl	−213,4	77,5
SmCl$_2$	221,26	4,56	680 pt, 859	1960	−815,5	82,4
SmCl$_3$	256,71	4,465	682		−1025,9	99,5
SmF$_2$	188,35	6,16	1417	2400	−1180	
SmF$_3$	207,35	6,928	490 pt, 1306	2323	−1778	96,2
SmI$_2$	404,16	5,47	793	1580	−590	
SmI$_3$	531,06	850			−641,8	
Sm$_2$O$_3$	348,7	8,347	2325		−1827,4	115,8
SnBr$_2$	278,51	4,923	231	853	−243,5	79
SnBr$_4$	438,33	3,34	33	215	−405,8	136,5
SnCl$_2$	189,6	3,951	247	614	−328	78
SnCl$_4$	260,5	2,226	−33,3	114,1	−511,3	165,3
SnF$_2$	156,69	4,85	213	850	−648,5	72,4
SnF$_4$	194,68	4,78		701	−1188	
SnI$_2$	372,5	5,285	320	717	−143,9	78,5
SnI$_4$	626,22	4,73	144,5	354,5	−215,3	132
SnO	134,69	6,446	270 pt, 1080		−286,8	47,8
SnO$_2$	150,69	7,02	410 pt, 1630	1800 Sbl	−580,8	52,6
SnS	150,75	5,2	602 pt, 882	1230	−107,9	49,3
SnS$_2$	182,82	3,9	765		−153,6	70,1
SnSO$_4$	214,75	4,15	> 360 −SO$_2$		−887	150,6
SrBr$_2$	247,44	4,216	645 pt, 657	2143	−718	76,9
SrCO$_3$	147,63	3,736	924 pt, 1289 Z −CO$_2$		−1219,8	84,3
SrCl$_2$	158,53	3,094	872	2056	−828,9	75,6
SrF$_2$	125,62	4,24	1148,1211 pt, 1477	2486	−1217,1	70
SrI$_2$	341,43	4,549	538		−561,5	78
Sr(NO$_2$)$_2$	179,63	2,997	200 pt		−762,7	
SrO	103,62	4,7	2665	3090	−592	45,4

Tab. B.11: Bindungsenthalpie und andere physikalische Daten wichtiger Verbindungen. (Fortsetzung)

Verbindung	m_r (g mol^{-1})	ρ (g cm^{-3})	Smp (°C)	Sdp (°C)	$\Delta_f H$ (kJ mol^{-1})	c_p (J mol^{-1} K^{-1})
Sr(OH)$_2$	121,63	3,625	375, 710 Z (−H$_2$O)		−968,9	74,9
SrHPO$_4$	183,6	3,544	340 Z		−1822	
Sr$_3$(PO$_4$)$_2$	452,8	4,53	1767		−4129	
SrS	119,68	3,7	> 2000		−468,6	48,7
SrSO$_4$	183,68	3,96	1156 pt, 1605		−1459	101,7
SrSiO$_3$	163,7	3,65	1580		−1634	88,5
Sr$_2$SiO$_4$	267,32	4,506	>1750		−2305	143,3
SrTiO$_3$	183,51		2080		−1672,4	98,4
SrWO$_4$	335,47	6,187	1535		−1639,7	125,5
SrZrO$_3$	226,84	5,45	2750		−1767,3	103,4
TiB$_2$	69,52	4,52	2920	3977 Z	−323,8	44,1
TiBr$_2$	207,68	4,41	>400		−405,4	78,7
TiBr$_3$	287,63	4,4	400 Z		−550,2	101,7
TiBr$_4$	367,54	3,25	38,2	230	−618	131,5
TiC	59,91	4,93	3020	4820	−184,5	33,8
TiCl$_2$	118,81	3,13	1310 Sbl		−515,5	69,8
TiCl$_3$	154,26	2,64	475 Z		−721,7	97,1
TiCl$_4$	189,71	1,726	−24,3	136,5	−804,2	145,2
TiF$_3$	104,9	3,4	950 Z		−1435,5	92
TiF$_4$	123,89	2,798	283 Sbl		−1649,3	114,3
TiI$_2$	301,71	4,99	400		−266,1	86,2
TiI$_4$	555,52	4,3	106 pt, 150	377,2	−375,7	125,7
TiN	61,91	5,22	2930		−337,9	37,1
TiO	63,90	4,93	991 pt, 1750	3227	−542,7	40
TiO$_2$	79,90	3,84	642 pt, 1560		−938,7	
Ti$_2$O$_3$	143,80	4,6	200 pt, 2130	3000	−1520,9	95,8
TiS	79,96	4,12	1927		−272	48,1
TiS$_2$	112,03	3,22	147		−407,1	67,9
TiSi$_2$	104,06	3,90	1480 Z		−134,3	65,5
Ti$_5$Si$_3$	323,76	4,3	2130		−579	187
WBr$_5$	583,40		276	333	−311,7	155,5
WC	195,86	15,7	2976		−40,2	35,4
W$_2$C	379,71	16,06	2857	6000	−26,4	76,6
WCl$_2$	254,76	5,436	500 Z		−257,3	77,8
WCl$_4$	325,66	4,624	300 Z		−443,1	129,5
WCl$_5$	361,12	3,875	253	286	−513	155,6

Tab. B.11: Bindungsenthalpie und andere physikalische Daten wichtiger Verbindungen. (Fortsetzung)

Verbindung	m_r (g mol^{-1})	ρ (g cm^{-3})	Smp (°C)	Sdp (°C)	$\Delta_f H$ (kJ mol^{-1})	c_p (J mol^{-1} K^{-1})
WCl_6	396,57	3,52	177, 240 pt, 292	348	−593,7	175,4
WF_6	297,84	12,9	2,3	17,06	−1721,7	119
WI_4	691,47	5,2			0	
WO_2	215,85	12,11	1500	1730	−589,7	55,7
$WOCl_4$	341,66	3,95	211	223	−671,1	146,3
WOF_4	275,84	5,07	101	188	−1394,4	133,6
WS_2	247,98	7,5	1250		−259,4	63,5
XeF_4	207,287		117		−215	90
XeF_2	169,287	4,32	120 Sbl		−163	
Xe	131,29	5,8971*	−111	−107	0	20,79
$YbBr_2$	332,86	5,91	677	1800	−552	
$YbBr_3$	412,77	5,117	956	1470	−775	
$YbCl_2$	243,95	5,08	720	1900	−800	82,9
$YbCl_3$	279,40	3,98	875		−959,9	95,3
YbF_2	211,04	7,985	1407	2380	−1184	
YbF_3	230,04		1157	2200	−1569,8	94,56
Yb_2O_3	394,08	9,215	1092 pt, 2450	4070	−1814,5	115,4
$Yb_2(SO_4)_3$	778,39	3,286	900 Z		−3890	275
$ZnBr_2$	225,19	4,219	402	655	−329,7	65,1
$ZnCO_3$	125,38	4,44	300 Z		−812,9	80,1
$ZnCl_2$	136,28	2,93	290	732	−415	71,3
ZnF_2	103,37	4,95	820 pt, 872	1500	−764,4	65,6
ZnI_2	319,18	4,736	446	750	−208,2	65,7
Zn_3N_2	224,12	6,22	600 Z		−22,6	109,3
ZnO	81,37	5,66	1975		−50,5	41,1
$Zn(OH)_2$	99,38	3,082	125 Z (−H_2O)		−642,0	72,4
$Zn_3(PO_4)_2$	368,05	3,83	942		−2899,5	234,1
ZnS	97,44	4,079	1020 pt		−205,2	45,4
$ZnSO_4$	161,43	3,546	740		−982,8	99,1
ZnSb	187,12	6,383	537 Z		−151	52,05
Zn_3Sb_2	439,61	6,327	405, 455 pt, 566		−30,5	
$ZnSiO_3$	141,45	3,52	1429		−1262	84,8
Zn_2SiO_4	222,82	3,9	1512		−1644	121,3
ZrB_2	112,84	5,64	3060	4193 Z	−322,6	48,4
$ZrBr_2$	251,04	5	400 Z		−404,6	86,7
$ZrBr_3$	330,95	4,52	310		−636,0	99,5
$ZrBr_4$	410,86	3,98	450	357 Sbl	−760,7	124,8

Tab. B.11: Bindungsenthalpie und andere physikalische Daten wichtiger Verbindungen. (Fortsetzung)

Verbindung	m_r (g mol^{-1})	ρ (g cm^{-3})	Smp (°C)	Sdp (°C)	$\Delta_f H$ (kJ mol^{-1})	c_p (J mol^{-1} K^{-1})
ZrC	103,23	6,51	3530	5100	−196,6	37,9
ZrCl$_2$	162,13	3,6	650 Z		−431	72,6
ZrCl$_3$	197,58	2,28	300 Z		−714,2	96,2
ZrCl$_4$	233,03	2,80	437	331 Sbl	−979,8	119,8
ZrF$_2$	129,221		902	2264	−962,32	65,67
ZrF$_3$	148,219				−1441,6	83,64
ZrF$_4$	167,21	4,43	450 pt	903 Sbl	−1911,3	103,4
ZrI$_2$	345,03		600 Z		−259,4	94,1
ZrI$_3$	471,93	5,18	275 Z		−397,5	103,9
ZrI$_4$	598,84	4,793	500	431 Sbl	−488,7	127,8
ZrN	105,23	6,97	2982		−365,2	40,4
ZrO$_2$	123,22	5,82	1205, 1377 pt, 1687	4270	−1097,5	56,1
Zr(OH)$_4$	159,25	3,25			−1720	
ZrS$_2$	155,35	3,87	1450		−577,4	68,8
Zr(SO$_4$)$_2$	283,34	3,71			−2499	
ZrSi$_2$	147,39	4,88	1925		−159,4	64,4
ZrSiO$_4$	183,30	4,6	1540		−2023,8	98,8

Bis(2-chlorethyl)sulfid, HD

bis(2-chloroethyl) sulfide, mustard

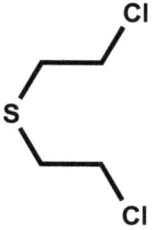

Senfgas, S-Lost		
Aspekt		ölige gelbliche Flüssigkeit
Formel		$C_4Cl_2H_8S$
CAS		[505-60-2]
m_r	$g\,mol^{-1}$	159,074
ρ	$g\,cm^{-3}$	1,2741
$\Delta_f H$	$kJ\,mol^{-1}$	−200
$\Delta_c H$	$kJ\,mol^{-1}$	−2715,6
	$kJ\,g^{-1}$	−17,071
	$kJ\,cm^{-3}$	−21,751
Λ	Gew.-%	−104,00
Smp	°C	14,4
Sdp	°C	217 (Z)
LCt_{50}	$ppm\,min^{-1}$	400
ICt_{50}	$ppm\,min^{-1}$	150

HD ist ein sesshafter, sehr beständiger Hautkampfstoff, der sich erst bei Temperaturen von 500 °C vollständig zersetzt.

- J. F. Bunnett, M. Mikolajczyk, *Arsenic and Old Mustard: Chemical Problems in the Destruction of Old Arsenical and "Mustard" Munitions*, Kluwer, Dordrecht, **1998**, 200 S.

Bismuthoxid

bismuth(III) oxide

Aspekt	gelb-beiges feinkristallines Pulver
Formel	Bi_2O_3
GHS	07
H-Sätze	H-315-H319-H335-
P-Sätze	P261-P302+P352-P305+P351+P338-P321-P405-P501a
REACH	LRS
EINECS	215-134-7
CAS	[1304-76-3]

m_r	$g\,mol^{-1}$	465,958
ρ	$g\,cm^{-3}$	8,90
c_p	$J\,g^{-1}\,K^{-1}$	0,244
T_p	°C	730
Smp	°C	825
Sdp	°C	860
$\Delta_f H$	$kJ\,mol^{-1}$	−573,9
Λ	Gew.-%	+6,86

Bi_2O_3 ist eine thermochrome Verbindung (kalt = gelb, heiß = rotbraun). Bi_2O_3 entsteht unter anderem als Verbrennungsprodukt in einigen anorganischen Rauchsätzen und wird in diesen als farbgebendes Oxidationsmittel eingesetzt (Graff 1933). Bi_2O_3 wird in Verzögerungssätzen zusammen mit Zinnoxid und Metallen der 4. Hauptgruppe eingesetzt (Boberg 1982). Zusammen mit Bor und Viton findet es Anwendung in Anzündübertragungsladungen (SR57) für beispielsweise Schiebesicherungen in IR-Scheinzielen (Davies 1985). Auch wird Bi_2O_3 als Ersatz für das giftige Blei in Festtreibstoffsätzen auf Nitratesterbasis als ein den Abbrand stabilisierender Zusatz eingesetzt. Schließlich kann Bi_2O_3 in Festtreibstoffsätzen einen Teil (> 20 Gew.-%) des AP ersetzen, was zu einer Erhöhung des spezifischen Impulses führt. Bi_2O_3 hat darüber hinaus das giftige *Bleimennige* [$2\,PbO \cdot PbO_2$] in sogenannten *Crackling Stars* ersetzt.

- E. Lafontaine, M. Comet, *Nanothermites*, ISTE, Wiley, London, **2016**.
- N. Davies, T. T. Griffiths, E. L. Charsley, J. A. Rumsey, Studies on gasless delay compositions containing boron and bismuth trioxide, *ICT-Jahrestagung*, Karlsruhe, **1985**, V-15.
- T. Boberg, *Pyrotechnischer Verzögerungssatz*, DE3218997A1, **1982**, Schweden.
- J. C. Cackett, Monograph on Pyrotechnic Compositions, Ministry Of Defence, Royal Armament Research and Development Establishment, Fort Halstead, **1965**.
- G. U. Graff, *Pyrotechnic Composition For Producing Yellow Smoke*, US Patent 1920254, **1933**, USA.

Bismuthsalze mit energetischen Anionen
bismuth salts with energetic anions

Nesveda hat kürzlich eine Reihe von Bismuthoxid- bzw. -hydroxidsalzen mit energetischen Anionen untersucht und schlägt diese als wenig toxische Primärstoffe vor. Tab. B.12 zeigt das jeweilige Anion und die angenommene Summenformel der entsprechenden Salze, deren Explosionstemperatur und die Reibempfindlichkeit im Vergleich zu Tetrazen.

- J. Nesveda, *Bismuth-Based Energetic Materials*, US 2016/0280614, **2016**, Tschechische Republik.

Tab. B.12: Empfindlichkeit verschiedener Bismuthsalze.

Anion	Summenformel	T_{ex} (°C)	R*)	0 %$^{S)}$	100 %
Azid	$BiON_3$	320	nein		
Picrate	$C_6H_2(NO_2)_3OBiO$	240	nein		
Styphnat	$C_6H(NO_2)_3(OBiO)_2$	220	nein		
Trinitrophloroglucin	$C_6(NO_3)_3(OBiO)_3$	175	nein		
Dinitroazidophenolat	$C_6H_2N_3(NO_2)_2(OBiO)Bi_2O_3$	200	nein		
Dinitrobenzofuroxanat	$C_6H_2(NO_2)_2N_2O_2BiO$	220	nein		
Azotetrazolat	$N_{10}C_2Bi_2(OH)_4$	180	ja	500	2800
Diazoaminotetrazolat	$N_{11}C_2Bi_3(OH)_6$	240	ja	700	2000
Bistetrazolat	$N_8C_2Bi_2(OH)_4$	280	ja	5000	8000
Bistetrazolylhydrazinat	$N_{20}C_4H_4(BiO)_5OH$	150	Ja	6000	12000
Tetrazen	$C_2H_8N_{10}O$	110	Ja	150	500

*) Qualitative Reibempfindlichkeit (Mörser + Pistill)
$^{S)}$ Stiftbelastung in g

Bismuthsubnitrat

basic bismuth nitrate, C. I. Pigment White 17

Formel		$4\,BiNO_3(OH)_2 \cdot BiO(OH)$
REACH		LRS
EINECS		215-136-8
CAS		[1304-85-4]
m_r	$g\,mol^{-1}$	1461,98712
ρ	$g\,cm^{-3}$	4,928
Smp	°C	260 (Z)
$\Delta_f H$	$kJ\,mol^{-1}$	−2500(geschätzt)
Λ	Gew.-%	+10,94
N	Gew.-%	3,83

Bismuthsubnitrat wird als Oxidationsmittel in Nanothermiten und Feuerwerkssätzen (Crackling-Sätze) verwendet. Die thermische Zersetzung bis 350 °C kann wie folgt zusammengefasst werden:

$$4\,BiNO_3(OH)_2 \cdot BiO(OH) \longrightarrow Bi_5O_7NO_3 + 9/2\,H_2O + 3\,NO + 9/4\,O_2.$$

Bei 630 °C schließlich erfolgt die Zersetzung nach

$$Bi_5O_7NO_3 \longrightarrow 5/2\,Bi_2O_3 + NO + 0,75\,O_2.$$

- C. J. White, Lead-Free Crackling Microstars, *Pyrotechnica*, **1992**, *XIV*, 30–32.
- H. Kodama, Synthesis of a New Compound, $Bi_5O_7NO_3$, by Thermal Decomposition, *J. Solid State Chem.* **1994**, *112*, 27–30.

Bis(2,2-dinitropropyl)acetal, BDNPA
2,2-dinitropropanol acetal

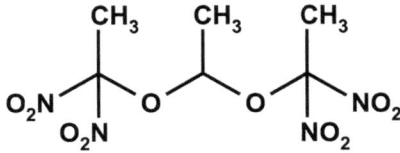

Formel		$C_8H_{14}N_4O_{10}$
REACH		LPRS
EINECS		610-610-4
CAS		[5108-69-0]
m_r	$g\,mol^{-1}$	326,22
ρ	$g\,cm^{-3}$	1,366
$\Delta_f H$	$kJ\,mol^{-1}$	−642
$\Delta_{ex}H$	$kJ\,mol^{-1}$	−1429,5
	$kJ\,g^{-1}$	−4,382
	$kJ\,cm^{-3}$	−5,986
$\Delta_c H$	$kJ\,mol^{-1}$	−4507,0
	$kJ\,g^{-1}$	−13,816
	$kJ\,cm^{-3}$	−18,872
Λ	Gew.-%	−63,76
N	Gew.-%	17,17
Smp	°C	33–35
Sdp	°C	150 bei 1,33 Pa
$\Delta_{vap}H$	$kJ\,mol^{-1}$	93,01
Z	°C	220 für das Eutektikum mit BDNPF

BDNPA wird in Mischung zusammen mit BDNPF als energetischer Weichmacher in Sprengstoffen (z. B. PBX9501, PAX-3) und Treibladungspulvern eingesetzt. Das Eutektikum mit BDNPF schmilzt bei −15 °C und hat eine Glastemperatur von −65,2 °C.

Bis(2,2-dinitropropyl)formal, BDNPF

bis(2,2-dinitropropyl) formal

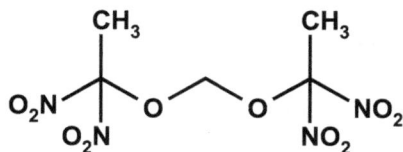

Formel		$C_7H_{12}N_4O_{10}$
REACH		LPRS
EINECS		611-807-8
CAS		[5917-61-3]
m_r	$g\,mol^{-1}$	312,193
ρ	$g\,cm^{-3}$	1,411
$\Delta_f H$	$kJ\,mol^{-1}$	−597
$\Delta_{ex} H$	$kJ\,mol^{-1}$	−1417,8
	$kJ\,g^{-1}$	−4,541
	$kJ\,cm^{-3}$	−6,408
$\Delta_c H$	$kJ\,mol^{-1}$	−3872,6
	$kJ\,g^{-1}$	−12,405
	$kJ\,cm^{-3}$	−17,503
Λ	Gew.-%	−51,25
N	Gew.-%	17,94
Smp	°C	31
Sdp	°C	152 bei 1,33 Pa
$\Delta_{vap} H$	$kJ\,mol^{-1}$	84,77

BDNPF wird in Mischung zusammen mit BDNPA als energetischer Weichmacher in Sprengstoffen (z. B. PBX9501) und Treibladungspulvern eingesetzt.

3,3′-Bis-Isoxazol-5,5′-bismethylendinitrat, BIDN

3,3′-bis-isoxazol-5,5′-bismethylene dinitrate

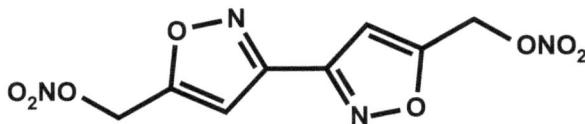

Formel		$C_8H_6N_4O_8$
CAS		2289600-01-5
m_r	g mol^{-1}	286,159
ρ	g cm^{-3}	1,585
$\Delta_f H$	kJ mol^{-1}	−139
$\Delta_{ex} H$	kJ mol^{-1}	−1327,3
	kJ g^{-1}	−4,638
	kJ cm^{-3}	−7,352
$\Delta_c H$	kJ mol^{-1}	−3866,7
	kJ g^{-1}	−13,512
	kJ cm^{-3}	−21,417
Λ	Gew.-%	−61,5
N	Gew.-%	19,58
Smp	°C	92
Z	°C	189
Reib-E	N	> 355
Schlag-E	J	11
V_D	m s^{-1}	7060 @ 1,585 g cm^{-3}
P_{CJ}	GPa	19,3 @ 1,585 g cm^{-3}

BIDN wird als Weichmacher für Treibladungspulver diskutiert.

- L. A. Wingard, P. E. Guzmán, E. C. Johnson, J. J. Sabatini, G. W. Drake, E. F. C. Byrd, Synthesis of bis-Isoxazole-bis-Methylene Dinitrate A Potential Nitrate Plasticizer and Melt-CasTabelle Energetic Material, *ChemPlusChem* **2017**, *82*, 195–198.

3,3′-Bis-Isoxazol-5,5′-tetrakis(methylennitrat), BITN

3,3′-bis-isoxazol-5,5′-tetrakis(methylene nitrate)

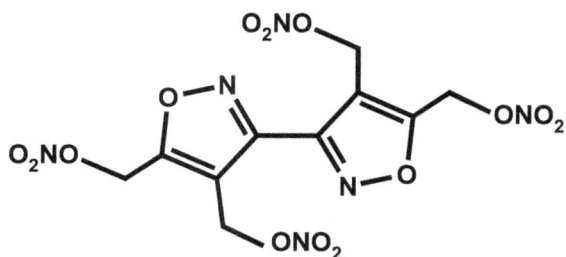

Formel		$C_{10}H_8N_6O_{14}$
CAS		[2095832-55-4]
m_r	g mol^{-1}	436,20256
ρ	g cm^{-3}	1,786
$\Delta_f H$	kJ mol^{-1}	−395
$\Delta_{ex} H$	kJ mol^{-1}	−2223,8
	kJ g^{-1}	−5,098
	kJ cm^{-3}	−9,105
$\Delta_c H$	kJ mol^{-1}	−4683,5
	kJ g^{-1}	−10,737
	kJ cm^{-3}	−19,176
Λ	Gew.-%	−36,67
N	Gew.-%	19,27
Smp	°C	121,9
Z	°C	193,7
Reib-E	N	60
Schlag-E	J	3
V_D	m s^{-1}	*7837* @ 1,786 g cm^{-3}
P_{CJ}	GPa	*27,1* @ 1,786 g cm^{-3}

BITN wird als potentieller Kandidat für bleifreie Initialstoffe untersucht.

- L. A. Wingard, E. C. Johnson, P. E. Guzmán, J. J. Sabatini, G. W. Drake, E. F. C. Byrd, R. C. Sausa, Synthesis of Biisoxazoletetrakis (methyl nitrate) A Potential Nitrate Plasticizer and Highly Explosive Material., *Eur. J. Org. Chem.* **2017**, 1765–1768.

Bis(nitrimino)triazinon, DNAM

4,6-bis(nitroamino)-1,3,5-triazin-2(1H)-one

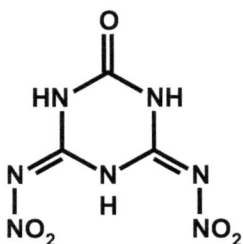

Formel		$C_3H_3N_7O_5$
CAS		[19899-80-0]
m_r	$g\,mol^{-1}$	217,101
ρ	$g\,cm^{-3}$	1,998
$\Delta_f H$	$kJ\,mol^{-1}$	−114
$\Delta_{ex} H$	$kJ\,mol^{-1}$	−932,5
	$kJ\,g^{-1}$	−4,295
	$kJ\,cm^{-3}$	−8,582
$\Delta_c H$	$kJ\,mol^{-1}$	−1495,3
	$kJ\,g^{-1}$	−6,888
	$kJ\,cm^{-3}$	−13,762
Λ	Gew.-%	−18,42
N	Gew.-%	45,18
Smp	°C	228
Reib-E	N	216
Schlag-E	J	> 50
V_D	$m\,s^{-1}$	9162 @ 1,998 $g\,cm^{-3}$
P_{CJ}	GPa	36,94 @ 1,998 $g\,cm^{-3}$

DNAM wurde ursprünglich als Energieträger in Festtreibstoffsätzen vorgeschlagen. Der geringen Empfindlichkeit und guten Leistung steht die rasche säurekatalysierte Hydrolyse entgegen.

- P. N. Simoes, L. M. Pedroso, A. M. Matos Beja, M. Ramos Silva, E MacLean, A. A. Portugal, Crystal and Molecular Structure of 4,6-Bis(nitroimino)-1,3,5-triazinan-2-one Theoretical and X-ray Studies, *J. Phys. Chem. A* **2007**, *111*, 150–158.

4,6-Bis(3-nitro-1,2,4-triazol-1-yl)-5-nitropyrimidin, BNTNP

5-nitro-4,6-bis(3-nitro-1H-1,2,4-triazol-1-yl)-pyrimidine

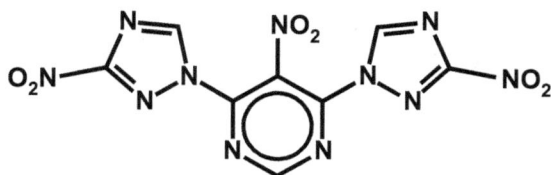

Formel		$C_8H_3N_{11}O_6$
CAS		[124777-88-4]
m_r	$g\,mol^{-1}$	349,183
ρ	$g\,cm^{-3}$	1,82
$\Delta_f H$	$kJ\,mol^{-1}$	638,1
$\Delta_{ex} H$	$kJ\,mol^{-1}$	−1724,4
	$kJ\,g^{-1}$	−4,938
	$kJ\,cm^{-3}$	−8,988
$\Delta_c H$	$kJ\,mol^{-1}$	−4215,0
	$kJ\,g^{-1}$	−12,071
	$kJ\,cm^{-3}$	−21,970
Λ	Gew.-%	−52,69
N	Gew.-%	44,13
DSC-onset	°C	261
Z	°C	356
Reib-E	N	> 355
Schlag-E	J	> 50
V_D	$m\,s^{-1}$	8420 @ 1,82 $g\,cm^{-3}$

BNTNP ist ein thermisch und mechanisch sehr unempfindlicher Explosivstoff.

- J.-P. Freche, F. Laval, C. Wartenberg, *Preparation of 5-nitro-4,6-bis-(3-nitro-1H-1,2,4-triazol-1-yl) pyrimidine and explosive material containing it*, EP320369, **1987**, Frankreich.
- H. H. Licht, S. Braun, M. Schäfer, B. Wanders, H. Ritter, Nitrotriazole Chemische Struktur und explosive Eigenschaften, *ICT-Jata*, Karlsruhe, **1998**, V-47.

Bis(2,2,2-trinitroethyl)nitramin, BTNNA, HOX
bis(2,2,2-trinitroethyl)nitramine

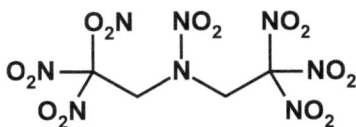

Formel		$C_4H_4N_8O_{14}$
CAS		[19836-28-3]
m_r	$g\,mol^{-1}$	388,121
ρ	$g\,cm^{-3}$	1,92
$\Delta_f H$	$kJ\,mol^{-1}$	−28
$\Delta_{ex} H$	$kJ\,mol^{-1}$	−2054,3
	$kJ\,g^{-1}$	−5,293
	$kJ\,cm^{-3}$	−10,163
$\Delta_c H$	$kJ\,mol^{-1}$	−2117,7
	$kJ\,g^{-1}$	−5,456
	$kJ\,cm^{-3}$	−10,476
Λ	Gew.-%	+16,49
N	Gew.-%	28,87
Smp	°C	94
Sdp	°C	175 (Z)
$\Delta_{vap} H$	$kJ\,mol^{-1}$	84,77
DSC-onset	°C	
Reib-E	N	120
Schlag-E	J	2,5
V_D	$m\,s^{-1}$	8420 @ 1,92 $g\,cm^{-3}$
$\sqrt{(2E_g)}$	mm	µs 2,81

BTNNA wird aufgrund seiner positiven Sauerstoffbilanz auch als **H**igh **O**xygen Explosive (HOX) bezeichnet. BTNNA ist als Oxidationsmittel in aluminisierten Ladungen untersucht worden. BTNNA besitzt sehr saure Protonen und reagiert daher mit Basen unter Salzbildung.

- H. Ritter, S. Braun, High Explosives Containing Ultrafine Aluminium ALEX, *Propellants Explos. Pyrotech.* **2001**, *26*, 311–314.

Blast
blast

Mit dem Begriff "Blast" werden in der englischen Literatur der Luftstoßdruck und dessen Effekte bezeichnet. In der älteren deutschen Literatur wurde anstelle des Begriffs Luftstoßdruck häufig der leider mehrdeutige Begriff "Minenwirkung" verwendet. Heute hat sich der Begriff "Blast" auch im deutschen Sprachraum fest eingebürgert. So werden Sprengladungen, die einen starken Luftstoßdruck liefern, nun als Blast-Ladungen und Luftstoßdruckwellen kurz als Blast-Wellen bezeichnet. Abb. B.9 zeigt das in einem Abstand r zu einer detonierenden Ladung der Masse M auftretende idealisierte Druck-Zeit-Profil einer Blast-Welle (Blast-Druck).

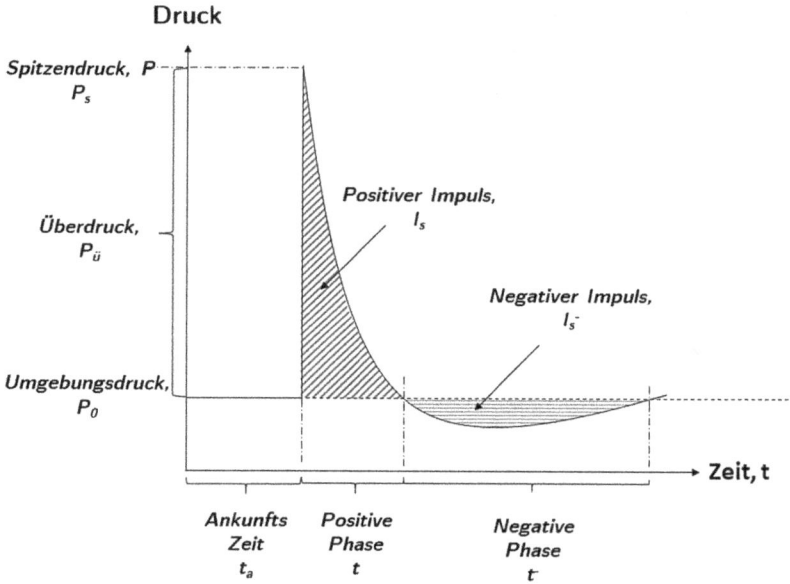

Abb. B.9: Idealer Druck-Zeit-Verlauf bei einer Blast-Welle.

Nach Hopkinson und Cranz (zitiert in Kingery et al., 1966) wird bei gleichen Werten für den Quotienten z aus dem Abstand, r (m), und der Kubikwurzel der Masse des Explosivstoffes, M (kg),

$$z = \frac{r}{\sqrt[3]{M}}$$

der gleiche Spitzendruck P (Pa) gemessen. z wird als der skalierte Abstand bezeichnet. Abb. B.10 zeigt den Spitzendruck als Funktion von z für TNT und Oktol (90/10). Der Impuls der positiven Phase einer Blast-Welle berechnet sich nach

$$I_\mathrm{s} = \int\limits_{t_\mathrm{a}}^{t_\mathrm{a}+t} P_\ddot{u}(t)\,dt.$$

Auch der skalierte Impuls, $I_\mathrm{s}/M^{1/3}$ ist eine Funktion von z und ist in Abb. B.11 dargestellt.

Durch die Verwendung skalierter Größen kann mit Modellversuchen (kleinen Explosivstoffmassen) die Wirkung von großen Massen vorhergesagt werden.

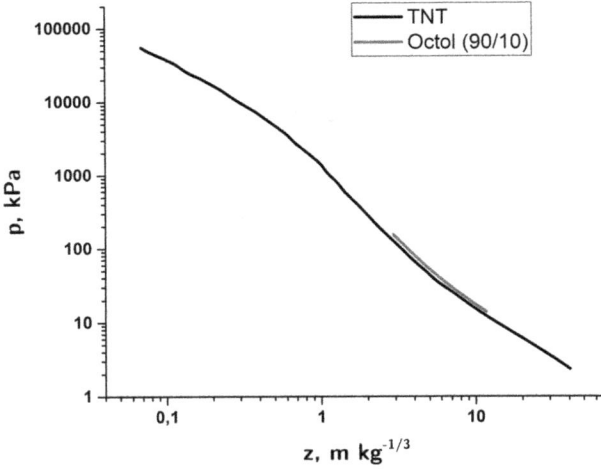

Abb. B.10: Statischer Spitzendruck gegen den skalierten Abstand für TNT und Oktol.

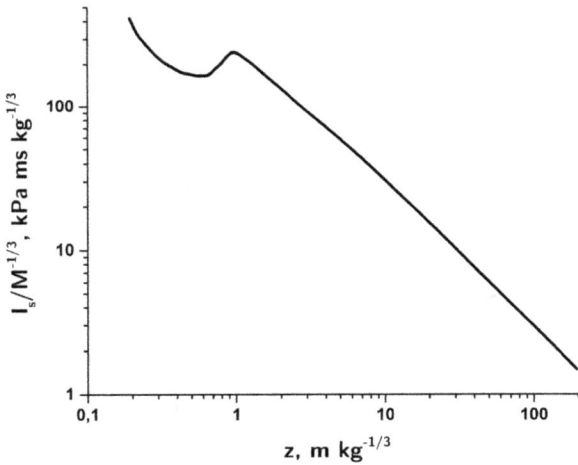

Abb. B.11: Skalierter Impuls gegen den skalierten Abstand für TNT.

- C. N. Kingery, Air Blast Parameters versus Distance for Hemispherical TNT Surface Bursts, *Report 1344*, US-ARMY Materiel Command, September **1966**, 77 S.
- M. Held, Blast Waves in Free Air, *Propellants Explos. Pyrotech.* **1983**, *8*, 1–7.
- V. Karlos, G. Solomos, Calculation of Blast Loads for Application to Structural Components, *Administrative Arrangement No JRC 32253-2011 with DG-HOME Activity A5 – Blast Simulation Technology Development*, European Commission, Ispra, **2013**, 58 S.

Bleiazid, ZS B 9020
lead azide

Aspekt		farblose bis gelbliche Kristalle
Formel		$Pb(N_3)_2$
REACH	LRS,	SVHC
EINECS		236-542-1
CAS		[13424-46-9]
m_r	$g\,mol^{-1}$	291,24
ρ	$g\,cm^{-3}$	4,716
$\Delta_f H$	$kJ\,mol^{-1}$	+477
$\Delta_{ex} H$	$kJ\,mol^{-1}$	−477
	$kJ\,g^{-1}$	−1,638
	$kJ\,cm^{-3}$	−7,724
$\Delta_c H$	$kJ\,mol^{-1}$	−767
Λ	Gew.-%	−5,49
N	Gew.-%	28,86
Z	°C	350
Reib-E	N	0,3–0,5
Schlag-E	J	0,5–4
V_D	$m\,s^{-1}$	3880 @ $2,00\,g\,cm^{-3}$
P_{CJ}	GPa	$1,7$ @ $2,00\,g\,cm^{-3}$
Trauzl	cm^3	110

$Pb(N_3)_2$ tritt in vier Polymorphen, α, β, γ, δ, auf. Von diesen ist die orthorhombische α-Form die einzig technisch erwünschte Modifikation mit einer Kristalldichte zwischen $\rho = 4,68$–$4,716\,g\,cm^{-3}$. Zusätze von Kohlenhydraten, wie beispielsweise Dextrin, fördern bei der Kristallisation die bevorzugte Bildung der α-Form. Bleiazid ist praktisch unlöslich in kaltem Wasser und den meisten organischen Lösemitteln, hingegen aber löslich in Essigsäure und Ethanolamin. Da Bleiverbindungen aus human- und ökotoxikologischer Sicht inakzeptabel sind, wird Bleiazid in überschaubaren Zeiträumen als Initialsprengstoff abgelöst werden.

- R. Matyas, J. Pachman, *Primary Explosives*, Springer, Heidelberg, **2013**, 72–88.

Bleiblockmethode
lead block test

Die Bleiblockmethode, nach ihrem Erfinder auch *Trauzl-Test* genannt, dient der vergleichsweisen Messung des Arbeitsvermögens eines detonierenden Sprengstoffs. Dazu wird die durch die Detonation des zu untersuchenden Sprengstoffs erzeugte Ausbauchung in einem zylindrischen Bleiblock bewertet (Abb. B.12). Der etwa 70 kg schwere Bleiblock hat die äußeren Abmessungen ($\varnothing = 20$ cm, $h = 20$ cm) und besitzt auf der oberen Stirnfläche des Zylinders eine konzentrische zylindrische Ausnehmung von $\varnothing = 2,5$ cm und 12,5 cm Tiefe, entsprechend einem Volumen von $61,3$ cm^3. 10 g des zu untersuchenden Sprengstoffs werden zusammen mit einer Sprengkapsel (No. 8) in ein trapezförmiges Stück Zinnfolie ($150 \times 70 \times 130$ mm) eingewickelt und am Boden der Ausnehmung mit einem Holzstab festgedrückt. Das restliche Leervolumen wird bis zum Rand mit Quarzsand gefüllt; im Falle flüssiger Sprengstoffe kann auch Wasser oder Glycerin als Besatz verwendet werden. Die Aufweitung der Kavität (*a*) nach der Sprengung wird durch Ausliterung ermittelt, bezieht sich auf eine Temperatur von 15 °C und wird mit anderen Sprengstoffen verglichen (Tab. B.13). Die Methode wird praktisch nur bei wenig brisanten Sprengstoffen verwendet. Beim Absprengen dichter und brisanter Sprengstoffe entstehen zusätzlich zur zentralen Kavität (*a*) im Block Risse entlang der Diagonalen (*b*), die nicht ausgelitert werden können und worunter die Aussagefähigkeit der Messungen leidet (siehe *Oktogen*).

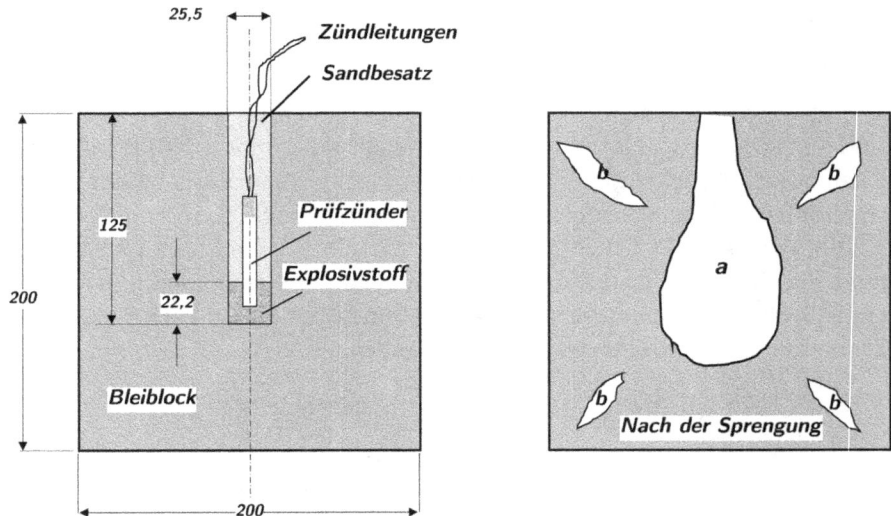

Abb. B.12: Bleiblockausbauchung nach *Trauzl*.

Tab. B.13: Nettovolumen verschiedener Explosivstoffe.

Stoff	Ausbauchung (ml)	Stoff	Ausbauchung (ml)
Amatol 80/20	385	Guanylharnstoffdinitramid	345–375
Ammoniumnitrat	178	Harnstoffnitrat	272
Ammoniumperchlorat	194	Hexanitrostilben	301
Ammoniumpikrat	280	Hexogen	480
Bleiazid	110	Methylnitrat CH_3NO_3	610
Bleistyphnat	130	Nitroguanidin	302
Composition A3	432	Nitroglycerin	520
Composition B	390	Nitroharnstoff	310
Cyanurtriazid	415	Nitromethan	345
Diethylenglykoldinitrat	620	Nitropenta	520
Dinitrobenzol	242	Oktogen	428
Dinitrotoluol	240	PH-Salz	345–375
Dinitroxyethylnitramin	445	Pikrinsäure	315
Ethylendinitramin	366–410	R-Salz	370
Ethyltetryl	327	Triaminotrinitrobenzol	175
Guanidinnitrat	240	Trinitrotoluol	300
Guandinperchlorat	400	Knallsatz Al/KClO$_4$ (20/80)	115

- A. Schmidt, Betrachtungen über die üblichen Methoden zur experimentellen Prüfung der Sprengwirkung von Explosivstoffen und ihre Bedeutung für die Beurteilung des Verhaltens der Explosivstoffe bei ihrer praktischen Anwendung, *Explosivstoffe*, **1959**, *7*, 225–231.
- H. Koenen, K. H. Die, K.-H. Swart, Sicherheitstechnische Kenndaten explosionsfähiger Stoffe, I. Mitteilung, *Explosivstoffe*, **1961**, *9*, 30–42.

Bleidinitroresorcinat, basisch, ZS J 9080, RD1353, 1308

tris[4,6-dinitro-1,3-benzenediolato(2-)]tetrahydroxypenta lead(II)

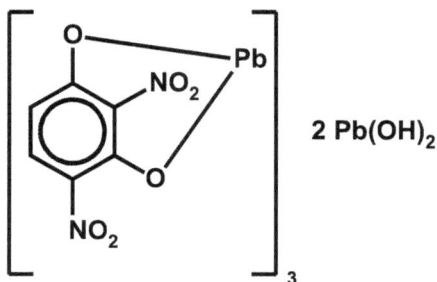

Aspekt		orange-rot
Formel		$C_{18}H_{10}N_6O_{22}Pb_5$
CAS		[55012-91-4]
m_r	$g\,mol^{-1}$	1638,26
ρ	$g\,cm^{-3}$	3,65
Smp		213
DSC-onset	°C	185
Λ	Gew.-%	−22,61
N	Gew.-%	5,12
Schlag-E	J	6

Bleidinitroresorcinat wird für spezielle Zünd- und Anzündsätze sowie schnell brennende VZ-Sätze verwendet.

- G. Taylor, A. Thomas, R. Williams, *Lead Compounds of 4,6-Dinitroresorcinole*, US3803190A, **1974**, UK.

Bleidioxid
lead(IV) dioxide

Aspekt		dunkelbraunes Pulver
Formel		PbO_2
GHS		08, 09, 07
H-Sätze		H360Df-H373-H400-H410-H302-H332
P-Sätze		P260-P261-P281-P304+P340-P405-P501a
UN		1872
REACH		LRS, SVHC
EINECS		215-174-5
CAS		[1309-60-0]
m_r	$g\,mol^{-1}$	239,19
ρ	$g\,cm^{-3}$	9,643
Smp	°C	290 (Z)
$\Delta_f H$	$kJ\,mol^{-1}$	−282,8
cp	$J\,K^{-1}\,mol^{-1}$	64,5
Λ	Gew.-%	+6,69

PbO_2 wird in Anzündsätzen als Oxidator verwendet. Die thermische Zersetzung ab 290 °C ergibt unter Sauerstoffabgabe $2\,PbO \cdot PbO_2$. Dieses zerfällt schließlich ab 576 °C unter weiterer Sauerstoffabgabe zu PbO. Schließlich wurde PbO_2 früher auch als Oxidationsmittel in den Zündsatzmassen für → Streichhölzer verwendet (Hartig).

Bleinitrat

lead nitrate

Formel		$Pb(NO_3)_2$
GHS		03, 08, 09, 07
H-Sätze		H272-H360-H373-H400-H410-H302-H332
P-Sätze		P210-P220-P221-P260-P405-P501a
UN		1469
REACH		LRS, SVHC
EINECS		233-245-9
CAS		[10099-74-8]
m_r	$g\,mol^{-1}$	331,21
ρ	$g\,cm^{-3}$	4,535
Smp	°C	470 (Z)
$\Delta_f H$	$kJ\,mol^{-1}$	−451,87
Λ	Gew.-%	+24,15
N	Gew.-%	8,46

Bleinitrat zersetzt sich ab 350 °C in Blei(II)oxid, Sauerstoff und Stickstoffdioxid gemäß

$$Pb(NO_3)_2 \longrightarrow PbO + 2\,NO_2 + 0,5\,O_2.$$

Bleinitrat wird in Anzündmischungen verwendet. Eine Anwendung als einziges Oxidationsmittel in Treibstoffen hoher Dichte zusammen mit Aluminium wird bei *Marion (1973)* zitiert. Desweiteren findet Bleinitrat Anwendung in Explosivstofflinsen (Tab. B.14) für Kernwaffen.

Tab. B.14: Explosivstoffmischungen mit $Pb(NO_3)_2$.

Inhaltsstoffe (Gew.-%)	Plumbatol Macarite	B-2174	B-2191	B-2192
Bleinitrat	70	11	11	11
TNT	30	–	–	–
Oktogen	–	47	37	27
Ammoniumperchlorat	–	30	40	50
Polyurethan	–	12	12	12
ρ (g cm^{-3})	2,89	1,83	1,83	1,836
V_D (m s^{-1})	4860	8540	–	–
Schlag-E (J)	6,6	–	–	–

- J. Souletis, J. Groux, Continuous Observation of Mach Bridge and Mach Phenomena, *8th Detonation Symposium*, **1985**, NSWC White Oak, 431–438.
- F. A. Marion, H. J. McSpadden, *Rocket containing lead oxidizer salt-high density propellant*, US3945202, **1973**, USA.
- H. H. M. Pike, R. E. Weir, The Passage of a Detonation Wave across the Interface between two Explosives, Report 22/50, Armament Research Establishment, Fort Halstead, UK, **1950**, 33 S., declassified in 2008.

Blei(II,IV)oxid
lead(II, IV) oxide, red lead

Mennige, Bleiorthoplumbat		
Aspekt		orangerotes Pulver
Formel		$[2PbO \cdot PbO_2] \equiv Pb_3O_4$
GHS		03, 08, 09, 07
H-Sätze		H272-H360-H373-H400-H410-H302-H332
P-Sätze		P260-P261-P281-P304+P340-P405-P501a
UN		1479
REACH		LRS, SVHC
EINECS		215-236-6
CAS		[1314-41-6]
m_r	$g\,mol^{-1}$	685,57
ρ	$g\,cm^{-3}$	9,05
Z	°C	576
$\Delta_f H$	$kJ\,mol^{-1}$	−730,7
c_p	$J\,K^{-1}\,mol^{-1}$	147,2
Λ	Gew.-%	+2,33

Pb_3O_4 wird als Oxidator in gasarmen Verzögerungssätzen verwendet. Die thermische Zersetzung ab 576 °C unter weiterer Sauerstoffabgabe ergibt PbO.

Bleistyphnat, ZS S 9030
lead styphnate

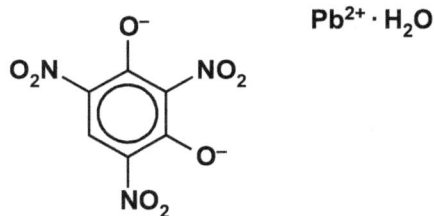

Bleitrizinat		
Aspekt		gold-orange-rötlich braun
Formel		$C_6H_3O_9N_3Pb$
REACH		SVHC, LRS
EINECS		239-290-0
CAS		[15245-44-0]
m_r	$g\,mol^{-1}$	468,305
ρ	$g\,cm^{-3}$	3,02

$\Delta_f H$	kJ mol^{-1}	-837
$\Delta_c H$	kJ mol^{-1}	-2176
	kJ g^{-1}	$-4{,}647$
	kJ cm^{-3}	$-14{,}033$
Λ	Gew.-%	$-18{,}79$
N	Gew.-%	$8{,}97$
c_p	J K^{-1} g^{-1}	$0{,}677$
Z	°C	252
V_D	m s^{-1}	5600 @ $3{,}10$ g cm^{-3}
P_{CJ}	GPa	$8{,}31$ @ $3{,}14$ g cm^{-3}
Trauzl	cm^3	130

Bleistyphnat ist sehr empfindlich gegenüber Flammen und elektrischen Entladungen und wird daher häufig in entsprechenden Zündstoffformulierungen, z. B. an Brückendrähten, zur thermischen Sensibilisierung eingesetzt.

Blinksätze
strobe compositions

Blinksätze enthalten ähnliche Inhaltsstoffe wie Leucht- oder Lichtsignalsätze, enthalten aber geringere Brennstoffanteile. Daher tritt nach Anzündung keine stabile Verbrennung ein, sondern es finden nur phasenweise Explosionen statt, die von einer sogenannten Dunkelphase unterbrochen werden. Grundsätzlich nimmt die Intervalldauer mit steigender Sauerstoffbilanz ab. Blinksätze sind als Notsignale, elektrooptische (UV-VIS-IR-) Täuschkörper und auch zum Einsatz in Irritationsmitteln vorgeschlagen worden. Trotz des allgemeinen Interesses mangelt es praktisch allen untersuchten Formulierungen an der für diese Anwendungen notwendige Frequenzstabilität, so dass diese Sätze bislang ausschließlich im Feuerwerksbereich verwendet werden. Typische Formulierungen sind nachfolgend aufgeführt (Tab. B.15). Sätze mit nur geringer Lichtentwicklung aber merklicher Gasentwicklung (Knattern) werden als schwarze Blinker bezeichnet.

- J. Glück, T. M. Klapötke, J. J. Sabatini, Flare or strobe: a tunable chlorine-free pyrotechnic system based on lithium nitrate, *Chem. Comm.* **2018**, *54*, 821–824.
- C. J. White, Strobe Chemistry, *J. Pyrotech.* **2004**, *20*, 7–16.
- C. J. White, Blue Strobe Light Pyrotechnic Compositions, *Pyrotechnica* **1992**, *XIV*, 33–45.
- T. Shimizu, Studies on Strobe Light Pyrotechnic Compositions, *Pyrotechnica*, **1982**, *VIII*, 5–28.
- U. Krone, Strahlungsemission in Intervallen – Oscillierende Verbrennung pyrotechnischer Sätze, *ICT-Jahrestagung*, Karlsruhe, **1975**, 225–237.
- F.-W. Wasmann, Pulsierend abbrennende Pyrotechnische Systeme, *ICT-Jahrestagung*, Karlsruhe, **1975**, 239–250.

Tab. B.15: Pyrotechnische Blinksätze.

Inhaltsstoffe (Gew.-%)	blau	grün	gelb	silber	rot	purpur	„schwarz"
Bariumnitrat		67		66			
Strontiumnitrat					66	5	
Tetramethylammoniumnitrat	30					28	40
Mg/Al-Legierung (100–200 mesh)		21	26	26	22		
Kupfer (100 mesh)	15					12	30
Ammoniumchlorid		7					
Ammoniumperchlorat	55		58			55	30
Natriumsulfat			8				
Kaliumperchlorat				8	7		
Bariumperchlorat	5				5		
Graphit			4				
Frequenzbereich (Hz)	?	10	?	5	7		

Blitzlichtsätze
flash compositions

Blitzlichtsätze – auch als Blitzknallsätze bezeichnet – dienen der Geländebeleuchtung bei Luftbildaufnahmen, als Knallsätze (*report compositions*) sowie als Licht- und Schallquelle in Schockwurfkörpern (*stun grenades*). Anforderungen an Blitzlichtsätze sind:
- Hohe spezifische Lichtintensität, I (cd)
- Hohe Verbrennungsgeschwindigkeit
- Hoher Anteil kondensierter Reaktionsprodukte
- Hohe Flammentemperatur

Typische Blitzlichtsätze enthalten gleiche Massenanteile Kaliumperchlorat und Aluminium. Blitzlichtsätze funktionieren nur bestimmungsgemäß in Form unverdichteter Schüttungen. Eine Verdichtung der Sätze hingegen führt zu einem laminaren Abbrand wie bei einem Signalstern. Tab. B.16 zeigt nach *Lopatin* die Leistung verschiedener Aluminium-/Oxidator-Mischungen. Die Al/Ba(NO₃)₂-Mischung ergab eine zu geringe Lichtleistung und konnte daher nicht vermessen werden.
Eine von Cegiel et al. (2010) entwickelte perchloratfreie Formulierung ist wie folgt zusammengesetzt:
- 34,17 Gew.-% Mangan(IV)oxid
- 34,17 Gew.-% Strontiumnitrat
- 28,74 Gew.-% Aluminium
- 2,92 Gew.-% Graphit

Blitzlichtsätze sind weiterhin sehr empfindlich gegenüber elektrostatischer Entladung und können bereits in kleinen Mengen ohne Verdämmung heftig explodieren.

Tab. B.16: Zusammensetzung und Leistung von Blitzsätzen mit Al als Brennstoff und verschiedenen Oxidatoren.

Oxidator	Al (Gew.-%)	Masse (g)	Höchste Leucht-stärke 10^6 (cd)	Anstieg (ms)	Dauer (ms)	Ausbeute 10^3 cd s g^{-1}
$LiClO_4$	46	47,5	55	1,8	22	8,4
$NaClO_4$	43	32,5	35	1,3	23	7,0
$KClO_4$	39	42,0	41	1,7	16	5,9
$Ca(ClO_4)_2$	38	33,7	34	0,6	24	9,3
$Ca(NO_3)_2$	35	18,0	20	1,6	13	3,2
$Sr(ClO_4)_2$	34	42,0	64	1,6	19	8,2
$Sr(NO_3)_2$	30	43,0	30	1,8	32	4,7
$Ba(ClO_4)_2$	30	43,0	57	1,2	19	6,2
$Ba(NO_3)_2$	26	49,0	n. a.	n. a.	n. a.	n. a.

In Deutschland gehören Blitzlichtsätze daher zur Gefahrgruppe 1.1-1. Abb. B.13 zeigt den Blast-Druck eines $Al/KClO_4$-Satzes als Funktion des skalierten Abstands.

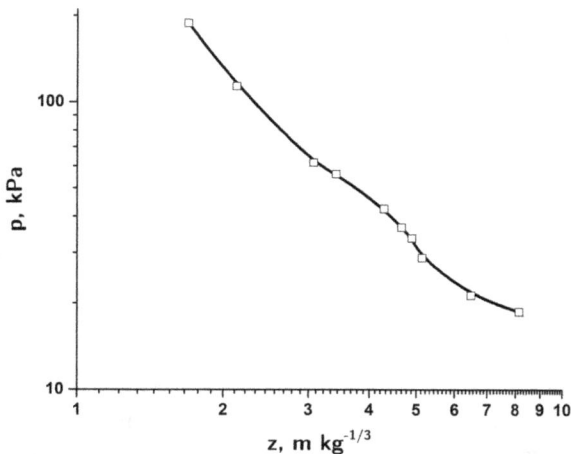

Abb. B.13: Statischer Spitzendruck gegen skalierten Abstand für $Al/KClO_4$ (30/70) nach *Wild*.

- S. Lopatin, Sea-Level and High Altitude Performance of Experimental Photoflash Compositions, *Technical Report FRL-TR-29*, Picatinny Arsenal, October **1961**, USA.
- D. Cegiel, J. Strenger, C. Zimmermann, *Perchloratfreie pyrotechnische Mischung*, DE102010052628A1, **2010**, Deutschland.
- M. Bishop, N. Davies, The Luminous and Blast Performance of Flash Powders, *IPS*, Adelaide, **2001**, 73–86.
- U. Krone, H. Treumann, Pyrotechnic Flash Compositions, *Propellants Explos. Pyrotech.* **1990**, 12, 115–120.
- R. Wild, Blast waves produced by a pyrotechnic flash-mixture compared to those produced by high explosives, *Explosives Safety Seminar*, San Antonio, USA, **1978**, 727–738.

BNCP, Tetrammin-*cis*-bis(5-nitro-2*H*-tetrazolato-*N²*) cobaltperchlorat

tetraammine-cis-bis(5-nitro-2H-tetrazolato-N²) cobalt(III) perchlorate

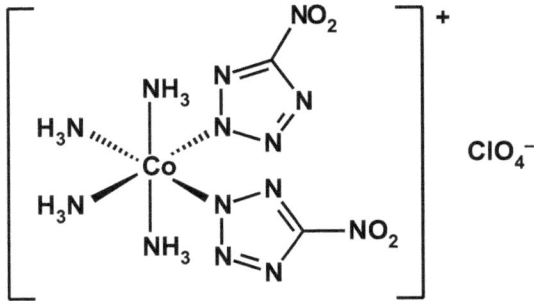

Aspekt		goldgelbe Kristalle
Formel		$C_2ClCoH_{12}N_{14}O_8$
CAS		[117412-28-9]
m_r	$g\,mol^{-1}$	454,592
ρ	$g\,cm^{-3}$	2,05
$\Delta_f H$	$kJ\,mol^{-1}$	± 0
$\Delta_{ex}H$	$kJ\,mol^{-1}$	−1509,2
	$kJ\,g^{-1}$	−3,320
	$kJ\,cm^{-3}$	−6,806
Λ	Gew.-%	−8,8
N	Gew.-%	43,14
DSC-onset	°C	269
Schlag-E	J	4,25–6,4
Reib-E	N	6
V_D	$m\,s^{-1}$	2700 @ 1,54 $g\,cm^{-3}$

BNCP ist eine Koordinationsverbindung mit einer Empfindlichkeit, die zwischen Sekundär- und Primärsprengstoffen eingeordnet werden kann. BNCP kann durch Laserimpulse mit Verzugszeiten t < 50 μs zur Detonation gebracht werden und wird deshalb für reaktive Schutzsysteme und Notausstiegseinrichtungen verwendet, bei denen nur sehr kurze Reaktionszeiten toleriert werden können.

- H. Scholles, R. Schirra, H. Zöllner, A Fast Low-Energy Optical detonator, *IPS*, **2016**, Grand Junction, USA, 422–428.
- R. Matyáš, J. Pachman, *Primary Explosives*, Springer, Heidelberg, **2013**, 241–244.
- J. W. Fronabarger, W. B. Sanborn, T. Massis, Recent Activities in the Development of the Explosive BNCP, *22nd IPS Seminar*, Fort Collins, **1996**, 645–652.

Bor

boron

Aspekt		dunkelbraunes feines Pulver
Formel		B
GHS		06,02
H-Sätze		H301-H228-H332-H335
P-Sätze		P210-P241-P301+P310-P321-P405-P501a
UN		3178
REACH		LRS
EINECS		231-151-2
CAS		[7440-42-8]
m_r	$g\,mol^{-1}$	10,811
ρ	$g\,cm^{-3}$	2,34
Smp	°C	2250
Sdp	°C	~3660
$\Delta_{subl}H$	$kJ\,mol^{-1}$	504,5
κ	$W\,cm^{-1}\,K^{-1}$	1,16
$\Delta_c H$	$kJ\,mol^{-1}$	−635,95
	$kJ\,g^{-1}$	−58,82
	$kJ\,cm^{-3}$	−137,65
Λ	Gew.-%	−221,99

Unter den fünf verschiedenen Modifikationen des Bors wird in der Pyrotechnik ausschließlich das glasig-amorphe Bor (*amorphous boron*) eingesetzt. Dieses liegt als dunkelbraunes Pulver vor. Kristallines Bor ist übrigens auch in fein verteilter Form praktisch unbrennbar, worauf Sabatini (2011) hingewiesen hat. Typische Korngrößen für Bor liegen im einstelligen Mikrometerbereich. Die Oxidation von amorphem Bor beginnt bei etwa $T = 465\,°C$ und führt bis $T = 1200\,°C$ zu einer Massenzunahme von etwa 87 Gew.-%. Allerdings reagiert amorphes Bor auch bei Raumtemperatur mit dem Luftsauerstoff und bildet Oxid und Hydroxidschichten, die die Ursache für die ausgeprägte Feuchtigkeitsaufnahme des Bors sind. Bor findet überall dort in der Pyrotechnik Anwendung, wo hohe Temperaturen und kondensierte Reaktionsprodukte benötigt werden. So findet sich Bor als Brennstoff in vielen gasarmen Anzündsätzen zusammen mit verschiedensten Oxidationsmitteln wie z. B. KNO_3, Fe_2O_3, $BaCrO_4$, $KClO_4$, Bi_2O_3 und Übergangsmetalloxiden. Insbesondere das System Bor/Kaliumnitrat/Binder (AZM O 953X, SR43) ist als Anzündsatz intensiv untersucht worden. Da Bor bei der Verbrennung mit Sauerstoff das im grünen Spektralbereich emittierende $BO_{2(g)}$ liefert (Roth 2001), wurde Bor eine Zeit lang als potentieller Brennstoff in grünen Signalsätzen untersucht. Allein der hohe Anteil breitbandig emittierender, kondensierter Boroxide führt zu einer starken Beeinträchtigung der Farbreinheit, so dass diese Systeme nie eine praktische Bedeutung erlangt haben. Neben der Emission im visuellen Bereich liefert Bor auch selektive Emitter im infraroten Bereich $B_2O_{2(g)}$ (4,87 µm), $HOBO_{(g)}$ (4,93 µm) und $KBO_{2(g)}$ (4,98 µm). Aus diesem Grund hat man amorphes Bor auch als Brennstoff in IR-Wirkladungen vorgeschlagen (Herbage 1995). Bor wird als leistungssteigernder Zusatz bei luftatmenden Triebwerken verwendet.

- J. J. Sabatini, J. C. Poret, R. N. Broad, Use of Crystalline Boron as Burn Rate Retardant toward the Development of Green-Colored Handheld Signal Formeltions, *J. Energ. Mater.* **2011**, *29*, 360–368.
- E. Roth, Y. Piltzko, V. Weiser, W. Eckl, H. Poth, M. Klemenz, Emissionsspektren brennender Metalle, *ICT-Jata*, Karlsruhe, **2001**, P-163.
- D. W. Herbage, S. L. Salvesen, *Spectrally balanced infrared flare pyrotechnic composition*, US Patent 5472533, **1995**, USA.
- R. Strecker, A. Harrer, *Composit-Festtreibstoff mit stabilem Abbrand*, DE 28 20 969 C1, **1991**, Deutschland.
- N. Eisenreich, W. Liehmann, Emission spectroscopy of Boron Ignition and Combustion in the Range of 0,2 to 5,5 μm, *Propellants Explos. Pyrotech.* **1987**, *12*, 88–91.

Borane

boranes

Borane werden auch als Borwasserstoffe bezeichnet und sind Verbindungen der allgemeinen Zusammensetzung, B_nH_{n+4}, B_nH_{n+6}, B_nH_{n+8} bzw. B_nH_{n+10}. Viele Borane sind endotherme Verbindungen, sie sind hochreaktiv, oftmals pyrophor, hydrolysieren leicht und sind sehr giftig. Die Oxidation der Borane mit Sauerstoff oder Halogenen verläuft stark exotherm:

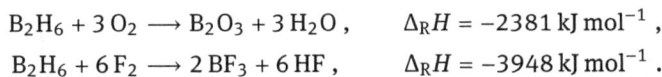

$$B_2H_6 + 3\,O_2 \longrightarrow B_2O_3 + 3\,H_2O\,, \qquad \Delta_R H = -2381\,\text{kJ mol}^{-1}\,,$$

$$B_2H_6 + 6\,F_2 \longrightarrow 2\,BF_3 + 6\,HF\,, \qquad \Delta_R H = -3948\,\text{kJ mol}^{-1}\,.$$

Die alkylsubstituierten Borane-Derivate, die Carbaborane, wie z. B. Ethyldecaboran, $B_{10}H_{13}-C_2H_5$ [26747-87-5] ($\Delta_f H = -110\,\text{kJ mol}^{-1}$) sind meist nicht pyrophor und daher besser handhabbar. Sie wurden in den USA in der Zeit zwischen 1950 und 1960 als mögliche Hochenergiebrennstoffe für Staustrahl- und Raketenantriebe untersucht (HEF-Project). Da das primäre Verbrennungsprodukt der Borane, B_2O_3, allerdings schon bei sehr hohen Temperaturen kondensiert, Sdp 2065 °C, trägt es nicht zum Volumen der Verbrennungsgase bei, weshalb die tatsächliche Leistung solcher Treibstoffe deutlich überschätzt wurde. Außerdem wurde festgestellt, dass sich beim Einsatz von Boranen kondensierte und refraktäre Stoffe, wie z. B. B_2O_3, B_4C, BN, usw., in Triebwerksteilen ablagern, die zu Schäden führen. Zusätzlich erschweren die extrem hohe Hydrolyseempfindlichkeit sowie die hohe Toxizität der Borane den Umgang, weshalb das HEF-Project schließlich eingestellt wurde. Borane spielen heute eine untergeordnete Rolle in energetischen Materialien, z. B. als pyrophore Zusätze in Fuel-Air Explosives. Die Alkalisalze einiger höhermolekularer Borane, $M_2[B_{10}H_{10}]$, die Hydroborate, finden Anwendung in sehr schnell abbrennenden Anzündmischungen (siehe *Hivelite*).

- A. Dequasie, *The Green Flame*, Wiley, New York, **1991**, 220 S.

Borazine

borazines

Borazine sind Bor-Stickstoff-Verbindungen, die strukturell mit dem Benzol und seinen Derivaten verwandt sind. Im Gegensatz zum Benzol mit seiner unpolaren C-C-Bindung ist die B-N-Bindung allerdings stark polar (siehe die oben dargestellten Resonanzformeln Abb. B.14) weshalb die Borazine deutlich reaktiver sind als Benzol. Theoretische und experimentelle Arbeiten widmen sich seit einiger Zeit verstärkt den Eigenschaften und der Synthese mit entsprechenden Explosophoren substituierter Borazine. So wird z. B. für das hypothetische N',N'',N'''-Triamino-B',B'',B'''-trinitroborazin bei der Dichte für das strukturell verwandte 1,3,5-Triamino-2,4,6-trinitrobenzol (TATB) ($\rho = 1{,}937\,\mathrm{g\,cm^{-3}}$) ($\Delta_f H = -357\,\mathrm{kJ\,mol^{-1}}$) eine Detonationsgeschwindigkeit von $V_D = 13{,}3\,\mathrm{km\,s^{-1}}$ sowie ein Detonationsdruck von $P_{CJ} = 50{,}9\,\mathrm{GPa}$ vorhergesagt.

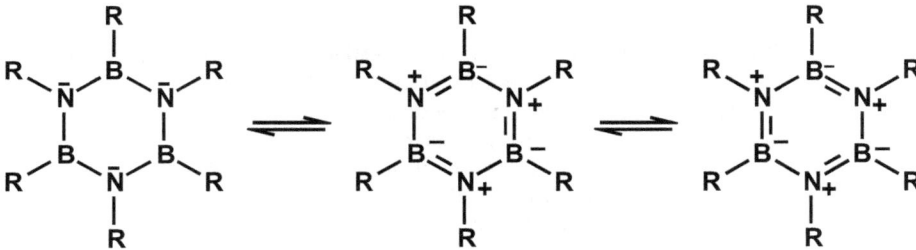

Abb. B.14: Valenzstrichformeln für Borazine.

- E.-C. Koch, T. M. Klapötke, Boron-Based High Explosives, *Propellants Explos. Pyrotech.* **2012**, *27*, 335–344.
- M. A. Rodriguez, T. T. Borek, 2,4-Bis(dimethylamino)-1,3,5-trimethyl-6-(nitrooxy)borazine, *Acta Cryst.* **2013**, *E69*, o634.

Borcarbid

boron carbide

Aspekt	schwarzes Kristallpulver
Formel	B_4C
GHS	07
H-Sätze	H332-H315-H319-H335
P-Sätze	P261-P302-P352-P305+P351+P338-P321-P405-P501a
REACH	LRS
EINECS	235-111-5
CAS	[12069-32-8]

m_r	g mol^{-1}	55,251
ρ	g cm^{-3}	2,52
$\Delta_f H$	kJ mol^{-1}	−62,68
$\Delta_c H$	kJ mol^{-1}	−2877,3
	kJ g^{-1}	−52,077
	kJ cm^{-3}	−132,235
Λ	Gew.-%	−231,66
Smp	°C	2350
$\Delta_m H$	kJ mol^{-1}	104,6

B_4C wird aufgrund seiner hohen Festigkeit und geringen Dichte als Werkstoff in Panzerungen verwendet. Aufgrund der Nutzung als Refraktärmaterial wurde lange Zeit übersehen, dass B_4C in sauerstoffhaltiger Atmosphäre leicht oxidiert werden kann. B_4C dient als Brennstoff in luftatmenden Triebwerken und wurde erstmals von Jennings-White (1997) als langsam brennender Brennstoff in grünen Lichtsignalsätzen untersucht.

- J. Sabatini, J. C. Poret, R. N. Broad, Boron Carbide as a Barium-Free Green Light Emitter and Burn-Rate Modifier in Pyrotechnics, *Angew. Chem.* **2011**, *123*, 4720–4722.
- M. Steinbrück, A. Meier, U. Stegmaier, L. Steinbock, *Experiments on the Oxidation of Boron Carbide at High Temperatures*, FZKA 6979, Forschungszentrum Karlsruhe, Mai **2004**, 117 S.
- C. Jennings-White, S. Wilson, Lithium, Boron, Calcium, *Pyrotechnica* **1997**, *XVII*, 24–29.
- B. Natan, D. W. Netzer, Boron carbide combustion in solid-fuel ramjets using bypass air. Part I Experimental investigation, *Propellants Explos. Pyrotech.* **1996**, *21*, 289–294.

Bornitrid

boron nitride

Aspekt		beiges Kristallpulver
Formel		BN
GHS		07
H-Sätze		H319-H335
P-Sätze		P261-P280-P305+P351+P338-P304+P340-P405-P501a
REACH		LRS
EINECS		233-136-6
CAS		[10043-11-5]
m_r	g mol^{-1}	24,82
ρ	g cm^{-3}	3,48
$\Delta_f H$	kJ mol^{-1}	−250,9
$\Delta_c H$	kJ mol^{-1}	−385,05
	kJ g^{-1}	−15,51
	kJ cm^{-3}	−33,82
c_p	J K^{-1} mol^{-1}	19,7
Λ	Gew.-%	−96,71
Smp	°C	2230 (Sbl.)
$\Delta_{subl} H$	kJ mol^{-1}	902

Bornitrid wird als Presshilfsmittel in pyrotechnischen Sätzen verwendet und wurde auch als zusätzlicher Brennstoff in gasliefernden Sätzen vorgeschlagen.

- R. Hagel, U. Bley, *Thermische Frühzündmittel*, EP1697277B1, **2004**, Deutschland
- R. J. Blau, D. A. Flanigan, *Non-Azide Gas Generant Compositions Containing Dicyanamide Salts*, WO 95/18780, **1995**, USA.

Boronite
boronites

Boronite ist die Bezeichnung für in den 1940er-Jahren untersuchte Sprengstoffe auf der Grundlage von TNT und Ammoniumnitrat und amorphem Bor (Tab. B.17). Die Boronite erfüllten nicht die an sie gestellten Erwartungen und blieben hinsichtlich der Arbeitsleistung hinter vergleichbaren Formulierungen mit Aluminium zurück.

Tab. B.17: Boronite.

Boronite-	A	B	C
TNT (Gew.-%)	10	20	36
NH_4NO_3 (Gew.-%)	83	75	62
Bor (Gew.-%)	7	5	2

Borsäure
boric acid

Aspekt		farblose Kristalle
Formel		$B(OH)_3$
GHS		08
H-Sätze		H360FD
P-Sätze		P201-P308+P313
REACH		SVHC, LRS
EINECS		233-139-2
CAS		[10043-35-3]
m_r	g mol^{-1}	61,832
ρ	g cm^{-3}	1,435
$\Delta_f H$	kJ mol^{-1}	−1094
Λ	Gew.-%	0
Smp	°C	169 (−H_2O)

Borsäure findet Anwendung in sehr unempfindlichen Sprengstoffmischungen, so z. B. in Boracitol zum Einsatz in Sprengstofflinsen, die in Wellengeneratoren aber auch zur

Implosionszündung von Kernwaffen benötigt werden (Tab. B.18). In diesem Fall sorgt der hohe Gehalt dieser Formulierung an Borsäure auch für eine Absorption thermischer Neutronen. Eine andere unempfindliche Zusammensetzung ist das extrudierbare LBR-6, das in Modulen für Reaktivpanzerungen (ERA) eingesetzt wird. LBR-6 brennt aufgrund des hohen Borsäureanteils nach Anzündung nicht weiter und erlischt.

Tab. B.18: Borsäurehaltige Sprengstoffmischungen.

	Boracitol	LBR-6 [*]
Borsäure, $B(OH)_3$, (Gew.-%)	60	22
TNT, (Gew.-%)	40	–
Hexogen, (Gew.-%)	–	48
HMX, (Gew.-%)	–	6
PDMS, (Gew.-%)	–	24
ρ, (g cm^{-3})	1.550	1,560
V_D, (m s^{-1})	4860	5500
$\Delta_{det}H$, (kJ g^{-1})	1,67	
Reib-E (N)	> 360	288
Schlag-E (J)	> 50	20

[*] Low Burn Rate Explosive

- E. Sokol, S. Friling, I. Shaked, N. Aviv, Y. Cohen-Arazi, LBR6-A Novel Class 1.5D Composition for Insensitive Explosive Reactive Armor (I-ERA), *IMEMTS*, Miami, **2007**, 7 S.

Brandsätze, Brandstoffe
incendiaries

Brandstoffe sind Kampfmittel, welche die tödliche und zerstörende Wirkung des Feuers ausnutzen.

Im *Protokoll III: Brandwaffen des Übereinkommens über das Verbot oder die Beschränkung des Einsatzes bestimmter konventioneller Waffen, die übermäßige Leiden verursachen oder unterschiedslos wirken können* vom 10. Oktober 1980 wird beschrieben, unter welchen Umständen der militärische Einsatz von Brandstoffen verboten ist. Grundsätzlich verboten ist der Einsatz von Brandwaffen aller Art gegen Zivilisten. Auch ist der Einsatz luftgestützter Brandwaffen gegen militärische Ziele, die von Menschenansammlungen umgeben sind, grundsätzlich verboten. Der Einsatz von Nebelmunition, die als Sekundäreffekt Brandwirkung auslösen kann ist von in diesem Protokoll ausdrücklich ausgenommen. Typische Brandstoffe sind Napalm, weißer Phosphor, sowie pyrotechnische Mischungen von rotem Phosphor mit Magnesium (B299), und z. B. Thermit. Der militärische Einsatz von Brandbomben im Gefecht gegen Ziele aller Art ist weitgehend geächtet. Allerdings hat der Einsatz von Brandstoffen in militärischer Kleinkalibermunition zur Bekämpfung von halbharten und Luftzielen sowie zur Zerstörung und Unbrauchbarmachung eigener Waffen- und EDV-Systeme (*denial of access*) bei der kurzfristigen Räumung von Posten und Stellungen eine steigende Bedeutung. So kann beispielsweise unempfindliche Munition oftmals nicht auf übliche Weise durch formbare Ladungen (z. B. Comp C4) zur sympathetischen Detonation gebracht werden. Allerdings können auch sehr unempfindliche Explosivstoffe und unempfindliche Munition mit Brandstoffen verlässlich unbrauchbar gemacht werden. (hinsichtlich der Zerstörung von biologischen oder chemischen Kampfstoffen siehe *Agent Defeat*).

- H. W. Koch, H. H. Licht, Brandstoffe, Brandmunition, Brandwirkung, *CO 34/74*, Bundesakademie für Wehrverwaltung, Mannheim, 30 September **1974**, 19 + X Seiten.
- Ministerrat Der Deutschen Demokratischen Republik Ministerium für Nationale Verteidigung, *Brandwaffen, A053/1/003*, Berlin, **1988**, 62 Seiten.
- *Übereinkommen über das Verbot oder die Beschränkung des Einsatzes bestimmter konventioneller Waffen, die übermäßige Leiden verursachen oder unterschiedslos wirken können, Protokoll III. Brandwaffen*, Genf, **1980**.

Brisanz
brisance

Der Begriff Brisanz leitet sich vom französischen Verb *briser* (zersplittern, zerschmettern) ab und bezeichnet die Fähigkeit eines Sprengstoffes, ein umgebendes Material zu zertrümmern. Zur Bewertung der Brisanz, für die verschiedene physikalische Beschreibungen existieren, werden z. B. die Bleiblockmethode, der Zylindertest und der Plate-Dent-Test herangezogen.

- M. Suceska, *Test Methods for Explosives*, Springer, New York, **1995**, 168–171.

Bruceton-Methode

Die Bruceton-Methode, benannt nach dem Explosives Research Laboratory, Bruceton, PA, USA ist eine Auswertemethode, mit der die 50 %-Auslöse-Schlagenergie, e (J), durch 25 Experimente bestimmt wird. Grundsätzlich können aber auch alle anderen Empfindlichkeitsprüfungen mit der Bruceton-Methode ausgewertet werden. Die Prüfung wird bei einem beliebigen Startwert für den Stimulus e_1 begonnen und je nach Ergebnis X/e der Reaktion

$$X|e = \begin{cases} 1 & \text{Explosion} \\ 0 & \text{keine Explosion} \end{cases}$$

der Stimulus e_1 um einen Betrag erniedrigt bzw. erniedrigt. Die 50 %-Auslöse-Schlaghöhe M wird dann wie folgt berechnet:

(a) Zunächst wird die Anzahl der positiven (+) und negativen (−) Reaktionen ermittelt. Mit der kleineren Zahl wird die Auswertung vorgenommen.

(b) Der Stufe i mit der niedrigsten Fallhöhe der beobachteten Reaktion (+ oder −) wird der Wert $i = 0$ zugeordnet. Allen höheren Stufen werden die Werte $I = 1, 2$ usw. zugeordnet.

(c) $N = \sum n_i$ Die Gesamtzahl der Reaktionen (+ oder −) bei der i-ten Stufe.
$A = \sum i \cdot n_i$
$B = \sum i^2 \cdot n_i$

(d) $M = C + D[\frac{A}{N} \pm \frac{1}{2}]$, mit C dem $\log_{10}$ der Stufenhöhe für $i = 0$ und D dem $\log_{10}$-Intervall. Das Pluszeichen wird bei negativen, das Minuszeichen bei positiven Reaktionen verwendet.

(e) Die Standardabweichung (S) von M wird durch folgende Gleichung berechnet:

$$S = 1{,}620D[((NB - A^2)/N^2) + 0{,}029] \,.$$

Die Gültigkeitsbedingung für die Bruceton-Methode, $0{,}5 \leq S/D \leq 2{,}0$, muss erfüllt sein und dokumentiert werden.

Für die Verwendung mit dem BAM-Fallhammer sind nach STANAG 4489 30 Experimente vorgesehen. Wild et al. (2002) haben sich mit der Bruceton-Methode kritisch auseinandergesetzt und beurteilen diese als grundsätzlich ungeeignet für die Bewertung der Empfindlichkeit von Explosivstoffen.

- R. Wild, E. Von Collani, Modelling of Explosives Sensitivity Part 1 The Bruceton Method, *Economic Quality Control* **2002**, *17*, 113–122.
- Explosives, Impact Sensitivity Test, *NATO STANAG 4489*, 1st edn. Military Agency for Standardization (MAS), Brüssel, **1999**.

BTNEU, *N,N*-Bis-(2,2,2,-trinitroethyl)harnstoff
bi-trinitroethylurea

Di-(2,2,2-trinitroethyl)-harnstoff		
Formel		$C_5H_6N_8O_{13}$
CAS		[918-99-0]
m_r	$g\,mol^{-1}$	386,15
ρ	$g\,cm^{-3}$	1,906
$\Delta_f H$	$kJ\,mol^{-1}$	−342,29
$\Delta_{ex}H$	$kJ\,mol^{-1}$	−2377,9
	$kJ\,g^{-1}$	−6,158
	$kJ\,cm^{-3}$	−11,460
$\Delta_c H$	$kJ\,mol^{-1}$	−2482,6
	$kJ\,g^{-1}$	−6,430
	$kJ\,cm^{-3}$	−11,966
Λ	Gew.-%	0
N	Gew.-%	29,02
Smp	°C	185 (Z)

- O. H. Johnson, *Plasticized High Explosive and Solid Propellant Composition*, US3389026, **1968**, USA.

Butacen®-7

butacene

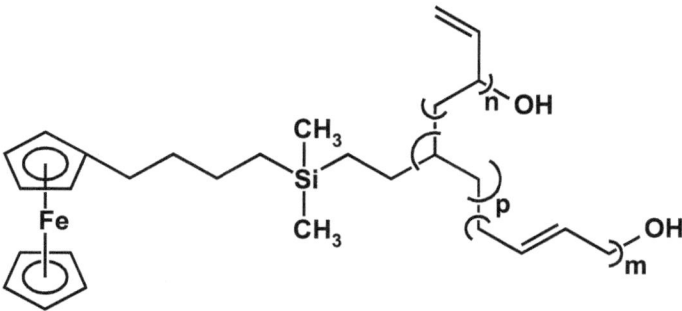

Aspekt		hellgelbe Flüssigkeit
Formel		$(C_{10}Fe_{0.206}H_{14.985}O_{0.093}Si_{0.18})_x$
CAS		[125856-62-4]
m_r	$g\,mol^{-1}$	153,262
ρ	$g\,cm^{-3}$	1,015
$\Delta_f H$	$kJ\,mol^{-1}$	−64
$\Delta_{ex}H$	$kJ\,mol^{-1}$	−6261,6
	$kJ\,g^{-1}$	−40,856
	$kJ\,cm^{-3}$	−41,469
Λ	Gew.-%	−291,94
Fe-Gehalt	Gew.-%	7,05
T_g	°C	−65

Butacen®-7 (wobei die Laufzahl auf den Eisengehalt Bezug nimmt) ist ein migrationsresistenter Abbrandmodifikator mit Ferrocenyl-Gruppe. Er wird durch eine Kopplung von Ferrocen an das HTPB-Präpolymer erhalten. Bedingt durch die aufwändige mehrstufige Synthese ist Butacen allerdings ein sehr teures Material, was seine Verwendungsmöglichkeiten einschränkt.

- B. Finck, J. C. Mondet, Combustion de Propergols Composites Utilisant un Derive Ferrocenique Greffe dans le Liant, *ICT-Jata*, Karlsruhe, **1988**, P-72.

Butantrioltrinitrat, BTTN
1,2,4-butanetriol trinitrate

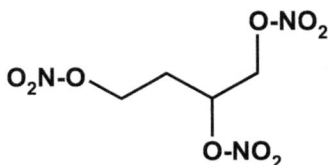

Aspekt		hellgelbe Flüssigkeit
Formel		$C_4H_7N_3O_9$
REACH		LPRS
EINECS		229-697-1
CAS		[6659-60-5]
m_r	$g\,mol^{-1}$	241,114
ρ	$g\,cm^{-3}$	1,52
$\Delta_f H$	$kJ\,mol^{-1}$	−406
$\Delta_{ex} H$	$kJ\,mol^{-1}$	−1345,2
	$kJ\,g^{-1}$	−5,579
	$kJ\,cm^{-3}$	−8,480
$\Delta_c H$	$kJ\,mol^{-1}$	−2168,5
	$kJ\,g^{-1}$	−8,994
	$kJ\,cm^{-3}$	−13,670
Λ	Gew.-%	−16,59
N	Gew.-%	17,43
Smp	°C	−5,8
Sdp	°C	n. a.
Reib-E	N	< 353
Schlag-E	J	1

BTTN wird als energetischer Weichmacher in Festtreibstoffsätzen verwendet. Im 2. Weltkrieg fand BTTN in Deutschland Anwendung als Komponente in „tropenfesten" TLPs.

N-Butyl-N-(2-nitroxyethyl)nitramin, Bu-NENA

N-butyl-N-(2-nitroxyethyl)nitramine

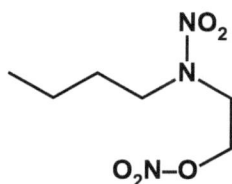

Aspekt		flüssig
Formel		$C_6H_{13}N_3O_5$
REACH		LPRS
EINECS		279-976-7
CAS		[82486-82-6]
m_r	$g\,mol^{-1}$	207,186
ρ	$g\,cm^{-3}$	1,22
$\Delta_f H$	$kJ\,mol^{-1}$	−192
$\Delta_{ex} H$	$kJ\,mol^{-1}$	−985,2
	$kJ\,g^{-1}$	−4,755
	$kJ\,cm^{-3}$	−5,801
$\Delta_c H$	$kJ\,mol^{-1}$	−4027,0
	$kJ\,g^{-1}$	−19,437
	$kJ\,cm^{-3}$	−23,713
Λ	Gew.-%	−104,25
N	Gew.-%	20,28
Smp	°C	−9
Sdp	°C	205 (Z)
Reib-E	N	< 353
Schlag-E	J	1
STANAG		4583

Bu-NENA wurde während des 2. Weltkrieges in den USA erstmalig synthetisiert. Bu-NENA findet Verwendung als energetischer Weichmacher für insensitive TLPs und Feststofftreibsätze mit niedriger Flammentemperatur. Zur Stabilisierung wird Bu-NENA typischerweise eine geringe Menge (0,1 Gew.-%) MNA zugesetzt. Im Abel-Test ergibt sich bei 82,2 °C eine Färbung nach 5 bis 6 Minuten.

BZ, 3-Chinuclidinylbenzilat

1-azabicyclo[2.2.2]octan-3-yl hydroxy(diphenyl)acetate

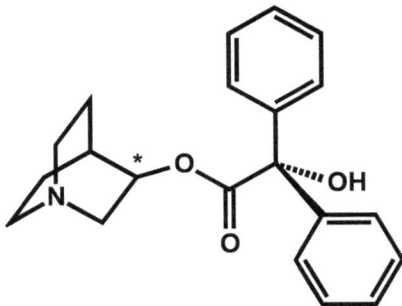

1-Azabicyclo[2.2.2]oct-8*-yl 2-hydroxy-2,2-diphenyl-acetat

Formel		$C_{21}H_{23}NO_3$
CAS		[6581-06-2]
m_r	$g\,mol^{-1}$	337,412
ρ	$g\,cm^{-3}$	1,33
$\Delta_f H$	$kJ\,mol^{-1}$	−400 (geschätzt)
$\Delta_c H$	$kJ\,mol^{-1}$	−11151,0
	$kJ\,g^{-1}$	−33,048
	$kJ\,cm^{-3}$	−43,954
Λ	Gew.-%	−239,46
N	Gew.-%	4,15
Smp	°C	189−190 (Racemat 166−168)
Sdp	°C	322
LCt_{50}	$ppm\,min^{-1}$	200.000
ICt_{50}	$ppm\,min^{-1}$	110

BZ ist ein farb- und geruchloser psychotoxischer Kampfstoff, der hinreichend stabil ist um aus pyrotechnischen Schwelsätzen ausgebracht zu werden.

• S. Franke, *Lehrbuch der Militärchemie Band 1*, Militärverlag der Deutschen Demokratischen Republik, 2. Überarbeitete Auflage, Berlin, **1977**, 214.

C

C4

siehe Composition C4

C6

Mit C6 wurde während des 2. Weltkrieges ein deutscher Ersatzsprengstoff mit nachfolgender Zusammensetzung bezeichnet:
- 50 Gew.-% Methylammoniumnitrat
- 35 Gew.-% Natriumnitrat
- 15 Gew.-% Hexogen
- TMD 1,698 g cm^{-3}.

Caesiumdinitramid

cesium dinitramide, CsDN

Aspekt		gelbes Kristallpulver
Formel		$CsN(NO_2)_2$
CAS		[140456-77-5]
m_r	g mol^{-1}	238,923
ρ	g cm^{-3}	3,05
Smp	°C	87
Sdp	°C	175 (Z)
$\Delta_f H$	kJ mol^{-1}	−273,55
Λ	Gew.-%	+23,44
N	Gew.-%	17,59
Reib-E	N	>360
Schlag-E	J	>20

CsDN besitzt zwar einen niedrigen Schmelzpunkt von T = 87 °C, aber auch die höchste Zersetzungstemperatur aller Alkalidinitramide von T = 218 °C. Bei CsDN tritt der Massenverlust, also die N_2O-Entwicklung, erst bei T > 180 °C ein. Aufgrund der interessanten Eigenschaften von Caesium und seines im Vergleich zum Rubidium moderaten Preises ist eine weitergehende Untersuchung im Hinblick auf praktische Anwendungen angezeigt. Berger hat das System CsDN/Ti eingehend auf seine Eignung als Initialsprengstoff untersucht.

- B. Berger, H. Bircher, M. Studer, M. Wälchli, Alkali Dinitramide Salts. Part 1 Synthesis and Characterization, *Propellants Explos. Pyrotech.* **2005** *30*, 184–190.
- M. D. Cliff, M. W. Smith, Thermal characteristics of alkali metal dinitramide salts, *J. Energ. Mater.* **1999**, *17*, 69–86.

https://doi.org/10.1515/9783110559651-003

Caesiumnitrat
cesium nitrate

Formel		$CsNO_3$
GHS		03
H-Sätze		H272
P-Sätze		P210-P220-P221-P280-P370+P378a-P501a
UN		1451
REACH		LRS
EINECS		232-146-8
CAS		[7789-18-6]
m_r	$g\,mol^{-1}$	194,91
ρ	$g\,cm^{-3}$	3,685
Smp	°C	414
Sdp	°C	584
$T_{p(h \leftrightarrow k)}$	°C	160
Z	°C	584
$\Delta_f H$	$kJ\,mol^{-1}$	−505,97
Λ	Gew.-%	+20,52
N	Gew.-%	7,19

Farbloses, nicht hygroskopisches Pulver. Die thermische Zersetzung von $CsNO_3$ ab 584 °C erfolgt analog der Zersetzung von Kaliumnitrat. $CsNO_3$ wird in infrarotdeckender Nebelmunition eingesetzt. Die Verwendung von $CsNO_3$ basiert dabei auf der Erkenntnis, dass Cs-Verbindungen durch thermische Anregung leicht ionisiert werden können (IE = 3,89 eV) und diese Ionen wiederum sehr gute chemische Kondensationskeime für Luftfeuchtigkeit darstellen. Die leichte thermische Anregbarkeit von Caesium zu Strahlungsübergängen im nahen Infrarot bei λ = 852 nm und 894 nm wird außerdem in *NIR-Leuchtsätzen* genutzt. Die leichte Ionisierbarkeit des Cs wird auch in technischen Anwendungen zur exoatmosphärischen Erzeugung von Elektronen (CsHex) sowie zur Herstellung pyrotechnischer Plasmen für MHD-Anwendungen und Triebwerksdiagnostik verwendet.

CsHEX
- 34 Gew.-% Caesiumnitrat
- 21 Gew.-% Aluminium
- 19 Gew.-% Hexogen
- 26 Gew.-% TNT
- $\Delta_{ex} H$ = 5000 kJ kg^{-1}

Genauso wie $RbNO_3$ liefert auch $CsNO_3$ keine spezifische Flammenfärbung. Es stabilisiert die II- und V-Phase von NH_4NO_3. $CsNO_3$ zerfällt analog zu KNO_3 unter Bildung des Nitrits bzw. Oxids. Copräzipitate von $CsNO_3$ und Caesiumdodecahydroborat finden Anwendung als superschnelle Zündmittel (siehe *Hivelite*).

- E.-C. Koch, Special Materials in Pyrotechnics II. Caesium and Rubidium Compounds in Pyrotechnics, *J. Pyrotech.*, **2002**, *15*, 9–24.
- B. Berger, S. D. Brown, E. L. Charsley, J. J. Rooney, R. P. Claridge, T. T. Griffiths, A Study of the Pyrotechnic Performance of the Silicon-Caesium Nitrate Pyrotechnic System, *IPS-Seminar*, Fort Collin, **2002**, 743–753.

Caesiumperchlorat

caesium/cesium perchlorate

Formel		$CsClO_4$
GHS		03, 07
H-Sätze		H272-H315-H319-H335
P-Sätze		P210-P221-P302+P352-P305+P351+P338-P405-P501a
UN		1481
REACH		LPRS
EINECS		236-643-0
CAS		[13454-84-7]
m_r	g mol^{-1}	232,356
ρ	g cm^{-3}	3,327
$\Delta_f H$	kJ mol^{-1}	−434,72
Λ	Gew.-%	+27,54
Smp	°C	577
$T_{p(rh\leftrightarrow cub)}$	°C	222

$CsClO_4$ ist nichthygroskopisch. Mischungen aus $CsClO_4$/Al werden zur Herstellung pyrotechnischer Plasmen genutzt. Bei der maximalen $T_f(CsClO_4$/Al 75/25$)$ = 3549 °C, ist Caesium zu über 99 % ionisiert. $CsClO_4$ wird als elektronenspendendes Oxidationsmittel in einem pyrotechnischen Blinksignal vorgeschlagen. Es wird beschrieben, dass diese emittierten Elektronen per Radar detektiert werden können. *Berger* beschreibt die thermochemischen Parameter und Spektroskopie von $CsClO_4$/Titan-Mischungen. Bei der Zersetzung von Caesiumperchlorat bildet sich ein eutektisches Gemisch von $CsClO_4$ und CsCl mit einem Schmelzbereich zwischen 400 und 500 °C in welchem die Oxidation von Metallpartikeln erfolgt.

- E.-C. Koch, Special Materials in Pyrotechnics II. Caesium and Rubidium Compounds in Pyrotechnics, *J. Pyrotech.*, **2002**, *15*, 9–24.
- B. Berger, B. Haas, V. Weiser, Y. Plitzko, Temperaturmessungen an Titan/Caesiumperchlorat-Mischungen, *ICT-Jata*, Karlsruhe, **2002**, P-135.

Cartridge Actuated Device, CAD

Im Englischen bezeichnen CADs über eine standardisierte Gaserzeugungspatrone betätigte *Aktuatoren* (siehe dort). Im gleichen Zusammenhang bezeichnet das Akronym PAD *(Propellant Actuated Device)* ebenfalls Aktuatoren.

Calcium
calcium

Aspekt		silberfarben
Formel		Ca
GHS		02
H-Sätze		H261
P-Sätze		P231+P232-P233-P280-P370+P378a-P402+P404-P501a
UN		1401
EINECS		231-179-5
CAS		[7440-70-2]
m_r	$g\,mol^{-1}$	40,078
ρ	$g\,cm^{-3}$	1,55
Smp	°C	839
Sdp	°C	1482
c_p	$J\,g^{-1}\,K^{-1}$	0,632
$\Delta_m H$	$kJ\,mol^{-1}$	8,54
$\Delta_v H$	$kJ\,mol^{-1}$	153,6
c_L	$m\,s^{-1}$	4180
Λ	Gew.-%	−39,92
$\Delta_c H$	$kJ\,mol^{-1}$	−635,1
	$kJ\,g^{-1}$	−15,847
	$kJ\,cm^{-3}$	−24,562

Aufgrund seiner im Vergleich zu Mg geringeren Härte (Mohshärte, Ca: 1,75, Mg: 2,5) kann elementares Ca nicht mit gängigen Techniken zu feinen Pulvern $d < 100\,\mu m$ verarbeitet werden. Daher steht es für pyrotechnische Zwecke meist nur als grobes Granulat zur Verfügung $d \gg 500\,\mu m$. Es rangiert hinsichtlich der Empfindlichkeit gegenüber Luftsauerstoff und Feuchtigkeit etwa zwischen Li und Mg. In Blitzlichtsätzen liefert Ca als Brennstoff die höchsten Lichtintensitäten und spezifischen Lichtstärken.

- S. Lopatin, D. Hart, *Calcium Containing Pyrotechnic Compositions for High Altitudes*, US 3261731, USA, **1966**.

Calciumchromat
calcium chromate

Aspekt	gelbes Kristallpulver
Formel	$Ca[CrO_4]$
GHS	03, 09, 07
H-Sätze	H272-H400-H410-H302
P-Sätze	P210-P220-P221-P280-P301+P312-P501a
UN	3087
REACH	LPRS

EINECS		237-366-8
CAS		[13765-19-01]
m_r	$g\,mol^{-1}$	156,074
ρ	$g\,cm^{-3}$	3,120
Smp	°C	1020 (Z)
c_p	$J\,g^{-1}\,K^{-1}$	0,859
$\Delta_f H$	$kJ\,mol^{-1}$	−1379
Λ	Gew.-%	+15,38

Rogers (1982) berichtete über die Charakteristik von Verzögerungssätzen auf der Basis Bor/CaCrO₄. Ein B/CaCrO₄-Satz wird z. B. als Anzündsatz im elektrischen Anzünder M 796 (*Impuls-Cartridge*) für IR-Scheinziele verwendet. Ellern (1968) gibt kalorische Werte für diverse Calciumchromat-, Zirconium- und Bor-Mischungen an.

- J. W. Rogers Jr., The Characterization and performance of thirteen boron/calcium chromate pyrotechnic blends, *IPS*, Steamboat Springs, **1982**, 556–573.

Calciumdikaliumstyphnat
calcium dipotassium styphnate

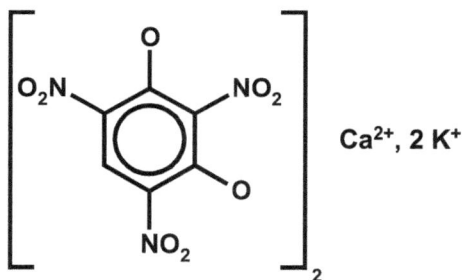

Calciumdikaliumtricinat		
Formel		$C_{12}H_2N_6O_{16}CaK_2$
CAS		[942278-90-2]
m_r	$g\,mol^{-1}$	604,44972
$\Delta_f H$	$kJ\,mol^{-1}$	−2300 (geschätzt)
$\Delta_c H$	$kJ\,mol^{-1}$	−3692,5
	$kJ\,g^{-1}$	−6,109
Λ	Gew.-%	−29,12
N	Gew.-%	13,90
Z	°C	345
Reib-E	N	9
Schlag-E	J	3

Calciumdikaliumstyphnat wird als bleifreier Initialsprengstoff in Anzündsätzen verwendet.

- U. Bley, R. Hagel, A. Hoschenko, P. S: Lechner, *Salze der Styphninsäure*, EP1966120B1, **2012**, Deutschland

Calciumiodat-Monohydrat

calcium iodate monohydrate

Aspekt		cremeweißes Pulver	
Formel		$Ca(IO_3)_2 \cdot H_2O$	
GHS		03, 07	
H-Sätze		H-272-H315-H319-H335	
P-Sätze		P221-P210-P305+P351+P338-P302+P352-P405-P501a	
UN		1479	
REACH		LRS	
EINECS			232-191-3
		Monohydrat	wasserfrei
CAS		[10031-32-0]	[7789-80-2]
m_r	$g\,mol^{-1}$	407,902	389,89
ρ	$g\,cm^{-3}$	4,25	4,59 (wasserfrei)
$\Delta_f H$	$kJ\,mol^{-1}$	−1293,32	1002,49
Λ	Gew.-%	+23,53	+24,62
Z	°C	195 (−H_2O)	550

Calciumiodat-Monohydrat wurde früher als Komponente in anorganischen Rauchsätzen vorgeschlagen. Heutzutage wird es für pyrotechnische Sätze zur Erzeugung von Iod für ADW-Zwecke untersucht. Die thermische Zersetzung ab 550 °C verläuft unter Disproportionierung zu $Ca_5(IO_6)_2$ und I_2.

- G. U. Graff, *Pyrotechnic composition for producing pink smoke*, US-Patent 2091977, **1970**, USA.
- S. Wang X. Liu, M. Schoenitz, E. L. Dreizin, Nanocomposite Thermites with Calcium Iodate Oxidizer, *Propellants Explos. Pyrotech.* **2017**, *42*, 284–292.

Calciumnitrat

calcium nitrate

Kalksalpeter, Mauersalpeter, Nitrocalcit

Formel	$Ca(NO_3)_2$
GHS	03, 07
H-Sätze	H-272-H315-H319-H335
P-Sätze	P210-P221-P302+P352-P305+P351+P338-P405-P501a
UN	1454
REACH	LRS
EINECS	233-332-1
CAS	[10124-37-5]

m_r	$g\,mol^{-1}$	164,10
ρ	$g\,cm^{-3}$	2,504
Smp	°C	563 (Z)
$\Delta_m H$	$kJ\,mol^{-1}$	21
c_p	$J\,g^{-1}\,K^{-1}$	0,911
$\Delta_f H$	$kJ\,mol^{-1}$	−938,22
Λ	Gew.-%	+48,75
N	Gew.-%	17,07

Farbloses Kristallpulver, das an Luft sehr rasch Hydrate wie z. B. $Ca(NO_3)_2 \cdot 4\,H_2O$, [13477-34-4] (Smp 39,7 °C, Z 132 °C, ρ 1,890 $g\,cm^{-3}$) und $Ca(NO_3)_2 \cdot x\,H_2O$, [35054-52-5] bildet. Calciumnitrat wurde als Komponente in Sprengkapseln vorgeschlagen. Obgleich Calciumnitrat aufgrund seiner hohen Hygroskopizität schwierig in der Verarbeitung ist, verdienen der hohe verfügbare Sauerstoffgehalt sowie die geringe Molmasse besonderes Interesse. Ettarh und Galwey (1996) haben das thermochemische Verhalten von Calciumnitrat gründlich untersucht und gefunden, dass der Zerfall durch zwei parallel verlaufende Reaktionen wesentlich bestimmt wird:

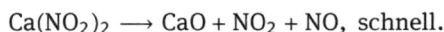

$$Ca(NO_3)_2 \longrightarrow Ca(NO_2)_2 + O_2, \text{ langsam,}$$

$$Ca(NO_2)_2 \longrightarrow CaO + NO_2 + NO, \text{ schnell.}$$

- C. Ettarh, A. K. Galwey, A kinetic and mechanistic study of the thermal decomposition of calcium nitrate, *Thermochimica Acta* **1996**, *288*, 203–219.

Calciumoxalat-Hydrat
calcium oxalate hydrate

Aspekt		weißes bis cremefarbenes feines Pulver
Formel		$CaC_2O_4 \cdot H_2O$
GHS		07
H-Sätze		H302-H312
P-Sätze		P280-P301+P312-P302+P352-P312-P322-P501a
UN		3288
EINECS		209-260-1
CAS		[14488-96-1]
m_r	$g\,mol^{-1}$	146,12
ρ	$g\,cm^{-3}$	2,2
$\Delta_f H$	$kJ\,mol^{-1}$	−1675
c_p	$J\,K^{-1}\,mol^{-1}$	153
Λ	Gew.-%	−10,95
Z	°C	125 (−H_2O)
Z	°C	420 ($CaCO_3$-Bildung)
Z	°C	660 (CaO-Bildung)

Calciumoxalat-Hydrat wird als Abbrandmoderator und endothermer Zusatz in Licht-spursätzen verwendet.

Calciumperchlorat
calcium perchlorate

Formel		Ca(ClO$_4$)$_2$
GHS		03, 07
H-Sätze		H272-H315-H319-H335
P-Sätze		P-221-P210-P305+P351+P338-P302+P352-P405-P501a
UN		1455
REACH		LPRS
EINECS		236-768-0
CAS		[13477-36-6]
m_r	g mol^{-1}	238,98
ρ	g cm^{-3}	2,651
Smp	°C	270 (Z)
$\Delta_f H$	kJ mol^{-1}	−736,76
Λ	Gew.-%	+53,56
c_p	J K^{-1} mol^{-1}	233

Durch sukzessive Wasseraufnahme bilden sich aus Calciumperchlorat das Tetrahy-drat, Ca(ClO$_4$)$_2$ · 4 H$_2$O, [15627-86-8], $\Delta_f H$ −1949 kJ mol^{-1}, ρ = 2,10 g cm^{-3} und das Hexahydrat, Ca(ClO$_4$)$_2$ · 6 H$_2$O, [20624-28-6], $\Delta_f H$ ~ −2600 kJ mol^{-1}, ρ = 1,97 g cm^{-3}. Blitzlichtmischungen von Calciumperchlorat mit Al sind hinsichtlich der Lichtaus-beute (cd s g^{-1}) unübertroffen. Wasmann (1975) untersuchte Calciumperchlorat als Oxidator in kunststoffgebundenen Blinksätzen.

- E. Hennings, H. Schmidt, W. Voigt, Crystal structures of Ca(ClO$_4$)$_2$4 H$_2$O and Ca(ClO$_4$)$_2$6 H$_2$O, *Acta Cryst.* **2014**, *E70*, 489–493.
- F. W. Wasmann, Pulsierend abbrennende pyrotechnische Systeme, *ICT Jahrestagung*, Karlsruhe, **1975**, 239–250.
- S. Lopatin, Sea-Level and High Altitude Performance of Experimental Photoflash Compositions, *Technical Report FRL-TR-29*, Picatinny Arsenal, October **1961**, USA.

Calciumperoxid

calcium peroxide

Formel		CaO$_2$
GHS		03, 05
H-Sätze		H314-H272
P-Sätze		P301+P330+P331-P280-P305+P351+P338-P310-P210
UN		1457
REACH		LPRS
EINECS		215-139-4
CAS		[1305-79-9]
m_r	g mol^{-1}	72,08
ρ	g cm^{-3}	3,23
Smp	°C	275 (Z)
$\Delta_f H$	kJ mol^{-1}	−652,70
Λ	Gew.-%	+22,2
c_p	J K^{-1} mol^{-1}	82,8

Calciumperoxid ist eine mäßig hygroskopische Substanz, die an feuchter Luft langsam das Octahydrat, CAS-Nr. [60762-59-6], bildet.

Calciumphosphat

calcium phosphate

Aspekt		weißes bis cremefarbenes feines Pulver
Formel		Ca$_3$(PO$_4$)$_2$
GHS		07
H-Sätze		H315-H319-H335
P-Sätze		P261-P305+P351+P338-P302+P352-P321-P405-P501a
REACH		LRS
EINECS		231-840-8
CAS		[7758-87-4]
m_r	g mol^{-1}	310,18
ρ	g cm^{-3}	3,14
$\Delta_f H$	kJ mol^{-1}	−4120
c_p	J K^{-1} mol^{-1}	230
Λ	Gew.-%	0
Smp	°C	1800 (Z)

Calciumphosphat wird als Trennmittel in verschiedenen Salzen eingesetzt. Da Calciumphosphat bei der Reduktion mit z. B. Aluminium das hydrolyseempfindliche Calciumphosphid bildet, wurden diese Mischungen früher zur PH$_3$-Erzeugung in Wühlmauspatronen eingesetzt.

Calciumresinat

abietic acid calcim salt

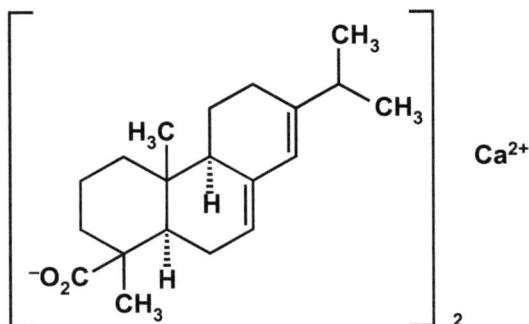

Abietinsäure Calciumsalz

Aspekt		orange Kristalle mit muscheligem Bruch
Formel		$C_{40}CaH_{58}O_4$
REACH		LPRS
EINECS		236-677-6
CAS		[13463-98-4]
m_r	$g\,mol^{-1}$	642,986
ρ	$g\,cm^{-3}$	0,962
$\Delta_f H$	$kJ\,mol^{-1}$	−1800 (geschätzt)
$\Delta_c H$	$kJ\,mol^{-1}$	−22.864,1
	$kJ\,g^{-1}$	−35,561
	$kJ\,cm^{-3}$	−34,210
Λ	Gew.-%	−107,00
Z	°C	220
E_a	$kJ\,mol^{-1}$	50

Calciumresinat wird als Bindemittel in pyrotechnischen Anzünd- und L-Spur-Sätzen verwendet und wurde früher auch bei manchen Verstärkersprengstoffen verwendet.

- A. Korczyński, H. Proga, Parametry kinetyczne termolizy abietynianońow metali grupy II A, *Prezm. Chem.* **1996**, *75*, 141–142.

Calciumsilicid
calcium silicide

Aspekt		grauschwarzes Pulver mit Metallglanz
Formel		$CaSi_2$
GHS		02
H-Sätze		H261
P-Sätze		P231+P232-P280-P233-P370+P378a-P402+P404-P501a
UN		1405
REACH		LPRS
EINECS		234-588-7
CAS		[12013-56-8]
m_r	$g\,mol^{-1}$	96,249
ρ	$g\,cm^{-3}$	2,50
Smp	°C	990
$\Delta_f H$	$kJ\,mol^{-1}$	−151,04
$\Delta_c H$	$kJ\,mol^{-1}$	−2305,4
	$kJ\,g^{-1}$	−23,952
	$kJ\,cm^{-3}$	−59,880
Λ	Gew.-%	−83,11
Z	°C	720

$CaSi_2$ ist in kaltem Wasser unlöslich, reagiert aber mit heißem Wasser und verdünnten Säuren unter Freisetzung von niedermolekularen und potentiell selbstentzündlichen Silanen. Aufgrund der geringen Flüchtigkeit und hohen Exothermizität der Oxidationsprodukte Calciumsilicat, $CaSiO_3$ (Smp = 1544 °C, $\Delta_f H$ = −1634 kJ mol^{-1}) und Siliciumdioxid (Smp = 1705 °C, $\Delta_f H$ = −908 kJ mol^{-1}) wird $CaSi_2$ in gasarmen zusammengesetzten Heizsätzen verwendet. Auch findet $CaSi_2$ aufgrund der hohen Bildungswärme und Hygroskopizität seiner Chloride ($CaCl_2$, $SiCl_4$) Anwendung als Reduktionsmittel in Nebelsätzen auf Basis von Organochlorverbindungen. $CaSi_2$ hat auch als zusätzlicher Brennstoff in Blast-verstärkten Sprengstoffmischungen Eingang gefunden.

- T. Urbanski, *Chemie und Technologie der Explosivstoffe, Band III*, VEB Deutscher Verlag für Grundstoffindustrie, Leipzig, **1964**, 231.

Calciumstearat
calcium stearate

Steatit		
Formel		$C_{36}CaH_{70}O_4$
REACH		LPRS
EINECS		216-472-8
CAS		[1592-23-0]
m_r	$g\,mol^{-1}$	607,029
ρ	$g\,cm^{-3}$	1,03

$\Delta_f H$	kJ mol^{-1}	−2772
$\Delta_c H$	kJ mol^{-1}	−22.033,7
	kJ g^{-1}	−36,298
	kJ cm^{-3}	−37,387
Λ	Gew.-%	−274,11
Smp	°C	160

Calciumstearat findet Anwendung als Phlegmatisierungsmittel in Sprengstoffmischungen und pyrotechnischen Sätzen.

Calciumsulfat-Hemihydrat
Plaster of Paris

Alabastergips		
Formel		$CaSO_4 \cdot 0,5\,H_2O$
REACH		LPRS
EINECS		607-950-0
CAS		[26499-65-0]
m_r	g mol^{-1}	145,15
ρ	g cm^{-3}	2,70
$\Delta_f H$	kJ mol^{-1}	−1576
c_p	J K^{-1} mol^{-1}	120
Λ	Gew.-%	11,02
Z	°C	200 (−H$_2$O)

Calciumsulfat-Hemihydrat wurde bereits von Berger 1920 als mildes Oxidationsmittel für roten Phosphor, (P$_R$) vorgeschlagen. P$_R$/CaSO$_4$-Mischungen waren über viele Jahrzehnte Hauptbestandteil der sogenannten Seemarkierer (*marine location marker bzw. float smoke and flame*) in Großbritannien und den USA. Es diente auch im Zuge der Verknappung der Nitrate in Deutschland im 2. Weltkrieg als alternatives, wasserbasiertes Oxidationsmittel in Leuchtsätzen zusammen mit Magnalium. Calciumsulfat-Hemihydrat wird als Oxidationsmittel in Feuerwerkssätzen, Nanothermiten und zusammen mit Aluminium in Minenräumfackeln (*DRAGON pyrotorch*) verwendet. Bei Kontakt mit Wasser bildet Calciumsulfat-Hemihydrat in exothermer Reaktion Calciumsulfat-Dihydrat.

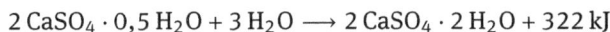

$$2\,CaSO_4 \cdot 0,5\,H_2O + 3\,H_2O \longrightarrow 2\,CaSO_4 \cdot 2\,H_2O + 322\,kJ$$

CAS		[10101-41-4]
m_r	g mol^{-1}	172,17
ρ	g cm^{-3}	2,32
$\Delta_f H$	kJ mol^{-1}	−2022
c_p	J K^{-1} mol^{-1}	186
Λ	Gew.-%	9,29
Z	°C	128 (−1,5 H$_2$O)

- E.-E.-F. Berger, Sur quelques réactions amorcées, Comptes Rendus Hebdomadaires des Séances de L'Academie des Sciences, **1920**, *170*, 1492–1494.
- N. Mosses, Smoke Compositions Based on Phosphorus, *Technical Note ARM.617*, Royal Aircraft Establishment, Farnborough, UK, März **1958**, 33 S.
- A. Craib, *The Development of a Pyrotechnic Torch for Mine Destruction and Capable of Local Manufacture*, Disarmco Ltd & Cranfield University, verfügbar unter http://www.gichd.org/fileadmin/pdf/LIMA/PyrotorchDRAGON_public.pdf
- M. Comet, G. Vidick, F. Schnell, Y. Suma, B. Baps, D. Spitzer, Nanothermite auf Sulfat-Basis ein weites Feld metastabiler Kompositmaterialien. *Angew. Chem.* **2015**, *127*, 4538–4543

Calciumtetrachlorophthalat
calcium tetrachlorophthalate

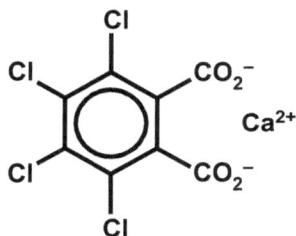

Formel		$C_8Cl_4O_4Ca$
CAS		[97508-22-0]
m_r	$g\,mol^{-1}$	341,99
$\Delta_f H$	$kJ\,mol^{-1}$	−1400 (geschätzt)
$\Delta_c H$	$kJ\,mol^{-1}$	−2543
	$kJ\,g^{-1}$	−7,436
Λ	Gew.-%	−56,14

Die Erdalkaliderivate (Ca, Sr, Ba) der Tetrachlorphthalsäure wurden 1945 erstmalig von Kränzlein et al. als Zusätze in Leuchtsätzen hoher Intensität vorgeschlagen. Die Idee beruhte dabei auf der Erkenntnis, dass die für die Flammenfärbung benötigten Erdalkalimonochloride (SrCl, BaCl) durch den thermischen Zerfall dieser Salze in situ bereitgestellt werden. Das Calciumsalz wurde dann ab 1978 wieder als Chlordonator in Leuchtsätzen (Schmied) sowie Leuchtspursätzen (Schmied 1985) zusammen mit Strontium- und Bariumnitrat vorgeschlagen.

- G. Kränzlein, H. Rathsburg, E. Diefenbach, *Farbige Leuchtsätze hoher Intensität*, DE 750642, **1945**, Deutschland.
- I. Schmied, G. Marondel, *Leuchtsatz hoher spezifischer Leistung*, DE 2550114, **1978**, Deutschland.
- I. Schmied, G. Marondel, H. Gawlick, *Farbiger Leuchtspursatz für kleine Kalibermunition*, DE 2415847, **1985**, Deutschland.

Campher

camphor

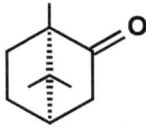

1,7,7-Trimethylbicyclo[2.2.1]heptan-2-on		
Formel		$C_{10}H_{16}O$
GHS		02, 07
H-Sätze		H228-H315-H319
P-Sätze		P210-P280g-P305+P351+P338
UN		2717
REACH		LRS
EINECS		200-945-0
CAS		[76-22-2]
m_r	$g\,mol^{-1}$	152,236
ρ	$g\,cm^{-3}$	0,962
$\Delta_f H$	$kJ\,mol^{-1}$	−319
$\Delta_c H$	$kJ\,mol^{-1}$	−5902,8
	$kJ\,g^{-1}$	−38,775
	$kJ\,cm^{-3}$	−37,301
Λ	Gew.-%	−283,76
Smp	°C	179,5
Sdp	°C	205
$\Delta_m H$	$kJ\,mol^{-1}$	6,8
$\Delta_v H$	$kJ\,mol^{-1}$	54,4

Campher wird als Gelatinierungsmittel für Nitrocellulose verwendet.

Cap-Sensitivity-Test

Der Cap-Sensitivity-Test ist ein *UN-Prüfserie-5*-Verfahren und dient der Ermittlung der Empfindlichkeit eines Explosivstoffs gegenüber starken mechanischen Stimuli. Dazu wird eine zylindrische Ladung des zu untersuchenden Explosivstoffs (⌀ = 86 mm, l = 162 mm) in einem Pappzylinder mit einer konzentrisch eingesetzten Sprengkapsel belastet.

- *Recommendations on the Transport of Dangerous Goods – Manual of Tests and Criteria* – 5th rev. edn. United Nations, **2009**, 130–133.

Capsaicin, OC

8-methyl-N-vanillyl-6-noneneamide

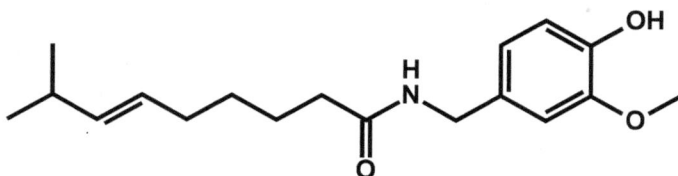

(E)-*N*-(4-Hydroxy-3-methoxybenzyl)-8-methyl-6-nonensäureamid

Formel		$C_{18}H_{27}NO_3$
GHS		06, 08, 05
H-Sätze		H301-H315-H317-H318-H334-H335
P-Sätze		P261-P280-P280-P284-P301+P330+P331+P310-P305+P351+P338+P310
UN-Nummer		1544
EINECS		206-969-8
CAS		[404-86-4]
m_r	$g\,mol^{-1}$	305,412
ρ	$g\,cm^{-3}$	1,188
Smp	°C	62–65
Sdp	°C	210–220
Fp	°C	113
P_{vap}	Pa	$2 \cdot 10^{-6}$
Λ	Gew.-%	−243,60
N	Gew.-%	4,59
LCt_{50}	ppm	
ICt_{50}	$ppm\,min^{-1}$	

OC (lat.: *oleresin capsicum*) gehört zu den Algogenen. Es übt starke Reizwirkung auf Atemwege, Mundschleimhäute und die Haut aus und wird in frei verkäuflichen und polizeilichen Reizstoffdispensern als verdünnte Lösung in Schlittensubstanzen wie z. B. DMSO verwendet.

Catocen

2,2-bis(ethylferrocenyl)propane

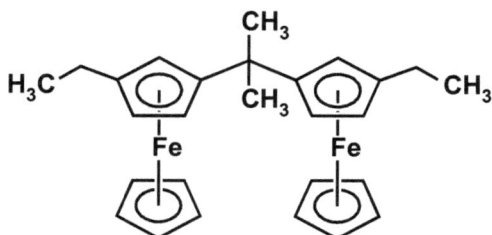

PLUTORAC EFP		
Aspekt		orangegelbe Flüssigkeit
Formel		$C_{27}H_{32}Fe_2$
REACH		LPRS
EINECS		310-202-3
CAS		[37206-42-1]
m_r	$g\,mol^{-1}$	468,245
ρ	$g\,cm^{-3}$	1,27
$\Delta_f H$	$kJ\,mol^{-1}$	225
$\Delta_c H$	$kJ\,mol^{-1}$	−16.247,6
	$kJ\,g^{-1}$	−34,699
	$kJ\,cm^{-3}$	−44,068
Λ	Gew.-%	−246,02
Fe-Gehalt	Gew.-%	23,88

Catocen ist ein Abbrandmoderator für ammoniumperchlorathaltige Composite-Treibstoffe. Trotz seiner sperrigen Alkylreste zeigt Catocen eine ausgeprägte Migration bei Wärmebelastung.

- M. Talbot, T. T. Foster, *Dicyclopentadienyl iron compounds*, US3673232, **1972**, USA.
- K. Menke, P. Gerber, E. Geissler, G. Bunte, H. Kentgens, R. Schoffl, Ferrocene migration and mechanical stresses for an end burning propellant grain, *ICT-Jata*, Karlsruhe, **1999**, V-28.

Celluloseacetatbutyrat, CAB
cellulose acetate butyrate

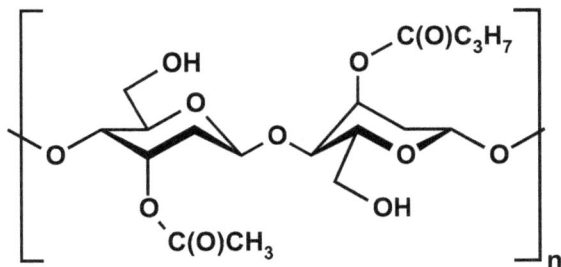

Formel		$C_{15}H_{22}O_8$
REACH		LPRS
EINECS		618-381-2
CAS		[9004-36-8]
m_r	$g\,mol^{-1}$	330,35
ρ	$g\,cm^{-3}$	1,27
$\Delta_f H$	$kJ\,mol^{-1}$	−1629
$\Delta_c H$	$kJ\,mol^{-1}$	−7417,9

	kJ g^{-1}	−22,456
	kJ cm^{-3}	−28,519
Λ	Gew.-%	−159,83

CAB ist ein nichtenergetischer Weichmacher, insbesondere für unempfindliche TLP.

Celluloseacetatnitrat, CAN

nitrocellulose acetate nitrate

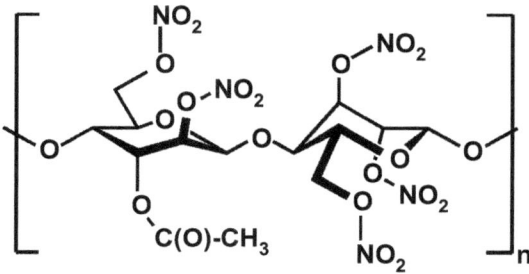

Formel		C$_{12}$H$_{15,0006}$N$_{2,9994}$O$_{14,9987}$
Aspekt		farblose Flocken
CAS		[9032-48-8]
m_r	g mol^{-1}	441,2225
Λ	Gew.-%	−59,84
N	Gew.-%	9,52
$\Delta_f H$	kJ mol^{-1}	−715
ρ	g cm^{-3}	1,4825
$\Delta_c H$	kJ mol^{-1}	−6151,1
	kJ g^{-1}	−13,941
	kJ cm^{-3}	−20,667
Smp	°C	230 (Deflagration)
Schlag-E	J	3,4

CAN ist ein neuartiger energetischer Weichmacher für Treibladungspulver.

- T. G. Manning, J. Wyckoff, E. Rozumov, J. Laquidara, V. Panchal, C. Knott, C. Michienzi, G. Johnston, B. Vaughan, S. Velarde, Scale – Up of the Insensitive Energetic Binder, Cellulose Acetate Nitrate (CAN), *2012 Insensitive Munitions & Energetic Materials Technology Symposium*, Las Vegas, Nevada, **2012**.
- J. Kimura, T. Shimidzu, J. Maruyama, H. Hayashi, New LO VA Propellants Based on A Desensitized Nitrocellulose Cellulose Acetate Nitrate (CAN), *ADPA Meeting 655*, San Diego, **1996**.

Centralit I, Carbamite, Ethylcentralit

1,3-diethyl-1,3-diphenylurea

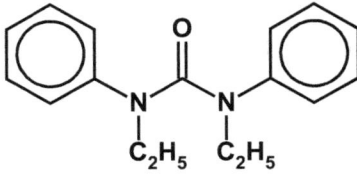

EC		
Formel		$C_{17}H_{20}N_2O$
REACH		LRS
EINECS		201-654-2
CAS		[85-98-3]
m_r	$g\,mol^{-1}$	268,359
ρ	$g\,cm^{-3}$	1,14
$\Delta_f H$	$kJ\,mol^{-1}$	−105
$\Delta_c H$	$kJ\,mol^{-1}$	−9443,1
	$kJ\,g^{-1}$	−35,189
	$kJ\,cm^{-3}$	−40,116
Λ	Gew.-%	−256,36
N	Gew.-%	10,44
Smp	°C	79
Sdp	°C	326,5

Centralit I ist ein Stabilisator für Nitrocellulose.

Centralit II

1,3-dimethyl-1,3-diphenylurea

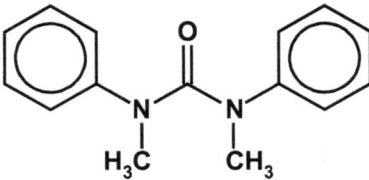

Formel		$C_{15}H_{16}N_2O$
REACH		LRS
EINECS		210-283-4
CAS		[611-92-7]
m_r	$g\,mol^{-1}$	240,305
$\Delta_f H$	$kJ\,mol^{-1}$	-73.22
$\Delta_c H$	$kJ\,mol^{-1}$	−8116,2

	kJ g^{-1}	−33,775
Smp	°C	122
Sdp	°C	350
Λ	Gew.-%	−246,34
N	Gew.-%	11,66

Centralit III

1-ethyl-3-methyl-1,3-diphenylurea

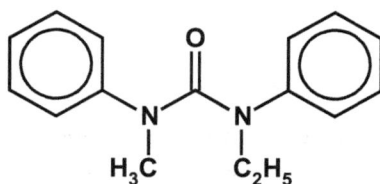

Formel		C$_{16}$H$_{18}$N$_2$O
REACH		LPRS
EINECS		224-747-9
CAS		[4474-03-7]
m_r	g mol^{-1}	254,332
$\Delta_f H$	kJ mol^{-1}	−127
$\Delta_c H$	kJ mol^{-1}	−8741,8
	kJ g^{-1}	−34,372
Λ	Gew.-%	−251,63
N	Gew.-%	11,01
Smp	°C	74

Centralit IV

N,N'-diethyl-N-phenyl-N'-o-tolylurea

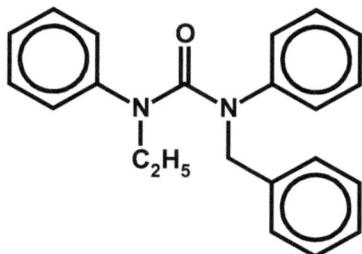

Formel		$C_{18}H_{22}N_2O$
m_r	$g\,mol^{-1}$	283,388
$\Delta_f H$	$kJ\,mol^{-1}$	−140
$\Delta_c H$	$kJ\,mol^{-1}$	−10230,4
	$kJ\,g^{-1}$	−36,10
Λ	Gew.-%	−262,53
N	Gew.-%	9,89

- T. Bausinger, A. Schwendner, Umweltrelevanz pulvertypischer Verbindungen auf Rüstungsaltstandorten, *altlasten spektrum*, **2018**, *27(6)* 213–218.

CERV

CERV ist ein thermochemischer Code, der von J. J. Gottlieb (2000) an der University of Toronto entwickelt wurde. Der CERV-Code unterscheidet sich von anderen Codes, indem er die Gibbs-Energie über Reaktionsvariablen anstelle über Zusammensetzungsvariable wie Molzahlen minimiert (wie beispielsweise bei NASA oder ICT). Im Gegensatz zu ICT und NASA ist der CERV-Code auch bei der Behandlung von Systemen mit hohem Anteil kondensierter Produkte robust und liefert realistische Ergebnisse.

- E.-C. Koch, R. Webb, V. Weiser, Review of Thermochemical Codes, *O-138*, NATO-Munitions Safety Information Analysis Center, (MSIAC) Brussels, September **2010**, 35 S.
- J. J. Gottlieb, *Study of Internal Ballistics of A Closed Vessel*, Institute for Aerospace Studies, University of Toronto, Juni **2000**, 726 S.

CH-6, SSM R 8010

CH-6 ist eine häufig in Zündverstärkern verwendete Sprengstoffmischung folgender Zusammensetzung (Tab. C.1)

Tab. C.1: Eigenschaften von CH-6.

Parameter	CH-6
V_D ($m\,s^{-1}$)	8091
P_{CJ} (GPa)	27,8
ρ ($g\,cm^{-3}$)	1,67
c_p ($J\,g^{-1}\,K^{-1}$)	1,182
Z (°C)	190
E_a ($kJ\,mol^{-1}$)	172
No-Go-BICT-SSWGT (GPa)	1,25
Schlag-E NOL (J)	6,6

- 97,5 Gew.-% Hexogen
- 1,5 Gew.-% Calciumstearat
- 0,5 Gew.-% Graphit
- 0,5 Gew.-% Polyisobutylen

• MIL-C-21723 B, Military Specification Composition CH-6

Chapman, David-Leonard (1869–1958)

Chapman war ein englischer Physiker der zusammen mit Jouguet eine Theorie zur Beschreibung von Gasdetonationen (siehe *Detonation*) entwickelte.

CHEETAH

CHEETAH ist ein thermochemisch-kinetischer Code für die Berechnung der Deflagration von Treibmitteln und Pyrotechnika sowie der Detonation von Explosivstoffen. Versionen nach 2.0 sind nur noch für durch das US-Department of Defense (DOD) autorisierte Nutzer zugänglich. Letztere müssen im Sinne einer Quidproquo-Regelung alle durchgeführten Rechnungen von CHEETAH und etwaige durchgeführte Modifikationen der Software eingehend dokumentieren und darüber an das DOD berichten. Sućeska (2018) hat veröffentlichte Cheetah-7.0-Ergebnisse mit experimentellen Daten und Ergebnissen aus EXPLO-5.0-Rechnungen verglichen.

• L. E. Fried, W. M. Howard, P. C. Souers, *Cheetah 2.0 User's Manual, UCRL-MA-11541 Rev. 5*, Lawrence Livermore National Laboratory, August 20, **1998**, USA.
• M. Sućeska, EXPLO 5, Theoretical background and capabilities, *14th WPC*, Kaiserslautern, 25. Juni **2018**.

Chemische Kampfstoffe

Chemische Kampfstoffe sind Reinstoffe und Stoffgemische, mit tödlicher, kampfunfähig machender und schädigender Wirkung auf Menschen, Tiere und Pflanzen.

Von 197 Staaten weltweit haben 194 Staaten das internationale Chemiewaffenübereinkommen CWÜ (engl.: *Chemical Weapons Convention*) seit 1993 unterzeichnet und ratifiziert bzw. sind diesem Übereinkommen bis 2018 beigetreten. Danach verpflichten sich diese Staaten, chemische Kampfstoffe nicht in militärischen Konflikten einzusetzen, keine chemischen Kapfstoffe herzustellen oder zu lagern sowie gelagerte Bestände bzw. Altmunition zu vernichten. Ägypten und Nordkorea sind dem Abkommen bislang nicht beigetreten. Israel hat das Abkommen 1993 unterzeichnet aber bislang nicht ratifiziert.

Chemische Kampfstoffe können nach ihrer Wirkung in drei Gruppen eingeteilt werden. Es sind dies

– tödliche Kampfstoffe,
– kampfunfähigmachende Kampfstoffe sowie
– Umweltkampfstoffe.

Zu den tödlichen Kampfstoffen zählen Blutkampfstoffe, Hautkampfstoffe, Lungenkampfstoffe und Nervenkampfstoffe. Die kampfunfähig machenden Kampfstoffe werden unterteilt in Lacrymogene, Psychokampfstoffe und Nesselstoffe (Algogene). Die Umweltkampfstoffe schließlich können unterteilt werden in Entlaubungsmittel (Herbizide) und wetterbeeinflussende Stoffe.

- https://www.opcw.org/news/article/south-sudan-to-join-chemical-weapons-convention/
- S. Franke, *Lehrbuch der Militärchemie, Band I+II*, 2. Auflage, Militärverlag der Deutschen Demokratischen Republik, Leipzig **1976**, 512 + 615 S.
- P. L. Abercrombie, Physical Property Data Review of Selected Chemical Agents and Related Compounds: Updating Field manual 3-9 (FM 3-9), *ECBC-TR-294*, Aberdeen Proving Ground, Aberdeen, MD, USA, September **2003**, 120.

Chloracetophenon, CN

2-chloro-acetophenone

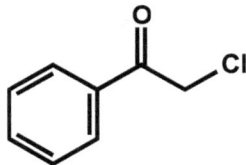

ω-Chloracetophenon, CAP, O-Salz		
Aspekt		farblos, technische Qualitäten erscheinen grau
Formel		C_8H_7ClO
EINECS		208-531-1
CAS		[532-27-4]
m_r	$g\,mol^{-1}$	154,59
ρ	$g\,cm^{-3}$	1,324
Smp	°C	58
Sdp	°C	245
Fp	°C	88
P_{vap}	Pa	1,733 @ 20 °C
$\Delta_{sub}H$	$kJ\,mol^{-1}$	90,7
Λ	Gew.-%	−186,29
LCt_{50}	ppm	> 10.000
ICt_{50}	$ppm\,min^{-1}$	80

Der Augenreizstoff CN ist gut hydrolysebeständig und wird daher auch in der Umwelt nur langsam abgebaut. CN ist thermisch beständig und wird daher in Reizstoffpatronen verwendet und kann aber auch detonativ ausgebracht werden.

- S. Franke, *Lehrbuch der Militärchemie, Band 1*, Militärverlag der Deutschen Demokratischen Republik, 2. Auflage, Leipzig, **1977**, 148–151.

Chloratsprengstoffe
chlorate explosives

Der erste Chloratsprengstoff war das von Berthollet 1786 hergestellte "weiße Schießpulver", welches sich vom damals herkömmlichen Schwarzpulver durch seine zertrümmernde Wirkung unterschied und daher für den Einsatz in Waffen ungeeignet war. Auf den Beobachtungen von Berthollet aufbauend wurden im 19. Jhd. und bis in die Mitte des 20. Jhd. viele unterschiedliche Chloratsprengstoffe entwickelt und verwendet. Diese enthielten ein Alkalichlorat ($NaClO_3$ bzw. $KClO_3$) und meist eine flüssige oder pastöse organische Verbindung aus der Gruppe der Paraffine oder Nitroaromaten. Während des 2. Weltkrieges wurden die Chloratsprengstoffe in Munitionen mit geringer oder keiner Abschussbelastung verwendet (z. B. Tiefenladungen). Die hohe mechanische Empfindlichkeit chlorathaltiger Mischungen schließt eine Verwendung z. B. in Artilleriemunition völlig aus. Aufgrund der hohen Empfindlichkeit und auch aufgrund der Unverträglichkeit mit Ammoniumverbindungen (Bildung von thermisch und mechanisch sehr empfindlichem Ammoniumchlorat) werden Chloratsprengstoffe heutzutage nicht mehr verwendet.

Chlorbenzylidenmalondinitril, CS
o-chlorobenzylidene malononitrile, tear gas

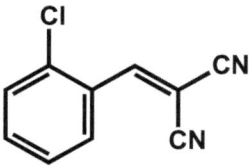

o-Chlorbenzalmalodinitril, CS, OCBM		
Aspekt		farblose Kristalle
Formel		$C_{10}H_5ClN_2$
EINECS		220-278-9
CAS		[2698-41-1]
m_r	g mol^{-1}	188,61
ρ	g cm^{-3}	1,41

$\Delta_f H$	kJ mol^{-1}	350
$\Delta_c H$	kJ mol^{-1}	$-5142{,}7$
	kJ g^{-1}	$-27{,}121$
	kJ cm^{-3}	$-38{,}240$
Smp	°C	96
Sdp	°C	315
P_{vap}	Pa	0,45 @ 20 °C
Λ	Gew.-%	$-186{,}62$
N	Gew.-%	14,85
LCt$_{50}$	ppm min^{-1}	10.000
ICt$_{50}$	ppm min^{-1}	20

CS hat einen schwachen, leicht pfefferartigen Geruch. Aufgrund seiner guten thermischen Beständigkeit wird es auch in Schwelsätzen angewendet.

Chlorparaffin
chlorinated paraffins, CP

CP sind flüssige, pastöse und feste Chloralkylverbindungen mit Chlorgehalten zwischen 15 und 70 Gew.-% die auch als Weichmacherstreckungsmittel (engl. *Extender*) für PVC verwendet werden. CP werden als Bindemittel und Chlorquelle in der Pyrotechnik (in Nebelsätzen) sowie als Binder und Phlegmatisierungsmittel in insensitiven Sprengstoffmischungen verwendet (z. B. PAX-46 oder DXP-1).

PAX-46
- 85,0 % Hexogen
- 10,5 % Chlorez Wax
- 4,5 % Paroil
  $\rho = 1{,}76$ g cm^{-3}

DXP-1#94
- 66,2 % Oktogen, NSO 137 < 637 µm
- 27,8 % Oktogen, NSO 152
- 4,5 % Chlorparaffin, Leuna CP52, flüssig
- 1,5 % PVC, Solvin 266 SF
  $\rho = 1{,}801$ g cm^{-3} (87 % TMD)

Typische Chlorparaffine sind z. B. *Chlorez* [8029-39-8] (EINCES:264-150-0, REACH: LRS) und *Paroil* [63449-39-8], die von Dover Chemical produziert werden. Durch den Chlorgehalt vermitteln diese Binder z. T. auch günstige Cook-off-Eigenschaften, da Oxidationsprozesse von Kohlenwasserstoffen durch das bei der Pyrolyse von Chlorparaffin freigesetzte HCl im Sinne eines Kettenabbruches gestoppt werden. Während kurzkettige Chlorparaffine (C_{10-13}) (SCCP) toxikologisch bedenklich sind, sind werden langkettige Chlorparaffine (C_{18-30}) (LCCP) gegenwärtig als ungiftig angesehen.

- A. Hahma, J. Licha, O. Pham-Schönwetter, *Insensitive Sprengstoffwirkmasse*, EP2872464B1, **2017**, Deutschland.
- N.N., *Kurzkettige chlorierte Paraffine – Stoffflußanalyse, Schriftenreihe Umwelt, Nr. 354*, Bundesamt für Umwelt, Wald und Landschaft, Bern, **2003**, 97 S, verfügbar unter http://www.pops.int/documents/meetings/poprc/prepdocs/annexesubmissions/Short-chained%20chlorinated%20paraffins%20Switzerland%20info2.pdf
- http://www.doverchem.com/Products/Chlorez%C2%AEResinousChlorinatedAlkanes.aspx
- http://www.doverchem.com/Products/Paroil%C2%AELiquidChlorinatedAlkanes.aspx
- K. Krekeler, G. Wick, *Polyvinylchlorid Band II*, in R. Vieweg (Hrsg.) *Kunststoff-Handbuch*, Carl Hanser Verlag, München, **1963**, 467.

Chlorpikrin, PS (grün)

Chloropicrin, vomiting gas

Trichlornitromethan, Klop		
Aspekt		farblose viskose Flüssigkeit, technische Qualitäten erscheinen grüngelblich
Formel		CCl_3NO_2
EINECS		200-930-9
CAS		[76-06-2]
m_r	g mol^{-1}	164,375
ρ	g cm^{-3}	1,657
Smp	°C	−69,2
Sdp	°C	113
P_{vap}	kPa	2,254 @ 20 °C
$\Delta_{sub}H$	kJ mol^{-1}	39,3 @ 15 °C
Λ	Gew.-%	0
N	Gew.-%	8,52
LCt_{50}	ppm min^{-1}	20.000
ICt_{50}	ppm min^{-1}	200

Klop ist eine farblose ölige stark lichtbrechende Flüssigkeit mit stechendem Geruch. Es zerfällt bei Temperaturen oberhalb 400 °C vollständig zu NOCl und dem hochgiftigen *Phosgen*.

Chlortrifluorid, N-Stoff

chlorine trifluoride

Aspekt	farbloses Gas, als Flüssigkeit gelblichgrün
Formel	ClF_3
GHS	03, 06, 05, 08, 09

H-Sätze		270-280-330-314-370-372-400
REACH		LPRS
EINECS		232-230-4
CAS		[7790-91-2]
m_r	g mol^{-1}	92,448
ρ	g cm^{-3}	1,8094 (@ 25 °C)
$\Delta_v H$	kJ mol^{-1}	24,7
Smp	°C	−76,3
Sdp	°C	11,75
P_{vap}	Pa	$1,42 \cdot 10^3$ @ 20 °C

Das bereits in großer Verdünnung leicht süßlich riechende ClF$_3$ ist ein stark ätzendes Inhalationsgift. Außerdem ist es ein starkes und zugleich hoch reaktives Oxidationsmittel. Es wurde nach seiner Entdeckung durch Ruff (1930) in Deutschland als Maskenbrecher konzipiert (*N-Stoff*) (Aktivkohle entflammt bei Kontakt mit ClF$_3$). Außerdem wurde ClF$_3$ aufgrund seiner Hypergolität mit vielen Brennstoffen als potentieller Oxidator für Raketenantriebe untersucht.

- A. Dadieu, R. Damm. E. W. Schmidt, *Raketentreibstoffe*, Springer Verlag, Wien, **1968**, 633 ff.
- O. Ruff, H. Krug, Über ein neues Chlorfluorid-ClF$_3$, *Z. Anorg. Allg. Chem.* **1930**, *190*, 270–276.

1-Chlor-2,4,6-trinitrobenzol

picryl chloride

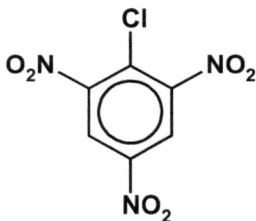

Pikrylchlorid		
Aspekt		blassgelbe Nadeln
Formel		C$_6$ClH$_2$N$_3$O$_6$
GHS		01, 06, 09
H-Sätze		H-201-H300-H310-H330-H410
P-Sätze		P260-P264-P273-P280-P289-P301+P310
REACH		LPRS
EINECS		201-864-3
CAS		[88-88-0]
m_r	g mol^{-1}	247,551
ρ	g cm^{-3}	1,797
$\Delta_f H$	kJ mol^{-1}	26,82

$\Delta_{ex}H$	kJ mol^{-1}	−1118,5
	kJ g^{-1}	−4,518
	kJ cm^{-3}	−8,119
$\Delta_c H$	kJ mol^{-1}	−2673,8
	kJ g^{-1}	−10,801
	kJ cm^{-3}	−19,409
Λ	Gew.-%	−42,01
N	Gew.-%	16,97
Smp	°C	83
$\Delta_m H$	kJ mol^{-1}	18,15
Z	°C	395
P_{vap}	Pa	5 @ 83 °C
Reib-E	N	> 355
Schlag-E	J	16
V_D	m s^{-1}	7200 @ 1,4 g cm^{-3}
Trauzl	cm^3	315

Die Ullmann-Reaktion von Pikrylchlorid liefert Hexanitrodiphenyl.

- T. Urbanski, *Chemie und Technologie der Explosivstoffe, Band I*, VEB Verlag für Grundstoffin-dustrie, Leipzig, **1961**, 207.

2-Chlorvinylarsindichlorid, L-1, Lewisit

Lewisite

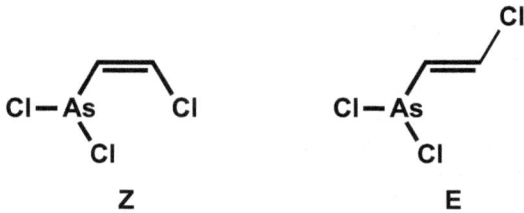

Z   E

2-Chlorethenyldichlorarsin			
Aspekt		dunkelbraune ölige Flüssigkeit	
Formel		AsC$_2$Cl$_3$H$_2$	
		Z	E
CAS		[541-25-3]	[541-25-3]
m_r	g mol^{-1}	207,318	
ρ	g cm^{-3}	1,8598	1,8793
Smp	°C	−44,7	−2,4
Sdp	°C	169,8	196,6
P_{vap}	kPa	208,25	53,33
$\Delta_{vap}H$	kJ mol^{-1}	53,4	

Λ	Gew.-%	$-38{,}59$
LCt_{50}	$ppm\,min^{-1}$	$1{,}3$
ICt_{50}	$ppm\,min^{-1}$	$0{,}3$

Der Geranienduft des technischen Lewisit ist auf das bei der Thermolyse entstehende stark nach Geranien riechende Arsin (AsH_3) zurückzuführen.

Christe, Karl Otto (1936*)

Christe ist ein deutschstämmiger Chemiker und Experte für Fluor- und Stickstoffverbindungen. Er studierte ab 1957 an der TU Stuttgart und promovierte bei Josef Goubeau (1901–1990). Seit seiner Einwanderung in die USA 1962 forscht er zunächst in der Industrie und als Berater des Air Force Research Laboratory (AFRL) und seit 1994 als Professor an der University of California (UCLA) zur Chemie des Fluors und der stickstoff- und sauerstoffreichen Materialien. Viele der von Christe erstmalig synthetisierten Substanzen sind aussichtsreiche Oxidatoren und Explosivstoffe in unterschiedlichsten Anwendungen. Christe erkannte sehr früh das Potential energetischer ionischer Flüssigkeiten als universelle Energieträger. Er wurde mehrfach für seine bahnbrechenden Arbeiten zur Chemie des Fluors ausgezeichnet, unter anderem mit der Henri Moissan Medaille (2000), dem Alfred Stock Gedächtnispreis (2006) und dem Tolman Award (2011). Er ist Mitglied der Europäischen Akademie der Wissenschaft und Künste (2010) und Fellow der American Association for the Advancement of Science (2017).

- K. O. Christe, Recent Advances in the Chemistry of N_5^+, N_5^- and High-Oxygen Compounds, *Propellants Explos. Pyrotech.* **2007**, *32*, 194–204.
- K. O. Christe, Polynitrogen chemistry enters the ring A cyclo-N_5^- anion has been synthesized as a stable salt and characterized, *Science*, **2017**, *355*, 351.
- K. O. Christe, D. A. Dixon, M. Vasiliu, R. Haiges, B. Hu, How Energetic are cyclo-Pentazolates? *Propellants, Explos., Pyrotechn.* **2019**, *44*, 263–266.
- Eintrag in der Deutschen Nationalbibliothek: http://d-nb.info/gnd/106710699, Zugriff am 25. März 2019.

Chrom(III)oxid
chromium(III) oxide

Chromoxydgrün	
Aspekt	dunkelgrünes Pulver
Formel	Cr_2O_3
GHS	07
H-Sätze	H302-H332-H317
P-Sätze	P261-P280-P302+P352-P304+P340-P321-P501a
REACH	LRS
EINECS	215-160-9

CAS		[1308-38-9]
m_r	$g\,mol^{-1}$	151,99
ρ	$g\,cm^{-3}$	5,21
$\Delta_f H$	$kJ\,mol^{-1}$	1140
Λ	Gew.-%	0
Smp	°C	2275
Sbl	°C	4000
c_p	$J\,K^{-1}\,mol^{-1}$	120

Cr_2O_3 wird als Oxidationsmittel in VZ-Sätzen, IR-Leuchtsätzen für große Höhen (z. B. SI-119) und in Nanothermiten verwendet.

SI-119

- 49 Gew.-% Zirconium
- 31 Gew.-% Molybdäntrioxid, MoO_3
- 20 Gew.-% Chrom(III)oxid, Cr_2O_3
- +2 Gew.-% Nitrocellulose

- M. Comet, V. Pichot, B. Siegert, E. Fousson, J. Mory, F. Moitrier, D. Spitzer, Preparation of Cr_2O_3 nanoparticles for superthermites by the detonation of an explosive nanocomposite material, *J. Nanopart. Res.* **2011**, *13*, 1961–1969.
- C. A. Knapp, *New Infrared Flare and High-Altitude Igniter Compositions*, Feltman Research and Engineering Laboratories, Picatinny Arsenal, Dover, N. J., **1959**.

CL-14, 5,7-Diamino-4,6-dinitrobenzofuroxan

5,7-diamino-4,6-dinitrobenzofuroxan

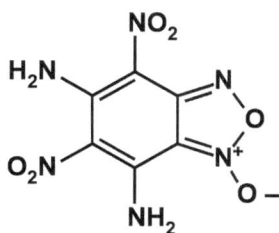

Formel		$C_6H_4N_6O_6$
CAS		[117907-74-1]
m_r	$g\,mol^{-1}$	256,135
ρ	$g\,cm^{-3}$	1,942
$\Delta_f H$	$kJ\,mol^{-1}$	86
$\Delta_{ex}H$	$kJ\,mol^{-1}$	−1272,2
	$kJ\,g^{-1}$	−4,967
	$kJ\,cm^{-3}$	−9,645

$\Delta_c H$	kJ mol^{-1}	−3018,8
	kJ g^{-1}	−11,786
	kJ cm^{-3}	−22,888
Λ	Gew.-%	−49,97
N	Gew.-%	32,81
Z	°C	287
Reib-E	N	nicht empfindlich
Schlag-E	cm	79, 2,5 kg
V_D	m s^{-1}	*8340 @ 1,942 g cm^{-3}*
P_{CJ}	GPa	*33,9*

CL-14 ist ein sehr unempfindlicher Experimentalsprengstoff. Neben der gezielten Synthese aus *ADNBF* entsteht CL-14 auch bei der mechanischen oder thermischen Belastung von *TATB* und erklärt damit auch dessen außerordentlich geringe Empfindlichkeit. Die Salze von CL-14 (Tab. C.2) sind ebenso wie die Salze der Stammverbindung DNBF von Interesse als Bestandteile von Zündsatzmischungen.

Tab. C.2: ausgewählte Eigenschaften einiger CL-14-Alkalimetallsalze.

	Na-CL-14	**K-CL-14**	**Rb-CL-14**	**Cs-CL-14**
CAS-Nr.	802940-95-0	136869-28-8	802940-93-8	802940-94-9
Smp (°C)	240 Expl.	265 Expl.	281 Expl.	277 Expl.
Schlag-E (J)	15	13	10	8,4
Reib-E (N)	360	324	288	160

- J. Sharma, J. C. Hoffsommer, D. J. Glover, C. S. Coffey, J. W. Forbes, T. P. Liddiard, W. L. Elban, F. Santiago, Sub-Ignition Reactions at Molecular Levels in Explosives Subjected to Impact and Underwater Shocks, *Detonation Symposium*, **1985**, Albuquerque, 725–733.
- W. P. Norris, *Preparation of 5,7-diamino-4,6-dinitrobenzofuroxan an insensitive high density explosive*, US Patent 5039812, **1991**, USA.
- M. N. Sikder, S. K. Chougule, A. K. Sikder, B. R. Gandhe, Synthesis, Characterisation, and Thermal and Explosive Properties of Alkali Metal Salts of 5,7-Diamino-4,6-Dinitrobenzoforoxan (CL-14), *Energ. Mater.* **2004**, *22*, 117–126.

CL-15

2,3,6,7-bis(furazan)-1,4,5,8-tetranitro-1,4,5,8-tetraazadecaline

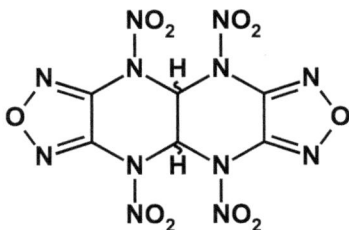

1,4,5,8-Tetranitro-1,4,5,8-Tetraazadifurazano-(3,4-c)(3,4-h)decalin		
Aspekt		gelbe Kristalle
Formel		$C_6H_2N_{12}O_{10}$
CAS		[97288-73-8]
m_r	$g\,mol^{-1}$	402,15
ρ	$g\,cm^{-3}$	1,987
$\Delta_f H$	$kJ\,mol^{-1}$	−774,04
$\Delta_{ex}H$	$kJ\,mol^{-1}$	−1246,3
	$kJ\,g^{-1}$	−3,107
	$kJ\,cm^{-3}$	−6,173
$\Delta_c H$	$kJ\,mol^{-1}$	−1872,9
	$kJ\,g^{-1}$	−4,657
	$kJ\,cm^{-3}$	−9,254
Λ	Gew.-%	−11,94
N	Gew.-%	41,90
Smp	°C	112
Schlag-E	J	5

CL-15 zersetzt sich bei Raumtemperatur, kann aber bei T < −15 °C monatelang unzersetzt aufbewahrt werden.

- R. L. Willer, *1,4,5,8-Tetranitro-1,4,5,8-tetraazadifurazano-[3,4-c][3,4-h]decalin*, US 4503229A, **1985**, USA.

CL-20, Hexanitrohexaazaisowurtzitan

hexanitrohexaazaisowurtzitane

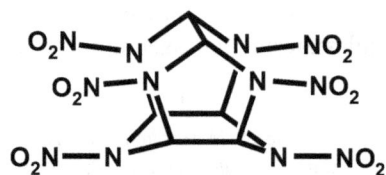

2,4,6,8,10,12-Hexanitro-2,4,6,8,10,12-hexaza[5.5.0.0^{3,11}.0^{5,9}]tetracyclododecan, HNIW				
Formel		$C_6H_6N_{12}O_{12}$		
REACH		LPRS		
EINECS		603-913-8		
CAS		[135285-90-4]		
m_r	$g\,mol^{-1}$	438,188		
Polymorphe:		β	γ	ε
ρ	$g\,cm^{-3}$	1,985	1,916	2,044
$\Delta_f H$	$kJ\,mol^{-1}$	431 ± 13		377,4 ± 13
Λ	Gew.-%	−10,95	=	=
N	Gew.-%	38,36	=	=
$\Delta_{ex}H$	$kJ\,mol^{-1}$	–		−2731

Polymorphe:		β	γ	ε
	kJ g⁻¹			−6,234
	kJ cm⁻³		−	−12,219
$\Delta_c H$	kJ mol⁻¹			−3595,6
	kJ g⁻¹			−8,206
	kJ cm⁻³			−16,083
Smp	°C	163 (Z)		167(Z)
Schlag-E	J	3,5		5,25
Reib-E	N	64		158
V_D	m s⁻¹	9208 @ 1,942 g cm⁻³ (ε-CL-20/Estane 95,5/4,5)		
Trauzl	cm³	*517*		

CL-20 ist gegenwärtig der kommerziell produzierte Sprengstoff mit der höchsten Dichte. CL-20 tritt in verschiedenen Polymorphen auf, von denen das ε-Polymorph die höchste Dichte, die geringste Empfindlichkeit und bei Raumtemperatur die größte thermodynamische Stabilität aufweist. Die verschiedenen Polymorphe des CL-20 können sicher mit FT-RAMAN-Spektroskopie unterschieden werden (Goede 2004). CL-20 hat eine etwa mit *Pentaerythrittetranitrat (PETN)* vergleichbare mechanische Empfindlichkeit. Aus Ethylenglykol bzw. Diethylenglykol umkristallisiertes CL-20 ist nur moderat reibempfindlich (Maksimosvki 2015). Einer großtechnischen Verwendung von CL-20 stehen bislang die hohen Herstellungskosten entgegen. Um IM-Standards (z. B. STANAG 4439) zu erfüllen, erfordert die Verwendung von CL-20 in Formulierungen eine Phlegmatisierung, die allerdings auch zu empfindlichen Leistungseinbußen führt. Aus diesem Grund wird CL-20 bislang nur in Experimentalformulierungen (Müller 1999; Bohn 2004) verwendet, von denen primär eine hohe Leistung erwartet wird, die zugleich aber aufgrund der Nutzungsumstände keine IM-Standards erfüllen müssen. CL-20 wird allerdings aufgrund der hohen Leistung und gerade wegen seiner hohen Empfindlichkeit auch als Komponente in Zündsatzformulierungen untersucht (Sandstrom 2012).

- R. L. Simpson, P. A, Urtview, D. L. Ornellas, G. L. Moody, K. J. Scribner, D. M. Hoffman, CL-20 Performance exceeds that of HMX and its sensitivity is moderate, *Propellants Explos. Pyrotech.* **1997**, *22*, 249–255.
- D. Müller, New Gun propellant with CL-20, *Propellants Explos. Pyrotech.* **1999**, *24*, 176–181.
- P. Goede, N. V. Latypov, H. Ostmark, Fourier Transform Raman Spectroscopy of the Four Crystallographic Phases of α, β, γ, and ε 2,4,6,8,10,12-Hexanitro-2,4,6,8,10,12-hexaazatetracyclo[5.5.0.0⁵,⁹.0³,¹¹]dodecane (HNIW, CL-20), *Propellants Explos. Pyrotech.* **2004**, *29*, 205–208.
- M. A. Bohn, M. Dörich, J. Aniol, H. Pontius, P. B. Kempa, V. Thome, Reactivity between ε-CL20 and GAP in Comparison to β-HMX and GAP, *ICT-Jata*, Karlsruhe, **2004**, V-4.
- J. Sandstrom, A. A. Quinn, E. Erickson, *Non-toxic, heavy-metal free sensitized explosive percussion primers and methods of preparing the same*, US 8206522 B2, **2012**, USA.
- P. Maksimovski, P. Tchórznicki, CL-20 Evaporative Crystallization under Reduced Pressure, *Propellants Explos. Pyrotech.* **2015**, *41*, 351–359.

Cokristalle
cocrystals

Ein Cokristall ist ein Kristall, in dessen Elementarzelle zwei oder mehrere verschiedene Moleküle vorliegen, die keine kovalente Bindung miteinander unterhalten. Die Leistung und Empfindlichkeit kristalliner energetischer Materialien wird maßgeblich durch die Art (Polymorph) und Qualität (Form, Defekte, usw.) der Kristalle beeinflusst. Daher erschließt die Cokristallisation energetischer Materialien zusätzliche Möglichkeiten der Beeinflussung von Leistung und Empfindlichkeit. In Tab C.3 sind zwei klar charakterisierte energetische Cokristalle und deren Eigenschaften aufgeführt.

Tab. C.3: Eigenschaften von energetischen Cokristallen.

1	2	Stöchiometrie (mol/mol)	Dichte (g cm^{-3})	Schlag-E$_{50}$ (Co)	1	2	V_D (m s^{-1}) Co	1	2
CL-20	TNT	1/1	1,84	210	100	585	8402	9800	6886
CL-20	HMX	2/1	1,945	189	100	189	9484	9800	9322

Cokristalle zeigen z. B. als Folge besserer Wasserstoffbrückenausbildung meist geringere Empfindlichkeit als die Ausgangsmaterialien, aber meist eine Leistung die sehr nahe an die leistungsfähigste Komponente heranreicht. Cokristalle könnten daher – die Verfügbarkeit skalierbarer Produktionsmethoden vorausgesetzt – aktuelle und zukünftige Stofflücken schließen.

- R. A. Wiscons, A. J. Matzger, Evaluation of the Appropriate Use of Characterization Methods for Differentiation between Cocrystals and Physical Mixtures in the Context of Energetic Materials, *Cryst. Growth Des.* **2017**, *17*, 901–906.
- A. McBain, V. Vuppuluri, I. E. Gunduz, L. J. Groven, S. F. Son, Laser ignition of CL-20 (hexanitrohexaazaisowurtzitane) cocrystals, *Combust. Flame*, **2018**, *188*, 104–115

Composition I & II

Bezeichnung für niedrigschmelzende (eutektische) Mischungen verschiedener Nitrate und Dicyandiamid, die bei etwa 100 °C schmelzen (Tab. C.4). Comp II wurde im aufgeschmolzenen Zustand mit 30 Gew.-% Tetryl versetzt.

Composition A, Comp A

Als Comp A werden pressbare Mischungen aus Hexogen und festen bzw. pastösen Kohlenwasserstoffen beschrieben (Tab. C.5 & C.6). Ältere Formulierungen (A und A2)

Tab. C.4: Eigenschaften von Comp I & II.

	I	II
Ammoniumnitrat (Gew.-%)	65,5	60,0
Natriumnitrat (Gew.-%)	10,0	24,0
Calciumnitrat (Gew.-%)	14,5	–
Guanidinnitrat (Gew.-%)	–	8,0
Dicyandiamid (Gew.-%)	10,0	8,0
ρ (g cm^{-3})	1,808	1,765

enthielten z. T. sogar Bienenwachs und werden heute aufgrund ihres niedrigen Erweichungspunktes nicht mehr verwendet. Mit Aluminium versetztes Comp A wird als *Hexal* (siehe dort) bezeichnet.

Tab. C.5: Eigenschaften von Comp A.

	A3	A3 Typ 11	A4	A5	A5 Typ 11	A6
Hexogen (Gew.-%)	91,0	90,8	97,0	98,5	98,0	86
Wachs (Gew.-%)	9,0	–	3,0	–	–	14
Stearinsäure (Gew.-%)	–	–	–	1,5	1,6	–
Polyethylen (Gew.-%)	–	9,2	–	–	–	–
ρ (g cm^{-3})	1,65					

Tab. C.6: Eigenschaften und Empfindlichkeit von Comp A3.

	A3		
ρ (g cm^{-3})	1,62	1,65	1,67
V_D (m s^{-1})	8200	8300	8520
P_{CJ} (GPa)	25,7	30,0	
Trauzl (cm^3)	432		
$\Delta_{ex}H$ (kJ g^{-1})	5062		
Schlag-E (J)	18,8		
$\varnothing_{cr}$ (mm)	< 2,2		

Composition B, Comp B

Als Comp B werden schmelzgießbare Mischungen aus Hexogen und TNT im Massenverhältnis 60/40 bezeichnet (Tab. C.7 & C.8). Mischungen mit höherem Hexogenanteil werden als Cyclotol(e) bezeichnet und lassen sich oberhalb 65 Gew-% Hexogen nur noch schwer gießen. Die praktischen Dichten der höheren Cyclotole sind daher deutlich niedriger als erwartet. Varianten von mit Aluminium versetztem Composition B werden als *Hexotonal* (siehe dort) bezeichnet (z. B. S17, SSM887, HBX, Torpex, Trialen) und werden als Unterwassersprengstoffe verwendet.

Tab. C.7: Zusammensetzungen von Comp B.

	B	B-2, B-3	B-4		Cyclotol		
SSM	TR 8510		TR 8520		TR 8560		
Hexogen(Gew.-%)	60	60	60	65	70		75
TNT (Gew.-%)	40	40	39,5	35	30		25
Wachs (Gew.-%)	+1	–	–	–	–		–
Calciumsilicat (Gew.-%)	–	–	0,5	–	–		–
ρ (g cm^{-3})	1,68	1,68		1,71	1,71		1,71

Tab. C.8: Eigenschaften von Comp B.

	B	B-2, B-3	Cyclotol 65/35	70/30	75/25	77/23
ρ (g cm^{-3})	1,72	1,72	1,72	1,73	1,70	1,754
V_D (m s^{-1})	7920	7900	7975	8060	8035	8250
P_{CJ} (GPa)	29,5	29,5				31,6
Trauzl (cm^3)	390					
$\Delta_{ex}H$ (kJ g^{-1})		5,00	5,04	5,08	5,13	
$\varnothing_{cr}$ (mm)	4,3(1,71)				8,1	6
19 mm E (MJ kg^{-1})	1,33					

Composition C, Comp C

Als Comp C werden eine Reihe plastischer Sprengstoffe auf der Grundlage von Hexogen bezeichnet (Tab. C.9).
Comp C4 (oftmals nur C4 genannt) ist aufgrund der unbefriedigenden Eigenschaften bei niedrigen und hohen Temperaturen (Versprödung bzw. Ausbluten) bei vielen Streitkräften mittlerweile durch Formulierungen die Silikonöle (Polydimethylsiloxane) (*Lingens*) als Bindemittel enthalten ersetzt worden (Comp C5).

- P. Lingens, *Plastische von Hand leicht verformbare Sprengmasse*, DE2027709B2, **1978**, Deutschland.

Tab. C.9: Zusammensetzung und Eigenschaften von Comp C.

	C	C2	C3	C4	C5
Hexogen (Gew.-%)	88,3	78,7	77	91	91
Binder (Gew.-%)	11,7				
Explos. Binder (Gew.-%)			21,3*)	23#)	
Polyisobutylen (Gew.-%)				2,1	
Di(2-ethylhexylsebacat) (Gew.-%)				5,3	
Zinkstearat (Gew.-%)					1
Motoröl (Gew.-%)				1,6	
Polydimethylsiloxan (Gew.-%)					8
ρ (g cm^{-3})				1,59	1,59
V_D (m s^{-1})				8040	8000
Schlag-E (J)				20	
Reib-E (N)					160

*) DNT/TNT/MNT/NC/(60/25/13.5/1.5 Gew.-%),
#) DNT/MNT/TNT/CE/NC (43.6/21.7/17.4/13.0/4.3).

ConWep
Conventional Weapons Effects Calculations, ConWep

Mit dem Conventional-Weapons-Effects-Calculations-Programmpaket können die Waffenwirkungen gemäß dem Handbuch *TM-5-855-1 Fundamentals of Protective Design for Conventional Weapons* berechnet werden. Es steht nur durch das US-DOD autorisierten Nutzern zur Verfügung.

- conwep.erdc.usace.army.mil

Cook-off

Cook-off bezeichnet ganz allgemein die durch Erwärmung einsetzende, ungewollte Deflagration eines Explosivstoffs (z. B. die vorzeitige Deflagration einer Patrone in einem heißgeschossenen Waffenrohr). Bei Cook-off-Prüfungen (engl. *fast cook-off* und *slow cook-off*) wird die Temperaturempfindlichkeit von explosivstoffhaltigen Gegenständen bzw. Munition (siehe *Insensitive Munition*) untersucht. Je nach Gefährlichkeit und Konfiguration des Explosivstoffs kann durch Cook-off z. B. eine Detonation des Explosivstoffs eintreten (DDT).

- B. W. Asay, *Cookoff*, in B. W. Asay (Hrsg.) *Shock Wave Science and Technology Reference Library, Volume 5, Non-shock Initiation of Explosives*, Springer, New York, **2010**, 403–482.

Cordite
cordite

Cordite bezeichnet ältere von Abel und Dewar entwickelte zweibasige Treibladungspulver, z. B. (Tab. C.10)

Tab. C.10: Verschiedene Cordite.

Name	Nitrocellulose (Gew.-%)	Nitroglycerin (Gew.-%)	Centralit I (Gew.-%)	Dibutylphthalat (Gew.-%)
F4/3[*]	55	22	3,5	19,5
CSC	50	35	9	6
SC	49,5	41,5	9	0
HSC	49,5	47	3,5	0

[*] + 1 Gew.-% $K_3[AlF_6]$,

Crackling-Sätze
crackling compositions, microstar compositions

Crackling-Sätze gehören zur Gruppe der Blinksätze. Die Lichtemission wird bei diesen Sätzen zusätzlich von einem lauten Knall begleitet. Crackling-Sätze werden typischerweise zu kleinen Sternen mit 2–4 mm Durchmesser verarbeitet. Gängige Formulierungen sind nachfolgend in Tab. C.11 dargestellt.

Tab. C.11: Zusammensetzung und Empfindlichkeit von Crackling-Sätzen.

	1	2
Blei(II,IV)oxid, $2\,PbO \cdot PbO_2$ (Gew.-%)	89	–
Bismuth(III)oxid, Bi_2O_3 (Gew.-%)	–	75
Magnalium, MgAl (Gew.-%)	11	15
Kupfer(II)oxid, CuO(Gew.-%)	–	10
Nitrocellulose (Gew.-%)	2	2
Frequenz (Hz)	1,25	2,5
Schalldruck (dB)	134	132
Reib-E (NoGo)(N)	160	320
Schlag-E (NoGo) (J)	3	8

- C. J. White, Lead-Free Crackling Microstars, *Pyrotechnica* **1992**, *14*, 30–32.
- T. Shimizu, Studies on Mixtures of Lead Oxides with Metals (Magnalium, Aluminum or Magnesium), *Pyrotechnica*, **1990**, *13*, 10–18; Plate I-III.

Cranz, Julius Carl (1858–1945)

Cranz war ein deutscher Physiker und international anerkannter Ballistiker, der zu-letzt am Ballistischen Institut der Lufttechnischen Akademie in Berlin Gatow tätig war. Zwischen 1890 und 1936 schuf er ein vierbändiges Lehrbuch der Ballistik. Seine bedeutendsten Schüler waren *Hubert Schardin* und *Richard Emil Kutterer*. Zusammen mit Schardin entwickelte er die noch heute verwendete Funkenzeitlupenkamera, mit der 24 Aufnahmen mit einer Frequenz von bis zu fünf MHz auf einem ruhenden Film möglich sind.

- C. Cranz, Ballistik, Lehrbuch in vier Bänden (1922–1936), Springer Verlag, Berlin.
  Bd. I Außenballistik, 1923
  Bd. II Innere Ballistik, 1926
  Bd. III Experimentelle Ballistik, 1927
  Bd. IV Ergänzungen, 1936
- C. Cranz, H. Schardin, Kinematographie auf ruhendem Film und mit extrem hoher Bildfrequenz, *ZS für Physik*, **1929**, *56*, 147–183.

Crawford-Bombe
Crawford bomb

Die Crawford-Bombe ist eine genormte Brennkammer zur Bestimmung der innenbal-listischen Eigenschaften von Festtreibstoffen. In der Crawford-Bombe wird der Treib-stoff unter Stickstoff bei sehr hohen Drucken abgebrannt. Daher kann die mit dem Abbrand einhergehende Druckzunahme vernachlässigt und der Abbrand praktisch als isobar betrachtet werden.

- B. L. Crawford Jr., C. Hugget, F. Daniels, R. E. Wilfong, Direct Determination of Burning Rates of Propellant Powders, *Anal. Chem.* **1947**, *19*, 630–633.

CTPB, Carboxyl-terminiertes Polybutadien
carboxyl terminated polybutadiene

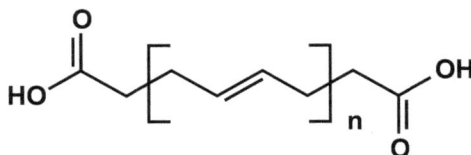

Formel		$C_{10}H_{14.958}O_{0.194}$
CAS		[68441-48-5]
m_r	$g\,mol^{-1}$	138,293

ρ	g cm^{-3}	0,916
$\Delta_f H$	kJ mol^{-1}	−10
$\Delta_c H$	kJ mol^{-1}	−6062,9
	kJ g^{-1}	−43,843
	kJ cm^{-3}	−40,160
Λ	Gew.-%	−315,67
Smp	°C	280 (Z)

CTPB verfügt über Molmassen zwischen 2300 und 3000 g/mol. CTPB wurde in den 1950er-Jahren erstmals als Bindemittel in Raketentreibstoffen verwendet. Mit dem Aufkommen von HTPB Ende der 1960er-Jahre verlor CTPB zugunsten von HTPB an Bedeutung, da letzteres bessere mechanische Eigenschaften bei tiefen Temperaturen und eine höhere Alterungsbeständigkeit als CTPB aufweist.

- H. G. Ang, S. Pisharath, *Energetic Polymers*, Wiley-VCH, Weinheim, **2012**, 4, 13.

Cyanurtriazid; 2,4,6-Triazidotriazin
2,4,6-triazido-1,3,5-triazine

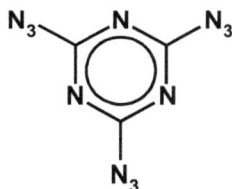

TAT		
Formel		C_3N_{12}
CAS		[5637-83-2]
m_r	g mol^{-1}	204,113
ρ	g cm^{-3}	1,54
$\Delta_f H$	kJ mol^{-1}	916,30
$\Delta_{ex} H$	kJ mol^{-1}	−930,8
	kJ g^{-1}	−4,560
	kJ cm^{-3}	−7,023
$\Delta_c H$	kJ mol^{-1}	−2096,6
	kJ g^{-1}	−10,272
	kJ cm^{-3}	−15,818
Λ	Gew.-%	-47.03
N	Gew.-%	82,35
Smp	°C	94
Reib-E	N	< 10
Schlag-E	J	10 bei 2 kg BM Apparat
V_D	m s^{-1}	5500 @ 1,02 g cm^{-3}
Trauzl	cm^3	415

TAT ist ein Initialsprengstoff, der allerdings aufgrund seiner beträchtlichen Flüchtigkeit, geringen thermischen Stabilität und extrem hohen Empfindlichkeit keinen dauerhaften Eingang in die Praxis gefunden hat. Die detonative Umsetzung von TAT in Gegenwart von Kupfer (z. B. in einer Cu-Kapsel) liefert Fullerene.

- T. Utschig, M. Schwarz, G. Miehe, E. Kroke, Synthesis of carbon nanotubes by detonation of 2,4,6-triazido-1,3,5-triazine in the presence of transition metals, *Carbon* **2014**, *42*, 823–828.

Cyclosarin, GF
cyclohexyl methylphosphonofluoridate

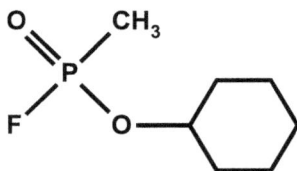

Methylfluorphosphonsäureisocyclohexylester		
Formel		$C_7H_{14}O_2PF$
CAS		[329-99-7]
m_r	$g\,mol^{-1}$	180,157
ρ	$g\,cm^{-3}$	1,133
$\Delta_f H$	$kJ\,mol^{-1}$	
$\Delta_c H$	$kJ\,mol^{-1}$	
	$kJ\,g^{-1}$	
	$kJ\,cm^{-3}$	
Smp	°C	−30
Sdp	°C	239
P_{vap}	Pa	5,87 @ 20 °C
$\Delta_{sub} H$	$kJ\,mol^{-1}$	90,7
Λ	Gew.-%	−186,50
LCt_{50}	ppm	> 10.000
ICt_{50}	$ppm\,min^{-1}$	80

Cyclotrimethylentrinitrosamin

1,3,5-trisnitrosohexahydro-1,3,5-triazine

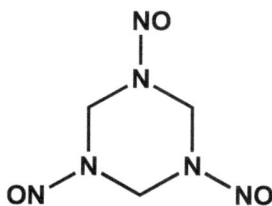

R-Salz, TMTA, TRDX, TNX		
Formel		$C_3H_6N_6O_3$
REACH		LPRS
EINECS		237-766-2
CAS		[13980-04-6]
m_r	g mol^{-1}	174,118
ρ	g cm^{-3}	1,588
$\Delta_f H$	kJ mol^{-1}	285,85
$\Delta_{ex}H$	kJ mol^{-1}	−1183,5
	kJ g^{-1}	−6,797
	kJ cm^{-3}	−10,793
$\Delta_c H$	kJ mol^{-1}	−2323,9
	kJ g^{-1}	−13,347
	kJ cm^{-3}	−21,195
Λ	Gew.-%	−55,13
N	Gew.-%	48,27
Smp	°C	105,6
Schlag-E	J	125
V_D	m s^{-1}	7600 bei ρ = 1,50 g cm^{-3} (mit 2,5 Gew.-% Phenanthren und 1 Gew.-% *DPA*)
V_D	m s^{-1}	*7740 bei ρ = 1,588 g cm^{-3}*
P_{CJ}	GPa	*25,83*
Trauzl	cm^3	370

Cyclotrimethylentrinitrosamin ist ein sehr unempfindlicher, schmelzgießbarer Explosivstoff. Da für die Herstellung keine konzentrierte Salpetersäure erforderlich ist, fand die Verbindung als "*R-Salz*" während des 2. Weltkrieges in Deutschland große Bedeutung als Ersatzsprengstoff. Eutektische Mischungen mit benzoiden Aromaten und bis zu 75 Gew.-% RDX schmelzen deutlich unter 100 °C und besitzen eine mit *Pentolit* (PETN/TNT) vergleichbare thermische Stabilität, sind aber im Gegensatz zu Pentolit beschusssicher.

- S. A. Rothstein, P. Dube, S. R. Anderson, An improved Process Towards Hexahydro-1,3,5-trinitroso-1,3,5-triazine (TNX), *Propellants Explos. Pyrotech.* **2017**, *42*, 126–130.

D

Dautriche, Henri-Joseph (1876–1915)

Dautriche war ein französischer Ingenieur, er entwickelte die nach ihm benannte Methode zur Bestimmung der Detonationsgeschwindigkeit. Dautriche starb bei einem Unfall mit Chloratsprengstoffen in Chedde, Frankreich.

Dautriche-Methode

Bei der Dautriche-Methode wird der zu untersuchende Explosivstoff in einem Stahlrohr ($500 \times 30\,mm$) mit einer an einem Ende des Rohres eingeführten Sprengkapsel zur Detonation gebracht (Abb. D.1). In einem Abstand von 300 mm sind im Rohr zwei Sprengkapseln über eine Sprengschnur bekannter Detonationsgeschwindigkeit, V_D, miteinander verbunden. Nach erfolgter Zündung initiiert die durch den Explosivstoff fortschreitende Stoßwelle zuerst die nächstliegende Sprengkapsel und dann die weiter entfernt platzierte Sprengkapsel. Gleichzeitig initiieren die beiden Sprengkapseln die Sprengschnur, die so, von beiden Enden initiiert, durchdetoniert. Der Initiierungsverzug zwischen der ersten und zweiten Sprengkapsel führt zu einer vom Mittelpunkt der Strecke auftretenden Abweichung, x (mm), der aufeinandertreffen Stoßfronten auf der Deutplatte aus Blei. In Kenntnis der Detonationsgeschwindigkeit der Sprengschnur, V_{Ds} (mm μs^{-1}), und der Abweichung der Stoßfronten ergibt sich die gesuchte

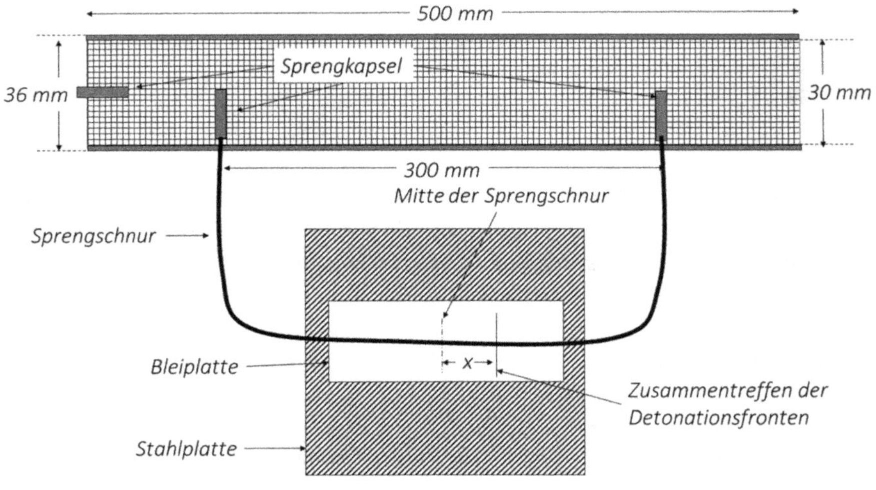

Abb. D.1: Dautriche-Methode.

https://doi.org/10.1515/9783110559651-004

Detonationsgeschwindigkeit zu:

$$V_D = V_{D_s} \cdot \frac{1}{2x}$$

Der Fehler der Methode wird mit < 4 % beschrieben.

DBX

depth bomb explosive

Auch als Hexamonal bezeichnete gießbare Sprengstoffmischung amerikanischen Ursprungs, die ursprünglich für Tiefenladungen zur U-Boot-Bekämpfung konzipiert wurde, daher auch die Abkürzung: **D**epth **B**omb **E**xplosive (Tab. D.1).

Tab. D.1: Zusammensetzung und Eigenschaften von DBX.

Inhaltsstoffe		Parameter	
Ammoniumnitrat (Gew.-%)	21	ρ (g cm^{-3})	1,76 (Guss)
Hexogen (Gew.-%)	21	V_D (m s^{-1})	6800
Trinitrotoluol (Gew.-%)	40	c_p (J g^{-1} K^{-1})	1,323 (1,68)
Aluminium (Gew.-%)	18	k (J cm^{-1} s^{-1} K^{-1})	$5,53 \cdot 10^{-3}$
		Z (°C)	176

DDT, Deflagration-to-Detonation-Transition

deflagration-to-detonation transition

DDT bezeichnet den Übergang des laminaren Abbrandvorgangs eines Explosivstoffs über starke Druckozillationen (konvektiver bzw. pulsierender Abbrand) zu einer Detonation. Abb. D.2 zeigt qualitativ den Übergang vom Abbrand zur Detonation (HVD = *High Velocity Detonation*) mit den Zwischenschritten, konvektiver Abbrand und LVD (*Low Velocity Detonation*). Der durch den Abbrand erzeugte Druck nimmt mit der Umsetzungsgeschwindigkeit zu. Bei plötzlich auftretender Vergrößerung der Abbrandoberfläche des energetischen Materials (z. B. als Folge von Beschädigungen oder Porositäten) entstehen Druckspitzen (konvektiver Abbrand). Wird mehr Gas produziert als abgeführt werden kann, steilt sich die Gasentwicklung immer weiter auf und der Abbrand geht in eine langsame Detonation (LVD) über, die schließlich in eine schnelle Detonation (HVD) übergehen kann.

Bei der raschen Aufheizung (engl. *fast cook-off*) von unter Einschluss stehenden Explosivstoffen (Raketenmotoren, Gefechtsköpfe, usw.) kommt es durch den starken Temperaturgradienten zur Delaminierung des energetischen Materials vom Behälter

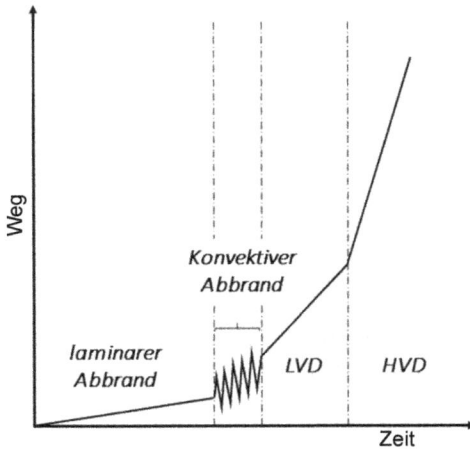

Abb. D.2: Übergang vom Abbrand zur Detonation nach *Leiber*.

und zu Oberflächenvergrößerungen. Nach Anzündung erfolgt dann Übergang von laminarem zu konvektivem Abbrand der schließlich zur Detonation (HVD) führen kann. Allerdings wird bei Explosivstoffen auch der Übergang der schnellen Detonation zur langsamen Detonation und schließlich auch der Übergang zur Deflagration beobachtet. Diese Effekte werden insbesondere bei Konfigurationen in der Nähe des kritischen Durchmessers des jeweiligen Explosivstoffs beobachtet.

- J. M. McAfee, *The Deflagration to-Detonation Transition* in W. Asay (Hrsg.) *Shock Wave Science and Technology Reference Library*, Volume 5, Non-Shock Initiation of Explosives, Springer Verlag, **2010**, Berlin, 483–533.
- C.-O. Leiber, Stabile Bereiche beim Übergang von der Verbrennung zur Detonation, *Beiträge zum 18. Sprengstoffgespräch*, **1996**, 121–130.
- R. F. Vetter, Cook-Off in Fuel Fire, *16th JANAF Combustion Meeting*, **1979**, I, 199–204.

Decanitrodiphenyl
decanitrobiphenyl

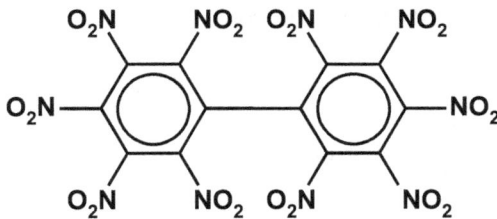

Aspekt		gelbe Prismen
Formel		$C_{12}N_{10}O_{20}$
CAS		[84647-88-1]
m_r	$g\,mol^{-1}$	604,18
ρ	$g\,cm^{-3}$	2,212 (berechnet)
$\Delta_f H$	$kJ\,mol^{-1}$	80
$\Delta_{ex} H$	$kJ\,mol^{-1}$	−3712,2
	$kJ\,g^{-1}$	−6,144
	$kJ\,cm^{-3}$	−13,591
$\Delta_c H$	$kJ\,mol^{-1}$	−4802,2
	$kJ\,g^{-1}$	−7,948
	$kJ\,cm^{-3}$	−17,582
Λ	Gew.-%	−10,59
N	Gew.-%	23,17
Smp	°C	243 (Z)

Decanitrodiphenyl ist nur bei Temperaturen deutlich unter $T = 0\,°C$ unzersetzt lagerfähig. Es reagiert bereits mit schwächsten Nucleophilen (Feuchtigkeit) und ist daher für praktische Anwendungen ungeeignet.

- A. T. Nielsen, W. P. Norris, R. L. Atkins, W. R. Vuono, Nitrocarbons. 3. Synthesis of Decanitrobiphenyl, *J. Org. Chem.* **1983**, *48*, 1056–1059.

Deflagration
deflagration

Als Deflagration wird die allein durch Wärmestrahlung, Wärmeleitung, Wärmetransport und Stofftransportprozesse gestützten subsonische Ausbreitung der Flammenfront in einem energetischen Material bezeichnet. Bei einer Deflagration strömen die Reaktionsprodukte von der Reaktionszone weg (im Unterschied zur *Detonation*). Im p-v-Diagramm (Abb. D.4, S. 187) kennzeichnet jede Verbindungslinie zwischen dem Ausgangszustand, A (p_0/v_0) und Punkten auf der Produkt-Hugoniot H_1, welche die Bedingung erfüllen $v > v_0$ sowie $p < p_0$ eine Deflagration, wobei nur die durch E verlaufende Tangente in diesem Kurvenbereich eine stabile Deflagration kennzeichnet.

- Glassman, R. A. Yetter, *Combustion*, 4th edn., Academic Press, London, **2008**, 147–260.

DEGDN – Diethylenglykoldinitrat

diethyleneglycol dinitrate

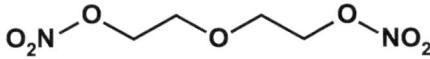

$$O_2N-O\diagdown\diagup\diagdown O\diagdown\diagup\diagdown O-NO_2$$

Diglykoldinitrat;		DEGN,
Formel		$C_4H_8N_2O_7$
REACH		LRS
EINECS		211-745-8
CAS		[693-21-0]
m_r	$g\,mol^{-1}$	196,117
ρ	$g\,cm^{-3}$	1,485
$\Delta_f H$	$kJ\,mol^{-1}$	−429
$\Delta_{ex} H$	$kJ\,mol^{-1}$	−974,8
	$kJ\,g^{-1}$	−4,970
	$kJ\,cm^{-3}$	−7,381
$\Delta_c H$	$kJ\,mol^{-1}$	−2288,4
	$kJ\,g^{-1}$	−11,669
	$kJ\,cm^{-3}$	−17,328
Λ	Gew.-%	−40,79
N	Gew.-%	14,28
Smp	°C	2
Sdp	°C	160
$p_{vap(20\,°C)}$	Pa	0,48
DSC-onset	°C	190
Reib-E	N	n.a.
Schlag-E	J	0,2
Trauzl	cm^3	410

DEGDN ist nach Nitroglycerin der heute wichtigste energetische Weichmacher in zwei- und dreibasigen Treibladungspulvern. DEGDN wurde erstmalig in den Diglykolpulvern (G- bzw. Gudolpulver) im 2. Weltkrieg in Deutschland und auch als Bestandteil von Festtreibstoffen für ungelenkte Raketen verwendet.

Detasheet®

Detasheet war eine von *DuPont* vermarktete Sprengstofffolie auf der Grundlage von PETN. Das Produkt wird mittlerweile von *Ensign-Bickford* unter der Bezeichnung Primasheet® als olivgrün eingefärbtes Material in Rollen verschiedener Stärken (1–10 mm) hergestellt. Primasheet 1000 basiert auf PETN/NC, Primasheet 2000 basiert auf RDX/NC (siehe auch *Nipolit*).

Detonation
detonation

Berthelot erkannte als erster das Auftreten einer Stoßwelle ($w > c$) in einem reagierenden Medium als wesentliches Merkmal einer Detonation. Die gasdynamische Entstehung der Stoßwelle wurde zwar bereits 1860 mathematisch von *Riemann* gedeutet, aber erst 1917 durch *Becker* richtig physikalisch interpretiert und erklärt. Die Stoßwelle induziert eine stark exotherme chemische Reaktion (CRZ = *Chemical Reaction Zone*), welche die für die weitere Aufrechterhaltung der Stoßfront notwendige Energie freisetzt.

Damit unterscheidet sich die Detonation grundsätzlich von den relativ langsamen ($w < c$), rein thermochemischen Prozessen wie der Verbrennung bzw. der *Deflagration*, bei welchen die Weiterleitung der Reaktion allein auf den Mechanismen Wärmeleitung, Wärmetransport, Wärmestrahlung und Stofftransport basiert.

ZND-Modell

Das ZND-Modell ist ein eindimensionales Modell für die Detonation eines Sprengstoffs. Es wurde während des 2. Weltkriegs unabhängig voneinander von Zel'dovich, von von Neumann, und von Döring (1939–1945) vorgeschlagen.

Das Modell nimmt eine endliche Reaktionsgeschwindigkeit für die chemischen Reaktionen an. Zuerst verdichtet eine unendlich dünne Stoßwelle den Explosivstoff auf einen hohe Dichte, die als Von-Neumann-Spike (Abb. D.3 und Punkt F in Abb. D.4) bzw. Sprungfläche bezeichnet wird. In der Sprungfläche ist der Sprengstoff allerdings noch nicht umgesetzt. Die Sprungfläche markiert hingegen den Beginn der CRZ, die dann mit dem Chapman-Jouguet(CJ)-Zustand beendet ist. Nach diesem Punkt dehnen sich die Detonationsprodukte nur noch aus (Entspannungswelle). Exotherme Prozesse hinter der *Chapman-Jouguet-Fläche* (auch die Nachreaktion der Schwadengase mit z. B. Luftsauerstoff oder Aluminium) tragen nicht mehr zur Detonationsgeschwindigkeit w bei.

In realen Explosivstoffen bewegt sich die Stoßfront mit der Detonationsgeschwindigkeit w durch das detonierende Medium. Zur einfacheren mathematischen Behandlung der Detonation wird die Stoßfront und Reaktionszone als stationär und der nichtreagierte Explosivstoff als bewegt angenommen (Abb. D.3). Dabei strömt der Explosivstoff (p_1, v_1, T_1, U_1) von rechts mit der Detonationsgeschwindigkeit w in die Reaktionszone, in welcher die chemische Reaktion erfolgt. Die Schwaden der Reaktionsprodukte (p_2, v_2, T_2, U_2) verlassen dann mit der Geschwindigkeit $u < w$ über die *Chapman-Jouguet-Fläche* die Reaktionszone.

Da das betrachte System thermodynamisch nicht abgeschlossen ist, nehmen die Erhaltungssätze die Form von Gleichgewichten ein – mit den entsprechenden Erhaltungsgleichungen zur Masse, Impuls und Energie.

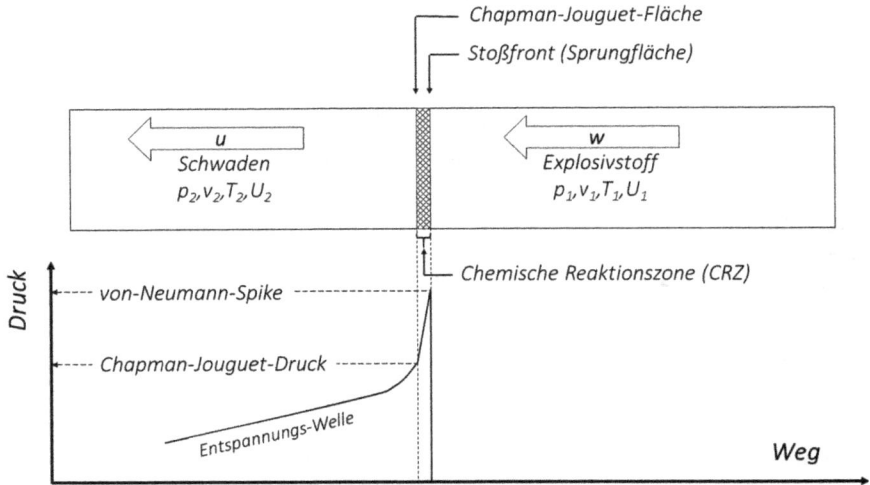

Abb. D.3: Schematische Darstellung der Detonation sowie der Druckverhältnisse.

Masse:

$$\rho_2 \cdot u = \rho_1 \cdot u \tag{1}$$

Impuls:

$$p_1 + \rho_1 \cdot w^2 = p_2 + \rho_2 \cdot u^2 \tag{2}$$

Energie:

$$p_1 \cdot v_1 + \frac{w^2}{2} + U_1 = p_2 \cdot v_2 + \frac{u^2}{2} + U_2 \tag{3}$$

Nach der hydrodynamischen Theorie gilt für die Detonationsgeschwindigkeit w sowie die Schwadengeschwindigkeit u

$$w = v_1 \cdot \sqrt{\frac{p_2 - p_1}{v_1 - v_2}} \tag{4}$$

$$u = (v_1 - v_2)\sqrt{(p_2 - p_1) \cdot (v_1 - v_2)}\,. \tag{5}$$

Da mit der Verdichtung durch eine Stoßwelle auch eine Zunahme der Entropie erfolgt, gilt für die Zustandsgrößen vor und hinter der Stoßfront nicht mehr die bekannte Adiabatengleichung

$$p_2 \cdot v_2{}^\gamma = p_1 \cdot v_1{}^\gamma, \tag{6}$$

mit $\gamma = c_p/c_v$, sondern die Hugoniot-Gleichung

$$U_2 - U_1 = c_{v2}T_2 - C_{v1}T_1 - Q = 0{,}5(p_1 + p_2) \cdot (v_1 - v_2)\,. \tag{7}$$

Die möglichen Zustände des unreagierten Explosivstoffs durch Einwirkung eines Stoßes sind im p-v-Diagramm mit der Kurve $\mathfrak{H}_1$ gekennzeichnet. Die möglichen Zustände der Schwaden sind aufgrund der Wärmefreisetzung (Q) mit der höher liegenden Kurve $\mathfrak{H}_2$ gekennzeichnet. (Abb. D.4).

$$\tan \alpha \sim \frac{p_2 - p_1}{v_1 - v_2}.$$

Der Ausgangszustand des Explosivstoffs ist mit dem Punkt A bei (p_1, v_1) gekennzeichnet. Eine exotherme Reaktion des Explosivstoffs führt zu einem Zustand auf der Kurve $\mathfrak{H}_2$. Die Verbindungsgerade zwischen dem Ausgangszustand und einem Zustand auf der Kurve $\mathfrak{H}_2$ bildet einen Winkel α mit der v-Achse. Es gilt nun

$$\tan \alpha \sim \frac{p_2 - p_1}{v_1 - v_2}. \tag{8}$$

Nach Gleichung (4) folgt damit

$$w \sim \sqrt{\tan \alpha}. \tag{9}$$

Im Bereich oberhalb C ist $v_1 > v_2$ und $p_2 > p_1$, daher nimmt $\tan \alpha$ große Werte an. Es tritt eine erhebliche Verdichtung in der Stoßfront auf, die mit einem starken Druckanstieg einhergeht. Die Schwadengeschwindigkeit u ist im Bereich oberhalb von Punkt C positiv und gleichgerichtet zur Stoßfront. Daher strömen die Schwaden als Entspannungswelle der Detonationsfront hinterher. Die Detonationsgeschwindigkeit w ist durch die Summe der Schwadengeschwindigkeit u und der Schallgeschwindigkeit c der Schwaden gegeben:

$$w = u + c \,. \tag{10}$$

Die vom Ausgangszustand, v_1, an den oberen Zweig der Hugoniot verlaufenden Tangente (Rayleigh-Gerade) (Punkt B) kennzeichnet eine stabile Detonation. B wird als Chapman-Jouguet-Punkt bezeichnet. Der korrespondierende Druck ist der Chapman-Jouguet-Druck P_{CJ}. Der Schnittpunkt der gleichen Gerade (v_1-A) mit der Hugoniot des unreagierten Explosivstoffs $\mathfrak{H}_1$ (Punkt F) liefert den am *Von-Neumann-Peak* herrschenden Druck. Im Bereich zwischen den Punkten C und D wird $\tan \alpha$ negativ und somit kann es keine realen Zustandsänderungen von v_1 in diesen Kurvenzweig geben. Die Werte für w nehmen ab Punkt D im Vergleich zum oberen Zweig der Hugoniot, $\mathfrak{H}_2$, insgesamt kleinere Werte an. Im Bereich unterhalb von Punkt D auf der Hugoniot, $\mathfrak{H}_2$ wird die Schwadengeschwindigkeit negativ, das bedeutet, das die Schwaden von der Reaktionsfront wegströmen. Die vom Ausgangszustand, v_1, in den unteren Zweig der Hugoniot verlaufenden Tangente (Punkt E) kennzeichnet eine stabile Deflagration. Der Einfluss der Dichte auf die Detonationsgeschwindigkeit ergibt sich ebenfalls aus Abb. D.4 Wird die Dichte des Sprengstoffs erhöht, so verschiebt sich bei gleichbleibender Produkt-Hugoniot, $\mathfrak{H}_2$, der Punkt (p_1, v_1) nach links, damit wird die Tangente an $\mathfrak{H}_2$ steiler und der Winkel α größer und damit nach obiger Gleichung auch w größer.

Nach *Leiber* zeigen viele flüssige aber auch feste Explosivstoffe zwei bzw. zum Teil auch drei diskrete Detonationsgeschwindigkeiten. Die "normale" Detonationsgeschwindigkeit, die auch nach der klassischen Theorie (z. B. oben beschriebenes ZND-Modell) berechnet werden kann. Diese wird als HVD (*High Velocity Detonation*) bezeichnet. Dann wird eine zweite Detonationsgeschwindigkeit beobachtet, bei der immer noch $w > c$ ist. Diese Detonationsgeschwindigkeit wird als LVD (*Low Velocity Detonation*) bezeichnet. Schließlich wird bei einigen Explosivstoffen auch noch eine Detonationsgeschwindigkeit gemessen für die $w < c$ gilt. Diese dritte Detonationsgeschwindigkeit wird als SVD (*Slow Velocity Detonation*) bezeichnet. Charakteristisch sind für die jeweiligen Materialien Geschwindigkeitslücken, in denen keine Detonationen beobachtet werden. So werden z. B. für Nitroglycerin folgende Phänomene beobachtet

HVD	$7000-8900 \, \text{m s}^{-1}$
Keine stabile Detonation	$3000-5000 \, \text{m s}^{-1}$
LVD	$1000-2000 \, \text{m s}^{-1}$
Keine stabile Detonation	$900-1000 \, \text{m s}^{-1}$
SVD	$777-800 \, \text{m s}^{-1}$

Es gibt Hinweise, dass die akustische Impedanz, $I = \rho \cdot c_{\text{L}}$, des Einschlussmaterials das Reaktionsverhalten beeinflusst. In diesem Zusammenhang ist auch die Beobachtung relevant, dass eine unter starkem mechanischen Einschluss stehende *Schwarzpulveranzündschnur* (Einklemmen zwischen Metallbacken) vom langsamen Abbrand $(0,008 \, \text{m s}^{-1})$ zur LVD $(> 1000 \, \text{m s}^{-1})$ umschlagen kann, was auch schon zu Unfällen geführt hat (Leiber 2004).

Zur semiempirischen Berechnung der detonativen Eigenschaften von Explosivstoffen eignen sich die von Kamlet aufgestellten Gleichungen.

$$V_{\text{CJ}} = A[NM^{1/2}(-\Delta_{\text{det}}H)^{1/2}]^{1/2}(1 + B\rho_0) \tag{11}$$

$A =$ 3,9712 (empirische Konstante)

$N =$ Die Stoffmenge gasförmiger Produkte pro Gramm Explosivstoff

$M =$ Die Masse gasförmiger Produkte pro Stoffmenge gasförmiger Produkte
$\Delta_{det}H =$ Detonationsenthalpie [kJ g^{-1}]
$B =$ 1,30 (empirische Konstante)
$\rho_0 =$ Dichte des unreagierten Explosivstoffes

Der Detonationsdruck P_{CJ} wird nach Kamlet wie folgt berechnet:

$$P_{CJ} = KN(M - \Delta_{det}H)^{1/2}\rho_0^2 \tag{12}$$

$K =$ 240,86 (empirische Konstante).

Im weiteren Verlauf gilt: $\phi = NM^{0,5} \quad (-\Delta_{det}H)^{0,5}$.

Liegt z. B. bereits eine experimentelle Detonationsgeschwindigkeit vor, so kann der Detonationsdruck mit folgender Formel gut abgeschätzt werden:

$$P_{CJ} = \rho V_D^2/4 \tag{13}$$

Aufsätze

- R. Becker, Zur Theorie der Detonation, *Z. Elektrochem.* **1917**, *23*, 40–49;
- R. Becker, Stoßwelle und Detonation, *Z. Physik* **1922**, *8*, 321–362.
- W. Döring, Über den Detonationsvorgang in Gasen, *Ann. Phys.* **1943**, *435*, 421–436
- W. Döring, Die Geschwindigkeit und Struktur von intensiven Stoßwellen in Gasen, *Ann. Phys.* **1949**, *440*, 133–150.
- W. Döring, Über die Detonationsgeschwindigkeit des Methans und Dizyans im Gemisch mit Sauerstoff und Stickstoff, *Z. Elektrochem.* **1950**, *54*, 231–239.
- M. J. Kamlet, S. J. J. Jacobs, Chemistry of Detonations. A Simple Method for Calculating Detonation Properties of C-H-N-O Explosives, J. Phys. Chem. **1968**, *48*, doi:10.1063/1.1667908.
- M. J. Kamlet, J. E. Ablard, Chemistry of Detonations. II. Buffered Equilibria, J. Phys. Chem. **1968**, *48*, doi:10.1063/1.1667930.
- M. J. Kamlet, C. Dickinson, Chemistry of Detonations. III. Evaluation of Simplified Calculational Method for Chapman-Jouguet Detonation Pressures on the Basis of Available Experimental Information, J. Phys. Chem. **1968**, *48*, doi:10.1063/1.1667939.
- M. J. Kamlet, H. Hurwitz, Chemistry of Detonations. IV Evaluation of a Simple Predictional Method for Detonation Veocities of C-H-N-O Explosives, J. Phys. Chem. **1968**, *48*, doi:10.1063/1.1669671.
- R. Schall, Die Stabilität langsamer Detonationen, *Z. Angew. Phys.* **1954**, *6*, 470–475.
- C. O. Leiber, Die Detonation als reaktive Mehrphasenströmung, *Rheol. Acta* **1975**, *14*, 92–100.

Monographien

- H. D. Gruschka, F. Wecken, *Gasdynamic Theory of Detonation*, Gordon and Breach, **1971**, 198 S.
- W. Fickett, W. C. Davis, *Detonation*, University Press, **1979**, 386 S.
- R. Chéret, *Detonation of Condensed Explosives*, Springer, **1993**, 427 S.
- P. W. Cooper, *Explosives Engineering*, Wiley-VCH, **1996**, 460 S.
- C. L. Mader, *Numerical Modeling of Explosives and Propellants*, CRC Press, **1998**, 439 S.
- C. O. Leiber, *Assessment of Safety and Risk with a Microscopic Model of Detonation*, Elsevier, **2004**, 594 S.
- M. H. Keshavarz, T. M. Klapötke, *Energetic Compounds – Methods for the Prediction of Their Performance*, Walter de Gruyter, Berlin, **2017**, 110 S.

Detonator

detonator, initiator

Der Detonator gehört zu den primären Zündmitteln und dient der Einleitung der Detonation. Es gibt mechanisch betätigte Detonatoren (Anstichdetonator, Schlagdetonator), elektrisch auszulösende Detonatoren (Spaltdetonator, Schichtdetonator, Glühbrückendetonator), durch Flammen ausgelöste Detonatoren sowie optische Detonatoren, die auf Laserlicht ansprechen. Alle vorgenannten Detonatoren enthalten Initialsprengstoffe, wie z. B. Bleiazid, Bleitrizinat oder auch BNCP, meist in Mischung mit Oxidationsmitteln (Zündsatz). Dabei wird durch den jeweiligen Stimulus eine Deflagration und unmittelbar danach ein DDT ausgelöst. Die Detonation wird durch Kaskadierung mit sukzessive unempfindlicheren aber auch brisanteren Explosivstoffen verstärkt. Es gibt weiterhin initialstofffreie Detonatoren wie den EBW und den verwandten EFI (*Exploding Foil Initiator*). Bei diesen Zündmitteln wird mittels elektrischer Energie eine Stoßwelle erzeugt, die einen Sekundärsprengstoff wie z. B. HNS durch eine *Shock-to-Detonation Transition* (SDT) initiiert.

Dextrin

dextrine, amylodextrine

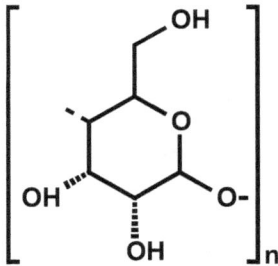

Aspekt		gelbliches Pulver
Formel		$(C_6H_{10}O_5)_n$
EINECS		232-686-4
CAS		[9005-84-9]
m_r	$g\,mol^{-1}$	162,142
ρ	$g\,cm^{-3}$	1,038
$\Delta_f H$	$kJ\,mol^{-1}$	−954,7
$\Delta_c H$	$kJ\,mol^{-1}$	−3835,6
	$kJ\,g^{-1}$	−17,488
	$kJ\,cm^{-3}$	−18,153
Λ	Gew.-%	−118,41
c_p	$J\,g^{-1}\,K^{-1}$	1,22
Z	°C	228

Dextrin wird durch partielle Hydrolyse von Kartoffel- oder Maisstärke erhalten. Es dient als wasserlösliches Bindemittel bevorzugt im Feuerwerksbereich und wird auch als Kristallisationshilfe für das α-Polymorph von Bleiazid verwendet.

Diacetondiperoxid, DADP

diacetone diperoxide

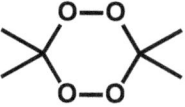

Formel		$C_6H_{12}O_4$
CAS		[1073-91-2]
m_r	g mol^{-1}	148,157
ρ	g cm^{-3}	1,33
$\Delta_f H$	kJ mol^{-1}	−598
$\Delta_{ex} H$	kJ mol^{-1}	−454,3
	kJ g^{-1}	−3,066
	kJ cm^{-3}	−4,078
$\Delta_c H$	kJ mol^{-1}	−3478,1
	kJ g^{-1}	−23,476
	kJ cm^{-3}	−31,223
Λ	Gew.-%	−151,18
$\Delta_{subl} H$	kJ mol^{-1}	71,3
Z	°C	>150
Reib-E	N	0,1 (BAM)
Schlag-E	J	4–6 (BAM)
V_D	m s^{-1}	5300 @ 1,18 g cm^{-3}.
Trauzl	cm^3	250

DADP ist eine stark exotherme Verbindung mit geringerer Schlagempfindlichkeit als TATP aber etwa vergleichbarer Reibempfindlichkeit. DADP entsteht durch Zerfall von TATP sowohl in Lösung als auch im festen Zustand durch Säurespuren. DADP eignet sich wie TATP auch als Primärsprengstoff, findet aber aufgrund des bei Raumtemperatur hohen Dampfdrucks ($p_{25 °C} \sim 18$ Pa) und der damit verbundenen Sublimation und Rekristallisation zu hochempfindlichen Nadeln keine technische Verwendung. DADP ist unlöslich in Wasser, aber gut löslich in vielen organischen Solventien.

• A. E. Contini, A. J. Bellamy, L. N. Ahad, Taming the Beast Measurement of the Enthalpies of Combustion and Formation of Triacetone Triperoxide (TATP) and Diacetone Diperoxide (DADP) by Oxygen Bomb Calorimetry, *Propellants Explos. Pyrotech.* **2012**, *37*, 320–328.

3,3′-Diamino-4,4′-azoxyfurazan, DAAF

4-[2-(4-amino-1,2,5-oxadiazol-3-yl)-1-oxidodiazenyl]-1,2,5-oxadiazol-3-amine

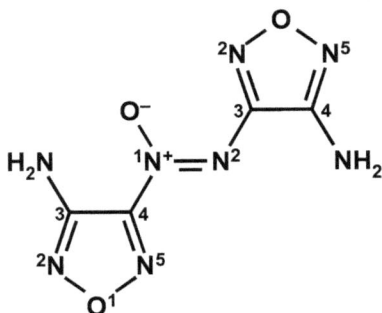

LAX-117, LAX-120, LAX-133, RX-64		
Aspekt		orangegelbe Kristalle
Formel		$C_4H_4N_8O_3$
CAS		[78644-89-0]
m_r	$g\,mol^{-1}$	212,13
ρ	$g\,cm^{-3}$	1,745
$\Delta_f H$	$kJ\,mol^{-1}$	+444
$\Delta_{ex}H$	$kJ\,mol^{-1}$	−1069,0
	$kJ\,g^{-1}$	−5,039
	$kJ\,cm^{-3}$	−8,793
$\Delta_c H$	$kJ\,mol^{-1}$	−2589,7
	$kJ\,g^{-1}$	−12,208
	$kJ\,cm^{-3}$	−21,304
Λ	Gew.-%	−52,8
N	Gew.-%	52,83
Smp	°C	nur unter Druck
Z	°C	248
Reib-E	N	> 360
Schlag-E	J	> 50
V_D	$m\,s^{-1}$	8057 @ 1,700 $g\,cm^{-3}$.
P_{CJ}	GPa	30,6 @ 1,685 $g\,cm^{-3}$.
$\varnothing_{cr}$	mm	1,25 @ 1,60 $g\,cm^{-3}$

DAAF ist ein reib- und schlagunempfindlicher und gegen Cook-off beständiger Sprengstoff, der eine im Vergleich zu TATB höhere Stoßwellenempfindlichkeit aber auch eine deutlich höhere Leistung, insbesondere auch bei tiefen Temperaturen, aufweist. DAAF besitzt einen extrem niedrigen kritischen Durchmesser und eignet sich daher sehr gut für den Einsatz in geometrisch anspruchsvollen Zündketten.

- E.-C. Koch, Insensitive High Explosives II 3,3-Diamino-4,4-azoxyfurazan (DAAF), *Propellants Explos. Pyrotech.* **2016**, *41*, 526–538.

1,1-Diamino-2,2-dinitroethylen, FOX-7, DADNE
1,1-diamino-2,2-dinitroethylene

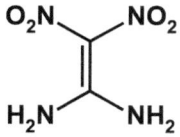

Aspekt		gelbgrüne Kristalle
Formel		$C_2H_4N_4O_4$
REACH		LPRS
EINECS		604-466-1
CAS		[145250-81-3]
m_r	$g\,mol^{-1}$	148,08
ρ	$g\,cm^{-3}$	1,907
$\Delta_f H$	$kJ\,mol^{-1}$	−134
$\Delta_{ex}H$	$kJ\,mol^{-1}$	−724,4
	$kJ\,g^{-1}$	−4,892
	$kJ\,cm^{-3}$	−9,329
$\Delta_c H$	$kJ\,mol^{-1}$	−1224,7
	$kJ\,g^{-1}$	−8,271
	$kJ\,cm^{-3}$	−15,772
Λ	Gew.-%	−21,61
N	Gew.-%	37,84
Z	°C	225
Reib-E-	N	>350
Schlag-E	J	15−30
V_D	$m\,s^{-1}$	8342 @ $1,78\,g\,cm^{-3}$.
P_{CJ}	GPa	28,8 @ $1,78\,g\,cm^{-3}$.
$\varnothing_{cr}$	mm	1,25
Koenen	mm	6 (Typ F)

DADNE ist ein unempfindlicher Sprengstoff hoher Dichte mit einer etwas geringeren Leistung als Hexogen. Mischungen von HMX und DADNE sind von großem Interesse für Anwendungen in unempfindlichen Zündverstärkern.

Übersichtsartikel mit Literatur nach 2007
- E.-C. Koch, *Insensitive Explosive Materials VIII 1,1-Diamino-2,2-dinitroethylene – DADNE, L-178*, MSIAC, November **2012**, 35 S.; Weblink https://www.msiac.nato.int/products-services/publications/l-178-insensitive-explosive-materials-viii-11-diamino-22.

Übersichtsartikel mit Literatur bis 2007
- H. Dorsett, Computational Study of FOX-7, A New Insensitive Explosive, *DSTO-TR-1054*, Weapons Systems Division, Aeronautical and Maritime Research Laboratory, September **2000**.
- J. Lochert, FOX-7, A New Insensitive Explosive, *DSTO-1238*, Weapons Systems Division, Aeronautical and Maritime Research Laboratory, November **2001**.
- J. Bellamy, FOX-7 (1,1-Diamino-2,2-dinitroethene), *Struct. Bond.* **2007**, *125*, 1–33.

2,6-Diamino-3,5-dinitropyrazin, ANPZ

2,6-diamino-3,5-dinitropyrazine

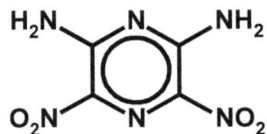

Aspekt		zitronengelbe Kristalle
Formel		$C_4H_4N_6O_4$
CAS		[52173-59-8]
m_r	$g\,mol^{-1}$	200,114
ρ	$g\,cm^{-3}$	1,84
$\Delta_f H$	$kJ\,mol^{-1}$	−22,59
$\Delta_{ex} H$	$kJ\,mol^{-1}$	−835,0
	$kJ\,g^{-1}$	−4,173
	$kJ\,cm^{-3}$	−7,678
$\Delta_c H$	$kJ\,mol^{-1}$	−2123,2
	$kJ\,g^{-1}$	−10,610
	$kJ\,cm^{-3}$	−19,522
Λ	Gew.-%	−47,97
N	Gew.-%	42,00
Z	°C	343
Reib-E	N	> 360
Schlag-E	cm	> 177
P_{CJ}	GPa	*29,6 @ 1,84 g cm^{-3}.*

ANPZ ist eine synthetische Vorstufe zu LLM-105.

2,6-Diamino-3,5-dinitropyrazin-1-oxid, ANPZO

2,6-diamino-3,5-dinitropyrazine 1-oxide

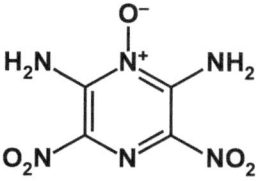

ANPZO, LLM-105, PZO, *N*-PEX-1		
Aspekt		zitronengelbe Kristalle
Formel		$C_4H_4N_6O_5$
CAS		[194486-77-6]
m_r	g mol^{-1}	216,113
ρ	g cm^{-3}	1,913
$\Delta_f H$	kJ mol^{-1}	−12,97
$\Delta_{ex} H$	kJ mol^{-1}	−1021,1
	kJ g^{-1}	−4,725
	kJ cm^{-3}	−9,039
$\Delta_c H$	kJ mol^{-1}	−2132,8
	kJ g^{-1}	−9,869
	kJ cm^{-3}	−18,879
Λ	Gew.-%	−37,02
N	Gew.-%	38,89
Z	°C	310
Reib-E	N	>360
Schlag-E	cm	105
V_D	m s^{-1}	*8560* @ 1,913 g cm^{-3}.
P_{CJ}	GPa	*33,4* @ 1,913 g cm^{-3}.

ANPZO besitzt eine hohe Dichte ρ = 1,913 g cm^{-3}, und hohe thermische Stabilität. Weiterhin ist es leistungsfähiger als TATB. Aufgrund seiner schlechten Löslichkeit in gängigen Lösemitteln ist es allerdings schwer die meist nadeligen Kristalle in andere Kornformen zu überführen, was verbunden mit der komplizierten Synthese LLM-105 extrem teuer macht. Daher wird LLM-105 bislang nur für volumetrisch beschränkte Zündketten untersucht.

- E.-C. Koch, *Insensitive Explosive Materials II – 2,6-Diamino-3,5-Dinitro-1,4-Pyrazine-1-Oxide ANPZO, L-159*, MSIAC, October **2009**, 24 S.; Weblink: https://www.msiac.nato.int/products-services/publications/l-159-insensitive-explosive-materials-2-26-diamino-35-dinitro-14.

Diaminoguanidinium-5,5'-azotetrazolat, DAGZT

carbonimidic dihydrazide, compound with 5,5'-azobis[5H-tetrazole] (2:1)

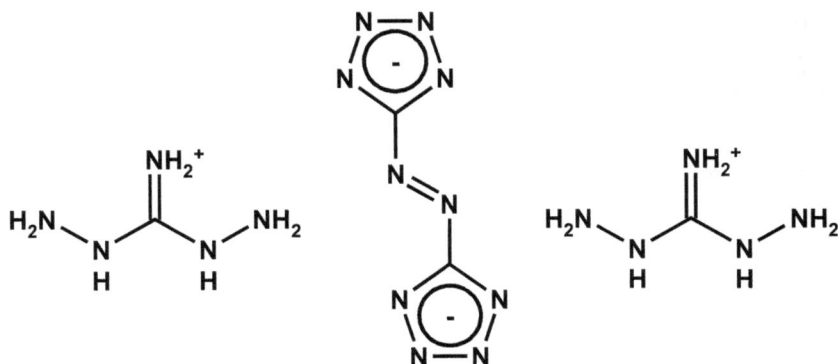

Aspekt		gelbe Kristalle
Formel		$C_4H_{16}N_{20}$
CAS		[862107-18-4]
m_r	$g\,mol^{-1}$	344,3
ρ	$g\,cm^{-3}$	1,599
$\Delta_f H$	$kJ\,mol^{-1}$	708,8
$\Delta_{ex}H$	$kJ\,mol^{-1}$	−1040,3
	$kJ\,g^{-1}$	−3,023
	$kJ\,cm^{-3}$	−4,833
$\Delta_c H$	$kJ\,mol^{-1}$	−4569,7
	$kJ\,g^{-1}$	−13,272
	$kJ\,cm^{-3}$	−21,222
Λ	Gew.-%	−74,35
N	Gew.-%	81,36
Smp	°C	195 (Z)
Reib-E	N	>350
Schlag-E	J	4

• Hammerl, M. A. Hiskey, G. Holl, T. M. Klapötke, K. Polborn, J. Stierstorfer, J. J. Weigand, Azido-formamidinium and Guanidinium 5,5'-Azotetrazolate Salts, *Chem. Mater.* **2005**, *17*, 3784–3793.

4,4′-Diamino-2,2′,3,3′,5,5′,6,6′-octranitrodiphenyl, CL-12

2,2′,3,3′,5,5′,6,6′-octanitro[1,1′-biphenyl]-4,4′-diamine

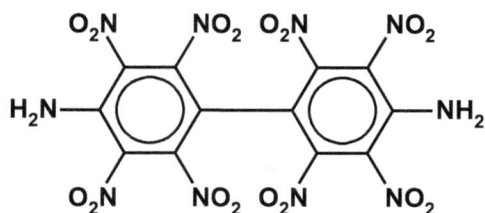

Aspekt		gelbe Kristalle
Formel		$C_{12}H_4N_{10}O_{16}$
CAS		[84642-53-5]
m_r	g mol^{-1}	544,22
ρ	g cm^{-3}	1,82
$\Delta_f H$	kJ mol^{-1}	−338,99
$\Delta_{ex}H$	kJ mol^{-1}	−3045,2
	kJ g^{-1}	−5,596
	kJ cm^{-3}	−10,184
$\Delta_c H$	kJ mol^{-1}	−5632,9
	kJ g^{-1}	−10,350
	kJ cm^{-3}	−18,838
Λ	Gew.-%	−29,4
N	Gew.-%	25,74
Smp	°C	310 (Z)
Reib-E	N	> 350
Schlag-E	cm	95 (2,5 kg)
V_D	m s^{-1}	8300 @ 1,82 g cm^{-3}.
P_{CJ}	GPa	31,7 @ 1,82 g cm^{-3}.

CL-12 ist eine stark hydrolyseempfindliche Substanz und Vorstufe zu *Decanitrodiphenyl*.

- A. T. Nielsen, W. P. Norris, R. L. Atkins, W. R. Vuono, Nitrocarbons. 3. Synthesis of Decanitrobiphenyl, *J. Org. Chem.* **1983**, *48*, 1056–1059.

3,6-Diamino-1,2,4,5-tetrazin-1,4-di-*N*-oxid, LAX-112, TZX
3,6-diamino-1,2,4,5-tetrazine 1,4-dioxide

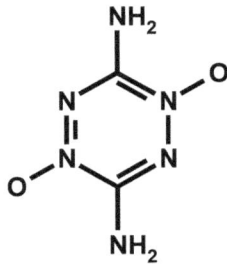

Formel		$C_2H_4N_6O_2$
CAS		[153757-93-8]
m_r	$g\,mol^{-1}$	144,093
ρ	$g\,cm^{-3}$	1,86
$\Delta_f H$	$kJ\,mol^{-1}$	164,01
$\Delta_{ex}H$	$kJ\,mol^{-1}$	−654,0
	$kJ\,g^{-1}$	−4,539
	$kJ\,cm^{-3}$	−8,442
$\Delta_c H$	$kJ\,mol^{-1}$	−1522,7
	$kJ\,g^{-1}$	−10,568
	$kJ\,cm^{-3}$	−19,656
Λ	Gew.-%	−44,41
N	Gew.-%	58,32
Smp	°C	266 (Z)
Reib-E	N	> 350
Schlag-E	cm	> 177 (Tool Type 12)
V_D	$m\,s^{-1}$	8780 @ 1,81 $g\,cm^{-3}$.
P_{CJ}	GPa	33,5 @ 1,81 $g\,cm^{-3}$.

LAX-112 ist ein reib- und schlagunempfindlicher sowie moderat temperaturbeständiger Explosivstoff und wurde in den 1990er-Jahren eingehend als unempfindliches Material untersucht.

- M. A. Hiskey, D. E. Chavez, D. L. Naud, S. F. Son, H. L. Berghout, C. A. Bolme, Progress in High-Nitrogen Chemistry in Explosives, Propellants and Pyrotechnics, *IPS-Seminar*, **2000**, Grand Junction, 3–14.

3,5-Diamino-1,2,4-triazoliumnitrat, DtrzN

3,5-diamino-1,2,4-triazolium nitrate

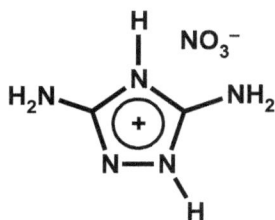

Formel		$C_2H_6N_6O_3$
CAS		[261703-47-3]
m_r	$g\,mol^{-1}$	162,107
ρ	$g\,cm^{-3}$	1,649
$\Delta_f H$	$kJ\,mol^{-1}$	−76
$\Delta_{ex}H$	$kJ\,mol^{-1}$	−654,033
	$kJ\,g^{-1}$	−4,035
	$kJ\,cm^{-3}$	−6,653
$\Delta_c H$	$kJ\,mol^{-1}$	−1568,5
	$kJ\,g^{-1}$	−9,676
	$kJ\,cm^{-3}$	−15,956
Λ	Gew.-%	−39,48
N	Gew.-%	51,84
Smp	°C	159
Z	°C	241
Reib-E_{50}	N	288
Schlag-E_{50}	J	40

DtrzN ist als Komponente für Airbagsätze vorgeschlagen worden. Als EILS wird DtrzN in Mischungen mit Ammoniumnitrat und 3,5-Diamino-1,2,4-triazoliumnitrat (siehe *AAD*) für unempfindliche schmelzgießbare Explosivstoffe untersucht.

- T. M. Klapötke, F. A. Martin, N. T. Mayr, J. Stierstorfer, Synthesis and Characterization of 3,5-Dia-mino-1,2,4-triazolium Dinitramide, *Z. Anorg. Allg. Chem.* **2010**, *636*, 2555–2564.
- P. W. Leonard, D. E. Chavez, P. R. Bowden, E. G. Francois, Nitrate Salt Based Melt Cast materials, *Propellants Explos. Pyrotech.* **2018**, *43*, 11–14.

1,3-Diamino-2,4,6-trinitrobenzol, DATB

1,3-diamino-2,4,6-trinitrobenzene

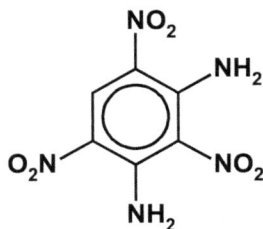

Aspekt		gelbe Kristalle
Formel		$C_6H_5N_5O_6$
REACH		LPRS
EINECS		216-626-4
CAS		[1630-08-6]
m_r	$g\,mol^{-1}$	243,136
ρ	$g\,cm^{-3}$	1,838
$\Delta_f H$	$kJ\,mol^{-1}$	−98,74
$\Delta_{ex} H$	$kJ\,mol^{-1}$	−1137,0
	$kJ\,g^{-1}$	−4,676
	$kJ\,cm^{-3}$	−8,595
$\Delta_c H$	$kJ\,mol^{-1}$	−2976,7
	$kJ\,g^{-1}$	−12,243
	$kJ\,cm^{-3}$	−22,503
Λ	Gew.-%	−55,93
N	Gew.-%	28,80
c_p	$J\,mol^{-1}\,K^{-1}$	70,2
$\Delta_{subl} H$	$kJ\,mol^{-1}$	140
$T_{1\rightarrow 2}$	°C	217
Smp	°C	286 Beginn der Zersetzung
Reib-E	N	> 350
Schlag-E	cm	> 320 (Tool Type 12)
V_D	$m\,s^{-1}$	7659 @ 1,816 g cm^{-3}.
P_{CJ}	GPa	25,1 @ 1,78 g cm^{-3}.
$\varnothing_{cr}$	mm	5,3 @ 1,816 g cm^{-3}.

DATB ist ein reib- und schlagunempfindlicher und temperaturbeständiger Explosiv-stoff. DATB ist ähnlich wie TATB nur in geringem Maße in DMF bzw. DMSO löslich (3–5 Gew.-%).

Diazodinitrophenol, DDNP, ZS F 9090
diazodinitrophenol

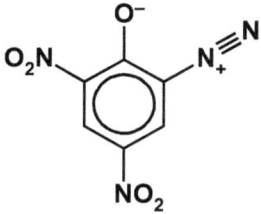

Dinol, Diazol		
Aspekt		gelbes Kristallpulver
Formel		$C_6H_2N_4O_5$
REACH		LPRS
EINECS		225-134-9
CAS		[4682-03-5]
m_r	$g\,mol^{-1}$	210,106
ρ	$g\,cm^{-3}$	1,719
$\Delta_f H$	$kJ\,mol^{-1}$	194
$\Delta_{ex} H$	$kJ\,mol^{-1}$	−1034,0
	$kJ\,g^{-1}$	−4,921
	$kJ\,cm^{-3}$	−8,460
$\Delta_c H$	$kJ\,mol^{-1}$	−2841,0
	$kJ\,g^{-1}$	−13,522
	$kJ\,cm^{-3}$	−23,244
Λ	Gew.-%	−60,92
N	Gew.-%	26,67
Z	°C	144
Smp	°C	150
Reib-E	N	0,1–1 N
Schlag-E	J	1 –2
V_D	$m\,s^{-1}$	6900 bei $\rho = 1,6\,g\,cm^{-3}$
6600	bei	$\rho = 1,5\,g\,cm^{-3}$

DDNP ist ein sehr starker Initialsprengstoff der die Leistung von Knallquecksilber und Bleiazid bei weitem übertrifft. Er wird infolge Belichtung dunkel und ist dann thermisch empfindlicher als das unbelichtete Produkt. Seine höchste Initiierungsfähigkeit zeigt DDNP bei Dichten zwischen $\rho = 1, 2$ und $1,3\,g\,cm^{-3}$. Problematisch ist die bisweilen niedrige mechanische Empfindlichkeit und dadurch bedingte Versager.

Dibenz[b, f]-1,4-oxazepin, CR

dibenz[b,f]-1,4-oxazepine

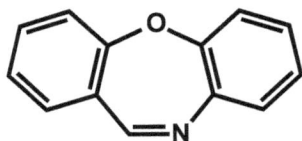

Aspekt	gelbes Kristallpulver	
Formel		$C_{13}H_9NO$
REACH		LPRS
EINECS		607-782-8
CAS		[257-07-8]
m_r	g mol^{-1}	195,217
ρ	g cm^{-3}	1,328
Λ	Gew.-%	−241,77
N	Gew.-%	7,18
Smp	°C	72
P_{vap}	Pa	$7,9 \cdot 10^{-3}$
IC_{50}	ppm	0,7

CR ist ein im Vergleich zu CN und CS deutlich stärkerer Reizstoff, der vorwiegend pyrotechnisch ausgebracht wird. CR ist in Wasser nur schwach löslich, dafür aber gut löslich in Diethylether und Alkohol.

Dichte

density

Die Dichte, ρ [g cm^{-3}], ist eine entscheidende Eigenschaft von Explosivstoffen, da sie linear mit der Detonationsgeschwindigkeit V_D korreliert:

$$\rho \sim V_D .$$

Weiterhin korreliert das Quadrat der Dichte mit dem Detonationsdruck P_{CJ}:

$$\rho^2 \sim P_{CJ} .$$

Die von *Kamlet* aufgestellten Gleichungen (siehe *Detonation*) lauten entsprechend

$$V_D = 3,9712(1 + 1,3 \cdot \rho)\phi^{0,5} ,$$
$$P_{CJ} = 240,86 \cdot \rho^2 \cdot \phi .$$

Die Kristalldichte eines Explosivstoffs kann aus röntgenographischen Angaben wie folgt bestimmt werden:

$$\rho = \frac{M_r \cdot Z}{V_E \cdot N_A} ,$$

mit M_r = Molmasse, Z der Anzahl der Formeleinheiten pro Elementarzelle, V_E dem Volumen der Elementarzelle und N_A der Avogadro-Konstante. Das Zellvolumen organischer kovalenter und ionischer Moleküle nimmt grundsätzlich linear mit steigender Temperatur zu.

$$V_{298} = V_T \cdot (1 + \alpha \cdot (298 - T))$$

mit $\alpha = \frac{1}{V} \cdot \left(\frac{dV}{dT}\right)_p$.

α variiert allerdings sehr stark und selbst Polymorphe derselben Verbindung können sich überschneidende V/T-Verläufe zeigen. Daher kann die nachfolgende Formel nur der Abschätzung der Dichte bei Raumtemperatur dienen und ersetzt keine Bestimmung bei dieser Temperatur:

$$\rho_{298\,K} = \frac{\rho_T}{1 + \alpha(298 - T)}\,, \qquad \alpha = 1,5 \cdot 10^{-4}\,K^{-1}$$

- C. C. Sun, Thermal Expansion of Organic Crystals and Precision of calculated Crystal Density A Survey of Cambridge Crystal Data, *J. Pharm. Sci.* **2007**, *96*, 1043–1052.
- B. M. Rice, J. J. Hare, E. F. C. Byrd, Accurate Prediction of Crystal Densities Using Quantum Mechanical Molecular Volumes, *J. Phys. Chem. A* **2007**, *111*, 10874–10879.

Dicyandiamid, DCD
dicyandiamide

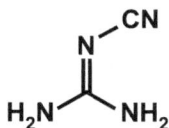

Cyanoguanidin		
Formel		$C_2H_4N_4$
REACH		LPRS
EINECS		207-312-8
CAS		[461-58-5]
m_r	g mol^{-1}	84,081
ρ	g cm^{-3}	1,404
$\Delta_f H$	kJ mol^{-1}	23
$\Delta_c H$	kJ mol^{-1}	
	kJ g^{-1}	
	kJ cm^{-3}	
Λ	Gew.-%	−114,17
N	Gew.-%	66,64
Z	°C	252
Smp	°C	211

DCD dient als Flammenexpander in pyrotechnischen Sätzen und ist das Ausgangs-material für die Herstellung von *Guanidiniumnitrat*. DCD wird durch Hydrolyse von Calciumcyanamid, $CaCN_2$, gewonnen.

- E.-C. Koch, Insensitive High Explosives III. Nitroguanidine, *Propellants Explos. Pyrotech.* **2018**, https://onlinelibrary.wiley.com/doi/10.1002/prep.201800253

Diergol
diergole

Diergol oder Zweifachtreibstoff bezeichnet Raketentreibstoffe, die aus zwei separaten flüssigen Komponenten, also einem Brennstoff und einem Oxidator, bestehen. Sowohl Brennstoff als auch Oxidator können Reinstoffe bzw. Stoffgemische sein.

- A. Dadieu, R. Damm, E. W. Schmidt, *Raketentreibstoffe*, Springer, Wien, **1968**, 99.

DIME
dense inert metal explosive

DIME steht für *Dense Inert Metal Explosive*. Das sind Sprengstoffmischungen und La-dungen die einen hohen Massenanteil (> 50 Gew.-%) feines ($d_p \sim 100\,\mu m$) Schwerme-tallpulver, wie z. B. Wolframlegierungen (z. B. *rWNiCo*: Wolfram (91–93 Gew.-%), Ni-ckel (3–5 Gew.-%) and Cobalt (2–4 Gew.-%)), enthalten. Im Nahbereich der Detonation dieser Sprengstoffe sorgt das durch die Schwaden beschleunigte Schwermetallpulver für einen hohen Impuls, der allerdings aufgrund des Luftwiderstands der Partikeln sehr rasch abfällt. Abb. D.5 zeigt den Verlauf von Gesamt- und Blast-Impuls für den herkömmlichen Blast-Sprengstoff PBXN-109 und die reib- und schlagunempfindliche DIME-Formulierung B2277A (Tab. D.2).

Tab. D.2: Zusammensetzung und Eigenschaften von B227A.

Inhaltsstoffe		Parameter	
Wolfram (Gew.-%)	79,5	ρ (g cm^{-3})	5,44
Hexogen (Gew.-%)	15,0	V (m s^{-1})	4400 bei 50 mm
Binder (Gew.-%)	5,5	Z (°C)	217
		$\varnothing_{cr}$ (mm)	> 5, < 10

DIME wurde als sogenannter *Multiphase Blast Explosive* für den Einsatz in Kleinst-bomben mit Kohlefaserverbundgehäuse für minimierte Kollateralschäden (z. B. GBU

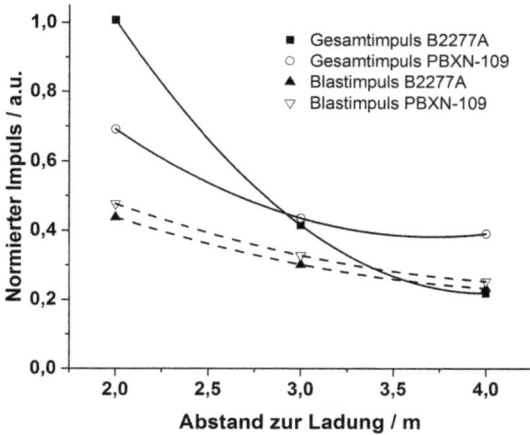

Abb. D.5: Normierter Impuls zweier Sprengstoffe.

39 A/B, *Small Diameter Bomb*) entwickelt. Verletzungen durch DIME können aufgrund des Cobalt-Anteils in den verwendeten Legierungen karzinogen wirken.

- J. Grundler, G. Guerke, J. Corley, A Method to characterize HE charges according to their potential to produce debris throw, *US DOD Explosives Safety Seminar*, New Orleans, **2000**.
- J. F. Kalinich, C. A. Emond, T. K. Dalton, S. R. Mog, G. D. Coleman, J. E. Kordell, A. C. Miller, D. E. McClain, Embedded Weapons-Grade Tungsten Alloy Shrapnel Rapidly Induces Metastatic High-Grade Rhabdomyosarcomas in F344 Rats, *Environ. Health Perspect.* **2005**, *113*, 7129–7134.
- C. Collet, A. Combe, J. Groux, M. Werschine, Development and Characterization of New Families of Explosives Able to Generate Specific Effects, *IMEMTS*, Las Vegas, **2012**.

Dimethylhydrazin, UDMH

1,1-dimethylhydrazin

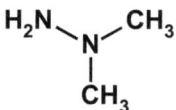

H_2N—N—CH_3
        |
       CH_3

Unsymmetrisches Dimethylhydrazin	
Formel	$C_2H_8N_2$
GHS	02, 05, 06, 08, 09
H-Sätze	H225, H301, H314, H331, H350, H411
P-Sätze	P210, P261, P273, P280, P301+310
UN	1163
REACH	LRS
EINECS	200-316-0
CAS	[57-14-7]

m_r	g mol^{-1}	60,098
ρ	g cm^{-3}	0,784 bei 25 °C
$\Delta_f H$	kJ mol^{-1}	48,8
$\Delta_c H$	kJ mol^{-1}	−1979,4
	kJ g^{-1}	−32,935
	kJ cm^{-3}	−25,821
Λ	Gew.-%	−212,98
N	Gew.-%	46,62
c_p	J g^{-1} K^{-1}	164
Smp	°C	−58
Sdp	°C	63
Z	°C	234

UDMH, auch als Aerozin bezeichnet, ist ein wichtiger flüssiger Raketentreibstoff. UDMH ist ein starkes Karzinogen.

DINCH – 1,2-Cyclohexandicarbonsäurediisononylester

bis(isononyl)cyclohexane 1,2-dicarboxylate

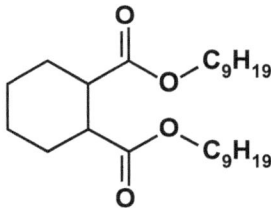

Diisononylcyclohexan-1,2-dicarboxylat		
Formel		$C_{26}H_{48}O_4$
REACH		LRS
EINECS		431-890-2
CAS		[166412-78-8]
m_r	g mol^{-1}	424,66
ρ	g cm^{-3}	0,944–0,954 bei 25 °C
Λ	Gew.-%	−271,27
Smp	°C	−54

DINCH ist ein Weichmacher, der als toxikologisch unbedenklich gilt und als Ersatz für Phthalate verwendet wird.

DINGU

tetrahydro-1,4-dinitroimidazo[4,5-d]imidazole-2,5(1H,3H)-dione

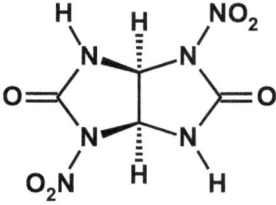

2,6-Dinitro-2,4,6,8-tetraazabicyclo[3.3.0]octa-3,7-dion		
Formel		$C_4H_4N_6O_6$
EINECS		259-683-0
CAS		[55510-04-8]
m_r	$g\,mol^{-1}$	232,112
ρ	$g\,cm^{-3}$	1,94
$\Delta_f H$	$kJ\,mol^{-1}$	−176
$\Delta_{ex}H$	$kJ\,mol^{-1}$	−1059,0
	$kJ\,g^{-1}$	−4,562
	$kJ\,cm^{-3}$	−8,851
$\Delta_c H$	$kJ\,mol^{-1}$	−1969,7
	$kJ\,g^{-1}$	−8,486
	$kJ\,cm^{-3}$	−16,463
Λ	Gew.-%	−27,57
N	Gew.-%	36,21
Smp	°C	249 (nach Z)
Z	°C	130
Reib-E	N	360
Schlag-E	J	7,5
Trauzl	cm^3	445
V_D	$m\,s^{-1}$	7580 @ 1,46 g cm^{-3}.
P_{CJ}	GPa	28,5

DINGU ist in Kontakt mit basischen Materialien nicht stabil und hydrolysiert rasch in wässriger Lösung. Die weitere Nitrierung von DINGU liefert *Sorguyl*.

• J. Boileau, E. Wimmer, M. Pierrot, R. Gallo, Structure du dinitroglycolurile (DINGU), *Propellants Explos. Pyrotech.* **1984**, *9*, 180.

2,4-Dinitroanisol, DNAN

2,4-dinitroanisole

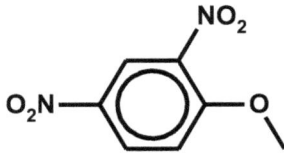

Aspekt		blassgelbe Kristalle
Formel		$C_7H_6N_2O_5$
GHS		08, 07
H-Sätze		H341, H302
P-Sätze		P264,P281,P301+P312,P308+P313,P405,P501a
REACH		LPRS
EINECS		204-310-9
CAS		[119-27-7]
m_r	g mol^{-1}	198,135
ρ	g cm^{-3}	1,546
$\Delta_f H$	kJ mol^{-1}	−186
$\Delta_{ex}H$	kJ mol^{-1}	−823,3
	kJ g^{-1}	−4,155
	kJ cm^{-3}	−6,424
$\Delta_c H$	kJ mol^{-1}	−3226,1
	kJ g^{-1}	−17,292
	kJ cm^{-3}	−26,734
Λ	Gew.-%	−96,9
N	Gew.-%	14,14
Smp	°C	94.5
Z	°C	347
Reib-E-	N	> 360
Schlag-E.	J	> 50
V_D	m s^{-1}	*6032 @ 1546 g cm^{-3}*
P_{CJ}	GPa	*13,55*

DNAN wurde im 2. Weltkrieg erstmalig als wenig brisanter Ersatzsprengstoff eingesetzt. Heutzutage besitzt DNAN große Bedeutung für gießbare Sprengstoffmischungen geringer Empfindlichkeit wie z. B. PAX-21, *IMX-101* oder *IMX-104*. Die bei Temperaturwechsellagerung auftretende Volumenzunahme bis zu 15 % ist ein bislang ungelöstes Problem von DNAN.

- P. Samuels, L. Zunino, K. Patel, B. Travers, E. Wrobel, C. Patel, Irreversible Growth of DNAN Based Formeltions, *IMEMTS*, Las Vegas, **2012**.
- P. L. Coster, C. A. Henderson, S. Hunter, W. Marshall, C. R. Pulham, Explosives at extreme conditions Polymorphism of 2,4 dinitroanisole, *NTREM*, **2014**, 164–179.
- A. Provatas, C. Wall, Ageing of Australian DNAN-Based Melt-Cast Insensitive Explosives, *Propellants Explos. Pyrotech.* **2016**, *41*, 555–561.

4,6-Dinitrobenzofuroxan, DNBF

4,6-dinitrobenzofurazoxan

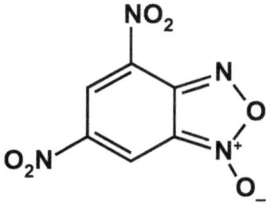

Aspekt		gelbes Pulver (technisch rot)
Formel		$C_6H_2N_4O_6$
REACH		LRS
EINECS		700-179-1
CAS		[5128-28-9]
m_r	$g\,mol^{-1}$	226,105
ρ	$g\,cm^{-3}$	1,79
$\Delta_f H$	$kJ\,mol^{-1}$	192
$\Delta_{ex} H$	$kJ\,mol^{-1}$	−1200,6
	$kJ\,g^{-1}$	−5,310
	$kJ\,cm^{-3}$	−9,505
$\Delta_c H$	$kJ\,mol^{-1}$	−2839,0
	$kJ\,g^{-1}$	−12,556
	$kJ\,cm^{-3}$	−22,475
Λ	Gew.-%	−49,53
N	Gew.-%	24,78
Smp	°C	174,5
Sdp	°C	273 (nach Beginn Z)
Z	°C	221
Reib-E	N	nicht empfindlich
Schlag-E	J	4,0–4,75
V_D	$m\,s^{-1}$	7700 @ $1,77\,g\,cm^{-3}$
P_{CJ}	GPa	26

Während DNBF aufgrund der hohen Synthesekosten und der vergleichsweise geringen Leistung als Sprengstoff unattraktiv ist, sind sowohl das Kalium- (siehe *KDNBF*) als auch das Bariumsalz des DNBF als Primärsprengstoffe von Interesse. Tab. D.3 zeigt die Reib- und Schlagempfindlichkeit sowie die Zersetzungs- bzw. Explosionstemperaturen der Alkalimetallsalze des DNBFs.

- V. P. Sinditskii, V. Y. Egorshev, V. V. Serushkin, A. V. Margolin, H. W. Dong, Study on Combustion of Metal-Derivatives of 4,6-Dinitrobenzofuroxan, *Theory and Practice of Energetic Materials*, C. Lang, F. Changgen (Hrsg.), Vol IV, China Science and Technology Press, Peking, **2001**, 69–77.
- M. L. Chan, C. D. Lind, P. Politzer, Shock Sensitivity of Energetically Substituted Benzofuroxans, *Int. Det. Symp.*, Portland, USA, **1989**, 566–572.

Tab. D.3: Ausgewählte Eigenschaften einiger DNBF-Alkalimetallsalze.

	NaDNBF	KDNBF	RbDNBF	CsDNBF
CAS	29307-66-2	29267-75-2		
Farbe	rotbraun	goldorange	ziegelrot	gelbbraun
ρ (g cm^{-3})	1,72	2,21		
$\Delta_f H$ (kJ mol^{-1})	−397	−654		
Smp (°C)	172 Expl.	208 Expl.	188 Expl.	165 Expl.
Schlag-E (J)	0,6	0,7	0,7	0,6
Reib-E (N)	5,4	2,8	1,0	2

1,3-Dinitrobenzol
1,3-dinitrobenzene

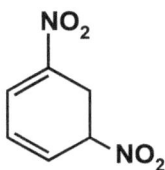

Aspekt		gelbliche Kristalle
Formel		$C_6H_4N_2O_4$
GHS		06, 08, 09
H-Sätze		H300, H330, H373, H400, H410, H312
P-Sätze		P260, P284, P301+P310, P320, P405, P501a
UN		3443
REACH		LPRS
EINECS		202-776-8
CAS		[99-65-0]
m_r	g mol^{-1}	168,109
ρ	g cm^{-3}	1,575
$\Delta_f H$	kJ mol^{-1}	−27,20
$\Delta_{ex}H$	kJ mol^{-1}	−738,8
	kJ g^{-1}	−4,395
	kJ cm^{-3}	−6,922
$\Delta_c H$	kJ mol^{-1}	−2905,8
	kJ g^{-1}	−17,285
	kJ cm^{-3}	−27,224
Λ	Gew.-%	−95,17
N	Gew.-%	16,66
Smp	°C	89,9
Sdp	°C	291
Reib-E	N	> 360
Schlag-E	J	39
Trauzl	cm^3	242–250
V_D	m s^{-1}	6100 @ 1,50 g cm^{-3}.

1,3-Dinitrobenzol wurde als Ersatzsprengstoff im 2. Weltkrieg verwendet. Aufgrund seiner hohen Giftigkeit ist es trotz seiner geringen Empfindlichkeit heute nicht mehr von Interesse.

Dinitrochlorbenzol, DNCB

1-chloro-2,4-dinitrobenzene

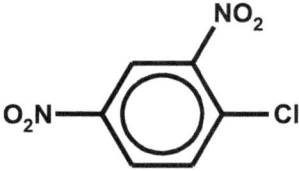

1-Chlor-2,4-dinitrobenzol		
Aspekt		hellgelbe Kristalle
Formel		$C_6ClH_3N_2O_4$
GHS		06, 08, 09
H-Sätze		H301, H311, H331, H373, H400, H410
P-Sätze		P260, P301+P310, P302+P352, P361, P405, P501a
UN		3441
REACH		LRS
EINECS		202-551-4
CAS		[97-00-7]
m_r	$g\,mol^{-1}$	202,554
ρ	$g\,cm^{-3}$	1,70
$\Delta_f H$	$kJ\,mol^{-1}$	−24,27
$\Delta_{ex} H$	$kJ\,mol^{-1}$	−776,3
	$kJ\,g^{-1}$	−3,832
	$kJ\,cm^{-3}$	−6,515
$\Delta_c H$	$kJ\,mol^{-1}$	−2765,6
	$kJ\,g^{-1}$	−13,654
	$kJ\,cm^{-3}$	−23,211
Λ	Gew.-%	−71,09
N	Gew.-%	13,83
Smp	°C	53
Sdp	°C	315
Reib-E	N	> 360
Schlag-E	J	> 50
Trauzl	cm^3	225
Koenen	mm	1 keine Reaktion

DNCB ist ein wichtiges Zwischenprodukt bei der Synthese (*Ullmann-Reaktion*) von Nitroaromaten wie *HNS* und *PNP*.

Dinitrochlorhydrin, Glycerinchlorhydrindinitrat, DNCH
dinitrochlorhydrin

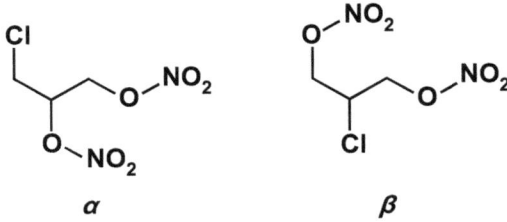

α β

CAS 2612-33-1 nicht gelistet		
Aspekt		wasserklare gelbliche Flüssigkeit
Formel		$C_3ClH_5N_2O_6$
m_r	$g\,mol^{-1}$	200,536
ρ	$g\,cm^{-3}$	1,54
Λ	Gew.-%	−15,96
N	Gew.-%	13,97
Smp	°C	16,2
Schlag-E	J	7
Trauzl	cm^3	475

DNCH tritt in zwei Isomeren, α und β, auf, deren Viskosität geringer als die von NGl ist. DNCH ist nicht hygroskopisch und unlöslich in Wasser. Es ist ein energetischer Weichmacher für NC.

Dinitrodiphenylamin, NDPA
dinitrophenylamine

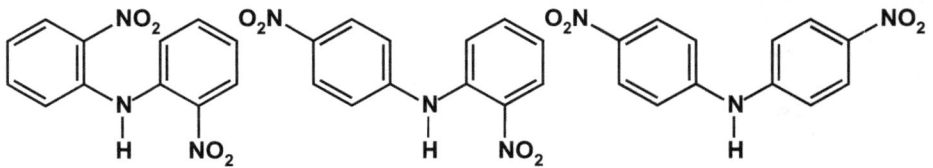

EINECS		242-138-6	217-343-9	210-306-8
CAS		[18264-71-6]	[612-36-2]	[1821-27-8]
Aspekt		gelbe Kristalle		
Formel		$C_{12}H_9N_3O_4$		
m_r	$g\,mol^{-1}$	259,22		
ρ	$g\,cm^{-3}$	1,575		

Λ	Gew.-%	−151,22		
N	Gew.-%	16.21		
Smp	°C	172–173	156–167	217–218
$\Delta_f H$	kJ mol^{-1}	27,20	5,44	3,77
$\Delta_{ex} H$	kJ mol^{-1}	−5981,5	−6013,9	−6012,2
	kJ g^{-1}	−23,075	−23,200	−23,194

NDPA existiert in den drei isomeren Formen 2,2′-Dinitro-, 2,4′-Dinitro- und 4,4′-Dinitrophenylamin und wird aufgrund der im Vergleich zu MNA geringeren Reaktivität als Langzeitstabilisator in Treibladungspulvern verwendet.

Dinitroglycerinnitrolactat

propanoic acid, 2-(nitrooxy)-, 2,3-bis(nitrooxy)propyl ester

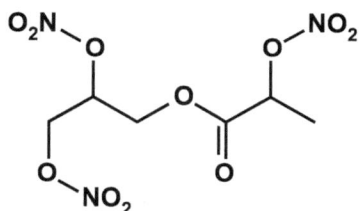

Dinitroglycerinnitrolactat		
Formel		$C_6H_9N_3O_{11}$
CAS		[1480889-31-3]
m_r	g mol^{-1}	299,151
ρ	g cm^{-3}	1,47
$\Delta_f H$	kJ mol^{-1}	−618
$\Delta_{ex} H$	kJ mol^{-1}	−1451,4
	kJ g^{-1}	−4,852
	kJ cm^{-3}	−7,132
$\Delta_c H$	kJ mol^{-1}	−3029,4
	kJ g^{-1}	−10,127
	kJ cm^{-3}	−14,886
Λ	Gew.-%	−29,42
N	Gew.-%	14,05
Sdp	°C	190 (Z)

Gut temperaturbeständiger und im Vergleich zu NGL wenig empfindlicher Gelatinator mit geringer Wasserlöslichkeit.

Dinitroglykol, EGDN
dinitroglycol

Ethylenglykoldinitrat, Nitroglykol		
Formel		$C_2H_4N_2O_6$
EINECS		211-063-0
CAS		[628-96-6]
m_r	g mol^{-1}	152,064
ρ	g cm^{-3}	1,492
$\Delta_f H$	kJ mol^{-1}	−241,00
$\Delta_{ex} H$	kJ mol^{-1}	−1039,6
	kJ g^{-1}	−6,836
	kJ cm^{-3}	−10,20
$\Delta_c H$	kJ mol^{-1}	−1117,7
	kJ g^{-1}	−7,350
	kJ cm^{-3}	−10,967
Λ	Gew.-%	0
N	Gew.-%	18,42
Smp	°C	−22
Z	°C	217
Reib-E	N	> 353
Schlag-E	J	0,2
Trauzl	cm^3	620
Koenen	mm	24

Dinitroglykol ist deutlich flüchtiger als NGl und kann daher nicht in TLPs verwendet werden. Dinitroglykol wird zur Senkung des Gefrierpunkts in Sprenggelatine verwendet.

2,4-Dinitroimidazol, 2,4-DNI
2,4-dinitro-1H-imidazole

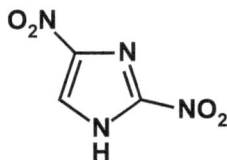

Formel		$C_3H_2N_4O_4$
CAS		[5213-49-0]
m_r	g mol^{-1}	158,073
ρ	g cm^{-3}	1,763
$\Delta_f H$	kJ mol^{-1}	−7,91
$\Delta_{ex} H$	kJ mol^{-1}	−766,2
	kJ g^{-1}	−4,847
	kJ cm^{-3}	−8,546
$\Delta_c H$	kJ mol^{-1}	−1458,5
	kJ g^{-1}	−9,227−
	kJ cm^{-3}	−16,267
Λ	Gew.-%	−30,36
N	Gew.-%	35,44
Smp	°C	274 (Z)

2,4-DNI ist ein einfach herzustellender, preiswerter Explosivstoff. Allerdings sorgt die Azidität des Protons am Stickstoff für Verträglichkeitsprobleme.

2,4-Dinitrophenyl-1-ethylnitrat

β-(2,4-dinitrophenyl)ethyl nitrate

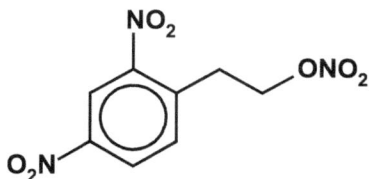

Formel		$C_8H_7N_3O_7$
CAS		[29627-24-5]
m_r	g mol^{-1}	257,157
ρ	g cm^{-3}	1,55
$\Delta_f H$	kJ mol^{-1}	−200
$\Delta_{ex} H$	kJ mol^{-1}	−923,5
	kJ g^{-1}	−4,458
	kJ cm^{-3}	−6,910
$\Delta_c H$	kJ mol^{-1}	−3948,6
	kJ g^{-1}	−15,355
	kJ cm^{-3}	−23,800
Λ	Gew.-%	−77,77
N	Gew.-%	16,34
Smp	°C	33−35
Z	°C	150

2,4-Dinitrophenyl-1-ethylnitrat ist ein guter Gelatinator für NC und eignet sich aufgrund seiner niedrigen Explosionstemperatur für erosionsarme TLPs. Vorteilhaft sind weiterhin seine geringe Flüchtigkeit und Unlöslichkeit in Wasser. Mit 2,4-Dinitrophenyl-1-ethylnitrat gefertigte Pulver weisen gute Stabilität auf.

- G. Knoffler, *Rauchschwaches Pulver und/oder Treibmittel*, DE 1056989, **1959**, Deutschland.
- V. G. Sinyavskii, V. Kovaleva, Mono- and dinitrophenylethyl nitrates, their synthesis and properties, *Zurnal organiceskoj chimii* **1970**, *6*, 1692–1696.

5,7-Dinitro-1-pikrylbenzotriazol, BTX

5,7-dinitro-1-pikrylbenzotrizole

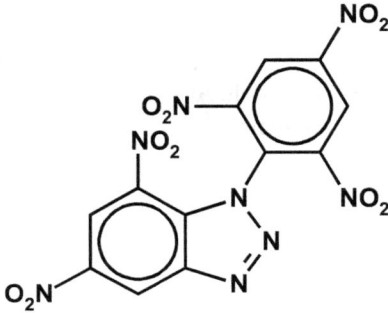

Formel		$C_{12}H_4N_8O_{10}$
CAS		[50892-90-5]
m_r	$g\,mol^{-1}$	420,21
ρ	$g\,cm^{-3}$	1.74
$\Delta_f H$	$kJ\,mol^{-1}$	299,16
$\Delta_{ex}H$	$kJ\,mol^{-1}$	−1967,1
	$kJ\,g^{-1}$	−4,795
	$kJ\,cm^{-3}$	−8,344
$\Delta_c H$	$kJ\,mol^{-1}$	−5592,9
	$kJ\,g^{-1}$	−13,310
	$kJ\,cm^{-3}$	−23,159
Λ	Gew.-%	−60,92
N	Gew.-%	26,67
Smp	°C	263
Z	°C	>263
Reib-E	N	nicht empfindlich
Schlag-E	cm	35 mit Type 12 Tool
V_D	$m\,s^{-1}$	*7170*
P_{CJ}	GPa	*23,4*

BTX ist ein temperaturunempfindlicher Explosivstoff, der für den Einsatz in EBW-Detonatoren vorgeschlagen wurde.

- R. H. Dinegar, L. A. Carlson, M. D. Coburn, BTX – A Useful High Temperature EBW Detonator Explosive, *Int. Det. Symp.*, White Oak, **1976**, 460–465.

3,4-Dinitropyrazol, DNP

3,4-dinitro-1H-pyrazole

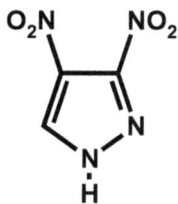

Aspekt		hellgelbe Kristalle
Formel		$C_3H_2N_4O_4$
CAS		[38858-92-3]
m_r	$g\,mol^{-1}$	158,074
ρ	$g\,cm^{-3}$	1,88
$\Delta_f H$	$kJ\,mol^{-1}$	185,2
$\Delta_{ex}H$	$kJ\,mol^{-1}$	−913,0
	$kJ\,g^{-1}$	−5,776
	$kJ\,cm^{-3}$	−10,859
$\Delta_c H$	$kJ\,mol^{-1}$	−1651,4
	$kJ\,g^{-1}$	−10,447
	$kJ\,cm^{-3}$	−19,640
Λ	Gew.-%	−30,36
N	Gew.-%	35,44
Smp	°C	88,5
Z	°C	216
Reib-E	N	> 360
Schlag-E	J	20
V_D	$m\,s^{-1}$	8115 @ 1,79
P_{CJ}	GPa	29,4 @ 1,79

DNP wird als schmelzgießbarer Explosivstoff untersucht. Trotz besserer Leistung im Vergleich zu TNT sind DNP-Mischungen mit RDX (60/40) allerdings empfindlicher im SSGT als Comp B.

- J. Ritums, C. Oscarson, M. Liljedahl, P. Goede, K. Dudek, U. Heiche, Evaluation of 3(5),4-Dinitropyrazole (DNP) as New Melt Cast Matrix, *ICT Jata*, Karlsruhe, **2014**, V2.
- J. Morris, D. Price, A. DiStasio, K. Maier, Energetic Ingredients Research for Freedom Program, *IMEMTS*, Rome, **2015**.

Dinitrotoluol, DNT

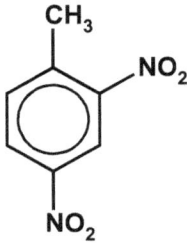

CH₃ / NO₂ / NO₂ structure

		2,4	2,6
			-dinitrotoluene
Aspekt		monoklin. Prismen	gelbe Nadeln
Formel		$C_7H_6N_2O_4$	
GHS			06, 08
H-Sätze		H301-H311-H331-H350-H341-H361f-H373-H412	
P-Sätze		P260-P301+P310-P361-P302+P352-P405-P501a	
UN		3454	
REACH		LPRS, SVHC	LPRS
EINECS		204-450-0	210-106-0
CAS		[121-14-2]	[606-20-2]
m_r	$g\,mol^{-1}$	182,136	
ρ	$g\,cm^{-3}$	1,3208 bei 71 °C (mp)	1,2833 bei 111 °C
ρ	$g\,cm^{-3}$	1,519 bei 25 °C	1,536 bei 25 °C
$\Delta_f H$	$kJ\,mol^{-1}$	−71,55	−55,23
$\Delta_{ex} H$	$kJ\,mol^{-1}$	−766,7	−778,7
	$kJ\,g^{-1}$	−4,209	−4,275
	$kJ\,cm^{-3}$	−6,394	−6,567
$\Delta_c H$	$kJ\,mol^{-1}$	−3540,6	−3556,9
	$kJ\,g^{-1}$	−19,439	−19,529
	$kJ\,cm^{-3}$	−29,528	−29,997
Λ	Gew.-%	−114,20	
N	Gew.-%	15,38	
$\Delta_{sub} H$	$kJ\,mol^{-1}$	99,57	98,32 ($\Delta_v H$)
Smp	°C	71	66
Sdp	°C	300	285
Z	°C	360	360
Reib-E	N	> 360	
Schlag-E	J	> 50	
Trauzl	cm^3	240	
Koenen	mm	1 mm Typ A	
V_D	$m\,s^{-1}$	5900 @ 1,52 g cm⁻³ im 60 mm Stahlrohr	

DNT ist ein wichtiger unempfindlicher energetischer Weichmacher für einbasige Treibladungspulver wie z. B. M1, OD6320, usw. Außerdem ist DNT eine wichtige Zwischenstufe bei der Synthese von TNT. Die Detonationsgeschwindigkeit [mm µs⁻¹]

bei unendlichem Durchmesser für variable Dichte [g cm^{-3}] kann durch folgenden Ausdruck angenähert werden:

$$V_D = 1,96 + 2,913\rho.$$

• D. Price, J. O. Erkman, A. R. Clairmont Jr., D. J. Edwards, Explosive characterization of dinitrotoluene, *Combust. Flame*, **1970**, *14*, 145–148

Dinitroxyethylnitramin, DINA

1,5-dinitroxy-3-nitro-3-azapentane

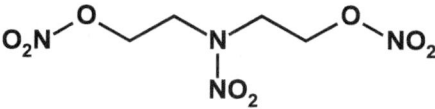

Formel		$C_4H_8N_4O_8$
CAS		[4185-47-1]
m_r	g mol^{-1}	240,13
ρ	g cm^{-3}	1,67
$\Delta_f H$	kJ mol^{-1}	−276
$\Delta_{ex} H$	kJ mol^{-1}	−1317,6
	kJ g^{-1}	−5,487
	kJ cm^{-3}	−9,163
$\Delta_c H$	kJ mol^{-1}	−2441,4
	kJ g^{-1}	−10,167
	kJ cm^{-3}	−16,979
Λ	Gew.-%	−26,65
N	Gew.-%	23,33
Smp	°C	52,5
Sdp	°C	207 (Z)
Reib-E	N	360
Schlag-E	J	7,5
Trauzl	cm^3	445
V_D	m s^{-1}	7580 @ 1,46 g cm^{-3}.
P_{CJ}	GPa	28,5

DINA zählt zu den NENAs und wurde bereits in den frühen 1940er-Jahren im Albanite-TLP als Gelatinator verwendet.

Dioctyladipat, DOA

di-(2-ethylhexyl) adipate

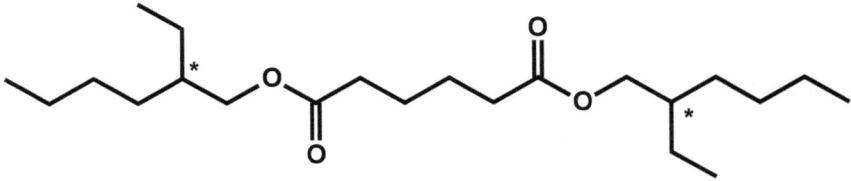

Diethylhexyladipat		
Aspekt		farblose Flüssigkeit
Formel		$C_{22}H_{42}O_4$
REACH		LPRS
EINECS		203-90-1
CAS		[103-23-1]
m_r	$g\,mol^{-1}$	370,567
ρ	$g\,cm^{-3}$	0,866
$\Delta_f H$	$kJ\,mol^{-1}$	−889,10
$\Delta_c H$	$kJ\,mol^{-1}$	−13770,8
	$kJ\,g^{-1}$	−37,161
	$kJ\,cm^{-3}$	−32,182
Λ	Gew.-%	−263,37
Smp	°C	−67,8
Sdp	°C	215 bei P = 666 Pa
Spezifikation		DOD-D-23443

DOA wird als Weichmacher in einer Reihe von kunststoffgebundenen Sprengstoffen verwendet (z. B. PBXN-109).

DIPAM, 3,3′-Diamino-2,2′,4,4′,6,6′-hexanitrodiphenyl

3,3′-diamino-2,2′,4,4′,6,6′-hexanitrodiphenyl

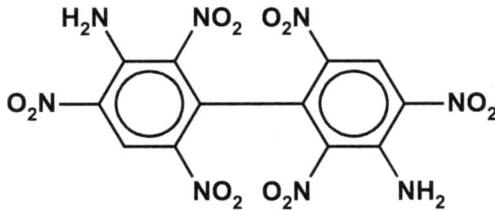

Aspekt		gelbe Nadeln
Formel		$C_{12}H_6N_8O_{12}$
REACH		LPRS
EINECS		241-258-6
CAS		[17215-44-0]
m_r	$g\,mol^{-1}$	454,226
ρ	$g\,cm^{-3}$	1,79
$\Delta_f H$	$kJ\,mol^{-1}$	−28,45
$\Delta_{ex} H$	$kJ\,mol^{-1}$	−2170,4
	$kJ\,g^{-1}$	−4,778
	$kJ\,cm^{-3}$	−8,553
$\Delta_c H$	$kJ\,mol^{-1}$	−5551,3
	$kJ\,g^{-1}$	−12,222
	$kJ\,cm^{-3}$	−21,876
Λ	Gew.-%	−52,84
N	Gew.-%	24,67
Smp	°C	306 (Z)
Schlag-E	cm	128 (Type 12 tool)
V_D	$m\,s^{-1}$	7490 @ 1.79 $g\,cm^{-3}$.
P_{CJ}	GPa	24,2

DIPAM ist ein temperaturbeständiger Explosivstoff.

Dipentaerythrithexanitrat, DIPEHN
dipentaerythritol hexanitrate

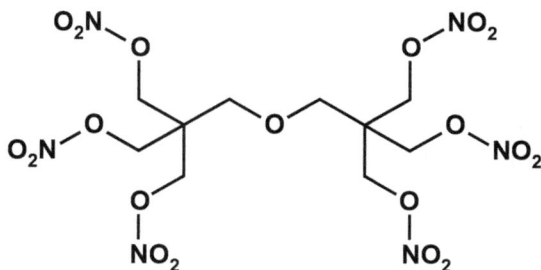

Dipenta		
Formel		$C_{10}H_{16}N_6O_{19}$
REACH		LPRS
EINECS		236-135-9
CAS		[13184-80-0]
m_r	$g\,mol^{-1}$	524,266
ρ	$g\,cm^{-3}$	1,63
$\Delta_f H$	$kJ\,mol^{-1}$	−979,47

$\Delta_{ex}H$	kJ mol^{-1}	−2706,9
	kJ g^{-1}	−5,163
	kJ cm^{-3}	−8,416
$\Delta_c H$	kJ mol^{-1}	−5242,4
	kJ g^{-1}	−10,000
	kJ cm^{-3}	−16,299
Λ	Gew.-%	−27,47
N	Gew.-%	16,03
Smp	°C	75
Sdp	°C	265 (Z)
Schlag-E	J	4
V_D	m s^{-1}	7410 @ 1,589 g cm^{-3}
Trauzl	cm^3	392

Das in Aceton lösliche und in Wasser unlösliche DIPEHN entsteht stets als Nebenprodukt in geringer Menge bei der Synthese von PETN. Es ist zwar unempfindlicher als PETN, dafür aber thermisch weniger stabil, so dass seine Anwesenheit in PETN unerwünscht ist.

Diphenyl, Biphenyl

1,1′-diphenyl

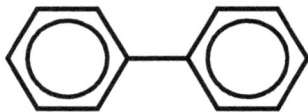

Formel		$C_{12}H_{10}$
GHS		09, 07
H-Sätze		H400-H410-H315-H335
P-Sätze		P261-P305+P351+P338-P302+P352-P321-P405-P501a
UN		3077
EINECS		202-163-5
REACH		LRS
EINECS		202-163-5
CAS		[92-52-4]
m_r	g mol^{-1}	154,21
ρ	g cm^{-3}	0,866
$\Delta_f H$	kJ mol^{-1}	100,50
$\Delta_c H$	kJ mol^{-1}	−6251,9
	kJ g^{-1}	−40,542
	kJ cm^{-3}	−35,109
Λ	Gew.-%	−300,87
Smp	°C	71
Sdp	°C	255,9

P_{vap}	Pa	7 bei 20 °C
$\Delta_{sub}H$	kJ mol^{-1}	82
$\Delta_{vap}H$	kJ mol^{-1}	62
$\Delta_{sm}H$	kJ mol^{-1}	19
c_p	J mol^{-1} K^{-1}	198

Perlmuttartiges Pulver mit charakteristischem Geruch. Wird als Kohlenstoffquelle in IR-Leuchtsätzen und Tarnnebelsätzen verwendet. Durch den hohen Dampfdruck migriert Biphenyl in Munitionen bei Temperaturwechsellagerung.

- Z. Deluga, E. Plachta, W. Rembiszewski, B. Florczak, B. Zygmunt, E. Daniluk, M. Koch, M. Gilewicz, M. Maziejuk, *Mieszanina pirotechniczna do wytwarzania dymo maskujacych, zwlascza w podczerwieni*, PL 175254 B1, **1998**, Polen.

Diphenylamin, DPA

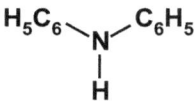

$$H_5C_6\diagdown_{\underset{|}{\underset{H}{N}}}\diagup C_6H_5$$

Formel		$C_{12}H_{11}N$
GHS		06, 08, 09
H-Sätze		H301-H311-H331-H373-H400-H410
P-Sätze		P260-P301+P310-P361-P302+P352-P405-P501a
UN		3077
REACH		LRS
EINECS		204-539-4
CAS		[122-39-4]
m_r	g mol^{-1}	169,226
ρ	g cm^{-3}	1,158
$\Delta_f H$	kJ mol^{-1}	130
$\Delta_c H$	kJ mol^{-1}	−6424,3
	kJ g^{-1}	−37,964
	kJ cm^{-3}	−43,962
Λ	Gew.-%	−278,91
N	Gew.-%	8,28
Smp	°C	53,85
Sdp	°C	301,9
$\Delta_{sm}H$	J mol^{-1}	17,9
$\Delta_{vap}H$	J mol^{-1}	55,2
c_p	J K^{-1} mol^{-1}	238,61

DPA ist der älteste Stabilisator für Nitrocellulose und als solcher immer noch in Verwendung in TLP.

Diphenylarsinchlorid, DA

chlorodiphenylarsine

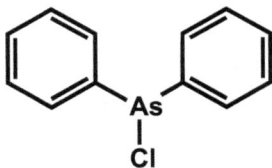

Diphenylchlorarsin, Clark I		
Aspekt		rein: farblose Kristalle, technisch: braune Flüssigkeit
Formel		$AsC_{12}ClH_{10}$
REACH		LPRS
EINECS		211-921-4
CAS		[712-48-1]
m_r	$g\,mol^{-1}$	264,586
ρ	$g\,cm^{-3}$	1,422
Λ	Gew.-%	−181,41
Smp	°C	44
Sdp	°C	333 (Z)
P_{vap}	Pa	$6,7 \cdot 10^{-2}$
ICt_{50}	$ppm\,min^{-1}$	15
LCt_{50}	$ppm\,min^{-1}$	15.000

Diphenylethylurethan

ethyl diphenylcarbamate

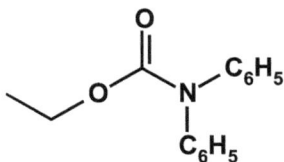

Formel		$C_{15}H_{15}NO_2$
REACH		LPRS
EINECS		210-047-0
CAS		[603-52-1]
m_r	$g\,mol^{-1}$	241,29
ρ	$g\,cm^{-3}$	1,146

$\Delta_f H$	kJ mol^{-1}	−280,75
$\Delta_c H$	kJ mol^{-1}	−7765,8
	kJ g^{-1}	−32,185
	kJ cm^{-3}	−36,884
Λ	Gew.-%	−235,39
N	Gew.-%	5,81
Smp	°C	72
Sdp	°C	360

Diphenylethylurethan ist ein wichtiger Stabilisator für Nitrocellulose.

2,5-Dipikryl-1,3,4-oxadiazol, DPO
2,5-dipikryl-1,3,4-oxadiazole

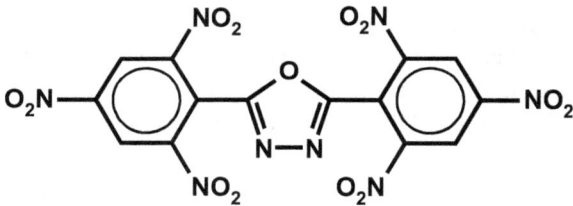

5,5′-Bis(2,4,6-trinitrophenyl)-1,3,4-oxadiazol		
Aspekt		blassgelbe Kristalle
Formel		$C_{14}H_4N_8O_{13}$
CAS		[22358-64-1]
m_r	g mol^{-1}	492,232
ρ	g cm^{-3}	1,87
$\Delta_f H$	kJ mol^{-1}	84
$\Delta_{ex} H$	kJ mol^{-1}	−2385,4
	kJ g^{-1}	−4,846
	kJ cm^{-3}	−9,062
$\Delta_c H$	kJ mol^{-1}	−6164,9
	kJ g^{-1}	−12,525
	kJ cm^{-3}	−23,421
Λ	Gew.-%	−55,26
N	Gew.-%	22,76
Smp	°C	335
T_{5ex}	°C	> 370
V_D	m s^{-1}	6965 @ 1,605 g cm^{-3}
		7747 @ 1,87 g cm^{-3}
P_{CJ}	GPa	19,5 @ 1,605 g cm^{-3}
		28,55 @ 1,87 g cm^{-3}
$\varnothing_{cr}$	mm	12 @ 1,605 g cm^{-3}
Schlag-E	J	6,13

DPO ist hochtemperaturbeständig und reibunempfindlich, aber in etwa so schlag- und stoßwellenempfindlich wie PETN.

- M. E. Sitzmann, 2,5-Dipicryl-1,3,4-oxadiazole: A shock-sensitive explosive with high thermal stability (thermally stable substitute for PETN), *J. Energ. Mater.* **1988**, *6*, 129–144.
- D. L. Sheng, L. K. Cheng, B. Yang, Y. H. Zhu, M. H. Xu, Performances of new heat-resistant insensitive booster explosive 2,5 dipikryl-1,3,4-oxadiazole, *Hanneng Calliao*, **2011**, *19*, 184–188.

DMA, dynamisch-mechanische Analyse
dynamic mechanical analysis

Bei dieser Methode wird ein Prüfkörper einer dynamischen Belastung (typischerweise sinusförmig) unterzogen und dabei simultan Spannung und Dehnung, also die plastisch-elastische Verformung, gemessen. Bei der Messung werden zwei E-Moduli erhalten, das Speichermodul E' und das Verlustmodul E''. Für die Untersuchung wird die Probe zunächst mit einer konstanten Dehnung/Stauchung vorgespannt, die dann durch die dynamische Belastung überlagert wird. Während der Messung wird die Temperatur schrittweise erhöht. Nach STANAG werden folgende Parameter gewählt (Tab. D.4):

Tab. D.4: DMA-Parameter nach STANAG.

Parameter	Wert
Modus	Dehnung
Frequenz (Hz)	1, 10, 100
Vorbelastung	0,3 %, maximal 60 N
Dynamische Belastung	0,05 % maximal 40 N
Aufheizrate ($K\,min^{-1}$)	2

Von besonderer Wichtigkeit ist die Temperatur am Maximum des Verlustmoduls E'', denn diese ist der Glasübergangspunkt T_g des Materials. D. h. unterhalb dieser Temperatur muss mit Sprödbruch gerechnet werden. Daher sollte diese Temperatur immer möglichst niedrig, jedenfalls unterhalb der niedrigsten Gebrauchstemperatur liegen. Ein spröder Bruch, z. B. bei Treibladungspulver, erhöht schlagartig die Abbrandoberfläche und kann daher den Übergang vom laminaren zum konvektiven Abbrand bzw. einen DDT einleiten. Auch bei Sprengstoffen ist ein Sprödbruch, z. B. bei Beschuss, sehr ungünstig.

- W. deKlerk, Mechanical Analysis – Different Methods and Applications on Energetic Materials, *IMEMTS*, Rom, **2015**.
- STANAG 4540, 1st edn., September 2001 Explosives, Procedures for Dynamic Mechanical Analysis (DMA) and Determination of Glass Transition Temperature.

DNDA

Mit DNDA, kurz für Dinitrodiazaverbindungen, werden offenkettige Nitramine bezeichnet, die seit einigen Jahren als Weichmacher für die von Langlotz und Müller entwickelten TLP mit geringer Temperaturabhängigkeit (TU-Pulver) verwendet werden. Das bekannte DNDA-5,7 ist eine Mischung von 2,4-Dinitro-2,4-diazapentan, (DNDA-5), 2,4-Dinitro-2,4-diazahexan (DNDA-6) und 3,5-Dinitro-3,5-diazaheptan (DNDA-7) im ungefähren Massenverhältnis 40 Gew.-%, 45 Gew.-% und 15 Gew.-%. DNDA-5,7 wird z. B. durch Nitrierung einer Mischung von N,N'-Dimethylharnstoff und N,N'-Diethylharnstoff, Hydrolyse des Dinitrodimethylharnstoffes und des Dinitrodiethylharnstoffes sowie abschließende Kondensation des Methyl- und Ethylnitramins erhalten. Ein typisches TU-Pulver ist nachfolgend aufgeführt:

N11/M1000:
- 35 Gew.-% Nitrocellulose
- 40 Gew.-% Hexogen
- 23 Gew.-% DNDA-5,7

DNDA bewirkt eine Kaltsprödigkeit des Pulvers, was zu einem *erosiven Abbrand* (siehe dort) bei niedrigen Temperaturen führt. Dadurch bleibt die Lebhaftigkeit des Pulvers auch bei niedrigen Temperaturen erhalten.

- G. Pauly, R. Scheibel, Burning Behavior of Nitramine Gun Propellants under the Influence of Pressure Oscillations, *Propellants Explos. Pyrotech.* **2010**, *35*, 284–291.
- H. G. Emans, L. Lichtblau, R. Schirra, *Verfahren zur Herstellung von DNDA*, EP000001317415B1, Deutschland, **2005**.
- W. Langlotz, D. Müller, *Treibladungspulver für Rohrwaffen*, DE 19757469A1, **1997**, Deutschland.

DNDA-5
2,4-dinitro-2,4-diazapentane

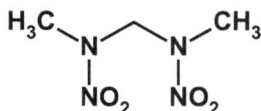

2,4-Dinitro-2,4-diazapentan		
Formel		$C_3H_8N_4O_4$
CAS		[13232-00-3]
m_r	g mol^{-1}	164,121
ρ	g cm^{-3}	1,389

$\Delta_f H$	kJ mol^{-1}	−31,76
$\Delta_{ex} H$	kJ mol^{-1}	−851,5
	kJ g^{-1}	−5,188
	kJ cm^{-3}	−7,206
$\Delta_c H$	kJ mol^{-1}	−2292,1
	kJ g^{-1}	−13,966
	kJ cm^{-3}	−19,399
Λ	Gew.-%	−58,49
N	Gew.-%	34,14
T_g	°C	−47
Smp	°C	56
$\Delta_{sm} H$	kJ mol^{-1}	−20,48
Z	°C	227

DNDA-6

2,4-dinitrazahexane

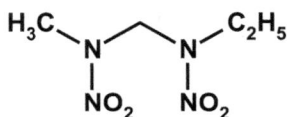

2,4-Dinitro-2,4-diazahexan		
Formel		$C_4H_{10}N_4O_4$
CAS		[168983-72-0]
m_r	g mol^{-1}	178,148
ρ	g cm^{-3}	1,323
$\Delta_f H$	kJ mol^{-1}	−79,50
$\Delta_{ex} H$	kJ mol^{-1}	−866,2
	kJ g^{-1}	−4,862
	kJ cm^{-3}	−6,433
$\Delta_c H$	kJ mol^{-1}	−2923,7
	kJ g^{-1}	−16,412
	kJ cm^{-3}	−21,713
Λ	Gew.-%	−80,83
N	Gew.-%	31,45
T_g	°C	−60
Smp	°C	33
$\Delta_{sm} H$	kJ mol^{-1}	−20,93
Z	°C	222

• G. Bunte, H. Schuppler, H. Krause, Thermal Analytical Characterization of DNDA-5, DNDA-6 and DNDA-7 and certain Binary and Ternary Mixtures, *ICT-Jata*, Karlsruhe, **2004**, P-174.

DNDA-7

3,5-dinitro-3,5-diazaheptane

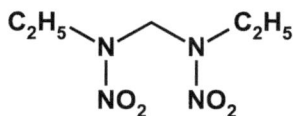

3,5-Dinitro-3,5-diazaheptan		
Formel		$C_5H_{12}N_4O_4$
CAS		[134273-34-0]
m_r	$g\,mol^{-1}$	192,175
ρ	$g\,cm^{-3}$	1,271
$\Delta_f H$	$kJ\,mol^{-1}$	−135,10
$\Delta_{ex} H$	$kJ\,mol^{-1}$	−876,2
	$kJ\,g^{-1}$	−4,559
	$kJ\,cm^{-3}$	−5,795
$\Delta_c H$	$kJ\,mol^{-1}$	−3547,5
	$kJ\,g^{-1}$	−18,460
	$kJ\,cm^{-3}$	−23,462
Λ	Gew.-%	−99,91
N	Gew.-%	29,15
T_g	°C	−10
Smp	°C	76
$\Delta_{sm} H$	$kJ\,mol^{-1}$	−32,84
Z	°C	229

DODECA

2,2′,2″,2‴,4,4′,4″,4‴,6,6′,6″,6‴-dodecanitro-1,1′ 3′1″ 3″,1‴-quaterphenyl

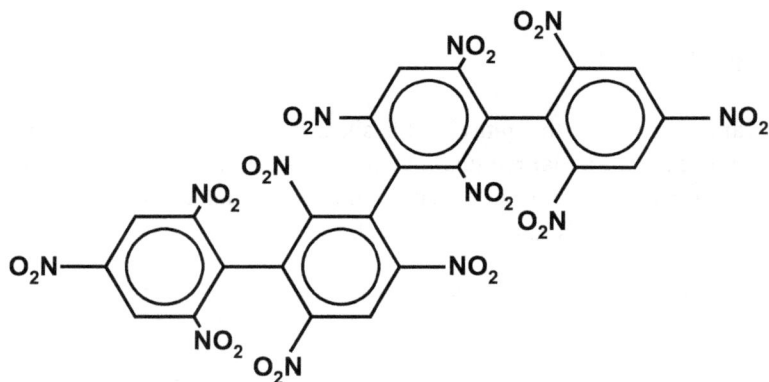

Aspekt		cremefarbene Kristalle
Formel		$C_{24}H_6N_{12}O_{24}$
CAS		[23242-92-4]
m_r	$g\,mol^{-1}$	846,378
ρ	$g\,cm^{-3}$	1,81
$\Delta_f H$	$kJ\,mol^{-1}$	−211,71
$\Delta_{ex} H$	$kJ\,mol^{-1}$	−4263,7
	$kJ\,g^{-1}$	−5,038
	$kJ\,cm^{-3}$	−9,118
$\Delta_c H$	$kJ\,mol^{-1}$	−10.512,0
	$kJ\,g^{-1}$	−12,420
	$kJ\,cm^{-3}$	−22,480
Λ	Gew.-%	−51,04
N	Gew.-%	19,86
Smp	°C	>425

DODECA ist ein extrem temperaturbeständiger Explosivstoff. Aufgrund des hohen sterischen Anspruchs der Nitrogruppen liegt DODECA im Kristallgitter als gewölbtes Molekül vor, in welchem die Diederwinkel zwischen den einzelnen Phenyl- bzw. Phenyleneinheiten jeweils etwa 90° betragen.

- S. Zeman, M. Roháč, Z. Friedl, A. Růžička, A. Lyčka, Crystallography and Structure – Property Relationships in 2,2′,2″,2‴,4,4′,4″,4‴,6,6′,6″,6‴-Dodecanitro-1,1′3′1″ 3″,1‴- Quaterphenyl (DODECA), *Propellants Explos. Pyrotech.* **2010**, *35*, 339–346.

Donarit

Donarit ist die Warenbezeichnung für einen AN-haltigen Gesteinssprengstoff mit geringem Sprengölgehalt.

Döring, Werner (1911–2006)

Werner Döring war ein deutscher theoretischer Physiker. Als Schüler von Richard Becker entwickelte er in den 1940er-Jahren unabhängig von, aber zeitgleich mit, Zeldovitch und von Neumann eine Theorie zur Beschreibung der Gasdetonation, die heute als *ZND-Modell* (Zeldovitch, von Neumann, Döring) bekannt ist.

- W. Döring, Über den Detonationsvorgang in Gasen, *Ann. Phys.* **1943**, 421–436
- W. Döring, Die Geschwindigkeit und Struktur von intensiven Stoßwellen in Gasen, *Ann. Phys.* **1949**, 133–150.
- W. Döring, Über die Detonationsgeschwindigkeit des Methans und Dizyans im Gemisch mit Sauerstoff und Stickstoff, *Z. Elektrochem.* **1950**, *54*, 231–239.
- Eintrag in der Deutschen Nationalbibliothek: http://d-nb.info/gnd/137378165, Zugriff am 29. März 2019.

Double Base Propellant, DBP

Doppelbasiges oder besser zweibasiges Treibladungspulver. DBP sind Zusammensetzungen, die etwa 40 bis 70 Gew.-% *Nitrocellulose* und 20 bis 45 Gew.-% *Sprengöl* (*NGL/DEGDN*) enthalten.

Douda, Bernard E. (1930*)

Douda ist ein amerikanischer Chemiker und Pyrotechniker. Er studierte am Cornell College und erwarb dort 1951 einen Bachelor in Chemie. Nach einem Einsatz im Koreakrieg wechselte er zum damaligen Crane Naval Ammunition Depot als Research Chemist. Douda beschäftigte sich in seinen Forschungsarbeiten mit der damals gerade in Entwicklung befindlichen Spektroskopie pyrotechnischer Leuchtsätze und deren Modellierung. Er erwarb einen Master in Chemie und promovierte schließlich 1971 an der Indiana University mit diesem Thema zum PhD. 1964 entwickelte er mit Trisglycin-κ-*N,N',N''*-strontiumdiperchlorat den Vorläufer der heutigen molekularen Pyrotechnika (einer Verbindung, die Farbgeber, Oxidationsmittel und Brennstoff enthält und ohne weitere Zusätze mit einer intensiv rot gefärbten Flamme rauchlos abbrennt). Douda untersuchte neuartige kunststoffgebundene Leuchtsätze und widmete sich schließlich auch der historischen Aufarbeitung und Dokumentation der Entwicklung von pyrotechnischen Scheinzielen. Douda gehört mit Bill Cronk, Joseph H. McLain, Allen Tulis und Bob Blunt zu den Gründern der International Pyrotechnics Society (IPS) und war deren Präsident von 1988 bis 1990. Er ist Träger des Dr. Fred Saalfeld Awards der US Navy (2010) und Namensgeber für einen Nachwuchsförderpreis der International Pyrotechnics Society. Mit Vollendung des 81. Lebensjahrs ging Douda 2011 in den Ruhestand.

- B. E. Douda, *The Genesis of Infrared Decoy Flares – The Early Years from 1950–1970*, Naval Surface Warfare Center, Crane Division, Crane, Indiana, USA, **2009**.
- E.-C. Koch, B. E. Douda – on his 80th birthday, *Propellants Explos. Pyrotech.* **2010**, *35*, 203–204.
- E.-C. Koch, B. E. Douda receives US Navy 2010 Dr. Fred Saalfeld Award for Outstanding Lifetime Achievements in Science, *Propellants Explos. Pyrotech.* **2011**, *36*, 7.

DSC, Differential Scanning Calorimetry

DSC, zu Deutsch: Dynamische Differenzkalorimetrie (DDK), ist eine thermische Analysemethode mit der Enthalpieänderungen der zu untersuchenden Substanz erfasst und quantitativ bestimmt werden können.

Dazu werden in einer Temperiervorrichtung eine Substanzprobe in einem Messtiegel und parallel ein Referenztiegel einem definierten Temperaturprogramm (dT/dt)

ausgesetzt. Durch die Wärmekapazität der zu prüfenden Substanzprobe sowie endotherme oder exotherme Vorgänge darin kommt es zum Wärmefluss in und aus dem Messtiegel der durch verschiedene Techniken bestimmt werden kann. Typische Parameter, die durch DSC-Messungen erfasst werden können, sind:
- Inhärente Eigenschaften:
  - spezifische Wärme
  - Kristallisationsgrad
- Reversible Prozesse:
  - Glasübergänge
  - Phasenübergänge
- Irreversible Prozesse:
  - endotherme Zersetzung
  - exotherme Zersetzung

Eine ähnliche Messmethode – bei der allerdings nur die Temperaturänderung einer Probe erfasst wird, ohne dass eine Bestimmung der Wärmemenge möglich ist – ist die Differentialthermoanalyse (DTA). Letztere Messmethode wird auch häufig gekoppelt mit einer Messung der Massenänderung der Probe (TGA = thermogravimetrische Analyse).

- DIN EN ISO 11357-1 Dynamische Differenz-Thermoanalyse (DSC) Teil 1: Allgemeine Grundlagen
- STANAG 4515, 2nd edn., Explosives, Thermal Analysis using Differential Thermal Analysis (DTA), Differential Scanning Calorimetry (DSC), Heat Flow Calorimetry (HFC) and Thermogravimetric Analysis (TGA); Brüssel, **2015**, 41 S.

DTTO & *iso*-DTTO
[1,2,3,4]tetrazino[5,6-e]-1,2,3,4-tetrazine, 1,3,6,8-tetraoxide (DTTO)
[1,2,3,4]tetrazino[5,6-e]-1,2,3,4-tetrazine, 2,4,6,8-tetraoxide (iso-DTTO)

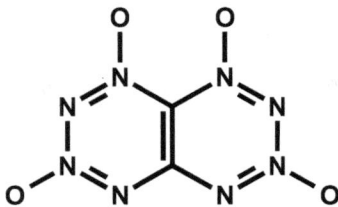

DTTO

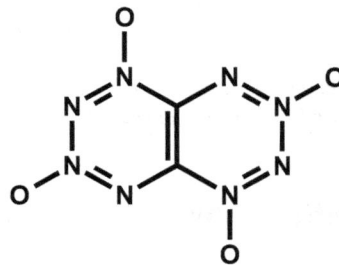

iso-**DTTO**

Acronym		DTTO/TTTO	iso-DTTO/iso-TTTO
Formel		$C_2N_8O_4$	
CAS		[244613-32-9]	[244613-33-0]
m_r	$g\,mol^{-1}$	200,07	
$\rho_{ber.}$	$g\,cm^{-3}$	$1,97 \pm 0,10$	$2,00 \pm 0,10$
$\Delta_f H$	$kJ\,mol^{-1}$	+959,6	+955
$\Delta_{ex}H$	$kJ\,mol^{-1}$	−1758,5	
	$kJ\,g^{-1}$	−8,789	
	$kJ\,cm^{-3}$	−17,315	
$\Delta_c H$	$kJ\,mol^{-1}$	−1746,6	
	$kJ\,g^{-1}$	−8,730	
	$kJ\,cm^{-3}$	−17,198	
Λ	Gew.-%	0	
N	Gew.-%	56,00	
Smp	°C	183–186 (Z)	n.a.
V_D [*)]	$m\,s^{-1}$	*9560*	*9670*
P_{CJ} [*)]	GPa	*48,23*	*50,41*

[*)] mit Cheetah 7.0 bei $\rho_{ber.}$.

Für DDTO und *iso*-DTTO werden hohe Dichten und sehr hohe positive Bildungsenthalpien prognostiziert. Daher könnten beide Stoffe höhere Detonationsdrucke als HMX und selbst CL-20 ergeben. Das kürzlich synthetisierte DTTO ist allerdings sehr hydrolyseempfindlich, was dessen Nutzen erheblich einschränken dürfte (siehe *Sorguyl* oder *Hexanitrobenzol*).

- K. O. Christe, D. A. Dixon, M. Vasiliu, R. I. Wagner, R. Haiges, J. A. Boatz, H. L. Ammon, Are DTTO and iso-DTTO Worthwile Targets for Synthesis? *Propellants Explos. Pyrotech.* **2015**, *40*, 463–468.
- M. S. Klenov, A. A. Guskov, O. V. Anikin, A. M. Churakov, Y. A. Strelenko, I. V. Fedyanin, K. A. Lyssenko, V. A. Tartakovsky, Synthesis of Tetrazino-tetrazine 1,3,6,8-Tetraoxide (TTTO), *Angew. Chem. Int. Ed.* **2016**, *55*, 11472–11475.

DU, Depleted Uranium

DU (^{238}U > 99,7 Gew.-%, ^{235}U = 0,2–0,3 Gew.-%), zu Deutsch: abgereichertes Uranium, dient aufgrund seiner hohen Dichte (ρ = 19,16 g cm^{-3}) und Festigkeit als Panzerung in Fahrzeugen und auch als selbstschärfendes Projektil (durch adiabate Scherung) in Rohrwaffenmunition ab $_\varnothing$ = 20 mm aufwärts. Bei Panzerdurchschlag entstehende DU-Splitter und Partikel sind pyrophor und verursachen thermische Folgeeffekte. Aufgrund der chemischen Toxizität des Urans und dessen Radioaktivität $^{238}U \longrightarrow {}^{234}Th + {}^4He^{2+}$ (4,27 MeV), $\tau_{1/2}$ = 4,468·10^9 a (α-Strahler 4,27 MeV) wird DU auch in den USA nur noch in seltenen Fällen in Munition verwendet.

• L. S. Magness and T. G. Farrand, Deformation Behavior and its Relationship to the Penetration Performance of High Density KE-Penetrator Materials, *Proc. 1990 Army Science Conference*, Durham, May **1990**, 149–164.
• L. Baker Jr., J. G. Schnizlein, J. D. Bingle, The ignition of uranium, *J. Nucl. Materials*, **1966**, *20*, 22–38.

D2-Wachs
D2-wax

D2-Wachs ist ein energetisches Bindemittel für Sprengstoffe und setzt sich wie folgt zusammen:
- 84 Gew.-% Montanwachs/Ozokerit
- 14 Gew.-% Nitrocellulose
- 2 Gew.-% Lecithin

Dynamit
dynamite

Als Dynamit werden grundsätzlich alle plastischen Sprengmassen bezeichnet, deren Hauptbestandteil Nitroglycerin ist.
- **Gurdynamit** NGl in Kieselgur, wird heutzutage nicht mehr verwendet.
- **Sprenggelatine** ist mit Nitrocellulose gelatiniertes Sprengöl (NGL/DEGN), wird heute weiterhin verwendet.
- **Mischdynamite** enthalten Holzmehl, anorganische Nitrate und vergleichsweise geringe Massenanteile Nitroglycerin (4–12 Gew.-%).
- **Gelatinedynamite** sind Mischungen aus Sprenggelatine mit Dinitroglykol und aromatischen Nitroverbindungen um den Erstarrungspunkt des Sprengöls herabzusenken.
- **Wettersichere Dynamite** sind entweder gelatiniert und ungelatiniert und enthalten Alkalisalze zur Senkung der Explosionstemperaturen (siehe *gewerbliche Sprengstoffe*).

E

ECL®
extruded composite low sensitivity

ECL® ist ein eingetragenes Warenzeichen der Nitrochemie Wimmis & Aschau und steht für *Extruded Composite Low Sensitivity*. ECL® sind NGl-freie TLPs, die NC und ein Nitramin (Hexogen oder Oktogen) im Massenanteil von 1 bis 25 Gew.-% sowie inerte Plastifizierungsmittel, wie beispielsweise Phthalsäureester langkettiger linearer C_9–C_{11} Alkohole, enthalten (Tab. E.1). ECL® sind unempfindlich im Bullet Impact und Fragment Impact Test (siehe *Insensitive Munition*) und besitzen eine gegenüber herkömmlichen einbasigen TLPs deutlich verminderte Temperaturempfindlichkeit (Tab. E.2). ECL werden für Treibladungen im Kaliber zwischen 30 mm und 120 mm verwendet.

Tab. E.1: Typische ECL®-Zusammensetzung.

Inhaltsstoffe	Gew.-%
Nitrocellulose, 13,2 Gew.-% N	68,23
Hexogen	24,00
Akardit-II	1,73
Kaliumsulfat	0,38
Mangan(II)-oxid	0,10
Calciumcarbonat	0,19
Phthalsäureester	1,44
Graphit	0,14
Campher	3,84

Tab. E.2: Empfindlichkeit und Leistung von ECL® als 7-Lochpulver.

Parameter	Wert
Schüttdichtedichte ($g\,l^{-1}$)	1024
Explosionswärme ($J\,g^{-1}$)	3580
Verpuffungstemperatur (°C)	179
Bullet-Impact[*]	V[#]
Fragment Impact	V[#]
Schlag-E (J)	19

[*] An einer 30 × 173 mm Hülse mit 174 g TLP-Masse nach STANAG 4439,
[#] Reaktionstyp nach STANAG 4439.

- U. Schädeli, H. Andres, K. Ryf, D. Antenen, B. Vogelsanger, *Antrieb zur Beschleunigung von Geschossen*, EP1857429B1, **2013**, Schweiz.
- B. Vogelsanger, U. Schädeli, D. Antenen, ECL – A New propellant family with improved safety and performance properties, *ICT-JATA*, Karlsruhe, **2007**, V-15.

https://doi.org/10.1515/9783110559651-005

Ednatol

Mit Ednatol werden schmelzgießbare Sprengstoffmischungen auf der Grundlage von Ethylendinitramin (EDNA) und Trinitrotoluol bezeichnet. Typische Zusammensetzungen und Eigenschaften sind nachfolgend angegeben (Tab. E.3 & E.4).

Tab. E.3: Ednatol-Zusammensetzungen.

	60/40	55/45	50/50
Ethylendinitramin(Gew.-%)	60	55	50
Trinitrotoluol (Gew.-%)	40	45	50
Theoretische Dichte (g cm^{-3})	1,710	1,705	1,701

Tab. E.4: Empfindlichkeit und Leistung von Ednatol 55/45.

	55/45
ρ (g cm^{-3})	1.62
Λ (Gew.-%)	−51
V_D (m s^{-1})	7340
P_{CJ} (GPa)	21.78
Trauzl (cm^3)	360
$\Delta_{ex}H$ (kJ cm^{-3})	−7,976
Schlag-E (J)	19

Eicosanitrododecahedran, ENDH

eicosanitrododecahedrane

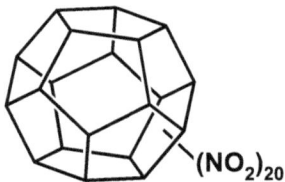

$(NO_2)_{20}$

Formel		$C_{20}N_{20}O_{40}$
m_r	g mol^{-1}	1160,333
ρ	g cm^{-3}	2,2–2,4
$\Delta_f H$	kJ mol^{-1}	−353,55
$\Delta_{ex}H$	kJ mol^{-1}	−7581,9
	kJ g^{-1}	−6,534
	kJ cm^{-3}	−14,375

$\Delta_c H$	kJ mol^{-1}	−7516,9
	kJ g^{-1}	−6,478
	kJ cm^{-3}	−14,252
Λ	Gew.-%	0
N	Gew.-%	24,14
V_D	m s^{-1}	10.186 @ 2,20 g cm^{-3}.
P_{CJ}	GPa	48,55 @ 2,20 g cm^{-3}
$V/V_0 = 7,20$	kJ cm^{-3}	-11,80 (106 % CL-20, 124 % HMX)

ENDH, $C_{20}(NO_2)_{20}$, ist eine bislang nur theoretisch untersuchte Verbindung aus der Gruppe der homoleptischen Nitrokohlenstoffverbindungen. Aufgrund des Dodecahedran-Gerüstes könnten mit ENDH und dessen Derivaten Dichten jenseits von $\rho_{20°C} = 2,4\,g\,cm^{-3}$ realisiert werden. Selbst eine konservative Berechnung ($\rho = 2,2\,g\,cm^{-3}$) zeigt Leistungswerte die HMX und CL-20 noch deutlich übertreffen.

- O. Sandus, Detonation Performance Calculations on Novel Explosives, *6th Ann. Working Group Meeting on Synthesis of HE Density Materials*, Kiamesha Lake, NY, USA, **1987**.

EI(D)S
extremely insensitive (detonating) substances

EI(D)S sind Explosivstoffe, die in *allen* Prüfungen der UN Prüfserie 7 a–f kein positives Ergebnis liefern. Ergeben auch die diesen Stoff enthaltenden Gegenstände/Munitionen in den dafür vorgesehenen Prüfungen 7 g–k kein positives Ergebnis, so wird auch der zugehörige Gegenstand der Transportklasse 1.6 zugeordnet. Explosivstoffe, die bislang erfolgreich als EIS eingestuft wurden, enthalten häufig nichtideale Explosivstoffe (z. B. NGu, AP) und Mischungen idealer HE mit Oxidationsmitteln. Ausgewählte EI(D)S und deren Eigenschaften sind in Tab. E.5 dargestellt.

Tab. E.5: EI(D)S-Formulierungen.

Name	Land	Zusammensetzung	ρ (g cm^{-3})	V_D (m s^{-1})	P_{CJ} (GPa)
RDC35	GB	TATB/Kel-F-800 = 95/5	1,90	7710	28,9
AFX-930	USA	RDX/NGu/Al/HTPB = 32/37/15/16	1,60	6000	
XF13333	F	NTO/ TNT/Al/Wachs = 48/31/14/7	1,70	7143	22,6
FOXIT	FIN	I-RDX/AP/Al/HTPB = ?/?/?/?	1,80	5500	

- *Recommendations on the Transport of Dangerous Goods – Manual of Tests and Criteria* – 5th rev. edn. United Nations, **2009**, S. 157–175.
- E.-C. Koch, Extrem Insensitive Detonierende Stoffe, EIDS, Testverfahren und Materialien, *Seminar – Insensitive Munition*, Bundesakademie für Wehrverwaltung und Wehrtechnik, Mannheim, **2008**.

Eimite

Eimite sind extrudierbare Treibladungsanzünder und enthalten mit Nitrocellulose gebundene pyrotechnische Sätze (Tab. E.6).

Tab. E.6: Eimite – Zusammensetzung und Eigenschaften.

	Eimite
Nitrocellulose, 13,5 % N (Gew.-%)	40
Kaliumnitrat (Gew.-%)	27,6
Magnesium, atom. (Gew.-%)	16,7
Schwefel (Gew.-%)	9,8
Resorcin (Gew.-%)	5,9
$\Delta_{ex}H$, exp. ($J\,g^{-1}$)	530
T_{ad} (°C)	2317

- H. Hassmann, Evaluation of Eimite as a Substitute for Black Powder in Artillery Primers, *Picatinny Arsenal, Technical Report* 2525, **1957**.

Eisen

iron

Aspekt		silbergrau bis schwarz
Formel		Fe
GHS		02, 07
H-Sätze		H228-H319-H335
P-Sätze		P210-P241-P261-P305+P351+P338-P405-P501a
UN		3089
EINECS		231-096-4
CAS		[7439-89-6]
m_r	$g\,mol^{-1}$	55,847
ρ	$g\,cm^{-3}$	7,874
Smp	°C	1535
Sdp	°C	3070
$\Delta_m H$	$kJ\,mol^{-1}$	14,9
$\Delta_b H$	$kJ\,mol^{-1}$	340,2
c_p	$J\,mol^{-1}\,K^{-1}$	24,98
κ	$W\,m^{-1}\,K^{-1}$	174
$\Delta_c H$	$kJ\,mol^{-1}$	−412,1
	$kJ\,g^{-1}$	−7,379
	$kJ\,cm^{-3}$	−58,102
Λ	Gew.-%	−28,65

Aufgrund seiner inhärenten Oxidation an feuchter Luft muss Eisen unter wasserfreien Bedingungen verarbeitet werden. Eisen beginnt an trockener Luft ab $T = 220\,°C$ zu oxidieren. Eisen wird in *Wunderkerzen* in Form von rostfreiem Stahl mit hohem C-Anteil (um die charakteristisch verzweigten Partikelexplosionen zu erzeugen) verwendet. Reines unlegiertes Eisen dient weiterhin als Brennstoff und elektrischer Leiter in dünnen Hitzeplatten (siehe *Heat*) in Thermalbatterien. Abb. E.1 zeigt ein für die Verarbeitung zu dünnen Platten günstiges dendritisches Eisenpulver, welches gegenüber sphärischen Pulvern durch Verzahnungseffekte höhere mechanische Festigkeit erreicht.

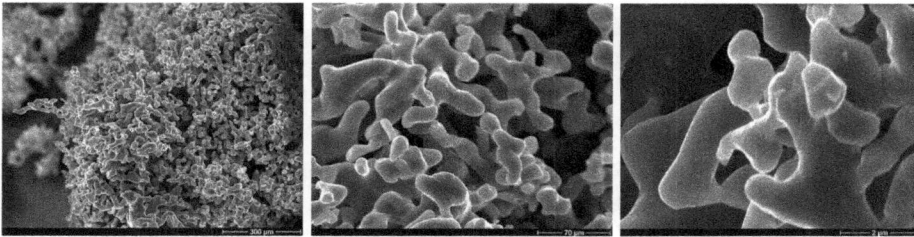

Abb. E.1: Elektronenmikroskopische Aufnahme eines dendritischen Schwammeisenpulvers.

Weitere Anwendungen für Eisen bzw. Stahlpulver sind Vulkane. Auch wurde Eisen als farbgebendes Agens in HC-Nebelsätzen vorgeschlagen. Das Eisen reagiert dabei in einer Nebenreaktion mit dem Chlor des HC zum stark hygroskopischen und intensiv gelben Eisen(III)chlorid, das bereits bei $T = 320\,°C$ sublimiert.

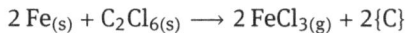

$$2\,Fe_{(s)} + C_2Cl_{6(s)} \longrightarrow 2\,FeCl_{3(g)} + 2\{C\}$$

Schließlich wurde $Fe/K[MnO_4]$ (siehe *Ignit*) in gaslosen Verzögerungssätzen verwendet.

- M. J. Tribelhorn, M. G. Blenkinsop, M. E. Brown, Combustion of some iron-fueled binary pyrotechnic systems, *Thermochim. Acta* **1995**, *256*, 291–307.
- H. Stoltzenberg, M. Leuschner, *Nebelsatz zur Herstellung von beständig gefärbten anorganischen Nebeln*, DE1188490, **1962**, Deutschland.

Eisen(III)acetylacetonat, Eisen(III)pentandionat

iron(III) 2,4-pentanedionate

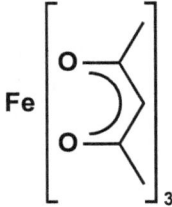

Fe(acac)$_3$		
Aspekt		orangerotes Kristallpulver
Formel		C$_{15}$FeH$_{21}$O$_6$
GHS		07
H-Sätze		H302-H315-H319-H335
P-Sätze		P261-P302+P352-P305+P351+P338-P321-P405-P501a
REACH		LPRS
EINECS		237-853-5
CAS		[14024-18-1]
m_r	g mol^{-1}	353,175
ρ	g cm^{-3}	1,348
$\Delta_f H$	kJ mol^{-1}	−1268,92
$\Delta_c H$	kJ mol^{-1}	−8047,2
	kJ g^{-1}	−22,786
	kJ cm^{-3}	−30,715
Λ	Gew.-%	−160,82
Smp	°C	184

Eisen(III)acetylacetonat wird als Katalysator für die Polymerisation von HTPB verwendet.

Eisenoxide

		ferric oxide	*black iron oxide*
Formel		Fe$_2$O$_3$	FeO · Fe$_2$O$_3$
Aspekt		orangerot	schwarz
Alternative Namen		Hämatit	Magnetit, Hammerschlag
CAS		[1309-37-1]	[1317-61-9]
m_r	g mol^{-1}	159,692	231,539
ρ	g cm^{-3}	5,24	5,18
$\Delta_f H$	kJ mol^{-1}	−824,25	−1118,38
Λ	Gew.-%	+10,02	+6,91
Smp	°C	1462 (Z)	1597
Z	°C		1984

Eisen(III)oxid, Fe_2O_3, und Eisen(II,III)oxid, $FeO \cdot Fe_2O_3$, sind gebräuchliche Oxidationsmittel in Anfeuerungen, Thermit- und Verzögerungssätzen (Tab. E.7). Eisen(II)oxid, FeO, (*ferrous oxide*) CAS [1345-25-1] selbst findet keine Verwendung als Oxidationsmittel. Es fungiert hingegen in der Praxis als nichtstöchiometrisches Oxid der tatsächlichen Zusammensetzung $Fe_{1-x}O$ mit $0,05 \leq x \leq 0,12$ als pyrophores Material.

Tab. E.7: Eisenoxide in verschiedenen pyrotechnischen Sätzen.

	Anfeuerung	Anzündsatz	Anzündsatz	Thermit
Fe_2O_3 (Gew.-%)		25	50	75
$FeO \cdot Fe_2O_3$ (Gew.-%)	25			
$2PbO \cdot PbO_2$ (Gew.-%)	25	25		
Al (Gew.-%)				25
Si (Gew.-%)	25	25		
Ti (Gew.-%)	25	25	32,5	
Zr (Gew.-%)			17,5	
NC (Gew.-%)			+ 44	
Z (°C)	762	865	456	$\gg 800$
Q $(J\,g^{-1})$	1506	1435	2635	3974

- A. K. Lay, *Decoy Countermeasures*, EP1948575B1, **2014**, UK.

Ellern, Herbert (1902–1987)

Der in Nürnberg gebürtige Herbert Ellern studierte von 1921–1925 zunächst Chemie an der Universität München und promovierte schließlich 1927 bei Arthur Rosenheim (1865–1942) mit einer Arbeit über die oxidierenden Eigenschaften des Hydroxylamin an der Friedrich-Wilhelms-Universität Berlin (heute Humboldt-Universität zu Berlin). Ellern verließ Deutschland zu Beginn der 1930er-Jahre und arbeitete ab 1937 für die Universal Match Corporation in St. Louis, Missouri, USA. Er schrieb 1961 eine vielbeachtete Monographie zu pyrotechnischen Sätzen, der 1968 eine erheblich erweiterte Auflage folgte. Der „Ellern" ist auch heute noch, fünfzig Jahre nach dem Erscheinen der zweiten Auflage, ein wichtiges Standardwerk in der Pyrotechnik.

- H. Ellern, D. E. Olander, Spontaneous explosion of a normally stable complex salt, *J. Chem. Educ.* **1955**, *32*, 24.
- H. Ellern, *Modern Pyrotechnics – Fundamentals of Applied Physical Pyrochemistry*, Chemical Publishing Corp. New York **1961**, 320 S.

- H. Ellern, *Military and Civilian Pyrotechnics*, Chemical Publishing Company, New York, **1968**, 464 S.
- H. Ellern, *Matches* in M. Grayson, D. Eckroth (Eds.), *Kirk Othmer Encyclopedia of Chemical Technology*, Volume 15, **1981**. S. 1–8.
- Eintrag in der Deutschen Nationalbibliothek: http://d-nb.info/gnd/125217706, Zugriff am 29. März 2019.

Ellingham-Diagramm

Die nach dem britischen Physikochemiker Harold Johann Thomas Ellingham (1897–1975) in den 1940er-Jahren entwickelten und nach ihm benannten Diagramme zeigen die Änderung der Gibbs-Energie, ΔG, für die Oxidationsreaktion von Metallen mit der gleichen Stoffmenge Sauerstoff (je nach Autor entweder $1\,mol\,O_2$ oder $\frac{1}{2}\,mol\,O_2$) als Funktion der Temperatur, meist im Bereich von $T = 0$–$2500\,°C$ (Abb. E.2):

$$dG = dH - TdS \,.$$

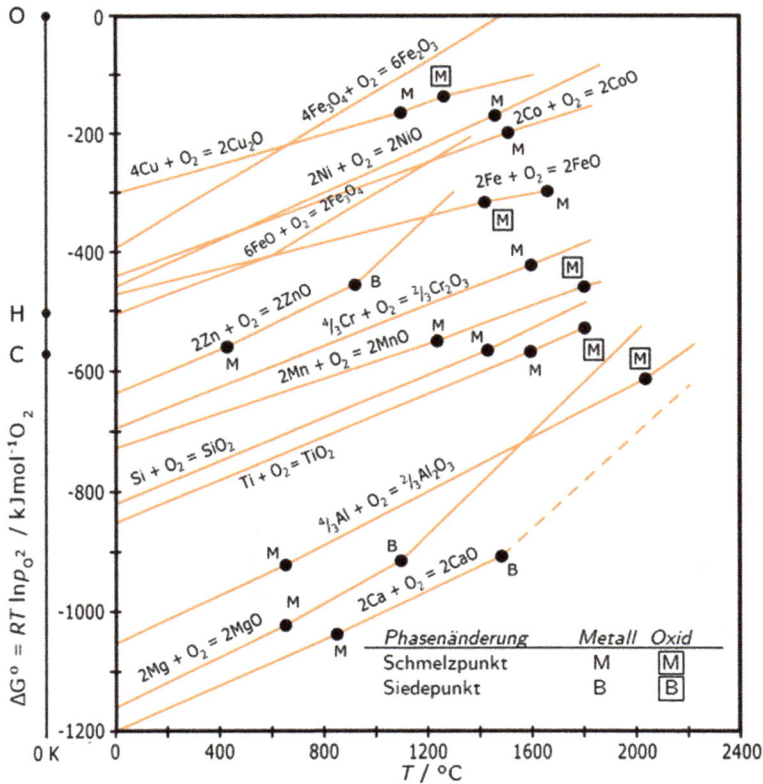

Abb. E.2: Ellingham-Diagramm verändert nach Wikipedia.

Die Änderung der Entropie ΔS bei der Oxidation von Metallen wird maßgeblich durch die Entfernung des Sauerstoffs bestimmt und ist daher negativ, $\Delta S < 0$, und etwa gleich groß für alle Metalle. Die Steigung des Graphs $d\Delta G/dT = -\Delta S$ ist daher positiv für alle Metalle und in etwa parallel. Bei der Oxidation von Kohlenstoff zu Kohlenstoffmonoxid, $C + \frac{1}{2}O_2 \longrightarrow CO$, verdoppelt sich die Gasmenge weshalb $\Delta S > 0$ und die Steigung daher negativ ist. Bei der Oxidation von Kohlenstoff zu Kohlenstoffdioxid, $\frac{1}{2}C + \frac{1}{2}O_2 \longrightarrow \frac{1}{2}CO_2$, bleibt die Molzahl des Gases gleich, weshalb der Entropieänderung, $\Delta S \sim 0$, nur unwesentlich negativ ist und daher die Steigung ganz schwach negativ ist. Oberhalb der Temperatur des Siedepunktes von Metallen erhöht sich die Steigung weiter aufgrund der größeren Entropieabnahme. Beim Siedepunkt/Dissoziationspunkt des entstandenen Metalloxids wird die Steigung aufgrund der Entropiezunahme wieder flacher. Je tiefer die Linie des jeweiligen Metalls im Diagramm liegt desto stabiler ist das jeweilige Metalloxid. Das Metall der tieferliegenden Linie kann jedes Oxid darüberliegender Metalle reduzieren. Oberhalb der Temperatur der Schnittpunkte von Linien zweier Metalle kann das nun tieferliegende Metall das darüberliegende Metalloxid reduzieren. Das Ellingham-Diagramm wird häufig zur Untersuchung von Thermit-Systemen verwendet und kann auch bei der Bewertung der Reaktionen in Hochtemperaturflammen herangezogen werden.

- J. H. McLain, *Pyrotechnics*, The Franklin Institute Press, Philadelphia, **1981**, S. 85–87.
- D. Swanepoel, O. Del Fabro, W. W. Focke, C. Conradie, Manganese as Fuel in Slow-Burning Pyrotechnic Time Delay Compositions, *Propellants Explos. Pyrotech.* **2010**, *35*, 105–113.
- https://en.wikipedia.org/wiki/Ellingham_diagram#/media/File:Ellingham_Richardson-diagram_english.svg, Zugriff am 25. März 2019.

Empfindlichkeit
sensitivity (AmE), sensitivity (BrE)

und *sensitiveness (BrE)* Die Empfindlichkeit von Explosivstoffen gegenüber akzidentellen Stimuli (*sensitiveness*) bestimmt deren Handhabungssicherheit. Ihre Ansprechempfindlichkeit (*sensitivity*) hingegen bestimmt deren Einsatzmöglichkeiten. Typische Stimuli, durch die Explosivstoffe ausgelöst werden können, sind
- Schlag,
- Stoß,
- Reibung,
- Wärme,
- Flammen,
- Strahlung und
- elektrostatische Entladung.

Zur Bewertung der Empfindlichkeit gibt es standardisierte Prüfungen (z. B. UN-Handbuch oder AOP-7 und die korrespondierenden STANAGs), in denen Stimuli entweder einzeln oder auch kombiniert eingesetzt werden.

Um die Handhabungssicherheit von Explosivstoffen zu erhöhen werden diese typischerweise phlegmatisiert. Ein historisches Beispiel ist das Nitroglycerin, NGl. Erst Nobel gelang es, das im flüssigen Zustand extrem schlagempfindliche NGl durch Gelatinierung mit Nitrocellulose zu einem dauerhaft handhabungssicheren Sprengstoff zu phlegmatisieren.

Heutzutage werden zur Phlegmatisierung kristalliner Sprengstoffe wie Hexogen oder Nitropenta z. B. thermoplastische Elastomere verwendet. Graphitzusätze senken weiterhin die Reibempfindlichkeit von Formulierungen und vermindern auch die Empfindlichkeit gegenüber elektrostatischer Entladung.

Während die vorbezeichneten Beispiele eine Senkung der Empfindlichkeit im Sinne einer Erhöhung der Handhabungssicherheit (*sensitiveness*) darstellen, gibt es auch Stoffe, deren Empfindlichkeit im Hinblick auf eine Einsatzfähigkeit durch geeignete Maßnahmen – Sensibilisierung (*sensitivity*) – erst erhöht werden muss.

So müssen bestimmte flüssige Explosivstoffe (z. B. Nitromethan) vor der Verwendung durch Zusatz von Microballoons (kleinen Glashohlkörpern) sensibilisiert werden. Nach allgemeinem Verständnis erfolgt beim Durchgang der Stoßwelle adiabatische Kompression der eingeschlossenen Luft und die geschaffenen Hotspots lösen die Reaktion des ansonsten sehr unempfindlichen Explosivstoffs aus.

Ein anderes Beispiel liefert der sehr unempfindliche Explosivstoff 1,3,5-Triamino-2,4,6-trinitrobenzol (TATB). TATB fällt bei der Reaktion von Trichlortrinitrobenzol mit Ammoniak als sehr poröses Material an (engl. *cheesy*). Diese Poren vermitteln wiederum eine erhöhte Stoßwellenempfindlichkeit. Hingegen kann durch Rekristallisation von TATB aus ionischen Lösemitteln ein praktisch porenfreies Material erhalten werden, das allerdings für bestimmte Anwendungen, z. B. in EFIs, nicht mehr empfindlich genug ist (sic!)

- Recommendations on the Transport of Dangerous Goods – Manual of Tests and Criteria – 5th rev. edn. United Nations, **2009**, 450 S.
- AOP-7, *Manual of Data requirements and tests for the qualification of Explosive Materials for Military Use*, NATO-Standardisation Agency, Brüssel, 3rd edn. **2011**.

Empfindlichkeitskorrelationen
sensitivity correlation

Wenngleich es bis heute keine im mathematischen Sinne streng gültige Korrelation zwischen der Empfindlichkeit einheitlicher kovalenter und ionischer Explosivstoffe und anderen Stoffparametern gibt, so werden dennoch deutliche Trends beobachtet, die das Verständnis insbesondere auch bei der Untersuchung neuer Stoffe unterstützen können. Mit Bezug auf die Schlagempfindlichkeit wurden folgende Parameter untersucht und diskutiert

Sauerstoffbilanz
- Kamlet & Adolph *Propellants Explos. Pyrotech.* **1979**, 4, 30

Chemische Zusammensetzung
- G. T. Afanas'Ev, T. S. Pivina, D. V. Sukhachev, *Propellants Explos. Pyrotech.* **1993**, *18*, 309–316
- D. E. Bliss, S. L. Christian, W. S. Wilson, Impact Sensitivity of Nitramines, *J. Energ. Mat.* **1991**, *9*, 319–348
- W. C. Lothrop, G. R. Handrick, The Relationship between Performance and Constitution of Pure Organic Explosive Compounds, *Chem. Rev.* **1949**, *44*, 419–445.
- J. R. Stine, On predicting properties of explosives- Detonation Velocity, *J Energ Mat* **1990**, *8*, 41–73.
- S. R. Jain, Energetics of propellants, Fuels and Explosives; a Chemical Valence Approach, *Propellants Explos. Pyrotech.* **1987**, *12*, 188–195.
- L. R. Rothstein, R. Petersen, Predicting High Explosive Detonation Velocities from their Composition and Structure, *Propellants Explos. Pyrotech.* **1979**, *4*,56–60 & 86 (Erratum)
- L. R. Rothstein, Predicting High Explosive Detonation Velocities from their Composition and Structure (II), *Propellants Explos. Pyrotech.* **1981**, *6*, 91–93
- A. R. Martin, H. J. Yallop, Some aspects of detonation. Part 1. – Detonation velocity and chemical constitution, *Trans. Faraday Soc.* **1958**, *54*, 257–263.
- A. R. Martin, H. J. Yallop, Some aspects of detonation. Part 2. – Detonation velocity as a function of oxygen balance and heat of formation, *Trans. Faraday Soc.* **1958**, *54*, 257–263
- A. Mustafa, A. A. Zahran, Tetryl, Pentyl, Hexyl, and Nonyl. Preparation and Explosive Properties, *J. Chem. Eng. Data* **1963**, *8*, 135–150.

Elektronische Bandlücke
- M. M. Kuklja, E. V. Stefanovich, A. B. Kunz, An excitonic mechanism of detonation initiation in explosives, *J. Chem. Phys.* **2000**, *112*, 3417–3423.
- H. Zhang, F. Cheung, F. Zhao, X. Cheng, Band gaps and the possible effect on impact sensitivity for some nitro aromatic explosive materials. *Int. J. Quantum Chem.* **2009**, *109*, 1547–1552.
- S. V. Bondarchuk, Quantification of Impact Sensitivity Based on Solid-State Derived Criteria, *J. Phys. Chem. A* **2018**, *122*, 5455–5463.

Schwingungsübergänge
- J. Sharma, B. C. Beard, M. Chaykovsky, Correlation of impact sensitivity with electronic levels and structure of molecules, *J. Phys. Chem.* **1991**, *95*,1209–1213.
- M. R. Manaa, L. E. Fried, Intersystem Crossings in Model Energetic Materials, *J. Phys. Chem. A* **1999**, *103*, 9349–9354

Chemische Verschiebung im NMR
- S. Zeman, New Aspects of the Impact Reactivity of Nitramines, *Propellants Explos. Pyrotech.* **2000**, *25*, 66–74.

- S. Zeman, M. Jungová, Sensitivity and Performance of Energetic Materials, *Propellants Explos. Pyrotech.* **2016**, *41*, 426–451.

Elektrostatisches Potential
- J. S. Murray, P. Lane, P. Politzer, Effects of strongly electron-attracting components on molecular surface electrostatic potentials application to predicting impact sensitivities of energetic molecules, *Mol. Phys.* **1998**, *93*,187–194
- B. M. Rice, J. J. Hare, A Quantum Mechanical Investigation of the Relation between Impact Sensitivity and the Charge Distribution in Energetic Molecules, *J. Phys. Chem. A* **2002**, *106*, 1770–1783.

Elektrostatisches Potential in der Mitte der C–NO$_2$-Bindung
- J. S. Murray, P. Lane, P. Politzer, A relationship between impact sensitivity and the electrostatic potentials at the midpoints of C-NO$_2$-bonds in nitroaromatics, *Chem. Phys. Lett.* **1990**, *168*, 135–139.

Schmelzwärme
- S. Zeman, New Aspects of the Impact Reactivity of Nitramines, *Propellants Explos. Pyrotech.* **2000**, *25*, 66–74.

Aktvierungsenergie
- I. Fukuyama, T. Ogawa, A. Miyake, Sensitivity and Evaluation of Explosive Substances, *Propellants Explos. Pyrotech.* **1986**, *11*, 140–143.
- H. Xiao, J. Fana, Z. Gua, H. Dong, Theoretical study on pyrolysis and sensitivity of energetic compounds (3) Nitro derivatives of aminobenzenes, *Chem. Phys.* **1998**, *226*, 15–24.
- C. Xu, X. Heming, Y. Shulin, Theoretical investigation on the impact sensitivity of tetrazole derivatives and their metal salts, *Chem. Phys.* **1999**, *250*, 243–248.
- S. Zeman, New Aspects of the Impact Reactivity of Nitramines, *Propellants Explos. Pyrotech.* **2000**, *25*, 66–74.

Geschwindigkeitskonstanten
- S. Zeman, New Aspects of the Impact Reactivity of Nitramines, *Propellants Explos. Pyrotech.* **2000**, *25*, 66–74.

Bindungsenergie/Gesamtenergie
- L. E. Fried, M. R. Manaa, P. F. Pagoria, R. L. Simpson, Design and Synthesis of Energetic Materials, *Ann. Rev. Mater. Res.* **2001**, *31*, 291–321.

C–NO$_2$- und N–NO$_2$-Bindungsenergie
- F. J. Owens, Calculation of energy barriers for bond ruTpure in some energetic molecules *J. Mol. Struct. (Theochem)* **1996**, *370*, 11–16.

- B. M. Rice, S. Sahu, F. J. Owens, Density functional calculations of bond dissociation energies for NO$_2$ scission in some nitroaromatic molecules, *J. Mol. Struct. (Theochem)* **2002**, *583*, 69–72.
- X. Song, X. Cheng, X. Yang, D. Li, R. Linghu, Correlation between the bond dissociation energies and impact sensitivities in nitramine and polynitro benzoate molecules with polynitro alkyl groupings, *J. Hazard. Mater.* **2008**, *150*, 317–321.
- J. Li, A multivariate relationship for the impact sensitivities of energetic N-nitrocompounds based on bond dissociation energy, *J. Hazard. Mater.* **2010**, *174*, 728–733.
- J. Li Relationships for the Impact Sensitivities of Energetic C-Nitro Compounds Based on Bond Dissociation Energy, *J. Phys. Chem. B* **2010**, *114*, 2198–2202.

Bindungslänge

- P. Politzer, J. S. Murray, P. Lane, Shock-sensitivity relationships for nitramines and nitroaliphatics, *Chem. Phys. Lett.* **1991**, 181, 78–82.

Molekulare Elektronegativität

- J. Mullay, A Relationship between Impact Sensitivity and Molecular Electronegativity, *Propellants Explos. Pyrotech.* **1987**, *12*, 60–63.
- E.-C. Koch, The Hard and Soft Acids and Bases (HSAB) Principle – Insights to Reactivity and Sensitivity of Energetic Materials, *Propellants Explos. Pyrotech.* **2005**, *30*, 5–16.

Molekulare Geometrie

- V. Belik, V. A. Potemkin, N. S. Zefirov, Correlation between geometrical structure of molecules and impact sensitivity of explosives, *Dokl. Akad. Nauk. SSSR* **1989**, *308* 882–886.

Geschwindigkeit des Energietransfer zu Schwingungen

- L. E. Fried, A. J. Ruggiero, Energy Transfer Rates in Primary, Secondary, and Insensitive Explosives, *J. Phys. Chem.* **1994**, *98*, 9786–9791
- K. L. McNesby, C. S. Coffee, Spectroscopic Determination of Impact Sensitivities of Explosives, *J. Phys. Chem. B* **1997**, *101*, 3097–3104.

Polarität von Bindungen

- A. Delpuech, J. Cherville, Relation entre la Structure Electronique et al Sensibilite au Choc des Explosifs Scondaires Nitres-Critere Moleculaire de Sensibilite, *Propellants Explos.* **1978**, *3*, 169–175.

Substitutionsmuster

- F. J. Owens, Relationship between impact induced reactivity of trinitroaromatic molecules and their molecular structure, *J. Mol. Struct. (Theochem)* **1985**, *121*, 213–220.

Bindungsordnung

- H. Xiao, J. Fana, Z. Gua, H. Dong, Theoretical study on pyrolysis and sensitivity of energetic compounds (3) Nitro derivatives of aminobenzenes, *Chem. Phys.* **1998**, *226*, 15–24.

Leervolumen im Kristallgitter

- P. Politzer, J. S. Murray, Impact Sensitivity and Crystal Lattice Compressibility/Free Space, *J. Mol. Model.* **2014**, *20*, 222–231.
- P. Politzer, J. S. Murray, High Performance, Low Sensitivity Conflicting or Compatible? *Propellants Explos. Pyrotech.* **2016**, *41*, 414–425.

Enerfoil®

Enerfoil®, auch als *Firesheet* bezeichnet, ist ein Schichtanzündmittel bestehend aus einer Polytetrafluorethylen-Trägerfolie (d = 40–70 µm) mit beidseitig aufgedampften Schichten von Magnesium (d = 2–20 µm) als Brennstoff, die jeweils mit einer dünnen Aluminiumschicht (d = 5–10 µm) als Oxidationsschutz bedampft sind. Während einzelne Folien Abbrandgeschwindigkeiten von u = 400–500 mm s^{-1} zeigen, brennen Stapel mehrerer Folien mit Geschwindigkeiten bis zu u = 1000 mm s^{-1} ab. Enerfoil ist sicherheitstechnisch wenig empfindlich und besitzt eine im Vergleich zu herkömmlichen pulverförmigen Mischungen größere Langzeitstabilität.

- E.-C. Koch, *Metal-Fluorocarbon Based Energetic Materials*, Wiley-VCH, Weinheim, **2012**, 258–263.

Energetische ionische Flüssigkeiten, EILS

energetic ionic liquids

EILS bilden eine noch relativ neue Gruppe von Explosivstoffen mit potentiellen Anwendungen im Bereich der Sprengstoffe, Treibmittel und Pyrotechnik. Seit *Christe et al.* darüber 2006 erstmalig berichteten, sind international über 200 Publikationen zu EILS erschienen (Stand Sommer 2017). Die Tendenz ist steigend. Das große Interesse an EILS begründet sich in der enormen Bandbreite der Eigenschaften durch die Kombinationsmöglichkeiten einer sehr großen Zahl möglicher energetischer Anionen und Kationen (Tab. E.8). Definitionsgemäß sind ionische Flüssigkeiten Ionenverbindungen (*vulgo* = Salze) mit Schmelzpunkten unter T = 100 °C. (Smp < –40 °C = *Tieftemperatur-EILs*; Smp > 25 °C = *schmelzbare EILS*)

Ionische Flüssigkeiten enthalten Kationen und Anionen mit weitgehend niedriger Symmetrie und guter Ladungsverteilung. Dadurch und durch die Abwesenheit von Wasserstoffbrückenbindungen herrschen nur schwache Wechselwirkungskräfte zwischen den Ionen, was den niedrigen Schmelzpunkt begünstigt.

Typische organische Kationen Ionischer Flüssigkeiten enthalten Stickstoffatome, die die Stabilisierung der positiven Ladung begünstigen (Abb. E.3). Typische heterocyclische Anionen von EILS sind in Abb. E.4 dargestellt.

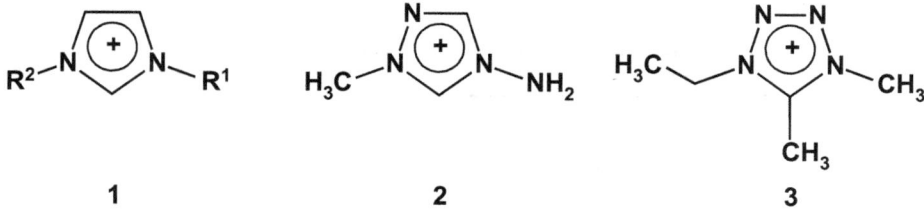

1   **2**   **3**

Abb. E.3: Typische organische Kationen in EILS 1,3-Dialkyl-imidazolium (**A**), 4-Amino-1-methyl-1,2,4-triazolium (**B**) und 1-Ethyl-4,5-dimethyltetrazolium (**C**).

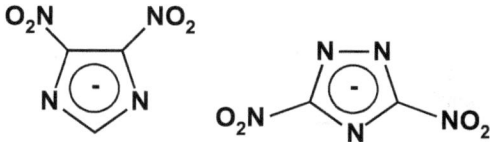

Abb. E.4: Typische organische Anionen in EILS 4,5-Dinitro-imidazolat (**A**), 3,5-Dinitro-1,2,4-triazolat.

Neben heterocyclischen Anionen enthalten EILS aber auch "klassische" anorganische Anionen wie Nitrat, Dinitramid, Chlorat, Perchlorat, und z. B. Bistrifluorosilylamid.

Damit Substanzen als EILS verwendet werden können müssen folgende Bedingungen erfüllt sein:
- Hinreichender Sauerstoffgehalt $\Lambda_{CO} \geq 0$ Gew-% um CO zu bilden.
- Hydrolysestabilität
- Geringe Hygroskopizität
- Verträglichkeit mit anderen metallischen Brennstoffen und anderen EM

Weiterhin gelten folgende Forderungen an EILS (Tab. E.9 & E.10):

Tab. E.8: Besondere Eigenschaften von EILS und potentielle Anwendungsbereiche.

Eigenschaft	Potentielle Anwendung
Schmelzpunkt < 100 °C	TNT-Ersatzstoffe, z. B. *1-Amino-3-methyl-1,2,3-triazoliumnitrat*
Glaspunkt < −40 °C (bei manchen EILS)	Potentielle Weichmacher in TLP und PBX, z. B. *4-Amino-1-methyl-1,2,4-triazoliumnitrat*
Niedriger Dampfdruck	– keine VOC-Problematik bei der Verarbeitung – keine Sicherheitsrisiken durch brennbare oder explosible Dämpfe – niedrige Migrationstendenz bei T-Wechsellagerung
Zahlreiche Kombinationsmöglichkeiten von energetischen Anionen und Kationen	Etwa 10.000 verschiedene EILS gegenwärtig denkbar.

Tab. E.9: Forderungen an potentielle EILS (1).

Physikalische Eigenschaften	Wert	Thermodynamische Eigenschaften	Wert
Schmelzpunkt °C	a) 80–100	$\Delta_f H$ (kJ mol^{-1})	> 0
	b) < – 40	$\Delta_c H$ (kJ g^{-1})	> 25
Dichte (g cm^{-3})	> 1,4		
Oberflächenspannung (N m)	0,1		
Viskosität (Pa s)	So niedrig wie möglich		

Tab. E.10: Forderungen an potentielle EILS (2).

Empfindlichkeit	Wert	Stabilität	Wert
Schlagempfindlichkeit (J)	> 50	TGA – 75 °C isotherm, 24 h	< 1 % Verlust
Reibempfindlichkeit (N)	> 120	TGA – 10 K min^{-1}	Exo-Onset > 120 °C

Neben EILS gibt es auch ionische Flüssigkeiten, die mit typischen Oxidatoren wie IRFNA oder H_2O_2 hypergol reagieren. Die hypergole Reaktivität dieser ionischen Flüssigkeiten steigt mit der Anzahl und Qualität ungesättigter Seitenketten am organischen Kation und wird durch elektronenarme Anionen wie z. B. das Dicyanamid $(N(CN)_2)^-$ begünstigt.

- A. Brand, T. Hawkins, G. Drakem, I. M. K. Ismail, G. Warmouth, L. Hudgens, *Energetic Ionic Liquids as TNT Replacements*, AFRL. Juni **2005**.
- C. Bigler Jones, R. Haiges, T. Schroer, K. O. Christe, Oxygen-Balanced Energetic Ionic Liquid, *Angew. Chem.* **2006**, *118*, 5103–5106.
- U. Schaller, Flares Based on Ionic Liquids, *WPC*, Reims, **2011**.
- U. Schaller, V. Weiser, M. Bohn, T. Keicher, H. Krause, Energetische Ionische Liquide, *ICT*, Pfinztal-Berghausen, November **2011**.
- K.-T. Han, S. Braun, F. Cisek, B. Wanders, Triazole Salts as a new Component for propellants, *ISL*, St. Louis, März **2012**.
- E. Sebastiao, C. Cook, A. Hu, M. Murugesu, Recent developments in the field of energetic ionic liquids, *J. Mater. Chem. A.* **2014**, *2*, 8153–8173.

EOR & EOD
explosive ordnance reconnaissance, explosive ordnance disposal

Die Abkürzungen stehen für *Explosive Ordnance Reconnaissance* und *Explosive Ordnance Disposal*. Sie beschreiben die Erkennung und Identifikation sowie Entsorgung bzw. Vernichtung von Fundmunition.

- Explosive Ordnance Reconnaissance und Explosive Ordnance Disposal EOR/EOD, *STANAG 2143 5th edn.*, NATO, **2005**.

Eprouvette
eprouvette

Die Eprouvette (von franz. *épreuve* = Druckprobe) ist eine Beschussapparatur zur Prüfung der Leistung von Schwarzpulver. Die Eprouvette besteht aus einem senkrecht nach oben gerichteten Mörser mit konischer Öffnung. Parallel zur Seelenachse des Mörsers befinden sich zwei Gleitschienen. Ein genau in die konische Öffnung des Mörsers passendes Geschoss ist fest mit einem Rahmen verbunden, der sich entlang der Gleitschienen bewegen kann. Sperrklinken im Bereich der Gleitschienen sorgen für freie Beweglichkeit des Geschoßrahmens nach oben und für eine Arretierung nach unten. Bei der Prüfung des Schwarzpulvers beschleunigt der entstehende Gasdruck den Geschoßrahmen bis zum Kulminationspunkt, an welchem die Sperrklinke einrastet. Die Wurfhöhe ist ein Vergleichsmaß für die ballistische Leistung.

- W. Hintze, Untersuchungsberichte 1. Zwei-Komponenten-Schwarzpulver, 2. Einfluß des Kohlenstoffgehaltes der Holzkohle auf die Schwarzpulvereigenschaften, *Explosivstoffe*, **1968**, *16*, 25–48.

Ernst-Mach-Institut, EMI

Das EMI firmiert als Fraunhofer-Institut für Kurzzeitdynamik, mit Standorten in Freiburg im Breisgau, Efringen-Kirchen und Kandern. Das Institut wurde 1960 gegründet und beschäftigt sich im Verteidigungsbereich mit Fragestellungen zur terminalen Ballistik und Stoßwelleninitiierung energetischer Materialien. Der Etat im Jahre 2015 betrug etwa 27 Mio. EUR.

- Webseite https://www.emi.fraunhofer.de/

Erosion
erosion

Unter Erosion, $E = (\Delta_m/m_L)$, versteht man den Metallabtrag in Waffenrohren als Folge des Schussvorgangs. Es bedeuten hierbei Δ_m = Massenverlust des Waffenrohres (kg), m_L = Ladungsmasse des Treibmittels (kg). Bereits *Grune und Kegler* fanden 1968, dass die Erosion mit der Ladungsmasse zunimmt, aber schließlich nach Erreichen eines Maximalwerts $(\Delta_m/m_L)_{max}$ wieder abnimmt.

Nach Stein (zitiert in Ryf et al., 2002) steht die Erosion eines Großkaliberwaffenrohres in funktionalem Zusammenhang mit der Ladungsmasse, der Explosionstemperatur, der initialen Geschossgeschwindigkeit und dem Gasdruck:

$$(\Delta_m/m_L) \sim m_L^{1,5} \cdot T_{ad}^7 \cdot v_0^{1,4} \cdot p_{max}^5 .$$

Der Massenabtrag einer Erosionsdüse in einer ballistischen Bombe korreliert nach *Langlotz et al.* (2017) mit der dritten Potenz der adiabatischen Flammentemperatur T_{ad} (K):

$$(\Delta_m / m_L)_{max} = c T_{ad}^3,$$

wobei c eine empirische Konstante ist.

Neben der Temperatur und dem Gasdruck spielt auch die Zusammensetzung der Verbrennungsgase und damit letztlich die zugrundeliegende Pulverrezeptur eine wichtige Rolle bei der Beurteilung der Erosivität. Die wichtigsten Verbrennungsgase sind CO, CO_2, H_2, H_2O und N_2. Nach *Kimura* (1996) kann die relative Erosivität wie folgt eingeordnet werden:

$$CO_2 > CO > H_2O > H_2 > 0 > N_2 .$$

Danach wird übereinstimmend von verschiedenen Autoren beobachtet, dass hohe Stickstoffanteile in den Verbrennungsgasen zu verringerter Erosion führen.

Weiterhin können dem TLP Additive wie z. B. laminare Kühlmittel (TiO_2) (Großkalibermunition) mit hohen c_p-Werten zur Wärmeaufnahme bzw. optischer Intransparenz zum Schutz des Laufs vor der Wärmestrahlung zugesetzt werden.

- W. Langlotz, F. Schötzig, A. B. Wellm, P. Bott, Method for the Examination of the Erosivity of Gun Propellants, *48th ICT-Jata*, Karlsruhe, **2017**, V-13.
- K. Ryf, B. Vogelsanger, D. Antenen, A. Skriver, A. Huber, Moderne Pulverentwicklungen, *CCG Seminar WB.235*, Aschau am Inn, **2002**.
- J. Kimura, Hydrogen Gas Erosion of High-Energy LOVA Propellants, *16th International Symposium on Ballistics*, San Francisco, CA, USA, **1996**.
- J. Lavoie, C.-F. Petre, C. Dubois, Erosivity and Performance of Nitrogen-Rich Propellants, *Propellants Explos. Pyrotech.* **2018**, *43*, 879–892.

Erosiver Abbrand
erosive burning

Als erosiven Abbrand bezeichnet man das Abweichen der Abbrandgeschwindigkeit u eines Festtreibstoffs vom Vieille'schen Gesetz.

$$u = u_{p,t} + u_e,$$

mit dem Vieille'schen Gesetz $u_{p,t} = a \cdot P^n$ und der Erosionsgeschwindigkeit u_e.

$$u_e = \frac{b \cdot c_p \cdot \mu^c \cdot \mathrm{Pr}^{0,667} \cdot k}{L^{0,2} \cdot e^f} \cdot G^d$$

mit den Konstanten b, c, d, f, der Wärmekapazität c_p, der Viskosität der Verbrennungsprodukte μ, der Prandtl-Zahl Pr, dem Massenstrom G und dem Abstand des Treibstoffs vom Kopfende L.

Erosiver Abbrand tritt insbesondere am unteren Ende des Treibstoffblocks bei Innenbrennern mit großem L/D-Verhältnis auf. Der Treibstoff am unteren Ende der Brennkammer ist einem vorbeifließenden Massenstrom an Abbrandprodukten aus dem oberen Bereich des Innenbrenners ausgesetzt. Es wird beobachtet, dass die Geschwindigkeit dieses Massenstroms die Erosion bestimmt. Bei kleinen Geschwindigkeiten kann die Wärmerückstrahlung der Treibstoffflamme gestört werden, weshalb negative Erosion, also auch eine Abnahme der Abbrandgeschwindigkeit, auftreten kann. Bei größeren Geschwindigkeiten schließlich führt der konvektive Wärmetransport zu einem größeren Wärmefluss auf den Treibstoff, so dass die Abbrandgeschwindigkeit steigt, was als (positive) Erosion bezeichnet wird. Die Erosion ist bei tiefen Treibstofftemperaturen ausgeprägter als bei höheren Temperaturen.

- J. M. Lenoir, G. Robillard, A Mathematical Method to Predict the Effect of Erosive Burning in Solid-Propellant Rockets, *Combustion Symposium*, **1957**, 663–667.

Ersatzsprengstoffe
substitute explosives

Im Verlauf des 2. Weltkrieges kam es in Deutschland zu einer Verknappung der Standardsprengstoffe RDX, PETN und TNT. Diesem Mangel wurde mit der Entwicklung und dem Einsatz von Ersatzsprengstoffen begegnet. Die Ersatzsprengstoffe waren fast ausnahmslos nichtideale Sprengstoffmischungen, d. h. solche in denen größere Massenanteile Ammoniumnitrat bzw. Metallnitrate enthalten waren. Als gegen 1944 schließlich auch die Verfügbarkeit vieler Nitrate kritisch wurde, kamen auch gänzlich inerte Füllstoffe wie Natriumchlorid und Kaliumchlorid zum Einsatz, z. B. Kochsalz und TNT. Nitrathaltige Ersatzsprengstoffe sind heutzutage insofern wieder von Interesse als diese als nichtideale HE die Kriterien unempfindlicher HE wie z. B. UN Prüfserie 7 erfüllen und so in Anwendungen mit großen kritischen Durchmessern zum Einsatz kommen könnten.

- B. T. Fedoroff, Dictionary of Explosives, Ammunition and Weapons (German Section), Picatinny Arsenal, *TR, 2510*, Dover, JN, USA, **1958**, S. 43–44.

Ethrioltrinitrat, ETTN

ethriol trinitrate

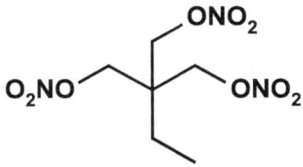

Formel		C$_6$H$_{11}$N$_3$O$_9$
REACH		LPRS
EINECS		220-866-5
CAS		[2921-92-8]
m_r	g mol^{-1}	269,168
ρ	g cm^{-3}	1,50
$\Delta_f H$	kJ mol^{-1}	−479,86
$\Delta_{ex} H$	kJ mol^{-1}	−1340,1
	kJ g^{-1}	−4,979
	kJ cm^{-3}	−7,468
$\Delta_c H$	kJ mol^{-1}	−3453,3
	kJ g^{-1}	−12,830
	kJ cm^{-3}	−19,245
Λ	Gew.-%	−50,52
N	Gew.-%	15,62
Smp	°C	51
v_D	m s^{-1}	6440 @ 1,48
Trauzl	cm^3	415

ETTN wird z. T. als energetischer Weichmacher in TLPs verwendet. Aufgrund seiner mangelnden Gelatinierfähigkeit muss es zusammen mit guten Gelatinatoren verarbeitet werden. Weiterhin wird ETTN als gefäßerweiterndes Medikament verwendet.

Ethylendiammoniumdinitrat, EDDN

ethylenediammonium dinitrate

PH-Salz, Diamin, EDAD		
Formel		C$_2$H$_{10}$N$_4$O$_6$
CAS		[20829-66-7]
m_r	g mol^{-1}	186,125
ρ	g cm^{-3}	1,603

$\Delta_f H$	kJ mol^{-1}	−653,54
$\Delta_{ex} H$	kJ mol^{-1}	−752,0
	kJ g^{-1}	−4,041
	kJ cm^{-3}	−6,477
$\Delta_c H$	kJ mol^{-1}	−1562,7
	kJ g^{-1}	−8,396
	kJ cm^{-3}	−13,458
Λ	Gew.-%	−25,79
N	Gew.-%	30,10
Smp	°C	186
Reib-E	N	> 355
Schlag-E	J	10 (BAM)
V_D	m s^{-1}	6915 @ 1,50
		4650 @ 1,00 g cm^{-3}
Trauzl	cm^3	345–375
Koenen	mm	2; Typ A

Ethylendiammoniumdinitrat (oft auch fälschlich als Ethylendiamindinitrat bezeichnet) bildet mit Ammoniumnitrat ein bei T = 105 °C schmelzendes Eutektikum. Zusätzliches Calciumnitrat-Hydrat, Ca(NO$_3$)$_2$ · H$_2$O, verhindert die Volumenkontraktion beim Erstarren. Diese und aluminisierte Mischungen wurden während des 2. Weltkrieges in Deutschland als *Ersatzsprengstoffe* verwendet. EDDN findet auch heutzutage noch Einsatz als Komponente in unempfindlichen Sprengstoffmischungen und bildet zusammen im Eutektikum mit Ammoniumnitrat (EA) bzw. in ternären Mischungen mit Kaliumnitrat (EAK) einen wesentlichen Energieträger für die Zusammensetzungen der Gruppe der älteren IMX-Sprengstoffmischungen (siehe *IMX*).

Ethylendinitramin, Haleite, EDNA
N,N′-dinitroethylenediamine

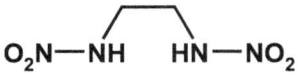

O$_2$N—NH   HN—NO$_2$

Formel		C$_2$H$_6$N$_4$O$_4$
REACH		LPRS
EINECS		208-018-2
CAS		[505-71-5]
m_r	g mol^{-1}	150,094
ρ	g cm^{-3}	1,75
$\Delta_f H$	kJ mol^{-1}	−103,81
$\Delta_{ex} H$	kJ mol^{-1}	−788,9
	kJ g^{-1}	−5,256
	kJ cm^{-3}	−9,198

$\Delta_c H$	kJ mol^{-1}	$-1541{,}5$
	kJ g^{-1}	$-10{,}270$
	kJ cm^{-3}	$-17{,}973$
Λ	Gew.-%	$-31{,}98$
N	Gew.-%	$37{,}33$
Smp	°C	177
Sdp	°C	265 (Z)
Schlag-E	J	8
V_D	m s^{-1}	7570 @ 1,49 g cm^{-3}
		5650 @ 1,00 g cm^{-3}
Trauzl	cm^3	366–410

EDNA wurde in Picatinny Arsenal in den 1930er-Jahren erstmalig als Explosivstoff untersucht und wurde im 2. Weltkrieg in Mischung mit TNT als *Ednatol* für gießbare Mischungen für Munitionsfüllungen verwendet, findet heute aber keine Anwendung mehr.

Ethylnitrat
ethyl nitrate

Formel		C$_2$H$_5$NO$_3$
REACH		LPRS
EINECS		210-903-3
CAS		[625-58-1]
m_r	g mol^{-1}	91,067
ρ	g cm^{-3}	1,108
$\Delta_f H$	kJ mol^{-1}	$-190{,}37$
$\Delta_{ex} H$	kJ mol^{-1}	$-424{,}3$
	kJ g^{-1}	$-4{,}659$
	kJ cm^{-3}	$-5{,}162$
$\Delta_c H$	kJ mol^{-1}	$-1311{,}2$
	kJ g^{-1}	$-14{,}399$
	kJ cm^{-3}	$-15{,}954$
Λ	Gew.-%	$-61{,}49$
N	Gew.-%	$15{,}38$
Smp	°C	$-94{,}6$
Sdp	°C	87,7
V_D	m s^{-1}	5800 @ 1,10 g cm^{-3}
Trauzl	cm^3	420

Ethylnitrat wurde als Monoergol untersucht, aber wegen der sehr großen inhärenten Explosionsgefahr nicht weiterverfolgt.

Ethylphenylurethan
ethyl ethylphenylcarbamate

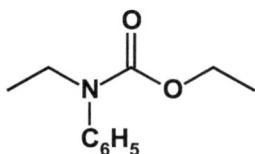

Formel		$C_{11}H_{15}NO_2$
REACH		LPRS
EINECS		213-796-1
CAS		[1013-75-8]
m_r	$g\,mol^{-1}$	−193,246
ρ	$g\,cm^{-3}$	1,043
$\Delta_f H$	$kJ\,mol^{-1}$	−420,49
$\Delta_c H$	$kJ\,mol^{-1}$	−6052,0
	$kJ\,g^{-1}$	−31,318
	$kJ\,cm^{-3}$	−32,665
Δ	Gew.-%	−227,68
N	Gew.-%	7,25
Smp	°C	35
Sdp	°C	255

Ethylphenylurethan ist ein gelatinierender Stabilisator für NGl-Pulver.

Ethyltetryl, 2,4,6-Trinitrophenylethylnitramin
ethyl tetryl

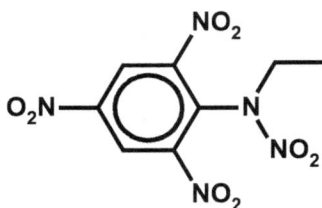

Formel		$C_8H_7N_5O_8$
REACH		LPRS
EINECS		227-961-0
CAS		[6052-13-7]
m_r	$g\,mol^{-1}$	301,172
ρ	$g\,cm^{-3}$	1,63

$\Delta_f H$	kJ mol^{-1}	−17,99
$\Delta_{ex} H$	kJ mol^{-1}	−1480,9
	kJ g^{-1}	−4,917
	kJ cm^{-3}	−8,015
$\Delta_c H$	kJ mol^{-1}	−4130,6
	kJ g^{-1}	−13,715
	kJ cm^{-3}	−22,356
Λ	Gew.-%	−61,09
N	Gew.-%	23,25
Smp	°C	95,8
Schlag-E	J	5 (BAM)
Reib-E	N	>355
V_D	m s^{-1}	7300 @ 1,60 g cm^{-3}
Trauzl	cm^3	327

Bildet im Massenverhältnis 70/30 mit *Tetryl* ein bei 85 bis 88 °C schmelzendes Eutektikum.

Ex-98

EX-98 ist ein sauerstoffüberbilanzierter, extrudierbarer Treibladungsanzünder auf der Grundlage einer Mischung eines zweibasigen Pulvers mit einem pyrotechnischen Satz (Tab. E.11).

Tab. E.11: Zusammensetzung und Eigenschaften von Ex-98.

	EX-98
Nitrocellulose, 13,5 % N (Gew.-%)	17,4
Triethylenglykoldinitrat (Gew.-%)	13,7
Kaliumperchlorat, Class 3 (Gew.-%)	61,9
Magnesium, TypIIGran16 (Gew.-%)	6,4
Centralit I (Gew.-%)	0,6
Wasser (Gew.-%)	1,0 max
ρ (g cm^{-3})	1,82
$\Delta_{ex} H$ (J g^{-1})	−5439
f, exp. (J g^{-1})	618
T_{ex} (°C)	3435

• S. T. Peters, EX-98 An Igniter Material Designed for LOVA Gun Propellants, *ICT-JATA*, Karlsruhe, **2002**, Germany, V27.

Exploding Foil Initiator, EFI
exploding foil initiator, slapper detonator

Das EFI ist eine Weiterentwicklung des *Exploding Bridgewire Detonator* (EBW), eines elektrisch sehr sicheren, initialsprengstofffreien Detonators, der 1965 von *John Stroud* am LLNL entwickelt und nachfolgend patentiert wurde (Abb. E.5). Für eine einwandfreie Funktion erfordern EFIs sehr steile Impulse hoher Spannung und Stromstärke, die durch *Spark Gaps* getriggert werden. Durch den kurzen Spannungsimpuls wird eine Metallfolie (Kupfer) verdampft. Der expandierende Metalldampf beschleunigt einen Kapton®(Polyimid)-Flyer auf eine Geschwindigkeit von einigen Tausend m s^{-1}. Der Aufschlag des Flyers auf einem Akzeptorpellet eines Sekundärsprengstoffs wie TATB oder HNS-IV verursacht eine Stoßwelle, die zur Initiierung des Sprengstoffs führt (Abb. E.6). Varianten des EFI verwenden z. B. starke Laser die mit Strahlungspulsen die Metallfolie verdampfen können.

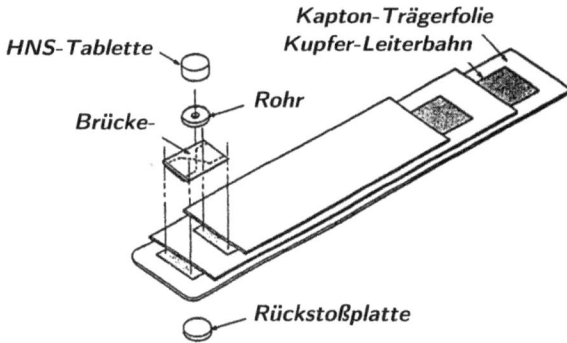

Abb. E.5: Schematischer Aufbau eines EFI.

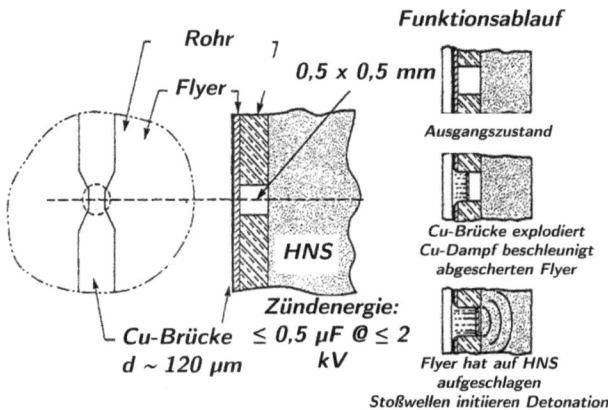

Abb. E.6: Detail und Funktionsablauf eines EFI.

- J. A. Lienau, Exploding Foil Initiator Qualifications, *Technical Report RD-ST-91-16*, US Army Missile Command, August **1993**.

Explosionswärme
heat of explosion

Die Explosionswärme, $\Delta_{ex}H$, ist die Wärmemenge, die beim explosiven Zerfall (Detonation oder Deflagration) eines Stoffs freigesetzt wird, wenn Reaktionen mit der Umgebung (Luftsauerstoff, Wasser, usw.) ausgeschlossen werden. Die Explosionswärme deflagrierender Stoffe (TLP, Pyrotechnik) kann in einem herkömmlichen Bombenkalorimeter unter Schutzgasatmosphäre bestimmt werden. Die Explosionswärme korreliert mit der Sauerstoffbilanz (Abb. E.7) und erreicht stets bei $\Lambda = 0$ für ein entsprechendes System die höchsten Werte. Die Explosionswärme von Sprengstoffen kann an kleinen Ladungen in einem speziellen Detonationskalorimeter unter einer Schutzgasatmosphäre (z. B. He oder Ar) bestimmt werden. Dazu wird entweder die chemische Zusammensetzung der Reaktionsprodukte analysiert und bilanziert oder die tatsächliche Wärmeentwicklung als Folge der Detonation gemessen. Es ist zu beachten, dass die bis zum CJ-Punkt freigesetzte Reaktionswärme durch einen detonierenden Sprengstoff stets niedriger ist als die in einem Kalorimeter ermittelte Wärme, bei welcher die Folgereaktionen der primären Detonationsprodukte zur gesamten Reaktionswärme beitragen.

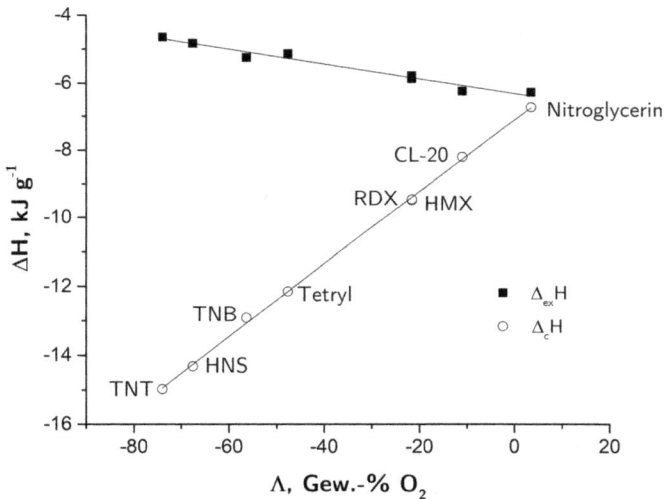

Abb. E.7: Explosionsenthalpie und Verbrennungsenthalpie einiger Sprengstoffe als Funktion der Sauerstoffbilanz.

- V. I. Pepekin, S. A. Gubin, Heat of explosion of commercial and brisant high explosives, *Combust. Explos. Shock Wave*, **2007**, *43*, 212–218.

Explosivstoff

explosive (substance)

Ein Explosivstoff ist ein Stoff (Reinstoff oder Stoffgemisch), der in Abwesenheit von Luftsauerstoff oder anderen oxidativ wirkenden Stoffen aufgrund seiner eigenen chemischen Zusammensetzung zu einer spontanen ($\Delta G < 0$) und exothermen Reaktion ($\Delta H < 0$) befähigt ist. Diese Reaktion kann durch mechanische (Schlag, Stoßwelle bzw. Reibung) oder thermische Anregung (Flammeneinwirkung, Erwärmung bzw. Belichtung) ausgelöst werden. Die Reaktion von Explosivstoffen wird charakteristischerweise von intensiven Leucht- und Flammenerscheinungen begleitet. Bei der Bildung dauerhaft oder auch nur temporär gasförmiger Reaktionsprodukte kann Volumenarbeit verrichtet werden. Explosionsfähige Stoffe können, wie in Abb. E.8 gezeigt, in explosionsgefährliche und nicht explosionsgefährliche Stoffe unterteilt werden. Explosionsgefährliche Stoffe sind alle die Stoffe und Zubereitungen, die gemäß UN-Prüfserie 1 wenigstens in einem Versuch ein positives Ergebnis liefern. Nicht explosionsgefährliche Stoffe sind alle anderen Stoffe, die gemäß UN-Prüfserie 2 in keinem Versuch ein positives Ergebnis liefern. Schließlich können beide Gruppen, also explosionsgefährliche und nicht explosionsgefährliche Materialien, wiederum in jeweils zwei Gruppen untergliedert werden. Einmal in diejenigen Stoffe zur Verwendung als Explosivstoffe und diejenigen Stoffe, die zu anderen Zwecken verwendet werden. Eine funktionale Unterteilung der Explosivstoffe zeigt Abb. E.9. Diese Unterteilung orientiert sich an dem beabsichtigten Einsatz der Explosivstoffe als Sprengstoffe, Treibmittel und Pyrotechnika und zeigt markante Charakteristika.

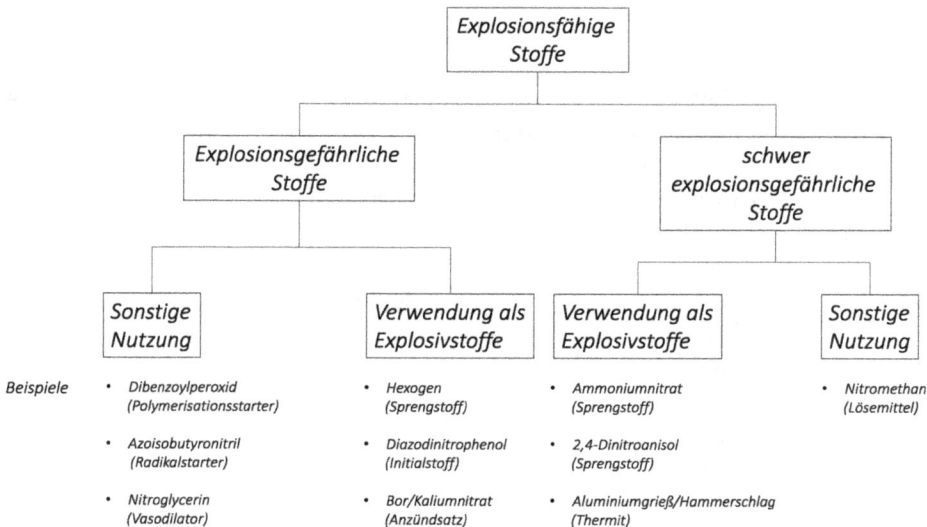

Abb. E.8: Einteilung explosionsfähiger Stoffe nach Empfindlichkeit.

Abb. E.9: Einteilung explosionsfähiger Stoffe nach Anwendung.

- N. N., *Recommendations on the Transport of Dangerous Goods, Manual of Tests and Criteria*, 5. Aufl. UN, Genf, **2009**, 450 S.

Explosophore
explosophore

Als Explosophore werden funktionelle Gruppen bezeichnet, welche die exotherme Zersetzung einer chemischen Verbindung fördern. Explosophore werden unterteilt in

sauerstoffhaltige Gruppen:		und sauerstofffreie Gruppen:	
Peroxid	$-O-O-$	Azo	$-N=N-$
N-Oxid	$-N(O)-$	Azido	$-N_3$
Azoxy	$-N=N(O)-$	Cyclopropyl	$-C_3H_5$
Furazan	$C_2(=N-O-N=)$	Cyclopropenyl	$-C_3H_3$
Nitroso	$-NO$	Cubyl	$-C_8H_7$
Nitro	$-NO_2$	Acetylen	$-C\equiv-$
Nitrato	$-ONO_2$		
Nitroxy	$=NO_2$		

- J. P. Agrawal, R. D. Hodgson, *Organic Chemistry of Explosives*, Wiley, New York, **2007**, 384 S.

	Pyrotechnische Sätze	Treibstoffe	Sprengstoffe
		Explosivstoffe	
Vorgang:	Abbrand	Deflagration	Detonation
Geschwindigkeit:	Subsonisch* $< 1\ m\ s^{-1}$	Subsonisch $1 - 1000\ m\ s^{-1}$	Supersonisch $\gg 1000\ m\ s^{-1}$
Reaktionsprodukte:	Hauptsächlich kondensiert	Hauptsächlich gasförmig	Hauptsächlich gasförmig
Sauerstoffbilanz:	$1 \sim \lambda < 1$	$\lambda < 1$	$1 \sim \lambda < 1$
Verbrennungsenthalpie:	$1 - 30\ kJ\ g^{-1}$ $5 - 50\ kJ\ cm^{-3}$	$5 - 10\ kJ\ g^{-1}$ $10 - 20\ kJ\ cm^{-3}$	$5 - 15\ kJ\ g^{-1}$ $15 - 25\ kJ\ cm^{-3}$
Dichte:	$2 - 10\ g\ cm^{-3}$	$1,5 - 2,5\ g\ cm^{-3}$	$< 2\ g\ cm^{-3}$ (CHNO)

* Bezogen auf die Schallgeschwindigkeit des Materials

F

FAE, Fuel Air Explosive

FAEs wurden erstmals zur Zeit des 2. Weltkriegs in Deutschland als Pioniersprengmittel und Wirkladungen für Luftzielmunition untersucht. FAEs werden auch als volumetrische Sprengstoffe bezeichnet, da zu ihrer Herstellung hinreichend große Volumina brennbarer Gase und Dämpfe mit dem Luftsauerstoff vermischt bzw. brennbare Tröpfchen oder Feststoffe in der Luft dispergiert werden müssen. Diese Mischungen bzw. Dispersionen können in Abhängigkeit von Stöchiometrie, Druck und Temperatur angezündet werden und brennen (deflagrieren) mit charakteristischen Brenngeschwindigkeiten. Durch eine Vielzahl unterschiedlicher Mechanismen kann der laminare Abbrand bei hinreichender Größe des Volumens in einen konvektiven Abbrand und schließlich in eine Detonation übergehen. Hohe Drucke und Temperaturen fördern eine Detonation auch in kleinen Volumina bzw. kleinen Durchmessern. FAEs können auch direkt durch eine Stoßwelle initiiert werden.

Die Blast-Effekte von FAEs werden durch einen im Vergleich zu herkömmlichen Sprengstoffen langsameren Druckabfall charakterisiert. Dies und die inhärente volumetrische Ausdehnung der FAEs, z. T. von einigen 10 bis hin zu einigen 100 Kubikmetern, bedingt die, im Vergleich zu herkömmlichen als Punktladungen wirkenden Explosivstoffen, deutlich größeren Zerstörungseffekte.

- H. Walter, B. Walter, B. H. Wilcox, *Myrol Vapour Detonation*, in *German Developments in High Explosives*, FIAT-Final Report 1035, 9 April **1947**, S. 15.
- https://www.globalsecurity.org/military/systems/munitions/fae.htm, Zugriff am 25. März 2019.
- E.-C. Koch, *Volumetric Explosives Part I, Fuel Air Explosives, L-165*, NATO-MSIAC, Brüssel, Juli **2010**, 25 S.

Farbrauchsätze
colored smoke compositions

Farbrauchsätze sind pyrotechnische Sätze, die beim Abbrand ein Farbstoffaerosol bilden. Diese Sätze bestehen aus einem sublimationsfähigen organischen Farbstoff (40–50 Gew.-%) und einem damit gemischten sogenannten Heizbett (40–45 Gew.-%). Das Heizbett ist häufig ein Satz bestehend aus Kaliumchlorat und Lactosemonohydrat. Lactosemonohydrat, $C_{12}H_{22}O_{11} \cdot H_2O$ ist ein Brennstoff, nachfolgend kurz Lactose genannt, mit einer großen negativen Bildungsenthalpie ($\Delta_f H = -2723\,kJ\,mol^{-1}$). Die stöchiometrische Reaktion mit $KClO_3$ erfordert 8 Mol $KClO_3$ pro Mol Lactosemonohydrat:

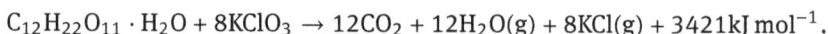

$$C_{12}H_{22}O_{11} \cdot H_2O + 8KClO_3 \rightarrow 12CO_2 + 12H_2O(g) + 8KCl(g) + 3421\,kJ\,mol^{-1}.$$

https://doi.org/10.1515/9783110559651-006

Beim Abbrand dieser Mischung (ξ(Lactose) = 26 Gew.-%) werden allerdings Temperaturen bis zu $T \sim 2000\,°C$ erreicht bei der jeder organische Farbstoff verbrennen würde. Daher wird in der Praxis eine 50:50(Gew.-%)-Mischung KClO$_3$ und Lactose verwendet, deren berechnete Flammentemperatur immer noch bei etwa $T \sim 900\,°C$ liegt. Um die Flammentemperatur weiter herabzusenken und die Pyrolyse der Farbstoffe zu verhindern, können Farbrauchsätzen außerdem inerte oder endotherm reagierende Zusätze wie Ammoniumoxalat, Kaolin, Magnesiumcarbonat oder Natriumhydrogencarbonat in Massenanteilen bis zu 20 Gew.-% zugesetzt werden.

Für Rauchfarbstoffe gilt:
- Der Farbstoff muss im Temperaturbereich bis $T = 300\,°C$ gegen Zersetzung oder Oxidation stabil sein. Aus diesem Grund sollte der Farbstoff keine sauerstofffreien Substituenten wie z. B. Peroxy-, Nitro- oder Sulfonsäuregruppen tragen. Geeignete Substituenten sind hingegen Amino- und Hydroxylgruppen.
- Der Farbstoff sollte einen Siede- bzw. Sublimationspunkt zwischen $T = 100$ und $300\,°C$ und eine niedrige Phasenübergangsenthalpie aufweisen. Intermolekulare Wasserstoffbrücken oder ionische Wechselwirkung stehen dieser Forderung entgegen. Das Molekulargewicht sollte dieser Forderung entsprechend unterhalb $m_r = 400\,\mathrm{g\,mol^{-1}}$ liegen.
- Der Farbstoff, seine technischen Verunreinigungen und seine potentiellen Oxidations- oder Pyrolyseprodukte sollten human- und ökotoxikologisch unbedenklich sein.

Abb. F.1 zeigt die Strukturen, Handelsnamen und Farberscheinung typischer toxikologisch akzeptabler Rauchfarbstoffe, Tab. F.1 deren Eigenschaften.

Tab. F.1: Eigenschaften der Rauchfarbstoffe.

Name	Formel	CAS	$\Delta_x H$ (kJ mol^{-1})	Mp; *Sbl* (°C)
1,4-Diamino-2-methoxy-anthrachinon	C$_{15}$H$_{12}$N$_2$O$_3$	2872-48-2	35,29 (sm)	242;
1-(2-Methoxyphenylazo)-2-naphthol	C$_{17}$H$_{14}$N$_2$O$_2$	1229-55-6	142,4 (sbl)	183; *226*
1-Hydroxy-1-phenylazonaphthalin	C$_{16}$H$_{12}$N$_2$O	842-07-9	116,7 (sbl)	134; *197*
6-Methyl-2-phthalochinolin	C$_{19}$H$_{13}$NO$_2$	6493-58-9		236; *243*
1,4-Di-*p*-toluidino-anthrachinon	C$_{28}$H$_{28}$N$_2$O$_2$	80094-92-4		214; *272*
1-Methylamino-4-hydroxyethyl-anthrachinon	C$_{17}$H$_{16}$N$_2$O$_3$	2475-46-9		187;

Zwei typische Rauchsätze sind in Tab. F.2 dargestellt.

Die aktuelle Forschung im Bereich Farbrauche widmet sich der Substitution toxikologisch bedenklicher Farbstoffe. Seit langer Zeit wird auch über die inhärenten toxikologischen Risiken der Verwendung von Kaliumchlorat als Oxidationsmittel

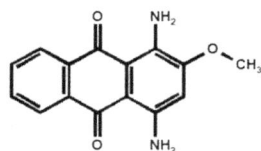

Disperse Red 11
(violett)

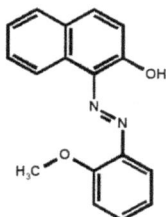

Fettrot G
(rot)

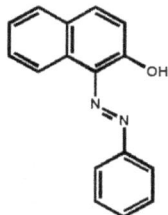

Fettorange
(orange)

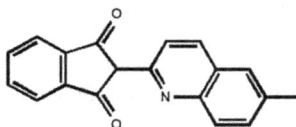

Solvent Yellow 33
(gelb)

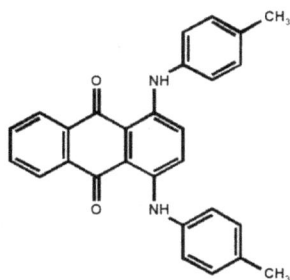

Sico Fettgrün
(grün)

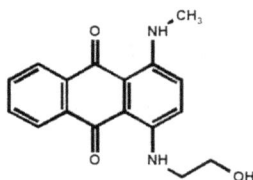

Disperse Blue 3
(blau)

Abb. F.1: Aktuell verwendete Rauchfarbstoffe.
- 1,4-Diamino-2-methoxy-anthrachinon = Disperse Red 11
- 1-(2-Methoxyphenylazo)-2-naphthol = Fettrot G, Solvent Red 1
- 1-Hydroxy-1-phenylazonaphthalin = Fettorange
- 6-Methyl-2-phthalochinolin = Solvent Yellow 33
- 1,4-Di-*p*-toluidino-anthrachinon = Sico Fettgrün, Solvent Green 3
- 1-Methylamino-4-hydroxyethylanthrachinon = Disperse Blue 11

diskutiert. Kaliumchlorat steht im Verdacht beim Abbrand auch als Chlorquelle zu fungieren. Die Reaktionsbedingungen (Anwesenheit benzoider Aromate) in einer stark sauerstoffunterbilanzierten Reaktionszone bei Temperaturen von 300 bis 600 °C begünstigt die *De-novo-Bildung* polychlorierter Biphenyle (PCB), Dibenzodioxine (PCDD) und Dibenzofurane (PCDF). Jüngere Untersuchungen von *Springer et al.* (2008) an dem in Tab. F.2 bezeichneten violetten Farbrauch zeigen die Bildung

Tab. F.2: Typische Rauchsätze.

	Orange	Violett
Kaliumchlorat (Gew.-%)	25	23,5
Saccharose (Gew.-%)	25	15,5
Fettorange (Gew.-%)	48	
Disperse Red (Gew.-%)		38,0
Terephthalsäure (Gew.-%)		7,6
Natriumbicarbonat (Gew.-%)		5,1
Magnesiumcarbonat (Gew.-%)		10,2
Kaolin (Gew.-%)	2	
Polyvinylalkohol (Gew.-%)		2,0

von 100 pg TEQ g^{-1} beim Abbrand des Rauchsatzes (TEQ = Toxizitätsäquivalent aller PCDD- und PCDF-Kongenere). Im Vergleich dazu beträgt die täglich bei einem Erwachsenen mit der Nahrung aufgenommene Menge an PCDDs und PDCFs zwischen 30 und 120 pg TEQ, ohne dass dadurch nachhaltige gesundheitliche Beeinträchtigungen entstehen.

- G. Krien, Thermoanalytische Untersuchungen von Farbstoffen für pyrotechnische Rauchsätze, *Az.3.0-3/3715/75*, BICT, Swisttal-Heimerzheim, **1975**.
- H. Hagenmaier, H. Brunner, R. Haag, M. Kraft, Die Bedeutung katalytischer Effekte bei der Bildung und Zerstörung von polychlorierten Dibenzodioxinen und polychlorierten Dibenzofuranen, *VDI-Berichte Nr. 634*, VDI-Verlag, Düsseldorf, **1987**, 557–584.
- G. Krien, Thermoanalytische Untersuchungen an Rauchfarbstoffen, *Thermochimica Acta* **1984**, *81*, 29–43.
- A. L. Brooks, F. A. Seiler, R. L. Hanson, R. F. Henderson, In Vitro Genotoxicity of Dyes present in Colored Smoke Munitions, *Environ. Mol. Mutagen.* **1989**, *13*, 304–313.
- M. L. Springer, T. Rush, H. M. Beardsley, K. Watts, J. Bergmann, Demonstration of the Replacement of the Dyes and Sulfur on the M18 Red and Violet Smoke Grenades, *ESTCP Project WP-0122*, US ARMY Environmental Center, September **2008**.

Feistel, Fritz (1897–1957)

Fritz Feistel war ein deutscher Chemiker und Unternehmer. Nach der Promotion im Fach Chemie an der Friedrich-Wilhelms-Universität zu Bonn 1926 wurde er Chemiker im Chemischen Hauptlaboratorium der Deutsche Pyrotechnische Fabriken AG in Berlin. 1933 gründete er in Berlin Reinickendorf das Deutsche Leucht- und Signalmittelwerk (*DELEU*) Dr. Feistel KG. 1936 verlegte F. seine Produktion nach Schönhagen (Krs. Teltow). Feistel führte in den 1930er-Jahren erstmals Zirconium als oxidations- und feuchtigkeitsunempfindlichen Brennstoff in pyrotechnischen Anfeuerungen und Leuchtspursätzen ein und entwickelte die weltweit erste quantitative Farb- und Lichtmessung an pyrotechnischen Lichtsignalsätzen und Farbrauchen. Sein Sohn Fritz

Feistel Jr. (1930–1979) gründete 1960 in Göllheim die Pyrotechnische Fabriken Fritz
Feistel KG.

- F. Trimborn, *Explosivstoffabriken in Deutschland*, 2. Aufl. Locher, **2002**.
- H. J. Eppig, Photometric Procedures Used in Research and Production of German Pyrotechnic Ammunition, *CIOS Target Nos 3a/162 & 17/32*, London H. M. Stationery Office, June–August **1945**.
- Eintrag in der Deutschen Nationalbibliothek: http://d-nb.info/57064111X, Zugriff am 25. März 2019.

Ferrocen

ferrocene

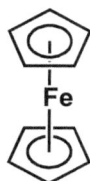

Bis(η^5-cyclopenta-2,4-dien-1-yl)eisen(0), FeCp$_2$		
Aspekt		orangerotes Kristallpulver
Formel		$C_{10}FeH_{10}$
GHS		02, 07, 09
H-Sätze		H228-H302-H411
P-Sätze		P210-P240-P241-P280-P301+P312-P501a
UN		1325
REACH		LRS
EINECS		203-039-3
CAS		[102-54-5]
m_r	g mol^{-1}	186,04
ρ	g cm^{-3}	1,49
$\Delta_f H$	kJ mol^{-1}	154,89
$\Delta_c H$	kJ mol^{-1}	−5931,4
	kJ g^{-1}	−31,883
	kJ cm^{-3}	−47,506
Λ	Gew.-%	−223,61
Smp	°C	173
Sdp	°C	249
$\Delta_{Sbl} H$	kJ mol^{-1}	72

Ferrocen ist die meistuntersuchte metallorganische Verbindung. Ferrocen wurde an-
fänglich als Abbrandkatalysator für ammoniumperchlorathaltige Raketentreibstoffe
eingesetzt. Allerdings weist Ferrocen bereits bei Raumtemperatur einen signifikanten
Dampfdruck auf (charakteristischer, an Campher erinnernder Geruch), so dass Ferrocen in Treibstoffen bei Temperaturwechsel zu starker Migration neigt. Treibstoffe

werden daher vorteilhafterweise mit hochmolekular-funktionalisierten Ferrocenderivaten wie z. B. *Butacen* oder *Catocen* modifiziert.

Festtreibstoffe, FTS
solid propellants

Als Festtreibstoffe werden energetische Materialien mit negativer Sauerstoffbilanz bezeichnet, die beim Abbrand überwiegend gasförmige Reaktionsprodukte hoher Temperatur und niedriger Molmasse erzeugen. Die Leistung des Festtreibstofftriebwerks (z. B. der spezifische Impuls I_{sp}) wird beeinflusst durch:
- die chemische Zusammensetzung des Festtreibstoffs und damit die Reaktionsenthalpie und mittlere Molmasse der Verbrennungsprodukte,
- die Formgebung des Treibstoffs und die
- Temperatur- und Druckabhängigkeit des Abbrands.

Die Vorteile von Raketenantrieben mit FTS sind:
- hohe Schubdichte,
- einfache Handhabung,
- geringere Komplexität und damit geringe Störanfälligkeit im Vergleich zu Flüssigkeitstriebwerken,
- niedrige Kosten und
- einfache Herstellung.

Ihnen stehen folgende Nachteile entgegen:
- kurze Brennzeiten,
- keine Wiederzündbarkeit,
- geringe Regelbarkeit,
- moderater spezifischer Impuls und
- hohe Empfindlichkeit (IM-Prüfungen).

FTS werden hinsichtlich ihrer chemischen Zusammensetzung in drei Klassen eingeteilt (Tab. F.3).
- Composite-Treibstoffe
- Zweibasige (Double-Base-) Treibstoffe
- Composite Modified Double Base (CMDB)

Aus taktischen Gründen werden militärisch genutzte Festtreibstoffe hinsichtlich ihrer elektrooptischen Signatur beim Abbrand nach STANAG 6016 in neun Signaturklassen (AA, AB, . . . , CB, CC) eingeordnet (Abb. F.2). Der erste Buchstabe kennzeichnet hierbei den Umfang der primären Aerosolbildung. Diese tritt unmittelbar bei Entspannung der Abgase ein und wird durch Metalloxide, Ruß und andere bei Umgebungs-

Tab. F.3: Zusammensetzung und Eigenschaften von FTS.

	Oxidator	Brennstoff	ρ (g cm^{-3})	u (mm s^{-1})	I_{sp} (s)
Composite	NH$_4$ClO$_4$, AP	Polymere	1,50–1,90	1–380	170–260
	KClO$_4$, KP	PB, PU			
	NH$_4$NO$_3$, AN	Metalle			
	NH$_4$N$_3$O$_4$, ADN	Al, B,			
Zweibasig	Energieträger NC		1,50–1,64	5–20	170–220
	Gelatinator NGl, DEGN, MTN, BTTN				
CMDB	Mischung der obigen Komponenten		1,70–1,90	7,5–25	240–270

NATO Signaturklassen für Festtreibstoffe

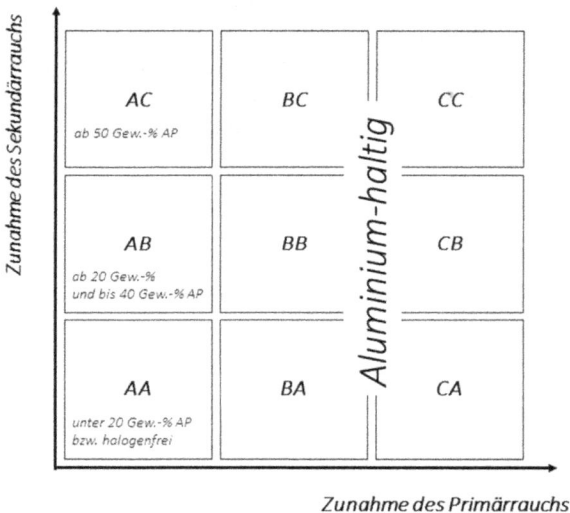

Abb. F.2: FTS-Signaturklassen nach STANAG 6016.

druck kondensierte Stoffe bedingt. Der zweite Buchstabe kennzeichnet den Umfang der sekundären Aerosolbildung. Diese ist von der relativen Luftfeuchte bei gegebener Temperatur abhängig und kann daher stark variieren. Sekundäre Kondensationseffekte treten durch Kondensation von Wasserdampf und Deliqueszenz von Reaktionsprodukten wie z. B. HCl oder HF auf. STANAG 6016 beschreibt auch, wie mittels thermochemischer Rechnungen die Signatur berechnet werden kann. Zweibasige Festtreibstoffe erzeugen nur wenig sekundäres Aerosol, bedingt durch Kondensation der Luftfeuchte. Hingegen liefern Composite auf der Grundlage von Ammoniumperchlorat, HTPB und Aluminiumpulver primäre Al$_2$O$_3$-Aerosole sowie HCl, das aufgrund seiner starken Hygroskopizität für eine starke sekundäre Nebelbildung sorgt.

Die gegenwärtige Forschung beschäftigt sich mit dem Ersatz von AP durch halogenfreie Oxidatoren auf Nitramid-Basis (Rahm, 2010).

- L. De Luca, T. Shimada, V. Sinditskii, M. Calabro (Hrsg.), *Chemical Rocket Propulsion*, Springer, Basel, **2017**, 1084 S.
- N. Kubota, *Propellants and Explosives*, 3. Aufl., Wiley-VCH, Weinheim, **2015**, 534 S.
- M. Rahm, *Green Propellants*, PhD Thesis, KTH, Stockholm, **2010**.
- *Solid Propellant Smoke Classification, STANAG 6016*, NATO Military Agency for Standardization, Brüssel, **1994**.
- A. Dadieu, R. Damm, E. W. Schmidt, *Raketentreibstoffe*, Springer, Wien, **1968**, 118–176.

Feuerlöschgenerator
pyrotechnic fire extinguisher

Feuerlöschgeneratoren erzeugen mit Hilfe einer pyrotechnischen Reaktion ein Aerosol, das die Verbrennung von C-H-O-Flammen durch Kettenabbruch der Radikalreaktionen stoppt. Dazu kommen ähnlich wie bei der Dämpfung des Mündungsfeuers meist Verbindungen des leicht ionisierbaren Kaliums wie z. B. K_2CO_3 oder auch KBr zum Einsatz. Eine beim Abbrand $K_2CO_{3(s)}$ und $KBr_{(s)}$ erzeugende Zusammensetzung ist nachfolgend angegeben:
- 47,8 Gew.-% Trikaliumcyanurat, $K_3C_3N_3O_3$
- 50,7 Gew.-% Kaliumbromat
- 1,5 Gew.-% Polyvinylalkohol

- P. L. Posson, M. L. Clark, Verbesserter flammenunterdrückender Aerosolerzeuger, EP1774459B1, **2011**, USA.

Feuerwerkskörper
fireworks

Feuerwerkskörper sind Gegenstände, die pyrotechnische Sätze enthalten. Sie dienen zur Darstellung optischer und akustischer Effekte zu Unterhaltungszwecken. In Deutschland sind Feuerwerkskörper gem. § 6 1. SprengV und Richtlinie 2007/23/EG nach ihrer Gefährlichkeit und ihrem Verwendungszweck in vier Kategorien unterteilt. Tab. F.4 zeigt die Rahmendaten von Feuerwerkskörpern nach § 6 A. 1. SprengV.

- Richtlinie 2007/23/EG des Europäischen Parlaments und des Rates vom 23. Mai 2007 über das Inverkehrbringen pyrotechnischer Gegenstände, verfügbar unter Weblink: https://eur-lex.europa.eu/LexUriServ/LexUriServ.do?uri=OJ:L:2007:154:0001:0021:de:PDF

Feuerwerkspulver
firework powder

Als Feuerwerkspulver wird gekörntes Schwarzpulver bezeichnet.

Tab. F.4: Einteilung von Feuerwerkskörpern nach §6 1.SprengV.

Kategorie	Klasse (früher)	NEM (g)	Potentielle Gefahr	Lärmpegel	Anwendung	Sicherheitsabstand (m)	Altersbeschränkung	Beispiele
1	I Kleinstfeuerwerk	≤3,	sehr gering	vernachlässigbar ≤120 dB(A)	Geschlossene Bereiche einschließlich Innenräume (Knallerbsen)	≥1	12 Jahre	Tischfeuerwerk, Wunderkerzen, Knallerbsen,
2	II Kleinfeuerwerk	50 20 (Raketen)	gering	gering ≤120 dB(A)	Abgegrenzte Flächen im Freien	≥8	18 Jahre	Bengalfeuer, Sternraketen, Vulkane, Sonnen
3	III Mittelfeuerwerk	75–800	mittel	Keine Gesundheitsgefährdung ≤120 dB(A)	offene Bereich im Freien	≥15	18 Jahre	Feuerräder, Wasserfälle, Feuertöpfe
4	IV Großfeuerwerk		groß	Keine Gesundheitsgefährdung	professioneller Gebrauch	Je nach Einzelfall	21 Jahre	Kometenbomben, Blitzknallbomben

Feuerwerkssätze
firework compositions

Feuerwerkssätze sind pyrotechnische Sätze, die der Erzeugung von akustischen und optischen Effekten dienen, z. B. Pfeiffsätze, Knallsätze/Blitzsätze, Rauchsätze, Leuchtsätze und Vulkansätze. Im deutschen Sprengstoffrecht werden pyrotechnische Sätze und damit auch Feuerwerkssätze nach Ihrer Gefährlichkeit in zwei Kategorien eingeteilt:

Kategorie S1: Pyrotechnische Sätze geringer Gefährlichkeit, die z. B. für die Anwendung auf Bühnen, in Theatern oder vergleichbaren Einrichtungen, zur Strömungsmessung oder zur Ausbildung von Rettungskräften dienen;

Pyrotechnische Sätze sind der Kategorie S1 zuzuordnen, wenn
(a) deren Abbrennzeit im gebrauchsfertigen Zustand mehr als 60 Sekunden für 0,1 Kilogramm beträgt,
(b) sie keine giftigen, ätzenden oder reizenden Stoffe entwickeln,
(c) sie beim Abbrand keine zusätzlichen Gefahren durch Glut, Hitze, Funken oder Feuer verursachen,
(d) und, insofern eine Verwendung in Innenräumen (geschlossenen Räumen) vorgesehen oder zulässig ist, sie Ruß bildende Stoffe nicht enthalten.

Pyrotechnische Sätze, die nicht die Kriterien der Kategorie S1 erfüllen, sind der Kategorie S2 zuzuordnen.

Kategorie S2: Pyrotechnische Sätze großer Gefährlichkeit, deren Umgang und Verkehr an die Befähigung und Erlaubnis gebunden sind.

- Erste Verordnung zum Sprengstoffgesetz (1. SprengV) In der Fassung vom 31. Januar 1991 zuletzt geändert durch Artikel 20 des Gesetzes vom 25. Juli 2013 (BGBl. I S. 2749).

Flammengröße
flame size

Die Größe der Flamme eines brennenden Stoffes wird durch dessen Sauerstoffbilanz, den herrschenden Luftdruck, die spezifische Wärme und Phasenübergangswärme des Stoffes oder seiner Bestandteile sowie durch dessen Verbrennungswärme bestimmt. Kleine Flammen werden daher beobachtet bei:
– hohem Atmosphärendruck,
– ausgeglichener bzw. positiver Sauerstoffbilanz der Substanz,
– hohen spezifischen Wärmen und Phasenübergangswärme der Reaktionsprodukte in Verbindung mit
– kleiner Verbrennungswärme der brennenden Substanz.

Große Flammen werden entsprechend bei den entgegengesetzten Bedingungen beobachtet.

- H. C. Hottel, W. R. Hawthorne, Diffusion in Laminar Flame Jets, *Symposium on Combustion*, **1949**, 254–266,
- W. R. Hawthorne, D. S. Weddel, H. C. Hottel, Mixing and Combustion in Turbulent Gas Jets, *Symposium on Combustion*, Madison, **1949**, 266–288.

Flammentemperatur, adiabatische
adiabatic flame temperature

Die adiabatische Flammentemperatur, T_{ad} [K], ist die Temperatur, die bei einer Reaktion bei konstantem Druck in einem abgeschlossenen System ($\delta Q = 0$) erreicht wird. Nach dem 1. Hauptsatz der Thermodynamik gilt für p = const. $dH = \delta Q$. Die adiabatische Flammentemperatur gilt als erreicht, wenn die Summe der integrierten Wärmekapazitäten $c_{p,i}(T)$ bei der Temperatur T_{ad} und der Phasenübergangswärmen ($\Delta_{Tpj}H$) gleich ist mit dem Betrag der Reaktionsenthalpie

$$\int_{298}^{T_{ad}} \sum_i \Delta c_{p_i}(T)dt + \sum_j \Delta_{pt_j}H - \Delta_R H° = 0$$

- J. Warnatz, U. Maas, R. W. Dibble, *Verbrennung*, 3. Aufl. Springer, Berlin, **2001**, 50 ff.

Flammpunkt
flash point

Der Flammpunkt (Fp) bezeichnet nach DIN V 14011 die niedrigste Temperatur, bei der sich über einem kondensierten brennbaren Stoff ein zündfähiges Dampf-Luft-Gemisch bilden kann.

Floret-Test
Floret test

Der Floret-Test ist eine Abwandlung des *Plate-Dent-Tests* und dient der Bewertung der Arbeitsleistung und der Stoßwellenempfindlichkeit von Sprengstoffen, die nur in kleinen Mengen ($\sim$ 1 g) zur Verfügung stehen.

- F. J. Gagliardi, R. D. Chambers, T. D. Tran, Small-scale performance testing for studying new explosives, – *VACETS International Technical Conference* Milpitas, CA, USA, **2005**.
- M. W. Wright, Development of the floret test for screening the initiability of explosive materials, *AIP Conference Proceedings* **2012**, *1426*, 693–696.

Flüssige Sprengstoffe
liquid explosives

Flüssige Sprengstoffe sind entweder chemisch einheitliche Substanzen, wie z. B. die sehr schlagempfindlichen Salpetersäureester (Methylnitrat, Isopropylnitrat, Nitroglycerin, Diethylenglykol, usw.) oder Nitroaliphaten, wie das nicht explosionsgefährliche Nitromethan, aber auch Mischungen flüssiger Sauerstoffträger mit nitrierten und nicht nitrierten Brennstoffen. Tab. F.5 zeigt solche Mischungen, die in vielen Fällen eine stark ätzende Komponente, wie z. B. konzentrierte Salpetersäure oder Distickstofftetroxid als Oxidator enthält. Auch Mischungen von Tetranitromethan mit verschiedenen flüssigen Kohlenwasserstoffen und sogar Borverbindungen zählen hierzu.

Tab. F.5: Flüssige Sprengstoffmischungen.

Name	Mischung	ρ (g cm^{-3})	V_D (m s^{-1})
Astrolite A-1-5	N_2O_4/Hydrazinderivate	1,60	8600
		1,41	7500
Hellofit	HNO_3/Dinitrotoluol	1,45	7350
Nisalit	HNO_3/Acetonitril	1,24	6230
	HNO_3/Nitrobenzol	1,41	7500
Panclastit	N_2O_4/Benzin	1,29	7200
	Tetranitromethan/Toluol (86,5/13,5 Gew.-%)	1,45	7100
	Tetranitromethan/Borazin (92/8 Gew.-%)	1,53	6700

Schließlich zählen auch Sprengemulsionen zu den flüssigen Sprengstoffen. Diese enthalten als kontinuierliche Phase ein Mineralöl und darin dispergiert wässrige gesättigte Nitratlösungen und Microballoons zur Sensibilisierung.

FOF

FOF gefolgt von einer Zahl ist die Abkürzung für alle im Bereich des *FOI* entwickelten Explosivstoffformulierungen.

Formamidiniumnitroformat

formamidinium nitroformate

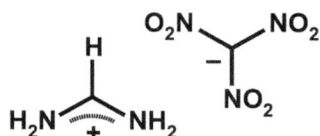

FANF		
Aspekt		hellgelbe Kristalle
Formel		$C_2H_5N_5O_6$
CAS		[N.N.]
m_r	$g\,mol^{-1}$	195,091
ρ	$g\,cm^{-3}$	1,742
$\Delta_f H$	$kJ\,mol^{-1}$	−118,8
$\Delta_{ex} H$	$kJ\,mol^{-1}$	−1149,9
	$kJ\,g^{-1}$	−5,894
	$kJ\,cm^{-3}$	−10,268
$\Delta_c H$	$kJ\,mol^{-1}$	−1382,8
	$kJ\,g^{-1}$	−7,088
	$kJ\,cm^{-3}$	−12,346
Λ	Gew.-%	−4,10
N	Gew.-%	35,89
Z	°C	165
Smp	°C	215
Schlag-E	J	> 100 (BAM)
Reib-E	N	> 355
V_D	$m\,s^{-1}$	8900
P_{CJ}	GPa	32

Formamidiniumnitroformat wurde 2018 erstmals synthetisiert. Bei einer mit RDX vergleichbaren Leistung besitzt Formamidiniumnitroformat eine deutlich bessere Sauerstoffbilanz und ist beeindruckend unempfindlich gegenüber Schlag und Reibung. Gegenüber dem bekannten Nitroformat *HNF* zeichnet es sich durch eine um 40 °C höhere Zersetzungstemperatur aus.

- F. Baxter, I. Martin, K. O. Christe, R. Haiges, Formamidinium Nitroformate: An Insensitive RDX Alternative, *J. Am. Chem. Soc.* **2018**, *140*, 15089–15098.

Formfunktion

form function

Neben der chemischen Zusammensetzung beeinflusst die geometrische Form von Rohrwaffentreibladungspulvern, Raketenfesttreibstoffen und pyrotechnischen Formkörpern deren Leistung.

Die zeitliche Veränderung der Oberfläche $S(t)/S_0$ einer geometrischen Form wird als Formfunktion $\varphi(\mu)$ bezeichnet. Verlaufskurven für typische Korngeometrien sind nachfolgend in Abb. F.3 dargestellt.

$\mu(t)$ ist der verbrannte Bruchteil (siehe Seite 3).

In Abhängigkeit von der Formgestaltung kann die brennende Oberfläche $S(t)$ eines Körpers mit fortschreitendem Abbrand
–   abnehmen (degressiv) $\varphi(\mu) < 1$,
–   konstant bleiben (neutral) $\varphi(\mu) \sim 1$ oder
–   zunehmen (progressiv) $\varphi(\mu) > 1$.

Degressive Geometrien sind Vollkugeln, -würfel und -zylinder, Streifen und geschlitzte Röhren, neutrale Geometrien sind Röhrenpulver und progressive Geometrien sind schließlich Mehrlochpulver wie 7-, 19- und 37-Loch-Pulver Zylinder und Rosetten.

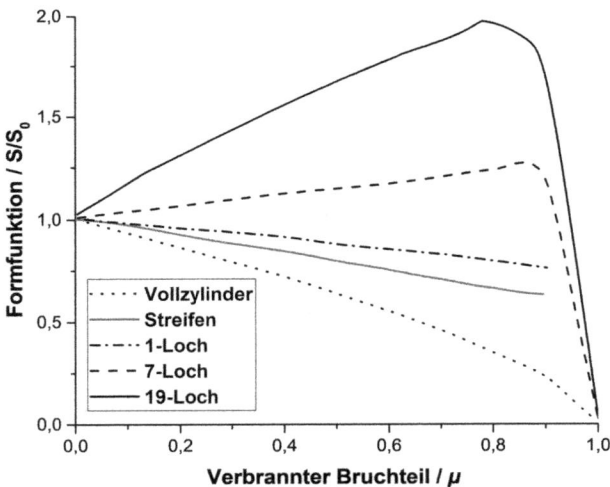

Abb. F.3: Verlauf der Formfunktion für verschiedene Geometrien.

Die Formfunktion $\varphi(\mu)$ für ein

Würfelpulver lautet

$$\varphi(\mu) = \frac{S}{S_0} = \frac{6(a - 2x)^2}{6a^2} = \frac{(a - 2x)^2}{a^2} \, ,$$

mit $\mu(t) = 1 - \frac{m(t)}{m_0}$ wird dann daraus

$$\varphi(\mu) = (1 - \mu)^{2/3} \, .$$

Diese Gleichung ist auch identisch für Pulver mit Kugelsymmetrie.

Vollzylinder

$$\varphi(\mu) = (1 - \mu)^{0,5} \, .$$

Streifenpulver

$$\varphi(\mu) = (1 - 4[b/a]\mu)^{0,5} \, ,$$

mit a = größere Kantenlänge, b = kleinere Kantenlänge

Röhrenpulver

$$\varphi(\mu) \sim 1$$

- D. Vittal, S. Singh, Form Function for Propellants in Closed Vessel Work, *Propellants Explos.* **1980**, *5*, 9–14.

FOX

FOX gefolgt von einer Zahl ist die Abkürzung für alle im Bereich des FOI entwickelten Verbindung zum Einsatz als Explosivstoff wie z. B. FOX-7 *1,1-Diamino-2,2-dinitroethylen* und FOX-12, *N-Guanylharnstoffdinitramid*.

Fraunhofer Institut für Chemische Technologie, FhG-ICT

Das Fhg-ICT wurde 1956 von Dr. Karl Meyer als Institut für Treib- und Explosivstoffe in Karlsruhe gegründet und ist seit Anfang der 1960er-Jahre in Pfinztal-Berghausen bei Karlsruhe ansässig. Das Fhg-ICT beschäftigt sich mit wehrtechnischen Fragestellungen zu Treib- und Explosivstoffen. Seit Mitte der 1990er-Jahre werden am Institut auch vermehrt zivile Technologiethemen wie Elektrochemie, Polymertechnologie und Umweltengineering betrieben. Das FhG-ICT wird für seine wehrtechnische Arbeit aus dem Haushalt des Bundesministeriums für Verteidigung grundfinanziert. Der Jahresetat 2015 für das ICT betrug 23 Mio. €.

Am ICT entwickelte Explosivstoffformulierungen (siehe Tabellenteil) tragen folgende Bezeichnungen:

HX   = High Explosives
HXA = Formulierung mit Aluminum, mit 1 beginnende Zusammensetzungen enthalten Hexogen, mit 2 beginnende Zusammensetzungen enthalten Oktogen
GHX = gießbare Explosivstoffe mit GAP-Binder
PHX = pressbare Formulierung

- Webseite http://www.ict.fraunhofer.de
- *Entwurf zum Bundeshaushaltsplan 2015 Einzelplan 15*, Bundesministerium der Verteidigung, **2015**.

Fulminate
fulminates

Als Fulminate werden die Salze der Knallsäure, $H-C\equiv N^+-O^-$ bezeichnet. Das Knallquecksilber, HgCNO [628-86-4], hat aufgrund seiner mangelnden Stabilität und Giftigkeit heute keine Bedeutung mehr als Initialsprengstoff. Silberfulminat, AgCNO [5610-59-3], ist zwar ein guter Initialsprengstoff, aber in kristalliner Form extrem empfindlich gegenüber ESD und mechanischen Stimuli, so dass es technisch unbrauchbar ist und nur Anwendung im zivilen Feuerwerk z. B. in Scherzartikeln (Knallerbsen und Knallzigarettenspitzen) findet.

- R. Matyáš, J. Pachman, *Primary Explosives*, Springer, **2013**, S. 59–62.

Funktionslebensdauer
service life

Die Funktionslebensdauer eines Explosivstoffs umfasst den Zeitraum, in dem die Sicherheit und Funktionalität (Leistung) eines Explosivstoffs in einem bestimmten System voll gegeben ist. Die Funktionslebensdauer wird durch chemische sowie physikalische Alterungsprozesse des Explosivstoffs begrenzt. Jenseits der Funktionslebensdauer ist der Explosivstoff bzw. das System zunächst noch sicher handhabbar und auch noch bestimmungsgemäß verwendbar, wenngleich die bestimmungsgemäße Leistung nicht mehr erreicht wird. Die Grenze, ab der eine sichere Verwendung nicht mehr möglich ist, der Explosivstoff selbst aber noch sicher handhabbar ist und auch keine Gefahr adiabatischer Selbstaufheizung besteht, wird als physikalische Lebensdauer bezeichnet. Die chemische Lebensdauer schließlich endet mit dem Zeitpunkt, ab dem keine sichere Handhabung des Explosivstoffs mehr möglich ist und ab dem die Gefahr adiabatischer Selbstaufheizung besteht.

- K. Schneider, Funktionslebensdauer von Explosivstoffen, *Forum Explosivstoffe 2000*, WIWEB, Swisttal-Heimerzheim, März **2000**.

Furazane

furazans

R²────R¹

N──O──N
 \ | /
   O

Der Trivialname Furazan wird für das 1-Oxa-2,5-diazol verwendet. Aus dem Namen leitet sich die strukturelle Verwandtschaft zum cyclischen Ether Tetrahydrofuran ab. Furazane sind attraktive explosophore Gruppen für energetische Moleküle, da sie

– aromatisch sind (6 π-Elektronen) und dadurch ein Molekül zu stabilisieren vermögen,
– aufgrund der Planarität des Rings eine gute Stapelbarkeit und damit eine hohe Dichte sowie ein Gleiten der Schichten ermöglichen und somit Bindungsbrüche vermeiden,
– aufgrund der Bindung des Sauerstoffs an den Stickstoff eine hohe positive Bildungsenthalpie aufweisen und
– einfach an der 3 und 4 Position funktionalisiert werden können.

Wichtige Furazane sind z. B. das DAAF und LLM-175. Der Sprengstoff TATB reagiert bei Stößen und bei thermischer Belastung in endothermer Reaktion zu Furazanen und Furoxanen was dessen geringe Empfindlichkeit und hohe Stabilität bedingt.

- J. P. Agrawal, R. D. Hodgson, *Organic Chemistry of Explosives*, Wiley, New York, **2007**, 297–302.
- J. Sharma, J. C. Hoffsommer, D. J. Glover, C. S. Coffey, J. W. Forbes, T. P. Liddiard, W. L. Elban, F. Santiago, Sub-Ignition Reactions at Molecular Levels in Explosives Subjected to Impact and Underwater Shock, *8*[th] *Detonation Symposium*, 15–19 July **1985**, Albuquerque, NM, USA, S. 725–733.

Furoxane

furoxans

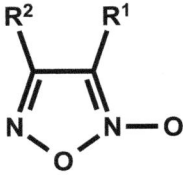

Als Furoxane bezeichnet man die Derivate des Grundkörpers 1-Oxa-2,5-diazol-2-oxid (Abbildung rechts). Im Gegensatz zu den Furazanen besitzen die Furoxane eine bessere Sauerstoffbilanz. Wichtige Furoxane sind z. B. *Kaliumdinitrobenzofuroxan, CL-14,* und *Benzotrifuroxan.* CL-14 wird unter anderem als Zersetzungsprodukt in stoßbelasteten TATB-Proben gefunden.

- J. P. Agrawal, R. D. Hodgson, *Organic Chemistry of Explosives*, Wiley, New York, **2007**, S. 302–307.

G

GAP, Glycidyl-Azid-Polymer
glycidyl azide polymer

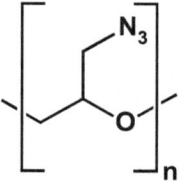

Aspekt		hellgelbe viskose Flüssigkeit
Formel		$(C_3H_5N_3O)_n$
CAS		[143178-24-9]
m_r	$g\,mol^{-1}$	99,1
ρ	$g\,cm^{-3}$	1,29
$\Delta_f H$	$kJ\,mol^{-1}$	113,97
$\Delta_{ex} H$	$kJ\,mol^{-1}$	−409,4
	$kJ\,g^{-1}$	−4,132
	$kJ\,cm^{-3}$	−5,343
$\Delta_c H$	$kJ\,mol^{-1}$	−2008,1
	$kJ\,g^{-1}$	−20,266
	$kJ\,cm^{-3}$	−26,203
Λ	Gew.-%	−121,09
N	Gew.-%	42,40
T_g	°C	−45
Smp	°C	120−150
Z	°C	216
Schlag-E	J	8 (BAM)
Reib-E	N	> 355

GAP ist ein wichtiger energetischer Binder für Festtreibstoffe und Sprengstoffe. GAP mit Hydroxylendgruppen kann mit Diisocyanaten zu Polyurethanen vernetzt werden.

- P. F. Aiello, A. P. Manzara, GAP Benefits, *JANNAF Propulsion Meeting*, Indianapolis, Februar **1992**.
- B. Johannessen, I. M. Denenholz, A. P. Manzara, Characterization of Gap Polyol and Plasticizer, *MACH I*, King of Prussia, **1997**.

https://doi.org/10.1515/9783110559651-007

Gasgeneratorsätze
gas generating compositions

Gasgeneratorsätze werden im zivilen und militärischen Bereich dort eingesetzt, wo in sehr kurzer Zeit große Gasmengen erzeugt werden müssen. Neben Sätzen, die beim Abbrand unspezifische Gase, also Mischungen aus CO_2, H_2O und N_2 liefern, gibt es auch Sätze, die z. B. hohe Wasserstoffkonzentration oder praktisch reinen Sauerstoff (siehe *SCOG*) liefern. Wasserstoff wird als gasförmiger Brennstoff in kleinen Mengen in zivilen Raumfahrtanwendungen benötigt. Tab. G.1 zeigt verschiedene Zusammensetzungen und den Wasserstoffanteil in den Produktgasen.

Tab. G.1: Sätze zur Wasserstofferzeugung.

Inhaltsstoffe	1	2	3	4	5
Triaminoguanidinnitrat (Gew.-%)	45				
Triaminoguanidin-5-tetrazol (Gew.-%)	25				
Polyester (Gew.-%)	13.2				
Polymethylenpolyphenylenisocyanat (Gew.-%)	1.8				
Trimethylolethantrinitrat (Gew.-%)	15				
Strontiumnitrat (Gew.-%)		40	30	20	10
Borazan, $((H_2N-BH_2)_x)$ (Gew.-%)		60	70	80	85
Eisen(III)oxid (Gew.-%)					5
Produkte					
Wasserstoff (Gew.-%)	41	11,7	13,7	15,6	16,6
Kohlenstoffmonoxid (Gew.-%)	1,3				
Wasser (Gew.-%)	26				
Stickstoff (Gew.-%)	31				

- J. E. Flanagan, *Solid propellant hydrogen generator*, US Patent 4234363, **1980**, USA.
- J. P. Goudon, H. Blanchard, J. Renouard, C. Vella, P. Yvart, Gaseous Hydrogen Generation from a Solid Mixture using a self-sustaining Combustion reaction, *42nd International Annual Conference of the Fraunhofer ICT*, 28 June–01 July, Karlsruhe, **2011**, Germany, V-27.

Geltreibstoffe
gelled propellants

Geltreibstoffe sind disperse Systeme, in denen eine oder mehrere mischbare Flüssigkeiten mit einem Gelierungsmittel verdickt sind. Gele sind scherverdünnende (thixotrope) Flüssigkeiten, d. h. ihre Viskosität sinkt bei Eintrag mechanischer Energie. Insofern vereinen Geltreibstoffe die Vorteile fester und flüssiger Treibstoffe. Geltreibstoffe können wie Feststoffe gelagert werden (zeigen z. B. im Flug kein Treibstoffschwappen) und können trotzdem wie Flüssigkeiten gefördert und dosiert werden. Auch sind Gel-treibstoffe deutlich unempfindlicher als vergleichbare Festtreibstoffe und zeigen eine günstigere Abgassignatur als *FTS* (siehe dort). Typische Geliermittel sind z. B. hoch-disperse Kieselsäure oder Harnstoffderivate.

- H. K. Ciezki, C. Kirchberger, A. Stiefel, Kröger, P. Caldas Pinto, J. Ramsel, K. W. Naumann, J. Hürttlen, U. Schaller, A. Imiolek, V. Weiser, Overview on the German Gel Propulsion Technology Activities: Status 2017 and Outlook, *European Conference for Aeronautics and Space Sciences (EUCASS)*, **2017**.
- H. K. Ciezki, K. W. Naumann, Some Aspects on Safety and Environmental Impact of the German Green Gel Propulsion Technology, *Propellants Explos. Pyrotech.* **2016**, *41*, 539–546.
- H. K. Ciezki, J. Hürttlen, K. W. Naumann, M. Negri, J. Ramsel, V. Weiser. Overview of the German Gel Propulsion Technology Program, *50th AIAA/ASME/SAE/ASEE Joint Propulsion Conference, AIAA Propulsion and Energy Forum*, (AIAA 2014-3794), Cleveland, **2014**.

Geschoss
projectile, bullet, missile

Synonym mit dem Begriff Geschoss werden im Deutschen außerdem die Bezeichnungen Granate, Kugel, Projektil und Wurfkörper verwendet. Als Geschosse werden grundsätzlich alle Körper bezeichnet, die durch expandierende Gase (z. B. Verbrennungsprodukte oder Metalldämpfe) in einem Waffenrohr oder durch eine Klemmung am Boden des Körpers selbst (Raketenantrieb) beschleunigt werden. Auch elektromagnetisch beschleunigte Körper werden als Geschosse bezeichnet. Je nach Durchmesser des Geschosses wird zwischen Kleinkaliber, Mittelkaliber und Großkalibermunition unterschieden.

Tab. G.2 zeigt die Kaliberbereiche für militärische und zivile Munition. Es ist zu beachten, dass die Bezeichnungen Kleinkaliber und Großkaliber im zivilen und militärischen Bereich voneinander abweichende Kaliberbereiche abdecken.

Tab. G.2: Zivile und militärische Kaliber und Waffentypen.

	Kleinkaliber	Mittelkaliber	Großkaliber
Militärisch Waffenart	≤ 15,24 mm/.6 cal Handfeuerwaffen[*]	16–40 mm Maschinenkanonen Granatpistole/-maschinenwaffe	> 40 mm Mörser Panzerfaust Artillerie
Zivil Waffenart	≤ 5,59 mm/.22 cal Handfeuerwaffen[#]	–	> 9 mm/.38 cal Handfeuerwaffen

[*] Selbstladepistole, Maschinenpistole, Sturmgewehr, Maschinengewehr auch als Bordwaffe
[#] Revolver, Selbstladepistole, Gewehr

284 — Gewerbliche Sprengstoffe

Militärische Groß- und Mittelkaliberbezeichnungen geben häufig die metrischen Werte in mm oder cm an. Schiffsartilleriekaliber werden häufig in Vielfachen Inches (1 Inch = 25,4 mm) angegeben.

Die Kaliber von Handfeuerwaffen werden entweder mit Bruchteilen von Inches (z. B. *.30 cal*, *.50 cal*, *.38 cal*) bezeichnet oder in Millimeter angegeben, wobei Kaliber × Patronenlänge angegeben werden (z. B. *9 × 19 mm*). Wiederum andere Bezeichnungen trägt die für den Verschuss aus Leuchtpistolen und Signalgeräten vorgesehene pyrotechnische Munition. Hier bedeuten:

- *Kaliber 4* = 25,4 mm
- *Kaliber 12* = 19 mm

Gewerbliche Sprengstoffe
commercial explosives

Im zivilen Bereich werden Sprengstoffe für die Lagerstättenerschließung (seismische Untersuchungen), den Bergbau, den Verkehrswegebau, Abbrucharbeiten, die Metallumformung und -fügung (siehe *Sprengplattieren*) sowie für die Herstellung spezieller Materialien (siehe *Nanodiamante*) verwendet.

Da zivil bzw. gewerblich genutzte Sprengstoffe grundsätzlich schnell in einer einzigen Klimazone verbraucht werden, sind die Anforderungen an deren Lagerfähigkeit und Langzeitstabilität weniger anspruchsvoll als bei militärischen Sprengstoffen, von denen im Einzelfall *Funktionslebensdauern* von bis zu 30 Jahren gefordert werden. Schließlich sind auch die Leistungsanforderungen an zivil genutzte Sprengstoffe grundsätzlich niedriger als bei militärisch genutzten Sprengstoffen, von denen hohe Metallbeschleunigungsfähigkeit (siehe *Zylindertest*) und aufgrund des begrenzten Volumens in Munitionen daher höchste Dichten gefordert werden.

Gewerbliche Sprengstoffe sind meist kostengünstig in der Herstellung und sind wie im Falle der auf Ammoniumnitrat basierenden Mischungen oftmals aufgrund deren geringerer Auslösewahrscheinlichkeit und damit Gefahrklasseneinstufung (ggfs. HD 1.6 oder auch HD 5.1) deutlich günstiger in der Logistik.

Grundsätzlich gibt es folgende gewerbliche Sprengstoffe:
- pulverförmige Sprengstoffe
  - schüttbar
  - patroniert
- gelatinöse Sprengstoffe

und
- wasserhaltige Sprengstoffe
  - pumpbar

Schüttbare pulverförmige gewerbliche Sprengstoffe sind die ANFO-Sprengstoffe (siehe *ANFO*). Zu den patronierten pulverförmigen gewerblichen Sprengstoffen zählen die sogenannten Wettersprengstoffe. Da im Kohlebergbau sowohl Kohlestaub als auch Methangas mit dem Luftsauerstoff detonationsfähige Mischungen bilden kann, gilt es bei Sprengarbeiten, deren thermische Initiierung unter allen Umständen zu vermeiden. Dazu werden gewerbliche Sprengstoffe mit möglichst niedriger Schwadentemperatur verwendet. Durch inerte Zusätze zu gewerblichen Sprengstoffen wie Kochsalz, das eine hohe Sublimationsenthalpie aufweist ($\Delta_{sub}H$: 230 kJ mol^{-1}), wird die Schwadentemperatur vorteilhaft abgesenkt. Schließlich kann feinstverteiltes NaCl auch günstig in situ durch eine Salzpaarreaktion vom Typ

$$NaNO_3 + NH_4Cl \longrightarrow NaCl + N_2 + 2\,H_2O + 0,5\,O_2$$

erzeugt werden.

Wichtigster Vertreter der gelatinösen Sprengstoffe ist die Sprenggelatine.

Die wasserhaltigen Sprengstoffe beinhalten schließlich die bekannten Sprengschlämme (engl. *slurries*) der Rahmenzusammensetzung;
- 55 Gew.-% Ammoniumnitrat
- 15 Gew.-% Wasser
- 30 Gew.-% Nitroaromaten (z. B. TNT)

Eine Weiterentwicklung der Sprengschlämme sind die Emulsionssprengstoffe. Hochkonzentrierte wässrige Ammoniumnitratlösungen werden dazu am Sprengort mit Mineralöl, geeigneten Emulgatoren und Zusätzen zur Sensibilisierung (z. B. Microballoons) vermischt. Logistisch von Vorteil ist, dass keine der Komponenten allein einen Explosivstoff darstellt.

Eine Rahmenzusammensetzung enthält:
- 76 Gew.-% Ammoniumnitrat
- 17 Gew.-% Wasser
- 7 Gew.-% Öl, Emulgatoren und Sensibilisatoren

- A. Neubauer, H. Steinicke, Praxisrelevante Beispiele zum Explosivumformen in der industriellen Fertigung – ein Überblick, *Sprenginfo*, **2016**, *38*, 26–30.
- J. N. Johnson, C. L. Mader, S. Goldstein, Performance Properties of Commercial Explosives, *Propellants Explos. Pyrotech.* **1983**, *8*, 8–18.
- R. Meyer, Die Entwicklung der Wettersprengstoffe, *Nobel Hefte*, **1969**, *35*, 109–116.

Glauber'sches Knallpulver

Johann Rudolph Glauber (1604–1670) entdeckte 1648 das nach ihm benannte Knallpulver. Dessen Zusammensetzung lautet:
- 55 Gew.-% Kaliumnitrat, KNO_3
- 27 Gew.-% Schwefel, S_8
- 18 Gew.-% Kaliumcarbonat, K_2CO_3

Dieses Gemisch kann **nicht** mit einer Bunsenflamme, einer Sicherheitsanzündschnur oder auf sonstige Weise angezündet werden. Wird das Pulver allerdings in einem Eisenlöffel rasch in der nicht leuchtenden Brennerflamme erhitzt, so erfolgt nach dem Aufschmelzen der Mischung eine explosionsartige Umsetzung.

Seel (1988) nahm an, dass beim Aufschmelzen Schwefel mit Kaliumcarbonat zu einer Mischung aus Kaliumsulfiden und Kaliumthiosulfat ($K_2S_2O_3$) reagiert. Die nachfolgende Reduktion des Nitrats zu Nitrit bildet schließlich die Grundlage für die explosionsartige Umsetzung des Nitrits mit Thiosulfat zu Sulfit und Thionitrat ($KSNO_2$), das ebenfalls explosionsartig zerfällt.

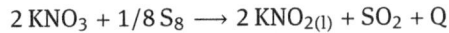

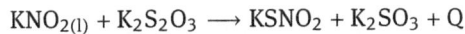

$$6/8\,S_8 + 3\,K_2CO_3 \longrightarrow 2\,K_2S_n + K_2S_2O_3 + 3\,CO_2 + Q$$

$$2\,KNO_3 + 1/8\,S_8 \longrightarrow 2\,KNO_{2(l)} + SO_2 + Q$$

$$KNO_{2(l)} + K_2S_2O_3 \longrightarrow KSNO_2 + K_2SO_3 + Q$$

$$2\,KSNO_2 \longrightarrow K_2S_2O_3 + N_2O + Q$$

- F. Seel, Geschichte und Chemie des Schwarzpulvers – Le charbon fait le poudre – *Chemie in unserer Zeit*, **1988**, *22*, 9–16.

Glittersätze
glitter compositions

Glittersätze sind pyrotechnische Effektsätze, die beim Abbrand zunächst nicht leuchtende Partikel herausschleudern, die erst nach einer kurzen Verzugszeit unter starker Leuchterscheinung zerplatzen. Es gibt sehr unterschiedliche Satztypen, die das bezeichnete Abbrandverhalten aufweisen (Tab. G.3). Grundsätzlich wird angenommen, dass die beim Abbrand gebildeten zunächst „dunklen" Partikel erst durch Folgereaktionen, wahrscheinlich mit dem Luftsauerstoff stark exotherm abreagieren.

Tab. G.3: Glittersätze.

Farbe/Effekt	Gold	Perglitter	Silber	Silber
Schwarzpulver[*)] (Gew.-%)	65	65	75	
Bariumnitrat (Gew.-%)		11		
Kaliumperchlorat (Gew.-%)				48
Schwefel (Gew.-%)	10	10		19
Holzkohle (Gew.-%)	20			9
Dextrin (Gew.-%)	5	5	5	4
Aluminium (Gew.-%)			10	7
Magnalium (Gew.-%)		9		
Antimonsulfid (Gew.-%)			10	
Natriumcarbonat (Gew.-%)				13

[*)] Nicht geläufertes Pulver (75/15/10) KNO_3, Holzkohle, Schwefel

- C. Jennings-White, Glitter Chemistry, *J. Pyrotech.* **1998**, *8*, 53–70.

Glycidylnitrat-Polymer, Poly-GLYN, PGN

poly(glycidyl nitrate)

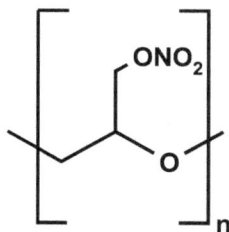

Aspekt		hellgelbe viskose Flüssigkeit
Formel		$(C_3H_5NO_4)_n$
CAS		[27814-48-8]
m_r	$g\,mol^{-1}$	119,077
ρ	$g\,cm^{-3}$	1,46
$\Delta_f H$	$kJ\,mol^{-1}$	−284,5
$\Delta_{ex} H$	$kJ\,mol^{-1}$	−524,7
	$kJ\,g^{-1}$	−4,406
	$kJ\,cm^{-3}$	−6,490
$\Delta_c H$	$kJ\,mol^{-1}$	−1587,1
	$kJ\,g^{-1}$	−13,329
	$kJ\,cm^{-3}$	−19,633
Λ	Gew.-%	−60,46
N	Gew.-%	11,76
T_g	°C	−31,9
Smp	°C	215

Mit aliphatischen Isocyanaten ausgehärtetes PGN kann bei längerer Temperaturbelastung aufgrund der sauren Protonen in Nachbarschaft zur Nitratogruppe nach gewisser Zeit irreversibel in primäres Amin, CO_2 und vinylnitrat-terminiertes PGN zerfallen. Sanderson (2002) hat daher ein Verfahren vorgeschlagen, wie PGN zu lagerstabilen Polymeren verarbeitet werden kann.

- A. J. Sanderson, L. J. Martins, M. A. Dewey, *Process for Making sTabelle cured PGN and energetic compositions comprising same*, US6861501, USA, **2002**.

Graphit
graphite

Graphit ($\rho = 2,26\,\text{g}\,\text{cm}^{-3}$) ist ein wichtiger phlegmatisierender Zusatz für Explosivstoffe aller Art. So wird z. B. Kornschwarzpulver durch das Polieren mit Graphitpulver feuchtigkeitsabweisend und ist auch weniger empfindlich gegenüber elektrostatischer Entladung. In Sprengstoffmischungen wie z. B. CH-6 oder HWC vermittelt Graphit aufgrund seiner Schichtstruktur eine Reduktion der Reibempfindlichkeit. Weiterhin beeinflusst Graphit auch den Abbrand von pyrotechnischen Sätzen und Raketentreibstoffen.

Die Exfoliation von Graphit ergibt Graphen, das zur Senkung der Viskosität und Empfindlichkeit schmelzgießbarer Sprengstoffe vorgeschlagen wurde.

- E.-C. Koch, Behaviour of Burn Rate and Radiometric Performance of Two Magnesium/Teflon/Viton (MTV) Formulations upon Addition of Graphite, *J. Pyrotech.* **2008**, *27*, 38–41.

Griechisches Feuer
greek fire

Als griechisches Feuer (eigentlich „flüssiges Feuer" von griechisch *hygron pyr)* gilt eine Mischung von Branntkalk (CaO), Erdöldestillaten, Schwefel, Naturharz und Salpeter (KNO_3). Die Harze dienten wahrscheinlich der guten Klebefähigkeit der Masse wie auch als Emulgatoren um eine Trennung des Erdöldestillats von dem Salzen und dem Schwefel zu verhindern. Bei Kontakt des Branntkalks mit Wasser erfolgt eine stark exotherme Reaktion ($T \sim 450\,°C$), die angesichts der schlechten Wärmeleitfähigkeit der Komponenten schnell zur Erhitzung und Entflammung führt. Der Salpeter unterstützt die Verbrennung dabei und sorgt dafür, dass die Masse auch bei Luftabschluss brennen kann.

- V. Muthesius, *Zur Geschichte der Sprengstoffe und des Pulvers*, Hoppenstedt, Berlin, **1941**, 21–26.

GSX, Gelled Slurry Explosive

GSX sind phasenstabilisierte, nicht ideale Sprengstoffe, bestehend aus Ammoniumnitrat, Metallpulver und Wasser. Oftmals synonym mit GSX verwendet wird die Formulierung DBA-22M (DBA, Dense Blasting Agent) (Tab. G.4).
DBA-22M wurde in der BLU-82, auch bekannt als „Daisy Cutter", verwendet, mit der z. B. im Vietnamkrieg Helikopterlandezonen im Regenwald gesprengt wurden.

- M. F. Porter, *Commando Vault (U)*, HQ PACAF, Directorate, Tactical Evaluation, CHECO Division, 12 October **1970**.

Tab. G.4: Zusammensetzung und Eigenschaften von DBA-22M.

Komponente	Gew.-%	Parameter	
Ammoniumnitrat	50	ρ (g cm^{-3})	1,47
Aluminium	34	V_D (m s^{-1})	5000
Borsäure, Wasser, Ethylenglykol	16	$\Delta_{ex}H$ (kJ g^{-1})	5,941

Guanidinium-5,5′-azotetrazolat, GAT, GZT, GUZT
diguanidine-5,5′-azotetrazolate

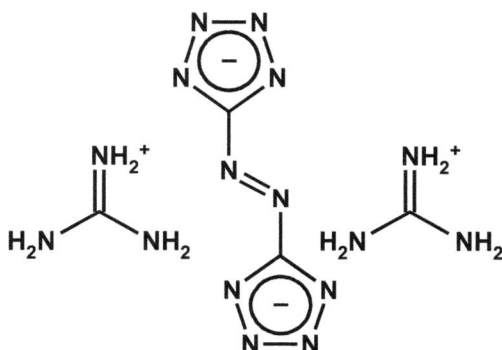

Aspekt		zitronengelbe Kristalle
Formel		C$_4$H$_{12}$N$_{16}$
CAS		[142353-07-9]
m_r	g mol^{-1}	284,246
ρ	g cm^{-3}	1,538
$\Delta_f H$	kJ mol^{-1}	410,03
$\Delta_{ex}H$	kJ mol^{-1}	−644,3
	kJ g^{-1}	−2,267
	kJ cm^{-3}	−3,486
$\Delta_c H$	kJ mol^{-1}	−3699,1
	kJ g^{-1}	−13,014
	kJ cm^{-3}	−20,015
Λ	Gew.-%	−78,8
N	Gew.-%	78,84
Smp	°C	242 (Z)
Reib-E	N	>355
Schlag-E	J	7,5

GZT ist eine wichtige stickstoffreiche Verbindung geringer Toxizität, die ursprünglich für den Einsatz in Airbags entwickelt wurde. GZT hat mittlerweile Eingang in verschiedenste energetische Anwendungen wie Feuerlöschgasgeneratoren, Festtreibstoffe und auch als Bestandteil intumeszierender Brandschutzbeschichtungen gefunden. Verdichtetes GZT kann mit einer Propanflamme entzündet werden, die Flamme erlischt aber unmittelbar und die Zersetzung des GZT erfolgt weitgehend flammlos mit nur geringfügiger Wärmeentwicklung. Mischungen aus GZT und AGTZ besitzen deutlich niedrigere Verpuffungstemperaturen ($T = 165$–$195\,°C$) als die Einzelbestandteile.

- K. M. Bucerius, *Stabile, stickstoffreiche Verbindung in Form des Diguanidinium-5,5'-azotetrazolat*, DE-Patent 4034645C2, **1993**, Deutschland.

Guanidiniumdinitramid
guanidinium dinitramide

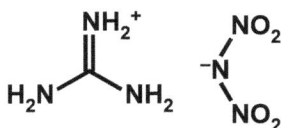

Guanidindinitramid		
Formel		$CH_6N_6O_4$
GHS		03, 07
CAS		[170515-96-5]
m_r	$g\,mol^{-1}$	166,096
ρ	$g\,cm^{-3}$	1,67
$\Delta_f H$	$kJ\,mol^{-1}$	−157,95
$\Delta_{ex}H$	$kJ\,mol^{-1}$	−752,9
	$kJ\,g^{-1}$	−4,533
	$kJ\,cm^{-3}$	−7,570
$\Delta_c H$	$kJ\,mol^{-1}$	−1093,1
	$kJ\,g^{-1}$	−6,581
	$kJ\,cm^{-3}$	−10,990
Λ	Gew.-%	−9,63
N	Gew.-%	50,60
Smp	°C	139
Z	°C	164
E_a	$kJ\,mol^{-1}$	167,4

- T. S. Kon'kova, Y. N. Matyushin, E. A. Miroshnichenko, A. B. Vorob'ev, Thermochemical properties of dinitramide salts, *Russ. Chem. Bull.* **2009**, *58*, 2020–2027.

Guanidiniumnitrat

guanidine nitrate

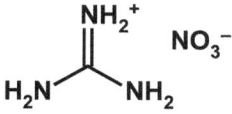

Guanidinnitrat		
Formel		$CH_6N_4O_3$
GHS		03, 07
H-Sätze		H272-H302-H315-H319-H412
P-Sätze		P210-P221-P302+P352-P305+P351+P338-P321-P501a
UN		1467
REACH		LRS
EINECS		208-060-1
CAS		[506-93-4]
m_r	g mol^{-1}	122,084
ρ	g cm^{-3}	1,436
$\Delta_f H$	kJ mol^{-1}	−387,02
$\Delta_{ex} H$	kJ mol^{-1}	−345,7
	kJ g^{-1}	−2,831
	kJ cm^{-3}	−4,066
$\Delta_c H$	kJ mol^{-1}	−864,0
	kJ g^{-1}	−7,007
	kJ cm^{-3}	−10,163
Λ	Gew.-%	−26,21
N	Gew.-%	45,89
Smp	°C	216
Z	°C	240
Reib-E	N	> 355
Schlag-E	J	> 50
V_D	m s^{-1}	3700 @ 1,436 g cm^{-3} bei 60 mm ⌀
		7870 @ 1,660 g cm^{-3} bei 52 mm ⌀
P_{CJ}	GPa	26,11 @ 1,666 g cm^{-3} bei 60 mm ⌀
Trauzl	cm^3	240
Koenen	mm	1,5: keine Reaktion

Guanidiniumnitrat ist ein sehr schwacher Sprengstoff. Es wird hauptsächlich als Stickstoffquelle in Gasgeneratorsätzen und anderen pyrotechnischen Sätzen verwendet. Außerdem wird Nitroguanidin durch Umsetzung von Guanidiniumnitrat mit Schwefelsäure gewonnen.

- E.-C. Koch, Insensitive High Explosives III. Nitroguanidine, *Propellants Explos. Pyrotech.* **2019**, 44, 267–292.

Guanidiniumnitroformat, GNF

guanidinium nitroformate, guanidinium trinitromethanide

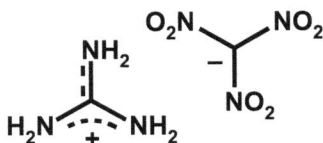

Aspekt		hellgelbe Kristalle
Formel		$C_2H_6N_6O_6$
CAS		[223685-92-5]
m_r	g mol^{-1}	210,106
ρ	g cm^{-3}	1,695
$\Delta_f H$	kJ mol^{-1}	−213,14
$\Delta_{ex}H$	kJ mol^{-1}	–
	kJ g^{-1}	–
	kJ cm^{-3}	–
$\Delta_c H$	kJ mol^{-1}	−1431,5
	kJ g^{-1}	−6,813
	kJ cm^{-3}	−11,549
Λ	Gew.-%	−7,61
N	Gew.-%	40,00
Z	°C	113
Smp	°C	69 (−H$_2$O, Hydrat)
Schlag-E	J	30 (BAM)
Reib-E	N	> 360
V_D	m s^{-1}	*8500*
P_{CJ}	GPa	*28*

Die Entstehung des hygroskopischen GNF wurde erstmals von Boyer et al. 1989 beobachtet. Diese wollten ursprünglich das zu 1,1-Diamino-2,2-dinitroethylen homologe 1,1,1-Triamino-2,2,2-trinitroethan herstellen. Allerdings zeigten quantenchemische Rechnungen bereits, dass eine erhebliche Schwächung der zentralen C-C-Bindung zu erwarten wäre, so dass bereits Boyer et al. konsequenterweise von einer ionischen Struktur ausgingen. Klapötke et al. schließlich konnten 2006 mit einer kristallographischen Untersuchung die ionische Struktur nachweisen.

- M. Krishnan, P. Sjøberg, P. Politzer, J. H. Boyer, Guanidinium trinitromethanide, *J. Chem. Soc. Perkin Trans.* **1989**, *2*, 1237–1242.
- T. S. Konk'ova, Y. N. Matyushin, Combined study of thermochemical properties of nitroform and its salts, *Russ. Chem. Bull.* **1998**, *47*, 2371–2374.
- M. Göbel, T. M. Klapötke, Potassium-, Ammonium-, Hydrazinium-, Guanidinium-, Aminoguanidinium-, Diaminoguanidinium-, Triaminoguanidinium- and Melaminiumnitroformate – Synthesis, Characterization and Energetic Properties, *Z. Anorg. Allg. Chem.* **2006**, *633*, 1006–1017.

Guanidiniumperchlorat

guanidine perchlorate

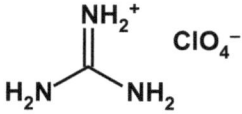

Guanidinperchlorat		
Formel		$CClH_6N_3O_4$
CAS		[10308-84-6]
m_r	$g\,mol^{-1}$	159,529
ρ	$g\,cm^{-3}$	1,74
$\Delta_f H$	$kJ\,mol^{-1}$	−311,08
$\Delta_{ex}H$	$kJ\,mol^{-1}$	−660,1
	$kJ\,g^{-1}$	−4,138
	$kJ\,cm^{-3}$	−7,200
$\Delta_c H$	$kJ\,mol^{-1}$	−940,0
	$kJ\,g^{-1}$	−5,892
	$kJ\,cm^{-3}$	−10,253
Λ	Gew.-%	−5,01
N	Gew.-%	26,34
Smp	°C	248
Z	°C	240
Schlag-E	J	10
V_D	$m\,s^{-1}$	7150 @ 1,67 $g\,cm^{-3}$
Trauzl	cm^3	400

Eutektische Mischungen aus Lithiumperchlorat und GP mit Polymeren sind als schlagunempfindliche Festtreibstoffe vorgeschlagen worden.

- J. J. Byrne, *Propellant containing guanidine perchlorate-lithium perchlorate eutectic in homogeneous phase with polymeric binder*, US Patent 3531338, **1970**, USA.

Guanidiniumpikrat

guanidine picrate

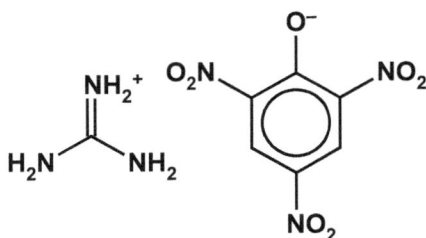

Guanidinpikrat, GuPi		
Aspekt		gelbe Nadeln
Formel		$C_7H_8N_6O_7$
CAS		[4336-48-5]
m_r	$g\,mol^{-1}$	288,177
ρ	$g\,cm^{-3}$	> 1,50
$\Delta_f H$	$kJ\,mol^{-1}$	−396,60
$\Delta_{ex}H$	$kJ\,mol^{-1}$	−1109,7
	$kJ\,g^{-1}$	−3,851
	$kJ\,cm^{-3}$	−6,392
$\Delta_c H$	$kJ\,mol^{-1}$	−3501,4
	$kJ\,g^{-1}$	−12,150
	$kJ\,cm^{-3}$	−20,169
Λ	Gew.-%	−61,07
N	Gew.-%	29,16
Smp	°C	319 (Z)
Reib-E	N	> 353
Schlag-E.	cm	≫ 20
V_D	$m\,s^{-1}$	6500 bei unbekannter Dichte
		7300 @ 1,50 g cm⁻³
P_{CJ}	GPa	*13,99 @ 1,50 g cm⁻³*

GuPi ist ein sehr unempfindlicher Explosivstoff mit einer dem TNT vergleichbaren Leistung. Es wurde 1901 erstmalig als Komponente in Sicherheitssprengstoffen vorgeschlagen und später auch als sichere Geschossfüllung. Guanidiniumpikrat wird auch als Brennstoff in Gasgeneratorsätzen verwendet.

- D. Srinivas, V. D. Ghule, K. Muralidharan, *Energetic salts prepared from phenolate derivatives*, New. J. Chem. **2014**, *38*, 3699–3707.
- U. Bley, R. Hagel, J. Havlik, A. Hoschenko, P. S. Lechner, *Pyrotechnisches Mittel*, EP 1 890 986 B1, **2011**, Deutschland.

N-Guanylharnstoffdinitramid, FOX-12, GuDN
guanylurea dinitramide

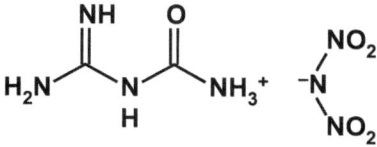

N-Aminocarbonylguanidiniumdinitramid		
Formel		$C_2H_7N_7O_5$
CAS		[217464-38-5]
m_r	$g\,mol^{-1}$	209,121
ρ	$g\,cm^{-3}$	1,76
$\Delta_f H$	$kJ\,mol^{-1}$	−356
$\Delta_{ex} H$	$kJ\,mol^{-1}$	−792,2
	$kJ\,g^{-1}$	−3,789
	$kJ\,cm^{-3}$	−6,667
$\Delta_c H$	$kJ\,mol^{-1}$	−1431,4
	$kJ\,g^{-1}$	−6,845
	$kJ\,cm^{-3}$	−12,047
Λ	Gew.-%	−19,13
N	Gew.-%	46,87
Smp	°C	215
Reib-E	N	> 355
Schlag-E	J	50 (250–400 µm)
V_D	$m\,s^{-1}$	7966 @ 1,666 $g\,cm^{-3}$ bei 60 mm ⌀
P_{CJ}	GPa	26,11 @ 1,666 $g\,cm^{-3}$ bei 60 mm ⌀
Trauzl	cm^3	345–375
$\varnothing_{cr}$	mm	54–25 @ 1,60 $g\,cm^{-3}$.

GuDN ist ein unempfindlicher Sprengstoff, der schwächer und empfindlicher als *Nitroguanidin* (NGu) ist. GuDN ist aufgrund seines Synthesewegs deutlich teurer als NGu. GuDN findet Anwendung in diversen Gasgeneratorsätzen. Mischungen mit TNT (*Guntol*) sind als sehr unempfindliche Explosivstoffe untersucht worden. Weiterhin ist GuDN als Alternative zu NGu in wenig erosiven TLP (z. B. *NILE*-Gun Propellant, NILE = **N**avy **I**nsensitive **L**ow **E**rosion) vorgeschlagen worden (Tab. G.5).

- E.-C. Koch, *Insensitive Explosive Materials VII – Guanylurea dinitramide GuDN, L-175*, MSIAC, November **2011**, 32 S.; Weblink https://www.msiac.nato.int/products-services/publications/l-175-insensitive-explosive-materials-vii-guanylurea-dinitramide-gudn.

Tab. G.5: Zusammensetzung und Leistung von NILE-Propellant.

Inhaltsstoff	(Gew.-%)	Leistung	
GuDN	32,0	Dichte (g cm^{-3})	1,588
RDX	40,0	Explosionswärme (J g^{-1})	–
CAB	14,4	Pulverkonstante (J g^{-1})	895
ATEC	7,2	Flammentemperatur (K)	2175
HPC	5,3	Covolumen (cm^3 kg^{-1})	0,119
Vestenamer	0,7	Temperaturkoeffizient (mm s^{-1} MPa^{-1})	0,759
Centralit I	0,4	Druckexponent (–)	0,809

Gummi arabicum

gum arabic, acacia gum

Gummi arabicum ist ein natürlich auftretendes farbloses bis gelblich durchscheinendes Harz, CAS-Nr. [9000-01-5], das aus dem Pflanzensaft verschiedener Akazienarten in Asien und Afrika gewonnen wird und D-Galactose, L-Aralinose, L-Rhamnose sowie D-Glucuronsäure enthält. Das gut wasserlösliche Gummi arabicum wurde früher häufig als Bindemittel in der Pyrotechnik verwendet. Aufgrund des hohen Gehalts an D-Glucuronsäure CAS-Nr. [6556-12-3] (pK_s: 3,18) ist Gummi arabicum inkompatibel mit säureempfindlichen Komponenten wie z. B. Magnesium oder Chloraten. Die ungefähre Zusammensetzung des Harzes kann mit $C_6H_{9,778}O_{5,037}$ beschrieben werden. Die Bildungsenthalpie beträgt etwa $\Delta_f H = -973,2$ kJ mol^{-1}. Es gibt zwischen $T = 44-140\,°C$ Feuchtigkeit ab ($\sim 15\%$ Massenverlust) und beginnt sich an Luft ab $T = 238\,°C$ exotherm zu zersetzen. Die Dichte beträgt etwa $1,3-1,4$ g cm^{-3}.

- W. Meyerriecks, Organic Fuels Composition and Formation Enthalpy Part II – Resins, Charcoal, Pitch, Gilsonite and Waxes, *J. Pyrotech.* **1999**, *9*, 1–19

Guntol

Guntol bezeichnet schmelzgießbare Sprengstoffmischungen auf der Grundlage von GuDN-TNT. Ternäre Mischungen mit Aluminium werden als *Guntonal* bezeichnet.

- P. Sjöberg, H. Östmark, A.-M. Amnéus, GUNTONAL – An Insensitive Melt Cast for Underwater Warheads, *IMEMTS*, München, **2010**.

Gurney-Modell

Der Festkörperphysiker Ronald W. Gurney (1898–1953) entwickelte während des 2. Weltkrieges eine Reihe einfacher physikalischer Modelle um die Beschleunigung von Metallsplittern durch Sprengstoffschwaden zu beschreiben. Dabei stützen sich seine Modelle auf folgende Annahmen:

(a) Die Detonation eines bestimmten Sprengstoffs setzt eine pro Masseneinheit des Sprengstoffs spezifische Energie frei, die in die kinetische Energie der Schwaden-gase, sowie die kinetische Energie der Metallsplitter der Umhüllung umgewandelt wird.

(b) Die Schwadengase haben eine einheitliche Dichte und ein lineares eindimensio-nales Geschwindigkeitsprofil in den Raumkoordinaten des Systems.

Es gelten für die Splittergeschwindigkeit von symmetrischen und asymmetrischen Aufbauten folgende Gleichungen:

– Sandwich

$$\frac{v}{\sqrt{2E}} = \left[\frac{M}{C} + \frac{1}{3} \right]^{-\frac{1}{2}}$$

– Zylinder

$$\frac{v}{\sqrt{2E}} = \left[\frac{M}{C} + \frac{1}{2} \right]^{-\frac{1}{2}}$$

Tab. G.6: Gurney-Konstante und Detonationsgeschwindigkeit für verschiedene Explosivstoffe.

Sprengstoff	ρ_0 (g cm^{-3})	D (m s^{-1})	$\sqrt{2E}$ (ms^{-1})
Comp A3	1,59	8140	2630
Comp B	1,71	7890	2700
Comp C3	1,60	7630	2680
Comp C4	1,601	8190	2820
Cyclotol 75/25	1,754	8250	2790
H-6	1,76	7900	2580
HMX	1,835	8830	2800
LX-14	1,89	9110	2970
Oktol 75/25	1,81	8480	2800
PBX 9404	1,84	8800	2900
PBX 9502	1,885	7670	2377
Pentolit	1,700	7530	2770
PETN	1,770	8260	2930
RDX	1,77	8700	2830
Tacot	1,61	6530	2120
TATB	1,854	7760	2440
Tetryl	1,62	7570	2500
TNT	1,63	6860	2440
Tritonal 80/20	1,72	6700	2320

–   Kugel

$$\frac{v}{\sqrt{2E}} = \left[\frac{M}{C} + \frac{3}{5}\right]^{-\frac{1}{2}}$$

–   asymmetrisches Sandwich (unbeschleunigte Gegenmasse)

$$\frac{v_M}{\sqrt{2E}} = \left[\frac{1+A^3}{3(1+A)} + \frac{N}{C}A^2 + \frac{M}{C}\right]^{-\frac{1}{2}}$$

mit

$$\frac{N}{C} = \frac{\text{Gegenmasse}}{\text{Explosivstoffmasse}}$$

und es sei

$$A = \frac{1 + 2\frac{M}{C}}{1 + 2\frac{N}{C}}$$

C = Explosivstoffmasse, M = Masse beschleunigter Metallmantel
–   offenes Sandwich (nur eine Metall-Lage)

$$\frac{v}{\sqrt{2E}} = \left[\frac{\left(1 + 2\frac{M}{C}\right)^3 + 1}{6\left(1 + \frac{M}{C}\right)}\frac{M}{C}\right]^{-\frac{1}{2}}$$

Die Gurney-Energie eines Sprengstoffs kann ähnlich wie V_D und P_{CJ} mit den *Kamlet-Jacobs*-Parametern, Φ, (siehe *Detonation*) nach $\sqrt{2E} = 0{,}887\sqrt{\Phi} \cdot \rho_0^{0,4}$ bzw. aus bereits ermittelten experimentellen Werten der Detonationsgeschwindigkeit und Dichte abgeschätzt werden $\sqrt{2E} = \frac{D}{2,97}$ (Tab. G.6).

•   J. E. Kennedy, *The Gurney Model of Explosive Output for Driving Metal*, in *Explosive Effects and Applications*, J. A. Zukas, W. P. Walters (Hrsg.), Springer, **1998**, 221–257.

H

Hafnium
hafnium

Aspekt		silbergrau bis schwarz
Formel		Hf
GHS		02
H-Sätze		H250-H251
P-Sätze		P201-P222-P235+P410-P280-P420-P422a
UN		2545
EINECS		231-166-4
CAS		[7440-58-6]
m_r	$g\,mol^{-1}$	178,49
ρ	$g\,cm^{-3}$	13,09
Smp	°C	2222
Sdp	°C	5400
$\Delta_m H$	$kJ\,mol^{-1}$	24,06
$\Delta_b H$	$kJ\,mol^{-1}$	575,5
c_p	$J\,mol^{-1}\,K^{-1}$	25,74
κ	$W\,m^{-1}\,K^{-1}$	23
c_L	$m\,s^{-1}$	3671
$\Delta_c H$	$kJ\,mol^{-1}$	−1144
	$kJ\,g^{-1}$	−6,409
	$kJ\,cm^{-3}$	−83,898
Λ	Gew.-%	−17,928

Aufgrund der interessanten kalorischen Eigenschaften von Hf schlägt *Betts* vor, Anzündsätze aus $Hf/KClO_4$ einzusetzen. Scurlock (1967) hat Festtreibstoffsätze hoher Leistung auf Basis Hf/AP/NC vorgeschlagen. Weiterhin sind Brandsätze auf Basis von Hf-Schwammpulver und fluorierten Bindern vorgeschlagen worden. Das Reaktionsverhalten von Hafniumborid, HfB_2, -carbid, HfC und -silicid, $HfSi_2$, als Brennstoffe in pyrotechnischen Sätzen haben Shaw et al. (2015) untersucht.

- R. E. Betts, *Hafnium-potassium perchlorate pyrotechnic composition*, US3109762, **1963**, USA.
- A. C. Scurlock, K. E. Rumbel, M. L. Rice, *High density metal-containing propellants capable of maximum boost velocity*, USP 3.326.732, **1967**, USA.
- A. P. Shaw, R. K. Sadangi, J. C. Poret, C. M. Csernica, Metal_Element Compounds of Titanium, Zirconium and Hafnium as pyrotechnic Fuels, Toulouse, **2015**, 1–11.

https://doi.org/10.1515/9783110559651-008

Hafniumbombe
hafnium bomb

Als Hafniumbombe wurde in den 1990er-Jahren eine spekulative Waffe bezeichnet. Von der Hafniumbombe wurde behauptet, dass sie die Leistungslücke zwischen konventionellen Sprengstoffen ($\Delta_{ex}H = 10^3$ J g^{-1}) und Kernspaltungsbomben (10^{10} J g^{-1}) schließen würde. Grundlage der Hafniumbombe sollte das bekannte metastabile Kernspinisomer ^{178m2}Hf sein. ^{178m2}Hf besitzt eine Halbwertszeit von 31 Jahren und geht durch inneren Übergang in den Grundzustand (^{178}Hf) über, wobei die Energiedifferenz von $E = 2,446$ MeV in Form von harter Gammastrahlung emittiert wird. Bezogen auf die Masse von ^{178m2}Hf entspricht dies einem Energiegehalt von $1,326 \cdot 10^9$ J g^{-1}. Es wurde nun behauptet, der innere Übergang könne durch äußere Stimuli wie z. B. weiche Röntgenstrahlung gezielt ausgelöst werden. Dadurch entstand die Idee einer sauberen Bombe, die nur harte Röntgenstrahlung emittieren, aber keinerlei radioaktive Folgeprodukte freisetzen würde. Diese Behauptung wurde bald widerlegt und es gibt bis heute keinen experimentell verifizierten Nachweis eines stimulierten Zerfalls von ^{178m2}Hf. Außerdem sind die Wirkungsquerschnitte potentieller Ausgangsstoffe für die Herstellung von ^{178m2}Hf so bescheiden, dass selbst mit immensem Aufwand keine wägbaren Mengen ^{178m2}Hf geschweige denn für eine Waffe erforderliche Mengen herstellbar wären.

- E. V. Tkalya, Induced decay of the nuclear isomer ^{178m2}Hf and the isomeric bomb, *Phys. Usph.* **2005**, *48*, 525–531.

Hansen-Test

Ehemals durchgeführter Stabilitätstest, bei welchem warmgelagerte TLP-Proben mit Wasser eluiert werden und der pH-Wert der betreffenden Lösungen ermittelt wird.

Harnstoffnitrat
urea nitrate, UN

Formel		$CH_5N_3O_3$
REACH		LPRS
EINECS		204-703-5
CAS		[124-47-0]
m_r	g mol^{-1}	123,068
ρ	g cm^{-3}	1,69
$\Delta_f H$	kJ mol^{-1}	−562,75
$\Delta_{ex}H$	kJ mol^{-1}	−366,2
	kJ g^{-1}	−2,975
	kJ cm^{-3}	−5,028

$\Delta_c H$	kJ mol^{-1}	−545,3
	kJ g^{-1}	−4,431
	kJ cm^{-3}	−7,489
Λ	Gew.-%	−6,5
N	Gew.-%	34,15
Smp	°C	152
Z	°C	186
Reib-E	N	> 355
Schlag-E.	J	50 (250–400 μm)
V_D	m s^{-1}	4700 @ 1,20 g cm^{-3} bei 30 mm ⌀
P_{CJ}	GPa	26,11 @ 1,666 g cm^{-3} bei 60 mm ⌀
Trauzl	cm^3	270
Koenen	mm	1, Typ A

Harnstoffnitrat findet aufgrund seiner geringen Stabilität keine technische Anwendung und wird nur als IED vorgeschlagen. Durch Reaktion mit Schwefelsäure entsteht Nitroharnstoff.

- Improvised Munitions Handbook, Department of the Army, Technical Manual, *TM 31-210*, **1969**, I–13.
- J. C. Oxley, J. L. Smith, S. Vadlamannati, A. C. Brown, G. Zhang, D. S. Swanson, J. Canino, Synthesis and Characterization of Urea Nitrate and Nitrourea, *Propellants Explos. Pyrotech.* **2013**, *38*, 335–344.

HBX

Englische Bezeichnung für gießbare Unterwassersprengstoffe (HBX = **H**igh **B**last **Ex**plosive). HBX-1 ist eine phlegmatisierte Version von Torpex (siehe *Hexotonal*).

Heat

Als Heat werden sauerstoffunterbilanzierte Mischungen von dendritischem Eisenpulver mit Kaliumperchlorat bezeichnet. Die Herstellung und Verarbeitung von Heat erfolgt unter Feuchtigkeitsausschluss (RH < 10 % bei 20 °C). Heat wird zur Verwendung in Thermalbatterien zu dünnen Kreisscheiben verpresst. Nach Anzündung dieser Platten glühen diese schlagartig durch und behalten ihre hohe Temperatur aufgrund der hohen Wärmekapazität für einige Zeit. Aufgrund des hohen Eisenanteils behalten die Platten nach der Reaktion sowohl ihre mechanische Integrität als auch ihre elektrische Leitfähigkeit. Die Explosionswärme, q, von Fe/KClO$_4$ ist im Bereich von 80–90 Gew.-% Fe eine lineare Funktion des Eisengehalts und korreliert nicht mit der gemessenen Abbrandgeschwindigkeit, u, die im Bereich bei ξ(Fe) = 84 Gew.-% ein Maximum zeigt (Abb. H.1).

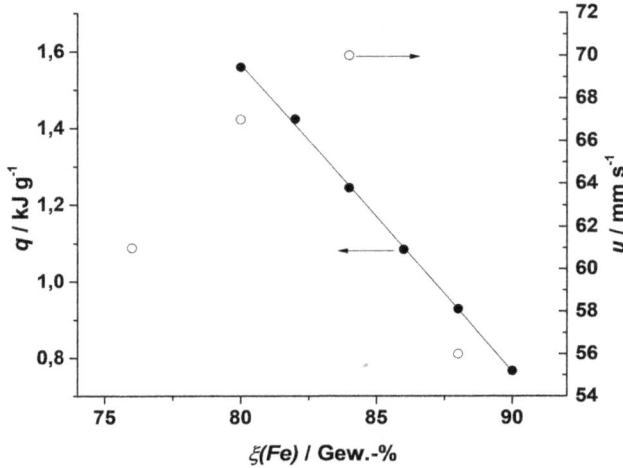

Abb. H.1: Abbrandgeschwindigkeit und Explosionswärme von $Fe/KClO_4$ -Mischungen.

- J. Callaway, N. Davies, M. Stringer, Pyrotechnic Heater Compositions for Use in Thermal Batteries, *IPS-Seminar*, Adelaide, **2001**, 153–168.
- R. A. Guidotti, J. Odinek, F. W. Reinhardt, Characterization of $Fe/KClO_4$-Heat Powders for Thermal Batteries, *IPS-Seminar*, **2002**, Westminster, 847–857.

Held, Manfred (1933–2011)

Held war ein deutscher Physiker und Ingenieur. Nach Studium und Promotion an der TU München trat er 1960 in die damalige MBB in Schrobenhausen ein und wurde unter der Ägide des Hohlladungsspezialisten Franz Rudolf Thomanek (1913–1990) zu einem international anerkannten Experten für Gefechtskopfdiagnostik. Neben seinen Forschungsarbeiten zur Wirkungsweise von projektilbildenden Ladungen und Hohlladungen entwickelte er die ersten Reaktivpanzerungen. Weiterhin ersann er viele überraschend einfache physikalische Modelle für die Auslegung von Sprengladungen sowie die Untersuchung von Detonationen.

- N. Eisenreich, Manfred Held – a life devoted to explosive science, *Propellants Explos. Pyrotech.* **2016**, *41*, 7.
- H. Muthig, C. O. Leiber, P. Wanninger, Manfred Held 1933–2011, *Propellants Explos. Pyrotech.* **2011**, *36*, 103–104.
- M. Held, Fragmentation Warheads, 387–464, in J. Carleone (Hrsg.) *Tactical Missile Warheads, Vol. 155, Progress in Astronautics and Aeronautics*, AIAA, Washington, **1993**.
- M. Held, Flash Radiography, 555–608, in J. Carleone (Hrsg.) *Tactical Missile Warheads, Vol. 155, Progress in Astronautics and Aeronautics*, AIAA, Washington, **1993**.
- M. Held, High-Speed Photography, 609–674, in J. Carleone (Hrsg.) *Tactical Missile Warheads, Vol. 155, Progress in Astronautics and Aeronautics*, AIAA, Washington, **1993**.
- Eintrag in der Deutschen Nationalbibliothek: http://d-nb.info/480995087, Zugriff am 25. März 2019.

Held-Kriterium
Held criterion

Bei der Initiierung von Explosivstoffen durch Hohlladungsstachel, Projektile oder Splitter korreliert nach *Held* deren Geschwindigkeit v mit deren Durchmesser d nach $v^2 d$ = konstant [mm^3 µs^{-1}] (Tab. H.1). Allerdings zeigen neuere Untersuchungen, dass das Produkt $v^2 d$ zum Teil signifikant variiert.

Tab. H.1: $v^2 d$-Werte für verschiedene Sprengstoffe.

Typ	ρ (g cm^{-3})	v^2d (mm^3 µs^{-1})
Hexanitroazobenzol	1,60	3
PBX9404	1,84	4
RDX/Wachs (88/12)	?	5
RDX/TNT (65/35)	?	6
LX13	1,53	12
PETN	1,77	13
Comp B	1,73	16
H6		16,5
Detasheet C3		36–53
PBX9407	1,60	40
Tetryl	1,71	41
Comp C4		64
TATB	1,80	108
PBX9502	1,89	127

- F. Bouvenot, *The Legacy of Manfred Held with Critique*, Thesis, Naval Postgraduate School, Monterey, CA, USA, **2011**, 218 S.
- M. Held, Initiation Phenomena with Shaped Charge Jets, *Int. Detonation Symposium*, Portland, OR, USA, **1989**, 1416–1426.

Henkin-Test

Der Henkin-Test ist eine standardisierte Methode zur Bestimmung der Reaktionsverzugszeit bei Erhitzung der Probe eines Explosivstoffs in einem verschlossenen Probenröhrchen (z. B. Messing oder Kupferhülse) in einem Wood'schen Metallbad. Als Kennwert dient die Temperatur bei der nach 5 s eine Reaktion eintritt, T_{5ex} (°C).

- Henkin 5-Second Ignition Temperature, US/202.01.016, in AOP-7 Manual of data requirements and tests for the Qualification of Explosive Materials for Military Use, 2nd edn., NATO Standardization Agency. Brüssel, Juni **2002**.

Hexachlorethan, HC
hexachloroethane

HC, Perchlorethan		
Formel		C_2Cl_6
GHS		08, 09
H-Sätze		H330-H411
P-Sätze		P273-P281-P308+P313-P391-P405-P501a
UN		3077
REACH		LPRS
EINECS		200-666-4
CAS		[67-72-1]
m_r	$g\,mol^{-1}$	236,74
ρ	$g\,cm^{-3}$	2,091
Smp	°C	186,6
Sdp	°C	185,6
$T_{p(rh\rightarrow tri)}$	°C	46
$T_{p(tri\rightarrow reg)}$	°C	71
$\Delta_f H$	$kJ\,mol^{-1}$	−206,27
$\Delta_c H$	$kJ\,mol^{-1}$	−727,18
	$kJ\,g^{-1}$	−3,072
	$kJ\,cm^{-3}$	−6,423
Λ	Gew.-%	−27,03
c_p	$J\,K^{-1}g^{-1}$	0,722

Das farblose HC, dessen Geruch an Campher erinnert, ist die am meisten verwendete Organochlorverbindung in Nebelsätzen zusammen mit halophilen Brennstoffen wie Mg, $CaSi_2$, Ti, Fe, Zn, Al und Si. Daneben wurde HC auch als Chlorquelle in Leuchtsätzen vorgeschlagen.

- E.-C. Koch, Metal-Halocarbon-Pyrolants, *Handbook of Combustion*, F. Winter, M. Lackner, A. K. Agarwal (Hrsg.), Volume 7, Wiley-VCH, Weinheim, **2010**, 355–402.

Hexal

Hexal bezeichnet verpressbare Mischungen bestehend aus **Hex**ogen, **Al**uminiumpulver und Montanwachs (Tab. H.2). Hexal wird insbesondere in Mittelkaliberluftzielmunition verwendet.

Dadurch, dass sich Hexogen im Wachs löst, beginnt die thermische Zersetzung von Hexal meist relativ früh nach dem Erweichen des Wachses ($T \ll 200\,°C$).

- P. Langen, P. Barth, Investigation of the Explosive Properties of HMX/AL 70/30, *Propellants Explos.* **1979**, 4, 129–131.

Tab. H.2: Typische Hexal-Formulierungen und deren Eigenschaften.

Zusammensetzung	1	2
Hexogen (Gew.-%)	66,50	56,6
Aluminiumpulver (Gew.-%)	30,00	37,6
Montanwachs (Gew.-%)	3,50	5,8
V_D (m s^{-1})	7733 @ 1,81 g cm^{-3}	
Trauzl (cm^3)	472 @ 1,39 g cm^{-3}	
Koenen (mm)	6 (F)	
Reib-E (N)	160	
Schlag-E (J)	10	
c_p (J g^{-1} K^{-1})		1,166
Z (°C)		168

Hexamethylentetramin

hexamine

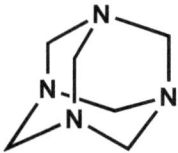

1,3,5,7-Tetraazaadamantan, Urotropin, Formin		
Formel		$C_6H_{12}N_4$
GHS		02, 07
H-Sätze		H228-H317
P-Sätze		P210-P241-P261-P302+P352-P321-P501a
UN		1328
REACH		LRS
EINECS		202-905-8
CAS		[100-97-0]
m_r	g mol^{-1}	140,188
ρ	g cm^{-3}	1,331
Smp	°C	285 (subl.)
$\Delta_f H$	kJ mol^{-1}	122,59
$\Delta_c H$	kJ mol^{-1}	−4198,7
	kJ g^{-1}	−29,951
	kJ cm^{-3}	−39,865
Λ	Gew.-%	−205,43
N	Gew.-%	39,97

Hexamethylentetramin dient als Trockenbrennstoff (*Esbit*®) in Notrationen und wird in der Pyrotechnik oftmals zur Senkung der Flammentemperatur wie auch zur Desoxidierung der Flamme verwendet. Weiterhin dient Hexamethylentetramin als Flammenexpander, so dass Hexamethylentetramin z. B. in NIR(Krone 2000)- und VIS(Koch 2015)-Leuchtmunition eingesetzt wird. Durch die isolierten Kohlenstoffatome wird beim Abbrand von Hexamethylentetramin die Bildung von Ruß vermieden. Aus diesem Grund findet Hexamethylentetramin auch Anwendung in Indoor-Feuerwerksätzen. Lohmann (1985) hat Blinksätze mit Hexamethylentetramin auf der Basis von Kaliumperchlorat, Erdalkalisulfat und Magnesium vorgeschlagen {52/25/13/10}. Außerdem ist HDN der wichtigste Ausgangsstoff für die Hexogen- bzw. Oktogen-Produktion.

- C. Bernardy, *Pyrotechnische Zusammensetzung für Leucht- und Antriebszwecke sowie ihre Verwendung*, DE2629949B2, **1977**, Frankreich.
- E. Lohmann, *Pyrotechnischer Satz zur Erzeugung von Lichtblitzen*, DE 34 02 546 A1, **1985**, Deutschland.
- U. Krone, K. Basse, Pyrotechnic Illumination, *International Pyrotechnics Seminar*, Grand Junction, CO, USA, July **2000**, 141–142.
- J. J. Sabatini, E.-C. Koch, J. C. Poret, J. D. Moretti, S. M. Harbol, Rote pyrotechnische Leuchtsätze – ohne Chlor! *Angew. Chem.* **2015**, *127*, 11118–11120.

Hexamethylentetramindinitrat, HDN
hexamine dinitrate

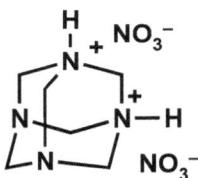

Formel		$C_6H_{14}N_6O_6$
CAS		[18423-21-7]
m_r	$g\,mol^{-1}$	266,214
ρ	$g\,cm^{-3}$	1,63
$\Delta_f H$	$kJ\,mol^{-1}$	−377,4
$\Delta_{ex}H$	$kJ\,mol^{-1}$	−1122,5
	$kJ\,g^{-1}$	−4,217
	$kJ\,cm^{-3}$	−6,873
$\Delta_c H$	$kJ\,mol^{-1}$	−3984,5
	$kJ\,g^{-1}$	−14,968
	$kJ\,cm^{-3}$	−24,397
Λ	Gew.-%	−78,13
N	Gew.-%	31,57
Smp	°C	165
Z	°C	186
Reib-E	N	240
Schlag-E	J	15
Trauzl	cm^3	220

HDN hat nur Bedeutung als Zwischenprodukt bei der Synthese von Hexogen.

Hexamethylentriperoxiddiamin, HMTD
hexamethylenetriperoxidediamine

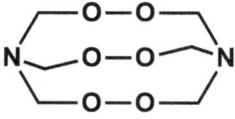

Formel		$CH_6N_2O_6$
CAS		[283-66-9]
m_r	$g\,mol^{-1}$	208,171
ρ	$g\,cm^{-3}$	1,597
$\Delta_f H$	$kJ\,mol^{-1}$	−359,91
$\Delta_{ex} H$	$kJ\,mol^{-1}$	−1035,5
	$kJ\,g^{-1}$	−4,974
	$kJ\,cm^{-3}$	−7,944
$\Delta_c H$	$kJ\,mol^{-1}$	−3716,2
	$kJ\,g^{-1}$	−17,852
	$kJ\,cm^{-3}$	−28,509
Λ	Gew.-%	−92,23
N	Gew.-%	13,46
Smp	°C	153
T_{ex}	°C	186
Reib-E	N	0,1−1
Schlag-E	J	0,5
V_D	$m\,s^{-1}$	5100 @ 1,15 $g\,cm^{-3}$
P_{CJ}	GPa	26,11 @ 1,666 $g\,cm^{-3}$ bei 60 mm ⌀
Trauzl	cm^3	242
Koenen	mm	1, Typ F

HMTD ist hydrolyseempfindlich und im Vergleich zu TATP deutlich weniger stabil und wird daher weder zivil noch militärisch als Initialsprengstoff verwendet.

Hexamit, Hexanit

Hexamit sind schmelzgießbare Sprengstoffmischungen für Unterwasseranwendungen.

Tab. H.3: Typische Hexamit-Zusammensetzung und Eigenschaften.

Zusammensetzung	S 8
Hexanitrodiphenylamin (Gew.-%)	24
Trinitrotoluol (Gew.-%)	60
Aluminium (Gew.-%)	16
V_D ($m\,s^{-1}$)	6900 @ 1,72 $g\,cm^{-3}$
Trauzl (cm^3)	390
T_{5ex} (°C)	200−260

Hexanitroazobenzol, HNAB

2,2′,4,4′,6,6′-hexanitroazobenzene

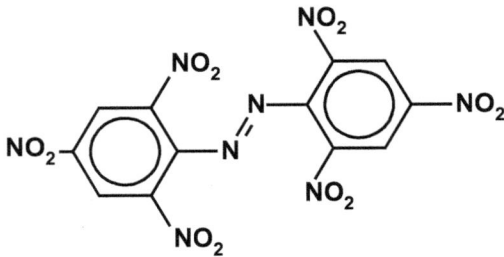

Aspekt		blutrote Kristalle
Formel		$C_{12}H_4N_8O_{12}$
REACH		LPRS
EINECS		242-850-7
CAS		[19159-68-3]
m_r	$g\,mol^{-1}$	452,21
ρ	$g\,cm^{-3}$	1,799 (I), 1,750 (II), 1,703(III) (Polymorph)
$\Delta_f H$	$kJ\,mol^{-1}$	284,09
$\Delta_{ex} H$	$kJ\,mol^{-1}$	−2334,2
	$kJ\,g^{-1}$	−5,162
	$kJ\,cm^{-3}$	−9,286
$\Delta_c H$	$kJ\,mol^{-1}$	−5577,9
	$kJ\,g^{-1}$	−12,335
	$kJ\,cm^{-3}$	−22,190
Λ	Gew.-%	−49,53
N	Gew.-%	24,78
Smp	°C	221−222
Z	°C	> 230
Reib-E	N	> 355
Schlag-E	J	5 (BAM)
V_D	$m\,s^{-1}$	7600
Trauzl	cm^3	370

HNAB tritt in mindestens drei kristallinen Polymorphen auf und kann aufgrund seiner guten thermischen Stabilität bei 230 °C verdampfen und auf einer Vielzahl von Substraten abgeschieden werden. Kristalline Schichten von HNAB detonieren (V_D ∼ 7600 ms^{-1}) selbst noch bei einer Schichtdicke von d ∼ 65 μm.

- R. Knepper, K. Browning, R. R. Wixom, A. S. Tappan, M. A. Rodriguez, M. K. Alam, Microstructure Evolution during Crystallization of Vapor-Deposited Hexanitroazobenzene Films, *Propellants Explos. Pyrotech.* **2012**, *37*, 459–467.
- A. S. Tappan, R. R. Wixom, R. Knepper, Critical detonation thickness in vapor-deposited hexanitroazobenzene (HNAB) films with different preparation conditions, 12th *WPC*, Colorado Springs, **2014**.

- J. C. Hoffsommer, J. S. Feiffer, Thermal Stabilities of Hexanitroazobenzene (HNAB) and Hexanitrobiphenyl (HNB), *NOLTR 67-74*, United States Ordnance Laboratory, White Oak, Maryland, **1967**.

Hexanitrobenzol, HNB

hexanitrobenzene

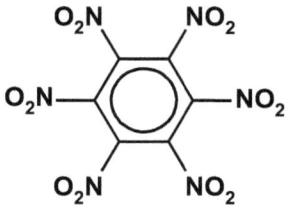

Aspekt		gelbe Kristalle
Formel		$C_6N_6O_{12}$
CAS		[13232-74-1]
m_r	$g\,mol^{-1}$	348,099
ρ	$g\,cm^{-3}$	1,988
$\Delta_f H$	$kJ\,mol^{-1}$	146,44
$\Delta_{ex}H$	$kJ\,mol^{-1}$	−2524,1
	$kJ\,g^{-1}$	−7,251
	$kJ\,cm^{-3}$	−14,415
$\Delta_c H$	$kJ\,mol^{-1}$	−2507,1
	$kJ\,g^{-1}$	−7,202
	$kJ\,cm^{-3}$	−14,318
Λ	Gew.-%	0
N	Gew.-%	24,14
Smp	°C	246
Z	°C	257
Schlag-E	cm	10 (PA)
V_D	$m\,s^{-1}$	*9500 @ 2,01 g cm⁻³*
P_{CJ}	GPa	*40,6 @ 2,01 g cm⁻³*

HNB ist eine homoleptische Nitrokohlenstoffverbindung und besitzt trotz ihrer hohen Dichte und der daraus resultierenden Leistung aufgrund der extrem hohen Reaktivität gegenüber bereits sehr schwachen Nukleophilen (Wasser) und der daraufhin eintretenden Hydrolyse zum extrem empfindlichen 1,3,5-Trihydroxy-2,4,6-trinitrobenzol keine praktische Bedeutung als Sprengstoff.

- A. T. Nielsen, *Nitrocarbons*, Wiley-VCH, **1995**, 93–98.
- J. C. Hoffsommer, J. S. Feiffer, Thermal Stabilities of Hexanitroazobenzene (HNAB) and Hexanitrobiphenyl (HNB), *NOLTR 67-74*, United States Ordnance Laboratory, White Oak, Maryland, **1967**.

Hexanitrodiphenyl, HNDP

2,4,6,2′,4′,6′-hexanitrobiphenyl

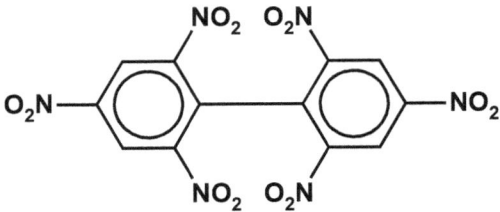

Aspekt		hellgelbe Kristalle
Formel		$C_{12}H_4N_6O_{12}$
CAS		[4433-16-3]
m_r	$g\,mol^{-1}$	424,197
ρ	$g\,cm^{-3}$	1,74
		1,83 bei 180 K
$\Delta_f H$	$kJ\,mol^{-1}$	68,20
$\Delta_{ex}H$	$kJ\,mol^{-1}$	−2100,0
	$kJ\,g^{-1}$	−4,953
	$kJ\,cm^{-3}$	−8,618
$\Delta_c H$	$kJ\,mol^{-1}$	−5362,1
	$kJ\,g^{-1}$	−12,641
	$kJ\,cm^{-3}$	−21,995
Λ	Gew.-%	−52,8
N	Gew.-%	19,81
Smp	°C	242
Z	°C	320
Schlag-E	cm	85 (PA)
Trauzl	cm^3	344

HNDP wird durch Ullmann-Reaktion aus *Chlortrinitrobenzol* erhalten und eignet sich als Explosivstoff für hochtemperaturbeständige Zündmittel.

Hexanitrodiphenylamin, Hexyl

hexanitrodiphenylamine

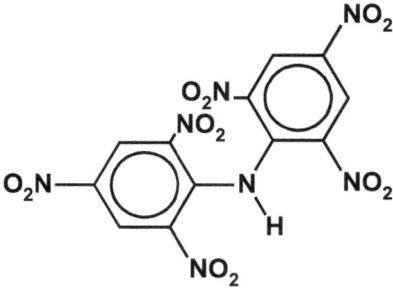

Aspekt		kanariengelbe Kristalle
Formel		$C_{12}H_5N_7O_{12}$
REACH		LPRS
EINECS		205-037-8
CAS		[131-73-7]
m_r	$g\,mol^{-1}$	439,211
ρ	$g\,cm^{-3}$	1,77
$\Delta_f H$	$kJ\,mol^{-1}$	41,42
$\Delta_{ex}H$	$kJ\,mol^{-1}$	−2153,9
	$kJ\,g^{-1}$	−4,904
	$kJ\,cm^{-3}$	−8,680
$\Delta_c H$	$kJ\,mol^{-1}$	−5477,8
	$kJ\,g^{-1}$	−12,472
	$kJ\,cm^{-3}$	−22,076
Λ	Gew.-%	−52,82
N	Gew.-%	22,32
Smp	°C	249
Z	°C	259
Schlag-E	J	7,5 (BAM)
Schlag E	cm	22,86 (PA 2 kg)
Reib-E	N	> 355 (BAM)
V_D	$m\,s^{-1}$	6898 @ 1,58 $g\,cm^{-3}$
V_D	$m\,s^{-1}$	7150 @ 1,67 $g\,cm^{-3}$
Trauzl	cm^3	333
Koenen	mm, Typ	5, F-G

HNDP wurde bereits im 1. Weltkrieg für beschusssichere Torpedoladungen (*Schießwolle* 18) zusammen mit TNT verwendet. Wird für hochtemperaturbeständige Zündmittel verwendet.

Hexanitroethan, HNE

hexanitroethane

Formel		$C_2N_6O_{12}$
REACH		LPRS
EINECS		213-042-1
CAS		[918-37-6]
m_r	$g\,mol^{-1}$	300,055
ρ	$g\,cm^{-3}$	1,998
$\Delta_f H$	$kJ\,mol^{-1}$	119,66
$\Delta_{ex}H$	$kJ\,mol^{-1}$	−886,5
	$kJ\,g^{-1}$	−2,954
	$kJ\,cm^{-3}$	−5,903
$\Delta_c H$	$kJ\,mol^{-1}$	−866,5
	$kJ\,g^{-1}$	−2,888
	$kJ\,cm^{-3}$	−5,770
Λ	Gew.-%	+42,66
N	Gew.-%	28,01
Smp	°C	150 (Z)
Schlag-E	J	15,4
Reib-E	N	> 240
Trauzl	cm^3	351

HNE zersetzt sich bereits bei RT, weshalb Kristalle des Materials schnell eine wachsartige amorphe Konsistenz annehmen. Mit Ausnahme von Alkanen reagiert HNE mit den meisten anderen organischen Verbindungen und kann daher nicht zu langzeitstabilen Formulierungen verarbeitet werden. HNE besitzt daher nur Interesse als Modell sowie als Ausgangsverbindung bei der Synthese anderer Nitroverbindungen.

- P. Noble Jr., W. L. Reed, C. J. Hoffman, J. A. Gallaghan, F. G. Borgardt, Physical and Chemical Properties of Hexanitroethane, *AIAA Journal* **1963**, *1*, 395–397.
- H. P. Marshall, F. G. Borgardt, P. Noble Jr., Thermal Decomposition of Hexanitroethane, *J. Phys. Chem.* **1965**, *69*, 25–29.

Hexanitrostilben, HNS, SS S 8210
hexanitrostilbene

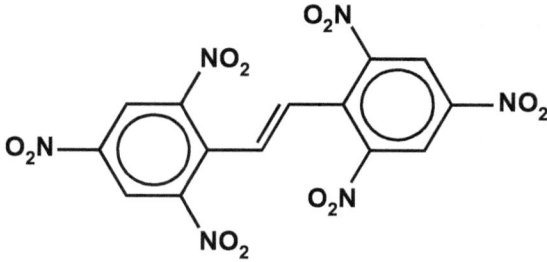

Aspekt		beiges Kristallpulver
Formel		$C_{14}H_6N_6O_{12}$
REACH		LPRS
EINECS		243-494-5
CAS		[20062-22-0]
m_r	g mol^{-1}	450,235
ρ	g cm^{-3}	1,745
$\Delta_f H$	kJ mol^{-1}	78,24
$\Delta_{ex} H$	kJ mol^{-1}	−2177,6
	kJ g^{-1}	−4,837
	kJ cm^{-3}	−8,440
$\Delta_c H$	kJ mol^{-1}	−6444,8
	kJ g^{-1}	−14,314
	kJ cm^{-3}	−24,979
Λ	Gew.-%	−67,52
N	Gew.-%	18,67
Smp	°C	313 (Zers.)
Schlag-E	J	> 5 (BAM)
Reib-E	N	> 235 (BAM)
V_D	m s^{-1}	7000 @ 1,70 g cm^{-3}
V_D	m s^{-1}	6800 @ 1,60 g cm^{-3}
P_{CJ}	GPa	20 @1,60 g cm^{-3}
Trauzl	cm^3	333
Koenen	mm	5
STANAG		4230

HNS wird in hochtemperaturbeständigen Zündmitteln, Sprengbolzen, Slapper-Detonatoren und EFIs eingesetzt. Die selbst in DMSO nur geringe Löslichkeit erschwert die Herstellung unterschiedlicher Kornformen und Korngrößen, so dass HNS kommerziell trotz einfacher Synthese aus TNT vergleichsweise teuer ist. HNS wird darüber hinaus in geringer Konzentration als Kristallitbildungsagens beim TNT-Guss verwendet um eine Feinkornstruktur zu erhalten. Folgende HNS-Typen werden in militärischen Spezifikationen unterschieden:

HNS-I   Nicht umkristallisiertes HNS aus dem Hypochlorit-Prozess (Shipp-Synthese)

HNS-II Umkristallisiertes HNS-I

HNS-III HNS für die TNT-Impfung

HNS-IV Umkristallisiertes HNS-II mit sehr hoher spezifischer Oberfläche (für EFI-Applikationen)

HNS-V Mit Dioxan gewaschenes HNS-IV

• D. Clement, K. P. Rudolf, The Shock Initiation Threshold of HNS as a Function of its Density, *Propellants Explos. Pyrotech.* **2007**, *32*, 322–325

Hexogen, RDX, Cyclonit, SS R 8020

cyclonite

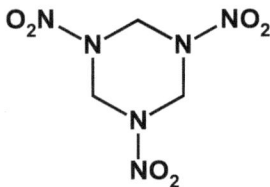

Formel		$C_3H_6N_6O_6$
REACH		LRS
EINECS		204-500-1
CAS		[121-82-4]
m_r	g mol^{-1}	222,117
ρ	g cm^{-3}	1,818
$\Delta_f H$	kJ mol^{-1}	66,94
$\Delta_{ex}H$	kJ mol^{-1}	−1284,5
	kJ g^{-1}	−5,783
	kJ cm^{-3}	−10,444
$\Delta_c H$	kJ mol^{-1}	−2107
	kJ g^{-1}	−9,486
	kJ cm^{-3}	−17,132
Λ	Gew.-%	−21,61
N	Gew.-%	37,84
Smp	°C	204 (Zers.)
Schlag-E	J	7,5 (BAM)
Reib-E	N	120 (BAM)
V_D	m s^{-1}	8428 @ 1,70 g cm^{-3}
	m s^{-1}	8080 @ 1,60 g cm^{-3}
P_{CJ}	GPa	31,75 @ 1,70 g cm^{-3}
	GPa	27,92 @ 1,60 g cm^{-3}
Trauzl	cm^3	480
Koenen	mm, Typ	8, H
Spezifikation		STANAG 4022

Hexogen ist gegenwärtig der wichtigste militärische Explosivstoff in Zündverstärkern und Hauptladungen. Aus diesem Grund sind neben den üblichen Korngattierungen (Tab. H.4) auch besonders unempfindliche Kristallqualitäten (siehe *RS-RDX*) entwickelt worden.

Tab. H.4: Hexogen-Kornklassen.

Mesh Kornklasse	Mw (µm)	Durchgang durch Sieb (Gew.-%)							
		1	2	3	4	5	6	7	8
8	2360				100				
12	1700			99 min					
20	850	98 ± 2							
35	500		99 ± 1			20 ± 20			100
50	300	90 ± 10	95 ± 5	40 ± 10				98 ± 2	98 min
60	250						99 + 1/ − 3		
80	180						97 + 3/ − 6		
100	150	60 ± 30	65 ± 15	20 ± 10				90 ± 8	90 min
120	125						83 +10/−16		
170	90						65 +15/−22		
200	75	25 ± 20	33 ± 13	10 ± 10				46 ± 15	70 +10/−15
230	63						36 ± 14		
325	45					97 min	22 ± 14		50 ± 10

Erstmalig wurde Hexogen 1897 von Lenze durch Nitrierung des HND synthetisiert. Henning schlug RDX 1916 für Treibladungspulver und von Herz (1921) schließlich erkannte, dass RDX auch ein hochbrisanter Sprengstoff ist. Bereits im 2. Weltkrieg wurden allein in Deutschland 500.000 t Hexogen hergestellt. Dazu wurden, auch um Versorgungsengpässe zu überwinden, verschiedene Syntheseverfahren entwickelt, die heute wie folgt bekannt sind:

- **Bridgewater** (UK)
  Kontinuierliche Nitrierung von Hexamin mit 99%iger Salpetersäure
- **H = Henning** (Deutschland)
  Nitrierung von HDN mit Salpetersäure
- **SH = Schnurr & Henning** (Deutschland)
  Diskontinuierliche Reaktion von Hexamin mit 99%iger Salpetersäure
- **K = Knöffler** (Deutschland)
  Diskontinuierliche Reaktion von Hexamin mit Ammoniumnitrat und Salpetersäure
- **KA = Knöffler & Apel** (Deutschland) bzw. **Bachmann** (USA)
  Reaktion von Hexamindinitrat mit Ammoniumnitrat Nitriersäure in Gegenwart von Essigsäureanhydrid
- **E = Eble** (Deutschland) bzw. **Schiessler & Ross** (Kanada)

Reaktion von Paraformaldehyd mit Ammoniumnitrat in Gegenwart von Essig-
säureanhydrid
- **W = Wolfram** (Deutschland)
Reaktion von Kaliumamidosulfonat mit Formaldehyd und Nitriersäure

- T. R. Gibbs, A. Popolato, *LASL Explosive Property Data*, University of California Press, Berkeley, **1980**, 141–151.
- E. von Herz, *Verfahren zur Herstellung eines neuen Sprengstoffes*, CH88759, **1921**, Deutschland.

Hexotonal

Als Hexotonale bezeichnet man mit Aluminium modifizierte Composition B (Tab. H.5).
Diese Mischungen werden als *Unterwassersprengstoffe* verwendet.

Tab. H.5: Zusammensetzungen und Leistung von Hexotonal-Mischungen.

Zusammen-setzung	Alex 20	Alex 32	H-6	HBX-1	HBX-3	H-1580	S17	Torpex	Borotorpex	Trialen
Aluminium (Gew.-%)	19,8	30,8	20	17	35	15,0 30 µm	40	18		30
Bor (Gew.-%)									10	
Hexogen (Gew.-%)	44	37,4	45	40	31	42,1	10	42	46	20
TNT (Gew.-%)	32,2	27,8	30	38	29	42,1	50	40	44	50
CaCl$_2$ (Gew.-%)			0,5	0,5	0,5		–	–		–
D2-Wachs (Gew.-%)	4	4	5	5	5	0,8	–	–		–
Dichte (g cm^{-3})	1,801[*]	1,88	1,74	1,712	1,84	1,757	1,88	1,81	1,742	1,73

Parameter	Alex 20	Alex 32	H-6	HBX-1	HBX-3	H-1580[*]	S17	Torpex	Borotorpex	Trialen
V_D (m s^{-1})	7530	7300	7194	7307	6917	7490		7495	7600	
P_{CJ} (GPa)	23	21,5		22,04		25,7			25,2	
E (MJ kg)										
c_p (J g^{-1} K^{-1})				1,126	0,96			1,00		
Z (°C)					170		195			
$\Delta_{Schm}H$ (J g^{-1})			38,3	46,0	37,4		38,6	48,2		48,2

[*] Hexotonal

Hivelite

Mit Hivelite werden Co-Präzipitate aus Alkalidecaboranaten der allgemeinen Zusammensetzung, $M_2B_{10}H_{10}$ und Alkalinitraten, MNO_3, bezeichnet (M = Alkalimetall). Als Alkalimetall wird dabei meist Caesium verwendet, da dessen Salze meist wenig hygroskopisch sind und eine hohe thermische Beständigkeit aufweisen. Eine typische Zusammensetzung, *RDM 510532*, enthält z. B.:

- 72,5 Gew.-% Caesiumnitrat, $CsNO_3$
- 27,5 Gew.-% Caesiumdecaboranat, $Cs_2B_{10}H_{10}$

Bei höchster vergleichbarer Pressdichte ($\rho \sim 4\,g\,cm^{-3}$) brennen die Copräzipitate fast doppelt so schnell ab ($u \sim 350\,m\,s^{-1}$) wie mechanisch gemischte Zusammensetzungen beider Salze. Die Empfindlichkeit binärer Hivelite ist vergleichbar mit Primärsprengstoffen, weshalb manche Formulierungen zusätzlich Graphit zur mechanischen und elektrostatischen Phlegmatisierung enthalten.

- L. Avrami, R. Velicky, D. Anderson, D. Downs, A Comparative Study of Very High Burning Rate Materials – Hivelite Compositions 300511 and 300435, *Technical Report ARLCD-TR-82015*, US Army. Dover NJ, **1982**.

Hohlladung & P-Ladung (EFP)
shaped charge, projectile forming charge, explosively formed projectile (EFP)

Eine Hohlladung ist eine Sprengladung mit gerichteter Wirkung, die eine zumeist spitzwinkelige kegelförmige Ausnehmung (α ist dabei der halbe Kegelwinkel) mit einer Auskleidung aus einem duktilen Metall trägt. Abb. H.2 zeigt den prinzipiellen Aufbau. Ladungen mit stumpfwinkeliger Auskleidung ($2\alpha > 120°$) werden als projektilbildende Ladung (P-Ladung, EFP) bezeichnet.

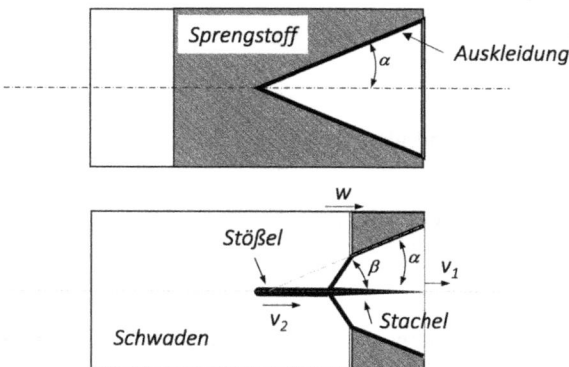

Abb. H.2: Schematische Darstellung der Vorgänge bei der Detonation einer Hohlladung.

Bei der Detonation des Sprengstoffs mit der Geschwindigkeit w beschleunigt die Stoßfront die Auskleidung mit einem für den Sprengstoff und das Metall charakteristischen Winkel β und formt so die Auskleidung um. Dabei wird die Auskleidung in den Kollapspunkt (Abb. H.2) beschleunigt und so die dem Sprengstoff abgewandte Seite zu einem langgezogenen „Stachel" kleinen Durchmessers umgeformt und zu hoher Geschwindigkeit v_1, beschleunigt. Kleinste Partikel vor der Spitze des Stachels können Geschwindigkeiten bis zu $v_1 = 25$ km s^{-1} erreichen (Abb. H.3). Die innenliegenden Anteile der Auskleidung werden zu einem dicken Stößel mit der kleineren Geschwindigkeit v_2 umgeformt.

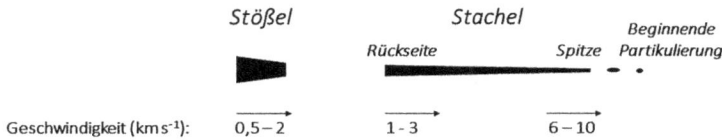

	Stößel		Stachel		
			Rückseite	Spitze	Beginnende Partikulierung
Geschwindigkeit (km s^{-1}):	0,5 − 2		1 - 3	6 − 10	

Abb. H.3: Schematische Darstellung der umgeformten Auskleidung.

Für die Geschwindigkeiten gilt

$$v_1 = w \cdot \frac{\sin(\beta - \alpha)}{\cos \alpha} \cdot \left[\frac{1}{\sin \beta} + \cot \beta + \tan \frac{1}{2}(\beta - \alpha) \right]$$

sowie

$$v_2 = w \cdot \frac{\sin(\beta - \alpha)}{\cos \alpha} \cdot \left[\frac{1}{\sin \beta} - \cot \beta - \tan \frac{1}{2}(\beta - \alpha) \right]$$

Dabei betragen die Massen des Stachels und Stößels

$$m_1 = \frac{1}{2}m(1 - \cos \beta) \quad \text{und} \quad m_2 = \frac{1}{2}m(1 + \cos \beta),$$

wobei m die Gesamtmasse der Auskleidung ist. Das Eindringen des Stachels mit der Dichte (ρ_{St}) in ein Ziel mit der Dichte (ρ_{Zi}) kann hydrodynamisch beschrieben werden. Für den Staudruck am Auftreffpunkt gilt

$$\frac{1}{2}\rho_{St} \cdot (v_1 - u)^2 = \frac{1}{2}\rho_{Zi} \cdot u^2 \, .$$

Daraus ergibt sich die Stachelbodengeschwindigkeit zu

$$u = \frac{\sqrt{\frac{1}{2}\rho_{St}} \cdot v_1}{\sqrt{\frac{1}{2}\rho_{St}} - \sqrt{\frac{1}{2}\rho_{Zi}}}.$$

Neben einer rein hydrodynamisch begründeten Eindringtiefe, „$\sqrt{\rho}$-Gesetz", wird diese durch weitere Parameter beeinflusst. So hängt die Eindringtiefe neben dem Auskleidungsmaterial und dem gewählten Sprengstoff (Einfluss auf die Stachelgeschwindigkeit) vor allem vom Abstand der Hohlladung zum Ziel (engl. *standoff*) (Abb. H.4)

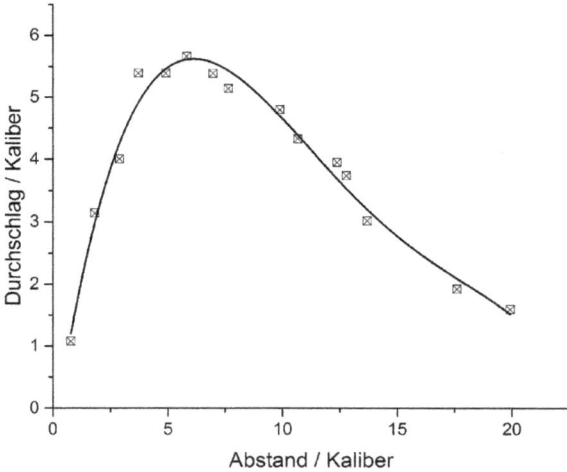

Abb. H.4: Eindringtiefe als Funktion des Abstands (Cu).

ab, da bei großen Standoffs während der Partikulation des Stachels schädliche Quergeschwindigkeiten auftreten. Bei zu kleinen Standoffs hingegen ist die maximale Streckung des Stachels noch nicht erreicht. Beides führt zu Reduktionen der Stachelleistung. Auch der Öffnungswinkel der Hohlladungsauskleidung beeinflusst die Kollapsgeschwindigkeit und somit auch die Stachelspitzengeschwindigkeit, was sich stark auf die Eindringtiefe auswirkt (Abb. H.5). Schließlich korreliert die Eindringtiefe mit dem Kehrwert der Fließgrenze σ des Zielmaterials, da der Kraterdurchmesser im Ziel mit steigender Fließgrenze immer geringer wird und die Stachelpartikel dadurch aufgrund ihrer Quergeschwindigkeiten auch auf die Kraterwand treffen können.

Den Einfluss des Auskleidungsmaterials auf die Eindringtiefe zeigt Abb. H.6. Für militärische Hohlladungen werden hauptsächlich oktogenhaltige Formulierungen wie Oktol, PBXN-5 oder PBXN-110 verwendet. In zivilen Anwendungen wie Schneidla-

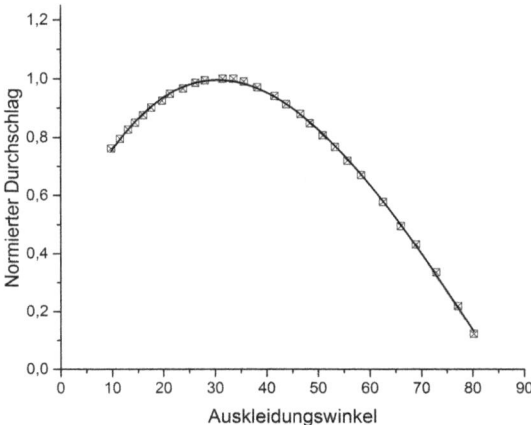

Abb. H.5: Eindringtiefe als Funktion des Auskleidungswinkels, α (Cu).

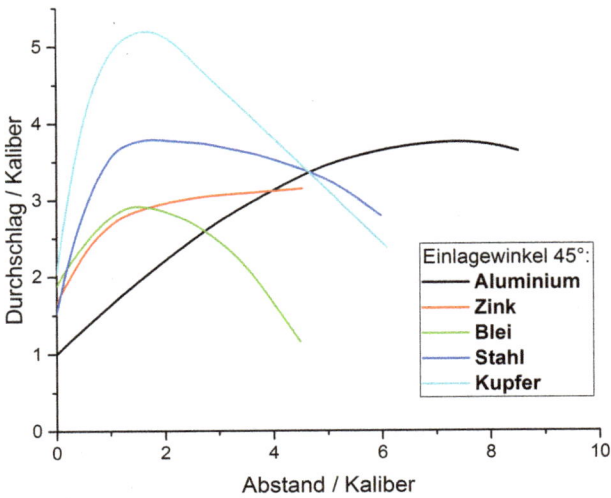

Abb. H.6: Eindringtiefe als Funktion des Kalibers bei verschiedenen Auskleidungsmaterialien.

dungen und Stichladungen an Hochöfen oder im Ölbohrbetrieb werden vornehmlich temperaturbeständige Sprengstoffe wie z. B. *HNS* verwendet. Bei P-Ladungen wird die Auskleidung weitgehend zu einem Projektil (Stößel) umgeformt. Bei sehr stumpfen Winkeln ($2\alpha > 150°$) kann die Masse des Projektils durch radiale Partikulierung, verursacht durch Spallation, weiter abnehmen. Abb. H.7 zeigt den Vergleich der Ge-

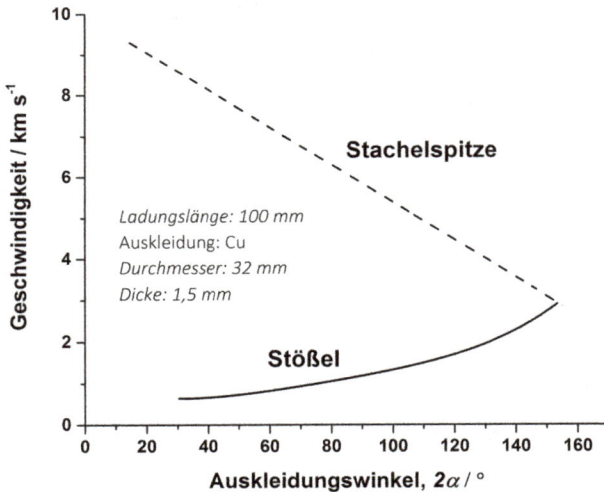

Abb. H.7: Geschwindigkeit von Stachelspitze und Stößel als Funktion des Auskleidungswinkels.

schwindigkeiten von Stachelspitze und Stößel als Funktion des Auskleidungswinkels 2α.

- R. A. Brimmer, Manual for Shaped-Charge Design, *NAVORD Report 1248*, China Lake, USA, **1950**.
- R. E. Kutterer, „Die Hohlladung" in *Ballistik*, 3. Aufl. Vieweg, **1959**, 248–253.
- M. Held, Explosive Formed Projectiles, *3. Int. Symposium on Ballistics*, Karlsruhe, Deutschland, **1977**.

Holland-Test

Bei diesem Test wird der Gewichtsverlust nach einer Warmlagerung von 72 h bei 105 °C (mehrbasige TLP) bzw. 110 °C (einbasige TLP) ermittelt. Die ersten acht Stunden werden bei diesem Test nicht berücksichtigt. Diese Prüfung erfasst sowohl Stickoxide, NO_x, als auch andere gasförmige Zersetzungsprodukte.

- Bundeswehrprüfvorschrift TL-1376-0600 M.2.21.1.

Holtex

NC/DEGDN/PETN-Sprengmasse, ähnlich wie *Nipolit* (siehe dort)

Holzkohle
charcoal

Holzkohle ist ein hochporöser (70–85 % Porenvolumen), kohlenstoffreicher, nicht flüchtiger Feststoff (scheinbare Dichte $\sim 0,4\,\mathrm{g\,cm^{-3}}$, echte Dichte $\sim 1,4\,\mathrm{g\,cm^{-3}}$), der durch Erhitzen von Holz unter Luftabschluss auf etwa 275 °C und dann einsetzende exotherme Verkohlung auf Temperaturen von bis zu 400 °C erhalten wird. Mit steigender Verkohlungstemperatur nimmt der Wasserstoffgehalt der Holzkohle bzw. damit auch der Gehalt flüchtiger Substanzen ab.

Die Zusammensetzung der Holztrockensubstanz ist in Tab. H.6 angegeben. Danach kann die Summenformel für Holz zu $C_{42}H_{60}O_{28}$ formuliert werden.

Tab. H.6: Zusammensetzung der Holztrockensubstanz nach Flügge (1952).

	C (Gew.-%)	H (Gew.-%)	O (Gew.-%)	N (Gew.-%)	Asche (Gew.-%)
Holztrockensubstanz	49	6	44	0,1	0,9

Die Pyrolyse des Holzes liefert gemäß nachstehender Gleichung:

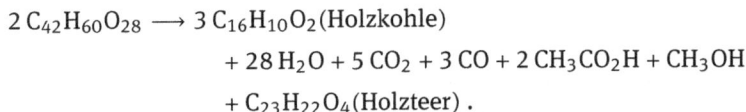

$$2\,C_{42}H_{60}O_{28} \longrightarrow 3\,C_{16}H_{10}O_2\,(\text{Holzkohle})$$
$$+\,28\,H_2O + 5\,CO_2 + 3\,CO + 2\,CH_3CO_2H + CH_3OH$$
$$+\,C_{23}H_{22}O_4\,(\text{Holzteer})\,.$$

So beträgt die Ausbeute an Holzkohle etwa 35 Gew.-% bezogen auf die Trockenmasse des eingesetzten Holzes. Die genaue Zusammensetzung verschiedener Holzkohlen, sowie deren Dichte und Bildungsenthalpie sind in Tab. H.7 dargestellt.

Tab. H.7: Formelzusammensetzung der Holzkohle verschiedener Hölzer und deren Bildungsenthalpie.

Holzkohle	C	H	O	N	Ca	Dichte (g cm^{-3})	$\Delta_f H$ (kJ mol^{-1})	m_r (g mol^{-1})
Ahorn	10	5,085	1,340	0,035	0,028		−140,60	151,196
Buche	10	3,857	0,873	–	0,022	1,362	+2,50	138,847
Eiche	10	4,925	1,408	0,074	0,195		−282,26	170,011
Erle	10	4,774	1,234	0,039	0,026	1,342	−36,40	146,254
Faulbaum	10	6,696	2,117	–	0,009		−206,69	161,091
Kiefer	10	4,600	1,056	0,021	0,036		+61,32	149,577

Holzkohlen besitzen eine große spezifische Oberfläche (S_A = 50–80 m^2 g^{-1}) und lassen sich leicht entzünden, wobei die Zündtemperatur mit sinkendem Gehalt flüchtiger Bestandteile steigt (Abb. H.8). Die Aufnahme von Luftfeuchtigkeit durch Holzkohle ist in Abb. H.9 dargestellt. Die spezifische Wärme von Holzkohle, c_p, beträgt bei Raumtemperatur etwa 1 J g^{-1} K^{-1}.

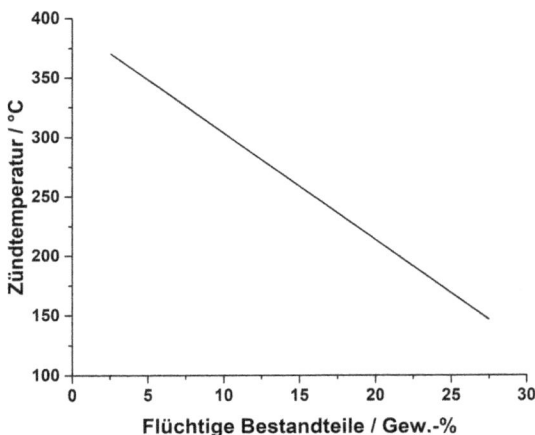

Abb. H.8: Zündtemperatur als Funktion des Gehalts flüchtiger Bestandteile (Wasserstoffgehalt).

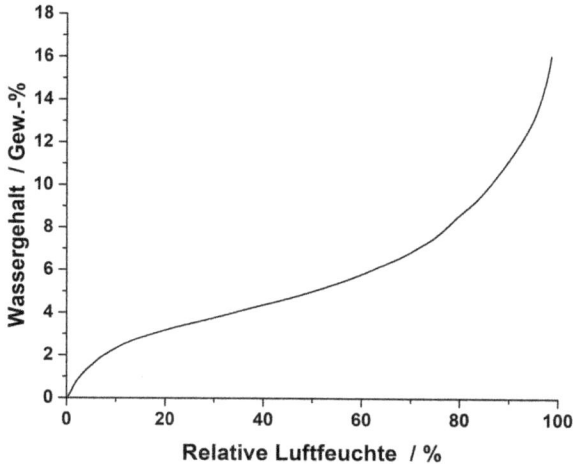

Abb. H.9: Wassergehalt der Holzkohle als Funktion der relativen Luftfeuchte bei 20 °C.

- W. Meyerriecks, Organic Fuels: Composition and Formation Enthalpy – Part II – Resins, Charcoal, Pitch, Gilsonite, and Waxes, *J. Pyrotech.* **1999**, *9*, 1–19.
- F. Flügge, Holzverkohlung, in K. Winnacker, E Winnacker (Hrsg.) *Chemische Technologie – Organische Technologie I*, Carl Hanser, München, **1952**, 497–530.

Homburg, Axel (1936–2018)

Axel Homburg war ein deutscher Maschinenbauer und Unternehmer. Nach der Promotion zum Dr. Ing. an der TH Darmstadt 1967 im Fachgebiet Flugtriebwerke und einer Assistententätigkeit trat er zum 1. Januar 1969 in die Dynamit Nobel AG ein. Dort war er zunächst im Entwicklungsbereich für Treibmittel zuständig bevor er 1972 die Hauptabteilung Forschung und Entwicklung Sprengmittel übernahm. Nach Stationen als Direktor und Geschäftsbereichsleiter Wehrtechnik sowie Vorstandsmitglied wurde er 1988 zum Vorstandsvorsitzenden der Dynamit Nobel AG gewählt. 1997 wechselte er in den Aufsichtsrat. Neben seiner unternehmerischen Arbeit war er Kuratoriumsvorsitzender des Fraunhofer Instituts für Chemische Technologie in Pfinztal sowie Mitglied des Kuratoriums der Bundesanstalt für Materialforschung und -prüfung in Berlin. Er übernahm ab der 10. Auflage die Mitherausgeberschaft für das von Rudolf Meyer (1908–2000) begründete Handbuch Explosivstoffe.

- A. Homburg, Remarks on the Evolution of Explosives, *Propellants Explos. Pyrotech.* **2017**, *42*, 851–853.
- A. Homburg, R. Meyer, J. Köhler, *Explosivstoffe*, 10. vollständig überarbeitete Aufl., Wiley-VCH, Weinheim, **2008**, 430 S.
- Eintrag in der Deutschen Nationalbibliothek: http://d-nb.info/gnd/106921584

HTA

Während des 2. Weltkrieges in Deutschland bezeichnete das Kürzel HTA gießbare Sprengstoffmischung auf der Basis von **Hexogen, TNT** und **Aluminium**. Eine wichtige Zusammensetzung war das HTA-15 (auch als HTA-41 bezeichnet), das in Luftzielmunition, z. B. der RM-4, verwendet wurde.

HTA-15
– 40 Gew.-% Hexogen
– 45 Gew.-% TNT
– 15 Gew.-% Aluminium

Mit der Einführung von Oktogen in den 1950er-Jahren steht HTA heutzutage für gießbare Sprengstoffmischungen auf der Grundlage von **HMX, TNT, A**luminium(Tab. H.8).

HTA-3, Oktonal

Tab. H.8: Zusammensetzung und Leistung von HTA-3.

Zusammensetzung	HTA-3
Aluminium (Gew.-%)	22
Oktogen (Gew.-%)	49
TNT (Gew.-%)	29
ρ (g cm^{-3})	1,90

Parameter	HTA-3
V_D (m s^{-1})	7866
P_{CJ} (GPa)	29
Schlag-E (cm)	43 mit 2 kg
c_p (J g^{-1} K^{-1})	1,026
Z (°C)	212
$\Delta_{Schm}H$ (J g^{-1})	28,0

HTPB, hydroxylterminiertes Polybutadien
hydroxyl terminated polybutadiene

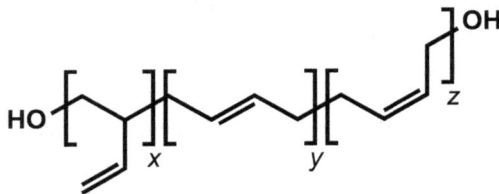

Polyvest-HT (*Evonik*), Poly-Bd 45HT (*Atochem*)		
Formel		$C_{10}H_{15,4}O_{0,07}$
CAS		[69102-90-5]
m_r	$g\,mol^{-1}$	136,752
ρ	$g\,cm^{-3}$	0,90–0,92
$\Delta_f H$	$kJ\,mol^{-1}$	−51,88
$\Delta_c H$	$kJ\,mol^{-1}$	−6084,2
	$kJ\,g^{-1}$	−44,492
	$kJ\,cm^{-3}$	−40,932
Λ	Gew.-%	−323,27
Tg	°C	−80
Tpp	°C	−18
Fp	°C	215

HTPB enthält etwa 20 % 1,2-Vinyl(x)-, etwa 60 % 1,4-*trans*(y)- und etwa 20 % 1,4-*cis*(z)-Butadieneinheiten. Der Vernetzungsgrad beträgt etwa $(x + y + z) = n \sim 55$. HTPB wird mit aromatischen oder aliphatischen Isocyanaten (siehe z. B. *Isophorondiisocyanat*) zu Polyurethanen vernetzt und besitzt dann günstige mechanische Eigenschaften und ist chemisch beständig gegen Säuren und Basen. HTPB hat bessere mechanische Eigenschaften bei tiefen Temperaturen und eine höhere Alterungsbeständigkeit als CTPB und ist daher Bestandteil vieler wichtiger gießbarer Sprengstoffmischungen (z. B. PBX siehe Anhang 2) und Feststoffraketentreibsätze.

- H. G. Ang, S. Pisharath, *Energetic Polymers*, Wiley-VCH, Weinheim, **2012**, 5, 13, 19.
- J. P. Agrawal, *High Energy Materials*, Wiley-VCH, Weinheim, **2010**, 244–249.
- M. A. Daniel, Polyurethane Binder Systems for Polymer Bonded Explosives, *DSTO-GD-0492*, Weapons Systems Division Defence Science and Technology Organisation, Edinburgh, South Australia, **2006**, 34 S.

Hugoniot, Pierre-Henri (1851–1887)

Hugoniot war ein französischer Mathematiker und Physiker, der sich mit der Ballistik, Fluiddynamik und Stoßphysik befasste. Er entwickelte unter anderem eine Gleichung zur Beschreibung von Zustandsänderungen bei Stößen (Hugoniot-Gleichung).

- R. Chéret, The life and work of Pierre-Henri Hugoniot, *Shock Waves* **1992**, 2, 1–4.

Hugoniot-Gleichung

Die Hugoniot-Gleichung beschreibt thermodynamische Zustandsänderungen, die durch einen Stoß bewirkt werden.

$$h_1 - h_0 = \frac{1}{2} \cdot (v_0 + v_1) \cdot (p_1 - p_0)$$

Dabei kennzeichnet die Hugoniot, $\mathfrak{H}_1$ (z. B. im p-v-Diagramm) alle möglichen Zustände nach einem Stoß ausgehend von einem Startzustand (p_0/v_0). Allerdings verläuft der eigentliche Stoß mit der Stoßwellengeschwindigkeit, w, nicht über den Kurvenzug von $\mathfrak{H}_1$ sondern über die sogenannte Rayleigh-Gerade, R, vom Punkt (p_0/v_0) aus bis zum Stoßzustand (p_1/v_1).

$$p_1 - p_0 = \frac{w^2}{v_0} - \frac{w^2}{v_0^2} \cdot v_1$$

Die Rückkehr (Relaxation) in den Ausgangszustand erfolgt über die Hugoniot, $\mathfrak{H}_1$. Erhöht ein Stoß die Temperatur des Stoffes über die zur Anzündung/Zündung erforderli-

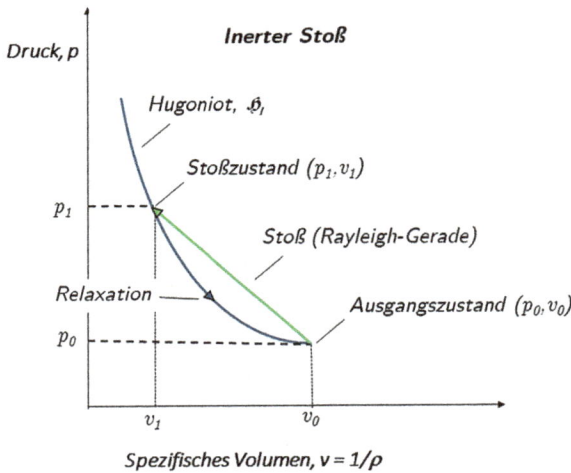

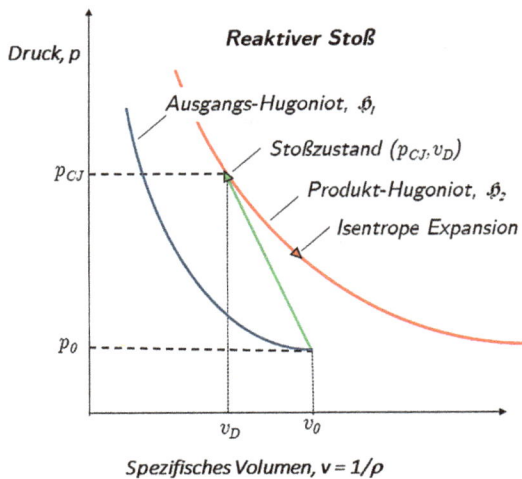

Abb. H.10: Hugoniotkurve im p-v-Diagramm mit inertem und reaktivem Stoß.

che Temperatur, so liegen die durch den Stoß erreichbaren Wertepaare auf einer Hugoniot (Produkt-Hugoniot), $\mathfrak{H}_2$, die nicht durch den Punkt (p_0/v_0) verläuft. Aufgrund der Wärmefreisetzung bei diesem „reaktiven Stoß" liegt die Produkt-Hugoniot ($\mathfrak{H}_2$) stets oberhalb der Ausgangs-Hugoniot ($\mathfrak{H}_1$) (siehe Abb. H.10) Im Fall eines detonationsfähigen Stoffes kennzeichnet das Wertepaar (p_{cj}, v_D) den tangentialen Schnittpunkt der Rayleigh-Geraden mit $\mathfrak{H}_2$ und beschreibt die stabile Detonation (siehe auch dort).

Die Zustände auf einer Hugoniot werden durch Wertetripel aus Druck, p, spezifischem Volumen, v, und Partikelgeschwindigkeit, u, charakterisiert. Diese Werte sind für viele metallische und nichtmetallische Werk- sowie Explosivstoffe z. B. bei Marsh (1980) beschrieben.

- N. N. Shock Waves in Solids, J. A. Zukas (Hrsg.), *Studies in Applied Mechanics, Volume 49*, Springer Verlag, Heidelberg, **2004**, 75–102.
- S. P. Marsh (Hrsg.) *LASL Shock Hugoniot Data*, University of California Press, Berkeley, USA, **1980**, 658 S.

HWC

HWC bezeichnet eine auf Hexogen basierende Sprengstoffmischung, die als Zündverstärker und z. B. als Donor in verschiedenen Gap-Tests verwendet wird (Tab. H.9).

Tab. H.9: Zusammensetzung und Leistung von HWC.

Zusammensetzung	HWC
Hexogen (Gew.-%)	94,5
Wachs (Gew.-%)	4,5
Graphit (Gew.-%)	1,0
ρ (g cm^{-3})	1,707 (100 % TMD)

Parameter	HWC
V_D (m s^{-1})	7890 @ 95 % TMD
P_{Cj} (GPa)	24,88 @ 95 % TMD
Reib-E (N)	216
Schlag-E (J)	7,5
Z (°C)	190

Hydraziniumdiperchlorat, HP-2
hydrazinium diperchlorate

Konstitutionsformel	$[ClO_4]_2[N_2H_6]$
Summenformel	$Cl_2H_6N_2O_8$
CAS	[13812-39-0]

m_r	$g\,mol^{-1}$	232,98
ρ	$g\,cm^{-3}$	2,2
$\Delta_f H$	$kJ\,mol^{-1}$	−293,29
$\Delta_{ex}H$	$kJ\,mol^{-1}$	−395,9
	$kJ\,g^{-1}$	−1,699
	$kJ\,cm^{-3}$	−3,738
Λ	Gew.-%	+41,21
N	Gew.-%	12,02
Smp	°C	118 (Z)
Z	°C	170

Cryogele von HP-2 mit Resorcin-Formaldehyd-Harz sind als nanostrukturierte Materialien untersucht worden. Dabei zeigen die Cryogele geringere thermische und mechanische Empfindlichkeit als die korrespondierenden physikalischen Mischungen der Komponenten.

- S. Cudziło, W. Kicinski, W. Trzcinski, Thermochemical analysis of composites containing organic gels and inorganic oxidizers, *Biul. Wojskow. Akad. Tech.* **2008**, *57*, 173–183.

Hydraziniummonoperchlorat, HP
hydrazinium perchlorate

Konstitutionsformel		$[ClO_4][N_2H_5]$
Summenformel		$ClH_5N_2O_4$
CAS		[13762-80-6]
m_r	$g\,mol^{-1}$	132,51
ρ	$g\,cm^{-3}$	1,939
$\Delta_f H$	$kJ\,mol^{-1}$	−177
$\Delta_{ex}H$	$kJ\,mol^{-1}$	−410,7
	$kJ\,g^{-1}$	−3,100
	$kJ\,cm^{-3}$	−6,010
Λ	Gew.-%	+24,15
N	Gew.-%	21,14
DSC-Onset	°C	220
Smp	°C	137 (Z)
Schlag-E	J	3–6 (BAM)
Reib-E	N	10
v_D	$m\,s^{-1}$	4600 @ $1,25\,g\,cm^{-3}$ @ $\varnothing = 12\,mm$
Trauzl	cm^3	362
Koenen	mm	24

HP ist ein sehr empfindliches Oxidationsmittel, das in den 1960er- und 1970er-Jahren als Alternative zu AP untersucht wurde.

- K. Klager, R. K. Manfred, L. J. Rosen, Hydrazine Perchlorate as Oxidizer For Solid Propellants, *ICT JATA 1978*, Karlsruhe, **1978**, 359–382.

Hydraziniumnitroformat, HNF
hydrazinium nitroformate

Aspekt		gelbe stäbchenförmige Kristalle
Konstitutionsformel		$[C(NO_2)_3][N_2H_5]$
CAS		[14913-74-7]
m_r	$g\,mol^{-1}$	183,081
ρ	$g\,cm^{-3}$	1,91
$\Delta_f H$	$kJ\,mol^{-1}$	−76,86
$\Delta_{ex} H$	$kJ\,mol^{-1}$	−936,1
	$kJ\,g^{-1}$	−5,113
	$kJ\,cm^{-3}$	−9,766
Λ	Gew.-%	+13,11
N	Gew.-%	38,25
Smp	°C	118 (Z)
Schlag-E	J	2–4 (BAM)
Reib-E	N	18–36 (BAM)
V_D	$m\,s^{-1}$	8428 @ 1,70 $g\,cm^{-3}$
P_{CJ}	GPa	31,75 @ 1,70 $g\,cm^{-3}$
Trauzl	cm^3	480
Koenen	mm	8 (Typ?)

HNF bildet nadelförmige Kristalle (l/d 4–5). Es wird durch Fällungsreaktion von Hydrazin mit Nitroform gemäß folgender Gleichung gewonnen:

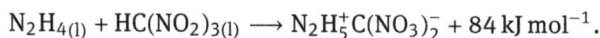

$$N_2H_{4(l)} + HC(NO_2)_{3(l)} \longrightarrow N_2H_5^+ C(NO_3)_2^- + 84\,kJ\,mol^{-1}.$$

HNF wurde bis etwa 2010 in den Niederlanden bei Aerospace Propulsion Products im 50-kg-Maßstab gefertigt. Theoretischen Untersuchungen zufolge besitzt HNF die besten Leistungseigenschaften von allen bekannten Oxidationsmitteln für Treibstoffanwendungen. Von erheblichem Nachteil ist allerdings die geringe thermische Stabilität. Die adiabatische Selbstaufheizung von hochreinem HNF beginnt bereits bei $T = 100\,°C$. Daher wird nach geeigneten Stabilisatoren gesucht. Weiterhin reagiert HNF als Nitroformverbindungen mit Doppelbindungen und ist daher unverträglich mit olefinischen Bindemitteln wie z. B. *HTPB*.

- J. Louwers, Hydrazinium Nitroformate A High Performance Next Generation Oxidizer, *J. Pyrotech.* **1997**, *6*, 36–42.
- M. A. Bohn, Thermal Stability of Hydrazinium (HNF) Assessed by Heat Generation Rate and Heat Generation and Mass Loss, *J. Pyrotech.* **2007**, *26*, 65–94.

Hygroskopizität
hygroscopicity

Als Hygroskopizität wird die Fähigkeit eines Stoffes bezeichnet, Wasserdampf auf-zunehmen. Abb. H.11 zeigt den Wasserdampfgehalt der Luft als Funktion der Tem-peratur. Während synthetische Polymere nur geringe Feuchtigkeitsmengen aufneh-men können (max. 1 Gew.-%), können Naturstoffe wie Papier, Pappe, Kork, Baum-wolle, Filz und Holzkohle *(siehe dort)* bis zu 30 Gew.-% Wasser aufnehmen. Schließ-lich können Salze, deren Deliqueszenzfeuchte (DRH) unterhalb der herrschenden Re-lativen Feuchte (RH) liegt, unter diesen Bedingungen ein Vielfaches Ihres Eigenge-wichts an Wasser aufnehmen. Die DRH von Salzen ist eine Funktion der Tempera-tur und des Partikeldurchmessers und fällt stets mit steigender Temperatur und sin-kendem Partikeldurchmesser. Die DRH korreliert qualitativ mit der Wasserlöslichkeit der Salze. Bei DRH-Werten über 90 % spricht man von nicht hygroskopischen Salzen, bei Werten 90 > DRH > 80 von schwach hygroskopischen Salzen und bei Werten von DRH < 80 % RH von hygroskopischen Salzen. Tab. H.10 zeigt soweit verfügbar die DRH und/oder die Löslichkeit für verschiedene Salze, die als Komponenten in pyrotechni-schen Sätzen oder Treibladungspulvern verwendet werden.

- J. Wolf, E. Lissel, Hygroskopisches Verhalten von Werkstoffen für pyrotechnische Munition, *WIWEB*, **2001**, 37 S.

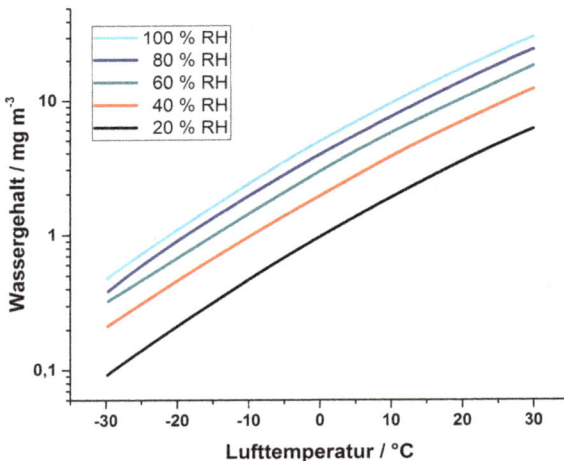

Abb. H.11: Wassergehalt der Luft bei verschiedenen Relati-ven Feuchten als Funktion der Temperatur.

Tab. H.10: Deliqueszenzfeuchte und Löslichkeit verschiedener Salze in Wasser.

	DRH @ 20 °C	L (g l^{-1}) @ 20 °C		DRH @ 20 °C	L (g l^{-1}) @ 20 °C
NH_4Cl	80	374	$Ca(NO_3)_2$·	54	567
LiCl	13	832	$Sr(NO_3)_2$	86	410
KCl	84	344	$Ba(NO_3)_2$	98	82
CsCl	68	1862	$Pb(NO_3)_2$	98	552
NaCl	75	265	$NaClO_3$	74	1000
$MgCl_2$	32	352	$KClO_3$	97	73
$CaCl_2$	33	425	$Ba(ClO_3)_2$	94	256
$ZnCl_2$	< 10	4300	NH_4ClO_4	~ 95	178
$MgSO_4$	91	660	$LiClO_4$	~ 70	355
Na_2SO_4	86	162	$NaClO_4$	43	662
K_2SO_4	98	110	$KClO_4$	99	18
K_2CO_3	43	525	$Mg(ClO_4)_2$	28	500
Na_2CO_3	71	210	$Ca(ClO_4)_2$	< 10	1886
NH_4NO_3	65	655	$NH_4H_2PO_4$	93	368
$LiNO_3$	13	427	KH_2PO_4	96	222
$NaNO_3$	75	466	$CaHPO_4$	97	0,1
KNO_3	94	242	H_3PO_4	9	unbegrenzt
$CsNO_3$	> 90	186	P_4O_{10}	0	
$Mg(NO_3)_2$	56	408			

Hypergol
hypergol

Entflammen ein Brennstoff und ein Oxidationsmittel bei Kontakt miteinander ohne weitere Zufuhr von Zündenergie, d. h. spontan, so wird das bestehende Stoffpaar als *Hypergol* bezeichnet. Die intrinsische Eigenschaft wird als *Hypergolität* und das Verhalten als *hypergol* bezeichnet. Der Begriff Hypergol wurde erstmals für das selbstzündende Treibstoffgemisch C-Stoff (Methanol + Hydrazinhydrat) + T-Stoff (Mit 8-Hydroxychinolin stabilisiertes 80%iges Wasserstoffperoxid) der Me-163B von ihrem Erfinder *Noeggerath* geprägt. Für praktische Anwendungen in Triebwerken sollte die Anzündverzögerung eines Hypergols im Temperaturband unterhalb t_d = 50 ms, idealerweise unterhalb t_d = 30 ms liegen. Ein Spezialfall ist das spontane Entflammen von Brennstoffen bei Kontakt mit dem Luftsauerstoff. Das Verhalten dieser Stoffe wird als pyrophor (siehe *Pyrophorizität*) bezeichnet. Die Anzündverzögerung von Stoffpaaren kann heutzutage mit quantenchemischen Methoden vorhergesagt werden.

- D. A. Newsome, G. L. Vaghjiani, D. Sengupta, An ab initio Based Structure Property Relationship for Prediction of Ignition Delay of Hypergolic Ionic Liquids, *Propellants Explos. Pyrotech.* **2015** *40*, 759–764.
- A. Dadieu, R. Damm, E. W. Schmidt, *Raketentreibstoffe*, Springer, **1968**, 116.

Hytemp®-Polyacrylat
copolymer of methacrylic acid ethylester and butylester

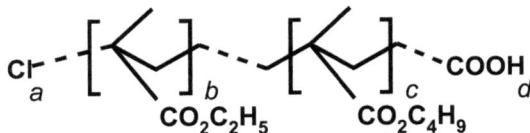

Copolymerisat aus Ethyl und Butylmethacrylsäureester		
Aspekt		milchig trübe Polymerbrocken
Formel		~ $C_7H_{12}O_2$
m_r	$g\,mol^{-1}$	128,17
ρ	$g\,cm^{-3}$	1,1
$\Delta_f H$	$kJ\,mol^{-1}$	−500 (geschätzt)
$\Delta_c H$	$kJ\,mol^{-1}$	−3969,6
	$kJ\,g^{-1}$	−30,972
	$kJ\,cm^{-3}$	−34,069
Λ	Gew.-%	−224,69
T_g	°C	−41 bis −36
Z	°C	> 175

Hytemp®-Polyacrylat wird als Bindemittel in verschiedenen PBX verwendet (z. B. PBXN-9). Das gut in Ketonen und Estern lösliche Hytemp®-Polyacrylat enthält geringe Anteile (< 5 Gew.-%) an Chlor- und Carboxyendgruppen.

- H.-D. Park, Y. G. Cheun, J.-S. Lee, J.-K. Kim, Development of a High Energy Sheet Explosive with Low Sensitivity, *36th International Annual Conference of ICT*, 28. Juni–1. Juli, Karlsruhe, **2005**, P-117.

IDP – Isodecylpelargonat, IDP

isodecyl pelargonate, Emolein

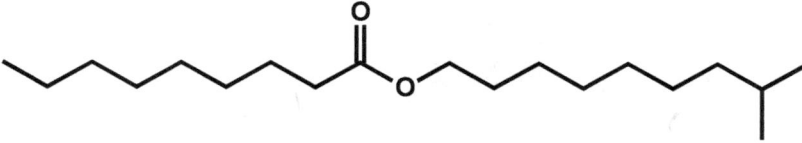

Aspekt		farblose Flüssigkeit
Formel		$C_{19}H_{38}O_2$
REACH		LPRS
EINECS		203-665-7
CAS		[109-32-0]
m_r	$g\,mol^{-1}$	289,51
ρ	$g\,cm^{-3}$	0,866
$\Delta_f H$	$kJ\,mol^{-1}$	−889,10
$\Delta_c H$	$kJ\,mol^{-1}$	−12.307,7
	$kJ\,g^{-1}$	−41,231
	$kJ\,cm^{-3}$	−35,706
Λ	Gew.-%	−294,79
Smp	°C	−80
Sdp	°C	150 bei $P = 333\,Pa$
Spezifikation		AS 2328

IDP wird als Weichmacher zusammen mit hydroxylterminierten Polymeren (z. B. *HTPB*) zur Herstellung von Polyurethanen eingesetzt. Im Gegensatz zu anderen nicht-energetischen Weichmachern wie z. B. Dioctaladipat senkt es die Viskosität deutlich, wodurch höhere Füllgrade möglich sind (z. B. Rh 26, PBXN-110).

- R. Gagnaux, Die mechanischen Eigenschaften vom Kompositsprengstoff PBXN-110. Einfluss von HTPB/IDP-Verhältnis, *35th International Annual Conference of ICT*, 29 Juni-2 Juli **2004**, Karlsruhe, V-6.

IED

IED steht für *Improvised Explosive Device* (Deutsch: Unkonventionelle Spreng- und Brandvorrichtungen, USBV). IEDs bestehen aus einem Explosivstoff und einer Zündvorrichtung und sind meist vollständig aus Haushaltsprodukten aufgebaut. Ggfs. enthalten IEDS auch Bestandteile militärischen Ursprungs (z. B. Munitionsteile, Pioniersprengstoffe, usw.) (Abb. I.1).

https://doi.org/10.1515/9783110559651-009

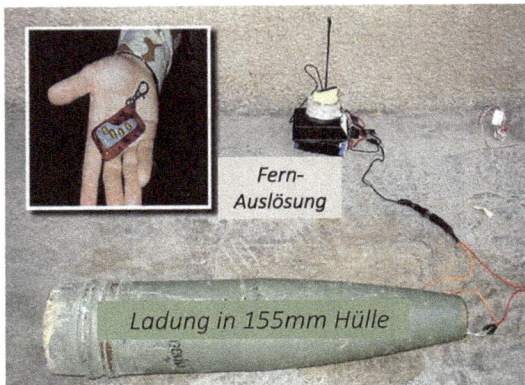

Abb. I.1: Typischer IED unter Verwendung militärischer Bestandteile.

Die NATO-Definition für IEDs ist weiter gefasst und bezeichnet IED als „… einen Gegenstand, der improvisiert aufgebaut ist und dessen zerstörende, letale, schädliche, Brandwirkung oder pyrotechnische Wirkung ausübende chemische Zusammensetzung dazu bestimmt ist, zerstörende, kampfunfähig machende, belästigende oder ablenkende Wirkungen zu erzielen. Ein IED kann Bestandteile militärischen Ursprungs enthalten, ist aber im Normalfall aus nichtmilitärischen Komponenten aufgebaut."

Je nach Auslösung und Art werden IEDs unterteilt in

Radio Controlled IED RCIED (drahtlose Auslösung)
Victim Operated IED VOIED (Auslösung durch Opfer)
Command wire IED CWIED (Auslösung über Zündkabel)
Timer Controlled IED TCIED (zeitgesteuerte Auslösung) } ortsgebunden

Vehicle-borne IED VBIED (Autobombe)
Suicide IED SIED (Selbstmordattentäter) } mobil

- *Allied Joint Doctrine for Countering Improvised Explosive Devices (C-IED)*, NATO Standardization Agency, Draft, Brüssel, **2008**.
- Improvised Munitions Handbook, Department of the Army, Technical Manual, *TM 31-210*, **1969**, 256 S.

Ignit

Mit Ignit wird eine Mischung aus Eisenpulver und Kaliumpermanganat bezeichnet. Ignit wurde in Deutschland während des 2. Weltkrieges als Anzünd- und Verzögerungssatz verwendet. Abb. I.2 zeigt die Abbrandgeschwindigkeit und Explosionswärme von verdichtetem $Fe/K[MnO_4]$ als Funktion der Stöchiometrie.

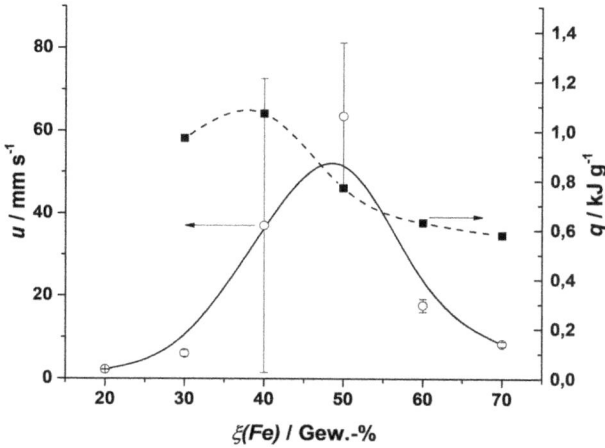

Abb. I.2: Abbrandgeschwindigkeit und Explosionswärme von Fe (< 43 μm) und K[MnO₄] (< 53 μm) bei 55 MPa verdichtet.

- M. J. Tribelhorn, M. G. Blenkinsop, M. E. Brown, Combustion of some iron-fuelled binary pyrotechnic systems, *Thermochim. Acta* **1995**, *256*, 291–307.

IM-Signatur
IM-signature

Die IM-Signatur beschreibt die Heftigkeit der beobachteten Reaktionstypen bei Prüfungen einer Munition nach AOP-39/STANAG 4439 (siehe Tab. I.4, *Insensitive Munition*). Tab. I.1 zeigt die Signaturunterschiede eines Munitionstyps bei Verwendung zweier verschiedener Explosivstoffformulierungen.

Tab. I.1: Empfindlichkeit der Mk82-mod-2Tp- bzw. BLU-111-/B-General-Purpose-Bombe mit verschiedenen Explosivstoffen nach Swanson (2012)..

Explosivstoff	FCO	SCO	BI	FI	SR	SCJI
H-6	I	I	I	I	I	I
PBXN-109	IV	IV/V	V	V	II	II

- R. L. Swanson, Approach to IM Policy – Defining the Need, Brüssel, **2012**, https://www.sto.nato.int/publications/STO%20Educational%20Notes/STO-EN-AVT-214/EN-AVT-214-01.pdf

IMX

IMX steht zum einen für eine Reihe in den 1980er-Jahren untersuchter Nitrat- und Perchloratmischungen die niedrige Detonationsgeschwindigkeit (LVD) zeigen und bedeutet in diesem Zusammenhang „Intermediate Explosives" (Abb. I.3).

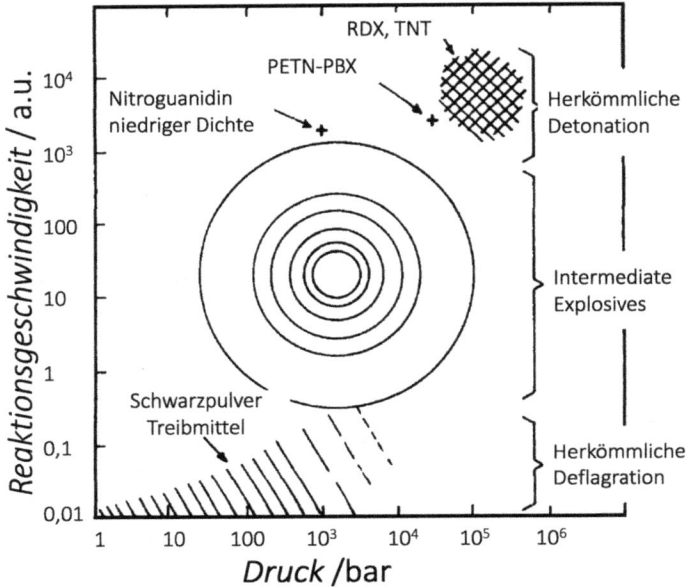

Abb. I.3: Reaktionsdynamik der Intermediate Explosives nach *Brown*.

IMX steht nach dem Jahr 2000 zum anderen für die zusammen von Picatinny Arsenal und BAE entwickelten schmelzgießbaren Sprengstoffe auf der Grundlage von *DNAN*, z. B. *IMX 101* oder *IMX 104* (siehe dort).

- J. A. Brown, M. Collins, Explosion Phenomena, *Intermediate Between Deflagration and Detonation*, Esso Research, Linden, **1967**, 148 S.

IMX-101

IMX-101 wurde von ARDEC und BAE Ordnance Systems Inc. als sehr unempfindlicher schmelzgießbarer TNT-Ersatz für den Einsatz in Artillerie und Mörsermunition entwickelt.
- 36,8 Gew.-% Nitroguanidin
- 19,7 Gew.-% Nitrotriazolon
- 43,5 Gew.-% 2,4-Dinitroanisol

Eine Formulierung, die etwa 80 Gew-% IMX101 und 20 Gew.-% Aluminium enthält, wird als ALIMX-101 bezeichnet und gegenwärtig als Ersatz für das empfindliche H6 in großen Bomben (Mk 82/BLU-111/B) erprobt und qualifiziert (Tab. I.2).

Tab. I.2: Leistung und Empfindlichkeit von IMX-101.

Parameter	
V_D (m s^{-1})	6885
ρ (g cm^{-3})	1,64
Z (°C)	213
$\varnothing_{cr}$ (mm)	64–66
Reib-E (N)	250
ELSGT 50 % (GPa)	5,9
E-Schlag NOL (J)	32

• Provatas, C. Wall, Evaluation of IMX Explosives IMX-101 & IMX-104 for the ADF, *PARARI*, Canberra, **2013**.

IMX-104

IMX-104 wurde von ARDEC und BAE Ordnance Systems Inc. als sehr unempfindlicher schmelzgießbarer Composition-B-Ersatz für den Einsatz in Mörsermunition entwickelt (Tab. I.3).

– 15,3 Gew.-% Hexogen
– 53,0 Gew.-% Nitrotriazolon
– 31,7 Gew.-% 2,4-Dinitroanisol

Tab. I.3: Leistung und Empfindlichkeit von IMX-104.

Parameter	
V_D (m s^{-1})	7400
ρ (g cm^{-3})	1,75
Z (°C)	206
$\varnothing_{cr}$ (mm)	17–21
LSGT 50 % (GPa)	3,25
Reib-E (N)	288
E-Schlag NOL (J)	28

• Provatas, C. Wall, Evaluation of IMX Explosives IMX-101 & IMX-104 for the ADF, *PARARI*, Canberra, **2013**.

Initialsprengstoffe
primary explosives

Initialsprengstoffe, im Deutschen auch als Zündstoffe, Primärsprengstoffe oder nur kurz als Initialstoffe bezeichnet, unterscheiden sich von anderen Sprengstoffen wie z. B. TNT oder Hexogen dadurch, dass sie nach einer thermischen Anzündung praktisch unmittelbar im Sinne eines *Deflagration to Detonation Transition* (DDT) in die Detonation übergehen. Sie sind außerdem im Gegensatz zu Sekundärsprengstoffen extrem reib- und z. T. auch sehr schlagempfindlich und weisen häufig auch eine hohe Empfindlichkeit gegenüber elektrostatischen Entladungen auf, so dass die von einem menschlichen Körper akkumulierte Ladung (~ 0,3 J) oftmals ausreichen kann, einen Initialstoff auszulösen.

Leistungsstarke Initialsprengstoffe wie Bleiazid und Silberazid (sowie früher auch Quecksilberfulminat) dienen bestimmungsgemäß der Einleitung einer Detonation in Detonatoren und anderen Zündmitteln. Initialsprengstoffe mit geringerem Energieinhalt, dafür aber ausgeprägter thermischer oder mechanischer Empfindlichkeit, z. B. Bleitrizinat oder Tetrazen, dienen der Sensibilisierung von Zünd- und Anzündsätzen zur Verwendung in verschiedensten Detonatoren, Zündhütchen und Anzündelementen. Tab. I.4 zeigt wichtige Initialsprengstoffe und deren spezifische Eigenschaften.

Tab. I.4: Eigenschaften wichtiger Initialsprengstoffe.

Verbindung	$Pb(N_3)_2$	$Ag(N_3)_2$	Pb-Tricinat	DDNP	Tetrazen
Stabilität (–)	gut	gut	gut	mittel	schlecht
Entzündlichkeit (–)	mittel	mittel	sehr gut	sehr gut	schlecht
DTA-Zersetzungspunkt (°C)	298	307	275	155	130
Schlag-E (J)	5	2	0,2	0,2	0,1
Reib-E (N)	0,05	0,1	1–4	6–9	1–3
ESD (J)	10^{-10}	10^{-10}	10^{-4}		
Grenzladung[*] lose (mg)	170	110	1000	?	250
Verpresst (mg)	50	5	keine	?	keine

[*] Zur Initiierung von PETN erforderliche Mindestladungsmasse

- P. Lechner, *Aufbau, Eigenschaften und Wirkungsweise von Zündstoffen und explosiven Komponenten*, BG-Chemie Kursunterlagen, RUAG Ammotec, Laubach, **2004**.
- R. Matyáš, J. Pachman, *Primary Explosives*, Springer, Heidelberg, **2013**, 338 S.
- A. D. Yoffe, *The Inorganic Azides*, in C. B. Colburn (Hrsg.), Developments in Inorganic Chemistry, Volume I, Elsevier, Amsterdam, **1966**, 72–149.
- H. D. Fair, R. F. Walker (Hrsg.) *Energetic Materials Volume 1 – The Physics and Chemistry of the Inorganic Azides, Volume 2 – The Technology of the Inorganic Azides*, Plenum Press, New York, **1977**.

Insensitive Munition

insensitive munitions

Unter insensitiver Munition, IM, ist Munition zu verstehen, die jederzeit zuverlässig die Leistungs-, Einsatzbereitschafts- und operationellen Forderungen erfüllt aber durch akzidentelle Stimuli (z. B. Beschuss oder Feuer) zu weniger schwerwiegenden Wirkungen als der bestimmungsgemäßen Reaktion führt und daher die Wahrscheinlichkeit für Folgeschäden an Personen, dem Waffensystem oder logistischen Einrichtungen minimiert

Die international erste militärische Spezifikation zur Untersuchung von Munition hinsichtlich ihres Reaktionsverhaltens bei schneller und langsamer Erhitzung (FCO = Fast Cook-off und SCO = Slow Cook-off) sowie Beschuss (BI = Bullet Impact) wurde 1982 durch die US Navy mit der *DOD-STD-2105* in Kraft gesetzt.

Die heutzutage international gültigen Standards im Bereich Munitionssicherheit werden durch die AOP-39, die STANAG 4439, sowie die darin referenzierten STANAGs gebildet. Einzelne Staaten haben auf nationaler Ebene weitergehende und z. T. schärfere Vorschriften erlassen.

Die STANAG 4439 definiert Stimuli bzw. "Bedrohungen" (engl. *threats*) für Munitionen die während der gesamten Lebensdauer einer Munition auftreten können. Die jeweiligen Stimuli, sowie die maximal zulässige Reaktion (engl. *response*) einer Munition auf diesen Stimuli sind in der folgenden Tabelle I.5 beschrieben. Auch wird die der Prüfung zugrundeliegende Gefahrensituation beschrieben.

Reaktionstypen gemäß AOP-39
Detonation (Typ I)

Typ I bezeichnet die heftigste Reaktion einer Munition, bei welcher der Explosivstoff in einer überschallschnellen Detonation (LVD oder HVD) vollständig reagiert.

Primärer Nachweis einer Typ-I-Reaktion ist die Beobachtung eines Druckstoßes in der gleichen Größenordnung und dem zeitlichen Verlauf wie eine bestimmungsgemäß zur Reaktion gebrachte Munition oder wie Berechnungen für diese Munition ergeben sowie eine schnelle plastische Verformung der Munitionshülle mit einem hohen Anteil durch starke Scherbeanspruchung erzeugter Splitter.

Sekundärer Nachweis kann erfolgen über die Perforation, Zersplitterung und oder plastische Deformation einer Deutplatte (Beulblech) sowie der Ausbildung von Kratern die der Menge des Explosivstoffs der Munition entsprechen.

Partielle Detonation (Typ II)

Typ II ist die zweitheftigste Reaktion einer Munition, wobei ein Teil des Explosivstoffs in einer überschallschnellen Reaktion (HVD oder LVD) reagiert.

Primärer Nachweis einer Typ-II-Reaktion ist die Beobachtung eines Druckstoßes, der eine Größenordnung schwächer als der einer bestimmungsgemäß zur Reak-

Tab. I.5: Stimulus, Definition und Minimalanforderungen.

Stimulus, Bezeichnung Abkürzung	Forderung	Beschreibung	Gefahrensituation
Fast Heating, FH (Fast Cook-off, FCO)	Nicht schlimmer als Typ V (Abbrand)	Durchschnittliche Temperatur zwischen $T = 550–850\,°C$ bis keine Reaktion mehr beobachtet wird. $T = 550\,°C$ muss innerhalb von 30 s nach der Anzündung erreicht werden	Treibstoffbrand in einem Lager, an einem Fahrzeug oder an einem Flugzeug
Slow Heating, SH (Slow Cook off, SCO)	Nicht schlimmer als Typ V (Abbrand)	Aufheizung mit einer Heizgeschwindigkeit von 1–30 °C pro Stunde ausgehend von der Umgebungstemperatur	Brand in einem benachbarten Lager, Fahrzeug, Flugzeug
Bullet Impact, BI	Nicht schlimmer als Typ V (Abbrand)	Ein bis drei Projektile 12,7 mm (.50 cal) (AP = panzerbrechend) mit einer Geschossgeschwindigkeit von $v = 400–850\,\mathrm{m\,s^{-1}}$	Beschuss mit kleinkalibrigen Waffen
Fragment Impact[*], FI	Nicht schlimmer als Typ V (Abbrand)	Stahlsplitter mit einer Masse von m = 15–65 g und einer Geschwindigkeit von $v = 2600–2200\,\mathrm{m\,s^{-1}}$.	Einwirkung splitterbildender Munition
Shaped charge Jet impact[§], SJCI	Nicht schlimmer als Typ III (Explosion)	Hohlladung bis zum Kaliber 85 mm	Einwirkung von Hohlladungen
Sympathetic reaction[%], SR	Nicht schlimmer als Typ III (Explosion)	Detonation einer Donor-Munition gleichen Typs in einer entsprechenden Anordnung	Heftigste Reaktion des gleichen Munitionstyps in einem Lager an einem Flugzeug oder Fahrzeug

[*] Splitterbeschuss
[§] Hohlladungsbeschuss
[%] Sympathetische Reaktion

tion gebrachten Munition ist bzw. dem berechneten Wert entspricht und die schnelle plastische Verformung eines Teils, aber nicht der gesamten Munitionshülle, mit einem hohen Anteil durch starke Scherbeanspruchung erzeugter Splitter.

Sekundärer Nachweis kann verteilte Wurfstücke von angebranntem und nicht angebranntem Explosivstoff, die Perforation, Zersplitterung und oder plastische Verformung einer Deutplatte und Bodenkrater beinhalten.

Explosion (Typ III)

Typ III ist der drittheftigste Reaktionstyp einer Munition mit unterschallschnellem Zerfall (SVD) des Explosivstoffs und erheblicher Splitterbildung.

Primärer Nachweis einer Typ-III-Reaktion ist der schnelle Abbrand eines Teils oder des gesamten Explosivstoffs bei Beginn der Reaktion und die erhebliche Zersplitterung der Munitionshülle ohne Nachweis starker Scherkräfte, was insgesamt zu größeren und weniger Splittern führt als bei der bestimmungsgemäßen Umsetzung der Munition beobachtet wird.

Sekundärer Nachweis kann deutlich weitreichende Wurfstücke von brennendem oder unverbranntem Explosivstoff, die Beschädigung der Deutplatte, die Messung eines Überdrucks im Messbereich mit einem Spitzendruck der deutlich geringer ausfällt und erheblich länger anhält, als bei der bestimmungsgemäßen Umsetzung der Munition beobachtet wird, sowie Bodenkrater beinhalten.

Deflagration (Typ IV)

Der viertheftigste Reaktionstyp geht einher mit der Anzündung und dem Abbrand des eingeschlossenen Explosivstoffs und führt zu einer deutlich weniger heftigen Druckentlastung durch die Munition.

Primärer Nachweis einer Typ-IV-Reaktion ist der Abbrand eines Teils oder des gesamten Explosivstoffs und das Zerreißen der Munitionshülle in wenige große Splitter, an denen weitere Strukturen befestigt sein können. Wenigstens ein Teil (z. B. Munitionshülle, Verpackung oder Explosivstoff) wird weiter als 15 m vom Prüfort geschleudert und liefert dabei eine Wurfenergie > 20 J nach den im Anhang zur AOP-39 Abb. B-1 gezeigten Beziehungen. Eine Reaktion kann auch als Typ IV eingestuft werden, wenn kein primärer Nachweis einer im Vergleich zu Typ IV heftigeren Reaktion gefunden wird und der Nachweis gefunden wird, dass Schub in der Größenordnung entwickelt wird, um die Munition weiter als 15 m vom Prüfort zu bewegen.

Sekundärer Nachweis kann auch eine längere Reaktionsdauer als bei einer erwarteten Typ-III-Reaktion und deutliche Verteilung brennender und unverbranntner Explosivstoffteile weiter als 15 m vom Prüfort und den Nachweis eines zeitlich und örtlich veränderlichen Luftdrucks im Prüfbereich beinhalten.

Abbrand (Typ V)

Typ V ist der fünfheftigste Reaktionstyp einer Munition, bei der der Explosivstoff ohne jegliche Schubentwicklung abbrennt.

Primärer Nachweis einer Typ-V-Reaktion ist der von nur geringem Druckanstieg in der Munitionshülle begleitete Abbrand des Explosivstoffs. Die Hülle kann dabei aufreißen und es können wenige große Splitter gebildet werden, an denen weitere Strukturen befestigt sein können. Kein Teil (z. B. Munitionshülle, Verpackung oder Explosivstoff) wird oder könnte weiter als 15 m geschleudert werden und erreicht dabei nach den im Anhang zur AOP-39 Abb. B-1 gezeigten Beziehungen eine kinetische Energie > 20 J. Es gibt keinen Nachweis einer Schubentwicklung, die die Munition weiter als 15 m bewegen könnte. Ein im Vergleich zur Gesamtmasse des Explosivstoffs in der Munition kleiner Anteil kann brennend oder unverbrannt generell bis etwa 15 m, aber nicht weiter als 30 m, geschleudert werden.

Sekundärer Nachweis kann durch Messung eines unbedeutenden Druckanstiegs im Prüfbereich und bei einem Raketenmotor z. B. durch eine im Vergleich zum bestimmungsgemäßen Abbrand längere Abbranddauer erfolgen.

Keine Reaktion (Typ VI)

Typ VI ist die am wenigsten heftige Reaktion der Munition, bei der jegliche Reaktion bei Entfernung des Prüfstimulus selbsttätig erlischt.

Primärer Nachweis einer Typ-VI-Reaktion ist keine Reaktion des Explosivstoffs ohne einen andauernden externen Stimulus, das Wiederauffinden des gesamten oder des meisten Explosivstoffs ohne Hinweise auf selbsterhaltenden Abbrand und keine Splitterbildung der Munitionshülle oder Verpackung, die diejenige eines inerten Prüfobjekts übersteigen würde.

Sekundärer Nachweis keiner

- *Hazard Assessment Test for Non-Nuclear Munitions*, MIL-STD-2105-D, Department of Defense, Washington, **2011**.
- *Policy for Introduction and Assessment of Insensitive Munitions (IM)*, STANAG 4439, NATO Standardization Agency, 3rd edn., Brüssel, **2010**.
- *Guidance on the Assessment and Development of Insensitive Munitions*, AOP-39, NATO Standardization Agency, 3rd edn., Brüssel, **2009**.
- *Konzept Munitionstechnische Sicherheit*, BMVg FüS IV 3, Bonn, August **2008**, 30 S.

Insensitive Sprengstoffe
insensitive high explosives, IHE

IHE sind Explosivstoffe, die zwar massendetonationsfähig, aber dennoch so unempfindlich sind, dass bei ihnen die Wahrscheinlichkeit einer akzidentellen Initiierung vernachlässigbar gering ist.

Vorschriften zur Klassifizierung eines Explosivstoffs als IHE sind z. B. die UN-Prüfserie 7 (siehe *EI(D)S*), die acht verschiedene Prüfungen der Substanz und vier Prüfungen des Gegenstands bzw. der Munition vorsieht oder z. B. die Department of Energy (DOE) Qualification Tests for IHE, bei denen elf verschiedene Prüfungen an der Substanz erfolgreich durchgeführt werden müssen.

- *Recommendations on the Transport of Dangerous Goods – Manual of Tests and Criteria* – 5th rev. edn. United Nations, Genf, **2009**, 157–175.
- *Explosives Safety Manual, MN471011*, Sandia National Laboratories, Albuquerque, **2007**.

Intumeszenz

intumescence

Intumeszenz bezeichnet die Fähigkeit eines Stoffes unter Wärmeeinwirkung zu expandieren. Bei der Expansion entstehen thermisch beständige Strukturen, die sich durch eine geringe Wärmeleitfähigkeit auszeichnen. Intumeszierende Materialien werden z. B. für den baulichen Brandschutz und auch als Beschichtung für Transportbehälter von Explosivstoffen und Munition (Schutz gegen *Fast Heating*, siehe *Insensitive Munition*) verwendet.

*   R. Stanek, *Verfahren zur Herstellung von brandschützenden Verbundwerkstoffen*, EP 694574A1, **1995**, Deutschland.

Iodpentoxid

iodine pentoxide

Formel		I_2O_5
GHS		03, 05
H-Sätze		H272-H314
P-Sätze		P210-P221-P303+P361+P353-P305+P351+P338-P405-P501a
UN		2085
REACH		LPRS
EINECS		234-740-2
CAS		[12029-98-0]
m_r	$g\,mol^{-1}$	333,81
ρ	$g\,cm^{-3}$	5,08
Smp	°C	300 (Z)
c_p	$J\,g^{-1}\,K^{-1}$	0,578
$\Delta_f H$	$kJ\,mol^{-1}$	−177
Λ	Gew.-%	+28,76

Iodpentoxid, I_2O_5, wird als alternatives Oxidationsmittel in pyrotechnischen Sätzen, z. B. für ERA, aber auch in Agent-Defeat-Wirkmassen zur Bekämpfung von Biowaffen untersucht. Aufgrund seiner starken Hygroskopizität muss es allerdings gegen Feuchtigkeit geschützt werden.

*   R. Russell, S. Bless, M. Pantoya, Impact-driven Thermite Reactions with Iodine Pentoxide and Silver Oxide, *J. Energ. Mater.* **2011**, *29*, 175–192.
*   J. Feng, G. Jian, Q. Liu, M. R. Zachariah, Passivated Iodine Pentoxide Oxidizer for Potential Biocidal Nanoenergetic Applications, *ACS Appl. Mater. Interfaces* **2013**, *5*, 8875–8880.

ISL, Institut Saint Louis

Das ISL ist ein 1959 von den Regierungen Frankreichs und Deutschlands gegründetes und gemeinsam finanziertes Forschungsinstitut mit Sitz in Saint Louis, Frankreich, im südlichen Elsass. Das Institut betreibt sowohl grundfinanzierte (deutscher Anteil laut EP-14: 21 Mio. € im Jahr 2015) als auch Auftragsforschung für die Industrie in den Bereichen Außen-, End- und Innenballistik, elektromagnetische Effekte, energetische Materialen, Laser und Schutztechnologien. Das Institut wird gemeinsam von einem französischen und deutschen Direktor geführt. Beide Direktoren werden durch die jeweiligen nationalen Behörden, DGA bzw. BMVg, auf Zeit berufen. International bekannte Wissenschaftler am ISL waren der Stoßwellenphysiker Prof. Dr. Herbert Oertel (1918–2014) sowie die ehemaligen deutschen Direktoren und Ballistikexperten *Prof. Dr. Hubert Schardin, Prof. Dr. Richard Emil Kutterer* und Dr. Rudi Schall (1913–2002).

• Webauftritt http://www.isl.eu

Isophorondiisocyanat, IPDI
isophorone diisocyanate

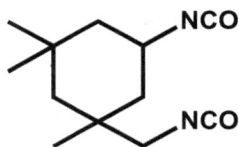

IPDI		
Aspekt		farblose bis gelbliche Flüssigkeit mit stechendem Geruch
Formel		$C_{12}H_{18}N_2O_2$
GHS		06, 08, 09
H-Sätze		H331-H334-H315-H319-H317-H335-H411
P-Sätze		P273-P285-P302+P352-P305+P351+P338-P309-P310
UN		2290
REACH		LRS
EINECS		223-861-6
CAS		[4098-71-9]
m_r	g mol^{-1}	222,287
ρ	g cm^{-3}	1,061
$\Delta_f H$	kJ mol^{-1}	−372
$\Delta_c H$	kJ mol^{-1}	−6922,7
	kJ g^{-1}	−31,144
	kJ cm^{-3}	−33,043
Λ	Gew.-%	−223,13
N	Gew.-%	12,60
Smp	°C	−60
Sdp	°C	158 bei P = 2 kPa

IPDI wird als Härter zusammen mit hydroxylterminierten Polymeren (z. B. *HTPB*) zur Herstellung von Polyurethanen eingesetzt.

- M. A. Daniel, Polyurethane Binder Systems for Polymer Bonded Explosives, *DSTO-GD-0492*, Weapons Systems Division Defence Science and Technology Organisation, Edinburgh South Australia, **2006**, 34 S.

Isopropylnitrat, IPN
isopropyl nitrate

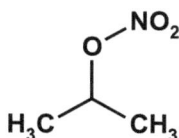

Formel		$C_3H_7NO_3$
REACH		LPRS
EINECS		216-983-6
CAS		[1712-64-7]
m_r	g mol^{-1}	105,093
ρ	g cm^{-3}	1,034
$\Delta_f H$	kJ mol^{-1}	−229,8
$\Delta_{ex} H$	kJ mol^{-1}	−607,3
	kJ g^{-1}	−5,779
	kJ cm^{-3}	−5,975
$\Delta_c H$	kJ mol^{-1}	−1951,2
	kJ g^{-1}	−18,566
	kJ cm^{-3}	−19,197
Λ	Gew.-%	−98,96
N	Gew.-%	13,32
Smp	°C	−82
Sdp	°C	100
P_{vap}	kPa	3,42
V_D	m s^{-1}	5376 ms^{-1} @ 1,34 g cm^{-3}
Schlag-E	J	> 50

IPN wird zusammen mit anderen Sprengstoffen und Brennstoffen als Slurry-Sprengstoff in thermobarischen Ladungen verwendet (Tab. I.6).

- S. Hall, G. Knowlton, Development, Characterisation and Testing of High Blast Thermobaric Compositions, *IPS*, Fort Collins, **2004**, 663–678.
- F. Zhang, S. B. Murray, Akio Yoshinaka, Andrew Higgins, Shock Initiation and Detonability of Isopropyl Nitrate, *Det. Symp.*, **2002**, San Diego, 781–790.

Tab. I.6: Zusammensetzung (Gew.-%) und Leistung thermobarischer Ladungen mit IPN im Vergleich zu PBXIH-135.

Typ	P_{CJ} (GPa)	E_{mech} (kJ cm^{-3})	V_D (km s^{-1})	P_{max} (kPa)	Impuls (kPa s)	T (°C)
30 IPN, 70 Al	4,40	3,83	3,22	268	586	567
30 IPN, 40 Al, 30 AN	11,81	10,21	5,55	468	620	927
30 IPN, 30 Al, 40 AP	15,84	11,46	6,06	496	710	488
30 IPN, 30 Al, 40 HMX	14,00	11,02	5,92	420	834	628
PBXN-113 (HMX/Al/HTPB: 35/45/20)	14,62	9,17	6,68	413	896	394

K

K-10

K-10, auch als Rowanite-8001 bezeichnet, ist eine rötliche, wasserklare Flüssigkeit. K-10 ist eine Mischung aus 2,4-Dinitroethylbenzol und 2,4,6-Trinitroethylbenzol im Massenverhältnis 65/35. K-10 wird als Weichmacher verwendet. Es ist nicht explosionsgefährlich und fällt unter die UN HD 6.1 (giftig). Mit K-10 versetzte Polymere sind intensiv rotorange gefärbt. K-10 behindert in größeren Mengen (> 20 Gew.-%) die Aushärtung hydroxylterminierter Polymere mit Isocyanaten und zeigt Unverträglichkeiten mit Bleiazid und anderen Initialstoffen.

- M. R. Andrews, S. E. Gaulter, J. Akhavan, P. Bolton, M. Till, FTIR Monitoring of Cure Rate and Effect of Plasticizer Content of a Series of Cross-linked Polynimmo-based systems, *ICT-Jata*, Karlsruhe, **2007**, P-112.
- A. Provatas, Energetic Polymers and Plasticisers for Explosive Formulations. A Review of Recent Advances, *DSTO-TR-0966*, Aeronautical and Maritime Research Laboratory, Melbourne, April **2000**, 51 S.

Kaliumaluminiumfluorid
potassium hexafluoroaluminate

Kaliumhexafluoroaluminat, Kaliumkryolith		
Formel		K_3AlF_6
GHS		08, 07, 09
H-Sätze		332-372-411
P-Sätze		260
WGK		1
UN		3288
REACH		LPRS
EINECS		237-409-0
CAS		[13775-52-5]
m_r	$g\,mol^{-1}$	258,267
ρ	$g\,cm^{-3}$	1,34
Pt1	°C	132
Pt2	°C	153
Pt3	°C	306
Smp	°C	995
$\Delta_f H$	$kJ\,mol^{-1}$	−3326
Λ	Gew.-%	0

Kaliumaluminiumfluorid ist einer der wichtigsten Zusätze zur Dämpfung des Mündungsfeuers in TLP. Kaliumaluminiumfluorid bildet mit nicht näher charakterisierten

https://doi.org/10.1515/9783110559651-010

anderen Verbindungen aus dem System Al-K-F ein bei 558 °C schmelzendes Eutektikum.

Kaliumbenzoat
potassium benzoate

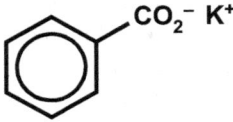

Formel		$C_7H_5O_2K$
REACH		LPRS
EINECS		209-481-3
CAS		[582-25-2]
m_r	$g\,mol^{-1}$	160,219
$\rho_{25\,°C}$	$g\,cm^{-3}$	1,558
Smp	°C	~ 350
Z	°C	373
$\Delta_f H$	$kJ\,mol^{-1}$	−610
$\Delta_c H$	$kJ\,mol^{-1}$	−3040,0
	$kJ\,g^{-1}$	−18,975
	$kJ\,cm^{-3}$	−29,563
Λ	Gew.-%	−149,80

Kaliumbenzoat ist hygroskopisch und bildet daher bei Luftfeuchte > 80 % RH das Trihydrat ($C_7H_5O_2K \cdot 3\,H_2O$). Kaliumbenzoat wird in Pfeifsätzen zusammen mit Kali-

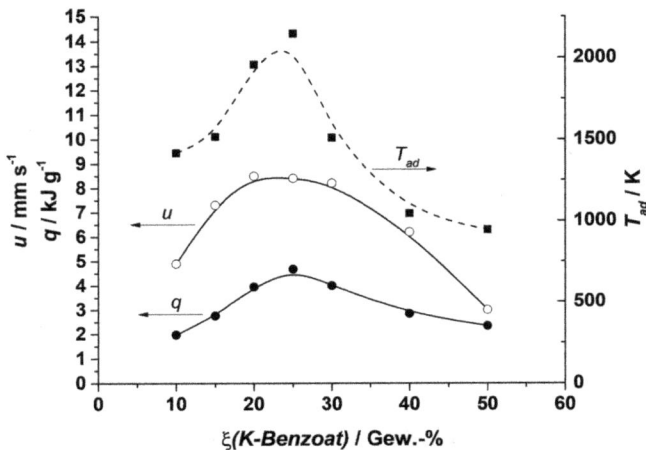

Abb. K.1: Explosionsenthalpie, Adiabatische Temperatur und Abbrandgeschwindigkeit von K-Benzoat/$KClO_4$.

umperchlorat eingesetzt. Abb. K.1 zeigt die Abbrandgeschwindigkeit, Exothermizität und die berechnete adiabatische Temperatur für solche binären Sätze (Charsley et al. 2000). Cook (1998) hat Treibsätze für Feuerwerksraketen auf Basis von Biphenyl-/$KClO_4$-/KNO_3-/K-Benzoat vorgeschlagen {5/45/15/40}. Callaway (2004) hat Kaliumbenzoat als Bestandteil pfeiffsatzähnlicher Mischungen (SR136) als Wirkmassen für spektral angepasste IR-Scheinziele vorgeschlagen.

- Wei-Wei Yang, You-Ying Di, Zhen-Fen Yin, Yu-Xia Kong, Zhi-Cheng Tan, Low-temperature heat capacities and standard molar enthalpy of formation of potassium benzoate $C_7H_5O_2K_{(s)}$, *Int. J. Thermophys.* **2009**, *30*(2), 542–554.
- J. Callaway, T. D. Sutlief, *Infra-red emitting decoy flare*, U.S. Patent Application 2004/0011235 A1, **2004**, GB.
- E.-L. Charsley, J. J. Rooney, S. B. Warrington, T. T. Griffiths, T. A. Vine, A Study of the Potassium Benzoate-Potassium Perchlorate Pyrotechnic System, *IPS*, Grand Junction, **2000**, 381–392.
- B. Cook, Novel Powder Fuel for Firework Display Rocket Motors, *J. Pyrotech.* **1998**, *7*, 59–68.

Kaliumbromat
potassium bromate

Formel		$KBrO_3$
GHS		03, 06
H-Sätze		H271-H301
P-Sätze		P210-P221-P283-P301+P310-P405-P501a
UN		1484
EINECS		231-829-8
CAS		[7758-01-2]
m_r	g mol^{-1}	167,00
ρ	g cm^{-3}	3,25
Smp	°C	434
Z	°C	342
$\Delta_f H$	kJ mol^{-1}	−332,1
Λ	Gew.-%	+28,74

Kaliumbromat ist weißes Kristallpulver und wurde als experimentelles Oxidationsmittel für tiefrote, orange (Jennings-White 1990) und tiefblaue Leuchtsätze (Koch 2015) vorgeschlagen.

- C. Jennings-White, Some Esoteric Firework Materials, *Pyrotechnica*, **1990**, *XIII*, 26–32 + Plate VIII.
- E.-C. Koch, Spectral Investigation and Color Properties of Copper(I) Halides CuX (X=F, Cl, Br, I) in Pyrotechnic Combustion Flames, *Propellants Explos. Pyrotech.* **2015**, *40*, 799–802.

Kaliumchlorat

potassium chlorate

Formel		KClO₃
GHS		03,07,09
H-Sätze		H271-H302-H332-H411
P-Sätze		P210-P221-P283-P306+P360-P371+P380+P375-P501a
UN		1485
EINECS		223-289-7
CAS		[3811-04-9]
m_r	g mol⁻¹	122,55
ρ	g cm⁻³	2,320
Smp	°C	370
Z	°C	400
$\Delta_f H$	kJ mol⁻¹	−397,73
Λ	Gew.-%	+39,17

Kaliumchlorat war lange Zeit das am meisten verwendete Oxidationsmittel in Feuerwerksartikeln und Sicherheitszündsätzen für Streichhölzer. Dies ist auf die leichte (exotherme) Zersetzung des Salzes unter Sauerstoffabspaltung zurückzuführen.

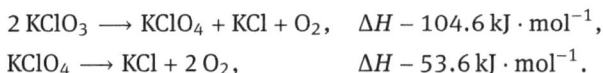

$$2\,KClO_3 \longrightarrow KClO_4 + KCl + O_2, \quad \Delta H - 104.6\,kJ \cdot mol^{-1},$$

$$KClO_4 \longrightarrow KCl + 2\,O_2, \quad \Delta H - 53.6\,kJ \cdot mol^{-1}.$$

Kaliumchlorat bildet mit vielen Brennstoffen hochempfindliche Sätze, die durch einen geringen thermischen oder mechanischen Stimulus ausgelöst werden können. Weiterhin reagiert Kaliumchlorat mit Säuren (z. B. H_2SO_4) unter Bildung der empfindlichen Chlorsäure, welche dann unter Bildung des hochreaktiven Chlordioxids ClO_2 disproportioniert.

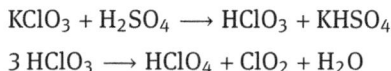

$$KClO_3 + H_2SO_4 \longrightarrow HClO_3 + KHSO_4$$

$$3\,HClO_3 \longrightarrow HClO_4 + ClO_2 + H_2O$$

Chlordioxid ist in reinem Zustand ein extrem explosionsgefährlicher Stoff, welcher bei Kontakt mit oxidierbarem Material spontan mit lautem Knall zerfällt. Das Reaktionsverhalten von $KClO_3$ gegenüber Säuren bestimmt auch Stabilität und Sicherheitsaspekte von chlorathaltigen Sätzen. So können die in der Schwefelblüte enthaltenen Säurespuren in $S/KClO_3$-Gemischen zu scheinbar plötzlicher Auslösung der Sätze führen. Selbst als Naturharze eingesetzte Binder in chlorathaltigen Sätzen können durch die in ihnen enthaltenen freien Säuren eine solche Initiierung bewirken – z. B. in *Gummi arabicum* (Krone 1997). Leiber (1987) erkannte, dass selbst reines $KClO_3$ unter Einschluss nach Initiierung mit einem Zündverstärker aus Hexogen detonieren kann. Die hohe Empfindlichkeit und die damit verbundenen Risiken haben dazu geführt, dass $KClO_3$ weitgehend aus Feuerwerksprodukten (ausgenommen z. B. bestimmte Bengalsätze) und auch technischen Verwendungen (ausgenommen z. B. Farbrauchsätze) verdrängt wurde. In den meisten Anwendungen wird daher heute Kaliumperchlorat verwendet, das mit nur sehr geringer Wärmetönung zerfällt und dessen Mischungen im Vergleich zu Chloratmischungen stabiler und weniger empfindlich sind. Die Zersetzungstemperatur Z(°C) des Kaliumchlorats wird durch zugesetzte Metalloxide z. T. erheb lich herabgesenkt. Nachfolgend zeigt Tab. K.1 in aufsteigender Reihenfolge die erzielbaren Zersetzungstemperaturen gegenüber reinem $KClO_3$.

Tab. K.1: Einfluss verschiedener Metalloxide auf die Zersetzungstemperatur von $KClO_3$.

Zusatz	T_d (°C)
Ohne	582 ± 5
Cr_2O_3	280 ± 6
CoO	348
Co_3O_4	350 ± 7
Fe_2O_3	373 ± 10
Cu_2O	393 ± 11
MnO_2	395
CuO	430
NiO	480
Ag_2O	508 ± 31
ZnO	523 ± 25
MgO	544 ± 6
TiO_2	545
Al_2O_3	568 ± 8

- C. O. Leiber, IHE – 2000, Wunsch und Wirklichkeit, *11. Sprengstoffgespräch*, Nonnweiler, **1987**.
- U. Krone, Grundlagen der Pyrotechnik, *Carl Cranz Seminar*, Weil am Rhein, **1997**.
- G. Krien, Thermoanalytische Ergebnisse von pyrotechnischen Ausgangsstoffen, *Az. 3.0-3/3712/75*, BICT, Swisttal-Heimerzheim, **1975**, 235 S.
- D. Chapman, R. K. Wharton, G. E. Williamson, Studies of the Thermal Stability and Sensitiveness of Sulfur/Chlorate Mixtures, Part 1. Introduction, *J. Pyrotech.* **1997**, *6*, 30–35.
- D. Chapman, R. K. Wharton, J. E. Fletcher, G. E. Williamson, Studies of the Thermal Stability and Sensitiveness of Sulfur/Chlorate Mixtures, Part 2. Stoichiometric Mixtures, *J. Pyrotech.* **1998**, *7*, 51–57.
- D. Chapman, R. K. Wharton, J. E. Fletcher, A. E. Webb, Studies of the Thermal Stability and Sensitiveness of Sulfur/Chlorate Mixtures, Part 3. The Effects of Stoichiometry, Particle Size and Added Materials, J. Pyrotech. **2000**, *11*, 16–24.

Kaliumdichromat

potassium dichromate

Kaliumchromat(VI), Kaliumbichromat	
Formel	K_2CrO_7
GHS	03, 08, 06, 05, 09
H-Sätze	350-340-360FD-272-330-301-312-372-314-334-317-410

P-Sätze		201-280-301+330+331+310-304+340+310-305+351+338-308+313
UN		3087
REACH		LRS
EINECS		231-906-6
CAS		[7778-50-9]
m_r	$g\,mol^{-1}$	294,184
ρ	$g\,cm^{-3}$	2,69
T_p	°C	241
Z	°C	177
Smp	°C	398
$\Delta_f H$	$kJ\,mol^{-1}$	−2061
$\Delta_{pt} H$	$kJ\,mol^{-1}$	1,53
$\Delta_m H$	$kJ\,mol^{-1}$	36,7
c_p	$J\,K^{-1}\,mol^{-1}$	219,7
Λ	Gew.-%	+16,32

Kaliumdichromat wurde früher häufig als Oxidator in verschiedenen VZ-Sätzen sowie als Abbrandmoderator in den Sicherheitszündsätzen von Streichhölzern verwendet.

Kaliumdinitramid, KDN
potassium dinitramide

KDN		
Formel		$KN(NO_2)_2$
CAS		[140456-79-7]
m_r	$g\,mol^{-1}$	145,116
ρ	$g\,cm^{-3}$	2,201
Smp	°C	128–139
Z	°C	177
$\Delta_f H$	$kJ\,mol^{-1}$	−264,18
Λ	Gew.-%	+38,59

KDN zeigt in der DSC eine schwach exotherme Reaktion bei ca. 105 °C bevor bei 128 °C der Schmelzvorgang eintritt. Dawe (1998) hat das Abbrandverhalten und die IR-Emissionsspektren von KDN/Bor- und KDN/Bor/HTPB-Mischungen untersucht. Kaliumdinitramid ist als Phasen-III-IV-Stabilisator für Ammoniumnitrat vorgeschlagen worden.

- J. R. Dawe, M. D. Cliff, Metal Dinitramides New Novel Oxidants for the Preparation of Boron Based Flare Compositions, *IPS-Seminar*, Monterey, **1998**, 789–810.

Kaliumdinitrobenzofuroxan, KDNBF

potassium dinitrobenzofuroxan

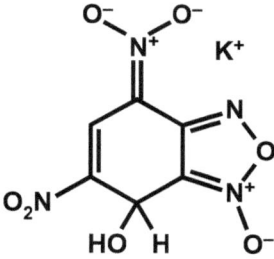

Kaliumbenzanat		
Aspekt		goldorange Plättchen
Formel		$C_6H_3KN_4O_7$
REACH		LPRS
EINECS		249-543-7
CAS		[29267-75-2]
m_r	$g\,mol^{-1}$	282,209
ρ	$g\,cm^{-3}$	1,58
$\Delta_f H$	$kJ\,mol^{-1}$	−431
$\Delta_{ex} H$	$kJ\,mol^{-1}$	−731,8
	$kJ\,g^{-1}$	−2,593
	$kJ\,cm^{-3}$	−5,731
$\Delta_c H$	$kJ\,mol^{-1}$	−2539,6
	$kJ\,g^{-1}$	−8,999
	$kJ\,cm^{-3}$	−14,219
Λ	Gew.-%	−39,69
N	Gew.-%	19,85
Z	°C	208
c_p	$J\,mol^{-1}\,K^{-1}$	241
Schlag-E	J	0,3–0,4 (BAM)
Reib-E	N	2,5 (BAM)

KDBNF besitzt zwar eine nur geringe Leistung, wird aber aufgrund seiner Empfindlichkeit zur Sensibilisierung in Zündstoffmischungen für Zünd- und Anzündmittel verwendet.

Kaliumferrat(VI)

dipotassium ferrate(VI)

Aspekt		dunkelviolette Kristalle
Formel		K_2FeO_4
CAS		[13718-66-6]
m_r	g mol^{-1}	198,05
ρ	g cm^{-3}	2,829
Z	°C	200
$\Delta_f H$	kJ mol^{-1}	−1027
$\Delta_z H$	kJ mol^{-1}	−44, 35
Λ	Gew.-%	+16,16

Kaliumferrat(VI) wird als umweltfreundliches Oxidationsmittel in der Abwasserreinigung und bei technischen Prozessen verwendet und wird seit Kurzem auch für pyrotechnische Sätze (Verzögerungen und Thermalbatterien) untersucht. Die Verarbeitung von Ferraten(VI) muss unter Feuchtigkeitsausschluss erfolgen, da Wasser durch Ferrate oxidativ gespalten wird:

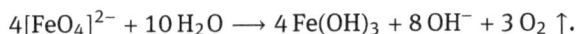

$$4[FeO_4]^{2-} + 10\,H_2O \longrightarrow 4\,Fe(OH)_3 + 8\,OH^- + 3\,O_2 \uparrow.$$

- C. K. Wilharm, A. Chin, S. K. Pliskin, Thermochemical Calculations for Potassium Ferrate(VI), K_2FeO_4, as a Green Oxidizer in Pyrotechnic Formeltions, *Propellants Explos. Pyrotech.* **2014**, *39*, 173–179.
- A. Chin, S. Pliskin, C. K. Wilharm, *Ferrate Based Pyrotechnic Formulations*, US-Patent-Appl. 201414519874, **2014**, USA.

Kaliumnitrat

potassium nitrate

Kalisalpeter, Salpeter		
Formel		KNO_3
GHS		02
H-Sätze		H272
P-Sätze		P210-P220-P221-P280-P370+P378-P501a
UN		1486
EINECS		231-818-8
CAS		[7757-79-1]
m_r	g mol^{-1}	101,103
ρ	g cm^{-3}	2,109
$\Delta_f H$	kJ mol^{-1}	−494,63
Smp	°C	334
$Pt_{(rh \to tg)}$	°C	129
Z	°C	533
Λ	Gew.-%	+39,56

KNO_3 ist nicht hygroskopisch, neigt aber zum Verbacken und wird daher oftmals mit 0,1–1,0 Gew.-% feindisperser *Kieselsäure* (*Aerosil*) versetzt. Kaliumnitrat ist das älteste Oxidationsmittel und fand vermutlich schon lange vor unserer Zeitrechnung im Bereich des heutigen China Verwendung in schwarzpulverähnlichen Mischungen. Im militärischen Bereich hat es zwar als wichtigste Komponente von Explosivstoffen mit der Entdeckung organischer Salpetersäurederivate keine Bedeutung mehr, findet aber in pyrotechnischer Munition als Oxidationsmittel in Treib-, Anzünd- und Verzögerungssätzen immer noch Anwendung. In der Pyrotechnik war Kaliumnitrat gefolgt von *Natriumnitrat* bis zur Entdeckung der *Chlorate* im Jahre 1837 durch *Berthollet* das wichtigste Oxidationsmittel in der Pyrotechnik.

Die thermische Zersetzung erfolgt ab $T = 533\,°C$ nach

$$2\,KNO_3 \longrightarrow K_2O + N_2 + 5/2\,O_2\,.$$

Wird in Leuchtsätzen der allgemeinen Zusammensetzung $NaNO_3/Mg/Binder$ das $NaNO_3$ durch KNO_3 substituiert, so sinkt die Gesamtlichtstärke ($W\,sr^{-1}$) auf knapp 20 % und die spezifische Lichtleistung ($cd\,s\,g^{-1}$) auf 25 % der Sätze, die $NaNO_3$ als Oxidationsmittel enthalten (Schmied 1968). Dies hat seine Ursache in der Lage der Kaliumlinien bei $\lambda = 760\,nm$ an der Grenze zum Nahen Infrarot (NIR), so dass trotz Linienverbreiterung bei hohen Konzentrationen und hohen Temperaturen ein großer Teil der emittierten Strahlung im NIR frei wird (siehe *NIR-Leuchtsätze*).

- I. Schmied, Licht und Farbintensitäten pyrotechnischer Sätze durch Variation der Metallkomponente, *Arbeitstagung Wehrtechnik*, Mannheim, **1968**.
- B. E. Douda, R. M. Blunt, E. J. Bair, Visible Radiation from Illuminating-Flare Flames Strong Emission Features, *J. Opt. Soc. Amer.* **1970**, *60*, 1116–1119.

Kaliumperchlorat

potassium perchlorate

Formel		$KClO_4$
GHS		03, 07
H-Sätze		H271-H302
P-Sätze		P210-P221-P283-P306+P360-P371+P380+P375-P501a
UN		1489
REACH		LRS
EINECS		231-912-9
CAS		[7778-74-7]
m_r	$g\,mol^{-1}$	138,549
ρ	$g\,cm^{-3}$	2,52
$\Delta_f H$	$kJ\,mol^{-1}$	−432,79
Smp	°C	590
Z	°C	> 561

Pt$_{(rh\leftrightarrow k)}$	°C	299
$\Delta_{pt}H$	kJ mol^{-1}	13,8
Λ	Gew.-%	+46,19
c_p	J K^{-1} mol^{-1}	110,3

KClO$_4$ ist nicht hygroskopisch. Es zählt zu den wichtigsten Oxidationsmitteln in der Pyrotechnik. Aufgrund seiner beim Abbrand mit *Magnesium* nur blassvioletten Flamme wurde es vor allem in den USA häufig mit Strontium- und Bariumsalzen zur Herstellung von farbigen *Leuchtsätzen* verwendet. Es findet zusammen mit *Kaliumbenzoat* und anderen Alkalisalzen aromatischer Carbonsäuren Anwendung in *Pfeiffsätzen* und *Raketentreibsätzen* sowie spektral angepassten IR-Wirkmassen für Scheinziele. Eine weitere wichtige Anwendung für Kaliumperchlorat sind Mischungen mit Aluminium, welche als Knall- und Blitzsätze eingesetzt werden. Die thermische Zersetzung von Kaliumperchlorat zu KCl und O$_2$ erfolgt langsam ab $T = 561$ °C und rasch oberhalb des Schmelzpunktes bei etwa $T = 607$ °C. Tab. K.2 zeigt den Einfluss verschiedener Metalloxide auf die Zersetzungstemperatur von KClO$_4$.

Tab. K.2: Einfluss verschiedener Metalloxide auf die Zersetzungstemperatur von KClO$_4$.

Zusatz	T_d (°C)	Zusatz	T_d (°C)
Ohne	*607*	MnO$_2$	532
Cr$_2$O$_3$	438	NiO	556 ± 13
Co$_3$O$_4$	463	MgO	567 ± 12
CoO	492	Ag$_2$O	570
Cu$_2$O	498 ± 9	Al$_2$O$_3$	582 ± 11
Fe$_2$O$_3$	500	TiO$_2$	787
CuO	517	ZnO	605

- K. H. Stern, *High Temperature Properties and Thermal Decomposition of Inorganic Salts with Oxyanions*, CRC Press, **2001**, 202.

Kaliumperiodat
potassium periodate

Formel	KIO$_4$
GHS	03, 07
H-Sätze	H272-H315-H319-H335
P-Sätze	P210-P221-P302+P352-P305+P351+P338-P405-P501a
UN	1479
REACH	LPRS
EINECS	232-196-0
CAS	[7790-21-8]

m_r	$g\,mol^{-1}$	230,00
ρ	$g\,cm^{-3}$	3,618
Z	°C	580
$\Delta_f H$	$kJ\,mol^{-1}$	−467,23
Λ	Gew.-%	+27,82

KIO_4 wird als Oxidationsmittel für Nebel- und Verzögerungssätze vorgeschlagen.

- J. S. Brusnahan, A. P. Shaw, J. D. Moretti, W. S. Eck, Periodates as Potential Replacements for Perchlorates in Pyrotechnic Compositions, *Propellants Explos. Pyrotech.* **2017**, *42*, 62–70.

Kaliumpermanganat
potassium permanganate

Kaliummanganat(VII)		
Formel		$K[MnO_4]$
GHS		03, 09, 07
H-Sätze		H272-H400-H410-H302
P-Sätze		P210-P220-P221-P280-P301+P312-P501a
UN		1490
REACH		LRS
EINECS		231-760-3
CAS		[7722-64-7]
m_r	$g\,mol^{-1}$	158,034
ρ	$g\,cm^{-3}$	2,703
Z	°C	224 (exo)
$\Delta_f H$	$kJ\,mol^{-1}$	−837,22
Λ	Gew.-%	+25,31

Kaliumpermanganat dient unter anderem als Oxidationsmittel in VZ-Sätzen mit Antimon. Das starke Oxidationspotential von Permanganaten führt bei Kontakt mit organischen Stoffen oftmals zur Selbstentzündung. Der thermische Zerfall von Kaliumpermanganat erfolgt nach:

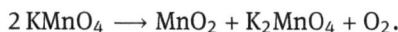

$$2\,KMnO_4 \longrightarrow MnO_2 + K_2MnO_4 + O_2.$$

Bei Kontakt mit Schwefelsäure bildet sich nach

$$2\,H_2SO_4 + 2\,KMnO_4 \longrightarrow Mn_2O_7 + 2\,KHSO_4 + H_2O$$

das sehr schlagempfindliche, in der Aufsicht metallisch grün glänzende, ölige Dimanganheptoxid (Mp 9,5 °C), das sich ab 55 °C zersetzt und bei 95 °C explodiert. Diese Reaktion ist auch der Grund für die hohe Empfindlichkeit von Mischungen von $KMnO_4$ mit Schwefelblüte.

- M. E. Brown, S. J. Taylor, M. J. Tribelhorn, Fuel–Oxidant Particle Contact in Binary Pyrotechnic Reactions, *Propellants Explos. Pyrotech.* **1998**, *23*, 320–327.
- G. Brauer, *Handbuch der Präparativen Anorganischen Chemie, Band III*, Enke-Verlag, Stuttgart, **1981**, 1583.

Kaliumperoxodisulfat

peroxodisulfate (AmE), potassium peroxodisulphate (BrE)

K-PODS, Kaliumpersulfat		
Formel		$K_2S_2O_8$
GHS		03, 08, 07
H-Sätze		H272-H334-H302-H335-H315-H319-H317
P-Sätze		P210-P221-P285-P305+P351+P338-P405-P501a
UN		1492
REACH		LRS
EINECS		231-781-8
CAS		[7727-21-1]
m_r	g mol^{-1}	270,33
ρ	g cm^{-3}	2,450
Z	°C	~ 100 (exo)
$\Delta_f H$	kJ mol^{-1}	−1916
Λ	Gew.-%	+17,76

Kaliumperoxodisulfat wird als mildes Oxidationsmittel bei der Synthese verwendet und wurde als Oxidator für stoßunempfindliche RP-Nebelsätze vorgeschlagen.

- W. Steinicke, G. Skorns, A. Schiessl, H. Büsel, W. Badura, *Hochbelastbarer Nebelformkörper mit Breitbandtarnwirkung*, DE3028933C1, **1989**, Deutschland.

Kaliumpikrat, RD 1369

potassium picrate

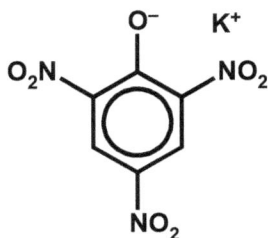

Kalium-2,4,6-trinitrophenolat		
Aspekt		rotgelbe Plättchen
Formel		$C_6H_2KN_3O_7$
REACH		LPRS
EINECS		209-361-0
CAS		[573-83-1]
m_r	$g\,mol^{-1}$	267,196
ρ	$g\,cm^{-3}$	1,955
$\Delta_f H$	$kJ\,mol^{-1}$	−498
$\Delta_{ex}H$	$kJ\,mol^{-1}$	−948,0
	$kJ\,g^{-1}$	−3,548
	$kJ\,cm^{-3}$	−6,936
$\Delta_c H$	$kJ\,mol^{-1}$	−2328,7
	$kJ\,g^{-1}$	−8,715
	$kJ\,cm^{-3}$	−17,039
Λ	Gew.-%	−38,92
N	Gew.-%	15,73
Z	°C	325
$T_{p(?)}$	°C	250

Kaliumpikrat wurde als Anzündstoff vorgeschlagen. Mischungen aus gleichen Massenanteilen Kaliumpikrat und KNO_3 wurden früher als Pfeifsätze verwendet.

Keto-RDX

2,4,6-trinitro-2,4,6-triazacyclohexanone

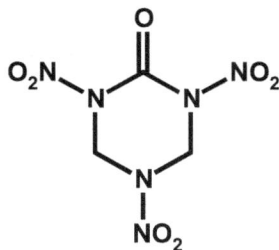

K-6, 2-Oxo-1,3,5-trinitro-1,3,5-triazacyclohexan		
Formel		$C_3H_4N_6O_7$
CAS		[115029-35-1]
m_r	$g\,mol^{-1}$	236,101
ρ	$g\,cm^{-3}$	1,932
$\Delta_f H$	$kJ\,mol^{-1}$	−41,84
$\Delta_{ex}H$	$kJ\,mol^{-1}$	−1360,9
	$kJ\,g^{-1}$	−5,764
	$kJ\,cm^{-3}$	−11,136

$\Delta_c H$	$kJ\,mol^{-1}$	$-1710,2$
	$kJ\,g^{-1}$	$-7,244$
	$kJ\,cm^{-3}$	$-13,995$
Ω	Gew.-%	$-6,78$
N	Gew.-%	$17,80$
Smp	°C	184
Z	°C	205
Schlag-E	J	3
Reib-E	N	42
V_D	$m\,s^{-1}$	8814 @ $1,857\,g\,cm^{-3}$
P_{CJ}	GPa	$37,98$ @ $1,857\,g\,cm^{-3}$

Keto-RDX ist ein Sprengstoff der im Zylindertest 4 % mehr Energie als HMX liefert. Während mikrometerfeines Keto-RDX deutlich empfindlicher ist als RDX, besitzt Nano-Keto-RDX hingegen eine mit RDX vergleichbare mechanische Empfindlichkeit, bei etwas erniedrigter Zersetzungstemperatur.

- A. R. Mitchel, P. F. Pagoria, C. L. Coon, E. S. Jessop, J. F. Poco, C. M. Tarver, R. D. Breithaupt, G. L. Moody, Nitroureas 1. Synthesis, Scale-up and Characterization of K-6, *Propellants Explos. Pyrotech.* **1994**, *19*, 232–239.
- A. Shokrolahi, A. Zali, A. M. Viazar, M. H. Keshavarz, H. Hajashemi, Preparation of Nano-K-6 (Nano-Keto RDX) and Determination of Its Characterization and Thermolysis, *J. Energ. Mater.* **2011**, *29*, 115–126.

KM-Nebel

KM smoke

Der KM-Nebel (K = Kalium, M = Magnesium) wurde Mitte der 1980er-Jahre von *Krone* entwickelt. Er war eine Weiterentwicklung der in der damaligen Zeit entwickelten Düngenebel (Tab. K.3), die für die Forstdüngung zur Bekämpfung der damals progressiv auftretenden, neuartigen Waldschäden vorgesehen waren.

Tab. K.3: Düngenebel nach *Krone* 1984/1985.

Magnesium, Mg (Gew.-%)	20
Calciumcarbonat, $CaCO_3$ (Gew.-%)	50
Natriumchlorid, NaCl (Gew.-%)	15
Calciumhydroxidphosphat, $Ca_5(PO_4)_3(OH)$ (Gew.-%)	5
Kaliumperchlorat, $KClO_4$ (Gew.-%)	10

Das von diesem Satz gebildete Aerosol enthält als wesentliche Bestandteile Calciumcarbonat, Calciumhydroxid, verschiedene Calciumphosphate, Kaliumchlorid, Magnesiumoxid, und verschiedene Magnesiumphosphate, die alle im optischen und infraroten Bereich bestimmte Wirksamkeit aufweisen. 1988 wurde dann der heute als KM-Nebel bezeichnete Nebelsatz (Tab. K.4) erstmals vorgestellt. Aufgrund der hohen Deliqueszenzfeuchte (DRH) der erzeugten Aerosolbestandteile KCl (84 %) und NaCl (75 %) besitzt das gebildete Aerosol eine im Vergleich zu HC oder RP deutlich geringere Leistung (Tab. K.4).

Tab. K.4: Zusammensetzung und Leistung von KM-Nebel.

Magnesium, Mg (Gew.-%)	8
Kaliumchlorid, NaCl (Gew.-%)	44
Kaliumnitrat, KNO_3 (Gew.-%)	27
Kaliumperchlorat, $KClO_4$ (Gew.-%)	5
Azodicarbonamid, $C_2H_4N_4O_2$ (Gew.-%)	16
α_{VIS} ($m^2\,g^{-1}$) @ 50 % RH	1,7
$\alpha_{1,5\,\mu m}$ ($m^2\,g^{-1}$)	0,2
A_N @ 20 % RH (-)	0,33

- U. Krone, W. Kühn, B. Georgi, A. Hüttermann, Pyrotechnically Generated Ca- and Mg-Aerosols, *IPS-Seminar*, **1984**, Colorado Springs, 315–321.
- U. Krone, W. Kühn, B. Georgi, Entwicklung und Anwendung pyrotechnisch erzeugter Calcium- und Magnesiumaerosole, *IPS-Seminar* & ICT Jata, Karlsruhe, Deutschland, **1985**, 36.
- U. Krone, *Pyrotechnische Mischung zur Erzeugung eines Tarnnebels und Anzündmischung hierfür*, DE-Patent 3728380, **1988**, Deutschland.
- U. Krone, A Non Toxic Pyrotechnic Screening Smoke for Training Purposes, *IPS-Seminar*, Boulder Colorado, USA, **1990**, 581–586.

Knallkörper
report, firecracker

Ein Knallkörper erzeugt bei der Anzündung durch die Deflagration eines pyrotechnischen Satzes ein lautes Knallereignis. Da nur eine rasche Gasbildung ein plötzliches Zerreißen des Behälters und damit einen spontanen Druckimpuls liefert, muss der pyrotechnische Satz mit möglichst großer Oberfläche vorliegen. Jegliche Verdichtung eines Knallsatzes führt zu einem langsamen laminaren Abbrand. In Deutschland dürfen Knallkörper der Kategorie II nur Schwarzpulver sowie auch Mischungen aus Schwarzpulver mit geringen Anteilen Titanschwammpulver enthalten. Blitzknalleffekte (Bomben und Raketen) und pyrotechnische Munition zur Manöverdarstellung enthalten als Effektfüllung *Blitzsätze* (siehe dort) auf der Basis von Aluminium.

Koenen-Test, Stahlhülsentest
steel sleeve test

Der Koenen-Test ist ein von Koenen, Ide und Däumler in den 1950er-Jahren entwickeltes Verfahren zur Prüfung der Explosionsgefährlichkeit eines zu untersuchenden Stoffes.

Heute ist der Test Bestandteil der Prüfungen zur Explosionsgefährlichkeit eines energetischen Materials (UN-Prüfserie 1b). Bei dem Test wird der zu prüfende Stoff in eine tiefgezogene Stahlhülse (25 ∅ × 0,5 × 75 mm) mit Bund eingebracht und die Hülse mit einer starken Düsenplatte verschlossen, deren Ausblaseöffnung einen variablen Durchmesser aufweisen kann (∅ = 1–24 mm). Die Hülse wird vertikal in einer Gabel hängend in einem Schutzkasten durch vier starke Gasbrenner schnell allseitig bis zur Explosion erhitzt (Abb. K.2). Bei explosionsgefährlichen Stoffen gibt es einen Grenzdurchmesser der Düse unterhalb dessen eine Explosion eintritt. Als vollständige Explosion wird die Zerlegung der Hülse in wenigstens drei Splitter gewertet, Typ F (Tab. K.5).

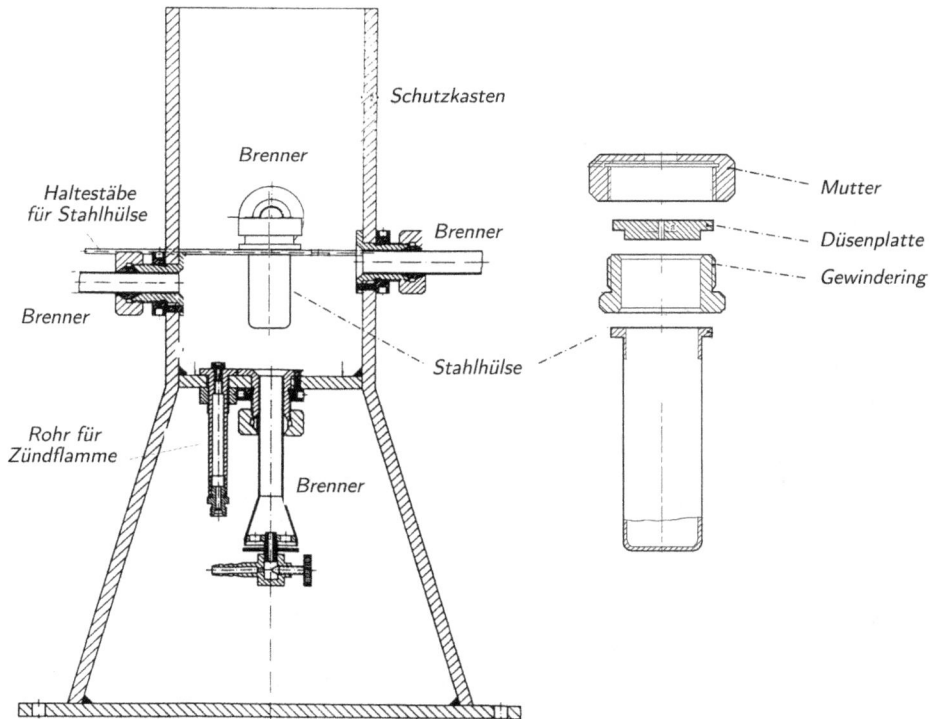

Abb. K.2: a) Aufbau Koenen-Test; b) Stahlhülse für Koenen-Test.

Tab. K.5: Reaktionstypen beim Koenen-Test.

Typ	Effekte
O	Hülse unverändert
A	Hülsenboden aufgebaucht
B	Hülsenboden und Wand aufgebaucht
C	Hülsenboden geöffnet
D	Hülsenwand geöffnet
E	Hülse in zwei Teile zerlegt
F	Hülse in drei oder mehrere hautsächlich größere Teile zerlegt, die in einigen Fällen auch über kleine Stege miteinander verbunden sein können
G	Hülse in viele kleine Splitter zerlegt, Gewindering, Düsenplatte und Überwurfmutter nicht verformt
H	Hülse in viele kleine Splitter zerlegt, Gewindering, Düsenplatte und Mutter verformt oder zerlegt

- *Recommendations on the Transport of Dangerous Goods, Manual of Tests and Criteria*, 5th Edition, United Nations, Geneva, **2009**, 33–38
- H. Koenen, K. H. Ide, Über die Prüfung explosiver Stoffe, *Explosivstoffe*, **1956**, 4, 143–144.

Koruskativstoffe
coruscatives

Der Begriff Koruskativstoffe bzw. Koruskativa, (von lat. *cruscare* = blitzen, funkeln) wurde von *Fritz Zwicky (1898–1974)* für solche Stoffe eingeführt, die weitgehend ohne permanente Gasentwicklung miteinander reagieren. Konsequenterweise werden damit auch klassische Thermite eingeschlossen. Zwicky hat binäre, aber auch ternäre Mischungen, wie z. B. Ti/C oder Ti/Sb/Pb als ballistische Einlage für Hohlladungen oder projektilbildende Ladungen vorgeschlagen. Experimentelle Untersuchungen durch *Held* ergaben allerdings keine erhöhten Stachelspitzen- bzw. Projektilgeschwindigkeiten bei der Verwendung von Koruskativa als einzige Einlagen bzw. bei der Verwendung der Koruskativa zwischen Sprengstoff und herkömmlicher Einlage aus Elektrolytkupfer.

- F. Zwicky, *Coruscative Ballistic Device*, US3135205, USA, **1964**.
- Reichel, Hochenergetische gaslose Reaktionen, *14. Arbeitstagung – Wehrtechnik*, Mannheim, **1968**.
- M. Held, Untersuchungen an Koruskativstoffen, *ICT-JATA*, Karlsruhe, **1985**, V-40.

Kritischer Durchmesser
critical diameter

Der kritische Durchmesser $\varnothing_{cr}$ (mm) eines Explosivstoffs ist der Durchmesser bei gegebener Temperatur T (K), Dichte ρ (g cm^{-3}) und Einschluss (z. B. in einem Metallrohr oder freistehend in Luft) eines Explosivstoffs, bei dem gerade noch eine stationäre Detonation auftritt. Ein unter Einschluss stehender Explosivstoff hat einen kleineren kritischen Durchmesser als ein freistehender Explosivstoff. Der kritische Durchmesser eines Explosivstoffs wächst mit der Länge der Reaktionszone des Explosivstoffs. Der kritische Durchmesser wird typischerweise an gestreckten kegelförmigen Prüfkörpern (Halbwinkel $\angle = 5\,°C$) oder gestuften Zylindern untersucht. Bei kegelförmigen Prüfkörpern besteht aufgrund des Durchmessergradienten die Gefahr der übersteuerten Detonation, d. h. die Detonation bricht erst bei einem Durchmesser deutlich unterhalb des kritischen Durchmessers ab. Dieses Problem wird bei der Verwendung gestufter Zylinder mit einem l/d von mindestens 4 vermieden.

- P. W. Cooper, *Explosives Engineering*, Wiley-VCH, New York, **1996**, S. 277, 284–293.
- H. Badners, C. O. Leiber, Method for the Determination of the Critical Diameter of High Velocity Detonation by Conical Geometry, *Propellants Explos. Pyrotech.* **1992**, *17*, 77–81.

Krone, Uwe (1938–2011)

Uwe Krone war ein deutscher Chemiker und Pyrotechniker. Nach dem Studium der Chemie an der Rheinischen Friedrich-Wilhelms-Universität Bonn von 1959 bis 1967 promovierte er bei J. Goerdeler mit einer Arbeit über schwefelorganische Verbindungen. Nachdem er bereits seit 1960 regelmäßig als Werksstudent bei NICO-Pyrotechnik in Trittau gearbeitet hatte, übernahm er dort ab 1967 direkt die Leitung der chemischen Entwicklung. Krone entwickelte 1971 pyrotechnische Blinksätze und ersann dafür auch technische Anwendungen wie z. B. Notsignale. Ab Mitte der 1970er-Jahre befasste er sich hauptsächlich mit VIS&IR-Tarnnebeln und erlangte auch mit der Entwicklung von NT, KM und schließlich mit dem ersten echten multispektralen (VIS-IR-MMW) Tarnnebel, dem NG-Nebel, internationales Ansehen.

- D. Cegiel, Uwe Krone 1938–2011, *Propellants Explos. Pyrotech.* **2012**, *37*, 7–8.
- U. Krone, Replacement of Toxic and Ecotoxic Components for Military Smokes for Screening, in P. C. Branco, H. Schubert, J. Campos, *Defense Industries, NATO-Science Series Volume 44*, **2001**, 221–238.
- U. Krone, *Pyrotechnischer Satz zur Strahlungsemission*, DE2164437, **1971**, Deutschland.
- Eintrag in der Deutschen Nationalbibliothek: http://d-nb.info/482183659

Kryolith

sodium hexafluoroaluminate

Natriumhexafluoroaluminat, Eisstein (ugs.)		
Formel		Na_3AlF_6
GHS		08, 07, 09
H-Sätze		332-372-411
P-Sätze		260
WGK		1
UN		3260
REACH		LPRS
EINECS		239-148-8
CAS		[15096-52-3]
m_r	$g\,mol^{-1}$	209,941
ρ	$g\,cm^{-3}$	2,97
Pt1	°C	572
Pt2	°C	880
Smp	°C	1012
$\Delta_f H$	$kJ\,mol^{-1}$	−3310
Λ	Gew.-%	0

Kryolith wird noch vereinzelt als nichthygroskopischer flammenfärbender Zusatz für gelbe Feuerwerkssterne sowie zur Reduktion des Mündungsfeuers von TLP verwendet. Hahma (2002) hat gezeigt, das mit Kryolith beschichtetes Aluminiumpulver ein verbessertes Anzünd- und Abbrandverhalten zeigt, was auf der guten Löslichkeit des Al_2O_3 in Kryolith zurückzuführen ist.

- Hahma, *Method of improving the burn rate and ignitability of aluminium fuel particles and aluminum fuel so modified* US7785430, **2002**, Sweden.

Kupferammoniumnitrat

tetraamminecopper dinitrate

Tetrakis(ammin)kupfer(II)dinitrat		
Aspekt		hellblaues Salz
Formel		$CuH_{12}N_6O_6$
CAS		[31058-64-7]
m_r	$g\,mol^{-1}$	255,678
ρ	$g\,cm^{-3}$	1,91
$\Delta_f H$	$kJ\,mol^{-1}$	−812,95
$\Delta_{ex} H$	$kJ\,mol^{-1}$	−3816
	$kJ\,g^{-1}$	−14,925
	$kJ\,cm^{-3}$	−28,507

Λ	Gew.-%	0
N	Gew.-%	32,87
Smp	°C	160 (Z)

Kupferammoniumnitrat zersetzt sich ab 135 °C unter Abspaltung von Ammoniak zum Bis(ammin)kupfer(II)dinitrat [184850-98-4], ρ = 2,290 g cm^{-3}, 14,44 Gew.-%, $\Delta_f H$ = –586 kJ mol^{-1}). Kupferammoniumnitrat dient als Oxidator in Anzündmischungen und Gasgeneratoren.

Kupfer-5-nitrotetrazolat, DBX-1

copper-5-nitrotetrazolate

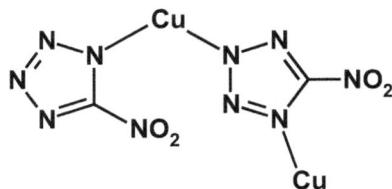

Aspekt		rote stäbchenförmige Kristalle
Formel		$C_2Cu_2N_{10}O_4$
CAS		[957133-97-0]
m_r	g mol^{-1}	355,20
ρ	g cm^{-3}	1,955
$\Delta_f H$	kJ mol^{-1}	99,78
Λ	Gew.-%	−9,00
N	Gew.-%	39,43
Schlag-E	mJ	40
Reib-E	g	10/0
T_{5ex}	°C	350

Kupfer-5-nitrotetrazolat wurde bereits 1932 durch Ritter von Herz als Initialsprengstoff patentiert. Im Vergleich zu Bleiazid ist Kupfer-5-nitrotetrazolat besser verträglich mit einer Vielzahl von Komponenten allerdings ist es auch sehr hydrolyseempfindlich.

- S. Tappan, J. Patrick Ball, Jill C. Miller, DBX-1 (copper(I)-5-nitrotetrazolate) reactions at sub-millimeter diameters, *International Pyrotechnics Seminar*, Valencia, Spain, **2013**.
- J. W. Fronabarger, M. D. Williams, W. B. Sanborn, J. G. Bragg, D. A Parrish, M. Bichay, DBX-1 – A lead Free Replacement for Lead Azide, *Propellants Explos. Pyrotech.* **2011**, *36*, 541–550.
- E. Ritter von Herz, *Verfahren zur Herstellung von Nitrotetrazol*, DE562511, **1932**, Deutschland.

Kupfer(I)oxid

copper(I) oxide

Aspekt		rotes Pulver
Formel		Cu_2O
CAS		[1317-39-1]
GHS		09, 07
H-Sätze		H400-H410-H302
P-Sätze		P264-P270-P273-P301+P312-P330-P501a
UN		3077
EINECS		215-270-7
m_r	$g\,mol^{-1}$	143,091
ρ	$g\,cm^{-3}$	6,0
$\Delta_f H$	$kJ\,mol^{-1}$	−170,7
Λ	Gew.-%	+11,18
Smp	°C	1244
Sdp	°C	1800
$\Delta_m H$	$kJ\,mol^{-1}$	−64,8
c_p	$J\,K^{-1}\,mol^{-1}$	69,9

Cu_2O dient als Katalysator und Oxidationsmittel in pyrotechnischen Sätzen.

Kupfer(II)oxid

copper(II) oxide

Aspekt		schwarzes Pulver
Formel		CuO
CAS		[1317-38-0]
GHS		09, 07
H-Sätze		H400-H410-H302
P-Sätze		P264-P270-P273-P301+P312-P330-P501a
UN		3077
EINECS		215-269-1
m_r	$g\,mol^{-1}$	79,545
ρ	$g\,cm^{-3}$	6,49
$\Delta_f H$	$kJ\,mol^{-1}$	−156,1
Λ	Gew.-%	+20,11
Smp	°C	1326
$\Delta_{sub} H$	$kJ\,mol^{-1}$	−462
c_p	$J\,K^{-1}\,mol^{-1}$	42,3

CuO dient als Katalysator und Oxidationsmittel in pyrotechnischen Sätzen.

Kutterer, Richard Emil (1904–2003)

Kutterer war ein deutscher Physiker und Ballistiker. Er promovierte 1935 mit Auszeichnung bei Carl Cranz und war danach bis 1945 Fachreferent für die Ballistik kleiner Kaliber beim Heereswaffenamt in Berlin. Kutterer schrieb in dieser Zeit ein Lehrbuch über Ballistik, das 1959 in einer dritten Auflage erschien. Nach dem Krieg setzte er seine wissenschaftliche Forschung am deutsch-französischen ISL fort und war dort auch deutscher Direktor in der Zeit von 1965 bis zu seiner Pensionierung im Jahre 1969. Kutterer lehrte auch Raumfahrttechnologie an der TU Karlsruhe und war nach seiner Pensionierung am ISL auch Leiter der Arbeitsgruppe Ballistik am Ernst-Mach-Institut in Weil am Rhein.

- R. E. Kutterer, *Erdsatelliten – Ein Überblick*, Mittler, Berlin – Frankfurt, **1958**, 32 S.
- R. E. Kutterer, *Ballistik*, 3. Aufl. Vieweg, Braunschweig, **1959**, 304 S.
- Eintrag in der deutschen Nationalbibliothek: http://d-nb.info/369389905

L

Lactose
lactose

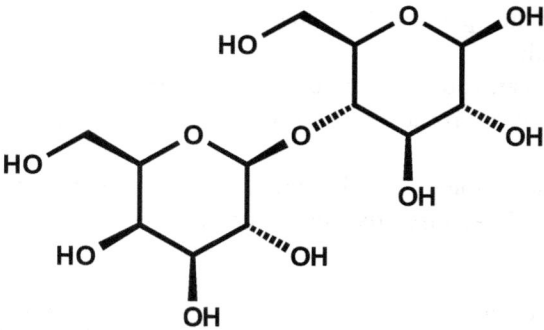

Milchzucker		
Formel		$C_{12}H_{22}O_{11}$
EINECS		200-559-2
CAS		[63-42-3]
m_r	$g\,mol^{-1}$	342,297
ρ	$g\,cm^{-3}$	1,59
$\Delta_f H$	$kJ\,mol^{-1}$	−2236,2
$\Delta_c H$	$kJ\,mol^{-1}$	−5630,4
	$kJ\,g^{-1}$	−16,449
	$kJ\,cm^{-3}$	−25,084
Smp	°C	202
T_p	°C	93,6 ($\alpha \rightarrow \beta$)
c_p	$J\,K^{-1}\,mol^{-1}$	440
Λ	Gew.-%	−112,18

Das Monohydrat $C_{12}H_{22}O_{11} \cdot H_2O$ CAS-Nr.: [64044-51-5] verliert zwischen 100–150 °C das Kristallwasser und beginnt ab 202 °C unter Zersetzung zu schmelzen. Milchzucker ist ein wichtiger Brennstoff in Farbrauchsätzen.

Laserinitiierung von Explosivstoffen
laser initiation of explosives

Alle Explosivstoffe können grundsätzlich durch elektromagnetische Strahlung initiiert bzw. angezündet werden. Östmark fand folgende Beziehungen für die Zündenergie: bei kurzen Laserpulsen ist die Anzündbarkeit durch die Zündenergiedichte ε_{krit}

https://doi.org/10.1515/9783110559651-011

bestimmt, bei längeren Pulsen ist die Laserleistung P_{krit} die limitierende Größe

$$\varepsilon_{\text{krit}} = \rho \cdot c_{\text{p}} \cdot \alpha^{-1} \cdot (T_i - T_\infty)$$
$$P_{\text{krit}} = k \cdot \beta \cdot \sqrt{\pi} \cdot (T_i - T_\infty)$$

mit ρ, Dichte, c_{p}, spezifischer Wärme, α, dem optischen Absorptionskoeffizienten bei der Wellenlänge des Lasers, T_i, Zündtemperatur, T_∞, Umgebungstemperatur, k, der Wärmeleitfähigkeit und β, Strahlradius.

Wie obige Gleichungen zeigen, kann durch Beeinflussung der thermischen Leitfähigkeit und optischen Absorption das Anzündverhalten von Explosivstoffen beeinflusst werden.

Die Laseranzündung von Explosivstoffen wird in optischen Detonatoren, zum Einsatz in Notausstiegssystemen und bei abstandsaktiven Schutzsystemen genutzt und untersucht.

- H. Östmark, Laser as a Tool in Sensitivity Testing of Explosives, *Detonation Symposium*, Albuquerque, **1985**, 473–484.
- H. Östmark, Laser Ignition of Explosives Ignition Energy Dependence of Particle Site, *GTPS*, Juan les Pins, **1987**, 241–245.
- T. J. Blachowski, Status of Laser Initiation Efforts For Various Aircrew Escape System Applications, *IPS-Seminar*, Adelaide, **2001**, 87–97.
- S. R. Ahmad, M. Cartwright, *Laser Ignition of Energetic Materials*, Wiley, **2015**, 283 S.
- H. Scholles, R. Schirra, H. Zöllner, A Fast Low-Energy Optical Detonator, *IPS-Seminar*, Grand Junction, **2016**, 422–428.

Anwendbare Standards für Laser-initiierbare Explosivstoffe sind

NATO
- STANAG 4368 Electric and Laser ignition System for Rocket and Guided Missile Motors; Safety Design Requirements
- STANAG 4560 Electro-Explosive Device, Assessment and Test Methods For Characterization
- AOP 43 Electro-Explosive Devices Test Methods for Characterization Guidelines for STANAG 4560

USA
- MIL-STD-1512 Electro-Explosive Subsystems, Electrically Initiated, Design Requirements and Test Methods.
- MIL-STD-1576 Electro-Explosive Subsystem Safety Requirements and Test Methods for Space System
- MIL-I-23659 Initiators, Electric, General Design Specification (MIL-DTL-23659).

LAX

LAX ist das allen im Verantwortungsbereich des Los Alamos National Laboratory hergestellten Explosivstoffen und Explosivstoffmischungen vorangestellte Akronym.

Leiber, Carl Otto (1934–2016)

Leiber war ein deutscher Physiker. Nach Promotion an der Technischen Universität Stuttgart 1963 und einer Industrietätigkeit begann er 1971 seine wissenschaftliche Arbeit im Bereich der Detonik und Explosivstoffe am neu errichteten CTI (ab 1976 BICT bzw. ab 1997 WIWEB) in Swisttal Heimerzheim. Internationale Beachtung fanden seine Theorie der reaktiven Mehrphasenströmung, die sowohl *HVD* als auch *LVD* erklärt sowie seine in diesem Zusammenhang auch zahlreichen Untersuchungen zu Unfällen mit idealen (Sprengstoffe) und nichtidealen Explosivstoffen (Pyrotechnik).

- C. O. Leiber, Die Detonation als Mehrphasenströmung, *Rheol. Acta*, **1975**, *14*, 92–100.
- C. O. Leiber, *Assessment of Safety and Risk with a Microscopic Model of Detonation*, Elsevier, **2004**, 594 S.
- A. S. Cumming, R. Wild, Carl-Otto Leiber, *Propellants Explos. Pyrotech.* **2016**, *41*, 603–604.
- Eintrag in der Deutschen Nationalbibliothek: http://d-nb.info/481964231

Leuchtmunition
illumination ammunition, flares

Leuchtmunition dient der taktischen Beleuchtung und kommt überwiegend als rohrverschießbare Munition in den Kalibern 26,5 mm bis 155 mm zum Einsatz. Im Scheitelpunkt der Geschossbahn wird der eigentliche Leuchtstern ausgestoßen. Bei Brennzeiten über 8 s besitzen Sterne zur Fallverzögerung einen Fallschirm. Zur Leuchtmunition zählen auch die durch Stolperdrähte betätigten Geräte wie z. B. Alarmminen und Bodenleuchtkörper. Für einen Leuchtstern gibt Abb. L.1 die Beleuchtungsstärke (lx) am Bodenpunkt als Funktion der Höhe des Leuchtsterns an und b) die Beleuchtungsstärke in Entfernung vom Bodenpunkt für zwei Höhen.

Die Beleuchtungsstärke B_λ (lx), an einem beliebigen Ort in der lateralen Entfernung, r (m) vom Bodenpunkt unter einem in der Höhe h *(m)* befindlichen Leuchtstern der Lichtstärke I_λ (cd) beträgt

$$B_\lambda = \frac{I_\lambda \cdot h}{\sqrt[3]{h^2 + r^2}} \, .$$

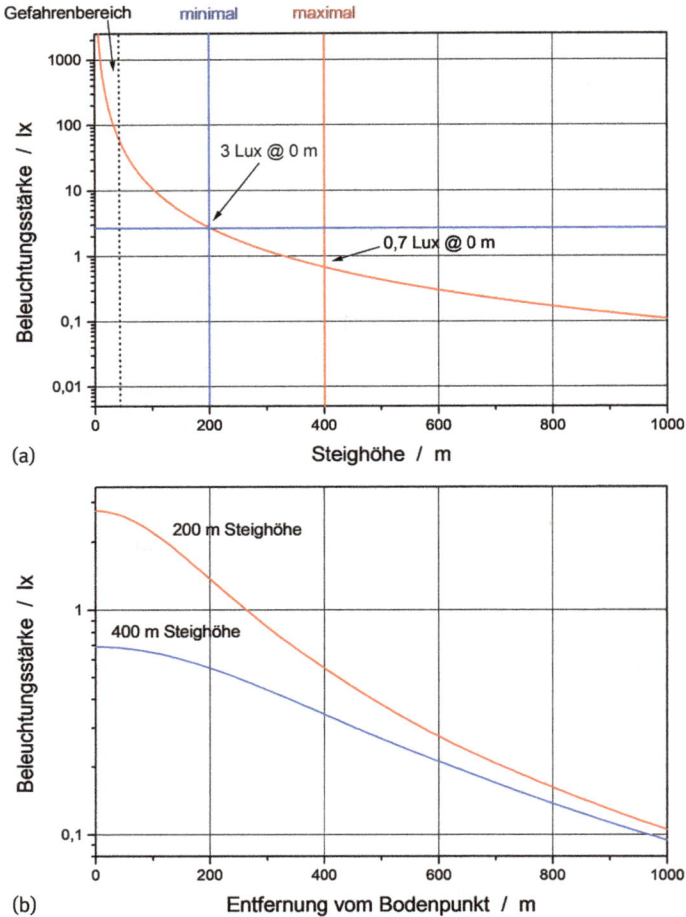

Abb. L.1: Beleuchtungsstärke a) als Funktion der Steighöhe und b) seitlicher Entfernung vom Bodenpunkt für einen Leuchtstern mit $I_\lambda = 110$ kcd.

Leuchtsatz

flare composition, illuminating composition

Ein pyrotechnischer Leuchtsatz liefert beim Abbrand eine intensiv strahlende Flamme. Typische visuelle Leuchtsätze enthalten Magnesium als Brennstoff, Natriumnitrat als Oxidationsmittel sowie ein organisches Polymer als Bindemittel. Die von einem Leuchtsatz abgestrahlte Lichtstärke, I_λ (cd) ergibt sich aus der spezifischen Lichtleistung E_λ (cd s g^{-1}), Brennzeit t_b und Masse des Leuchtsatzes m_l zu

$$I_\lambda = \frac{E_\lambda \cdot t_b}{m_l}.$$

Dabei korrespondiert die spezifische Lichtleistung mit der Verbrennungsenthalpie $\Delta_c H$ (kJ g^{-1}) des Satzes nach

$$E_\lambda = \frac{1}{4\pi} \cdot \Delta_c H \cdot F_\lambda.$$

Wobei zu beachten ist, dass 1 cd = 683^{-1} W sr^{-1} entspricht. Bei herkömmlichen Mg/NaNO$_3$-Leuchtsätzen beträgt F_λ etwa 0,08. Abb. N.1, S. 405, zeigt E_λ als Funktion der Stöchiometrie.

Um eine größtmögliche Verbrennungsenthalpie zu erzielen, sind die entsprechenden Sätze sauerstoffunterbilanziert ($\Lambda < 0$) und nutzen den Luftsauerstoff der Atmosphäre als zusätzliches Oxidationsmittel. Das im Satz im Überschuss enthaltene Magnesium wird durch die Reaktionswärme verdampft und bildet eine ausgedehnte Flammenzone. Daher vergrößert sich die Flamme mit steigendem Magnesiumanteil. Für die Leuchtwirkung relevant ist die thermische Anregung des Natriums. Durch Linienverbreiterung entsteht in der Flamme eine intensive Emissionsbande im Bereich von λ = 540–650 nm (Abb. L.2). Daneben liefern die kondensierten Magnesiumoxidpartikel ein Kontinuum (weißes Licht).

Gelber Leuchtsatz
-   36 Gew.-% Natriumnitrat, NaNO$_3$
-   55 Gew.-% Magnesium, Mg
-   3 Gew.-% Polyolefinharz
-   3 Gew.-% Chloroprenbinder
-   Spezifische Lichtenergie E_λ = 40,5 [kcd s $\cdot$ g^{-1}] $\cong$ 59,3 [J g^{-1} sr^{-1}]

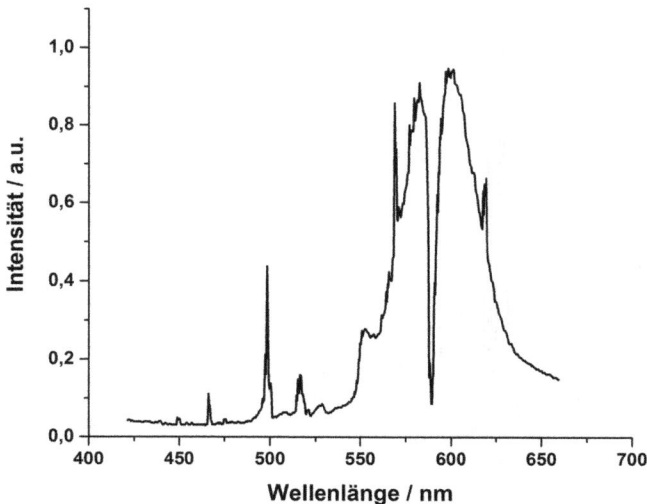

Abb. L.2: Emissionsspektrum eines Mg/NaNO$_3$-Leuchtsatzes.

Leuchtsätze sind weiterhin durch eine dominante Wellenlänge λ_d (nm) sowie eine Farbsättigung Σ_λ (%) charakterisiert. Für gelbe Leuchtsätze sind typische Werte λ_d = 587 ± 3 nm und Σ_λ > 75 %.

Beim Abbrand des Satzes erfolgt im ersten Schritt die Verbrennung eines Teils des Magnesiums.

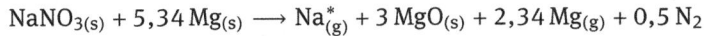

$$NaNO_{3(s)} + 5,34\,Mg_{(s)} \longrightarrow Na^*_{(g)} + 3\,MgO_{(s)} + 2,34\,Mg_{(g)} + 0,5\,N_2$$

Die Reaktionswärme des ersten Schritts verdampft den anderen Teil, der dann bei Kontakt mit dem Luftsauerstoff verbrennt.

$$2,34\,Mg_{(g)} + Luftsauerstoff \longrightarrow 2,34\,MgO_{(s)}$$

Abb. L.2 zeigt das VIS-Spektrum eines Mg/NaNO$_3$-Leuchtsatzes mit der stark verbreiterten Na-Linie sowie Linien für MgO und Mg bei λ = 500 und 517 nm.

Neben der Beleuchtung im visuellen Spektralbereich (λ = 400–700 nm) erfordert der Einsatz von im nahen Infrarot arbeitenden Nachtsichtbrillen unterstützende Beleuchtungsmaßnahmen. Pyrotechnische Leuchtsterne für den λ = 700–1200-nm-Bereich nutzen die intensiven Atomlinien des Kaliums (λ: 766, 770 nm), Rubidiums (λ: 780, 795 nm) und Caesiums (λ: 852 und 894 nm). Damit diese Leuchtmittel bei verdeckten Operationen visuell nicht erkennbar sind, muss auf den Einsatz von Magnesium verzichtet werden. Stattdessen enthalten diese Leuchtsätze meist hochreines Silicium als energetischen Brennstoff und eine stickstoffreiche Verbindung, um ein hinreichendes Flammenvolumen zu erhalten. Der Concealment-Index, $\theta_{NIR/VIS}$, solcher Formulierungen (das Verhältnis der Strahlstärke im NIR zum VIS) muss stets sehr hoch sein ($\gg$ 10).

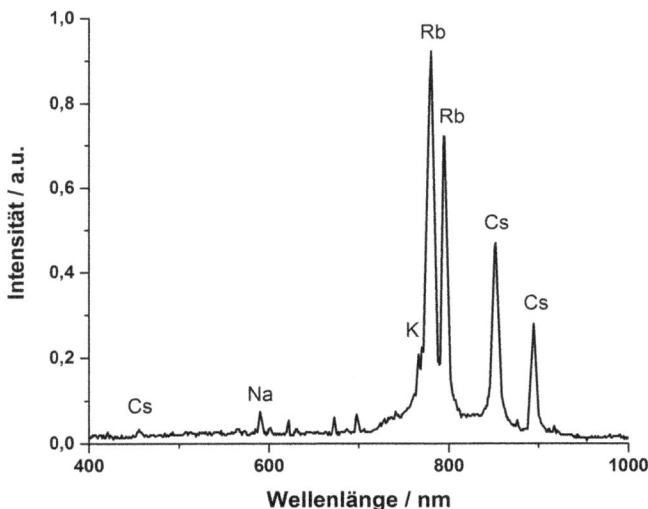

Abb. L.3: Emissionsspektrum eines Si/CsNO$_3$/RbNO$_3$-Leuchtsatzes.

Eine Beispielformulierung enthält
- 70 Gew.-% Caesiumnitrat, $CsNO_3$
- 20 Gew.-% Silicium, Si
- 10 Gew.-% Polypropylensuccinat

$$\theta_{NIR/VIS} = 16{,}2\,; \quad u = 1{,}16\,\mathrm{mm\,s^{-1}}\,.$$

Abb. L.3 zeigt das Emissionsspektrum einer NIR-Leuchtsatzes, der neben $CsNO_3$ noch $RbNO_3$ als Oxidationsmittel enthält.

Leuchtspursatz
tracer composition

Zur Bahnverfolgung enthalten Geschosse am Boden einlaborierte Leuchtspursätze.
Ein typischer roter L-Spursatz enthält:
- 36 Gew.-% Magnesium
- 44 Gew.-% Strontiumnitrat, $Sr(NO_3)_2$
- 10 Gew.-% PVC
- 10 Gew.-% Chlorparaffin

Mit zunehmender Rotationsgeschwindigkeit erhöhen sich Abbrandgeschwindigkeit und Lichtstärke (Abb. L.4). Die Oberfläche einer rotierenden L-Spur nimmt durch den schnelleren Abbrand am Rand eine konvexe Form ein. Damit der Schütze beim Abschuss nicht geblendet wird und die Abschussstelle nicht direkt sichtbar ist, wird dem eigentlichen L-Spursatz immer eine Dunkelspur als Anfeuerung aufgepresst. Diese Anfeuerung muss verlässlich unter dem hohen Druck im Waffenrohr anzünden, dann aber gleichwohl den Druckabfall nach Austritt des Geschosses aus dem Rohr und den dann entstehenden Bodensog überstehen, um den eigentlichen L-Spur-Satz anzünden zu können.
Eine typische Dunkelspurladung ist nachfolgend beschrieben:
- 72 Gew.-% Bariumperoxid, BaO_2
- 10 Gew.-% Bariumsulfat, $BaSO_4$
- 6 Gew.-% Strontiumoxalat, SrC_2O_4
- 5 Gew.-% Silicium
- 3 Gew.-% Holzkohle
- 4 Gew.-% Calciumresinat

Die pyrotechnischen Ladungen im Geschossboden von Artilleriemunition werden als *Base Bleed* (siehe dort) bezeichnet.

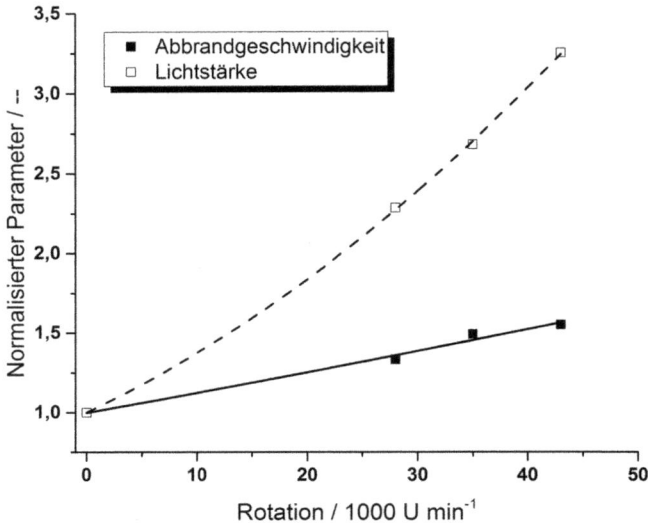

Abb. L.4: Abbrandgeschwindigkeit und Lichtstärke als Funktion der Rotation bei einem Lichtspursatz.

Lichtsignalsatz
signal flare composition

Im Gegensatz zu Leuchtsätzen und Leuchtmunition steht bei Lichtsignalen die Signalgebung und damit die eindeutige Erkennbarkeit von farbigen Lichtsignalen im Vordergrund. Für die Signalgebung werden rot, weiß und grün brennende Signalsterne verwendet. Wenngleich es bei anderen Streitkräften blaue Lichtsignale gibt, spielen diese z. B. in Deutschland keine Rolle. Für Lichtsignalsätze wird neben einer notwendigen Lichtstärke stets auch eine dominante Wellenlänge, λ_d (nm), und Farbsättigung, Σ_λ (%), gefordert. Tab. L.1. zeigt typische Lichtsignalsätze.

Tab. L.1: Zusammensetzung und Leistung von Lichtsignalsätzen.

	rot	weiß	grün
Magnesium (Gew.-%)	38	41,5	21
Bariumnitrat (Gew.-%)	–	49,0	57
Strontiumnitrat (Gew.-%)	43	5,0	–
Polyvinylchlorid (Gew.-%)	14	–	17
Polyethylen (Gew.-%)	5	9,5	5
λ_d (nm)	612 ± 3		
Σ_λ (%)	> 75		
E_λ (cd s g^{-1})	20.000		

Die für farbige Flammen notwendigen gasförmigen Emitter sind in Tab. L.2 dargestellt. Im oben beschriebenen Weißlichtsatz liefern die beiden Emitter BaOH und SrOH durch subtraktive Farbmischung ein „fast weißes" Licht. Die gestrichelte Linie in Abb. L.5 zeigt die möglichen Farborte der Mischfarben beider Emitter an.

Tab. L.2: Farbwerte, Sättigung und dominante Wellenlänge wichtiger visueller Emitter in Flammen.

Emitter	x	y	λ_d (nm)	Σ_λ (%)
Na	0.576	0.423	589	100
BaOH	0.066	0.606	504	90
BaCl	0.094	0.811	523	96
SrOH	0.679	0.321	615	100
SrCl	0.720	0.280	640	100
CuOH	0.290	0.666	546	88
CuCl	0.156	0.073	467	90

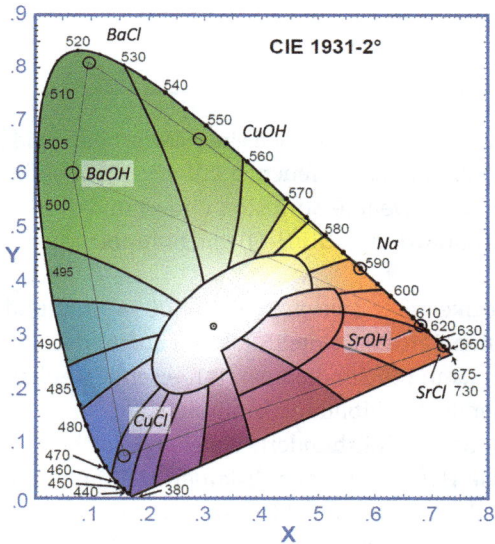

Abb. L.5: 1931-2°-CIE-Chromazitätsdiagramm mit den Farborten der Emitter BaCl, BaOH, CuCl, CuOH, Na, SrOH und SrCl.

Lithium

lithium

Aspekt		silberfarben
Formel		Li
GHS		02, 05
H-Sätze		H260-H314-EUH014
P-Sätze		P231-P260-P303+P361+P353-P305+P351+P338-P405a-501a+P232
UN		1415
EINECS		231-102-5
CAS		[7439-93-2]
m_r	$g\,mol^{-1}$	6,941
ρ	$g\,cm^{-3}$	0,534
Smp	°C	180,54
Sdp	°C	1347
c_p	$J\,g^{-1}\,K^{-1}$	2,99
$\Delta_m H$	$J\,g^{-1}$	4,93
$\Delta_v H$	$kJ\,g^{-1}$	147,7
c_L	$m\,s^{-1}$	6030
$\Delta_c H$	$kJ\,mol^{-1}$	−298,95
	$kJ\,g^{-1}$	−43,070
	$kJ\,cm^{-3}$	−23,000
Λ	Gew.-%	−115,25

Lithium ist ein silberweißes Metall, das an trockener Luft rasch eine goldfarbene Oxid-schicht bildet, die es vor weiterer Oxidation schützt. An feuchter Luft hingegen bildet sich eine schwarze poröse Schicht, welche die weitere Korrosion fördert und die aus Lithiumnitrid (Li_3N), Lithiumhydroxid-Monohydrat ($LiOH \cdot H_2O$) und Lithiumcarbonat (Li_2CO_3) zusammengesetzt ist.

Lithium entzündet sich je nach Partikelgröße zwischen T = 400–680 °C und brennt unter Bildung eines dichten weißen Aerosols. Unter Stickstoff entzündet sich Lithium erst ab T > 800 °C. Allerdings kann die Zündtemperatur gesenkt werden, wenn Feuchtigkeit zugegen ist, da Wasser die Nitridbildung katalysiert.

Lithium wird seit den 1950er-Jahren des 20. Jahrhunderts als energiereicher Zu-satz in Feststoffraketentreibsätzen, sowie Hybridantrieben diskutiert. Lithium wird daneben in *Stored Chemical Energy Propulsion Systems* (SCEPS) für submarine Antrie-be zusammen mit gasförmigem Fluor und Fluorverbindungen wie SF_6, C_4F_8, $C_{11}F_{20}$ verwendet.

• E.-C. Koch, Special Materials in Pyrotechnics III. Application of Lithium and its Compounds in Energetic Systems, *Propellants Explos. Pyrotech.* **2004** *29*, 67–80.

Lithiumaluminiumhydrid
lithium aluminum hydride

Lithiumalanat		
Formel		$LiAlH_4$
GHS		02, 05
H-Sätze		H224-H260-H314-EUH019
P-Sätze		P210-P231+P232-P280-P305+P351+P338-P403+P233-P501a
UN		3399
EINECS		240-877-9
CAS		[16853-85-3]
m_r	$g\,mol^{-1}$	37,954
ρ	$g\,cm^{-3}$	0,917
Smp	°C	125 (Z)
$\Delta_f H$	$kJ\,mol^{-1}$	−116,32
$\Delta_c H$	$kJ\,mol^{-1}$	−1592,1
	$kJ\,g^{-1}$	−41,948
	$kJ\,cm^{-3}$	−38,467
Λ	Gew.-%	−168,62

Lithiumaluminiumhydrid ist ein an trockener Luft beständiges weißes Pulver, das mit Wasser spontan unter Entzündung reagiert. Es zerfällt an trockener Luft oberhalb 150 °C gemäß

$$3\,LiAlH_4 \longrightarrow Li_3AlH_6 + 2\,Al + 3\,H_2.$$

Lithiumaluminiumhydrid ist sehr gut löslich in Diethylether 300 g kg^{-1}. Es wird als Treibstoffkomponente in Hybridtriebwerken vorgeschlagen. Desweiteren findet Lithiumaluminiumhydrid Anwendung in Gasgeneratoren für Airbags.

Lithiumborohydrid
lithium borohydride

Lithiumboranat		
Formel		$LiBH_4$
GHS		02, 06, 05
H-Sätze		H260-H301-H311-H331-H314-EUH014
P-Sätze		P280-P303+P361+P353-P305+P351+P338-P310-P370+P378i-P402+P404
UN		1413
EINECS		241-021-7
CAS		[16949-15-8]
m_r	$g\,mol^{-1}$	21,783
ρ	$g\,cm^{-3}$	0,66
Smp	°C	284
Z	°C	380
$\Delta_f H$	$kJ\,mol^{-1}$	−90,5

$\Delta_c H$	kJ mol^{-1}	-1416,9
	kJ g^{-1}	-65,045
	kJ cm^{-3}	-42,930
Λ	Gew.-%	-293,80

Lithiumborohydrid ist ein weißes Pulver. Es reagiert mit Wasser und löst sich in Diethylether bei 19 °C zu 2,5 Gew.-%. Lithiumborohydrid zersetzt sich ab $T > 380\,°C$ nach

$$2\,LiBH_4 \longrightarrow 2\,LiH + B_2H_6 \uparrow.$$

Lithiumborohydrid wurde neben anderen Komplexhydriden auch als leistungssteigernder Zusatz in Festtreibstoffen vorgeschlagen. Da Lithiumborohydrid durch Feuchtigkeit zersetzt wird, wurde vorgeschlagen ein Coating aus Nickel oder Aluminium aufzubringen (Jenkin 1962). Dazu werden die Partikel des Lithiumborohydrid in einem Fallturmreaktor den Dämpfen von Tetracarbonyl-Nickel bzw. Triisobutyl-Aluminium ausgesetzt, wobei diese sich zersetzen und das Metall auf dem Partikel abgeschieden wird. So behandeltes Lithiumborohydrid kann mit Oxidationsmitteln wie Ammoniumperchlorat gemischt werden und liefert lagerstabile Treibstoffe.

- W. C. Jenkin, *Method of encapsulation of lithium borohydride*, US 3.070.469, **1962**, USA.

Lithiumchlorat
lithium chlorate

Formel		LiClO$_3$
REACH		LPRS
EINECS		236-632-0
CAS		[13453-71-9]
m_r	g mol^{-1}	90,390
ρ	g cm^{-3}	1,119
Smp	°C	129
Z	°C	367
T_p	°C	41
T_p	°C	99
$\Delta_f H$	kJ mol^{-1}	-293
Λ	Gew.-%	+53,1

LiClO$_3$ ist ein farbloses, stark hygroskopisches Material und bildet lange filzige Nadeln. Cohrt (1985) beschreibt die Verwendung von Lithiumchlorat unter anderen Verbindungen in Verbrennungsantrieben für Unterseeboote. Die Zersetzung erfolgt hauptsächlich nach

$$LiClO_3 \longrightarrow LiCl + 3/2\,O_2.$$

Allerdings spricht die alkalische Reaktion des Zersetzungsrückstands für eine partielle Zerlegung nach

$$4\,LiClO_3 \longrightarrow 2\,Li_2O + 2\,Cl_2 + 5\,O_2.$$

- C. Cohrt, *Combustion independent from ambient air*, US 4663933, **1985**, Deutschland.

Lithiumdinitramid
lithium dinitramide

Formel		$LiN(NO_2)_2$
CAS		[154962-43-3]
m_r	$g\,mol^{-1}$	112,959
ρ	$g\,cm^{-3}$	2,175
Z	°C	398
$\Delta_f H$	$kJ\,mol^{-1}$	−220
Λ	Gew.-%	+49,57

LiDN ist ein farbloses, stark hygroskopisches Salz. LiDN bildet rasch das Monohydrat $LiN(NO_2)_2 \cdot H_2O$, welches ab 63 °C das Kristallwasser verliert. Bei 125 °C verliert das Salz N_2O und bildet $LiNO_3$. Außerdem zeigt die Heiztischmikroskopie, dass LiDN bei 125 °C dunkel wird, so dass die Schmelzendotherme bei 157 °C sicherlich nicht reinem LiDN, sondern einem Zersetzungsprodukt oder einem eutektischen Gemisch von LNO_3 und LiDN zuzuschreiben ist.

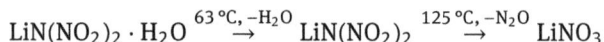

$$LiN(NO_2)_2 \cdot H_2O \overset{63\,°C,\,-H_2O}{\rightarrow} LiN(NO_2)_2 \overset{125\,°C,\,-N_2O}{\rightarrow} LiNO_3$$

Für LiDN sind bislang keine praktischen Anwendungen bekannt.

Lithiumhydrid
lithium hydride

Formel		LiH
CAS		[7580-67-8]
GHS		02, 06, 05
H-Sätze		H260-H331-H314-EUH014
P-Sätze		P280-P303+P361+P353-P305+P351+P338-P321-P405-P501a
UN		1414
EINECS		231-484-3
m_r	$g\,mol^{-1}$	7,95
ρ	$g\,cm^{-3}$	0,820
Smp	°C	686,5
Z	°C	972

$\Delta_f H$	kJ mol^{-1}	−91,230
$\Delta_c H$	kJ mol^{-1}	−350,9
	kJ g^{-1}	−44,140
	kJ cm^{-3}	−36,195
Λ	Gew.-%	−201,28

Lithiumhydrid ist weißes, durch die Anwesenheit von elementarem Lithium teilweise auch grau erscheinendes, Pulver. An trockener Luft beständig, hydrolysiert es mit Wasser nach

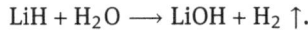

$$LiH + H_2O \longrightarrow LiOH + H_2 \uparrow.$$

Lithiumhydrid ist in organischen Lösemitteln wie z. B. Diethylether löslich. Da geschmolzenes LiH einen nennenswerten H_2-Partialdruck ($p(H_2)_{686\,°C}$ 27 mbar. $p(H_2)_{972\,°C}$ 1013 mbar) zeigt, erfolgt stets Wasserstoffverlust, so dass für Treibstoffzwecke das pulverförmige LiH nicht geschmolzen, sondern mechanisch verdichtet wird. Aber auch das feste LiH dissoziiert schon merklich ($p(H_2)_{550\,°C}$ 13 mbar). LiH wurde in der Paarung (LiH + F$_2$) für lithergole Antriebe diskutiert und eingebettet mit Butylkautschuk als lithergoler Treibstoff vorgeschlagen. LiH wird als energetischer Zusatz für luftunabhängige Unterseeantriebe vorgeschlagen. LiH findet darüber hinaus Anwendung in akustischen Unterwassergegenmaßnahmen als Gasentwickler.

Lithiumnitrat
lithium nitrate

Formel		LiNO$_3$
CAS		[7790-69-4]
GHS		03, 07
H-Sätze		H272-H315-H319-H335
P-Sätze		P210-P221-P302+P352-P305+P351+P338-P405-P501a
UN		2722
EINECS		232-218-9
m_r	g mol^{-1}	68,946
ρ	g cm^{-3}	2,38
Smp	°C	264
Sdp	°C	600
T_p	°C	−4,5
Z	°C	474 °C
$\Delta_f H$	kJ mol^{-1}	−483,13
Λ	Gew.-%	+58,01

Lithiumnitrat bildet wasserklare, stark hygroskopische Rhomboeder. Bei Zutritt von Luftfeuchtigkeit bildet sich das Trihydrat (LiNO$_3 \cdot$ 3 H$_2$O) [13453-76-4] (−2,5 H$_2$O 30 °C, −3 H$_2$O 61 °C, ρ 1,55 g cm^{-3}, $\Delta Hf_{298.15}$ − 1375 kJ $\cdot$ mol^{-1}). Die thermische Zersetzung erfolgt gemäß:

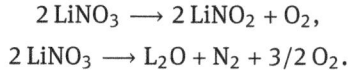

$$2 \, LiNO_3 \longrightarrow 2 \, LiNO_2 + O_2,$$

$$2 \, LiNO_3 \longrightarrow L_2O + N_2 + 3/2 \, O_2.$$

Die Schmelzpunkte verschiedener binärer und ternärer Eutektika von Lithiumnitrat mit den Nitraten von Na, K, Rb, Cs, NH4, Ag, Tl, Harnstoff und Ca werden bei Ellern (1968) wiedergegeben. Verschiedene Eutektika aus $LiNO_3$ und anderen Alkali-, (Na bzw. K) und Erdalkalimetallnitraten (Mg, Ca) werden als Oxidationsmittel in Leuchtsätzen vorgeschlagen. Martin und Lefumeux (1995) beobachteten, dass die Schlagempfindlichkeit von Treibladungspulvern auf der Basis RDX/HTPB durch den Zusatz geringer Mengen (0,3–5 Gew-%) $LiNO_3$ deutlich gesenkt werden kann. Lithiumnitrat eignet sich für Mischungen mit niedrigen Zündtemperaturen auf Basis von $AgNO_3$, und Molybdän. Eine solche Mischung entzündet sich bereits bei 175 °C und soll sich für Frühanzündsätze in Airbag-Anwendungen eignen. Eine großtechnische Verwendung von Lithiumnitrat als Sauerstoffträger in z. B. Composite-Raketentreibsätzen wird zwar aufgrund des hohen verfügbaren Sauerstoffanteils seit einigen Jahrzehnten diskutiert, ist aber wegen der starken Hygroskopizität bislang unterblieben. Eine Aufstellung der Reaktionswärmen für binäre $LiNO_3$/Brennstoffgemische findet sich bei Ellern (1968). Douda (1970) untersuchte das Abbrand- und Emissionsverhalten von $LiNO_3$/Mg-Sätzen. $LiNO_3$ eignet sich entgegen anderer Berichte in der Literatur (z. B. Holleman und Wiberg, 2017; Köhler, Meyer und Homburg, 2008) nicht als Ersatz für Strontiumnitrat in Lichtsignalsätzen. Lithium wird ohne besondere Vorkehrungen in pyrotechnischen Flammen thermisch so stark angeregt, dass neben den Hauptserienlinien bei λ = 610 und 670 nm noch Nebenserienlinien im grünen Spektralbereich emittieren. Der Farbgesamteindruck ist dann rotorange, ähnlich wie bei Calcium. Lediglich in relativ kühlen Flammen, z. B. in Gegenwart von Hexamethylentetramin oder 5-AT kann mit Lithiumsalzen generell ein Rot mit geringer Farbsättigung erhalten werden.

* H. Ellern, *Military and Civilian Pyrotechnics*, Chemical Publishing Company, New York, **1968**, 271.
* B. Martin, A. Lefumeux, *Ignition-sensitive low-vulnerability propellant powder*, USP 5.468.312, **1995**, France.
* B. E. Douda, R. M. Blunt, E. J. Bair, Visible Radiation from Illuminating-Flare Flames: Strong Emission Features, *J. Opt. Soc. Am.* **1970**, *60*, 1116–1119.
* E.-C. Koch, Special Materials in Pyrotechnics III. Application of Lithium and its Compounds in Energetic Systems, *Propellants Explos. Pyrotech.* **2004** 29, 67–80.
* E.-C. Koch, C.-J. White, Is it possible to obtain a deep Red Pyrotechnic Flame Based on Lithium?, *IPS-Seminar*, Rotterdam, **2009**, 105–110.
* J. Glück, T. M. Klapötke, J. J. Sabatini, Flare or strobe: a tunable chlorine-free pyrotechnic system based on lithium nitrate, *Chemical Communications*, **2018**, *54*, 821–824.
* A. F. Holleman, E. Wiberg, N. Wiberg, *Anorganische Chemie, Band 1 Grundlagen und Hauptgruppenelemente*, De Gruyter, Berlin, **2017**, 1489.
* J. Köhler, R. Meyer, A. Homburg, *Explosivstoffe*, 10. Aufl., Wiley-VCH, Weinheim, **2008**, 190–191.

Lithiumperchlorat
lithium perchlorate

Formel		LiClO$_4$
GHS		03, 07
H-Sätze		H270-H302-H315-H319-H335
P-Sätze		P220-P302+P352-P305+P351+P338-P321-P404-P501a
UN		1481
EINECS		232-237-2
CAS		[7791-03-9]
m_r	g mol^{-1}	106,392
ρ	g cm^{-3}	2,428
Smp	°C	236
Sdp	°C	430
T_p	°C	−19
Z	°C	440
Λ	Gew.-%	+60,15
$\Delta_f H$	kJ mol^{-1}	−381,00

LiClO$_4$ ist eine weiße zerfließliche Substanz. Im Gegensatz zu allen anderen Alkaliperchloraten zeigt das LiClO$_4$ keine Phasenumwandlung vor dem Schmelzpunkt, was seine Ähnlichkeit mit den Erdalkaliperchloraten zeigt. Aus der gesättigten wässrigen Lösung fällt es als Trihydrat LiClO$_4 \cdot$ 3 H$_2$O [13453-78-6](ρ: 1, 841 $g \cdot$ cm^{-3}, −H$_2$O 98 °C, −H$_2$O 130–150 °C, $\Delta_f H$ = −1298 kJ $\cdot$ mol^{-1}) aus. Die Zersetzung des LiClO$_4$ beginnt bei 438 °C, erreicht ihr Maximum bei 470 °C und verläuft wie folgt:

$$LiClO_4 \longrightarrow LiCl + 2\,O_2.$$

Für LiClO$_4$ gibt es Anwendungen im Feuerwerk. So beschreibt *Jennings-White* Sätze auf Basis von LiP/Hexamethylentetramin (C$_6$H$_{12}$N$_4$), die eine blasse rosaviolette Flamme liefern. In Abhängigkeit von der Stöchiometrie können so entweder kontinuierlich abbrennende (ξ(LiClO$_4$) ~0.75) bzw. intermittierend abbrennende Sätze (ξ(LiClO$_4$) ~0.5) (Strobe-Effekt) erzeugt werden. Sätze aus LiClO$_4$ und Zirconiumacetylacetonat liefern ebenfalls eine blassrosa Flamme (Koch, 2004). Aufgrund der hohen Hygroskopizität ist LiClO$_4$ selten in technischen Anwendungen zu finden. Hedrick (1963) beschreibt aus diesem Grund einen Treibsatz auf Basis von Nylon und LiClO$_4$. Olander (1985) schlägt ein Verfahren vor zur Einbettung von LiClO$_4$ in Acrylsäureestern zur Verwendung in Feststoffraketenantrieben. LiClO$_4$ findet zusammen mit *Lithiumperoxid* (LiO$_2$) und *Manganpulver* Anwendung in Sauerstoffgeneratoren (siehe *Gasgenerator*).

- C. Jennings-White, Some Esoteric Firework Materials, *Pyrotechnica* **1990**, *XIII*, 26–32 + Plate VIII.
- E.-C. Koch, Evaluation of Lithium Compounds as Color Agents for Pyrotechnic Flames, J. Pyrotech. **2001**, *13*, 1–8.

- E.-C. Koch, Special Materials in Pyrotechnics III. Application of Lithium and its Compounds in Energetic Systems, *Propellants Explos. Pyrotech.* **2004** *29*, 67–80.
- R. M. Hedrick, E. H. Mottus, *Solid composite propellants containing lithium perchlorate and polyamide polymers*, US3094444, **1963**, Frankreich.
- D. E. Olander, J. Hyyppä, LiClO$_4$ *Containing propellant compositions*, US4560425, **1985**, Frankreich.

Lithiumperoxid
lithium peroxide

Formel		Li$_2$O$_2$
GHS		03, 05
H-Sätze		H272-H314
P-Sätze		P210-P221-P303+P361+P353-P305+P351+P338-P405-P501a
UN		1472
EINECS		234-758-0
CAS		[12031-80-0]
m_r	g mol^{-1}	45,881
ρ	g cm^{-3}	2,30
Z	°C	195
$\Delta_f H$	kJ mol^{-1}	−634,29
Λ	Gew.-%	+34,87

Lithiumperoxid ist ein farbloses, kristallines, nicht hygroskopisches Pulver, das in Wasser löslich und in Ethanol unlöslich ist. Li$_2$O$_2$ wird als Katalysator für die Zersetzung von Natriumchlorat in pyrotechnischen Sauerstoffgeneratoren verwendet.

LLM-116
4-amino-3,5-dinitropyrazole

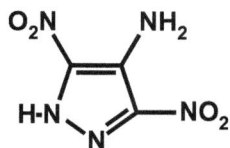

4-Amino-3,5-dinitropyrazol, ADNP		
Aspekt		orangegelbe Kristalle
Formel		C$_3$H$_3$N$_5$O$_4$
CAS		[152678-73-4]
m_r	g mol^{-1}	173,088
ρ	g cm^{-3}	1,90

$\Delta_f H$	kJ mol^{-1}	−0,84
$\Delta_{ex} H$	kJ mol^{-1}	−820,3
	kJ g^{-1}	−4,739
	kJ cm^{-3}	−9,004
$\Delta_c H$	kJ mol^{-1}	−1609,3
	kJ g^{-1}	−9,298
	kJ cm^{-3}	−17,666
Λ	Gew.-%	−32,35
N	Gew.-%	40,46
Smp	°C	173,4 (Z)
Reib-E	N	> 360
Schlag-E	J	33,6 (50 %)
V_D	m s^{-1}	8130 @ 1,722 g cm^{-3} (LLM-116/PIB 95/5)
P_{CJ}	GPa	31,4

LLM-116 ist ein sehr unempfindlicher Explosivstoff. Die adiabatische Selbstaufheizung des Stoffs beginnt bei $T > 170\,°C$.

- R. D. Schmidt, G. S. Lee, P. F. Pagoria, A. R. Mitchell, R. Gilardi, Synthesis and Properties of a New Explosive, 4- Amino-3,5-dinitro-1HPyrazole, *UCRL-ID-148510*, LLNL, USA, **2001**.
- N. V. Muravyev, A. A. Bragin, K. A. Monogarov, A. S. Nikiforova, A. A. Korlyukov, I. V. Fomenkov, N. I. Shishov, A. N. Pivkina, 5-Amino-3,4-dinitropyrazole as a Promising Energetic Material, *Propellants Explos. Pyrotech.* **2016**, *41*, 999–1005.

LLM-175

4-amino-4'-nitro-[3,3',4',3'']terfurazan

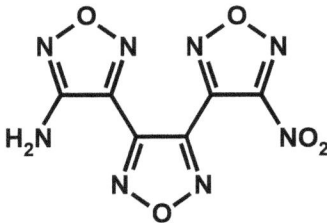

4''-Nitro[3,3'4',3''-ter-1,2,5-oxadiazol]-4-amin, ANFF-1

Formel		$C_6H_2N_8O_5$
CAS		[1613036-12-6]
m_r	g mol^{-1}	266,13
ρ	g cm^{-3}	1,782
$\Delta_f H$	kJ mol^{-1}	667
$\Delta_{ex} H$	kJ mol^{-1}	−1490,3
	kJ g^{-1}	−5,600
	kJ cm^{-3}	−9,979

$\Delta_c H$	kJ mol^{-1}	−3314,0
	kJ g^{-1}	−12,452
	kJ cm^{-3}	−22,190
Λ	Gew.-%	−48,09
N	Gew.-%	42,11
Smp	°C	99,4
Z	°C	234
Reib-E	N	240
Schlag-E	J	> 35
V_D	m s^{-1}	7729 @ 1,65 g cm^{-3} (LLM-175/PIB 95/5)
P_{CJ}	GPa	31,4

- A. DeHope, M. Zhang, K. T. Lorenz, E. Lee, D. Parrish, P. F. Pagoria, Synthesis and characterization of multicyclic oxadiazoles and 1-hydroxytetrazoles as energetic materials, *Chem. Heterocycl. Compd.* **2017**, *53*, 760–778.

LLM-201

3-(4-nitro-1,2,5-oxadiazol-3-yl)-1,2,4-oxadiazol-5-amine

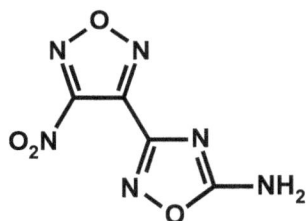

3-(4-Nitro-1,2,5-oxadiazol-3-yl)-1,2,4-oxadiazol-5-amin		
Formel		$C_4H_2N_6O_4$
CAS		[2130854-34-9]
m_r	g mol^{-1}	198,09672
ρ	g cm^{-3}	1,736
$\Delta_f H$	kJ mol^{-1}	193,72
$\Delta_{ex} H$	kJ mol^{-1}	−928,7
	kJ g^{-1}	−4,688
	kJ cm^{-3}	−8,139
$\Delta_c H$	kJ mol^{-1}	−2053,9
	kJ g^{-1}	−10,368
	kJ cm^{-3}	−17,999
Λ	Gew.-%	−40,38
N	Gew.-%	42,42
Smp	°C	100,53

Z	°C	261,2
Reib-E	N	> 360
Schlag-E	J	> 35
V_D	m s^{-1}	7757 @ 1,64 g cm^{-3} (LLM-201/Estane 95/5)

LLM-201 ist ein unempfindlicher Explosivstoff, der für schmelzgießbare Formulierungen, z. B. LH-55 (LLM-201/HMX: 50/50), untersucht wird (Tab. L.3).

Tab. L.3: Leistung und Empfindlichkeit von LH-55.

Parameter	LH-55
V_D (m s^{-1})	8250
P_{CJ} (GPa)	29
ρ_{exp} (g cm^{-3})	1,75
$\varnothing_{cr}$ (mm)	< 12
Reib-E$_{50}$(N)	> 355
Schlag-E$_{50}$ (J)	12,5

- A. DeHope, M. Zhang, K. T. Lorenz, E. Lee, D. Parrish, P. F. Pagoria, Synthesis and characterization of multicyclic oxadiazoles and 1-hydroxytetrazoles as energetic materials, *Chem. Heterocycl. Compd.* **2017**, *53*, 760–778.
- P. Leonard, E.-G. Francois, *Final Report for SERDP WP-2209 Replacement melt-castable formulations for Composition B, LA-UR-12-24143*, Los Alamos National Laboratory, 19 May **2017**.

LX

LX ist das Akronym, das Explosivstoffen aus dem Verantwortungsbereich des Lawrence Livermore National Laboratory vorangestellt wird, wenn diese hinsichtlich ihrer Eigenschaften, Spezifikation und Anwendung klar definiert sind. Etwaige Änderungen werden durch eine nachgestellte Indexziffer gekennzeichnet. Ausgewählte LX-Formulierungen sind in Anhang A wiedergegeben.

M

Magnesium
magnesium

Aspekt		silberfarben
Formel		Mg
GHS		02
H-Sätze		H228-H251-H261
P-Sätze		P210-P231+P232-P241-P280-P420-P501a
UN		1418
EINECS		231-104-6
CAS		[7439-95-4]
m_r	$g\,mol^{-1}$	24,305
ρ	$g\,cm^{-3}$	1,738
Smp	°C	648,8
Sdp	°C	1107
$\Delta_m H$	$kJ\,mol^{-1}$	9,04
$\Delta_v H$	$kJ\,mol^{-1}$	127,6
c_p	$J\,g^{-1}\,K^{-1}$	0,855
c_L	$m\,s^{-1}$	5700
κ	$W\,m^{-1}\,K^{-1}$	171
T_i	K	1080
$\Delta_c H$	$kJ\,mol^{-1}$	−602
	$kJ\,g^{-1}$	−24,769
	$kJ\,cm^{-3}$	−43,048
Λ	Gew.-%	−65,83

Mg läuft an der Luft unter Bildung von MgO mattgrau an. Mg kann als Pulver und als Band entzündet werden. Mg wird seit 1865 in der Pyrotechnik eingesetzt. Die Oxidation des Magnesiums verläuft nicht ausschließlich in der Gasphase, sondern auch zum Teil in der kondensierten Phase (Dreizin 2000). Mg findet überwiegend Anwendung in technischen und militärischen Pyrotechnika. Hier dient Mg aufgrund seiner sehr günstigen thermochemischen Eigenschaften (niedrige Verdampfungsenthalpie und hohe Bildungsenthalpie des Oxids oder Fluorids) als energetischer Brennstoff in Sätzen zur Erzeugung sichtbarer und infraroter Strahlung in Leucht-, Lichtsignal- und Blitzsätzen. Darüber hinaus findet Mg Anwendung in Brandsätzen, als energetische Komponente in z. B. Nebelsätzen sowie als energetischer Brennstoff in RAM-Treibsätzen. Mg ist inkompatibel mit Ammoniumsalzen aufgrund der Reaktion:

$$Mg + 2\,NH_4^+ \longrightarrow Mg^{2+} + 2\,NH_3 + H_2.$$

Auch reagieren Salze elektrochemischer edlerer Metalle wie beispielsweise Cu^{2+} unter Bildung der entsprechenden hygroskopischen Magnesiumsalze. Insofern ist auf Abwesenheit dieser Stoffe in Mg-enthaltenden Sätzen zu achten. Können bestimmte

https://doi.org/10.1515/9783110559651-012

Komponenten wie beispielsweise Ammoniumsalze im Falle von AP nicht ausgeschlossen werden, so muss passiviertes Magnesium eingesetzt werden, welches unter den Lagerbedingungen eine doppelte Umsetzung ausschließt.

Zur Passivierung wurde lange Zeit vor allem in der zivilen Pyrotechnik Chromat(VI) eingesetzt. Aufgrund dessen karzinogener Wirkung werden heute andere Passivierungstechniken angewendet, z. B. die Fluoridierung, Wolframatüberzüge oder Phosphatbeschichtungen. Auch werden alternative Mg-reiche besser korrosionsbeständige Legierungen des Mg (Mg_3Al_4, oder AZ91E) verwendet.

- P. Alenfelt, Corrosion Protection of Magnesium Without the Use of Chromates, *Pyrotechnica* **1995**, *XVI*, 44–49.
- E. L. Dreizin, Phase changes in metal combustion, *Prog. Energy Combust. Sci.* **2000** *26*, 57–78.
- C. Fotea, J. Callaway, M. R. Alexander, Characterisation of the surface chemistry of magnesium exposed to the ambient atmosphere, *Surf. Interface Anal.* **2006**, *38*, 1363–1371.
- C. Fotea, M. Alexander, P. Smith, J. Callaway, Surface Modification of Magnesium Particulates with Silanes Presented as Vapour Inhibition of Atmospheric Corrosion, *The Journal of Adhesion* **2008**, *84*, 389–400.
- N. Davies, P. Smith, J. Callaway, Coated Magnesium Powder for Pyrotechnic Decoy Flares for the Protection of Aircraft, *Nano-Scale Energetic Materials*, Strasbourg, **2009**.
- C. K. Wilharm, Combustion Performance of Coated Magnesium, *IPS-Seminar*, Fort Collins, **2008**, 31–38.
- T. J. Gudgel, F. Chapman, S. Sambasivan, T. Gillard, C. Wilharm, B. Douda, Inorganic Barrier Coating for the Protection against Humidity-Based Aging, *IPS-Seminar*, Fort Collins, **2008**, 25–29.
- P. Smith, *Surface-modified magnesium powders for use in pyrotechnic compositions*, GB-Patent 2450750B, **2008**, United Kingdom.

Magnesium-Aluminium-Legierung
magnesium-aluminium alloy

Magnalium		
Aspekt		silberfarben
Formel		$Al_{12}Mg_{17}$ bis Al_3Mg_2
m_r	$g\,mol^{-1}$	178,176
Smp	°C	460
$\Delta_c H$	$kJ\,mol^{-1}$	4994,77

Die Magnesium-Aluminium-Legierung ist eine spröde Legierung, die daher gut pulverisierbar ist. Magnesium-Aluminium-Legierung bezeichnet das Dystektikum am 50:50 Punkt. Eine Magnesium-Aluminium-Legierung ist erheblich beständiger gegenüber alkalischen wie sauren Stoffen im Vergleich zu den reinen Metallen und wird überwiegend in Feuerwerkssternen, Blinksätzen und Crackling-Effekten (zusammen mit Kupfer(II)oxid und Bismuth(III)oxid) eingesetzt. Mischungen von mit Paraffin beschichtetem Magnalium mit Ammoniumperchlorat (70/30) werden für Fontänen verwendet.

Über die Anwendung und thermochemischen Vorteile von Mg_4Al_3/PTFE gegenüber Mg/PTFE berichtete Cudziło (1998) (Abb. M.1).

- S. Cudziło, W. A. Trzcinski, Study of High Energy Composites Containing Polytetrafluoroethylene, *ICT-Jata*, Karlsruhe, **1998**, P-151.

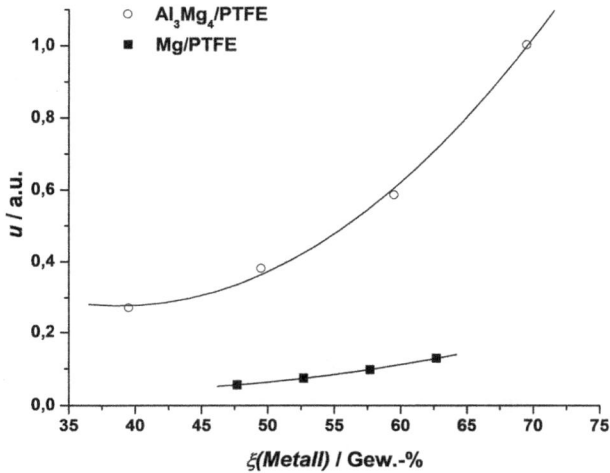

Abb. M.1: Vergleich Abbrandgeschwindigkeit Mg/PTFE und MgAl/PTFE.

Magnesiumhydrid
magnesium hydride

Formel		MgH_2
GHS		02
H-Sätze		H260
P-Sätze		P231-P232-P233-P280-P370+PP378i-P402-P501a
UN		2010
EINECS		231-705-3
CAS		[7693-27-8]
m_r	g mol^{-1}	26,321
ρ	g cm^{-3}	1,45
$\Delta_f H$	kJ mol^{-1}	−75,31
$\Delta_c H$	kJ mol^{-1}	−812,5
	kJ g^{-1}	−30,870
	kJ cm^{-3}	−44,761
Λ	Gew.-%	−121,57
Z	°C	280–300

Je nach Syntheseverfahren ist MgH$_2$ an Luft entweder beständig oder pyrophor. MgH$_2$ reagiert mit Wasser heftig unter Wasserstoffentwicklung. Bei 284 °C beträgt der Partialdruck (H_2) = 0,1 MPa. Dabei entsteht Wasserstoff und aktiviertes bzw. pyrophores Magnesium. Aufgrund der im Vergleich zu metallischem Magnesium erheblich geringeren Wärmeleitfähigkeit werden Sätze aus MgH$_2$ und Sr(NO$_3$)$_2$ für langsam brennende L-Spursätze vorgeschlagen (Ward 1979).

- E.-C. Koch, V. Weiser, E. Roth, Combustion Behaviour of Binary Pyrolants based on Mg, MgH$_2$, MgB$_2$, Mg$_3$N$_2$, Mg$_2$Si and Polytetrafluoroethylene, *IPS-Seminar*, Reims, **2011**, 25–34.
- J. R. Ward, *Pyrotechnic composition*, US4302259, **1979**, USA.

Magnesiumnitrat
magnesium nitrate

Formel		Mg(NO$_3$)$_2$ · 6 H$_2$O
GHS		03, 07
H-Sätze		H272-H315-H319-H335
P-Sätze		P210-P221-P302+P352-P305+P351+P338-P405-P501a
UN		1474
EINECS		233-826-7
CAS		[13446-18-9]
m_r	g mol^{-1}	256,41
ρ	g cm^{-3}	1,636
$\Delta_f H$	kJ mol^{-1}	−2613,33
Λ	Gew.-%	+31,20
Smp	°C	89
Sdp	°C	330 (Z)

Magnesiumnitrat ist ein zerfließliches Salz, das durch Wasseraufnahme aus der wasserfreien Verbindung Mg(NO$_3$)$_2$ [10377-60-3] ($\Delta_f H$ = −790,65 kJ · mol^{-1}) über das Dihydrat, Mg(NO$_3$)$_2$ · 2 H$_2$O [15750-45-5] (ρ = 2,026 g cm^{-3}, Smp 130 °C) entsteht. Magnesiumnitrat wurde als Bestandteil schmelzgießbarer Sprengstoffmischungen und auch pyrotechnischer Leuchtsätze in eutektischen Mischungen mit anderen Nitraten vorgeschlagen, in denen es mit NaNO$_3$ vergleichbare spezifische Lichtenergien E_λ, erreicht.

- H. W. Kruse, J. J. Bujak, Investigation of Eutectic Oxidizers For Use in Illumination Devices, *NWC-TP 5395*, NWC-China Lake, **1973**, 22 S.

Magnesiumperoxid

magnesium peroxide

Formel		MgO_2
GHS		03, 05
H-Sätze		H272-H314
P-Sätze		P220-P280-P305+P351+P338-P310
UN		1476
EINECS		238-438-1
CAS		[14452-57-4]
m_r	$g\,mol^{-1}$	56,305
ρ	$g\,cm^{-3}$	3,3
$\Delta_f H$	$kJ\,mol^{-1}$	−623
Z	°C	300
Λ	Gew.-%	+28,42

MgO_2 wird als Co-Oxidationsmittel in L-Spursätzen verwendet.

- S. R. Lingampalli, K. Dileep, Ranjan Datta, Ujjal K. Gautam, Tuning the Oxygen Release Temperature of Metal Peroxides over a Wide Range by Formation of Solid Solutions, *Chem. Mater.* **2014**, *26*, 2720–2725.

Magnesiumsilicid

magnesium silicide

Formel		Mg_2Si
GHS		02
H-Sätze		H261
P-Sätze		P231+P232-P233-P280-P370+P378a-P402+P404-P501a
UN		2624
EINECS		245-254-5
CAS		[22831-39-6]
m_r	$g\,mol^{-1}$	76,710
ρ	$g\,cm^{-3}$	1,950
$\Delta_f H$	$kJ\,mol^{-1}$	−77,8
$\Delta_c H$	$kJ\,mol^{-1}$	−2034,9
	$kJ\,g^{-1}$	−26,532
	$kJ\,cm^{-3}$	−51,737
Z	°C	280−300
κ	$W\,m^{-1}\,K^{-1}$	7,91
Λ	Gew.-%	−83,43

Mg_2Si ist ein energiereicher Brennstoff und liefert in IR-Leuchtsätzen eine bis zu dreifach höhere Strahldichte, L_λ (W sr^{-1} cm^{-2}), als vergleichbare Sätze mit Magnesium.

- E.-C. Koch, V. Weiser, E. Roth, Combustion Behaviour of Binary Pyrolants based on Mg, MgH_2, MgB_2, Mg_3N_2, Mg_2Si and Polytetrafluoroethylene, *IPS-Seminar*, Reims, **2011**, 25–34.
- E.-C. Koch, A. Hahma, V. Weiser, E. Roth, S. Knapp, Metal-Fluorocarbon Pyrolants. XIII High Performance Infrared Decoy Flare Compositions Based on MgB_2 and Mg_2Si and Polytetrafluoroethylene/Viton A, *Propellants Explos. Pyrotech.* **2012**, *37*, 432–438.

Mangandioxid
manganese black

Braunstein, Pyrolusit		
Aspekt		braunschwarzes Kristallpulver
Formel		MnO_2
GHS		07
H-Sätze		H332
P-Sätze		P261-271-P30ß4+P340-P312
EINECS		215-202-6
CAS		[1313-13-9]
m_r	g mol^{-1}	86,937
ρ	g cm^{-3}	5,026
$\Delta_f H$	kJ mol^{-1}	−520
Z	°C	533–570
Λ	Gew.-%	+18,4
c_p	J K^{-1} mol^{-1}	54,4

MnO_2 wird als starkes Oxidationsmittel in phosphorhaltigen Sätzen (z. B. SR414) für Seemarkierer verwendet. Daneben dient MnO_2 auch als Abbrandkatalysator für Festtreibstoffe, Treibladungspulver und die Zersetzung von Chloraten in Sauerstoffgeneratoren.

- T. A. Vine, W. Fletcher, An Investigation of Failures to Function of a Red Phosphorus Marine Marker, *IPS*, Westminster, **2002**, 477–489.

Markierungsstoff

taggant

Nach dem „Gesetz zu dem Übereinkommen vom 1. März 1991 über die Markierung von Plastiksprengstoffen zum Zweck des Aufspürens" sowie gemäß § 6(a), 1. SprengV, müssen militärisch und nichtmilitärisch genutzte hochbrisante Sprengstoffe wie PETN, HMX oder RDX und vergleichbare Stoffe, die bei Zimmertemperatur verformbar sind oder elastisch sind und deren Komponenten bei $T = 25\,°C$ einen Dampfdruck von weniger als $P_{vap} = 10^{-4}$ Pa aufweisen mit einem geeigneten Markierungsstoff versehen werden. Markierungsstoffe im Sinne des Übereinkommens und deren Mindestkonzentration im Sprengstoff sind in Tab. M.1 angegeben.

Tab. M.1: Markierungsstoffe für Plastiksprengstoffe.

Name des Markierungsstoffs	Summenformel	CAS-Nr.	P_{vap} (Pa)	Mindest-konzentration (Gew.-%)
Ethylenglykoldinitrat, (EGDN)	$C_2H_4N_2O_6$	628-96-6	10,17	0,2
2,3-Dimethyl-2,3-dinitrobutan, (DMNB)	$C_6H_{12}N_2O_4$	3964-18-9		1
4-Nitrotoluol (*p*-MNT)	$C_7H_7NO_2$	99-99-0	6,52	0,5
2-Nitrotoluol (*o*-MNT)	$C_7H_7NO_2$	88-72-2	19,19	0,5

- Gesetz zu dem Übereinkommen vom 1. März 1991 über die Markierung von Plastiksprengstoffen zum Zweck des Aufspürens, 9. September 1998 (BGBl. II S 2301) zuletzt geändert durch Artikel 151 der Neunten Zuständigkeitsanpassungsverordnung vom 31. Oktober 2006 (BGBl. I S. 2407, 2425).
- E. Apel, A. Keusgen (Hrsg.), 1. Verordnung zum Sprengstoffgesetz (1. SprengV), §6(a), Carl Heymanns Verlag, Köln, Lieferung 86, Stand Januar 2019.

McLain, Joseph Howard (1917–1981)

McLain war ein amerikanischer Festkörperchemiker und Pyrotechniker. Er studierte zunächst am Washington College und erwarb dort 1937 einen Bachelor in Science. Während des 2. Weltkriegs war er als 2nd Lieutenant am Edgewood Arsenal tätig, promovierte danach an der Johns Hopkins University in Maryland und ging 1946 zurück an das Washington College, wo er ab 1955 Dekan des Fachbereichs Chemie wurde. Seit seiner Dienstzeit am Edgewood Arsenal beschäftigte er sich mit pyrotechnischen Fragestellungen, insbesondere zu Anzündmischungen und HC-Nebelsätzen. Er veröffentlichte 1980 eine vielbeachtete Monografie zur Pyrotechnik aus Sicht der Festkörperchemie, die auch heute noch als wegweisend gilt.

- J. H. McLain, *Pyrotechnics – From the Viewpoint of Solid-State Chemistry*, The Franklin Institute Press, Philadelphia, **1980**, 243 S.

Methylnitrat
methyl nitrate

Formel		CH_3NO_3
REACH		LPRS
EINECS		209-941-3
CAS		[598-58-3]
m_r	$g\,mol^{-1}$	77,04
ρ	$g\,cm^{-3}$	1,21 @ 15 °C
$\Delta_f H$	$kJ\,mol^{-1}$	−155,90
$\Delta_{ex} H$	$kJ\,mol^{-1}$	−491,0
	$kJ\,g^{-1}$	−6,113
	$kJ\,cm^{-3}$	−7,385
$\Delta_c H$	$kJ\,mol^{-1}$	−667,1
	$kJ\,g^{-1}$	−8,659
	$kJ\,cm^{-3}$	−10,477
Λ	Gew.-%	−10,38
N	Gew.-%	18,18
Smp	°C	−82,3
Sdp	°C	66,5
Reib-E	N	> 360
Schlag-E	J	0,2
V_D	$m\,s^{-1}$	1500–8000 (durchmesserabhängig)

Methylnitrat besitzt einen an Chloroform erinnernden Geruch. Es wurde in der Vergangenheit als Gelatinierungsmittel für Nitrocellulose und ballistischer Zusatz in Treibsätzen und Gasgeneratoren verwendet. Methylnitrat dient weiterhin als Methylierungsmittel in der organischen Synthese. Methylnitrat wurde schon im 19. Jhd. als Explosivstoff untersucht, aber wegen seiner hohen Flüchtigkeit und wegen seiner extremen Empfindlichkeit nicht weiterverfolgt. Im 2. Weltkrieg wurde Methylnitrat mit einem Zusatz von 25 Gew-% Methanol einigermaßen handhabungssicher gemacht und als „Myrol" bezeichnet als Monoergol in Flüssigkeitsraketenmotoren und als volumetrischer Sprengstoff verwendet. Methylnitrat besitzt eine niedrigere Viskosität als Wasser (vgl. *TNT*). Darauf gründet auch die sehr hohe Schlagempfindlichkeit von Methylnitrat.

Methylphenylurethan
etyhl-N-methylcarbanilate

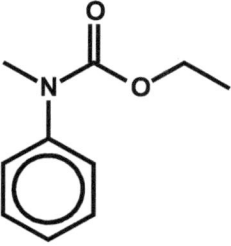

Formel		$C_{10}H_{13}NO_2$
GHS		07
H-Sätze		H302-H312-H315-H319-H332-H335
P-Sätze		P261-P280-P305+P351+P338
CAS		[2621-79-6]
WGK		3
m_r	g mol^{-1}	179,219
ρ	g cm^{-3}	1,09
$\Delta_f H$	kJ mol^{-1}	−384,09
$\Delta_c H$	kJ mol^{-1}	−5409,1
	kJ g^{-1}	−30,182
	kJ cm^{-3}	−32,898
Λ	Gew.-%	−218,72
N	Gew.-%	7,82
Smp	°C	242,44
Sdp	°C	116 bei 1,1 kPa.

Methylphenylurethan ist ein nichtenergetischer Stabilisator und Gelatiniermittel für NC.

Methylviolett-Test
methylviolett test

Bei diesem Test (für erwartungsgemäß instabile TLPs) werden NC und einbasige TLP auf 134,5 °C sowie mehrbasige auf 120 °C erhitzt. Mit Methylviolett imprägnierte Streifen im Dampfraum über der Probe dürfen sich bei NC frühestens nach 30 Min., einbasige TLP nach 40 Min. und mehrbasige frühestens nach 60 Min. über Blaugrün nach Lachs verfärben.

Metrioltrinitrat
metriol trinitrate

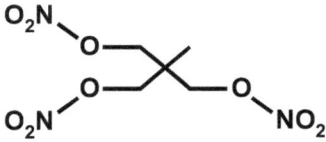

1,1,1-Trimethylolethantrinitrat, TMETN, MTN		
Formel		$C_5H_9N_3O_9$
CAS		[3032-55-1]
m_r	$g\,mol^{-1}$	255,141
ρ	$g\,cm^{-3}$	1,488
$\Delta_f H$	$kJ\,mol^{-1}$	−425
$\Delta_{ex} H$	$kJ\,mol^{-1}$	−1311,0
	$kJ\,g^{-1}$	−5,138
	$kJ\,cm^{-3}$	−7,646
$\Delta_c H$	$kJ\,mol^{-1}$	−2828,8
	$kJ\,g^{-1}$	−11,087
	$kJ\,cm^{-3}$	−16,498
Λ	Gew.-%	−34,49
N	Gew.-%	16,47
Smp	°C	15,7
Sdp	°C	182
T_{5ex}	°C	235
Reib-E	N	> 360
Schlag-E	J	0,8
Trauzl	cm^3	400

TMETN ist ein guter Weichmacher für Gap-Binder und kann auch zur Gelatinierung von NC verwendet werden. Reines TMETN gelatiniert erst bei $T = 110\,°C$, was zu gefährlich wäre. In der Praxis wird TMETN dazu mit Trimethylolethantriacetat gemischt (92/8), wodurch die Gelatinierung bereits bei etwa $T = 80\,°C$ verläuft.

Minenräumfackel
mine clearing torch

Minenräumfackeln sind pyrotechnische Fackeln, die eine Klemmung aufweisen und beim Abbrand daher einen gerichteten Strahl heißer, gasförmiger, aber insbesondere kondensierter Abbrandprodukte hoher Wärmekapazität erzeugen. Der Strahl einer einzelnen Minenräumfackel kann Stahlplatten (St37) bis etwa 5 mm durchbrennen. Weiterhin kann durch die starke Hitzeeinwirkung der Explosivstoff einer Munition zu einer „Cook-off-Reaktion" gebracht werden. Im Handel befindliche Systeme arbeiten entweder mit $Al/Ba(NO_3)_2$ (z. B. *Fireant*®/Chemring) oder mit $Al/CaSO_4 \cdot 2H_2O$

(z. B. *Dragon*®/Disarmco). Ein ähnliches Gerät, wenngleich auch mit anderer Bestimmung, ist der *Pyronol*-Torch, in dem eine Mischung aus Ni/Al/Fe$_2$O$_3$/PTFE zum Einsatz kommt. Der Vorteil von Minenräumfackeln gegenüber sprengkräftigen EOD-Ladungen besteht in den logistischen Vorteilen der maximal als (HD 1.3 G) eingestuften Geräte. Die logistisch günstigste und auch sicherste Lösung bietet der „Dragon" des Herstellers Disarmco. Diese Fackel wird vor Ort aus den separaten Stoffen Aluminiumpulver (HD 4.3) und Gips (kein Gefahrgut) mit Wasser angerührt und in Papphülsen eingefüllt. Die fertigen Geräte können nach einer Wartezeit von etwa 24 h verwendet werden.

- G. Kannenberger, *Test and evaluation of pyrotechnical mine neutralisation means, ITEP Work Plan Project Nr. 6.2.4*, WTD 91, Juli **2005**, https://www.gichd.org/fileadmin/pdf/LIMA/GermanyITEP6.2.4.pdf

Mitigation Device

Unter einem Mitigation Device wird bei Munitionen, aber auch zivil genutzten pyrotechnischen Geräten eine thermische Frühanzündung verstanden. Durch diese kann eine katastrophale Reaktion bei einer thermischen Einwirkung durch einen Brand (Cook-off) verhindert werden. Damit z. B. die Gasgeneratorsätze von Fahrzeugairbags bei einem Brand nicht explosionsartig umsetzen und damit keine Splitterbildung aufritt, werden diese durch Frühanzündmischungen, die allein aufgrund der herrschenden Temperatur ansprechen, im Bereich bis $T < 220\,°C$ regulär angezündet. Eine z. B. bei $T = 170\,°C$ auslösende Frühanzündmischung ist nachfolgend angegeben:
- 13,1 Gew.-% Tetramethylammoniumnitrat
- 9,1 Gew.-% 5-Aminotetrazol
- 52,1 Gew.-% Kaliumperchlorat
- 25,7 Gew.-% Molybdän

Munitionen, die Raketentreibstoffe und brisante Sprengstoffe enthalten, können bei thermischer Einwirkung im Brandfall unter Umständen detonativ reagieren. Mitigation Devices für Munitionen sind daher ebenfalls temperaturgesteuert. Allerdings wird hierbei keine reguläre Umsetzung der Explosivstoffe angestrebt, sondern ein nicht-detonativer Reaktionstyp (V) im Sinne der STANAG 4439. Dies kann z. B. durch eine mechanische Zerstörung bzw. Druckentlastung des Munitionskörpers oder Raketenmotors erreicht werden. Dazu verwendet werden z. B. Schneidschnüre und thermisch versagende Werkstoffe wie thermoplastische Polymere oder auch metallische Gläser.

- B. Eigenmann, K. Rudolf, M. Schildknecht, *System, das gegen eine unbeabsichtigte detonative Umsetzung unempfindlich ist*, DE10 2004005064, **2006**, Deutschland
- G. D. Knowlton, C. P. Ludwig, *Low Temperature Autoignition Composition*, US6749702, **2004**, USA.

Molybdän

molybdenum

Aspekt		silberfarben
Formel		Mo
GHS		02, 08
H-Sätze		H250-H252-H315-H319-H335
P-Sätze		P210-P222-P302+P352-P305+P351+P338-P405-P501a
UN		1383
EINECS		231-107-2
CAS		[7439-98-7]
m_r	$g\,mol^{-1}$	95,94
ρ	$g\,cm^{-3}$	10,22
Smp	°C	2623
Sdp	°C	4639
$\Delta_m H$	$kJ\,mol^{-1}$	39,10
$\Delta_v H$	$kJ\,mol^{-1}$	582,2
c_p	$J\,g^{-1}\,K^{-1}$	0,217
κ	$W\,m^{-1}\,K^{-1}$	142
c_L	$m\,s^{-1}$	6650
$\Delta_c H$	$kJ\,mol^{-1}$	−745
	$kJ\,g^{-1}$	−7,765
	$kJ\,cm^{-3}$	−79,361
Λ	Gew.-%	−33,35

Mo dient z. B. als Brennstoff in VZ-Sätzen oder Frühanzündmischungen. Mo-Verbindungen färben die Flamme zitronengelb.

Molybdäntrioxid

molybdenum trioxide

Aspekt		farblos mit Grünschimmer, gelb als nanometrisches Pulver
Formel		MoO_3
GHS		08, 07
H-Sätze		H351-H319-H335
P-Sätze		P260-P280h
EINECS		215-204-7
CAS		[1313-27-5]
m_r	$g\,mol^{-1}$	143,94
ρ	$g\,cm^{-3}$	4,632
$\Delta_f H$	$kJ\,mol^{-1}$	−745,6
Z	°C	646 beginnend, stärker nach Mp.
Smp	°C	795 nach Z.
Λ	Gew.-%	+11,12
c_p	$J\,K^{-1}\,mol^{-1}$	75,0

MoO_3 wird als Oxidationsmittel in Thermitsätzen und insbesondere Nanothermiten verwendet. MoO_3 sublimiert und dissoziiert bevor es bei etwa 795 °C schmilzt, was seine hohe Reaktivität begründet.

- E. Lafontaine, M. Comet, *Nanothermites*, Wiley, Hoboken, **2016**, 183.

Monoergol
monoergol

Monoergole sind flüssige Einfachtreibstoffe. Diese sind entweder chemisch einheitliche Verbindungen die exotherm zerfallen können – sogenannte einfache Monoergole (z. B. Hydrazin oder Propylnitrat) oder lagerstabile Mischungen von Oxidatoren mit Brennstoffen (z. B. Myrol), die als zusammengesetzte Monoergole bezeichnet werden. Katalytisch zerfallende Monoergole werden als Katergole bezeichnet (Beispiel H_2O_2 am $Ca(MnO_4)_2$-Kontakt.

- A. Dadieu, R. Damm E. W. Schmidt, *Raketentreibstoffe*, Springer, Wien, **1968**, 99.

MSIAC

Das 1991 noch als NIMIC (**N**ATO-**I**nsensitive **M**unitions **I**nformation **C**enter) gegründete NATO-**M**unitions **S**afety **I**nformation **A**nalysis **C**enter (MSIAC) ist eine organisatorisch im Bereich Defence Investment tätige Projektgruppe, die thematisch der AC-326/A (EMT) zuarbeitet. Ihre Aufgaben sind die Unterstützung der Projektmitgliedstaaten (z. Zt.: Australien, Belgien, Canada, Deutschland, Finnland, Frankreich, Italien, Niederlande, Norwegen, Polen, Schweden, Spanien, Südkorea, UK, USA) in allen Fragen zum Thema Munitionssicherheit. Dazu bietet die MSIAC Ihren Teilnehmerstaaten Analyse und Recherchedienste an. Die MSIAC selbst betreibt keine eigenen Labors oder Versuchseinrichtungen und finanziert auch keine Forschung oder Untersuchungen, sondern beschäftigt sich nur mit der Aufarbeitung der nicht eingestuften, offenen Literatur zum Thema Munitionssicherheit. Jedes der Fachgebiete: Energetische Materialien, Endballistik, Antriebssysteme, Materialwissenschaften, Munitionssysteme und Munitionslogistik wird durch einen Technical Specialist Officer vertreten. Das Jahresbudget der MSIAC beträgt zwischen 1,3 und 1,8 Mio. EUR.

- http://www.nato.int/issues/iban/financial_audits/2013-msiac-eng.pdf
- Weblink http://www.msiac.nato.int

MTV, Magnesium/Teflon®/Viton®
Magtef (ugs.)

MTV, typischerweise in den Massenanteilen 60/30/10 Gew.-%, wurde in den 1950er-Jahren ursprünglich als Anzündmittel für Festtreibstoffe konzipiert. In der gleichen Zeit wurde auch entdeckt, dass MTV beim Abbrand mehr Infrarotstrahlung emittiert als alle anderen damals bekannten Sätze. Der bei der Reaktion von Magnesium mit den Fluorpolymeren freigesetzte Kohlenstoff wird durch die hohe Verbrennungswärme des Satzes aufgeheizt und fungiert als grauer Strahler hoher Emissivität ($\varepsilon_{\lambda,T} \sim 0,8$) hauptsächlich im Infrarot ($\lambda \sim 1-5$ µm).

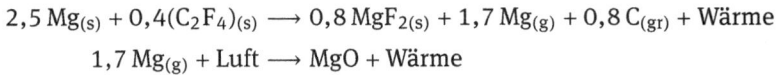

$$2,5\,Mg_{(s)} + 0,4(C_2F_4)_{(s)} \longrightarrow 0,8\,MgF_{2(s)} + 1,7\,Mg_{(g)} + 0,8\,C_{(gr)} + \text{Wärme}$$

$$1,7\,Mg_{(g)} + \text{Luft} \longrightarrow MgO + \text{Wärme}$$

MTV wird heutzutage hauptsächlich für Infrarotscheinziele und für Festtreibstoffanzünder verwendet. Die Abbrandgeschwindigkeit und Strahlstärke, I_λ(W sr^{-1}), von MTV korrelieren mit dem Magnesiumgehalt (Abb. M.2). MTV ist bei der Verarbeitung extrem empfindlich gegenüber elektrostatischer Entladung und kann sich unverdichtet je nach Verarbeitungszustand deflagrativ (lösemittelhaltig) oder detonativ (lösemittelarm) umsetzen.

Derivate von MTV können andere, insbesondere halogenfreie, Bindemittel enthalten und werden dann entsprechend abgekürzt.

MTE-	Elvax® (Ethylvinylacetat)	**MTK-**	Kraton (Styrol-Butadien-Copolymer)
MTH-	Hytemp4454® (Polyacrylat)	**MTTP-**	Thermoplastisch (Polystyrol/Weich-
MTH-	Hycar4051® (Polybuatdien)		macher)
		MTR-	Resin (Styrolharz)

• E.-C. Koch, *Metal-Fluorocarbon Based Energetic Materials*, Wiley-VCH, Weinheim, **2012**, 342 S.

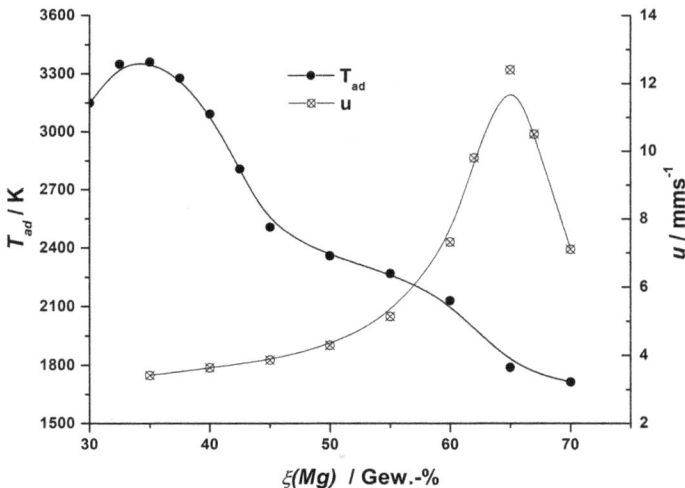

Abb. M.2: Abbrandgeschwindigkeit und adiabatische Flammentemperatur von MTV.

Mündungsfeuer
muzzle flash

Beim Schuss aus einer Waffe können nach dem Abgang des Projektils drei unabhängige Leuchterscheinungen beobachtet werden. Im Bereich um die Rohrmündung leuchtet ein relativ kleiner hemisphärischer Bereich (engl. *muzzle glow*). Von diesem Leuchten klar durch eine dunkle Zone getrennt, beginnt ein Bereich, der zwischen 10 und 20 Kaliber breit ist und mit hoher Intensität leuchtet. Dies ist das *primäre Mündungsfeuer*. Daran kann sich je nach Sauerstoffbilanz der Treibladung eine weitere Zone anschließen, die als das *sekundäre Mündungsfeuer* bezeichnet wird.

Die heißen Verbrennungsgase ($T > 1300\,°C$) sind beim Austritt an der Rohrmündung als *muzzle glow* zu sehen. Durch Expansion kühlen diese Gase auf $T < 1300\,°C$ ab und leuchten daher nicht mehr und erklären so die dunkle Zone. Durch stoßbedingte adiabatische Rekompression erhitzen sich die Gase erneut und leuchten als *primäres Mündungsfeuer*. In einer Inertgasatmosphäre ist das primäre Mündungsfeuer in Schussrichtung konisch begrenzt und erinnert von der Form her an eine laminare Flamme. An Luft können die unverbrannten Bestandteile der Pulvergase (CO, H_2, Ruß) bei hinreichend hoher Temperatur ($T > 750\,°C$) nachverbrennen und ergeben dann das mit dem primären Mündungsfeuer zusammenhängende sekundäre Mündungsfeuer. Dieses „franst" in Schussrichtung ähnlich einer turbulenten brennstoffreichen Flamme aus. Das Mündungsfeuer ist aus taktischer Sicht unerwünscht (Blendwirkung, Lokalisierung der Feuerstellung). Daher wird versucht dieses zu unterdrücken. Das primäre Mündungsfeuer kann bei kleinkalibrigen Waffen durch Formgestaltung der Rohrmündung (längsseitige Schlitze im Rohr zur Vermeidung der Rekompression der Gase) wirksam unterdrückt werden. Damit einher geht auch die gute Unterdrückung des sekundären Mündungsfeuers. Diese Maßnahmen sind bei großkalibrigen Waffen allerdings nicht anwendbar. Das sekundäre Mündungsfeuer kann durch eine Temperatursenkung der Gase (also Entspannung) und durch eine Erhöhung der Zündtemperatur durch chemische Zusätze, die die Radikalkettenreaktionen abbrechen, gedämpft werden. Kaliumsalze (z. B. K_3AlF_6), die bei thermischer Zersetzung KOH bilden, heben die Zündtemperatur signifikant an, so dass das sekundäre Mündungsfeuer unterdrückt werden kann.

- O. K. Heiney, *Ballistics Applied to Rapid-Fire Guns*, in *Interior Ballistics of Guns*, H. Krier, M. Summerfield (Hrsg.), Progress in Astronautics and Aeronautics, 66, **1979**, 87–112.
- N.N., *Interior Ballistics of Guns*, AMC Pamphlet, AMCP 706-150, US ARMY Materiel Command, February **1965**.

N

Nachflammer
flareback – flare back

Nachflammer bezeichnen die nach der Schussabgabe auftretenden Brände der sauerstoffunterbilanzierten Pulvergase (H_2, CO) im Innern des Waffenrohres sowie insbesondere auch der rückwärtige Austritt und die Entzündung der Pulvergase über den Verschluss. Das Zurückschlagen der Flammen in den Kampfraum gefährdet unmittelbar das Ladepersonal und kann durch die akzidentelle Entzündung bereitgestellter Treibladungen auch katastrophale Brände auslösen. TLP-Zusätze die das sekundäre Mündungsfeuer dämpfen sind grundsätzlich auch dazu geeignet Nachflammer zu vermeiden. Auf Schiffen wird bei großen Geschützen Nachflammern auch durch das Einpressen von Pressluft oder Stickstoff in das Rohr unmittelbar nach der Schussabgabe und vor dem Öffnen des Verschlusses entgegengewirkt. Bei Panzern und Haubitzen werden mit fest installierten Rohrabsaugern (nach dem Wasserstrahlpumpenprinzip) vor dem Öffnen des Verschlusses heiße Partikeln und unverbrannte Pulvergase abgesaugt.

- R. Davis, Army's M109 Howitzer – Required Testing Should Be Completed Before Full-Rate Production, *Report GAO/NSIAD-92-44*, 23 January **1992**, 30 S.
- C. R. Woodley, Modelling of Fume Extractors, *19th International Symposium of Ballistics*, Interlaken, Switzerland, 7–11 May **2001**, 273–280.

Nanodiamant
nanodiamond

Bei der Detonation von Sprengstoffen herrschen in der CJ-Ebene Drucke, die das Boudouard-Gleichgewicht, $2\,CO \longrightarrow CO_2 + C$, nach rechts verschieben und den Phasenübergang von Graphit zu Diamant ermöglichen. Unter den Detonationsbedingungen entstehen daher nanometergroße Tröpfchen flüssigen Kohlenstoffs, die beim Durchgang des P/T-Bereichs ($P = 10$–$16\,GPa$ und $T = 3400$–$2900\,K$) zu Diamant kristallisieren. In den Detonationsprodukten sauerstoffunterbilanzierter Sprengstoffe können daher bei günstigen Bedingungen (isochore Detonation, $P_{CJ} > 22\,GPa$, unter Schutzgas *(trocken)* bzw. Wassereinschluss *(nass)* oder Trockeneis *(ice)*) bis zu 40 Gew.-% des im Sprengstoff enthaltenen Kohlenstoffs in Nanodiamanten umgewandelt werden. Weiterhin entsteht diamantartiger Kohlenstoff auch bei der raschen Abkühlung sauerstoffdefizienter Flammen. Neben dem Einsatz als Abrasivstoffe dienen Nanodiamanten in zunehmendem Maße aufgrund der für kondensierte Stoffe höchsten thermischen Leitfähigkeit ($\kappa = 2300\,W\,m^{-1}\,K^{-1}$) auch als Abbrandmodifikatoren in der

https://doi.org/10.1515/9783110559651-013

Pyrotechnik, in Treibmitteln und auch zur Senkung der Stoßwellenempfindlichkeit von Sprengstoffen (Koch und Licha, 2007).

Abb. N.1 zeigt das vereinfachte p-T-Phasendiagramm von Kohlenstoff. Die Indices bedeuten: 1-Bildungsbereich der Nanodiamanten bei der Detonation von Sprengstoffen, *p-T*-Verlauf; 2-*trocken*; 3-*nass* oder *ice*; 4-Bildungsbereich für Diamant aus Graphit; 5-Debye-Temperatur von Diamant ($T_\delta = 1577\,°C$).

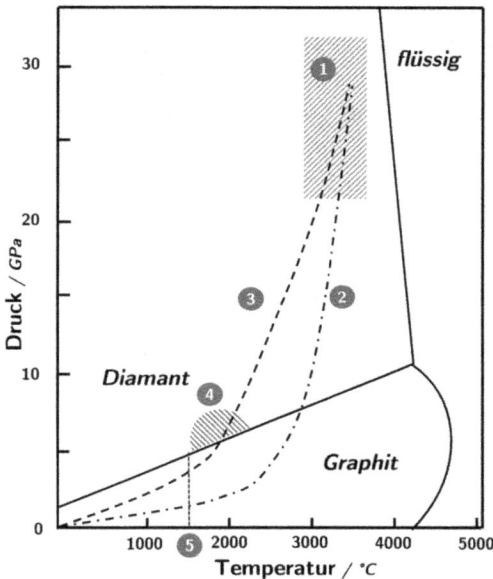

Abb. N.1: Vereinfachtes Phasendiagramm von Kohlenstoff (Erläuterungen im Text) nach Baidakova und Vul' (2007).

- N. R. Greiner, D. S. Phillips, J. D. Johnson, F. Volk, Diamonds in Detonation Soot, *Nature* **1988**, *333*, 440–442.
- R. E. Clausing, L. L. Horton, J. C. Angus, P. Koidl (Hrsg.), *Diamond and Diamond-like Films and Coatings*, NATO ASI Series, Vol 266, Plenum Press, New York, **1991**, 911 S.
- V. V. Danilenko, Specific features of Synthesis of Detonation Nanodiamonds. *Combust. Explos. Shock* **2005**, *41*, 577–588.
- M. Baidakova A. Vul', New prospects and frontiers of nanodiamond clusters *J. Phys. D. Appl. Phys.* **2007**, *40*, 6300–6311.
- M. Comet, V. Pichot, B. Siegert, D. Spitzer, J.-P. Moeglin, Y. Boehrer, Use of Nanodiamonds as a Reducing Agent in a Chlorate-based Energetic Composition, *Propellants Explos. Pyrotech.* **2009**, *34*, 166–173.
- E. B. Watkins, K. A. Velizhanin, D. M. Dattelbaum, R. L. Gustavsen, T. D. Aslam, D. W. Podlesak, R. C. Huber, M. A. Firestone, B. S. Ringstrand, T. M. Willey, M. Bagge-Hansen, R. Hodgin, L. Lauderbach, T. van Buuren, N. Sinclair, P. A. Rigg, S. Seifert, T. Gog, Evolution of Carbon Clusters in the Detonation Products of the Triaminotrinitrobenzene (TATB)-Based Explosive PBX 9502, *J. Phys. Chem. C* **2017** *121*, 23129–23140.
- E.-C. Koch, J. Licha, *unveröffentliche Ergebnisse*, **2007**.

Nanolaminate
nanolaminate

Energetische Nanolaminate sind exotherm reagierende Systeme, die aus vielen alternierenden nanometerdicken Schichten wenigstens zwei verschiedener Metalle bzw. Nichtmetalle aufgebaut sind. Typische, miteinander exotherm reagierende Stoffe sind z. B. Nickel und Aluminium oder Zirconium und Aluminium. Nanolaminate können Energiedichten bis zu $\Delta_{ex}H = -22\,\text{kJ cm}^{-3}$ aufweisen und erreichen bei der Reaktion Temperaturen bis zu $T = 3000\,°\text{C}$. Durch Variation der Schichtstärke und Abfolge kann die Reaktionsgeschwindigkeit und auch die generelle Empfindlichkeit in sehr breiten Bereichen eingestellt werden. Ein auf dieser Technologie basierendes kommerzielles Produkt ist Nanofoil®. In gehäckselter Form wurde dieses als Ersatz für Zündstoffe vorgeschlagen. Weiterhin ist Nanofoil als rasche Anzündung und druckfeste Umhüllung für IR-Scheinzielwirkkörper vorgeschlagen worden.

- T. W. Barbee Jr., T. Weihs, *IgniTabelle heterogeneous stratified structure for the propagation of an internal exothermic chemical reaction along an expanding wavefront and method of making same*, US5538795 A, **1996**, USA.
- A. E. Gash, T. W. Barbee Jr., O. Cervantes, Stab Sensitivity of Energetic Nanolaminates, *IPS*, **2006**, Fort Collins, 59–70.
- C. Dilg, D. B. Nielson, R. L. Tanner, *Flares including reactive foil for igniting a combustible grain thereof and methods of fabricating and igniting such flares*, US7469640B2, **2008**, USA.

Nanosprengstoffpartikel
nanometric high explosives

Bereits 1985 erkannte Moulard die mit sinkender Korngröße (*Durchmesser* = 4 µm versus 100 µm) abnehmende Stoßwellenempfindlichkeit von Hexogen. 1990 zeigte Armstrong, dass die Schlagempfindlichkeit von RDX umgekehrt proportional zur Kristallgröße (d = 22 µm versus 100 und 1000 µm) ist. RDX-Kristalle mit Partikelgrößen im zweistelligen Nanometerbereich sind daher erwartungsgemäß unempfindlicher als entsprechende Kristalle im Mikrometerbereich. Tab. N.2 zeigt die Schlag- und Stoßwellenempfindlichkeit verschiedener RDX-Typen in Formulierungen (Tab. N.1) mit Chlorparaffinen als Bindemittel.

Nanometrisches RDX kann mit den in Tab. N.3 gezeigten Techniken hergestellt werden. Nanometrisches Oktogen kann prinzipiell auch auf dieselbe Weise erzeugt werden und zeigt ebenfalls geringere Empfindlichkeit als mikrometrisches HMX. Allerdings wird bei HMX bei diesen Herstellverfahren oftmals die Bildung des γ-Polymorphs beobachtet.

Tab. N.1: Zusammensetzung von Sprengstoffen mit herkömmlichem (µm) und nanometrischem Hexogen.

RDX-Typ	RDX (Gew.-%)	HMX (Gew.-%	Binder*) (Gew.-%)	Weichmacher#) (Gew.-%)	Dichte (g cm^{-3})	TMD (%)
Nano-A&)	85,8	1,6	8,8	3,8	1,57	87,7
Nano-B$)	85,0	1,3	9,6	4,1	1,58	88,2
Klasse 1	–	–	–	–	1,69	94,9
Klasse 5	79,3	8,4	8,6	3,7	1,57	87,7

Tab. N.2: Empfindlichkeit von Sprengstoffen mit herkömmlichem (µm) und nanometrischem Hexogen.

Formulierung	NOL-SSGT-50 % (GPa)	Schlag-E-50 % (J)
Nano-A $)	2,49	14,3
Nano-B &)	3,21	18,4
Klasse 1	1,96	–
Klasse 5	2,09	8,1

*) Chlorez700,
#) Paroil 170T,
$) 15–20 m^2 g^{-1},
&) 5–6 m^2 g^{-1}.

Tab. N.3: Techniken zur Herstellung von Nanosprengstoffpartikeln.

Verfahren	Durchmesser (nm)	Quelle	Bemerkungen
RESS, Rapid Expansion of Supercritical Solutions	50–200	Stepanov (2008)	Teuer & sehr energieaufwändig
Flash-Kristallisation	50–600	Spitzer (2012)	Kontinuierlicher Prozess, moderate Ausbeuten 3 g h^{-1}
Elektrospray	200–600	Radacsi (2011)	Niedrige Ausbeute, Hochentzündliche LM
Ultraschall	30–100	Spitzer	Kontinuierlicher Prozess, moderate Ausbeuten 3 g h^{-1}
Vakuumkondensation	50–200	Frolov	Niedrige Ausbeute aber LM-freie Kristalle
Nassmahlung	300	Redner (2007)	Hohe Kapazität aber Partikelwachstum durch Ostwald-Reifung

- N. Radacsi, A. I. Stankiewicz, Y. L. M. Creyghton, A. E. D. M. van der Heijden, J. H. ter Horst, Electrospray Crystallization for High-Quality Submicron-Sized Crystals, *Chem. Eng. Technol.* **2011**, *34*, 624–630.
- B. Risse, D. Spitzer, D. Hassler, F. Schnell, M. Comet, V. Pichot, H. Muhr, Continuous formation of submicron energetic particles by the flash-evaporation technique, *Chem. Eng.* **2012**, *103*, 158–165.

- R. Patel, P. Cook, C. Crane, P. Redner, D. Kapoor, H. Grau, A. Gandzelko, Production and Coating of Nano-RDX using Wet Milling, *NDIA*, **2007**.
- H. Moulard, J. W. Kury, A. Delclos, The Effect of RDX Particle Size on the Shock Sensitivity of Cast PBX Formulations, *Detonation Symposium*, **1985**, Albuquerque, 902–913.
- H. Moulard, Effects non lineaires de la granulometrie sur L'amorcabilite et al detonabilite d'un explosif coule a liant plastique, *EUROYPRO*, **1989**, La Grande Motte, 17–21.
- R. W. Armstrong, C. S. Coffey, V. F. DeVost, W. L. Elban, Crystal Size Dependence for Impact Initiation of Cyclotrimethylenetrinitramine Explosive, *J. Appl. Phys.* **1990**, *68*, 979–984.
- V. Stepanov, V. Anglade, W. Balas, A. Bezmelnitsyn, L. N. Krasnoperov, Processing and Characterization of Nanocrystalline RDX, *ICT-Jata*, Karlsruhe, **2008**, P-54.
- K.-Y. Lee, D. S. Moore, B. W. Asay, A. Llobet, Submicron-Sized Gamma-HMX I. Preparation and initial Characterization, *J. Energ. Mater.* **2007**, *25*, 161.
- D. S. Moore, K.-Y. Lee, S. I. Hagelberg, Submicron-Sized Gamma-HMX II Effect of Pressing on Phase Transition, *J. Energ. Mater.* **2008**, *26*, 70.
- E.-C. Koch, D. Schaffner, *Sensitivity of Nanoscale Energetic Materials I. High Explosives, L-158*, Juni **2009**, NATO-MSIAC, Brüssel, 26 S.

Nanothermite

nanothermites

Nanothermite sind Thermite, in denen wenigstens eine Komponente in Form nanometrischer Partikeln vorliegt. Durch die große spezifische Oberfläche nanometrischer Partikeln ist die Zahl der Kontaktstellen zwischen Brennstoff und Oxidationsmittel größer und es findet eine schnellere Reaktion statt. Im gleichen Maße sind Thermite mit nanometrischen Komponenten aber auch deutlich empfindlicher gegenüber mechanischen und thermischen Stimuli sowie elektrostatischer Entladung. Nanothermite werden z. B. für Aktuatoren und aufgrund ihrer hohen Umsetzungsgeschwindigkeit auch als potentielle Initialsprengstoffe untersucht.

- M. E. Brown, S. J. Taylor, M. J. Tribelhorn, Fuel-Oxidant Particle Contact in Binary Pyrotechnic Reactions, *Propellants Explos. Pyrotech.* **1998**, *23*, 320–327.
- R. J. Jouet, A. J. Schuman, MIC/Al Incidents at Indian Head 1998–2005, *MIC Safety Meeting*, Los Alamos National Laboratory, Los Alamos, NM, 13 Feb **2006**.
- E.-C. Koch, D. Schaffner, *Sensitivity of Nanoscale Energetic Materials II. Fuels, Pyrolants and Propellants, L-162*, NATO-MSIAC, Brüssel, Dezember **2009**, 29 S.
- A. Gromov, U. Teipel, *Metal Nanopowders- Production, Characterization and Energetic Applications*, Wiley-VCH, Weinheim, **2014**, 417 S.
- C. Rossi, *Al-based Energetic Nanomaterials*, Wiley, Hoboken, **2015**, 154 S.
- V. E. Zarko, A. A. Gromov, *Energetic Nanomaterials, Synthesis, Characterization and Application*, Elsevier, Amsterdam, **2016**, 374 S.
- E. Lafontaine, M. Comet, *Nanothermites*, Wiley, Hoboken, **2017**, 327 S.
- B. Khasainov, M. Comet, B. Veyssiere, D. Spitzer, Comparison of Performance of Fast-Reacting Nanothermites and Primary Explosives, *Propellants Explos. Pyrotech.* **2017**, *42*, 754–772.

Napalm

Flüssige Kohlenwasserstoffe bilden nach Zusatz von 6–13 Gew.-% der Aluminiumsalze der **Na**phtensäuren (CAS-Nr. [1338-24-5]) und **Palm**itinsäure (CAS-Nr.[57-10-3]) stabile, haftfähige, nicht versickernde, wenig verdunstende, leicht entzündliche und stabil brennende Gele. Der Oberbegriff **Napalm** steht daher für eine Reihe verschiedener gelförmiger Brandstoffe auf der Grundlage von Benzin bzw. Kerosin. Tab. N.4 zeigt die Charakteristika von Napalm.

Tab. N.4: Zusammensetzung und Verbrennungswärme von Napalm.

Zusammensetzung	
JP-4 [*)]	94,9
Al-Salze der Naphthen- u. Palmitinsäure (Gew.-%)	4,3
Kieselsäure (Gew.-%)	0,2
m-Kresol	0,6
$\Delta_c H$ (kJ g^{-1})	44,35

[*)] JP-4 = Kerosin III (CAS-Nr. 50815-00-4), $C_{10}H_{19,378}$.

Die Brenndauer, t_B (min), des Napalms ist eine Funktion der Masse, m (kg) und kann gut mit folgendem Ausdruck angenähert werden:

$$t_b = 9 \cdot m^{0,8} \, .$$

Die Flächenabbrandgeschwindigkeit beträgt etwa 0,025–0,04 kg m^{-2} min^{-1}. Ein Standardbrand (1 kg Brandmasse auf einer Weichstahlpatte (25 × 25 cm) liefert über die gesamte Brennzeit folgende Maximaltemperaturen (Tab. N.5).

Tab. N.5: Maximaltemperaturen.

Meßort	T (°C)
In der Masse	600
Unter dem Stahlblech	400
5 cm über dem Stahlblech	650
25 cm über dem Stahllech	800

- H. W. Koch, H. H. Licht, Brandstoffe, Brandmunition, Brandwirkung, *Bericht CO 34/74*, ISL, Saint-Louis, 12.12.**1974**, 19+X S.

Naphthalin

naphthalene

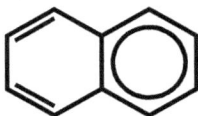

Formel		$C_{10}H_8$
GHS		02, 08, 09, 07
H-Sätze		H228-H351-H400-H410-H302
P-Sätze		P210-P241-P280-P281-P405-P501a
UN		1334
EINECS		202-049-5
CAS		[91-20-3]
m_r	$g\,mol^{-1}$	128,17
$\rho_{25\,°C}$	$g\,cm^{-3}$	1,1536
$\Delta_f H$	$kJ\,mol^{-1}$	77,95
$\Delta_c H$	$kJ\,mol^{-1}$	−5156,5
	$kJ\,g^{-1}$	−40,232
	$kJ\,cm^{-3}$	−46,411
Smp	°C	80,5
Sdp	°C	218
$\Delta_m H$	$kJ\,mol^{-1}$	18,81
$\Delta_v H$	$kJ\,mol^{-1}$	70,85
c_p	$J\,K^{-1}\,mol^{-1}$	196,06
Λ	Gew.-%	−299,58

Naphthalin ist ein farbloses, kristallines, nicht hygroskopisches Pulver mit charakteristischem Geruch. Nourdin (1994) hat Naphthalin als Brennstoff in Brandsätzen vorgeschlagen. IR-Tarnnebel auf Basis von Naphthalin wurden von Espagnac (1983) vorgeschlagen. Klyachko et al. (1993) haben die Abbrandcharakteristik des ternären Systems Mg/NaNO$_3$/Naphthalin untersucht (siehe Gasgenerator für SA-6-Motor bei *Natriumnitrat*).

- E. Nourdin, *Composition incendiaire et projectile incendiaire dispersant une telle composition*, EP663376A1, **1994**, Frankreich.
- L. A. Klyachko, L. Y. Kashporov, N. A. Silin, Combustion of Magnesium – Sodium Nitrate Mixtures. III Concentration Limits of the Combustion of Magnesium – Sodium Nitrate – Organic Fuel Mixtures, *Fisika Goreniya I Vzryva*, **1993**, *30*, 79–83.
- Espagnac, G. D. Sauvestre, *Method for opaquing visible and infrared radiance and smoke ammunition which implements this method*, US Patent 4 697 521, **1983**, Frankreich.

Natriumazid
sodium azide

Formel	NaN$_3$	
GHS	06, 09	
H-Sätze		H300-H400-H410-EUH032
P-Sätze		P273-P280-P302+P352-P309-P310-P501a
UN		1687
EINECS		247-852-1
CAS		[26628-22-8]
m_r	g mol^{-1}	65,0099
ρ	g cm^{-3}	1,846
Z	°C	375
$\Delta_f H$	kJ mol^{-1}	−21,3
$\Delta_c H$	kJ mol^{-1}	−185,7
	kJ g^{-1}	−2,856
	kJ cm^{-3}	−5,273
c_p	J K^{-1} mol^{-1}	80,0
Λ	Gew.-%	−12,31
N	Gew.-%	64,64

Natriumazid ist nicht hygroskopisch und wurde bis etwa Mitte der 1990er-Jahre intensiv in Airbag-Gasgeneratorsätzen verwendet. Aufgrund der starken Giftigkeit und der daraus resultierenden Probleme bei der Verarbeitung wurde Natriumazid dann durch weniger giftige Stickstoffverbindungen abgelöst (siehe *Airbag*). Cudziło (2003) hat Natriumazid als Halogenophil in der Festkörpersynthese von Kohlenstoffnanomodifikationen vorgeschlagen. Dabei fungiert das bei der Zersetzung von Azid freigesetzte elementare Natrium als Reduktionsmittel für Organohalogenen wie PTFE, Hexachlorethan, Hexachlorbenzol und chloriertes PVC.

- S. Cudziło, A. Huczko, S. Gachot, M. Monthioux, W. A. Trziński, Synthesis of Ceramic and Carbon Nanostructures by self-sustaining combustion of mixtures of halogenated hydrocarbons with reducers, *NTREM-2003*, Pardubice **2003**, 69–75.

Natriumchlorat
sodium chlorate

Formel		NaClO$_3$
CAS		[7775-09-9]
GHS		03, 07, 09
H-Sätze		H271-H302-H411
P-Sätze		P210-P221-P283-P306+P360-P371+P380+P375-P501a
UN		1495
EINECS		231-887-4
m_r	g mol^{-1}	106,441

ρ	g cm^{-3}	2,49
Smp	°C	263
Z	°C	465
$\Delta_f H$	kJ mol^{-1}	−365,77
Λ	Gew.-%	+45,09
Koenen	mm, Typ	< 1, E

Aufgrund seines niedrigen Preises und seiner guten Wirkung als wasserlösliches Totalherbizid wurde Natriumchlorat jahrzehntelang unter verschiedenen Warenbezeichnungen (z. B. RASIKAL®, Unkraut-Ex®, usw.) vertrieben und hat auf diese Weise Eingang in viele Selbstlaborate (engl.: *HME, Homemade Explosives*) gefunden. Aufgrund der exothermen Zersetzung von Natriumchlorat sind diese Mischungen sehr empfindlich und es treten auch immer wieder Explosionsunglücke mit NaClO$_3$-haltigen Mischungen auf (Leiber 1987).

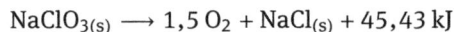

$$NaClO_{3(s)} \longrightarrow 1,5\,O_2 + NaCl_{(s)} + 45,43\,kJ$$

In der Technik wird Natriumchlorat gerade wegen seiner exothermen Zersetzung gerne als billiger Sauerstoffträger in Sauerstoffgasgeneratoren (*SCOG*) verwendet (Cannon, 1994).

- C. O. Leiber, IHE – 2000, Wunsch und Wirklichkeit, *11. Sprengstoffgespräch*, Nonnweiler, **1987**.
- Y. Zhang, J. C. Cannon, *Chemical Oxygen Generating Composition Containing* Li$_2$O$_2$, US Patent 5.279.761, **1994**, USA.

Natriumdinitramid
sodium dinitramide

NaDN(acr.), SDN(acr.)		
Formel		NaN(NO$_2$)$_2$
CAS		[160150-82-3]
m_r	g mol^{-1}	129,007
ρ	g cm^{-3}	2,09
Smp	°C	101–107
Z	°C	156
$\Delta_f H$	kJ mol^{-1}	−229,87
Λ	Gew.-%	+43,41

Die Zersetzung von NaDN beginnt mit einer schwach exothermen Reaktion bei 91 °C und einem Gewichtsverlust von 6 %. Weitere exotherme Reaktionen bei 156 und 210 °C entsprechen der sukzessiven Freisetzung von N$_2$O. Dawe (1998) hat das Abbrandverhalten und die IR-Emissionsspektren von NaDN/Bor- und NaDN/Bor/HTPB-Mischungen untersucht.

- J. R. Dawe, M. D. Cliff, Metal Dinitramides New Novel Oxidants for the Preparation of Boron Based Flare Compositions, *IPS-Seminar*, **1998**, Monterey, 789–810.

Natriumnitrat
sodium nitrate

Natron-*oder* Chilesalpeter (ugs.), Nitratine (ugs.), Caliche (ugs.), Niter (ugs.)

Formel		$NaNO_3$
GHS		03, 07
H-Sätze		H272-H302
P-Sätze		P210-P220-P221-P280-P301+P312-P501a
UN		1498
EINECS		231-554-3
CAS		[7631-99-4]
m_r	$g\,mol^{-1}$	84,995
ρ	$g\,cm^{-3}$	2,261
Smp	°C	307
Sdp	°C	380
Z	°C	521
Λ	Gew.-%	+47,06
$\Delta_f H$	$kJ\,mol^{-1}$	−467,85
$T_{p(rh\leftrightarrow tg)}$	°C	273

$NaNO_3$ ist ein farbloses kristallines, mäßig hygroskopisches Pulver. Es wird zum Schutz gegen Feuchtigkeit oft mit 1–3 Gew.-% Leinöl geröstet. Dabei bildet das in der Hitze durch den Luftsauerstoff oxidierte Leinöl eine Wasserdampfsperre. Da Sätze aus Magnesium und $NaNO_3$ die höchsten bislang erreichten spezifischen Leuchtstärken aufweisen, sind die Haupteinsatzbereiche für $NaNO_3$ gelbe Leucht- und Lichtsignalsätze (Abb. N.2). Natriumnitrat wird daneben auch als Oxidator für Gasgeneratoren in luftatmenden Staustrahlantrieben (z. B. SA-6) verwendet.

Gasgenerator für LK-6TM (SA-6 Motor)
- 65 Gew.-% Magnesium
- 25 Gew.-% Natriumnitrat
- 10 Gew.-% Naphthalin

Natriumnitrat bildet bei längerer Erhitzung auf $T = 340\,°C$ unter Dismutation ein Orthonitrat gemäß nachstehender Gleichung:

$$NaNO_3 + Na_2O \longrightarrow Na_3NO_4.$$

In der Hitze erfolgt Zersetzung des Nitrats über das Peroxid gemäß

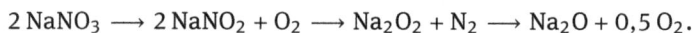

$$2\,NaNO_3 \longrightarrow 2\,NaNO_2 + O_2 \longrightarrow Na_2O_2 + N_2 \longrightarrow Na_2O + 0,5\,O_2.$$

- H. Singh, M. R. Somayajulu, R. B. Rao, A Study on Combustion Behavior of Magnesium-Sodium Nitrate Binary Mixtures, *Combust. Flame* **1989**, *76*, 57–61.
- J. R. Ward, L. J. Decker, A. W. Barrows, Burning Rates of Pressed Strands of a Stoichiometric Magnesium Sodium Nitrate Mix, *Combust. Flame*, **1983**, *51*, 121–123.

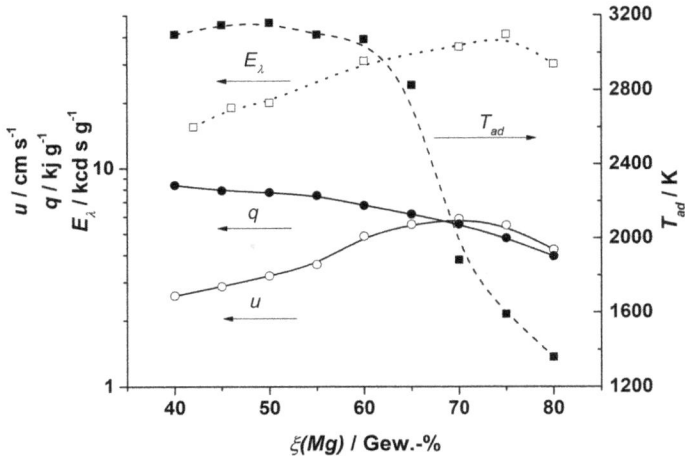

Abb. N.2: Explosionsenthalpie, adiabatische Temperatur, Abbrandgeschwindigkeit und spezifische Lichtleistung von Mg/NaNO₃.

Natriumperchlorat

sodium perchlorate

Formel		NaClO₄
GHS		03
H-Sätze		H271
P-Sätze		P210-P221-P283-P306+P360-P371+P380+P375-P501a
UN		1502
EINECS		231-511-9
CAS		[7601-89-0]
m_r	g mol⁻¹	122,44
ρ	g cm⁻³	2,499
$\Delta_f H$	kJ mol⁻¹	−383,30
Smp	°C	468
Z	°C	527
$T_{p(rh \leftrightarrow k)}$	°C	308
Λ	Gew.-%	+52,27

Natriumperchlorat bildet bei Zutritt von Luftfeuchtigkeit rasch NaClO₄·H₂O [7791-07-3] (ρ 2,02 g cm⁻³, −H₂O 130 °C). Aufgrund seiner Hygroskopizität findet Natriumperchlorat kaum Verwendung. Davies (2001) hat Blitzsätze auf der Basis von NaClO₄/Ca (80/20) untersucht. Im Unterschied zu KClO₄ verläuft die Zersetzung von NaClO₄ deutlich exotherm.

- N. Davies, M. Bishop, The Luminous and Blast Performance of Flash Powders, *IPS*, Adelaide, **2001**, 73–86.
- V. Klyucharev, A. Razumova, The Cooperative Processes of Magnesium Oxidation in Perchlorate Mixtures with Oxide, *ICT-Jata*, Karlsruhe, **1995**, 63.

Natriumperoxid

sodium peroxide

Formel		Na$_2$O$_2$
GHS		03, 05
H-Sätze		H272-H314
P-Sätze		P210-P221-P303+P361+P353-P305+P351+P338-P405-P501a
UN		1504
EINECS		215-209-4
CAS		[1313-60-6]
m_r	g mol^{-1}	77,979
ρ	g cm^{-3}	2,805
Smp	°C	460
Z	°C	675
$T_{p(hex\rightarrow??)}$	°C	512
$\Delta_f H$	kJ mol^{-1}	−510,87
Λ	Gew.-%	+20,52

Natriumperoxid ist ein im reinen Zustand farbloses, technisch aber leicht gelbliches, feinkristallines Pulver, das sich mit Wasser unter Bildung von Wasserstoffperoxid zersetzt.

- J. E. Tanner Jr., Thermodynamics of Combustion of Various Pyrotechnic Compositions, *RDTR-277*, NAD Crane, **1974**, 25 S.

NEAK

Die Abkürzung NEAK bezeichnet ein bei 98–99 °C schmelzendes und bei 82 °C erstarrendes Eutektikum aus etwa:
- 57–57,1 Gew.-% Ammoniumnitrat
- 25–25,3 Gew.-% Ethylendiamindinitrat
- 10–10,1 Gew.-% Kaliumnitrat
- 8–7,5 Gew.-% Nitroguanidin

Eine mit zusätzlichem NGu modifizierte Beispielzusammensetzung und deren Leistung ist in Tab. N.6 angegeben.

- W. E. Voreck Jr., *Castable High Explosive Compositions of Low Sensitivity*, US Patent 4421578, **1983**, USA.
- W. Spencer, H. H. Cady, The Ammonium Nitrate with 15 wt% Potassium Nitrate-Ethylenediamine Dinitrate-Nitroguanidine System, *Propellants Explos.* **1981**, *6*, 99–103.

Tab. N.6: Zusammensetzung und Leistung von NEAK.

Zusammensetzung	
Nitroguandin (Gew.-%)	49,10
Ethylendiamindinitrat (Gew.-%)	25,00
Ammomiumnitrat (Gew.-%)	21,15
Kaliumnitrat (Gew.-%)	3,75
Glashohlkörper (Microballoons) (Gew.-%)	0,90
ρ (g cm^{-3})	1,64
Parameter	
V_D (m s^{-1})	7030 ($\varnothing$ = 30 mm)
	7420 ($\varnothing$ = 36 mm)
$P_{CJ(ber)}$ (GPa)	29,3
Schlag-E$_{50}$ (J)	26
Gap-Test$_{50}$ (GPa)	5,7–6,6

Nebelsätze

obscurant composition, smoke composition

Nebelsätze sind pyrotechnische Sätze, die beim Abbrand ein Primäraerosol (hoher Hygroskopizität = niedriger Deliqueszenzfeuchte, DRH) bilden, welches in der Atmosphäre Luftfeuchtigkeit kondensiert, wodurch Flüssigkeitströpfchen gebildet werden. Die Aerosolausbeute, A_N (g g^{-1}), eines Nebelsatzes, also das Massenverhältnis von erzeugtem Aerosol, $m_Ä$ (g), zu eingesetzem Nebelsatz, m_S (g), sowie der Massenextinktionskoeffizient, α_λ (m^2 g^{-1}), sind eine Funktion der relativen Luftfeuchte bei gegebener Temperatur. Abb. N.3 zeigt eine typische Einsatzsituation für Nebel zum Selbstschutz von Fahrzeugen vor feindlicher Zielauffassung und Zielverfolgung im visuellen und infraroten Spektralbereich.

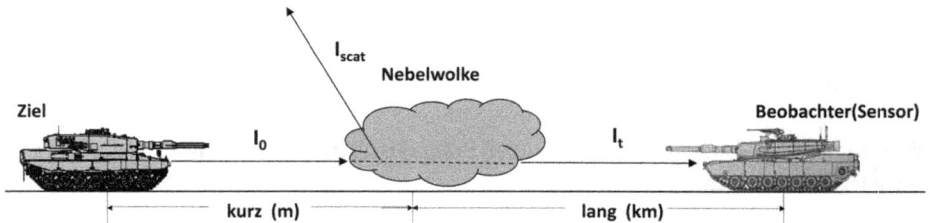

Abb. N.3: Anwendung von Tarnnebel zum Selbstschutz.

Hierbei sind

I_0 = die vom Ziel ausgehende Strahlungsintensität
I_t = die nach Passieren der Aerosolwolke der Länge l, verbleibende Restintensität

T_{obsc} $= \frac{I_0}{I_1}$ die Transmission, und

α_λ $= -\frac{\ln T_{obsc}}{cl}$ der wellenlängenabhängige Massenextinktionskoeffizient.

Der Massenextinktionskoeffizient, α_λ wird durch das Absorptions- und Streuvermögen des Aerosols bestimmt und setzt sich additiv aus diesen Teilbeiträgen zusammen:

$$\alpha(\lambda) = \alpha(\lambda)(sca) + \alpha(\lambda)(abs) \,.$$

Während die chemische Zusammensetzung die Absorption maßgeblich beeinflusst, sind die Größe und Morphologie der Aerosolpartikeln maßgeblich für die auftretenden Streueffekte.

Typische Nebelsätze erzeugen das Primäraerosol durch

–   Halogenierung eines Metalls, z. B. Mg oder Zn

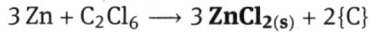

$$3\,Zn + C_2Cl_6 \longrightarrow 3\,\mathbf{ZnCl_{2(s)}} + 2\{C\}$$

–   Verdampfung eines Halogenids z. B. KCl oder NH_4Cl

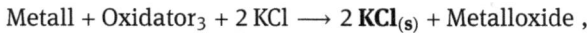

$$\text{Metall} + \text{Oxidator}_3 + 2\,KCl \longrightarrow 2\,\mathbf{KCl_{(s)}} + \text{Metalloxide} \,,$$

–   Sublimation von Phosphor.

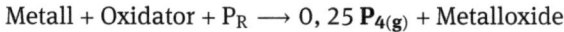

$$\text{Metall} + \text{Oxidator} + P_R \longrightarrow 0,25\,\mathbf{P_{4(g)}} + \text{Metalloxide}$$

Während die Halogenide je nach Deliqueszenzfeuchte sofort Feuchtigkeit kondensieren, oxidiert der Phosphordampf zunächst an Luft zu Phosphorpentoxid, das unter Wärmefreisetzung zu Phosphorsäure hydrolysiert und danach weiter hydratisiert. Tab. N.7 zeigt typische Zusammensetzungen von Tarnnebeln und Tab. N.8 die Leistung der Aerosole im visuellen Bereich als Funktion der relativen Luftfeuchte. In Abb. N.4 sind die Massenextinktionskoeffizienten für beide Nebeltypen im infraroten Spektralbereich dargestellt.

•   W. Scheunemann, Über die optischen Eigenschaften von Nebelpartikeln im Infraroten, *ICT-Jata*, Karlsruhe **1981**, 235–251.
•   E.-C. Koch, Military Applications of Phosphorus and its Compounds, *Propellants Explos. Pyrotech.* **2008**, *33*, 165–176.
•   D. W. Hoock Jr., R. A. Sutherland, Obscuration Countermeasures, in J. S. Accetta, D. L. Shumaker (Hrsg.) *The Infrared and Electro-Optical Systems Handbook, 7.*, **1996**, 359–493.

Tab. N.7: Zusammensetzung ausgewählter Nebelsätze.

	HC-Nebel	RP-Nebel
Aluminium (Gew.-%)	3,6	
Zinkoxid (Gew.-%)	48,7	
Hexachlorethan (Gew.-%)	47,6	
Roter Phosphor (Gew.-%)		79,8
Natriumnitrat (Gew.-%)		14
Epoxid-Binder (Gew.-%)		4,2
Kieselsäure (Gew.-%)		2,0

Tab. N.8: Leistung von Nebelsätzen als Funktion der relativen Luftfeuchte.

	HC	RP
$A_{N@20°C}$ (g g^{-1})		
20 % RH	1,25	2,99
50 % RH	1,58	3,45
80 % RH	2,77	4,61
α_{VIS} @ 20 °C (m^2 g^{-1})		
20 % RH	3,5	3,5
50 % RH	3,9	4,2
80 % RH	2,9	3,8

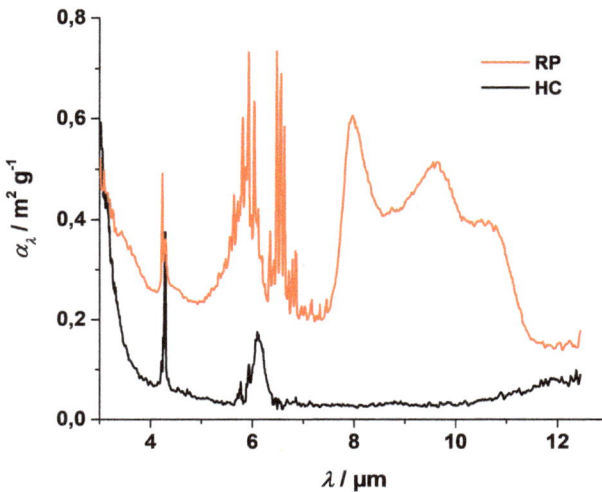

Abb. N.4: Massenextinktionskoeffizient typischer HC- und RP-Aerosole im Infraroten nach Scheunemann (1981).

NENA

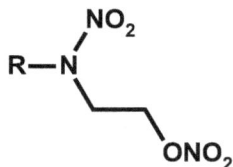

NENA-Verbindungen sind N-Alkyl-substituierte Nitratoethylnitramine, wobei R = Methyl, Ethyl und n-Butyl sein kann. NENAs werden seit ihrer Entwicklung in den 1940er-Jahren in den USA als Weichmacher für TLP verwendet. Ein wichtiger Vertreter ist *n*-Butyl-NENA (Bu-NENA).

• R. V. Cartwright, Volatility of NENA and Other Energetic Plasticizers Determined by Thermogravimetric Analysis, *Propellants Explos. Pyrotech.* **1995** *20*, 51–57.

NG-Nebel

NG smoke

Der NG-Nebel (NG = **N**ico-**G**raphit) wurde zu Beginn der 1990er-Jahre von Krone (1995) als multispektraler Tarnnebel (VIS, IR, MMW) entwickelt. Der zugrundeliegende pyrotechnische Satz enthält eine Graphitintercalationsverbindung (z. B. Graphithydrogensulfat), die unter Wärmeeinwirkung expandiert und dabei auch für IR- und insbesondere MMW-Strahlung (v = 35 und 95 GHz) streufähige Teilchen bildet. Eine Beispielzusammensetzung lautet
- 48 Gew.-% Graphithydrogensulfat
- 23 Gew.-% Kaliumperchlorat
- 16 Gew.-% Magnesium
- 6 Gew.-% Graphit
- 4 Gew.-% Azodicarbonamid
- 3 Gew.-% Novolak

Der Massenextinktionskoeffizient für diese Nebel beträgt etwa $\alpha_\lambda = 0,5 \, m^2 \, g^{-1}$ im IR-Bereich. Sowohl im 35- als auch 95-GHz-Band werden im Feldversuch 2-Wegedämpfungen von bis zu 30 dB erreicht.

• U. Krone, E. Schulz, K. Möller, *Pyrotechnischer Nebelsatz für Tarnzwecke und dessen Verwendung in einem Nebelkörper*, DE4337071, **1995**, Deutschland.

Nickel

nickel

Aspekt		silberfarben
Formel		Ni
GHS		08, 02, 07
H-Sätze		372-351-317
P-Sätze		260-261-302+352-321-405-501a
UN		3089
EINECS		231-111-4
CAS		[7440-02-0]
m_r	$g\,mol^{-1}$	58,693
ρ	$g\,cm^{-3}$	8,908
Smp	°C	1455
Sdp	°C	2730
$\Delta_m H$	$kJ\,mol^{-1}$	17,47
$\Delta_v H$	$kJ\,mol^{-1}$	369
c_p	$J\,g^{-1}\,K^{-1}$	0,398
c_L	$m\,s^{-1}$	5810
κ	$W\,m^{-1}\,K^{-1}$	83
$\Delta_c H$	$kJ\,mol^{-1}$	−239,7
	$kJ\,g^{-1}$	−4,084
	$kJ\,cm^{-3}$	−36,38
Λ	Gew.-%	−27,26

Ni dient z. B. als Brennstoff in VZ-Sätzen und zusammen mit anderen Metallen in dystektischen Gemischen wie *Pyronol* oder *Pyrofuze*.

Nipolit

Nipolit ist eine PETN enthaltende Sprengstoffmischung mit NC und DEGDN als energetischem Bindersystem (Tab. N.9).

Die hohe mechanische Festigkeit und vergleichsweise geringe Empfindlichkeit erlaubt die Bohr-, Dreh- und Fräsbearbeitung von Nipolit, weshalb aus Nipolit während des 2. Weltkrieges Pioniermittel zur Panzerbekämpfung sowie Ersatzhandgranaten ohne Metallummantelung gefertigt wurden.

Tab. N.9: Zusammensetzung und Leistung NC-haltiger Sprengstoffmischungen.

Zusammensetzung	Nipolit	Holtex
NC (12,6–12,7 %N) (Gew.-%)	34,10	50
DEGDN (Gew.-%)	30,00	17
PETN (Gew.-%)	35,00	33
Stabilisator (Gew.-%)	0,75	
MgO (Gew.-%)	0,05	
Graphit (Gew.-%)	0,10	
ρ (g cm^{-3})	1,61	1,63
V_D (m s^{-1})	7452	7510
P_{CJ} (GPa)	22,0	22,7
$V/V_0 = 7.2$ (kJ cm^{-3})	-6,40	-6,47

2-Nitrimino-5-nitrohexahydro-1,3,5-triazin, NNHT

2-nitroimino-5-nitrohexahydro-1,3,5-triazine

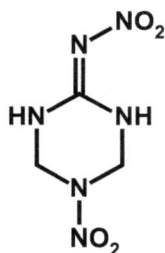

Aspekt		gelbe Kristalle
Formel		$C_3H_6N_6O_4$
CAS		[130400-13-4]
m_r	g mol^{-1}	190,118
ρ	g cm^{-3}	1,738
$\Delta_f H$	kJ mol^{-1}	68
$\Delta_{ex}H$	kJ mol^{-1}	−953,8
	kJ g^{-1}	−5,017
	kJ cm^{-3}	−8,720
$\Delta_c H$	kJ mol^{-1}	−2106,1
	kJ g^{-1}	−11,078
	kJ cm^{-3}	−19,253
Λ	Gew.-%	−42,08
N	Gew.-%	44,20
Smp	°C	207 (Z)
T_{5ex}	°C	240
Schlag-E	J	2,6
Reib-E	N	>355

NNHT wurde längere Zeit als attraktiver IM-Explosivstoff angesehen. Diese Annahme beruhte auf der Erwartung NNHT würde aufgrund der strukturellen Ähnlichkeit mit Nitroguanidin und Hexogen auch jeweils deren vorteilhafte Eigenschaften in sich vereinen. Allerdings ist das Gegenteil der Fall und NNHT ist deutlich schlagempfindlicher als Hexogen und aufgrund der im Vergleich zu RDX geringeren Dichte auch deutlich weniger leistungsfähig.

- I. J. Dagley, M. Kony, G. Walker, Properties and Impact Sensitiveness of Cyclic Nitramine Explosives Containing Nitroguanidine Groups, *J. Energ. Mater.* **1995**, *13*, 35–56.
- A. M. Astachov, A. D. Vasiliev, M. S. Molokeev, A. A. Nefedov, L. A. Kruglyakova, V. A. Revenko, E. S. Buka, S-Nitrimino-5-Nitrohexahydro-1,3,5-triazine, Structure and Properties, *NTREM-2005*, Pardubice, **2005**, 443–456.
- A. Hahma, Ignition and Combustion of Aluminum in High Explosives, *J. Pyrotech.* **2007**, *26*, 24–46.

Nitroacetylen
nitroethyne

$$H \equiv\!\!\!\equiv NO_2$$

Aspekt		gelbliches Öl
Formel		C_2HNO_2
CAS		[32038-80-5]
m_r	g mol^{-1}	71,04
ρ	g cm^{-3}	1,222 (berechnet)
$\Delta_f H$	kJ mol^{-1}	187,6
$\Delta_{ex} H$	kJ mol^{-1}	−450,1
	kJ g^{-1}	−6,336
	kJ cm^{-3}	−7,743
$\Delta_c H$	kJ mol^{-1}	−1117,6
	kJ g^{-1}	−15,732
	kJ cm^{-3}	−19,225
Λ	Gew.-%	−56,30
N	Gew.-%	19,72
Sdp	°C	121,4

Nitroacetylen entsteht durch Nitrodesilylierung von Trimethylsilylacetylen. Es kann zum Aufbau von Polynitropolyedern verwendet werden.

- M.-X. Zhang, P. E. Eaton, I. Steele, R. Gilardi, Nitroacetylene HC ≡ CNO$_2$, *Synthesis* **2002**, 2013–2018.
- G. K. Windler, M.-X. Zhang, R. Zitterbart, P. F. Pagoria, K. P. C. Vollhardt, En route to Dinitroacetylene Nitro(trimethylsilyl)acetylene and Nitroacetylene Harnessed by Dicobalt Hexacarbonyl, *Chem. Eur. J.* **2012**, *18*, 6588–6603.
- G. K. Windler, P. F. Pagoria, K. P. C. Vollhardt, Nitroalkynes A Unique Class of Energetic Materials, *Synthesis* **2014**, 2383–2412.

5-Nitro-4,6-bis(5-amino-3-nitro, 1H-1,4-triazol-1-yl)pyrimidin

1,1'-(5-nitro-4,6-pyrimidinediyl)bis[3-nitro-1H-1,2,4-triazol-5-amine]

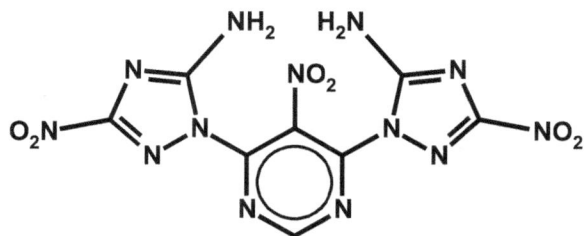

DANTNP, ANTAPM		
Aspekt		gelbe Kristalle
Formel		$C_8H_5N_{13}O_6$
CAS		[141227-99-8]
m_r	$g\,mol^{-1}$	379,211
ρ	$g\,cm^{-3}$	1,865
$\Delta_f H$	$kJ\,mol^{-1}$	20
$\Delta_{ex} H$	$kJ\,mol^{-1}$	−1313,3
	$kJ\,g^{-1}$	−3,463
	$kJ\,cm^{-3}$	−6,459
$\Delta_c H$	$kJ\,mol^{-1}$	−3882,7
	$kJ\,g^{-1}$	−10,239
	$kJ\,cm^{-3}$	−19,096
Λ	Gew.-%	−52,74
N	Gew.-%	48,02
Schlag-E	cm	91
Z	°C	328
T_i	°C	256
V_D	$m\,s^{-1}$	8602 @ 1,81 $g\,cm^{-3}$
P_{CJ}	GPa	35 @ 1,81 $g\,cm^{-3}$
$\sqrt{2E}$	$m\,s^{-1}$	2090

Nitrocellulose, NC
nitrocellulose, cellulose nitrate

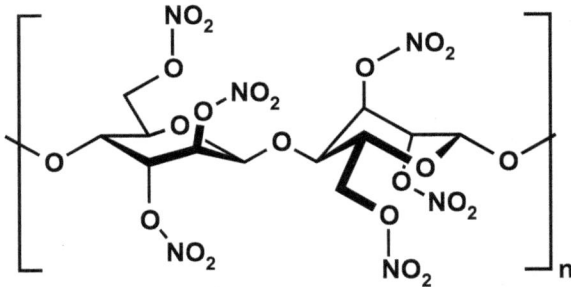

NC, CAS-Nr. [9004-70-0], wird durch Nitrierung von Cellulose mit Mischsäure gewonnen. Als Cellulose kommen dazu entweder Baumwoll-Linters oder gereinigter Zellstoff aus Nadelhölzern zum Einsatz. Die Beschaffungssicherheit mit reproduzierbaren Cellulosequalitäten stellt heutzutage eine große Herausforderung für NC-Hersteller dar.

Die Nitrierung der Cellulose liefert je nach Nitrierungsgrad Stickstoffgehalte zwischen 6,76 bis 14,15 Gew.-% (Tab. N.10 & N.11). Wird die Nitrierung der endständigen Glucopyranoseringe mit insgesamt vier OH-Gruppen ebenfalls berücksichtigt, so können bei kurzen Polymersträngen Gehalte bis 14,17 Gew.-% N erhalten werden.

Zur Reinigung wird die NC nach der Synthese in aufeinanderfolgenden Schritten zunächst mit 0,5 %-iger Schwefelsäure (zur Zerstörung instabiler Verunreinigungen), und dann mit Sodalösung jeweils in der Siedehitze behandelt. Schließlich werden die NC-Fasern in einem mehrstufigen Prozess aufgemahlen und wiederholt mit Wasser ausgekocht.

Tab. N.10: Zusammensetzung und Leistung verschiedener Nitrocellulosen.

Stickstoffgehalt (Gew.-%)	11,1	12,62	13,00	13,15	13,20	13,45	14,14
ρ (g cm^{-3})	1,653	1,655	–	1,656	–	1,657	1,659
Λ (Gew.-% O)	−44,49	−34,36	−31,38	−30,83	−30,50	−28,84	−24,24
$\Delta_f H$ (kJ mol^{-1})	−753,4	−707,2	−694,4	−689,2	−687,5	−678,6	−652,7
Q_{ex} (kJ g^{-1}) −H$_2$O$_{(l)}$	3,07	4,07	4,29	4,38	4,41	4,59	4,85
Q_{ex} (kJ g^{-1}) −H$_2$O$_{(g)}$	2,70	3,62	3,68	3,96	4,00	4,10	4,40
V_{ex} (cm^3 g^{-1}) −H$_2$O$_{(g)}$	983	900	880	874	868	857	829
T_{ex} (°C)	2100	2840	3025	3095	3130	3245	3580
Gaszusammensetzung bei T_{ex}							
CO$_2$	9,5	10,5	13,9	14,3	14,4	16,0	18,4
CO	45,0	43,8	40,8	40,5	40,2	38,6	36,8
H$_2$	18,6	9,5	9,6	9,2	9,0	7,0	6,6
N$_2$	9,1	11,1	11,7	11,9	12,1	12,5	9,0
H$_2$O	17,7	25,1	24,0	24,1	24,3	25,0	23,2

Zur Verhinderung des autokatalytischen Zerfalls der NC durch abgespaltenes Stickstoffmonoxid, NO, und Salpetrige Säure, HNO_2, werden Harnstoffderivate wie z. B. Akardit (N, N-Diphenylharnstoff) als Stabilisatoren zugesetzt. Die Stabilisatoren bilden dann mit den Zersetzungsprodukten stabile Nitroso- und Nitroverbindungen.

Heiztischmikrographie zeigt, dass NC vor dem Zersetzungspunkt bei $T = 170\,°C$ zu Schmelzen beginnt. NC ist hygroskopisch, wobei der Grad der Wasseraufnahme etwa proportional zum Gehalt unveresterter Hydroxylgruppen ist. Die Löslichkeit der NC in Ethanol/Diethylether (3/4) variiert mit dem Stickstoffgehalt und ist in Abb. N.5 dargestellt.

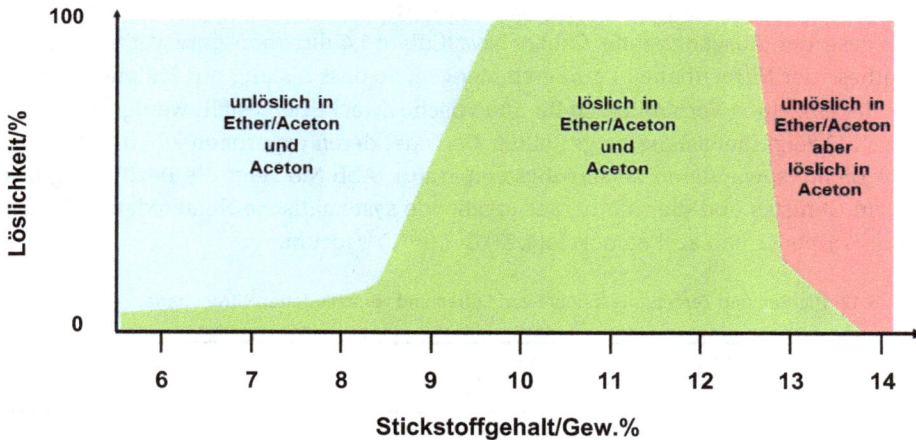

Abb. N.5: Löslichkeit von NC in Ether/aceton und Aceton als Funktion des Stickstoffgehalts.

Nitrocellulose ist der wichtigste Bestandteil von ein- und mehrbasigen Treibladungspulvern. Vereinzelt wird es auch als Bindemittel (z. B. D2-Wachs) in Sprengstoffmischungen verwendet (z. B. Nipolit oder Detasheet). Daneben findet NC zunehmend Anwendung in der Pyrotechnik, z. B. in rauchfreien Indoor-Formulierungen, aber auch in spektral angepassten Leuchtsätzen für IR-Täuschkörper.

Tab. N.11: Sicherheitstechnische Eigenschaften und Leistung von Nitrocellulosen.

Stickstoffgehalt (Gew.-%)	13,3	14
Schlag-E (J)	3 (BAM)	1,5
Reib-E (N)	>353	
DSC onset (°C)	180–220	
c_p (J g^{-1} K^{-1})	0,996	
Koenen (mm)	20	
Trauzl (cm^3)	370	

Nitrocubane
nitrocubanes

Nitrocubane gehören zur Gruppe der Polynitropolyeder und sind aufgrund des hohen Energiegehalts, der hohen Dichte und wegen ihrer geringen Empfindlichkeit interessante energetische Materialien. Während das unsubstituierte Cuban schon durch leichte Hammerschläge deflagriert, sind die nitrosubstituierten Derivate erstaunlicherweise schlagunempfindlich. Diese Desensibilisierung ist auf die mit dem starken Elektronenzug der Nitrogruppen und verbundene Verkürzung und damit Stärkung der C-C-Käfigbindungen zu erklären. Folgerichtig zerfallen donorsubstituierte Cubane oder alternierend amin- und nitrosubstituierte Cubane spontan. Die komplizierte Synthese der Ausgangsstoffe Cuban bzw. Cuban-1,4-dicarbonsäure verhindert die Synthese der Nitrocubane in größeren Mengen, so dass bislang nur Miligrammmengen der einzelnen Verbindungen für analytische Zwecke hergestellt werden konnten. Tab. N.12 zeigt die bislang hergestellten Derivate, deren experimentelle und berechnete Dichte sowie deren Zersetzungstemperatur. Abb N.6 zeigt die Bezifferung des Cuban-Gerüstes und die sich daraus ergebende systematische Nomenklatur für den Grundkörper Cuban als Pentacyclo[4.2.0.0^{2,5}.0^{3,8}.0^{4,7}]octan.

Tab. N.12: Dichten und Zersetzungspunkte von Cuban und verschiedener Nitrocubane.

Verbindung	CAS-Nr.	Dichte, ber. (g cm^{-3})	Dichte, exp. (g cm^{-3})	Z (°C)
Cuban		1,290	1,30	>200
Nitrocuban		1,474	1,453	>200
1,4-Dinitrocuban		1,660	1,660	257
1,3,5-Trinitrocuban		1,77	1,76	267
1,3,5,7-Tetranitrocuban		1,86	1,81	277
1,2,3,5,7-Pentanitrocuban		1,93	1,96	>200
1,2,3,4,5,7-Hexanitrocuban		2,02	1,931	>200
1,2,3,4,5,6,8-Heptanitrocuban		2,07	2,028	>200
1,2,3,4,5,6,7,8-Octanitrocuban		2,13	1,979	275

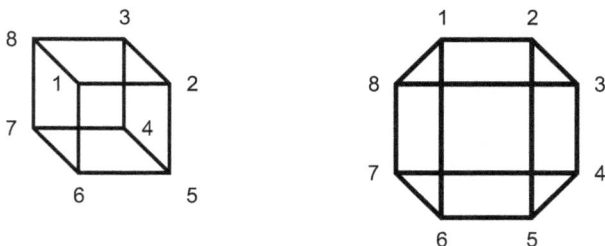

Abb. N.6: Nummerierung des Cubangerüsts.

Entgegen der ursprünglichen Erwartung ist die experimentelle Dichte von ONC mit ρ = 1,98 g cm^{-3} deutlich niedriger (−8 %) als vorhergesagt. Dies wird auf die starke intermolekulare repulsive Wirkung der allseitigen Nitrogruppen zurückgeführt. Das Heptanitrocuban (HpNC) hingegen bildet noch Wasserstoffbrückenbindungen aus und hat deswegen eine um 4 % höhere Dichte als ONC. Cheetah-Rechnungen zeigen für HpNC eine höhere Leistung als für ONC (Tab. N.13). Schließlich könnte die Metallbeschleunigungsfähigkeit ($V/V_{0=7,2}$) von HpNC sogar höher als die von Cl-20 sein.

Tab. N.13: Berechnete Werte zum Vergleich von ONC, HpNC mit CL-20 und HMX.

Verbindung	ONC	HpNC	CL-20	HMX
m_r (g mol^{-1})	464,132	419,136	438,20	296,156
ρ (g cm^{-3})	1,979	2,028	2,044	1,905
$\Delta_f H$ (kJ mol^{-1})	435	356	403	84
Λ (Gew.-%)	0	−9,54	−10,95	−21,61
V_D (m s^{-1})	9492	9618	10.065	9.329
$V/V_{0=7,2}$ (kJ cm^{-3})	−11,31	−11,75	−11,31	−9,76
P_{CJ} (GPa)	40,32	46,48	48,23	39,75

• M. Zhang, P. E. Eaton, R. Gilardi, Hepta- und Octanitrocubane, *Angew. Chem.* **2000**, *112*, 422–426.

2-Nitrodiphenylamin, 2NDPA
2-nitrodiphenylamine

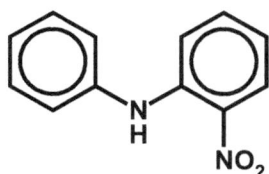

Formel		$C_{12}H_{10}N_2O_2$
GHS		07
H-Sätze		H315-H319-H335
P-Sätze		P261-H302+P352-P305+P351+P338-P321-P405-P501a
EINECS		204-348-6
CAS		[119-75-5]
m_r	g mol^{-1}	214,224
ρ	g cm^{-3}	1,366
Smp	°C	75,5
Sdp	°C	215
$\Delta_f H$	kJ mol^{-1}	78,99

$\Delta_c H$	kJ mol^{-1}	−6230,4
	kJ g^{-1}	−29,084
	kJ cm^{-3}	−39,729
Λ	Gew.-%	−201,65
N	Gew.-%	13,08

2-NDPA ist ein Stabilisator für Treibladungspulver und OTTO-Treibstoff. Seine Reaktionsprodukte mit Stickoxiden sind karzinogen.

Nitroglycerin, NGl

nitroglycerine

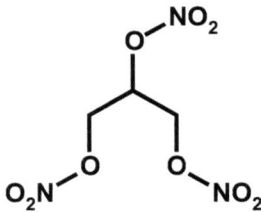

Propan-1,2,3-triyl-1,2,3-trinitrat, Glycerintrinitrat, NG		
Formel		$C_3H_5N_3O_9$
REACH		LRS
EINECS		200-240-8
CAS		[55-63-0]
m_r	g mol^{-1}	227,087
ρ	g cm^{-3}	1,593
$\Delta_f H$	kJ mol^{-1}	−369,87
$\Delta_{ex} H$	kJ mol^{-1}	−1424,2
	kJ g^{-1}	−6,272
	kJ cm^{-3}	−9,991
$\Delta_c H$	kJ mol^{-1}	−1525,1
	kJ g^{-1}	−6,716
	kJ cm^{-3}	−10,699
Λ	Gew.-%	+3,52
N	Gew.-%	18,50
c_p	J g^{-1}	1,3
Z	°C	223−225
P_{vap}	Pa	3,3 10^{-2}
Reib-E	N	> 355
Schlag-E	J	0,2 (BAM)
V_D	m s^{-1}	8980 @ 1,59 g cm^{-3} im 51 mm Stahlrohr 3 mm Wandstärke
Trauzl	cm^3	520
Koenen	mm	24, H
$\varnothing_{cr}$	mm	< 2 @ 20 °C.

NGl war nach Schwarzpulver der erste massenhaft gefertigte Explosivstoff. NGl besitzt heutzutage eine große Bedeutung als Bestandteil ziviler Dynamitsprengstoffe sowie als Bestandteil von zwei- und dreibasigen Treibladungspulvern sowie DB- und CMDB-Festtreibstoffen. Zur *LVD* und *SVD* von NGl siehe *Detonation*. NGl wirkt gefäßerweiternd und wird daher auch als Medikament gegen Angina Pectoris eingesetzt.

- E. Contini, N. Flood, D. McAteer, N. Mai, J. Akhavan, Low hazard small-scale synthesis and chemical analysis of high purity nitroglycerine (NG), *RSC Adv.* **2015**, *5*, 87228–87232.

Nitroguanidin, NGu, NQ, G-Salz, SS N 8050

Picrite, Guanite

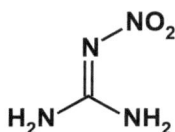

Formel		$CH_4N_4O_2$
REACH		LRS
EINECS		209-143-5
CAS		[556-88-7]
m_r	$g\,mol^{-1}$	104,068
ρ	$g\,cm^{-3}$	1,77
$\Delta_f H$	$kJ\,mol^{-1}$	−86
$\Delta_{ex} H$	$kJ\,mol^{-1}$	−405,7
	$kJ\,g^{-1}$	−3,898
	$kJ\,cm^{-3}$	−6,900
$\Delta_c H$	$kJ\,mol^{-1}$	−879,2
	$kJ\,g^{-1}$	−8,448
	$kJ\,cm^{-3}$	−14,953
Λ	Gew.-%	−30,75
N	Gew.-%	53,83
Z	°C	257
Reib-E	N	> 355
Schlag-E	J	> 50 (BAM)
V_D	$m\,s^{-1}$	8546 @ 1,77 $g\,cm^{-3}$.
P_{CJ}	GPa	26,8 @ 1,704 $g\,cm^{-3}$ (NQ/Estane 95/5)
$\varnothing_{cr}$	mm	< 14 @ 1,52 $g\,cm^{-3}$.

NGu ist ein sehr unempfindlicher Explosivstoff, der zwar bereits 1877 von Josselin synthetisiert wurde, aber erst ab den 1930er-Jahren nach den Arbeiten von *Smith* in großtechnischem Maßstab zugänglich geworden war (Abb. N.7).

NGu wurde erstmals in den deutschen Gudolpulvern im 2. Weltkrieg (relativ kühl abbrennende und damit wenig erosive Geschützpulver) verwendet. Typische Kristall-

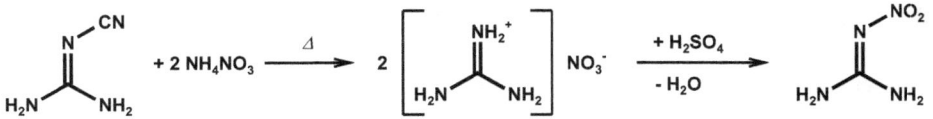

Abb. N.7: Syntheseweg von NGu.

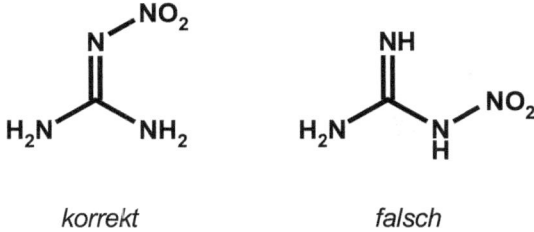

korrekt   *falsch*

Abb. N.8: Korrekte Nitroimin- und falsche Nitroamin-Struktur von NGu.

qualitäten sind: LBD (low bulk density, $\rho \sim 0,3\,\mathrm{g\,cm^{-3}}$), HBD (high bulk density, $\rho \sim 0,9\,\mathrm{g\,cm^{-3}}$) und SHBD (spherical high bulk density, $\rho \sim 1,0\,\mathrm{g\,cm^{-3}}$) NGu findet Anwendung in drei- und vierbasigen TLP, wie z. B. MTLS-Pulver und unempfindlichen Sprengstoffmischungen, wie z. B. *IMX 101* oder AFX-770. NGu ist deutlich leistungsfähiger und unempfindlicher als FOX-12 und durch seine einfache Herstellung auch um ein Vielfaches preisgünstiger als FOX-12. Die Struktur von NGu wird oftmals fälschlicherweise als Nitroamin angegeben (Abb. N.8). Allerdings zeigen Untersuchungen in Lösung und im Kristall, dass NGu ein Nitroimin ist. Tab. N.14 zeigt typische Partikeltypen, deren Eigenschaften und Verwendung.

NGu ist schwer löslich in Wasser und Aceton, aber leicht löslich in aprotischen polaren Lösemitteln wie z. B. Dimethylformamid (DMF), N-Methyl-2-pyrrolidon (NMP) oder Dimethylsulfoxid (DMSO) sowie ionischen Flüssigkeiten.

Tab. N.14: Eigenschaften und Verwendung verschiedener NGu-Morphologien.

		UF	LBD	HBD	SHBD
Kristalldichte	$\mathrm{g\,cm^{-3}}$		1,72–1,73	1,75	1,76
Schüttdichte	$\mathrm{g\,cm^{-3}}$		0,3	0,9	1,15
A_s	$\mathrm{m^2\,g^{-1}}$	> 100	4–25	4	< 0,5
Kristallitgröße	nm		~120	~120	
Morphologie	–	kugelig	nadelig	prismatisch	kugelig
Durchmesser	µm	0,300	3–15	60–70	50–1000
Verwendung[a]	–	TLP	TLP	FTS, HE	HE

[a] TLP = Treibladungspulver, FTS = Festtreibstoffe, HE = Sprengstoffe.

- C. S. Choi, Refinement of 2-Nitroguanidine by Neutron Powder Diffraction, *Acta Cryst.* **1981**, *B37*, 1955–1957.
- S. Bulusu, R. L. Dudley, J. R. Autera, Structure of Nitroguanidine: Nitroamine or Nitroimine? New NMR Evidence from ^{15}N-Labeled Sample and [15]N Spin Coupling Constants, *Magnet. Res. Chem.* **1987**, *25*, 234–238.
- J. Bracuti, Crystal Structure Refinement of Nitroguanidine, *J. Chem. Crystallog.* **1999**, *29*, 671–676.
- E.-C. Koch, Insensitive High Explosives III. Nitroguanidine, Synthesis – Structure – Spectroscopy – Sensitiveness, *Propellants Explos. Pyrotech.* **2019**, *44*, 267–292.
- E.-C. Koch, Insensitive High Explosives IV. Nitroguanidine, Initiation & Detonation, *Defence Technology*, **2019**, *44*, accepted for publication.

Nitromethan, NM

nitromethane

Formel		CH_3NO_2
GHS		02, 07
H-Sätze		H226-H302
P-Sätze		P260-P370+P380+P375
UN		1261
EINECS		200-876-6
CAS		[75-52-5]
m_r	$g\,mol^{-1}$	61,04
ρ	$g\,cm^{-3}$	1,139
$\Delta_f H$	$kJ\,mol^{-1}$	−112,55
$\Delta_{ex} H$	$kJ\,mol^{-1}$	−290,7
	$kJ\,g^{-1}$	−4,762
	$kJ\,cm^{-3}$	−5,424
$\Delta_c H$	$kJ\,mol^{-1}$	−709,7
	$kJ\,g^{-1}$	−11,627
	$kJ\,cm^{-3}$	−13,243
Λ	Gew.-%	−39,32
N	Gew.-%	22,95
Smp	°C	−29,2
Sdp	°C	101,15
P_{vap}	kPa	3,2
V_D	$m\,s^{-1}$	6210 @ 1,139 g cm^{-3}
Schlag-E	J	30
Koenen	mm	< 1, Typ O
$\varnothing_{cr}$	mm	18

NM wurde erstmals 1872 synthetisiert. Aufgrund seiner extrem geringen Empfindlichkeit gelang es erst 1938 dessen Detonationsfähigkeit zu zeigen. NM wird gerne als Modellverbindung zur Untersuchung des Verhaltens von Nitroverbindungen herangezogen. Nitromethan wird auch als Monoergol in Gelantrieben untersucht.

- U. Teipel, U. Förter-Barth, Rheological Behavior of Nitromethane Gelled with Nanoparticles, *J. Propul. Power* **2005**, *21*, 40–43.
- S. Kelzenberg, N. Eisenreich, W. Eckl, Modelling Nitromethane Combustion, *Propellants Explos. Pyrotech.* **1999**, *24*, 189–194.

4-Nitro-2-(5-nitro-*1H*-1,2,4-triazol-1-yl)*2H*-1,2,3-triazol

4-nitro-2-(1-nitro-1H-1,2,4-triazol-3-yl)-2H-1,2,3-triazole

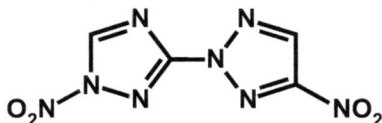

Aspekt		blassgelbe Kristalle
Formel		$C_4H_2N_8O_4$
CAS		[210708-11-5]
m_r	$g\,mol^{-1}$	226,111
ρ	$g\,cm^{-3}$	1,82
$\Delta_f H$	$kJ\,mol^{-1}$	515,47
$\Delta_{ex}H$	$kJ\,mol^{-1}$	−914,9
	$kJ\,g^{-1}$	−4,046
	$kJ\,cm^{-3}$	−7,364
$\Delta_c H$	$kJ\,mol^{-1}$	−2375,4
	$kJ\,g^{-1}$	−10,505
	$kJ\,cm^{-3}$	−19,120
Λ	Gew.-%	−35,38
N	Gew.-%	49,56
Z	°C	160
Reib-E	N	240
Schlag-E	J	1,5
T_i	°C	256
V_D	$m\,s^{-1}$	*8300 @ 1,82 g cm^{-3}*
	7760 @$1,57$ g cm^{-3*}	
P_{CJ}	GPa	*30,8 @ ρ = 1,82 g cm^{-3}*
$\sqrt{2E}$	$m\,s^{-1}$	*2750 @ ρ = 1,82 g cm^{-3}*
		2550 @ ρ = 1,57 g cm$^{-3*)}$

*) Messwerte einer Formulierung mit 7 Gew.-% Wachs.

Die Verbindung ist im Gegensatz zum isomeren DNBTR sehr empfindlich.

- H. H. Licht, H. Ritter, Synthesis and Explosive Properties of Dinitrobitriazole, *Propellants Explos. Pyrotech.* **1997**, *22*, 333–336.

4-Nitro-2-(5-nitro-*1H*-1,2,4-triazol-3-yl)*2H*-1,2,3-triazol

4-nitro-2-(5-nitro-1H-1,2,4-triazol-3-yl)2H-1,2,3-triazole

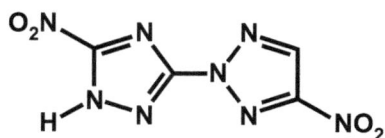

DNBTR		
Formel		$C_4H_2N_8O_4$
CAS		[159536-71-7]
m_r	$g\,mol^{-1}$	226,111
ρ	$g\,cm^{-3}$	1,89
$\Delta_f H$	$kJ\,mol^{-1}$	189,90
$\Delta_{ex} H$	$kJ\,mol^{-1}$	−986,3
	$kJ\,g^{-1}$	−4,362
	$kJ\,cm^{-3}$	−8,244
$\Delta_c H$	$kJ\,mol^{-1}$	−2049,8
	$kJ\,g^{-1}$	−9,066
	$kJ\,cm^{-3}$	−17,134
Λ	Gew.-%	−35,38
N	Gew.-%	49,56
Smp	°C	178
Z	°C	247
Reib-E.	N	> 360
Schlag-E.	J	> 15
V_D	$m\,s^{-1}$	*7985 @ 1,89 g cm^{-3}*
$\sqrt{2E}$	$m\,s^{-1}$	*2610 @ ρ = 1,89 g cm^{-3}*

DNBTR ist im Gegensatz zum isomeren 4-Nitro-2-(5-nitro-*1H*-1,2,4-triazol-1-yl)*2H*-1,2,3-triazol sehr unempfindlich.

- H. H. Licht, H. Ritter, New Energetic Materials from Triazoles and Tetrazines, *J. Energ. Mater.* **1994**, *12*, 223–235.

5-Nitro-2,4,6-triaminopyrimidin-1,3-dioxid, NTAPDO

2,4,6-triamino-5-nitro-pyrimidine-1,3-dioxide

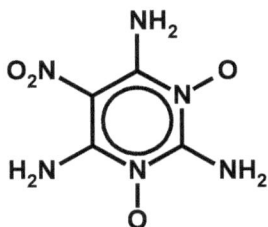

Aspekt	gelbe Kristalle	
Formel	$C_4H_6N_6O_4$	
CAS	[19867-41-5]	
m_r	$g\,mol^{-1}$	202,128
ρ	$g\,cm^{-3}$	1,81
$\Delta_f H$	$kJ\,mol^{-1}$	20
$\Delta_{ex} H$	$kJ\,mol^{-1}$	−925,2
	$kJ\,g^{-1}$	−4,577
	$kJ\,cm^{-3}$	−8,285
$\Delta_c H$	$kJ\,mol^{-1}$	−2451,6
	$kJ\,g^{-1}$	−12,129
	$kJ\,cm^{-3}$	−21,953
Λ	Gew.-%	−55,41
N	Gew.-%	41,58
Schlag-E	cm	91
T_i	°C	256
V_D	$m\,s^{-1}$	*8025 @ 1,81 g cm^{-3}*
P_{CJ}	GPa	*28,01 @ ρ = 1,81 g cm^{-3}*

NTAPDO ist günstig herzustellen und weniger empfindlich als z. B. Hexogen.

- R. W. Millar, S. P. Philbin, R. P. Claridge, J. Hamid, Novel Insensitive High Explosive Compounds Based on Heterocyclic Nuclei Pyridines, Pyrimidines, Pyrazines and Their Benzo Analogues, *ICT-Jata* **2002**, V4.

3-Nitro-1,2,4-triazol-5-on, NTO, ONTA

5-nitro-2,4-dihydro-1,2,4-triazol-3-one

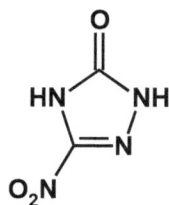

Formel		$C_2H_2N_4O_3$
REACH		LRS
EINECS		213-254-4
CAS		[932-64-9]
m_r	g mol^{-1}	130,063
ρ	g cm^{-3}	1,93
$\Delta_f H$	kJ mol^{-1}	−97
$\Delta_{ex} H$	kJ mol^{-1}	−528,3
	kJ g^{-1}	−4,062
	kJ cm^{-3}	−7,840
$\Delta_c H$	kJ mol^{-1}	−975,9
	kJ g^{-1}	−7,503
	kJ cm^{-3}	−14,481
Λ	Gew.-%	−24,6
N	Gew.-%	43,08
Z	°C	264
Reib-E	N	296
Schlag-E	J	> 50 (BAM)
V_D	m s^{-1}	7860 @ 1,80 g cm^{-3}.
		8500 @ 1,91 g cm^{-3}.
P_{CJ}	GPa	*29,4 @ 1,80 g cm^{-3}*
⌀cr	mm	< 3

NTO ist ein wichtiger unempfindlicher Sprengstoff. Es wird in einer Vielzahl sehr unempfindlicher, schmelzgießbarer und aushärtbarer Formulierungen wie z. B. *IMX-101*, *IMX-104*, XF13333, B-2248 verwendet (Tab. N.15). NTO ist gut löslich in Wasser und Aceton (~ 10 g l^{-1}). NTO bildet mit einer Vielzahl von Stickstoffbasen (z. B. Guanidin und dessen Derivaten) sehr unempfindliche Salze, die für Treibladungsanwendungen und Gasgeneratoren von Interesse sind. Die elektrochemische Oxidation von NTO in angesäuerten wässrigen Lösung liefert unter Komproportionierung den sehr unempfindlichen Explosivstoff *AZTO*.

Tab. N.15: Zusammensetzungen mit NTO und deren Eigenschaften.

Zusammensetzung	XF13333	B2248	Eigenschaften	XF13333	B2248
NTO (Gew.-%)	48	46	ρ	1,727	1,685
HMX (Gew.-%)	–	42	V_D (m s^{-1})	7143	8050
TNT (Gew.-%)	31	–	P_{CJ} (GPa)	22,4	–
Al, sphärisch (Gew.-%)	14	–	Reib-E (N)	296	> 355
HTPB (Gew.-%)	–	12	Schlag-E (J)	> 50	
D2-Wachs (Gew.-%)	7	–	$\varnothing_{cr}$ (mm)	60	13

Nobel, Alfred (1833–1896)

Der gebürtige Schwede Alfred Nobel studierte in St. Petersburg Chemie und lernte über seinen Lehrer Nikolai N. Sinin (1812–1880) das Nitroglycerin, (NGl), kennen. Da das flüssige NGl bei Kontakt mit dem Feuerstrahl einer Schwarzpulveranzündschnur nur unregelmäßig zündet, ersann Nobel zunächst das Prinzip der Initialzündung (1863). Zur Verbesserung der Handhabungssicherheit von NGl erfand er 1864 durch Aufsaugen von NGl in Kieselgur das Gurdynamit (1864) und später die weitaus beständigere und sicherere Sprenggelatine (1875) und ermöglichte damit erst die massenhafte Verwendung von NGl als Sprengstoff. 1887 entwickelte Nobel das erste rauchlose TLP *Ballistit.*

- U. Larsson, *Alfred Nobel – Networks of Innovation*, Nobel Museum, Stockholm, **2008**, 216 S.
- Website des Nobel Museums in Stockholm http://www.nobelmuseum.se/en/deutsch, Zugriff am 25. März 2019.

Nowitschok
Novichok

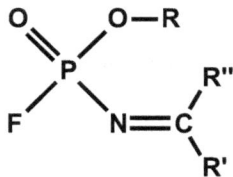

Nowitschok bezeichnet eine Reihe bislang nicht klar charakterisierter Nervenkampfstoffe des angenommenen allgemeinen Aufbaus wie in der Strukturformel gezeigt. R = Alkyl, R′, R″ = Aminodialkyl und Alkyl. Die Veröffentlichung eines am Nowitschok-Programm beteiligten Chemikers und Dissidenten hat maßgeblich zur Kenntnis außerhalb der ehemaligen Sowjetunion über diese Verbindungsklasse beigetragen.

- V. S. Mirzayanov, *State Secrets, An Insider's Chronicle of the Russian Chemical Weapons Program*, Outskirts Press Inc., Denver, **2009**, 142–168.

NT-Nebel

NT smoke

(NT = **N**icht **t**oxisch) Das Aerosol herkömmlicher HC-Nebelsätze ist aufgrund der entstehenden Säure $Zn(H_2O)_6Cl_2$ stark korrosiv und führt bei Kontakt mit Haut und Schleimhäuten zu schwerwiegenden Verätzungen, so dass es bei der Inhalation dieser Nebel bislang zu zahlreichen Todesfällen gekommen ist. Aus diesem Grund entwickelte *Krone* in den 1980er-Jahren mit Ammoniumchlorid modifizierte HC-Nebelsätze (NT Nebel). Beim Abbrand von NT entstehen nur schwach sauer reagierende Ammoniakate des Typs $[Zn(NH_3)_2]Cl_2$. NT-Nebelsätze konnten sich allerdings nicht durchsetzen. Zunächst hat NT eine 25 % niedrigere Aerosolausbeute als HC und außerdem wird das Ammoniakat in der Lunge wieder hydrolytisch gespalten und wirkt dort erneut als Hexaquo-Komplex stark sauer und entfaltet ohne Reizwarnung beim Einatmen seine toxische Wirkung.

- U. Krone, Herstellung und Bearbeitung eines Neuen Pyrotechnischen Nebelsatzes NT-Nebel, *ICT-Jata*, Karlsruhe, **1981**, 211–234.
- U. Krone, Pyrotechnisch erzeugte Tarnnebel – Vom HC zum NG Nebel. *Sprengstoffgespräch*, Lünen, **1996**, 161–167.

O

ODTX, One Dimensional Time to Explosion

Mit der ODTX-Prüfung werden die thermische Empfindlichkeit und die thermische Explosion energetischer Stoffe (Cook-off) untersucht. Durch die ODTX-Prüfung werden Grenztemperaturen bei denen eine thermische Explosion einsetzt, die Zeitdauer bis zur thermischen Explosion und die Heftigkeit der thermischen Explosion ermittelt. Aus diesen Informationen können dann Aktivierungsenergien und Frequenzfaktoren der thermischen Explosion sowie wichtige Rahmenbedingungen für den sicheren Umgang und die Lagerung der untersuchten Explosivstoffe abgeleitet werden. Die ODTX-Prüfung kann mit zylindrischen und sphärischen Probekörpern unterschiedlicher Größe durchgeführt werden. Typisch ist die in Abb. O.1 gezeigte Anordnung. Bei der Prüfung wird eine kugelförmige Probe des Explosivstoffs ($\varnothing$ = 12,7 mm) formschlüssig zwischen zwei zylindrischen, elektrisch beheizbaren Aluminiumkalotten ($\varnothing$ = 75 mm, l = 50 mm) eingeschlossen. Die beiden Kalotten werden durch einen dazwischenliegenden Kupferring und eine umlaufende Klinge abgedichtet. Diese Anordnung wird kraftschlüssig in einer Presse gehalten und hält Gasdrucken bis zu p = 150 MPa stand. Bei gegebener Temperatur wird die Zeit bis zum Eintritt der Explosion gemessen.

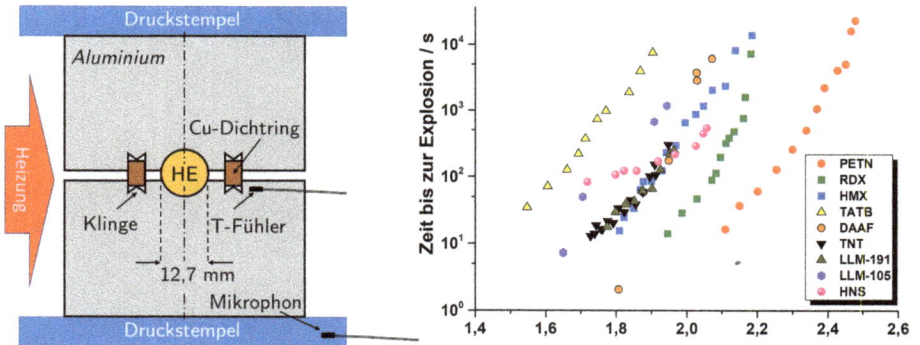

Abb. O.1: Messaufbau für die kleine ODTX-Prüfung (links) und typische Messwerte (rechts).

- Michael L. Hobbs, Michael J. Kaneshige, and William W. Erikson, Predicting Large-scale Effects During Cookoff of PBXs and Melt-castable Explosives, *26th ICDERS*, July 30th – August 4th, **2017**, Boston, MA, USA, 6.

https://doi.org/10.1515/9783110559651-014

Oktal

octal

In Analogie zu *Hexal* ist Oktal eine Mischung aus mit 5 Gew.-% Wachs phlegmatisiertem Oktogen mit Aluminium im Massenverhältnis 70/30 (Tab. O.1).

Tab. O.1: Zusammensetzung und Eigenschaften von Oktal.

Zusammensetzung	
Oktogen (Gew.-%)	66,70
Aluminium (Gew.-%)	30,00
Montanwachs (Gew.-%)	3,30
V_D (m s^{-1})	7810 @ 1,81 g cm^{-3}
Trauzl (cm^3)	553 @ 1,23 g cm^{-3}
Koenen (mm)	3 (F)
Reib-E (N)	240
Schlag-E (J)	7,5
c_p (J g^{-1} K^{-1})	1,073
Z (°C)	160

Ähnlich wie bei Hexal wird auch bei Oktal die thermische Zersetzung bei T = 160 °C durch im Wachs gelöstestes Oktogen initiiert.

- P. Langen, P. Barth, Investigation of the Explosive Properties of HMX/AL 70/30, *Propellants Explos.* **1979**, 4, 129–131.

Oktogen, HMX, SS H 8200

octogen, cyclotetramethylenetetranitramine

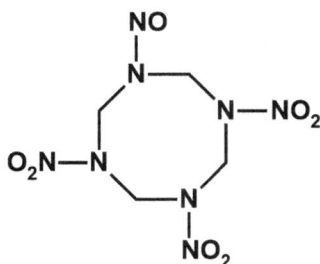

Cyclotetramethylenetetranitramin	
Formel	C$_4$H$_8$N$_8$O$_8$
REACH	LRS
EINECS	220-260-0
CAS	[2691-41-0]

m_r	g mol^{-1}	296,156				
ρ	g cm^{-3}	1,906 (β-Polymorph)				
$\Delta_f H$	kJ mol^{-1}	84,01				
$\Delta_{ex} H$	kJ mol^{-1}	−1738,6				
	kJ g^{-1}	−5,870				
	kJ cm^{-3}	−11,189				
$\Delta_c H$	kJ mol^{-1}	−2801,4				
	kJ g^{-1}	−9,459				
	kJ cm^{-3}	−18,029				
Λ	Gew.-%	−21,61				
N	Gew.-%	37,83				
Z	°C	280				
Koenen	mm	8, H				
Trauzl	cm^3	480				
Polymorph		α	β	γ	δ	ε
ρ	g cm^{-3}	1,838	1,906	1,78	1,786	1,92
Reibe- E	N	108	120	144	108	
Schlag-E	J	2	7,5	2	1	–
c_p	J g^{-1} K^{-1}	1,038	1,017	1,109	1,310	–
V_D	m s^{-1}	9100 @ 1,90 g cm^{-3}				
P_{CJ}	GPa	39,5 @ 1,90 g cm^{-3}				
TL		1376-820				
STANAG		4284				
MIL-DTL		45444C				

Oktogen, auch abgekürzt HMX (**H**igh **M**elting **E**xplosive im Vergleich zu RDX, das bei deutlich niedriger Temperatur schmilzt) ist nach ε-CL-20 der leistungsfähigste, kommerziell verfügbare Sprengstoff und findet insbesondere Anwendung in Hohl- und projektilbildenden Ladungen sowie Verstärkerladungen. HMX wurde unabhängig von *Whitmore* (USA, 1942) und *Fischer* (Deutschland, 1943) entdeckt und charakterisiert. Fischer ersann in Analogie zu Hexogen den Namen Oktogen. Whitmore bezeichnete die Verbindung in Analogie zu RDX als HMX. Die Verbindung wurde zunächst nur in den damals gängigen *Bleiblocktests* untersucht. Aufgrund der zu Hexogen geringeren Ausbauchung erfolgten zunächst weder in Deutschland noch in den USA Anstrengungen, HMX in größerem Umfang zu synthetisieren. Erst in den 1950er-Jahren wurde das tatsächliche Leistungspotential von HMX erkannt.

Militärisch gängige Partikelgrößenverteilungen des HMX werden mit den Kornklassen (kurz Klassen) 1 bis 5 bezeichnet und setzen sich wie in Tabelle O.2 dargestellt zusammen.

- H. Fischer, Notiz über die Darstellung von Oktogen, *Chem. Ber.* **1949**, *82*, 192–193.
- H. H. Licht, HMX (Octogen) and its Polymorphic Forms, *Chem. Stab. of Expl.*, Tyringe, Sweden, **1970**, 168–179.
- M. Herrmann, W. Engel, N. Eisenreich, Thermal Expansion, Transitions, Sensitivities and Burning Rates of HMX, *Propellants Explos. Pyrotech.* **1992**, *17*, 190–195.

Tab. O.2: Oktogen-Kornklassen.

Mesh-Sieb-Nr. Kornklasse	Maschenweite (µm)	Durchgang durch Sieb (%)					
		1	2	3	4	5	6
8	2360				100		
12	1700			99–100	85–100		99–100
35	500				10–40		
50	300	84–96	100	25–55			90–100
100	150	40–60		10–30	0–15		50–80
120	125		98–100				
200	75	14–26		0–20			15–45
325	45	3–13	75–100			98–100	5–25

Oktol, SSM TH 8910–8920
octol

Mit Oktol werden schmelzgießbare Mischungen auf der Grundlage von TNT mit hohem Oktogengehalt bezeichnet (Tab. O.3). Aufgrund des großen Dichteunterschieds der Komponenten kommt es beim Gießen zu einer Anreicherung des dichteren Oktogens am Boden des Gußkörpers. Oktol wird insbesondere für hohl- und projektilbildende Ladungen verwendet.

Tab. O.3: Zusammensetzung und Eigenschaften von Oktol.

	Typ I -Oktol 75/25	Typ II-Oktol 70/30
SSM	TH 8910	TH 8920
Oktogen(Gew.-%)	75	70
TNT (Gew.-%)	25	30
Wachs (Gew.-%)	–	–
ρ gegossen (g cm^{-3})	1,800	1,790
ρ gegossen unter Vakuum (g cm^{-3})	1,810–1,825	1,805–1,810
TMD (g cm^{-3})	1,835	1,822
ρ (g cm^{-3})	1,81	1,81
V_D (m s^{-1})	8643	8319
P_{CJ} (GPa)	31,4	
$\Delta_{ex}H$ (kJ g^{-1})		4,732
Schlag-E (J)	–	20
c_p (J K^{-1} g^{-1})	–	0,84
NOL-SLGT (GPa)	1,86	
BICT-Wasser-Gap Test (GPa)		2
SCO (Reaktionstyp/°C)	I/201	
$\sqrt{2E_G}$ (m s^{-1})	2910	2790

Varianten von mit Aluminium versetztem Oktol werden als *Oktonal* (siehe *HTA-3*) bezeichnet.

OTTO-II

OTTO-II bezeichnet ein stabilisiertes Monoergol zum Antrieb von Torpedos. Es enthält:

- 75 Gew.-% Propylenglycoldinitrat
- 23 Gew.-% Dibutylsebacat
- 2 Gew.-% Nitrodiphenylamin

1H,4H-[1,2,5]Oxadiazolo[3,4-c][1,2,5]oxadiazol-3,6-dioxid

1H,4H-[1,2,5]oxadiazolo[3,4-c][1,2,5]oxadiazol 3,6-dioxide

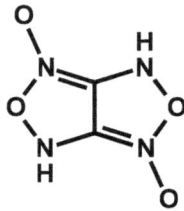

ODOD		
Formel		$C_2H_2N_4O_4$
CAS		[928170-96-1]
m_r	$g\,mol^{-1}$	146,06
ρ	$g\,cm^{-3}$	$2,00 \pm 0,1$
$\Delta_f H$	$kJ\,mol^{-1}$	264
$\Delta_{ex} H$	$kJ\,mol^{-1}$	−1024,9
	$kJ\,g^{-1}$	−7,017
	$kJ\,cm^{-3}$	−14,034
$\Delta_c H$	$kJ\,mol^{-1}$	−1336,9
	$kJ\,g^{-1}$	−9,153
	$kJ\,cm^{-3}$	−18,306
Λ	Gew.-%	−10,95
N	Gew.-%	38,36
V_D	$m\,s^{-1}$	7975 @ $\rho = 1,67\,g\,cm^{-3}$
$P_{CJ}^{*)}$	GPa	31 @ $\rho = 1,67\,g\,cm^{-3}$
$\sqrt{2E_G}$	% HMX	130 @ $V/V_0 = 2,20$

Wallin und Kollegen haben ODOD erstmals 2007 als zukünftigen Explosivstoff vorgeschlagen.

- H. Östmark, S. Wallin, P. Goede, High Energy Density Materials (HEDM) Overview, Theory and Synthetic Efforts at FOI; *Cent. Eur. J. Energ. Mater.* **2007**, *4*, 83–108.

Oxite

Als Oxite werden extrudierbare Anzündmischungen für TLPs bezeichnet, die sauerstoffüberbilanziert sind und nur wenige heiße Partikel beim Abbrand liefern.
–   30,79 Gew.-% Nitrocellulose, 13,5 % N
–   20,69 Gew.-% Nitroglycerin (Gew.-%)
–   47,49 Gew.-% Kaliumperchlorat(Gew.-%)
–   1,00 Gew.-% Centralit I
–   0,03 Gew.-% Ruß

•   C. Roller, B. Strauss, D. S. Downs, „Development of Oxite – A Strand Igniter Material for LOVA
     Propellant," CPIA Publication 432, **1985**, II, 377–390.

Oxyliquit, Sprengluft

Oxyliquit bezeichnet historische Sprengstoffmischungen, die vor Ort durch Tränken poröser Brennstoffe wie z. B. Korkmehl, Acetylenruß oder Holzmehl mit flüssigem Sauerstoff erhalten wurden. Im Bleiblocktest ergeben Oxyliquite Volumina zwischen 500 bis 700 cm^3.

P

Panzerung
armour

Eine Panzerung dient hauptsächlich dem Schutz vor Hohlladungsstacheln. Hierbei ist zwischen passiver, reaktiver und aktiver Panzerung zu unterscheiden.

Passive Panzerung
passive armour

Die von einem Holladungsstachel erzeugte Kratertiefe in einer halbunendlichen Panzerplatte wird durch dessen Dichte ρ_j und Geschwindigkeit v_j des Stachels und andererseits durch die Fließgrenze σ und Dichte der Panzerplatte ρ_z bestimmt. Es ist bekannt, dass ab $v_j \leq v_j^*$ der Stachel steckenbleiben muss.

$$v_j^* = 1,25 \cdot \sqrt{2\sigma_z} \cdot (\rho_j \cdot \rho_z)^{-\frac{1}{4}}$$

Das Steckenbleiben des Stachels ist bei einer herkömmlichen Panzerplatte auf die durch bei zunehmender Härte des Stahls bewirkte zunehmende Kraterverjüngung zurückzuführen. Allerdings können auch andere Werkstoffe und Zielkonfigurationen eine zunehmende Kraterverjüngung bis hin zur Kraterschließung und damit ein Steckenbleiben des Stachels bewirken. Zu letztgenannten Materialien zählt z. B. Glas. Bei der Penetration eines HL-Stachels in Glas beispielsweise führt dessen Zersplitterung zu einer schlagartigen Verringerung der Dichte und damit zu einer Volumenexpansion, die eine Kraterschließung und damit ein Steckenbleiben des Stachels bewirkt. Durch bestimmte geometrische Anordnungen kann die Stoßwelle eines Impakts eines HL-Stachels in einem Ziel auf den Krater zurück fokussiert werden (Polyethylen in Stahl), die dort wiederum dessen Schließung und damit ein Steckenbleiben des Stachels bewirken. Panzerungen, die mit diesem Wirkprinzip arbeiten, werden als NERA (Non-Energetic Reactive Armour) bezeichnet.

Reaktive Panzerung
(explosive) reactive armour (ERA)

Bei reaktiven Panzerungen wird deren Wirkung erst durch den Stachel selbst ausgelöst.

Als Mechanismen, die bei reaktiven Panzerungen die Wirkung eines Hohlladungsstachels vermindern, können genannt werden:
- Ablenkung des Stachels: dadurch folgen die einzelnen Partikel nicht einander in denselben Krater, sondern schlagen großflächig nebeneinander auf und können das Ziel nicht mehr penetrieren.

https://doi.org/10.1515/9783110559651-015

- Kollision: die Stachelpartikel zerplatzen nach Kollision mit den Kraterwänden insbesondere senkrecht zur Stachelrichtung. Daher tritt dieser Effekt nur bei Mehrplattenzielen mit Luftzwischenräumen auf, in die eine Expansion des Partikelsprays erfolgen kann. Große Teile des Stachels werden so aufgebraucht und nur wenige Anteile des ursprünglichen Stachels schlagen auf dem Ziel auf.
- Oxidative Erosion des Stachels (mit hochdichten Oxidatoren ($2PbO \cdot PbO_2$, WO_2, usw.) gefüllte Kassetten)

Diese Effekte können durch sogenannte Sandwich-Anordnungen aus Panzerplatten mit einer Füllung aus inertem, reaktivem (NxRA = Non Explosive Reactive Armour) (oder auch detonationsfähigem Material (ERA = Explosive Reactive Armour) realisiert werden.

Durch den Impakt des HL-Stachels auf die Anordnung kommt es zu einer Auslenkung der Panzerplatten. Diese Bewegung ist im Falle einer inerten, elastischen Füllung Folge des Stoßvorgangs. Im Falle einer Füllung mit pyrotechnischen Stoffen oder auch Sprengstoffen werden durch deren Umsetzung und die Expansion der Reaktionsprodukte die Platten ebenfalls ausgelenkt und wechselwirken mit dem Stachel.

Aktive Panzerung
active defense system (ADS)

Bei aktiven Panzerungen wird der Schutzmechanismus (z. B. das Entgegenschießen von Blast- und Splitterladungen zur Ablenkung oder Zerstörung der Hohlladungen und EFPs durch radar- und lasergesteuerte Sensorik ausgelöst.

- C. Fauquignon, P.-Y. Chanteret, Entwicklung der Panzerungen gegen Hohlladungen in G. Weihrauch (Hrsg.), *Ballistische Forschung im ISL 1945–1994*, ISL, Saint Louis, Frankreich, **1994**, 75–84.
- W. Trinks, Hohlladungen und Panzerschutz, *Jahrbuch der Wehrtechnik, 8*, **1974**, 155–163.
- U. Deisenroth, *Aktive Panzerung gegen Hohlladungen*, DE3132008C1, **1999**, Deutschland.

PAX

PAX steht für **P**icatinny **A**rsenal E**x**plosive und steht meist einer zwei- bzw. dreistelligen Zahl sowie einem Buchstaben voran, wobei pressbare Sprengstoffmischungen mit *P* und schmelzgießbare Sprengstoffmischungen mit *M* gekennzeichnet sind.

PBX

Das Akronym PBX steht grundsätzlich für **P**lastic **B**onded E**x**plosive, also kunststoffgebundene Explosivstoffe. Daneben wird PBX auch als Nomenklaturbestandteil bei USamerikanischen Sprengstoffmischungen im Geltungsbereich der US-Navy sowie des Department of Energy (DOE) verwendet.

Im Bereich der US Navy gelten folgende Codes:

PBXN-Nummer Qualifizierter Sprengstoff

Die Zahlenbereiche kennzeichnen:

- 1–99 pressbare Mischungen
- 100–199 gießbare Mischungen
- 200–299 extrudierbare Mischungen
- 300–399 injizierbare Mischungen

Experimentelle Sprengstoffe der US Navy beginnen mit folgenden Kürzeln:

Entwicklungsort

- PBXC China Lake
- PBXW White Oak
- PBXIH Indian Head
- PBXAF Air Force

gefolgt von einer Nummer. Siehe die Tabellen im Anhang auf den Seiten 581–583.

Mischungen im Geltungsbereich des DOE setzen sich nur aus dem Akronym PBX und einer vierstelligen Nummer zusammen.

PELE
penetrator with enhanced lateral effects

PELE bezeichnet ein explosivstofffreies Geschoss mit verstärkter lateraler Splitterwirkung zur Bekämpfung harter und halbharter Ziele. Das PELE-Geschoss besteht aus einer metallischen, zylindrischen Hülse hoher Dichte (die spröde sein kann) und einer Füllung aus einem kompressiblen Material niedrigerer Dichte (z. B. PE oder Al). Beim Auftreffen des Projektils dringt die Hülse in das Zielmaterial, während das Füllmaterial durch das Eindringen der Hülse komprimiert wird. Durch den stetig ansteigenden Druck (Abb. P.1) im Füllmaterial wird die Hülse beim Eindringen ins Ziel in lateraler Richtung zunehmend aufgeweitet. Vor der Hülse baut sich mit fortschreitendem Eindringen in das Ziel weiterhin ein Materialpropfen auf, der schließlich abgeschert wird. Nach dem Austritt aus der Zielstruktur wird die unter starkem Druck stehende Hülse nun lateral zerlegt. Die Zersplitterung (Abb. P.1) steigt

- bei dünner werdender Hülsenstärke, D-d
- mit abnehmender Duktilität des Hülsenmaterials
- bei steigender Auftreffgeschwindigkeit, v_i
- bei steigender Zielstärke, x_z
- bei steigender Dichte des Füllmaterials, ρ_F

Der Druck p_i im Füllmaterial hängt linear von der Auftreffgeschwindigkeit v_0 ab. Da bei typischen Geschossgeschwindigkeiten nur schwache Stoßwellen erzeugt werden, genügen für die Beschreibung des Drucks die akustische Impedanz des Füll- und Zielmaterials.

$$p_i = v_i \cdot \frac{a_F \cdot a_Z}{a_F + a_Z} \quad \text{mit} \quad a_i = \rho_i \cdot c_L$$

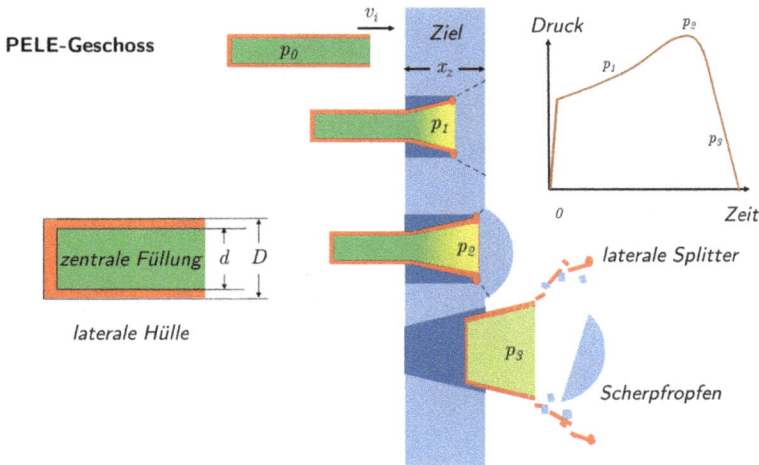

Abb. P.1: Schematische Funktion des PELE-Geschosses (nach Paulus et al. 2006).

- J. Verreault, Analytical and numerical description of the PELE fragmentation upon impact with thin target plates, *Int. J. Impact Eng.* **2015**, *76*, 196–206.
- G. Paulus, V. Schirm, Impact Behaviour of PELE projectiles perforating thin target plates, *Int. J. Impact Eng.* **2006**, *33*, 566–579.
- G. Paulus, B. Wellige, G. Gütter, G. Koerber, *Möglichkeiten zur Variation der Lateralwirkung bei PELE*, Schwerpunktaufgabe 2.11, Deutsch-Französisches Forschungsinstitut ISL, Saint Louis, 2. März **2006**.
- G. Paulus, B. Wellige, G. Gütter, *Zum Durchschlag dünner Platten mit PELE-Geschossen*, Schwerpunktaufgabe 2.11, Deutsch-Französisches Forschungsinstitut ISL Saint Louis, März **2005**.

Pentaerythrittetranitrat, PETN, SS-P 8030

pentaerythritol tetranitrate

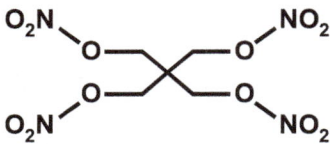

Nitropenta, Pentrit, Pentastit		
Formel		$C_5H_8N_4O_{12}$
REACH		LRS
EINECS		201-084-3
CAS		[78-11-5]
m_r	$g\,mol^{-1}$	316,138
ρ	$g\,cm^{-3}$	1,778
$\Delta_f H$	$kJ\,mol^{-1}$	−462
$\Delta_{ex} H$	$kJ\,mol^{-1}$	−1875,1
	$kJ\,g^{-1}$	−5,931
	$kJ\,cm^{-3}$	−10,546
$\Delta_c H$	$kJ\,mol^{-1}$	−2583,9
	$kJ\,g^{-1}$	−8,173
	$kJ\,cm^{-3}$	−14,532
Λ	Gew.-%	−10,12
N	Gew.-%	17,72
c_p	$J\,K^{-1}\,mol^{-1}$	
$\Delta_{sub} H$	$kJ\,mol^{-1}$	122
Z	°C	192
Reib-E	N	60 (BAM)
Schlag-E	J	3 (BAM)
	cm	12 (Tool 12)
V_D	$m\,s^{-1}$	7975 @ ρ = 1,67 $g\,cm^{-3}$
P_{CJ}	GPa	31 @ ρ = 1,67 $g\,cm^{-3}$
Trauzl	cm^3	523
Koenen	mm	6

PETN dient phlegmatisiert mit Wachs als Explosivstoff (SS-P 8110-8130) in Handgranaten. Daneben wird es in Mischung mit TNT (Gew.-% 50/50) als Pentolit, SSM-TP 8660 verwendet. Formbare Mischungen mit Hexogen und energetischen und nichtenergetischen Bindern sind als *Semtex* (siehe dort) bekannt.

Pentazeniumsalze

pentazenium salts

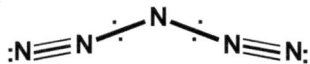

Increased-valence bond Schreibweise des Pentazeniumkations mit anteiligen Elektronenpaarbindungen (dünne Striche) um die im Kristall beobachtete Struktur zu erklären.

Pentazeniumsalze enthalten das gewinkelte N_5^+-Kation. Sie wurden 1999 erstmals durch Christe synthetisiert. Die Salze werden durch Reaktion bei tiefen Temperaturen erhalten und können isoliert und charakterisiert werden. Sie sind mit nichtenergetischen Anionen (z. B. SbF$_6^-$) thermisch bis 70 °C stabil, zersetzen sich aber explosionsartig im Falle stickstoffreicher Anionen wie P(N$_3$)$_6^-$ oder B(N$_3$)$_4^-$ beim Erwärmen noch unterhalb T = −20 °C. Die Synthese des hypothetischen Pentazeniumazids, [N$_5$][N$_3$], gelingt wahrscheinlich wegen des leichten Elektronentransfers zwischen Anion und Kation sowie dem nachfolgend eintretenden Zerfall nicht.

- Christe, K. O., Wilson, W. W., Sheehy, J. A. and Boatz, J. A. (1999), N5+ ein neuartiges homoleptisches Polystickstoff-Ion als Substanz mit hoher Energiedichte. *Angew. Chem.* **1999**, *111*, 2112–2118.
- Haiges, R., Schneider, S., Schroer, T. and Christe, K. O., High-Energy-Density Materials Synthesis and Characterization of N5 + [P(N3)6]−, N5 + [B(N3)4]−, N5 + [HF2]− · n HF, N5 + [BF4]−, N5 + [PF6]−, and N5 + [SO3F]−. *Angew. Chem.* **2004**, *116*, 5027–5032.

Pentazol & Pentazolate

pentazole

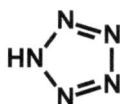

Pentazol, HN$_5$ ist aufgrund des hohen Stickstoffgehalts, N = 98,58 Gew.-%, und der hohen positiven Bildungsenthalpie ein potentielles energetisches Material. Das vom Pentazol abgeleitete Pentazolat, *cyclo*-N$_5^-$ (isoelektronisch mit dem Cyclopentadienyl, C$_5$H$_5^-$, siehe z. B. *Ferrocen*) wurde 2017 erstmals in dem temperaturstabilen Salz [*cyclo*-N$_5$]$_6$[H$_3$O]$_3$[NH$_4$]$_4$[Cl] (Zersetzung ab T = 160 °C) isoliert. Abb. P.2 zeigt die Kationen seither synthetisierter stickstoffreicher Pentazolate, die alle Zersetzungstempera-

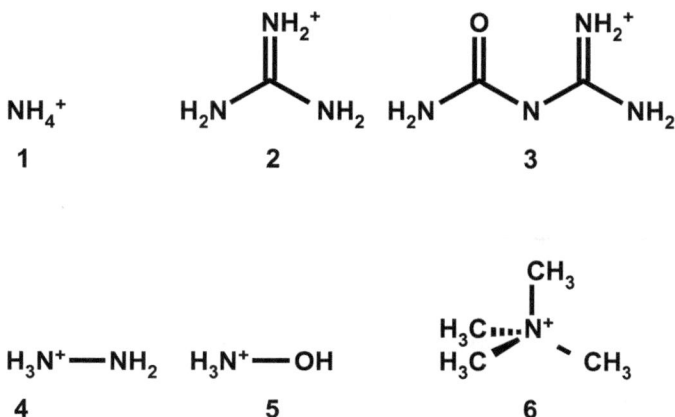

Abb. P.2: Kationen bereits synthetisierter und charakterisierter Pentazolate.

Tab. P.1: Empfindlichkeit und Leistung verschiedener synthetisierter Pentazolate.

Nr.	m_r	ρ (g cm^{-3})	Z (°C)	$\Delta_f H$ (kJ mol^{-1})	N (Gew.-%)	V_D (m s^{-1})	P_{CJ} (GPa)	Schlag-E (J)	Reib-E (N)
1	88,072	1,317	102	+112,1	95,42	8810	21,70	> 50	???
2	144,119	1,483	88	+312,3	86,12	7960	20,14	24	360
3	173,137	1,567	110	+203,4	72,81	6920	18,9	14	160
4	103,087	1,686	85	+471,3	95,11	10.400	37,00	6	100
5	104,071	1,601	104	+371,7	80,75	9930	35,80	6	60
6	144,179	1,218	81	+297,2	58,29	5880	10,08	35	> 360

turen unter 120 °C aufweisen. Zu diesen Salzen enthält Tab. P.1 die auf Raumtemperatur korrigierte Dichte ($\rho_{298K} = \frac{\rho_T}{1+1,5\cdot10^{-4}(298-T)}$) und Empfindlichkeit sowie berechnete Bildungswärmen und detonative Eigenschaften.

- S. Wallin, H. Östmark, N. Wingborg, P. Goede, E. Bemm, M. Norrefeldt, A. Pettersson, J. Pettersson, T. Brinck, R. Tryman, High Energy Density Materials (HEDM) – A Literature Survey, *FOI-R-1418-SE*, December **2004**, Tumba, Schweden.
- C. Zhang, C. Sun, B. Hu, C. Yu, M. Lu, Synthesis and characterization of the pentazolate anion cyclo-N_5^- in $(N_5)_6(H_3O)_3(NH_4)_4Cl$, *Science*, **2017**, *355*, 374–376
- P. Wang, Y. Xu, Q. Lin, M. Lu, Recent advances in the syntheses and properties of polynitrogen pentazolate anion cyclo-N_5^- and its derivatives, *Chem. Soc. Rev.* **2018**, *47*, 7522–7538.
- C. Yang, C. Zhang, Z. Zheng, C. Jiang, J. Luo, Y. Du, B. Hu, C. Sun, K. O. Christe, Synthesis and Characterization of Cyclo-Pentazolate Salts of NH_4^+, NH_3OH^+, $N_2H_5^+$, $C(NH_2)_3^+$ and $N(CH_3)_4^+$, *J. Am. Chem. Soc.* **2018**, *140*, 16488–16494.

Pentolit, SSM-TP 8660

Mit Pentolit wird eine schmelzgießbare Mischung aus TNT/PETN (50/50 Gew.-%) bezeichnet (Tab. P.2). Pentolit 50/50 mit ρ = 1,56 g cm^{-3} dient z. B. als Standard-Donor im NOL-LSGT.

Perchlorsäure
perchloric acid

Formel		HClO$_4$
GHS		03, 05, 07
H-Sätze		271-314-302
P-Sätze		221-283-303+361+353-305+351+338-405-501a
UN		1873
CAS		[7601-90-3]
m_r	g mol^{-1}	100,459
ρ	g cm^{-3}	1,761

$\Delta_f H$	kJ mol^{-1}	-40,58
Smp	°C	-112
Sdp	°C	130
Λ	Gew.-%	+63,71

Reine HClO$_4$ ist eine wasserklare leicht bewegliche Flüssigkeit, die bei Zimmertemperatur an Luft schwach raucht. Die konzentrierten wässrigen Lösungen haben ähnlich wie konzentrierte Schwefelsäure eine ölige Konsistenz. Das Azeotrop (72 % HClO$_4$/28 % H$_2$O) siedet bei Normaldruck bei 203 °C. Die reine Säure wird durch Versetzen des Azeotrops mit der dreifachen Menge hochkonzentrierter Schwefelsäure und Destillation im Heizbad (90–160 °C) bei Drucken zwischen 26 und 40 kPa erhalten.

- A. F. Holleman, E. Wiberg, N. Wiberg, *Anorganische Chemie, Band 1 Grundlagen und Hauptgruppenelemente*, 103. Auflage, De Gruyter, Berlin, **2017**, 521–522.
- G. Brauer, *Handbuch der präparativen Anorganischen Chemie*, Band 1, Ferdinand Enke, Stuttgart, **1975**, 327–329.

Tab. P.2: Zusammensetzung und Eigenschaften von Pentolit.

	Pentolit 50/50
SSM	TP 8660
PETN(Gew.-%)	50
TNT (Gew.-%)	50
TMD (g cm^{-3})	1,71
ρ (g cm^{-3})	1,66
V_D (m s^{-1})	7620
P_{CJ} (GPa)	23,7
$\Delta_{ex} H$ (kJ g^{-1})	5,146
Schlag-E (cm)	30,48
$\varnothing_{cr}$ (mm)	6,7
Z (°C)	142
c_p (J K^{-1} g^{-1})	1,09
Trauzl (cm^3)	366

Perfluorisobutylen, PFIB
Perfluoroisobutene, 1,1,3,3,3-pentafluoro-2-(trifluoromethyl)prop-1-ene

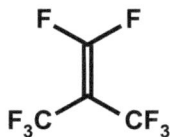

Perfluorisobuten, Octafluorisobutene		
Formel		C_4F_8
CAS		[382-21-8]
EINECS		609-533-9
m_r	$g\,mol^{-1}$	200,03
ρ	$g\,cm^{-3}$	1,59 (0 °C)
ρ	$g\,l^{-1}$	8,2 (25 °C)
$\Delta_f H$	$kJ\,mol^{-1}$	−1600 (geschätzt)
c_p	$J\,mol^{-1}\,K^{-1}$	158,9
T_{crit}	°C	96,25
Smp	°C	−130
Sdp	°C	7
Fp	°C	−36,4
Λ	Gew.-%	−31,99
LCt_{50}	ppm	< 1

PFIB ist ein farb- und geruchloses Gas, das bei der Thermolyse von PTFE in Abwesenheit von Luftsauerstoff entstehen kann. Es wird nicht durch herkömmliche Maskenfilter abgefangen. PFIB führt bei Inhalation zu Lungenödemen und schädigt weiterhin die Leber. Es wird angenommen, dass die ungewöhnlich hohe Toxizität von PFIB auf dessen starker Elektrophilie beruht, die zur Erschöpfung der antioxidativ wirkenden intrazellulären Nukleophile führt.

- H. Arito, R. Soda, Pyrolysis products of polytetrafluorethylene and polyfluoroethylenepropylene with reference to inhalation toxicity, *Ann. Occup. Hyg.* **1977**, *20*, 247–255.
- J. Patocka, J. Baigar, Toxicology of perfluoroisobutene, *ASA Newsl.* **1998**, *5*, 16–18. Accessed at https://www.researchgate.net/publication/315767483_Toxicology_of_Perfluoroisobutene on 25.03.2019

Pfeifsätze
whistling compositions

Pfeifsätze sind in etwa sauerstoffausbilanzierte Mischungen aromatischer Verbindungen mit Oxidationsmitteln, die keinen stabilen Abbrand zeigen (vergleiche Blinksätze). D. h. beim Abbrand finden abwechselnd Phasen mit sehr starker Gasbildung (Explosionen) sowie Phasen mit geringer Gasbildung statt. Diese Sätze sind aufgrund ihrer Zusammensetzung und Stöchiometrie thermisch und mechanisch sehr empfindlich und können insbesondere im unverdichteten Zustand bei akzidenteller Auslösung explosionsartig reagieren.

Verdichtete Pfeifsätze ohne Einschluss brennen mit hörbar zischendem Geräusch. Bei einseitigem Einschluss in einem Rohr kommt es nach einer Phase starker Gasbildung beim Austritt der Gase an der Öffnung des Rohres zu einer Entspannungswelle, die wieder zurück auf die Satzoberfläche läuft und dort reflektiert wird. Es wird angenommen, dass das Auftreffen der Entspannungswelle auf dem Satz die Zersetzung der nächsten Schicht einleitet. Typische Zusammensetzungen sind in Tab. P.3 angegeben.

Pfeifsätze finden auch aufgrund der günstigen Sauerstoffbilanz Anwendung als Wirkmassen in spektral angepassten Täuschkörpern (z. B. SR136).

- M. L. Davies, A Review of the Chemistry and Dynamics of Pyrotechnic Whistles, *J. Pyrotech.* **2005**, *21*, 1–12.
- S. Öztap, The pyrotechnic Whistle and its applications, *Pyrotechnica*, **1987**, *XI*, 49–54.

Tab. P.3: Zusammensetzungen von Pfeifsätzen (in Gew.-%).

Inhaltsstoff	A	B	C	D*)	E	F
KNO$_3$					30	50
KClO$_3$	73	73				
KClO$_4$			75,2	72		
Gallussäure	24					
Kaliumpikrat						50
Kaliumbenzoat				28		
Kaliumdinitrophenolat					70	
Natriumsalicylat		20	19,8			
Gummi arabicum	3					
Paraffinöl			3			
Vaseline		6				
Eisen(III)oxid		1	2			

*) SR-136

Phosgen, CG
phosgene

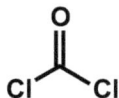

Grünkreuz, D-Stoff, Carbonyldichlorid		
Formel		COCl$_2$
CAS		[75-44-5]
EINECS		200-870-3
m_r	g mol^{-1}	98,916
ρ	g cm^{-3}	1,434 (0 °C)
ρ	g l^{-1}	4,12 (25 °C)
$\Delta_f H$	kJ mol^{-1}	−220,08
$\Delta v H$	kJ mol^{-1}	24,9
c_p	J mol^{-1} K^{-1}	60,7

Smp	°C	-127,8
Sdp	°C	7,56
T_{crit}	°C	183
P_{crit}	MPa	5,6
Λ	Gew.-%	0
LCt_{50}	ppm	3200

Der süßliche Geruch des farblosen CG erinnert in niedriger Konzentration an faules Obst bzw. feuchtes Heu. CG wirkt nur als Inhalationsgift. Besonders gefährlich ist die Tatsache, dass aufgrund des verzögerten Wirkungseintritts (3–12 h) letale Dosen unbemerkt eingeatmet werden können.

- S. Franke, *Lehrbuch der Militärchemie Band 1*, Militärverlag der Deutschen Demokratischen Republik, Berlin **1977**, 338–343.

Phosphor, rot
red phosphorus

Formel		P_R
GHS		02
H-Sätze		H228-H412
P-Sätze		P210-P240-P241-P273-P280-P501a
UN		1338
CAS		[7723-14-0]
m_r	g mol^{-1}	30,974
ρ	g cm^{-3}	2,36
Smp	°C	600–615 (unter Schutzgas),
$T_i(O_2)$	°C	~400–440
$\Delta_{sub}H$	kJ mol^{-1}	-128.1
$\Delta_c H$	kJ mol^{-1}	-735,5
	kJ g^{-1}	-23,746
	kJ cm^{-3}	-56,040
Λ	Gew.-%	-129,136
Spezifikation		STANAG 4679

Mit abnehmender Korngröße violettbraun, ziegelrot bzw. orangerotes Pulver mit charakteristischem Geruch nach Phosphan, PH_3, (fischig-knoblauchartig). Roter Phosphor, (P_R), wird durch monotrope Umwandlung des weißen Phosphors erhalten. P_R wird leicht durch physikalische Stimuli (Druck, Reibung, Schlag, Temperatur, elektrische Entladung) an Luft entzündet.

Infolge der fortwährenden PH_3-Entwicklung und der nachfolgenden Oxidation und Hydrolyse an Luft ist nicht stabilisierter roter Phosphor stets mit Phosphorsäuren der Oxidationsstufen +1 bis +5 kontaminiert. Auch enthält roter Phosphor stets geringe Mengen weißen Phosphors.

P_R kann leicht durch Druck, Schlag, Reibung oder elektrostatische Entladung zur Entflammung gebracht werden. Auf dem Markt gibt es technische P_R-Qualitäten, bei denen die Teilchengröße des P_R durch Agglomeration und Beschichtung mit Polymeren vergrößert wird, um so den durch adiabatische Kompression leicht zu entzündenden gefährlichen Staubanteil ≪ 1 μm zu reduzieren. Daher sind pyrotechnische Sätze auf Grundlage von rotem Phosphor unbedingt mit stabilisierten bzw. phlegmatisierten Qualitäten herzustellen.

P_R wird hauptsächlich mit metallischen Brennstoffen und Nitraten zu Nebelsätzen verarbeitet. In diesen Sätzen wird der P_R durch eine stark exotherme Reaktion zwischen einem zusätzlichen Brennstoff und einem Oxidationsmittel zu gasförmigen P_4 sublimiert (Gl. 1–2).

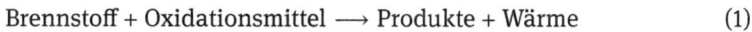

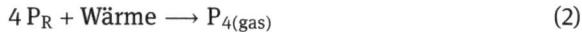

$$\text{Brennstoff} + \text{Oxidationsmittel} \longrightarrow \text{Produkte} + \text{Wärme} \tag{1}$$

$$4\,P_R + \text{Wärme} \longrightarrow P_{4(gas)} \tag{2}$$

Der sublimierte Phosphor reagiert sodann mit dem Luftsauerstoff zu Phosphorpentoxid, P_4O_{10} (Gl. 3), welches dann mit der Luftfeuchtigkeit Phosphorsäure bildet (Gl. 4), die sich dann unter weiterer Wärmefreisetzung hydratisiert (Gl. 5).

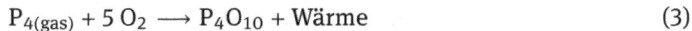

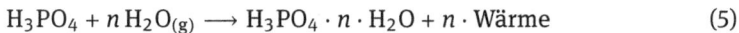

$$P_{4(gas)} + 5\,O_2 \longrightarrow P_4O_{10} + \text{Wärme} \tag{3}$$

$$P_4O_{10(s)} + 6\,H_2O \longrightarrow 4\,H_3PO_4 + \text{Wärme} \tag{4}$$

$$H_3PO_4 + n\,H_2O_{(g)} \longrightarrow H_3PO_4 \cdot n \cdot H_2O + n \cdot \text{Wärme} \tag{5}$$

Aufgrund der fortgesetzten Wärmefreisetzung sind die Aerosole auf der Grundlage von rotem Phosphor besonders wirksam im Infrarotbereich.

Weiterhin vorteilhafte Eigenschaften des P_R für die Anwendung in Nebelsätzen ist die Massenzunahme des Aerosols A_s durch Oxidation, Hydrolyse und Hydratisierung. Bei einer relativen Luftfeuchte von 80 % beträgt $A_s = 10$. Dieser Wert wird bislang mit keinem anderen pyrotechnischen Tarnnebelsatz erreicht. Die beim Abbrand der Wirkmassen entstehende Phosphorsäure verdünnt sich durch die hohe Hydratationsenthalpie bedingt sehr rasch und sorgt daher für die generell deutlich bessere human- und ökotoxikologische Verträglichkeit des Aerosols solcher Wirkmassen im Vergleich zu Aerosolen die durch Reaktionen von Metall-/Organohalogen-Mischungen erhalten werden. Trotz der vielen taktischen und toxikologischen Vorteile der auf P_R basierenden Wirkmassen gibt es eine Reihe von Problemen, die ursächlich dem verwendeten roten Phosphor zuzuschreiben sind. Der rote Phosphor (P_R) ist eine stark strukturgestörte Variante des Hittorf'schen Phosphors. Wie dieser enthält er im Wesentlichen ein zweidimensionales Netzwerk aus dreibindigem Phosphor (Abb. P.3).

Dreibindiger Phosphor ist durch sein freies Elektronenpaar grundsätzlich sehr oxidationsempfindlich, weshalb er durch Luft und Feuchtigkeitszutritt fortwährend Zersetzungsprozessen unterworfen ist, wie exemplarisch in Gl. 6 dargestellt ist.

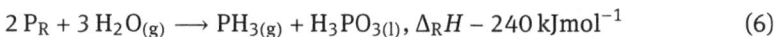

$$2\,P_R + 3\,H_2O_{(g)} \longrightarrow PH_{3(g)} + H_3PO_{3(l)},\ \Delta_R H - 240\ \text{kJmol}^{-1} \tag{6}$$

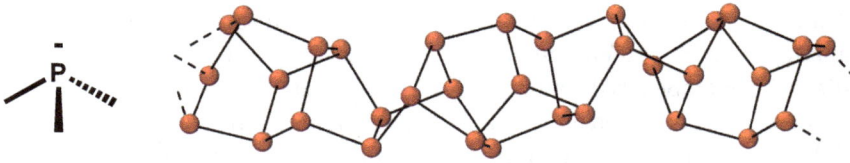

Abb. P.3: Dreibindiger Phosphor (links), Netzwerkausschnitt des roten Phosphors mit dreibindigem Phosphor (rechts).

Bei diesen und ähnlichen Reaktionen entstehen weiterhin Phosphan (Phosphorwasserstoff), PH_3, Phosphortrioxid, P_4O_6, sowie Phosphinsäure, H_3PO_2, Phosphonsäure, H_3PO_3 und Phosphorsäure, H_3PO_4.

Diese Zersetzungsprodukte werden permanent von rotem Phosphor in Kontakt mit Luft und Feuchtigkeit gebildet und verringern auf erhebliche Weise die chemische Stabilität sowie die Sicherheitseigenschaften der daraus hergestellten pyrotechnischen Sätze und beeinträchtigen die Sicherheitseigenschaften daraus gefertigter Munition und gefährden das damit beschäftigte Personal. Es wird daher seit Jahrzehnten versucht, roten Phosphor (P_R) und die P_R enthaltenden pyrotechnischen Sätze handhabungssicherer zu machen und insbesondere auch die Hydrolyse zu den Säuren und Phosphan, PH_3, zu unterbinden. Dazu setzten die Hersteller des P_R auf folgende Verfahrensschritte bei der Veredelung des P_R: zunächst wird in einer Dispersion des Roh-P_R auf dem Phosphorkorn ein basisches oder amphoteres Metalloxid ausgefällt. Dieses bindet entstandene Säurespuren und inhibiert auch weiterhin bis zu einem gewissen Grad die Neubildung von PH_3. (Der Mechanismus ist dabei trotz jahrzehntelanger Bemühungen noch völlig unklar). In einem weiteren Prozessschritt wird der P_R mit einem Polymer eingekapselt. Dadurch verringert sich der Anteil sehr kleiner Partikeln < 0.1 µm. Weiterhin wird durch die Polymerkapselung der Phosphor vor dem Zutritt von Wasserdampf und Sauerstoff abgeschirmt. Durch beide Maßnahmen, also die Stabilisierung mit Metalloxiden sowie Kapselung, konnte in den letzten Jahren die Phosphanbildungsgeschwindigkeit nach STANAG 4679 deutlich gesenkt werden. Allerdings besitzen die verwendeten Stabilisatoren nur eine beschränkte Wirksamkeit und außerdem ist die Permeabilität der verwendeten Polymere so hoch, dass weiterhin leider noch zu viel Sauerstoff und Wasserdampf an das Phosphorkorn gelangt und die Phosphanbildung daher nicht vollständig unterdrückt werden kann. Aus diesem Grund müssen gelagerte Munitionen gewartet und zwangsentlüftet werden bzw. ist auch schon vorgeschlagen worden, PR-haltige Nebelmunitionen mit Aktivkohleabsorbern zusammen einzulagern. Auch die hohe mechanische und elektrostatische Empfindlichkeit von Mischungen des P_R mit Oxidationsmitteln z. B. in herkömmlichen Nebelsätzen, wie in den Beispielen 1–3 ausgeführt, kann durch die Dreibindigkeit des Phosphors erklärt werden. Daher müssen diese empfindlichen Sätze am besten unter Schutzgas oder zumindest im lösemittelfeuchten Zustand gehandhabt werden. Entstehende Verkrustungen beim Verdampfen des Lösemittels entflammen oftmals bei Berührung oder bei Reinigungsarbeiten und führen zu gefährlichen Bränden. Auch bei der für pyrotechnische Sätze notwendigen Verdichtung kommt es oftmals durch die beim Pressen auftretenden Scherkräfte, Reibung, piezoelektrische Effekte und durch Ladungstrennung zu Bränden und Explosionen. Bei Kontakt mit Chloraten reagiert roter Phosphor weiterhin explosionsartig, weshalb die Verarbeitung von rotem Phosphor in der pyrotechnischen Industrie nur in sogenannten Schwarz-Weiß-Bereichen stattfinden darf, in denen die Kontamination mit Chloraten oder anderen unverträglichen aber in der Pyrotechnik gängigen Chemikalien ausgeschlossen werden kann. Allerdings erfordern solche separaten, nur für roten Phosphor zugelassenen Fertigungslinien hohe Investitionen, was sich auch in nicht unbeträchtlichen Endkosten für die damit gefertigte Munition niederschlägt. Schließlich hat die enorme mechanische Empfindlichkeit von Wirkmassen auf der Grundlage des roten Phosphors schon zu Frühanzündungen von entsprechender Munition in Rohrwaffen wie Haubitzen und Mörsern geführt und zur Zerstörung der entsprechenden Waffen. Um diese Frühanzündung zu unterbinden, haben Munitionshersteller extrem aufwändige und daher sehr teure konstruktive Innenaufbauten vorgeschlagen, um die P_R-Wirkmasse vor ungünstigen mechanischen Kräften zu schützen. Aufgrund der mit diesem Design verbundenen hohen Kosten können diese zum Schutz von Personen vorgesehenen Tarnnebelmunitionen z. T. nicht in dem erforderlichen Umfang beschafft werden. Eine vergleichende Untersuchung zur Oxidationsstabilität von kommerziellen Phosphortypen wurde von Lissel (1999) vorgelegt.

- E. Lissel, Elektrochemische Detektion gasförmiger Zersetzungsprodukte zur Beurteilung der Stabilität pyrotechnischer Sätze – Aufbau einer Prüfapparatur und erste Erfahrungen, 2. *Internationaler Workshop des WIWEB*, Swisttal-Heimerzheim, **1999**.
- E.-C. Koch, Special Materials in Pyrotechnics IV The Chemistry of Phosphorus and its Compounds, *J. Pyrotech.* **2005**, *21*, 39–50.
- E.-C. Koch, Special Materials in Pyrotechnics V Military Applications of Phosphorus and its Compounds, *Propellants Explos. Pyrotech.* **2008**, *33*, 165–176.
- G. O. Rubel, Predicting the Droplet Size and Yield Factors of a Phosphorus Smoke as a Function of Droplet Composition and Ambient Relative Humidity Under Tactical Conditions, Report *ARCSL-TR-78057*, Aberdeen, **1978**.
- K. Raupp, W. Brand, H. Lang, W. Kukla, *Munition zur Erzeugung eines Nebels*, DE10065816A1, **2000**, Deutschland.
- E.-C. Koch, A. Dochnahl, *Pyrotechnische Wirkmasse zur Erzeugung eines im Infraroten stark emissiven und im Visuellen undurchdringlichen Aerosols*, EP000001173394B9, **1999**, Deutschland.
- M. Weber, *Pyrotechnische Nebelsätze*, DE3238444C2, **1986**, Deutschland.
- NATO-Standardization Agency, Brüssel, Belgien *STANAG Specification for Red Phosphorus, amorphous, microencapsulated (for use in pyrotechnics)*, No. 4679, März **2013**.
- G. Manton, R. M. Endsor, M. Hammond, An Effective Mitigation for Phosphine Present in Ammunition Container Assemblies and in Munitions Containing Red Phosphorus, *Propellants Explos. Pyrotech.* **2014**, *39*, 299–308.

- E.-C. Koch, *IPS*, Fort Collins, **2008**, 531–537; http://fudder.de/phosphor-granate-explodiert-behandlung-in-spezialzelt--118693541.html; http://www.badische-zeitung.de/neuenburg/erneut-unfall-bei-rheinmetall--12489221.html 25.03.2019
- http://www.badische-zeitung.de/neuenburg/brand-in-ruestungsfirma-rheinmetall-80-000-euro-schaden--63256188.html 25.03.2019

Phosphornitrid
phosphorus nitride

Formel	P_3N_5	
REACH	LPRS	
EINECS	235-233-9	
CAS	[12136-91-3]	
m_r	g mol^{-1}	162,955
ρ	g cm^{-3}	2,77
Z	°C	> 700
$\Delta_f H$	kJ mol^{-1}	−298
$\Delta_c H$	kJ mol^{-1}	−2259,4
	kJ g^{-1}	−13,865
	kJ cm^{-3}	−38,406
Λ	Gew.-%	−73,64
N	Gew.-%	42,98

Von P_3N_5 kennt man drei Phasen, α, γ, δ, von denen die α-Phase kommerziell verfügbar ist. Die γ-Phase zeigt eine Dichte von ρ = 3,65 g cm^{-3} und für die δ-Phase wird eine Dichte von ρ = 4,75 g cm^{-3} prognostiziert. P_3N_5 kann als alleinige Phosphorquelle in Nebelsätzen anstelle von $P_{(R)}$ verwendet werden. Die entsprechenden Sätze mit Alkalinitraten und Chloraten sind reibunempfindlich und nur gering schlagempfindlich. Phosphornitrid ist im Gegensatz zu rotem Phosphor (siehe dort) völlig stabil gegenüber Luftsauerstoff und Feuchtigkeit und entwickelt auch bei erhöhten Temperaturen keine Phosphane, keine Phosphoroxide und keine Phosphorsäuren.

- E.-C. Koch, S. Cudziło, Phosphor(V)-nitrid macht pyrotechnische Tarnnebel sicherer, *Angew. Chem.* **2016**, *128*, 15665–15668.
- E.-C. Koch, *Pyrotechnischer Nebelsatz zum Erzeugen eines Tarnnebels*, DE-Patent 102016103810B3, **2017**, Deutschland.

Picratol

Picratol bezeichnet eine unempfindliche schmelzgießbare Mischung auf der Grundlage von *TNT* und *Ammoniumpikrat* (Tab. P.4).

Tab. P.4: Zusammensetzung und Eigenschaften von Picratol.

Ammoniumpicrate(Gew.-%)	52
TNT (Gew.-%)	48
TMD (g cm^{-3})	
ρ (g cm^{-3})	1,67
V_D (m s^{-1})	6970
P_{CJ} (GPa)	20,3
T_{5ex} (°C)	285
$\varnothing_{cr}$ (mm)	13,9

Pikrinsäure, PA
picric acid

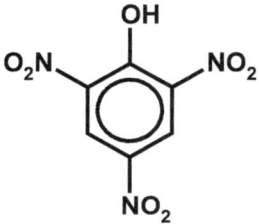

2,4,6-Trinitrophenol, Ekrasit, Füllung 88		
Aspekt	gelbe Kristalle	
Formel	$C_6H_3N_3O_7$	
REACH	LPRS	
EINECS		201-865-9
CAS		[88-89-1]
m_r	g mol^{-1}	229,106
ρ	g cm^{-3}	1,767
$\Delta_f H$	kJ mol^{-1}	−249
$\Delta_{ex} H$	kJ mol^{-1}	−1040,6
	kJ g^{-1}	−4,542
	kJ cm^{-3}	−8,026
$\Delta_c H$	kJ mol^{-1}	−2540,9
	kJ g^{-1}	−11,090
	kJ cm^{-3}	−19,597
Λ	Gew.-%	−45,39
N	Gew.-%	18,34
c_p	J K^{-1} mol^{-1}	240
$\Delta_m H$	kJ mol^{-1}	20
$\Delta_v H$	kJ mol^{-1}	88
Smp	°C	122,5
Z	°C	183
Reib-E	N	> 355 (BAM) (trockenes Material)

Schlag-E	J	7 (BAM) (trockenes Material)
	cm	12 (Tool 12)
V_D	m s^{-1}	7680 @ ρ = 1,76 g cm^{-3}
P_{CJ}	GPa	26,5 @ ρ = 1,76 g cm^{-3}
Trauzl	cm^3	315
Koenen	mm	4

Pikrinsäure diente im 1. Weltkrieg als Füllstoff für Granaten. Aufgrund der Toxizität und der Bildung empfindlicher Metallpikrate bei Kontakt mit Metallen spielt PA heute als Explosivstoff keine Rolle mehr.

3-Pikrylamino-1,2,4-triazol, PATO

N-(2,4,6-trinitrophenyl)-1H-1,2,4-triazol-5-amine

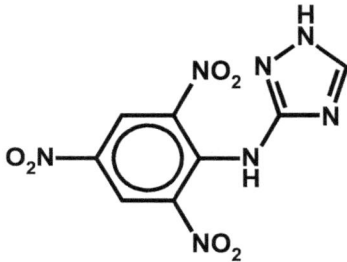

Aspekt	gelbe Kristalle	
Formel		$C_8H_5N_7O_6$
CAS		[18212-12-9]
m_r	g mol^{-1}	295,171
ρ	g cm^{-3}	1,94
$\Delta_f H$	kJ mol^{-1}	151
$\Delta_{ex} H$	kJ mol^{-1}	−1373,1
	kJ g^{-1}	−4,652
	kJ cm^{-3}	−9,024
$\Delta_c H$	kJ mol^{-1}	−4013,7
	kJ g^{-1}	−13,598
	kJ cm^{-3}	−26,380
Λ	Gew.-%	−67,76
N	Gew.-%	33,22
Smp	°C	310
Z	°C	324
Reib-E	N	> 360
Schlag-E	J	> 50
V_D	m s^{-1}	7490
P_{CJ}	GPa	24,3

PATO ist ein temperaturbeständiger und unempfindlicher Explosivstoff.

Plate-Dent-Test

Der Plate-Dent-Test dient der Bestimmung des Arbeitsvermögens bzw. des Detonationsdruckes eines Sprengstoffs (Tab. P.5). Dazu wird ein Sprengstoffzylinder ($\varnothing$ = 40 mm, l = 200 mm) (~ 400 g) auf einer Deutplatte (152 × 152 × 51 mm) aus St-37-2 Stahl platziert. Die Deutplatte ruht dabei auf einem Stapel von zwei weiteren identischen Stahlplatten. Der zu prüfende Sprengstoff wird mit einem terminal angebrachten Zündverstärker ($\varnothing$ = 40 mm, l = 51 mm) aus PBX-9205 zur Detonation gebracht. Die Beultiefe, T, korreliert dabei mit dem Detonationsdruck. Allerdings konnten Licht und Schwab (1991) zeigen, dass das erzeugte Kratervolumen besser mit dem Detonationsdruck korreliert als mit der Kratertiefe.

$$P_{CJ} = 0,02642 + T \cdot 3,3373 [\text{GPa}]$$

Tab. P.5: Plate-Dent-Ergebnisse und P_{CJ}-Werte für verschiedene Sprengstoffe.

HE	Dichte (g cm^{-3})	Beultiefe, T (mm)	P_{CJ} (GPa)
BTF	1,838	3,05	10,2
HMX	1,730	10,07	33,5
NM	1,133	4,15	13,8
PETN	1,665	9,75	32,4
PYX	1,63	1,96	6,6
RDX	1,754	10,35	34,5
TATB	1,87	8,31	27,8
Tetryl	1,681	8,10	27,0
Comp B	1,71	8,47	28,2
Oktol 75/25	1,802	9,99	33,3
Pentolit 50/50	1,655	7,84	26,3
HMX/NGu/Kel-F 65,7/26,4/7,79	1,814	9,8	32,7
HMX/NGu/Estane 29,7/64,9/5,4	1,709	7,4	24,7
HMX/Viton 88/12	1,852	10,211	34,1

- H. H. Licht, J. Schwab, Der Plate-Dent-Test, *Bericht R-112/91*, ISL, Saint Louis, 28. 10. **1991**, 20 S.
- T. R. Gibbs, A. Popolato (Hrsg.), *LASL Explosive Property Data*, University of California Press, **1980**, 280–287.

Polyazidomethyloxetan, Poly-AMMO

poly(azidomethyl)-methyloxetane

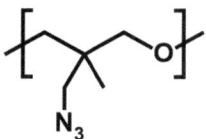

Aspekt	braunes amorphes Material	
Formel		$(C_5H_9N_3O)_n$
CAS		[89883-49-8]
m_r	$g\,mol^{-1}$	127,146
ρ	$g\,cm^{-3}$	1,17
$\Delta_f H$	$kJ\,mol^{-1}$	43,89
$\Delta_{ex} H$	$kJ\,mol^{-1}$	−422,3
	$kJ\,g^{-1}$	−3,321
	$kJ\,cm^{-3}$	−3,886
$\Delta_c H$	$kJ\,mol^{-1}$	−3297,8
	$kJ\,g^{-1}$	−25,938
	$kJ\,cm^{-3}$	−30,347
Λ	Gew.-%	−169,88
N	Gew.-%	33,05
Z	°C	180
Reib-E	N	160
Schlag-E	J	7,5

Polyazidomethyloxetan wird als Bindemittel in Treibladungsmitteln untersucht.

- Th. Keicher, A. Kawamoto, Neue energetische Materialien und Komponenten Energetische Thermoplastische Elastomere (E-TPE), *ICT-Symposium Pfinztal-Berghausen*, **2005**.

Polybisazidomethyloxetan, Poly-BAMO
poly[3,3-bis(azidomethyl)oxetane]

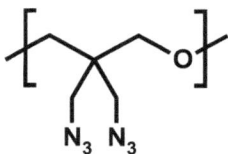

Formel		$(C_5H_8N_6O)_n$
CAS		[59595-53-8]
m_r	$g\,mol^{-1}$	168,158
ρ	$g\,cm^{-3}$	1,2
$\Delta_f H$	$kJ\,mol^{-1}$	371,50
$\Delta_{ex} H$	$kJ\,mol^{-1}$	−756,7
	$kJ\,g^{-1}$	−4,500
	$kJ\,cm^{-3}$	−5,401
$\Delta_c H$	$kJ\,mol^{-1}$	−3482,4
	$kJ\,g^{-1}$	−20,709
	$kJ\,cm^{-3}$	−24,851
Λ	Gew.-%	−123,69
N	Gew.-%	49,98
Smp	°C	65,8

Z	°C	175
Reib-E	N	192
Schlag-E	J	10

Polybisazidomethyloxetan wird als Bindemittel in Treibladungsmitteln untersucht.

• T. Keicher, A. Kawamoto, M. Kaiser, Synthese und Eigenschaften von GAP-Poly-BAMO Copoly-mer, *ICT-Symposium Pfinztal-Berghausen*, **2007**.

Polychlortrifluorethylen, PCTFE
polychlorotrifluoroethylene

Kel-F® (3M)		
Formel		$(-CFClCF_2-)_n$
EINECS		618-336-7
CAS		[9002-83-9]
$m_{r(Monomer)}$	$g\,mol^{-1}$	116,470
ρ	$g\,cm^{-3}$	2,10–2,13
Smp	°C	211
$\Delta_m H$	$kJ\,mol^{-1}$	4,659
c_p	$J\,K^{-1}\,g^{-1}$	0,835
Z	°C	> 400
$\Delta_f H$	$kJ\,mol^{-1}$	−600
$\Delta_c H$	$kJ\,mol^{-1}$	−187,0
	$kJ\,g^{-1}$	−1,606
	$kJ\,cm^{-3}$	−3,421
Λ	Gew.-%	−27,47
Φ	Gew.-%	48,9
LOI	Vol.-%	99,5

PCTFE wird gelegentlich in reiner Form als Bindemittel verwendet und wird dann durch Bestrahlung mit UV oder harter Gammastrahlung (z. B. ^{60}Co) vernetzt. Das Co-polymer mit Vinylidenfluorid wird als *Kel-F 800* häufig als Bindemittel in temperatur-beständigen Sprengstoffmischungen verwendet.

• F. Schloffer, O. Scherer, *Verfahren zur Darstellung von Polymerisationsprodukten*, DE-Patent 677071, **1939**, Deutschland.

Polyisobutylen, PIB
mineral jelly

Polyisobuten, *Oppanol*(BASF)		
Formel		$(-C_4H_8-)_n$, mit n
CAS		[9003-27-4]
EINECS		618-360-8
$m_{r(Monomer)}$	$g\,mol^{-1}$	56,106
ρ	$g\,cm^{-3}$	0,92
c_p	$J\,K^{-1}\,g^{-1}$	
$\Delta_f H$	$kJ\,mol^{-1}$	−87
$\Delta_c H$	$kJ\,mol^{-1}$	−2629,4
	$kJ\,g^{-1}$	−46,865
	$kJ\,cm^{-3}$	−43,115
Λ	Gew.-%	−342,19

PIB ist je nach Polymerisationsgrad eine klebrige plastische ($\sim 3.000\,g\,mol^{-1}$) bis kautschukartige elastische farblose Masse ($40.000–120.000\,g\,mol^{-1}$). PIB wird z. B. als Bindemittel in C4 verwendet.

Polykohlenstoffmonofluorid, PMF
graphite fluorinated

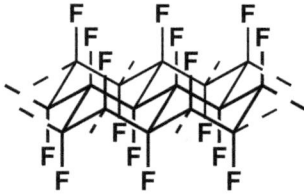

Graphitfluorid, Carbofluor®		
Formel		$(-CF_x-)_n$, mit x 0,33–12
CAS		[11113-63-6]
GHS		07
H-Sätze		H315-H319-H335
P-Sätze		P261-P302+P352-P305+P351+P338-P321-P405-P501a
EINECS		234-345-5
$m_{r(Monomer)}$	$g\,mol^{-1}$	31,009 für $x = 1,00$
ρ	$g\,cm^{-3}$	2,65–2,69
c_p	$J\,K^{-1}\,g^{-1}$	0,89
Z	°C	610
$\Delta_f H$	$kJ\,mol^{-1}$	−196
Λ	Gew.-%	−103,2
Φ	Gew.-%	61,3 für $x = 1,00$

In Abhängigkeit vom Fluorgehalt ist PMF ein beiges bis farbloses, meist feinkristallines, stark wasserabweisendes Pulver. PMF ist ein energiereiches Oxidationsmittel, das zusammen mit Magnesium in IR-Scheinzielwirkmassen und multispektralen Tarnnebeln (VIS, IR MMW) eingesetzt wird, in denen es durch die Bildung von Blähgraphit um den Faktor 10 höhere Strahlstärkewerte liefert als vergleichbare MTV-Sätze. Desweiteren wurde der Einsatz von PMF als Modifikator für Bor/AP-Composit-Treibstoffe untersucht (Liu 1996). PMF erweist sich dabei als vorteilhafter Zusatz, da die Oxidation des Bors, welche normalerweise durch die rasche Bildung einer geschmolzenen B_2O_3-Schicht um die Bor-Partikeln inhibiert wird, aufrechterhalten werden kann.

- E.-C. Koch, Metal/Fluorocarbon Pyrolants: VI. Combustion Behaviour and Radiation Properties of Magnesium/Poly(Carbon Monofluoride) Pyrolant, *Propellants Explos. Pyrotech.* **2005** *30*, 209–215.
- E.-C. Koch, *Pyrotechnischer Satz zur Erzeugung von IR-Strahlung*, EP 1090895B1, **2003**, Deutschland.
- T. Liu, I. Shyu, Y. Hsia, Effect of fluorinated graphite on combustion of boron and boron-based fuel-rich propellants, *J. Propul. Power* **1996**, *12*, 26–33.
- E.-C. Koch, Fluoreliminierung aus Graphitfluorid mit Magnesium, *Z. Naturforsch.* **2001**, *56B*, 512–516.

Polynitratomethylmethyloxetan, Poly-NIMMO

polynitratomethyloxetane

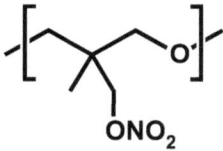

Aspekt		braunes amorphes Material
Formel		$(C_5H_9NO_4)_n$
CAS		[107760-30-5]
m_r	g mol^{-1}	147,131
ρ	g cm^{-3}	1,26
$\Delta_f H$	kJ mol^{-1}	−309
$\Delta_{ex}H$	kJ mol^{-1}	−628,5
	kJ g^{-1}	−4,271
	kJ cm^{-3}	−5,382
$\Delta_c H$	kJ mol^{-1}	−2944,8
	kJ g^{-1}	−20,015
	kJ cm^{-3}	−25,219
Λ	Gew.-%	−114,18
N	Gew.-%	9,52
T_g	°C	−30
Z	°C	187
Reib-E	N	> 360
Schlag-E	J	> 50

- T. Keicher, J. Böhnlein-Mauss, Auf dem Weg zu NC-freien Treibladungspulvern mit energetischen thermoplastischen Elastomeren (E-TPE), *ICT-Symposium*, Karlsruhe, 23. November, **2010**.

Polynitropolyeder
polynitrated polyhedra

Nitrierte Kohlenwasserstoffe mit polyedrischen Gerüststrukturen wurden 1981 erstmals als Hochleistungssprengstoffe vorgeschlagen. Polyeder wie z. B. Tetrahedran oder Cuban besitzen zum einen deutlich höhere Dichten als die entsprechenden offenkettigen Verbindungen, zum anderen sorgt die Spannung des Kohlenstoffgerüstes durch die starke Abweichung von den typischen Valenzwinkeln für einen drastisch gesteigerten Energiegehalt im Vergleich zu ungespannten Verbindungen. Wie die Abb. P.4 zeigt, beeinflussen Ringgröße und Struktur die Spannungsenergie und Dichte von Kohlenwasserstoffen. Dies erklärt die Attraktivität der Verbindungen 1, 2, 5, 6 und 7 als Gerüste für Polynitroverbindungen (siehe auch die Einträge zu *Nitrocubane*, *Eicosanitrododecahedran* und *1,3,3-Trinitroazetidin*)

	1	2	3	4
Spannungsenergie (kJ):	124	115	29	1
Dichte (g cm⁻³):	--	0,70	0,74	0,78

	5	6	7	8
Spannungsenergie (kJ):	602	712	245	27
Dichte (g cm⁻³):	--	1,28	1,45	1,07

Abb. P.4: Dichte und Spannungsenergie von Kohlenwasserstoffen Cyclopropan (**1**), Cyclobutan (**2**), Cyclopentan (**3**), Cyclohexan (**4**), Tetrahedran (**5**), Cuban (**6**), Dodecahedran (**7**) und Adamantan (**8**).

- G. P. Sollott, J. Alster, E. E. Gilbert, Research Towards Novel Energetic Materials, *J. Energ. Mater.* **1986**, *4*, 5–28.
- O. Sandus, Detonation Performance Calculations on Novel Explosives, *Sixth Annual Working Group Meeting on Synthesis of High Energy Density Materials*, Kiamesha Lake, NY, **1987**, 150–167.
- J. Alster, S. Iyer, O. Sandus, *Molecular Architecture Versus Chemistry and Physics of Energetic Materials*, in S. N. Bulusu, (Hrsg.), *Chemistry and Physics of Energetic Materials*, Kluwer, Dordrecht, **1990**, 641–652.
- H. Hopf, *Classics in Hydrocarbon Chemistry*, Wiley-VCH, Weinheim, **2000**, 547 S.

Polynitropolyphenylen, PNP

polynitrophenylene

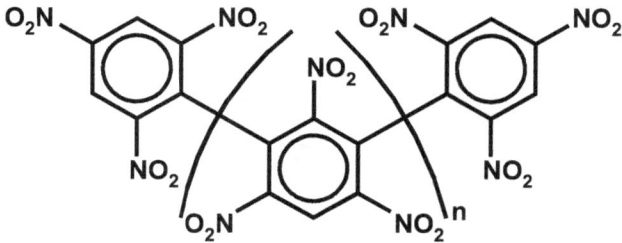

Aspekt		braunes amorphes Material
Formel		$(C_6HN_3O_6)_n(C_6H_2N_3O_6)_2$, $n \sim 6{-}11$
CAS		[70977-31-0]
m_r	$g\,mol^{-1}$	211,09
ρ	$g\,cm^{-3}$	1,8–2,2
$\Delta_f H$	$kJ\,mol^{-1}$	−711
$\Delta_{ex} H$	$kJ\,mol^{-1}$	−493,5
	$kJ\,g^{-1}$	−2,338
	$kJ\,cm^{-3}$	−4,208
$\Delta_c H$	$kJ\,mol^{-1}$	−1793,0
	$kJ\,g^{-1}$	−8,494
	$kJ\,cm^{-3}$	−15,290
Λ	Gew.-%	−49,72
N	Gew.-%	20,10
Z	°C	298
Reib-E	N	240 (kR)
Schlag-E	J	4
Koenen	mm	20 (F), 24 (B)

PNP ist ein amorphes Polymer mit Molmassen zwischen 1500 und 2600 g mol^{-1}. Es löst sich gut in Aceton oder Estern. PNP eignet sich für temperaturbeständige und unempfindliche TLP. Für das in den 1980er-Jahren projektierte Gewehr G11 wurde eine hülsenlose Munition im Kaliber 4,73x33 mm (DM 18) entwickelt, die mit der zunächst verwendeten Nitrocellulose als energetischem Bindemittel nicht cook-off-fest war. Nach dem Austausch der NC gegen das thermisch beständige PNP wurde kein Cook-off mehr beobachtet. Eine Beispielformulierung für das TLP der DM 18 ist nachfolgend angegeben.

DM 18-TLP

8 Gew.-%	Polyvinylbutyral
86 Gew.-%	Oktogen
6 Gew.-%	PNP
+ 1–4 Gew.-%	Nylon-Fasern

- K. H. Redecker, R. Hagel, Polynitropolyphenylene, a High-Temperature Resistant Non Crystalline Explosive, *Propellants Explos. Pyrotech.* **1987**, *12*, 196–201.
- K. Redecker, *Hülsenlose Treibmittelkörper*, DE2843477C2, **1987**, Deutschland.
- B. Berger, B. Haas, G. Reinhard, Einfluss des Bindergehaltes auf das Reaktionsverhalten pyrotechnischer Mischungen, *ICT-Jata*, Karlsruhe, **1995**, V-2.

Polyphosphazene
polyphosphazenes

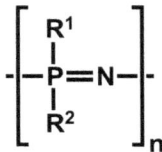

Polyphosphazene gehören zur Gruppe der anorganischen Polymere und enthalten das Monomer $-N=P(R)_2-$.

Polymere mit $R^1 = O-CH_2-CF_3$ und bei denen R^2 einen Alkoxyrest mit explosophorer Gruppe darstellt, werden seit den 1990er-Jahren als potentielle energetische Binder für Sprengstoffe, Treibmittel und Pyrotechnika untersucht. Dabei wurden bislang Explosophore mit Nitrato- und Azidogruppen sowie Polymere mit ionischen Endgruppen untersucht (Abb. P.5).

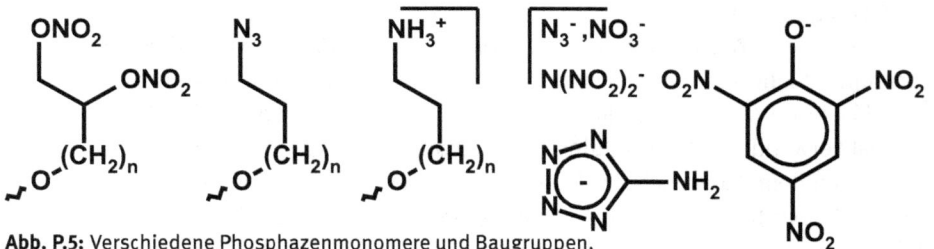

Abb. P.5: Verschiedene Phosphazenmonomere und Baugruppen.

- P. R. Bolton, P. Golding, C. B. Murray, M. K. Till, S. J. Trussell, Enhanced Energetic Polyphosphazenes, *IMEMTS 2006*, Bristol, UK, **2006**.

Polystickstoffverbindungen
polynitrogen compounds

Tab. P.6: Vergleich von HMX und CL-20 mit möglichen Polystickstoffverbindungen.

Verbindung	$\Delta_f H$ (kJ mol^{-1})	ρ (g cm^{-3})	V_D (km s^{-1})	P_{CJ} (GPa)	V/V0 = 2,2 HMX = 100	I_{sp} (s)
HMX	74,75	1,901	9,3	39,3	100	266
CL-20	393	2,04	10,0	47,8	119	273
$[N_5]^+[N_5]^-$ [(1)]	~1000	~2,0	12,7	69	160	313
N_4 [(2)]	760	~2,3	15,5	122	310	424
N_{60} [(3)]	6780	1,97	12,3	65	161	331
Poly-N [(4)]	290	3,9	10,8	133	265	288
Poly-CO-N$_2$	1640	3,983	7,3	764	1379	640

[(1)] Pentazeniumpentazolat
[(2)] Tetraazatetrahedran
[(3)] Aza-Fulleren-[60]
[(4)] Polymerer Stickstoff bei $p = 125$ GPa

Homoleptische Stickstoffverbindungen sind als mögliche zukünftige energetische Materialien von großem Interesse. Deren Anwendung wäre umweltfreundlich (nicht notwendigerweise deren Herstellung!), sie hinterließen keine visuelle und thermische Signatur (N_2 ist nicht IR-aktiv) und könnten bislang unerreichte Leistungsbereiche erschließen. Tab. P.6 zeigt die berechneten Leistungswerte für einige Polystickstoffverbindungen im Vergleich zu den bislang leistungsfähigsten bekannten Explosivstoffen HMX und CL-20 nach Bemm et al. (2004). Kürzlich wurden auch Polymere des Stickstoffs mit dem isoelektronischen Kohlenmonoxid als Explosivstoffe untersucht (Yoo, 2018).

- E. Bemm, H. Östmark, C. Eldsäter, P. Goede, N. Roman, S. Wallin, N. Wingborg, Development of energetic materials over the time span 2004–2025. Special forecast, *FOI-R-1992-SE*, FOI, Tumba, **2004**, 61 S.
- M. I. Eremets, A. G. Gavriliuk, I. A. Trojan, D. A. Dzivenko, R. Boehler, Single-bonded cubic form of nitrogen, *Nature Materials*, **2004**, *3*, 558–563.
- C. Yoo, M. Kim, J. Lim, Y. J. Ryu, I. G. Batyrev, Copolymerization of CO and N$_2$ to Extended CON$_2$ Framework Solid at High Pressures, *J. Phys. Chem. C* **2018**, *122*, 13054–13060.

Polytetrafluorethylen
polytetrafluoroethylene

PTFE(acr.), Teflon® auch ugs., HOSTAFLON®		
Formel		$(-C_2F_4-)_n$
REACH		LPRS
EINECS		618-337-2
CAS		[9002-84-0]
$m_{r(Monomer)}$	g mol^{-1}	100,016
ρ	g cm^{-3}	2,20–2,31
Smp	°C	328 bzw. 340 (bei erneutem Aufschmelzen einer erstarrten PTFE-Schmelze)
$\Delta_m H$	kJ mol^{-1}	3,6
c_p	J K^{-1} mol^{-1}	102,02
k	W K^{-1} m^{-1}	0,024
Z	°C	(605)
$\Delta_f H$	kJ mol^{-1}	−809,60
$\Delta_c H$	kJ mol^{-1}	−666,9
	kJ g^{-1}	−6,68
	kJ cm^{-3}	−14,696
Λ	Gew.-%	-31.99
Φ	Gew.-%	75,97
LOI	Vol.-%	99,5

Polytetrafluorethylen ist weißes, meist feinkristallines, wasserabweisendes Pulver. PTFE wird zu einem großen Umfang als Oxidationsmittel in IR-Scheinzielwirkmassen zusammen mit Magnesium und/oder Magnalium und Viton® als Binder eingesetzt (Magnesium/Teflon®/Viton® = MTV). Unter Normalbedingungen ist massives PTFE ein gegenüber vielen Chemikalien außerordentlich inertes Material. Es wird lediglich von geschmolzenen Alkalimetallen, z. B. Lithium und Lösungen derselben in flüssigem Ammoniak, unter stark exothermer reduktiver Dehalogenierung angegriffen. Auf dieser exothermen Dehalogenierung beruht auch der Einsatz von PTFE zusammen mit Reduktionsmitteln wie Mg oder Al. Dabei entstehen die entsprechenden Fluoride der Metalle und amorpher Kohlenstoff. Weitere Anwendungen sind Nebelwirkmassen, in welchen PTFE zusammen mit chlorierten Arenen und Aromaten oxidierend auf Brennstoffe wie CaSi$_2$, Mg Al, Ti und Zr einwirkt. Aufgrund seines hohen Gleitreibungsindex wird PTFE auch häufig in geringen Prozentsätzen (0,5–5 %) als Presshilfsmittel bei der Herstellung pyrotechnischer Sätze eingesetzt und fungiert dann ebenfalls als oxidierendes Agens. Desweiteren werden viele einheitliche Energetika zum Zwecke der mechanischen Verarbeitung mit PTFE versetzt (z. B. PBXW-7).

- E.-C. Koch, *Metal-Fluorocarbon Based Energetic Materials*, Wiley-VCH, **2012**, 342.
- R. N. Walters, S. M. Hackett, R. E. Lyon, Heats of Combustion of High Temperature Polymers, *Fire Mater.* **2000**, *24*, 245–252.

Poly[2,2,2-trifluorethoxy-5′,6′dinitratohexanoxy]phosphazen
poly[2,2,2-trifluorethoxy-5′,6′dinitratohexanoxy]phosphazene

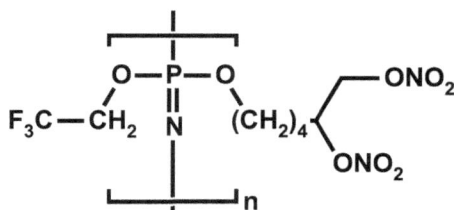

PPZ-E		
Aspekt		hellbraunes Polymer
Formel		$[PN(OC_2H_2F_3)(O(C_6H_{11}(ONO_2)_2))]_n$
CAS		[1644341-65-0]
m_r	g mol^{-1}	367,17
ρ	g cm^{-3}	1,52
$\Delta_f H$	kJ mol^{-1}	-1516 ± 66
$\Delta_{ex} H$	kJ mol^{-1}	$-386,3$
	kJ g^{-1}	$-1,052$
	kJ cm^{-3}	$-1,599$
$\Delta_c H$	kJ mol^{-1}	$-5338,0$
	kJ g^{-1}	$-14,538$
	kJ cm^{-3}	$-22,098$
Λ	Gew.-%	$-67,54$
N	Gew.-%	11,44
T_g	°C	-55
Z	°C	186
Reib-E	N	> 360
Schlag-E	J	> 20
Koenen	mm	1, Typ O

PPZ-E ist das bis dato am besten untersuchte energetische Polyphosphazen. Es leitet bei kleinen Durchmessern (8 mm, $\rho = 1,3\,\text{g cm}^{-3}$) eine Detonation nicht weiter, so dass der kritische Durchmesser größer als 8 mm sein muss. Es wird trotz seines Energiegehalts gegenwärtig nicht als Klasse-1-Material behandelt.

- A. J. Bellamy, A. E. Contini, P. Golding, Bomb Calorimetric Correlation Study between Chemical Structure and Enthalpy of Formation for a Linear Energetic Polyphosphazene, *Centr. Eur. J. Energ. Mater.* **2013**, *10*, 3–15.
- A. J. Bellamy, P. Bolton, J. D. Callaway, A. E. Contini, N. Davies, P. Golding, M. K. Till, J. N. Towning, S. J. Trussell, Energetic Polyphosphazenes – A New Category of Binders for Pyrotechnic Formulations, *32th International Pyrotechnics Seminar*, Karlsruhe, Germany, **2005**.
- P. Golding, S. J. Trussell, Energetic Polyphosphazenes – a New Category of Binders for Energetic Formulations, *NDIA*, 15–17 November **2004**, San Francisco, USA.

Polyvinylchlorid, PVC
polyvinyl chloride

Formel		$[C_2H_3Cl]_n$
EINECS		618-338-8
CAS		[9002-86-2]
m_r	g mol^{-1}	62,499
ρ	g cm^{-3}	1,3–1,45
$\Delta_f H$	kJ mol^{-1}	−94
$\Delta_c H$	kJ mol^{-1}	−1123,8
	kJ g^{-1}	−17,981
		−23,375
Λ	Gew.-%	−128,00
Cl	Gew.-%	56,73
Z	°C	218
LOI	Vol.-%	> 45

PVC wurde erstmals von *Pastor* (1942) als Chlorquelle in Leuchtsätzen verwendet. Die Pyrolyse und Verbrennung von PVC liefert neben HCl eine Vielzahl chlororganischer Verbindungen die toxikologisch problematisch sind.

- K. Smit, M. Morgan, R. Pietrobon, Pyrotechnic Films based on Thermites Covered with PVC, Propellants, *Explos. Pyrotech.* **2019**, *44*, 37–40.
- C. Huggett, B. C. Levin, Toxicity of the Pyrolysis and Combustion Products of Poly (Vinyl Chlorides): A Literature Assessment, *Fire Mater.* **1987**, *2*, 131–142.
- G. Pastor, *Chloratfreier Leuchtsatz für Leuchtsterne*, DE727865, **1942**, Deutschland.

Polyvinylidenfluorid, PVDF
polyvinylidene fluoride

Polyvinylidendifluorid		
Formel		$[CH_2CF_2]_n$
EINECS		200-867-7
CAS		[24937-79-9]
m_r	g mol^{-1}	64,035
ρ	g cm^{-3}	1,75–1,80
$\Delta_f H$	kJ mol^{-1}	−500
$\Delta_c H$	kJ mol^{-1}	−572,9
	kJ g^{-1}	−8,946
	kJ cm^{-3}	−16,103
Tg	°C	−40
Smp	°C	154–184
Λ	Gew.-%	−99,94
Φ	Gew.-%	59,4
Z	°C	> 300
LOI	Vol.-%	43,6

PVDF ist ein piezolektrisches Polymer. Es tritt in verschiedenen Polymorphen auf. Es wird als Bindemittel in pyrotechnischen Sätzen und Sprengstoffmischungen verwendet. Mit PVDF als Bindemittel und Oxidator können pyrotechnische Sätze mit elektrisch regulierbarer Schlagempfindlichkeit hergestellt werden. Das Copolymer von PVDF mit Hexafluorpropen (etwa im Massenverhältnis 50:50) ist das wichtige Bindemittel*Viton A*®.

- R. S. Janesheski, L. J. Groven, S. F. Son, Fluoropolymer and aluminium piezoelectric reactives, 17th *Biennial International Conference of the APS Topical Group on Shock Compression of Condensed Matter*, **2011**, Chicago.

Polyvinylnitrat, PVN, SS V 8080
polyvinyl nitrate

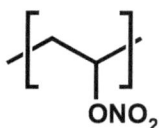

Aspekt		farbloses bis braunes Material
Formel		$[C_2H_3NO_3]_n$
CAS		[26355-31-7]
m_r	g mol^{-1}	89,051
ρ	g cm^{-3}	1,2–1,6
$\Delta_f H$	kJ mol^{-1}	−102
$\Delta_{ex} H$	kJ mol^{-1}	−169820,3
	kJ g^{-1}	−1907 @ 11,76 % N
		−4129 @ 15,71 % N
$\Delta_c H$	kJ mol^{-1}	−1141
	kJ g^{-1}	−15664 @ 11,76 % N
		−12648 @ 15,71 % N
Λ	Gew.-%	−44,92
N	Gew.-%	15,73
Z	°C	134
Reib-E	N	> 200
Schlag-E	J	9
V_D	m s^{-1}	6500 @ ρ = 1,5 g cm^{-3}
P_{CJ}	GPa	26,5 @ ρ = 1,76 g cm^{-3}
Trauzl	cm^3	330
Koenen	mm	6–8

PVN ist ein amorphes, thermoplastisches Polymer mit Molmassen um 200.000 g mol^{-1}. Es löst sich gut in Aceton oder Estern. Ursprünglich als Ersatz für Nitrocellulose entwickelt, konnte es sich dafür aufgrund seines zu niedrigen Erweichungspunktes von T = 35–50 °C und aufgrund mangelnder Stabilität nicht durchsetzen. Geeignete Stabilisatoren für PVN sind DPA and 2NDPA. PVN wurde als Keimbildner für Comp.-B-Ladungen in Deutschland qualifiziert.

• E. Backof, Polyvinylnitrat – Eine Komponente für Treib- und Explosivstoffe, *ICT-Jata*, **1981**, 67–84.

Pyrofuze®

Pyrofuze® ist ein Geflecht dünner Palladium- und Aluminiumfäden, das nach Anzündung unter stark exothermer Legierungsbildung, $q = 1,4$ kJ g^{-1} abreagiert.

• Y. Chozev, A. E. Fuhs and J. Kol, Burning Time and Size of Aluminum, Magnesium, Zirconium, Tantalum, and Pyrofuze Particles Burning in Steam, AIAA-86-1336, *AIAA/ASME Joint Thermophysics and Heat Transfer Conference*, Boston, **1986**.

Pyronol®

Pyronol bezeichnet einen pyrotechnischen Satz zur Verwendung in Unterwasserschneidfackeln.
- 31,0 Gew.-% Nickel
- 27,4 Gew.-% Aluminium
- 34,4 Gew.-% Eisen(III)oxid
- 7,0 Gew.-% Polytetrafluorethylen

Beim Abbrand von Pyronol erfolgt hauptsächlich eine exotherme Legierungsbildung von Al mit Ni. Durch die Anwesenheit von PTFE und Fe_2O_3 wird die Zündtemperatur herabgesenkt und der Anteil gasförmiger Produkte (z. B. AlF, AlF_2, und CO_2) erhöht.

• H. H. Helms, A. G. Rozner, *Pyrotechnic Composition*, US3695951, **1972**, USA.

Pyrophorizität
pyrophoricity

Pyrophorizität beschreibt die Eigenschaft von Stoffen bei Kontakt mit Luftsauerstoff spontan zu entflammen. Insofern ist Pyrophorizität ein Spezialfall der Hypergolität. Pyrophore Stoffe werden z. B. als Zündmittel in FAE-Gefechtsköpfen verwendet. Flüssige pyrophore Stoffe, wie z. B. Triethylaluminium (TEA), werden seit etwa zwanzig Jahren in Luftfahrzeugscheinzielen (Lfz-Sz) verwendet. Daneben werden auch feste pyrophore Materialien, wie z. B. feinstverteiltes Eisen und nicht stöchiometrische Eisenoxide FeO_x (x textless 1) für Lfz-Sz verwendet.

- D. B. Ebeoglu, C. W. Martin, *The Infrared Signature of Pyrophorics*, Air Force Armament Lab Eglin AFB, **1974**, 34 S.
- E. G. Kayser, C. Boyars, Spontaneously Combustible Solids – A Literature Search, *NSWC/WOL/TR 75-159*, NSWC White Oak, May **1975**, 39 S.
- J. D. Callaway, J. N. Towning, R. Cook, P. Smith, D. G. McCartney, A. J. Horlock, *Pyrophoric Material*, US 8430982B2, **2013**, UK.

Pyrotechnische Sätze
pyrotechnic compositions

Pyrotechnische Sätze sind explosionsgefährliche Stoffgemische die exotherm und spontan abreagieren. Sie dienen der Erzeugung von Wärme, Licht, Schall, Gas oder Rauch und anderen spezifischen Effekten, die, wie Tab. P.7 zeigt, zivil und militärisch genutzt werden können.

Pyrotechnische Sätze enthalten wenigstens ein Oxidationsmittel (Oxidator, Oxidans), ein Reduktionsmittel (Brennstoff) sowie häufig zusätzliche Stoffe, wie z. B. komplementäre Oxidationsmittel oder Brennstoffe sowie Stoffe, die der Verbesserung der Fertigbarkeit, der Verminderung der Empfindlichkeit, der Modifikation der Abbrandgeschwindigkeit, und der Erzielung bestimmter Effekte dienen. Tabelle P.8 zeigt typische Inhaltsstoffe pyrotechnischer Sätze und Stoffbeispiele.

Pyrotechnische Sätze benötigen zum Abbrand keinen Luftsauerstoff und funktionieren auch bei unterschiedlicher Sauerstoffbilanz (Tab. P.9) z. B. unter Schutzgas, bei vermindertem Druck in großen Höhen, im Weltraumvakuum oder unter Wasser. Trotzdem beeinflusst die „Umgebung" die Art und den Umfang der Energiefreisetzung und damit die Abbrandgeschwindigkeit und Qualität des jeweiligen Effekts.

Tab. P.7: Pyrotechnische Effekte und ihre Anwendungen.

Effekt	Anwendung zivil	militärisch
Hitze	Datenträgerzerstörung	Thermalbatterien
Heiße Partikel	Anzünder, Feuerwerk	Anzünder
Licht	Feuerwerk, Notsignale (SOLAS)	Leucht- und Signalmunition, L-Spur
Infrarotstrahlung	–	Täuschkörper, Nahinfrarot-Leuchtmunition
Knall-, Knatter-, Blink & Pfeiff-effekte	Feuerwerk, Vogelabwehr, Lawinenauslösung	Gefechtssimulation, Schock-wurfkörper
Gas, allgemein	Airbags, Aktuatoren	Auftriebskörper
Gas, spezifisch	Wasserstoffgeneratoren	Sauerstoffgeneratoren
Kondensierte Stoffe, spezifisch	Thermit, Materialsynthese (SHS)	Thermit
Aerosole	Farbrauch, Frostschutz, Hagelabwehr	Farbrauch, Tarnnebel

Tab. P.8: Inhaltsstoffe pyrotechnischer Sätze.

Zweck	Stoffbeispiele	Ungefährer Massenanteil
Reduktionsmittel	Magnesium, Titan, Zirconium, Zink, Bor, Aluminium, Antimon, Holzkohle, Silicium, Phosphor, Schwefel, Polymere, Kohlenhydrate	5–60 Gew.-%
Oxidationsmittel	Nitrate, Chlorate, Perchlorate, Dinitramide, Peroxide, Sulfate, Chlor- und Fluorverbindungen	40–75 Gew-%
Flammenfärbende Zusätze	Salze des Natriums, der Erdalkalimetalle (Ca, Sr, Ba), Mo, Cu, Sm, Yb, Eu, Tm	0–15 Gew-%
Halogenquelle	PVC, Chlorparaffin, Hexachlorethan	0–15 Gew-%
Abbrandmodifikatoren	CuO, Fe_2O_3, Ruß, Graphit	0–5 Gew-%
Aerosolbildner	Roter Phosphor, Ammoniumchlorid, Chloracetophenon (CN)	0–65 Gew-%
Friktionsmittel	Glasmehl, Siliciumcarbid, Antimonsulfid	0–5 Gew.-%
Presshilfs- & Phlegmatisierungsmittel	Zinkstearat, Polytetrafluorethylen, Bornitrid	0–5 Gew.-%
Bindemittel	Gummi arabicum, Polyacrylate, Polyvinylacetat, Polychloropren, Polyvinylbutyral	0–15 Gew.-%
Leitfähigkeitszusätze	Kohlefasern, Kupferpulver, Nanodiamantpulver	0–5 Gew-%

Tab. P.9: Sauerstoffbilanz pyrotechnischer Sätze.

Bilanz	Stoffbeispiele
negativ	Magnesiumhaltige Leucht- und Lichtsignalsätze
	Täuschkörpersätze mit Schwarzkörpersignatur wie Magnesium/Teflon®/Viton® (MTV)
	Tarnnebelsätze auf der Grundlage von rotem Phosphor
	Farbrauchsätze
ausgeglichen	Airbagsätze
	Spektral angepasste Täuschkörpersätze
	Raketentreibsätze
	Knallsätze
	Pfeifsätze
	Schwarzpulver
	HC-Nebelsätze
	Thermit
positiv	Sauerstoffliefernde Sätze
	Blinksätze

Pyrotechnische Sätze müssen bestimmte Kriterien erfüllen, damit sie hergestellt und verwendet werden dürfen.

- Sowohl die Komponenten als auch die Reaktionsprodukte pyrotechnischer Zusammensetzungen sollten aus human- sowie ökotoxikologischer Sicht unbedenklich sein.
- Die Komponenten pyrotechnischer Sätze müssen untereinander verträglich sein. Genauso müssen die Komponenten in Kontakt befindlicher verschiedener pyrotechnischer Sätze ebenfalls miteinander verträglich sein.
- Die Komponenten pyrotechnischer Sätze sollten in der erforderlichen Qualität verlässlich auf dem Markt beschaffbar sein und ggfs. mit nur geringem Aufwand entsprechend aufbereitet werden können.

Pyrotechnische Sätze

- sollten technisch auf möglichst einfache Weise hergestellt werden können, um die Herstellungskosten niedrig zu halten und auch um die Gefahr etwaiger Produktfehler durch fehlerhafte, da komplexe Fertigungsschritte ausschließen zu können,
- müssen bei der Herstellung und Verwendung handhabungssicher sein und
- müssen den bei der Lagerung und Einsatzbedingungen auftretenden Umweltbedingungen standhalten. Sie dürfen unter diesen Bedingungen weder generell unbrauchbar werden, noch darf sich die Empfindlichkeit des pyrotechnischen Satzes oder der betreffenden Anwendung erhöhen.

Trotz erheblichen Fortschritts in vielen Technologiebereichen ist pyrotechnischen Sätzen und den aus ihnen abgeleiteten pyrotechnischen Gegenständen, Geräten und Munitionen bislang keine ernsthafte Konkurrenz erwachsen. Das liegt an den vorteilhaften Eigenschaften pyrotechnischer Sätze, die sich wie folgt zusammenfassen lassen:

- hohe gravimetrische und volumetrische Energiedichte,
- lange Lebensdauer und hohe Zuverlässigkeit,
- geringe Auslöseenergie sowie
- preisgünstige Herstellung.

- A. A. Shidlovsky, *Technisches Memorandum 1615 Grundlagen der Pyrotechnik*, (Übersetzung durch das Bundessprachenamt), **1965**, Bonn, 373 S.
- J. C. Cackett, *Monograph on Pyrotechnic Compositions*, Ministry of Defence, **1965**, Fort Halstead, 131 S.
- N.N., *Engineering Design Handbook Military Pyrotechnics Series Part One Theorie and Application*, US Army Materiel Command, **1967**, Dover, NJ, XVI+216 S.
- H. Ellern, *Military and Civilian Pyrotechnics*, CRC Press, **1968**, New York, NY, 464 S.
- J. H. McLain, *Pyrotechnics*, The Franklin Institute Press, **1980**, Philadelphia, PA, 243 S.
- A. P. Hardt, B. L. Bush, B. T. Neyer, *Pyrotechnics*, Pyrotechnica Publications, **2001**, Post Falls, ID, 430 S.

- K. & B. Kosanke et al. *Pyrotechnic Chemistry*, Journal of Pyrotechnics Inc. **2004**, White Water, CO, 350 S.
- T. M. Klapötke, G. Steinhauser, Pyrotechnik mit dem "Ökosiegel": eine chemische Herausforderung, *Angew. Chem.*, **2008**, *120*, 3376–3394.
- J. A. Conkling, C. J. Mocella, *Chemistry of Pyrotechnics*, 2nd edn., CRC Press, **2011**, New York, NY, 225.
- E.-C. Koch, *Metal-Fluorocarbon Based Energetic Materials*, Wiley-VCH, **2012**, Weinheim, XVIII+342 S.
- J. J. Sabatini Advances toward the Development of „Green" Pyrotechnics, in T. Brinck (Hrsg.), *Green Energetic Materials*, Wiley-VCH, **2014**, 63–101.

PYX, 2,6-Bis(pikrylamino)-3,5-dinitropyridin

2,6-dipicrylamino-3,5-dinitropyridine

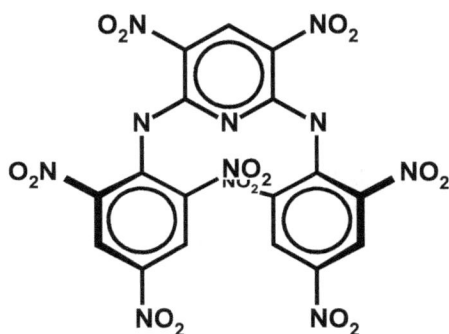

Aspekt	gelbe Kristalle	
Formel		$C_{17}H_7N_{11}O_{16}$
CAS		[38082-89-2]
m_r	$g\,mol^{-1}$	621,307
ρ	$g\,cm^{-3}$	1,757
$\Delta_f H$	$kJ\,mol^{-1}$	80
$\Delta_{ex} H$	$kJ\,mol^{-1}$	−2930,8
	$kJ\,g^{-1}$	−4,7171
	$kJ\,cm^{-3}$	−8,288
$\Delta_c H$	$kJ\,mol^{-1}$	−7770,2
	$kJ\,g^{-1}$	−12,506
	$kJ\,cm^{-3}$	−21,974
Λ	Gew.-%	−55,37
N	Gew.-%	24,80
Z	°C	360
Reib-E	N	> 360
Schlag-E	cm	138 (Type 12 tool)
V_D	$m\,s^{-1}$	7380 @ ρ = 1,75 $g\,cm^{-3}$
P_{CJ}	GPa	23,72 @ ρ = 1,75 $g\,cm^{-3}$

PYX ist ein hochtemperaturbeständiger und unempfindlicher Explosivstoff der hauptsächlich in der Exploration von Ölquellen verwendet wird.

• T. M. Klapötke, J. Stierstorfer, M. Weyrauther, T. G. Witkowski, Synthesis and Investigation of 2,6-Bis(picrylamino)-3,5-dinitro-pyridine (PYX) and Its Salts, *Chem. Eur. J.* **2016**, *22*, 8619–8626.

Q

Quecksilberfulminat
mercury fulminate

$$O-N\equiv C-\!\!-Hg-\!\!-C\equiv N-O$$

Knallquecksilber		
Aspekt		graue Kristalle
Formel		$C_2N_2O_2Hg$
REACH		LPRS
EINECS		211-057-8
CAS		[628-86-4]
m_r	$g\,mol^{-1}$	284,624
ρ	$g\,cm^{-3}$	4,467
$\Delta_f H$	$kJ\,mol^{-1}$	−267,99
$\Delta_{ex}H$	$kJ\,mol^{-1}$	−1117
	$kJ\,g^{-1}$	−3,925
	$kJ\,cm^{-3}$	−17,533
Λ	Gew.-%	−16,86
N	Gew.-%	9,84
c_p	$J\,K^{-1}\,mol^{-1}$	141
Z	°C	136
Reib-E	N	7 (BAM)
Schlag-E	J	1 (BAM)
V_D	$m\,s^{-1}$	5200 @ $\rho = 4,2\,g\,cm^{-3}$
Trauzl	cm^3	315

Quecksilberfulminat diente in Deutschland bis zum 2. Weltkrieg als Primärsprengstoff. Aufgrund der schlechten thermischen Stabilität und der hohen Toxizität des Hg wird es heutzutage nicht mehr verwendet. Insbesondere technische Qualitäten mit Verunreinigungen zersetzen sich sehr rasch und werden als Initialsprengstoff unwirksam. Dabei beginnt die Keimbildung der Zersetzung im Bereich der Einschlüsse in den Kristallen. Seine größte Initiierungsfähigkeit hat Q bei einer Dichte von etwa $\rho = 3,2\,g\,cm^{-3}$. Ab einer Dichte von $\rho = 3,6\,g\,cm^{-3}$ und größer verliert Q seine Initiierungsfähigkeit und das Material wird als „totgepresst" bezeichnet.

- R. Matyáš, J. Pachman, *Primary Explosives*, Springer, **2013**, 39–59.

https://doi.org/10.1515/9783110559651-016

R

Rakete
rocket, missile

Eine Rakete ist ein meist stromlinienförmiger Körper, der durch das über eine Düse (Klemmung) gerichtete Ausströmen unter Druck stehender Gase (Verbrennungsprodukte, Heißdampf, usw.) bewegt wird. Die bei Ausschluss von Luftwiderstand und Gravitation maximale Geschwindigkeit der Rakete (v_R), auch Brennschlussgeschwindigkeit genannt, steht mit der *Ausströmgeschwindigkeit* (w) der Gase und dem Massenverhältnis, Masse (Rakete + Treibstoff) = m_0, und der Leermasse der Rakete (m) in folgendem Zusammenhang und wird nach ihrem Entdecker als Raketengrundgleichung nach *Ziolkowski* (1857–1935) bezeichnet:

$$v_R = w \cdot ln\frac{m_0}{m}.$$

Aus der Raketengrundgleichung folgt, dass hohe Geschwindigkeiten, v_R, durch eine kleine Leermasse der Rakete, m, erreicht werden und durch die Anwendung separierbarer Stufen (Verringerung der Leermasse) weiterhin erhöht werden können.

* Dadieu, R. Damm, E. W. Schmidt, *Raketentreibstoffe*, Springer-Verlag, Wien, **1968**, 4–6.

Reaktive Splitter
reactive fragments

Reaktive Splitter sind Gefechtskopfauskleidungen, die nach Zerlegung und bei Kontakt mit dem Ziel stoßinduziert deflagrieren. Neben den typischen endballistischen Effekten erzeugen reaktive Splitter im Ziel starke thermische und z. T. auch Blast-Wirkung. Abb. R.1. zeigt die Wirkung inerter und reaktiver Splitter auf die Baugruppen einer Mittelstreckenrakete im Vergleich.

Abb. R.1: Wirkungsvergleich inerter und reaktiver Splitter auf identische Baugruppen eines Flugkörpers nach *NRC*.

https://doi.org/10.1515/9783110559651-017

Lange Zeit war Aluminium/PTFE das Standardmaterial in reaktiven Splittern, z. B.
RM4
- 26,5 Gew.-% Aluminium, H5
- 73,5 Gew.-% Polytetrafluorethylen, Teflon® 7A ρ: 2,26 g cm^{-3}.

Allerdings sind Dichte und mechanische Festigkeit von RM4 unzureichend und die
US-amerikanische DARPA fordert daher folgende Eigenschaften für reaktive Splitter:
- Dichte > 7,8 g cm^{-3}.
- Energiegehalt > 6,3 kJ/g
- Druckfestigkeit > 344 MPa besser > 689 MPa
- Blast-Impuls doppelt (besser viermal) so groß als bei einem herkömmlichen Ge-
  fechtskopf mit Stahlgehäuse, dessen Massenverhältnis Metall/Explosivstoff = 3
  beträgt

Moderne R. verwenden niedrigschmelzende (unreaktive) Metallegierungen (z. B. auf
der Basis von Bismuth oder Zinn) als dichte und feste Bindemittel für z. B. Thermitmi-
schungen mit hochdichten Oxidatoren.

- G. Heilig, N. Durr, M. Sauer, Mesoscale Mechanics of Reactive Materials for Enhanced Target Effects, *Report I-69/12*, Fraunhofer Inst. f. Kurzzeitdynamik, Freiburg, **2013**, 85 S.
- N. N., *Advanced Energetic Materials*, National Research Council, Washington, DC, **2004**, 21.
- M. E. Grudza, W. J. Flis, H. L. Lam, D. C. Jann, R. D. Ciccarelli, *Reactive Material Structures*, DE Technologies Inc., King of Prussia, PA, **2014**, 348 S.
- B. N. Ashcroft, D. B. Nielson, D. W. Doll, *Reactive Compositons Including Metal*, US Patent 8075715, **2011**, USA.
- G. D. Hugus, E. W. Sheridan, G. W. Brooks, *Structural Metallic Binders for Reactive Fragmentation Weapons*, US Patent 8746145B2, **2014**, USA.
- R. G. Ames, A Standardized Evaluation Technique for Reactive Warhead Fragments, *Ballistics Symp.*, Taragona, **2007**, 49–58.

Rinnenwert
rim value, rim (burn) rate

Der Rinnenwert bezeichnet die Brenndauer eines Stoffes in einer standardisierten Me-
tallrinne. Typische Rinnen haben eine Messstrecke von 50 cm. Dazu wird in eine Stahl-
platte mit den ungefähren Abmessungen 60 × 7, 5 × 1 cm in eine der Flachseiten eine
über die volle Länge mittig verlaufende Nut mit einem quadratischen Querschnitt von
5 x 5 mm eingefräst. Das zu untersuchende rieselfähige Material wird in die Rinne ge-
schüttet und mit einer Rakel (z. B. aus leitfähigem Gummi) oder ggfs. einem Kohlefa-
serpinsel genau auf Niveau gebracht, wobei die Materialschüttung mindestens jeweils
2 cm über die Start- und Endmarkierung der 50 cm Messstrecke reichen muss. Das zu
untersuchende Material wird sodann mit einem elektrischen Anzünder an einem Ende

der Materialschüttung angezündet. Es wird die Zeit gemessen, die die Brennfront von der Start- bis zur Endmarkierung benötigt. Der Rinnenwert ist eine wichtige Materialkenngröße bei Titan und Zirconiumpulvern sowie bestimmten Verzögerungssätzen.

RS-RDX, Reduced Sensitivity RDX

Als RS-RDX, I-RDX® (Warenzeichen der Fa. EURENCO) bzw. VI-RDX (ISL) werden Hexogenqualitäten bezeichnet, die sich durch eine verminderte Stoßwellenempfindlichkeit (im Gap-Test) gegenüber herkömmlichem Hexogen auszeichnen. Diese Qualitäten werden durch besondere Kristallisationsverfahren gewonnen und sind morphologisch besonders gleichmäßig und auch besonders arm an internen Fehlern.

Bereits *van der Steen* erkannte 1989, dass sphäroidale und ellipsoidale RDX-Kristalle mit glatter Oberfläche eine geringere Stoßwellenempfindlichkeit aufweisen als polyedrische Kristalle mit rauer Oberfläche und darin befindlichen Kavitäten.

Von Bedeutung für eine rasche Identifikation von besonders unempfindlichem RDX ist die gute Korrelation der Stoßwellenempfindlichkeit mit der Anzahl und Qualität optisch erkennbarer interner Defekte (Hudson 2012), sowie der Starttemperatur für die adiabatische Selbstaufheizung (ARC) ($T > 198\,°C$) (Bohn 2012). Andere Methoden (HFC, NQR, XRD, AFM, DSC, BAM-Fallhammer, usw.) sind hingegen nicht geeignet, diese Unterschiede erkennbar zu machen (Doherty und Watt 2008).

Während die Verwendung von RS-RDX in kunststoffgebundenen pressbaren und gießbaren Formulierungen zur erheblichen Herabsetzung der Empfindlichkeit führt, zeigt die Verwendung von RX-RDX bei schmelzgießbaren Formulierungen mit TNT (z. B. Comp B) keine Verbesserung der Empfindlichkeit. Da sich RDX etwas in geschmolzenem TNT löst, kristallisiert es auch wieder beim Erkalten und nimmt dabei nach der *Ostwald'schen Stufenregel* eine Morphologie an, welche die typische Empfindlichkeit von Comp B bedingt.

- M. A. Bohn, H. Pontius, Thermal Behaviour of Energetic Materials in Adiabatic Selfheating Determined by ARC™, *43. ICT-JATA*, Karlsruhe, **2012**, P57.
- R. Hudson, Investigating the factors influencing RDX shock sensitivity, *PhD-Thesis*, Cranfield University, Shrivenham, **2012**, 209 S.
- R. M. Doherty, D. S. Watt, Relationship Between RDX Properties and Sensitivity, *Propellants Explos. Pyrotech.* **2008**, *33*, 4–13.
- L. Borne, F. Schesser, From RS-RDX to VI-RDX A New Step, *EUROPYRO 2007*, Beaune, **2007**, 737–751.
- A. C. Van der Stehen, H. J. Verbeek, J. J. Meulenbrugge, Influence of RDX Crystal Shape on the Shock Sensitivity of PBXs, *9. Int. Det. Symposium*, Portland, OR, **1989**, 83–88.

S

Salpetersäure

nitric acid

Aspekt		Farblos-gelbliche, an Luft rauchende Flüssigkeit
Formel		HNO_3
GHS		03, 05
H-Sätze		272-314
P-Sätze		210-221-303+361+353-305+351+338-405-501a
UN		2031
EINECS		231-714-2
CAS		[7697-37-2]
m_r	$g\,mol^{-1}$	63,013
ρ	$g\,cm^{-3}$	1,503
$\Delta_f H$	$kJ\,mol^{-1}$	−173
Λ	Gew.-%	+63,48
N	Gew.-%	22,23
c_p	$J\,K^{-1}\,mol^{-1}$	109,8
T_p	°C	190
Smp	°C	41,6
Sdp	°C	82,6

Reine (100%ige) Salpetersäure ist eine farblose Flüssigkeit, die bei Temperaturen über 0 °C NO_2 abspaltet, was zu einer Verfärbung nach Gelb bzw. bei großen NO_2-Konzentrationen nach Rot führt (RFNA = red fuming nitric acid). RFNA wird auch als hypergol reagierendes Oxidationsmittel in Raketenantrieben zusammen mit UDMH oder in Hybridantrieben mit Polybutadien verwendet. Aus wasserhaltiger Salpetersäure entweicht beim Erhitzen zunächst vorzugsweise Wasser bis bei $T = 121,8$ °C Dampf und Lösung die gleiche Konzentration von 69,2 % HNO_3 (Azeotrop) enthalten. Diese Lösung wird als konzentrierte Salpetersäure bezeichnet. Salpetersäure ist die wichtigste Ausgangsverbindung bei der Herstellung von Nitroverbindungen, Nitratestern und anorganischen Nitraten.

Samarium

samarium

Formel	Sm
GHS	02
H-Sätze	H250-H260-H252
P-Sätze	P210-P222-P231+P232-P280-P422a-P501a
UN	1383
EINECS	231-128-7

https://doi.org/10.1515/9783110559651-018

CAS		[7440-19-9]
m_r	$g\,mol^{-1}$	150,36
ρ	$g\,cm^{-3}$	7,520
Smp	°C	1072
Sdp	°C	1788
$\Delta_{melt}H$	$kJ\,mol^{-1}$	8,62
$\Delta_{vap}H$	$kJ\,mol^{-1}$	166,4
c_p	$J\,K^{-1}\,mol^{-1}$	29,54
c_L	$m\,s^{-1}$	2700
κ	$W\,m^{-1}\,K^{-1}$	13,3
$\Delta_c H$	$kJ\,mol^{-1}$	−913,7
	$kJ\,g^{-1}$	−6,077
	$kJ\,cm^{-3}$	−45,697
Λ	Gew.-%	−15,96

Sm ist ein weiches silberglänzendes Metall, das an feuchter Luft rasch oxidiert und sich mit einer voluminösen weißen Oxidschicht überzieht. Es steht hinsichtlich seiner Reaktivität etwa zwischen Magnesium und Calcium. Aufgrund seines relativ günstigen Preises (niedriger als Zr) und der vorteilhaften kalorischen und thermochemischen Eigenschaften ist es von Interesse für Nischenanwendungen in der Pyrotechnik.

- A. Abraham, N. A. MacDonald, E. L. Dreizin, Reactive Materials for Evaporating Samarium, *Propellants Explos. Pyrotech.* **2016**, *41*, 926–935.
- E.-C. Koch, V. Weiser, E. Roth, S. Kelzenberg, Consideration of some 4*f*-Metals as New Flare Fuels Europium, Samarium, Thulium and Ytterbium, *ICT*, **2011**, Karlsruhe, V1.

Sarin, GB

(RS)-propan-2-yl methylphosphonofluoridate

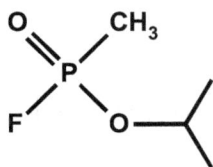

Isopropoxymethylphosphorylfluorid, Trilon 144		
Formel		$C_4H_{10}FO_2P$
CAS		[107-44-8]
m_r	$g\,mol^{-1}$	140,093
ρ	$g\,cm^{-3}$	1,0887
Smp	°C	−56
Sdp	°C	152
Λ	Gew.-%	−148,47

LCt$_{50}$	ppm	15 (bei starker körperlicher Betätigung)
	ppm	100 (im Ruhezustand)
ICt$_{50}$	ppb min^{-1}	8 bzw. 50

GB ist ein schnellwirkender Nervenkampfstoff der durch Inhalation oder dermale/okulare Resorption wirkt. GB wird in der Nähe des Siedepunkts quantitativ zu Propylen und Methylphosphonsäurefluorid zersetzt.

- S. Franke, *Lehrbuch der Militärchemie, Band 1*, Militärverlag der Deutschen Demokratischen Republik, 2. Auflage, Leipzig, **1977**, 398–422.

Sauerstoffbilanz
oxygen balance

Die Sauerstoffbilanz, Λ (Gew.-%), eines Explosivstoffes gibt den auf die Masse bezogenen Überschuss bzw. das Defizit an Sauerstoff an. Allgemein formuliert berechnet sich Λ für einen Explosivstoff der Zusammensetzung C_a–H_b–F_c–N–P_d–O_e–S_f wie nachstehend beschrieben. Der Wasserstoffgehalt reduziert sich bei Anwesenheit von Fluor entsprechend um dessen Stoffmenge, da die HF-Bildung der H_2O-Bildung thermodynamisch wie kinetisch bevorzugt ist.

$$\Lambda = -\frac{15.9994 \cdot 100}{m_r}\left(2a + \frac{(b-c)}{2} + 2{,}5d + 2f - e\right)$$

Für einen zusammengesetzen Explosivstoff, bestehend aus einem Brennstoff A, dessen Oxidationsprodukt a mol Sauerstoff enthält und einem Oxidationsmittel B, welches b mol Sauerstoff liefert mit den entsprechenden Molmassen, m_r, und den Stoffmengen x und y von Brennstoff und Oxidationsmittel ergibt sich Λ wie folgt.

$$\Lambda = \frac{15.9994 \cdot 100}{x \cdot m_r(A) + y \cdot m_r(B)}\,(b \cdot y - a \cdot x)$$

Zum Einfluss von Λ auf Explosions- und Verbrennungsenthalpie siehe Abb. E.7, S. 260.

Sauerstoffgenerator, SCOG
oxygen candle, self contained oxygen generator (SCOG), solid fuel oxygen generator (SFOG)

Sauerstoffgeneratoren dienen der Notfallversorgung mit Sauerstoff an Bord von U-Booten und in großen Höhen sowie in der Raumfahrt (z. B. *SFOG* an Bord der ISS). Sauerstoffgeneratoren sind gegenüber Behältern mit unter Druck und kryogen verflüssigtem Sauerstoff leichter handhabbar und eignen sich als Niederdruckquelle

Tab. S.1: Zusammensetzungen von Sauerstoffgeneratoren.

Inhaltsstoff	A	B
$NaClO_3$ (Gew.-%)	92	
$LiClO_4$ (Gew.-%)		84,8
BaO_2 (Gew.-%)	4	
Li_2O_2 (Gew.-%)		4,2
Stahlwolle (Gew.-%)	4	
Mangan (Gew.-%)		10,9
O_2-Gehalt (Gew.-%)	41	51

für O_2. Typische Sauerstoffgeneratoren enthalten Mischungen (**A** und **B**) aus einem Alkalihalogenat (V oder VII) und einem metallischen Brennstoff wie z. B. Stahlwolle oder Manganpulver (Tab. S.1). Weitere Zusätze von Peroxiden dienen der Festlegung von Chlor, das in Spuren bei der Dissoziation der Perchlorate und Chlorate freigesetzt wird sowie der Bindung von CO_2 das durch Oxidation des im Stahl vorhandenen Kohlenstoffs entsteht. Typische Sauerstoffgeneratoren (Masse 8–12 kg) entwickeln im Verlauf ihrer Brenndauer (50–60 Min.) etwa 2000–3000 l Sauerstoff. Der Funktionssicherheit der SCOGS widmet sich der angegebene NASA-Bericht (2008).

- J. Graf, *Chlorate Oxygen Generator (Oxygen Candle) Review of the History of Candle Development*, Houston TX February **2017**, NASA; for eventual publication in NESC Report, verfügbar unter: https://ntrs.nasa.gov/archive/nasa/casi.ntrs.nasa.gov/20170002051.pdf.
- Investigation, Analysis, and Testing of Self-Contained Oxygen Generators, *WSTF-IR-1129-001-08*, NASA, White Sands, **2008**, 87 S.

Schardin, Hubert (1902–1965)

Schardin studierte an der TH in Berlin-Charlottenburg und München und promovierte 1934 bei Carl Cranz mit Auszeichnung. 1936 wurde er zum Leiter des Instituts für Technische Physik und Ballistik der Technischen Akademie der Luftwaffe in Berlin berufen. 1937 wurde er Professor an der TH Berlin-Charlottenburg. Nach dem 2. Weltkrieg baute er in Saint-Louis in Frankreich zusammen mit dem französischen General Robert Cassagnou ein ballistisches Forschungsinstitut auf, das 1959 in das Deutsch-Französische Forschungsinstitut ISL umgewandelt wurde. Dort war er bis zu seiner Berufung zum Ministerialdirektor am BMVg in Bonn 1964 dessen erster deutscher Direktor. Wissenschaftlich hat sich Schardin insbesondere um die Entwicklung der Kurzzeitmesstechnik und des Schlierenverfahrens verdient gemacht.

- H. Schardin, Die Schlierenverfahren und ihre Anwendungen, in F. Hund (Hrsg.) *Ergebnisse der Exakten Naturwissenschaften*, Bd. XX, Springer, Berlin, **1942**, 303–439 + Farbtafel I+II.
- H. Schardin (Hrsg.) *Beiträge zur Ballistik und Technischen Physik*, Ambrosius/Barth, Leipzig, **1938**, 216 S.
- Eintrag in der Deutschen Nationalbibliothek: http://d-nb.info/gnd/118606506.

Scheinziel, Infrarot(IR)
decoy infrared

IR-Scheinziele sind ausstoßbare Verlustkörper, die eine durch die Dauer und Stärke der exothermen Reaktion ihrer pyrotechnischen oder pyrophoren Wirkladung und durch die chemische Zusammensetzung der Reaktionsprodukte beeinflusste, elektromagnetische Signatur liefern, die der Störung IR-gesteuerter Sensor- bzw. Waffensysteme dient. IR-Scheinziele werden typischerweise von Luftfahrzeugen und Schiffen, vereinzelt auch von Landfahrzeugen, eingesetzt.

Allgemein sind wichtige Merkmale von Scheinzielen:
- die Brennzeit, t_b [s],
- die spektrale Intensitätsverteilung, $dI/d\lambda$,
- das Zeit-Intensitätsverhältnis, dI/dt,
- die Qualität und der Umfang der räumlichen Ausdehnung der strahlenden Fläche, dI/dx, sowie
- die Kinematik des Scheinziels, dx/dt.

Ein typisches pyrotechnisches Luftfahrzeugscheinziel (Lfz-Sz) besteht aus einer Aluminiumpatronenhülse (Abb. S.1), einer elektrischen Anzündkapsel, die den Ausstoß und die Anzündung bewirkt, einer Schiebesicherung mit pyrotechnischem Übertragungselement, welche die Anzündung der Wirkmasse erst außerhalb der Patronenhülse gestattet, die Wirkmasse mit einer Anfeuerung und eine umschließende selbstklebende Aluminiumfolie als ballistische Hülle und schließlich ein Füllstück und Verschlusskappe. Die in IR-Scheinzielen verwendeten Wirkmassen umfassen eine große Bandbreite explosionsgefährlicher, brennbarer bzw. pyrophorer Materialien. Ungeachtet des Chemismus einer Wirkmasse steht deren Strahlungsleistung, I_λ (W sr^{-1}), in direktem Zusammenhang mit der Verbrennungsenthalpie, $\Delta_c H$ (kJ g^{-1}), sowie der spektralen Emissivität der Verbrennungsprodukte, $\varepsilon_{\lambda,T}$ (-). Weiterhin be-

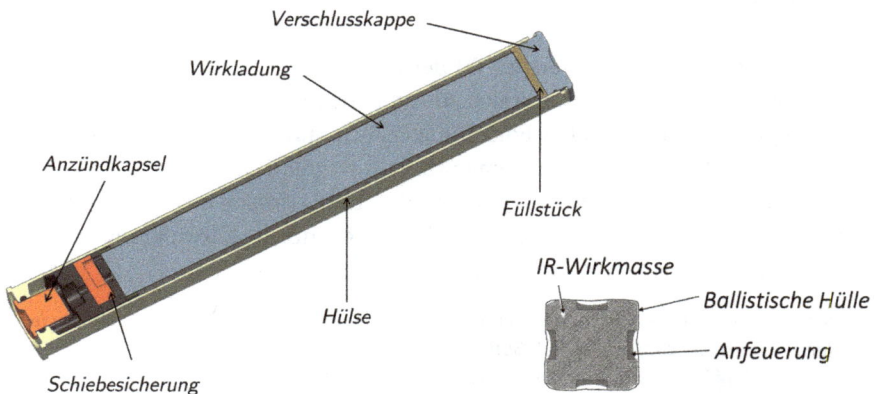

Abb. S.1: Schnittbild eines Lfz-Sz und der Wirkmasse.

einflussen die taktischen Faktoren Windgeschwindigkeit, Atmosphärendruck und Beobachtungswinkel die in einen bestimmten Raumwinkel abgestrahlte Energie.

$$I_\lambda = \frac{dm}{dt} \cdot E_\lambda$$

$$E_\lambda = \frac{1}{4\pi} \cdot \Delta_c H \cdot F_\lambda \cdot \delta_w \cdot \delta_p \cdot \delta_a$$

mit

F_λ = Bruchteilfunktion

δ_w = Strömungsfaktor

δ_p = Druckfaktor

δ_a = Aspektfaktor

Es gibt ganz grundsätzlich zwei Wirkmassentypen. Typ 1 (1–4) wird als Schwarzkörperwirkmasse bezeichnet. Diese Zusammensetzungen brennen sehr heiß ($T > 2000\,°C$) und liefern eine im Wesentlichen temperaturabhängige spektrale Intensitätsverteilung (Schwarzkörperkurve) mit hohen Strahlungsanteilen im niedrigen Wellenlängenbereich, $\lambda = 1\text{–}2,5\,\mu m$. Diese Wirkmassen imitieren die Temperaturstrahlung der Triebwerksbleche von Strahlrohrantrieben im gleichen Wellenlängenbereich. Die in Tab. S.2 gezeigten Formulierungen erzeugen beim Abbrand in der Flamme große Mengen unverbrannten Kohlenstoffs, der als guter Emitter fungiert.

Wirkmassen vom Typ 2 (5–9, siehe Tab. S.4) werden als spektrale Wirkmassen bezeichnet. Diese Zusammensetzungen sind meist leicht Sauerstoff überbilanziert und liefern eine spektrale Intensitätsverteilung, bei welcher die integrierten Strahlungsanteile im Wellenlängenbereich $\lambda = 3\text{–}5\,\mu m$ mindestens um den Faktor fünf (5) höher sind als im zuvor bezeichneten Wellenlängenbereich. Diese Wirkmassen sollen beim Abbrand die Signatur der heißen Triebwerksabgase (CO_2) imitieren. Tab. S.3 zeigt typische Formulierungen. Weiterhin gibt es Wirkmassenfolien aus brennbarem Material, die mit rotem Phosphor beschichtet sind. Daneben gibt es schließlich unterschiedli-

Tab. S.2: Typische Schwarzkörperwirkmassen.

	1	2	3	4
Magnesium (Gew.)	60	48	38	33
Polytetrafluorethylen (Gew.)	25			
Polykohlenstoffmonofluorid (Gew.)		19		
Viton®A (Gew.)	10	12		
HTPB (Gew.)				16
Kaliumnitrat (Gew.)			17	
Ammoniumperchlorat (Gew.)				34
Graphit (Gew.)	5	18		
Biphenyl (Gew.)			45	
Anthracen (Gew.)				15
Spezifische Energie, $E_{3.5\text{–}4.8}$ ($J\,g^{-1}\,sr^{-1}$)	80	200	60	70

Tab. S.3: Typische spektrale Wirkmassen.

	5	6	7	8	9	10
Benzotriazol (Gew.)	20					
Kaliumbenzoat		26				
HTPB (Gew.)			15			
Diethylenglykoldinitrat					20	
Nitrocellulose				50	55	
Nitroglycerin					25	
Dioctyladipat				9		
Trinitrotoluol (Gew.%)						35
Ammoniumperchlorat (Gew.)			85	41		
Kaliumperchlorat (Gew.)	76	68				65
Polyacrylat (Gew.)	4					
Viton®A		6				
Spezifische Energie, $E_{3.5-4.8}$ (J g^{-1} sr^{-1})	27	24	20	76	80	34

Tab. S.4: Sicherheitstechnische Daten ausgewählter Scheinzielwirkmassen.

Parameter	1	6	7	9	10
Reib-E (N)	> 360	240	40	120	320
Schlag-E (J)	10	4,5	2–3	2	15
Z (°C)	263				259
T_{5ex} (°C)	> 360	300	230	166	–
ESD (J)	0,05	0,07	0,125	6	5
BICT-Gap Test- 50 % (GPa)	n.a.	n.a.		< 2,6	> 2,6

che brennbare und nicht brennbare Trägersubstrate mit hohem Oberfläche-zu-Volumen-Verhältnis, die mit pyrophoren oder auch kombiniert pyrophor/pyrotechnischen Materialien beschichtet sind.

Die mechanische und thermische Empfindlichkeit ausgewählter Scheinzielwirkmassen ist in Tab. S.4 angegeben.

- E.-C. Koch, *Pyrotechnischer Satz zur Erzeugung von IR-Strahlung*, EP 12 1713.2, **2001**, Deutschland.
- E.-C. Koch, Review on Pyrotechnic Aerial Infrared Decoys, *Propellants Explos. Pyrotech.* **2001**, *26*, 3–11.
- E.-C. Koch, Advanced Aerial Infrared Countermeasures, *Propellants Explos. Pyrotech.* **2006**, *31*, 3–19.
- E.-C. Koch, Experimental Advanced Infrared Flare Compositions, IPS-Seminar, Fort Collins, **2006**, S. 71–79.
- E.-C. Koch, 2006–2008 Annual Review on Aerial Infrared Decoy Flares, *Propellants Explos. Pyrotech.* **2009**, *34*, 6–12.
- E.-C. Koch, V. Weiser, E. Roth, 2,4,6-Trinitrotoluol ein unempfindlicher, energiereicher Brennstoff und Binder für schmelzgießbare Täuschkörperformulierungen, *Angew. Chem.* **2012**, *124*, 10181–10184.

Schellack

Shellac, gum lac, stick lac

Schellack ist eine harzartige Ausscheidung des Insekts *Laccifer lacca*, die dieses nach dem Verzehr der Säfte des Wirtsbaumes *Schleichera trijuga* produziert. Die Zusammensetzung von Schellack variiert mit der Jahreszeit. Die ungefähre Zusammensetzung des Harzes kann mit $C_6H_{9,6}O_{1,6}$ beschrieben werden; CAS-Nr. [9000-59-3]. Die Hauptbestandteile von Schellack sind Aleuritinsäure [533-87-9] und Schellolsäure [4448-95-7]. Die Bildungsenthalpie von Schellack beträgt etwa $\Delta_f H = -440\,\text{kJ}\,\text{mol}^{-1}$. Schellack dient als Brennstoff und Bindemittel in pyrotechnischen Sätzen. Schellack gibt zwischen $T = 40\text{–}94\,°C$ Feuchtigkeit ab und beginnt sich ab $T = 190\,°C$ zu zersetzen. Die Zersetzung ist bei etwa 500 °C abgeschlossen. Schellack hat Dichten zwischen $1,05 - 1,2\,\text{g}\,\text{cm}^{-3}$.

- W. Meyerriecks, Organic Fuels Composition and Formation Enthalpy Part II – Resins, Charcoal, Pitch, Gilsonite and Waxes, *J. Pyrotech.* **1999**, *9*, 1–19.

Schießwolle

gun cotton

Die ersten Torpedoladungen der kaiserlichen deutschen Marine bestanden wesentlich aus wasserfeuchter Schieß(baum)wolle, einer anderen Bezeichnung für *Nitrocellulose* mit einem Stickstoffgehalt von 13,3–13,4 Gew.-%. In Tradition und auch zur Verschleierung der tatsächlichen Zusammensetzungen wurde die Bezeichnung Schießwolle bzw. Schießwolle neuerer Art später für Torpedoladungen beibehalten. Einige dieser schmelzgießbaren Formulierungen (Tab. S.5) waren die ersten gegen Beschuss mit Bordwaffen sicheren Explosivstoffe und die damit gefertigten Torpedos die ersten „unempfindlichen Munitionen".

- E.-C. Koch, Insensitive Munitions, Propellants Explos. Pyrotech. **2016**, *41*, 407.

Tab. S.5: Zusammensetzungen von „Schießwolle neuerer Art".

Schießwolle-	18	19	36	39	39a
Andere Bezeichnungen	*Hexamit, TSMV1-101, S-1*		S-2	S-3	
Aluminium (Gew.-%)	16		27	25	25	35
Ammoniumnitrat (Gew.-%)					30	5
Nitropenta (Gew.-%)		25			
Hexanitrodiphenylamin (Gew.-%)	24			8	5	10
Trinitrotoluol (Gew.-%)	60		48	67	45	50

Schockwurfkörper

stun grenade

Schockwurfkörper werden auch als Blendgranaten bezeichnet. Schockwurfkörper sind pyrotechnische Wurfkörper, die von Hand oder auch durch andere Mittel verbracht werden können. Sie erzeugen nach einer meist nur sehr kurzen Verzögerungszeit von $t = 0,5-1,5$ s entweder nur Einzelknallereignisse begleitet durch einen starken Lichtblitz oder eine Serie von meist ungleichmäßig getakteten Knallereignissen. Die hohen Lichtintensitäten im Bereich von $I_\lambda > 5$ Mcd und Spitzenschalldrucke von bis zu 170 dB(Ai) bewirken insbesondere in Innenräumen bei exponierten Personen im nahen Umfeld des Schockwurfkörpers eine spontane und sehr starke Reizüberflutung, die für kurze Zeit sinnvolle und konkludente Handlungen bei den betroffenen Personen extrem erschwert. Typische pyrotechnische Wirksätze in Schockwurfkörpern sind Blitzknallsätze. Schockwurfkörper können bei Anwendung in unmittelbarer Körpernähe (z. B. Gesichtsnähe) zu tödlichen Verletzungen führen.

Schubert, Hiltmar (1927*)

Hiltmar Schubert ist ein deutscher Chemiker. Schubert studierte an der Universität in Lübeck und der TH Karlsruhe Chemie und promovierte 1959 bei Karl Meyer. Er war von 1972–1994 Direktor des Fraunhofer Instituts für Chemische Technologie, gründete 1976 die Fachzeitschrift *Propellants Explosives Pyrotechnics* und fungierte auch bis 2000 als deren Herausgeber. Schubert hat sich immer mit den aktuellen Herausforderungen im Bereich der Explosivstoffe beschäftigt und war hier stets federführend und als „Motor" tätig. Beispielhaft zu nennen sind z. B. sein Einsatz in der internationalen Arbeitsgruppe ASNR-LTTP *Insensitive High Explosives*, bei der unter seiner Führung am ICT nitroguanidinhaltige extrem unempfindliche Explosivstoffe (EIDS) entwickelt wurden, oder seine Aktivitäten im Bereich Detektion von Explosivstoffen im Bereich Terrorismusabwehr und innere Sicherheit.

- H. Schubert, *Ein Leben für die Explosivstoff-Forschung im Nachkriegsdeutschland*, Fraunhofer ICT, Pfinztal Berghausen, **2007**, 61 S.
- H. Schubert, F. Schedlbauer, ASNR-Langzeit Technologieprogramm über unempfindliche Sprengstoffe (IHE), Ergebnisbericht der 1. und 2. Phase, *Sprengstoffgespräch*, Lünen, **1995**, 315–336.
- H. Schubert, A. Kuznetsov, *Detection and Disposal of Improvised Explosives*, NATO Security through Science Series, Springer, **2006**, 239 S.
- Eintrag in der Deutschen Nationalbibliothek: http://d-nb.info/482374292.

Schwarzpulver

black powder, gun powder

Schwarzpulver ist der Archetyp pyrotechnischer Sätze. Obwohl Schwarzpulver schon seit Jahrhunderten verwendet wird, ist es nach wie vor das Material der Wahl für Anfeuerungen, Anzünder, Anzündschnüre, Ausstoßladungen und Treibsätze in der zivilen wie zum Teil auch militärischen Pyrotechnik (Abb. S.2). Schwarzpulver ist einfach aus nachhaltigen Rohstoffen herzustellen, verlässlich in der Funktion und bei Abwesenheit von Wasser oder organischen Lösemitteln praktisch unbegrenzt alterungsbeständig.

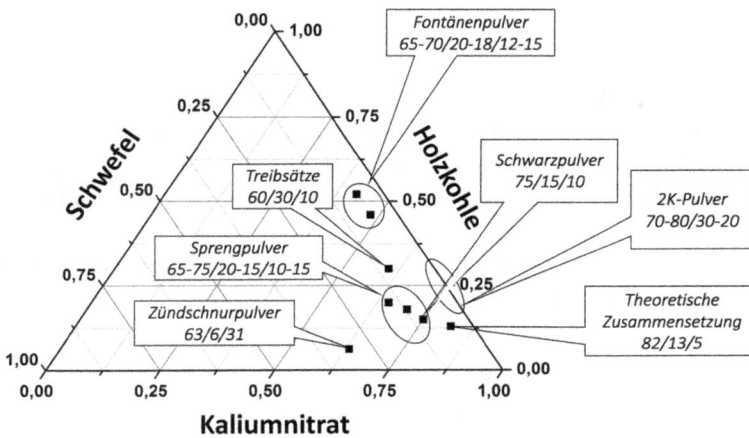

Abb. S.2: Schwarzpulverderivate im ternären Diagramm, Angaben in Gew.-%.

Die Herstellung des Schwarzpulvers beginnt mit dem Vermahlen eines binären Gemisches aus Holzkohle (z. B. Schwarzerle oder Faulbaum) und Schwefel in einer Kugelmühle. Das Mahlgut wird dann mit einem Magnetabscheider von möglichen abgeplatzten Stahlteilchen der Kugelmühle gereinigt. Parallel dazu wird Kaliumnitrat in einer Stiftmühle gemahlen. Das aufgemahlene Kaliumnitrat gelangt zusammen mit der binären Holzkohle-Schwefel-Mischung und etwas Wasser in den Kollergang. Dort wird es gemahlen und gemischt. Unter dem starken Druck im Kollergang werden der Schwefel und das Kaliumnitrat plastisch verformt und können in die Porositäten der Holzkohle eindringen, wodurch ein sehr inniger Kontakt aller drei Komponenten hergestellt wird. Das "erdfeuchte" Mischgut wird schließlich unter starkem Druck zu Barren gepresst. Diese Barren werden granuliert und die einzelnen Kornfraktionen separiert und nach Bedarf mit Graphit zum Schutz gegen Feuchtigkeit und zur Verminderung der elektrostatischen Empfindlichkeit poliert. Schließlich wird nach dem Einstellen der Restfeuchte (zwischen 0,6 und 0,9 Gew.-% H_2O) noch der Staubanteil entfernt.

Die Explosionsreaktion des Schwarzpulvers kann nach Seel (1988) wie folgt formuliert werden:

10 kg 3K(3-Komponenten)-Pulver der Zusammensetzung:
- 75 Gew.-% Kaliumnitrat
- 15 Gew.-% Holzkohle
- 10 Gew.-% Schwefel
- für die Holzkohle wird folgende allgemeine Summenformel $(C_6H_2O)_n$ angenommen – ergeben nach

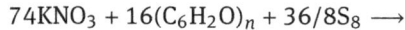

$$74KNO_3 + 16(C_6H_2O)_n + 36/8S_8 \longrightarrow$$

- gasförmige Produkte $35N_2 + 56CO_2 + 14CO + 3CH_4 + 2H_2S + 4H_2$,
- kondensierte Produkte $19\,K_2CO_3 + 7\,K_2SO_4 + 8\,K_2S_2O_3 + 2\,K_2S_2 + 2\,KSCN$.

Damit entstehen bei der Explosion von 10 kg Schwarzpulver $24,5\,m^3$ Gas bei einer Explosionstemperatur von 2900 K. Bei Raumtemperatur ($T = 298\,K$) ist das permanente Gasvolumen $2,55\,m^3$. Die mittlere Molmasse der Verbrennungsgase beträgt ~ $36\,g\,mol^{-1}$. Weiterhin fallen etwa bei Raumtemperatur 5,85 kg kondensierter Reaktionsprodukte an.

Die Abbrandgeschwindigkeit, u ($mm\,s^{-1}$), des Schwarzpulvers wird durch eine Reihe von Faktoren bestimmt wie in Tab. S.6 angegeben.

Tab. S.6: Faktoren, die die Abbrandgeschwindigkeit von Schwarzpulver bestimmen.

Faktor	Einfluss
Zusammensetzung	Bei 3-K-Pulvern wächst u bis etwa $\xi(KNO_3) = 0,75$
Korngröße	Mit steigender Korngröße nimmt u ab
Korndichte	Mit steigender Dichte (abnehmender Porosität) nimmt u ab
Kohlesorte	Mit steigender freier Oberfläche nimmt u zu, mit abnehmendem Wasserstoffgehalt nimmt u ab
Wassergehalt	Mit steigendem Wassergehalt nimmt u ab
Mischverfahren	Pulver, das ohne Kollergang hergestellt wurde, brennt langsamer ab

Abb. S.3 zeigt die Druckabhängigkeit des Abbrands von gekörntem Schwarzpulver (Berger 2006). Der bei Drucken oberhalb $p = 7\text{--}8\,MPa$ beobachtete negative Druckexponent ist auf die Änderung des Abbrandmechanismus vom konvektiven Abbrand zum laminaren Abbrand zurückzuführen. Schwarzpulver ist thermisch sehr empfindlich, woraus seine gute Anzündbarkeit resultiert. Allerdings bedingt dies auch seine Empfindlichkeit gegenüber elektrostatischen Entladungen, $E_z > 16\,mJ$ und Zündung von Feinstaub durch adiabatische Kompression. Die Zündtemperatur liegt je nach Zusammensetzung und Kornverteilung bei 3-K-Pulvern zwischen $T = 260\text{--}320\,°C$. Die Schlagempfindlichkeit für 3-K-Pulver beträgt etwa 10 J.

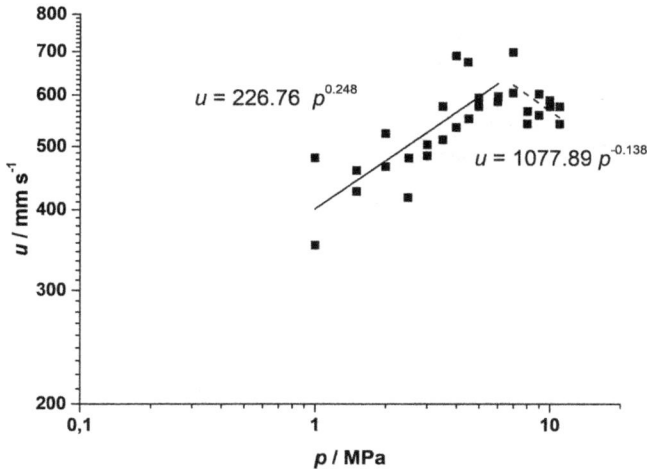

Abb. S.3: Abbrandgeschwindigkeit und Vieille'sche Gesetze für gekörntes Schwarzpulver in unterschiedlichen Abbrandregimen.

Typische schwarzpulverhaltige Anzündmittel sind in Abb. A.12 auf S. 49 dargestellt.

Bei Ladungen von 3-K-Pulver mit einem Durchmesser von 4 mm und Fülldichten von $\rho = 0.5\,\mathrm{g\,cm^{-3}}$ werden Umsetzungsgeschwindigkeiten von bis zu $V_D = 1500\,\mathrm{m\,s^{-1}}$ (Low Velocity Detonation = LVD) beobachtet.

Warnung:

Auch Sicherheitsanzündschnüre können nach *Leiber* (2003) bei Beschädigung, Einschluss oder Einklemmung völlig versagen und mit einer LVD reagieren!

- F. Seel, Geschichte und Chemie des Schwarzpulvers – Le charbon fait la poudre, *Chemie in unserer Zeit*, **1988**, *22*, 9–16.
- F. Seel, Sulfur in History: The Role of Sulfur in „Black Powder", *Studies in Inorganic Chemistry*, **1984**, *5*, 55–66.
- V. Weiser, S. Kelzenberg, E. Roth, N.Eisenreich B. Berger, B. Haas, Influence of Particle Size on the Pressure Combustion of Igniters – Experiments and Theoretical Considerations, *IPS-Seminar*, Fort Collins, **2006**, 21–30.
- C. O. Leiber, *Assessment of Safety and Risk with a Microscopic Model of Detonation*, Elsevier, **2003**, S. 232.
- E. Gock, J. Knop, U. Waldek, Hochenergetische Schwarzpulver, *Sprenginfo* **2013**, *35*, (3) 20–30.

Schwefel

sulfur(AmE), sulphur(BrE)

Aspekt		hellgelbes Kristallpulver
Formel		S, bei Raumtemperatur als S_8 vorliegend
CAS		[7704-34-9]
GHS		02, 07
H-Sätze		H228-H315
P-Sätze		P210-P241-P280-P302+P352-P321-P362
UN		1350
EINECS		231-722-6
m_r	g mol^{-1}	32,06
ρ	g cm^{-3}	2,07
Smp	°C	119
Sdp	°C	445
$T_{p(orh\rightarrow mnkl)}$	°C	96–103
T_i	°C	~ 260
$\Delta_c H$	kJ mol^{-1}	−296,8
	kJ g^{-1}	−9,256
	kJ cm^{-3}	−19,161
Λ	Gew.-%	−99,81

Der Schwefel ist neben der Holzkohle einer der ältesten Brennstoffe in der Pyrotechnik. Obwohl Schwefel eine im Vergleich zu anderen Brennstoffen wie P, Si oder B niedrige Verbrennungsenthalpie aufweist, bedient man sich des Schwefels in vielen Zusammensetzungen um den Zündpunkt von pyrotechnischen Sätzen herabzusenken. Ein weiterer Vorteil neben dem niedrigen Zündpunkt des Schwefels ist der niedrige Schmelzpunkt von $T = 119$ °C, der in vielen Systemen die exotherme Reaktion durch eine Eindiffusion des Schwefels in das Gitter des Oxidators einleitet, sowie die besondere Fähigkeit selbst bei Raumtemperatur in porösen Kohlenstoff (Schwefel-*Spillover*) einzudringen und dabei amorph zu werden. Die wohl bekanntesten pyrotechnischen Systeme mit Schwefel sind das Schwarzpulver und seine unzähligen Derivate. Die Rolle des Schwefels und das Reaktionsgeschehen im Schwarzpulver sind trotz umfangreicher Untersuchungen auch heute noch nicht völlig geklärt. Der Schwefel nimmt wohl in vielen pyrotechnischen Systemen eine Doppelrolle als Brennstoff und Oxidationsmittel gleichermaßen ein. So kennt man eine große Zahl koruskativer Systeme auf Basis von Schwefel, wie z. B. Zn/S. Desweiteren reagiert der Schwefel mit den intermediär gebildeten Alkali- und Erdalkalicarbonaten bzw. -nitriten zu -sulfaten und -thiosulfaten. Nach § 20 3.a) 1. SprengV darf weder Schwefelblüte noch sonstiger Schwefel mit mehr als 0,1 Gew-% Schwefelsäure bzw. unverbrennlicher Bestandteile in pyrotechnischen Sätzen enthalten sein.

- L. Medenbach, I. Escher, N. Kçwitsch, M. Armbrüster, L. Zedler, B. Dietzek, P. Adelhelm, Schwefel-Spillover auf Kohlenstoffmaterialien und mögliche Einflüsse auf Metall-Schwefel-Batterien, *Angew. Chem.* **2018**, *130*, 13855–13859.

Semtex

Semtex ist die Bezeichnung verschiedener plastischer Sprengstoffe der tschechischen Firma Synthesia, Pardubice (siehe Tab. S.7). Semtex A und Semtex H wurden in der Vergangenheit häufig für terroristische Zwecke missbraucht (z. B. Lockerbie-Anschlag, 1988), so dass der Hersteller auf internationalen Druck hin ab 1991 dazu übergegangen ist, seine Produkte mit einem *Markierungsstoff* (siehe dort) zu versehen, der über den hohen Dampfdruck verlässlich an Sicherheitsschleusen detektiert werden kann. Semtex war zwischen 1990 und 1991 zunächst mit EGDN markiert. Heute wird Semtex mit 2,3-Dimethyl-3,4-dinitrobutan bzw. 4-Nitrotoluol markiert.

Tab. S.7: SEMTEX-Zusammensetzungen.

Semtex	A	1A	10	H
Hexogen	41,72			4,65
PETN	41,38	83,5	85,0	76,94
Styrol-Butadien-	9,0	4,1	3,7	9,4
Styrol Butadien Kautschuk	Sudan I	0,002	0,002	Sudan IV
N-Phenyl-2-naphthylamin	x			x
N-Octylphthalat/Butylcitrat	7,9	12,4		9,0
Dibutylformamid			11,3	
Ethylcentralit		x	x	

- S. Moore, M. Schantz, W. MacCrehan, Characterization of Three Types of Semtex (H, 1A, and 10), *Propellants Explos. Pyrotech.* **2010**, *35*, 540–549.

Shock-Tube

Shock-Tubes bezeichnen Stoßrohre für entsprechende physikalische Untersuchungen. Außerdem sind Shock-Tubes auch in der deutschen Sprache die umgangssprachliche Bezeichnung für schnelle interferenzsichere thermische Anzündmittel. Shock-Tubes bestehen aus Polyamidschläuchen (AD ~ 3 mm, ID ~ 1,5 mm) an deren Innenwand ein dünner Film aus Al/HMX(50/50) bei EXEL®, bzw. Al/KClO$_4$/Fe$_3$O$_4$(50/25/25) bei LTT aufgetragen ist (Abb. S.4). Nach thermischer Anzündung und DDT detoniert die Füllung als LVD mit Geschwindigkeiten von 1100 m s^{-1} (LTT) bis zu 1900 m s^{-1} (EXEL). Bei der Reaktion bleibt die Umhüllung allerdings intakt und lediglich am offenen Schlauchende erscheint bei Reaktion ein Feuerstrahl von bis zu 10 cm Länge, der zur Anzündung verwendet werden kann (Abb. S.4). Die Anlaufstrecke für LTT beträgt etwa 200 mm (t = 200 μs) bei EXEL® ist t = 400 μs.

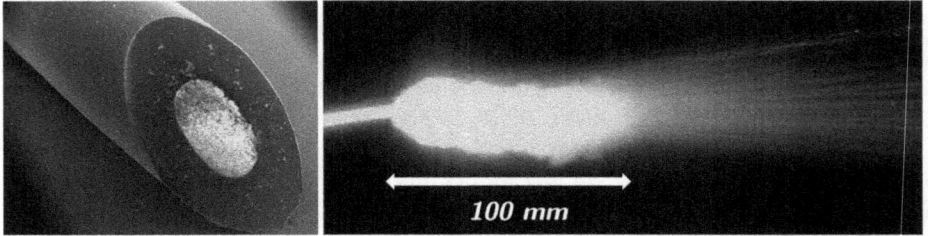

Abb. S.4: Rasterelektronenmikroskopische Aufnahme von LTT und Flammenbild.

- K. Kosanke, Evaluation of LTT as a Pyrotechnic Ignition System, *Workshop on Pyrotechnic Combustion Mechanisms*, Fort Collins, **2006**.
- H. Oertel, *Stossrohre*, Springer-Verlag, Wien, **1966**, 1030 S.

SHS

Der Begriff SHS (*Self-Propagating High Temperature Synthesis*) beschreibt exotherme Reaktionen, die zur gezielten Synthese von Stoffen eingesetzt werden. Neben klassischen Thermitreaktionen (siehe *Thermite*) kommen bei der SHS alle Arten von Redoxreaktionen, Legierungsreaktionen, sowie Zersetzungsreaktionen zur Anwendung wie nachfolgend exemplarisch dargestellt:

Synthese aus den Elementen

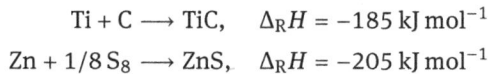

$$Ti + C \longrightarrow TiC, \quad \Delta_R H = -185 \, kJ \, mol^{-1}$$

$$Zn + 1/8 \, S_8 \longrightarrow ZnS, \quad \Delta_R H = -205 \, kJ \, mol^{-1}$$

Redoxreaktionen

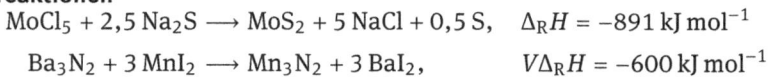

$$MoCl_5 + 2,5 \, Na_2S \longrightarrow MoS_2 + 5 \, NaCl + 0,5 \, S, \quad \Delta_R H = -891 \, kJ \, mol^{-1}$$

$$Ba_3N_2 + 3 \, MnI_2 \longrightarrow Mn_3N_2 + 3 \, BaI_2, \quad V\Delta_R H = -600 \, kJ \, mol^{-1}$$

Zersetzungsreaktionen

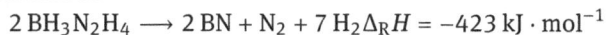

$$2 \, BH_3N_2H_4 \longrightarrow 2 \, BN + N_2 + 7 \, H_2 \Delta_R H = -423 \, kJ \cdot mol^{-1}$$

Die besonderen Merkmale der SHS bestehen in:
- hohen Reaktionstemperaturen, T > 500 °C. Dadurch erfolgt auch die gleichzeitige Entfernung (Verdampfung, Sublimation) flüchtiger Verunreinigungen,
- thermodynamischer Produktkontrolle,
- Zerstörung der Strukturen der Ausgangsmaterialien,
- Transportwege etwa 1 μm – 1000 μm und
- Diffusionskoeffizienten 10^{-7}–10^{-14} cm^2 s^{-1}.

SHS-Reaktionen können sowohl thermisch als auch durch Stoßwellen ausgelöst werden (siehe auch *Reaktive Splitter*).

- P. Hardt, S. L. McHugh, S. L. Weinland, Chemistry and Shock Initiation of Intermetallic Reactions, *IPS*, Vail, **1986**, 255–274.
- W. L. Frankhouser, K. W. Brendley, M. C. Kieszek, S. T. Sullivan, *Gasless Combustion Synthesis of Refractory Compounds*, Noyes Publications, Park Ridge, NJ, **1985**, 152 S.
- A. A. Borisov, L DeLuca, A. Merzhanov, Y. B. Scheck, *Self-Propagating High Temperature Synthesis of Materials*, Taylor 6 Francis, **2002**, 339 S.
- Webbook on SHS http://www.ism.ac.ru/handbook/shsf.htm. 25.03.2019

Silberazid, ZS A 9060

silver azide

Aspekt		farblose, gräuliche Kristalle
Formel		AgN_3
REACH		LPRS
EINECS		237-606-1
CAS		[13863-88-2]
m_r	g mol^{-1}	149,888
ρ	g cm^{-3}	5,1
$\Delta_f H$	kJ mol^{-1}	312
Λ	Gew.-%	0
N	Gew.-%	28,03
c_p	J K^{-1} mol^{-1}	73,37 bei 250 °C
P_t	°C	190
Smp	°C	289
Z	°C	307
Reib-E	N	>
Schlag-E	J	>
V_D	m s^{-1}	3830 @ 2,00 g cm^{-3}.
P_{CJ}	GPa	*1,9* @ 2,14 g cm^{-3}.
Trauzl	cm^3	115

Die Lichtempfindlichkeit von Silberazid ist deutlich geringer als die von Silberhalogeniden. Silberazid besitzt ein höheres Initiierungsvermögen als Bleiazid und kann nicht totgepresst werden. Der kritische Durchmesser liegt unter 50 μm. Silberazid ist mit Tetrazen nicht verträglich und daher nicht geeignet, Bleiazid vollständig zu ersetzen.

- R. Matyáš, J. Pachman, *Primary Explosives*, Springer, Heidelberg, **2013**, 39–59.

Silberfulminat, ZS A
silver fulminate

Formel		AgCNO
CAS		[5610-59-3]
m_r	g mol^{-1}	149,885
ρ	g cm^{-3}	4,107
$\Delta_f H$	kJ mol^{-1}	180
Λ	Gew.-%	−10,67
N	Gew.-%	9,34
$\Delta_{ex} H$	kJ mol^{-1}	−1970
Z	°C	236−241
T_{5ex}	°C	170
Schlag-E	J	> 1−2
V_D	m s^{-1}	1700 @ 2,00 g cm^{-3}.
P_{CJ}	GPa	*1,9* @ 2,14 g cm^{-3}.
Trauzl	cm^3	115

Kristallines Silberfulminat ist ein extrem empfindlicher Initialsprengstoff. Silberfulminat findet deswegen keine technische Anwendung. Es wird für Knallspielwaren (Feuerwerkskörper der Kategorie 1) verwendet, die maximal 2,5 mg Silberfulminat enthalten dürfen.

- R. Matyáš, J. Pachman, *Primary Explosives*, Springer, Heidelberg, **2013**, 39−59.

Silicium
silicon

Aspekt		dunkelgraues Pulver mit metallähnlichem Glanz
Formel		Si
GHS		02, 07
H-Sätze		H228-H315-H319-H335
P-Sätze		P210-P280g-P305+P351+P338
UN		3089
EINECS		231-130-8
CAS		[7440-21-3]
m_r	g mol^{-1}	28,08553
ρ	g cm^{-3}	2,329
Smp	°C	1412
Sdp	°C	3217
$\Delta_m H$	kJ mol^{-1}	50,21
$\Delta_v H$	kJ mol^{-1}	383,3
κ	W K^{-1} m^{-1}	83,7
$\Delta_c H$	kJ mol^{-1}	−911
	kJ g^{-1}	−32,437
	kJ cm^{-3}	−75,545
Λ	Gew.-%	−113,93

Im Gegensatz zu Bor, das in kristalliner Form nicht als Brennstoff in pyrotechnischen Sätzen verwendet werden kann, ist pulverförmiges kristallines Si ein guter und vor allem alterungsbeständiger Brennstoff. Si findet überwiegend Einsatz in technischen Anwendungen. Im Feuerwerk wird es nur vereinzelt als Bestandteil von Anzündmischungen verwendet, wenn heiße Schlacke für eine sichere Übertragung z. B. auf metallhaltige Sätze benötigt wird. Wie Schmied (1968) zeigen konnte, ist Si als Brennstoff für visuelle Leuchtsätze gänzlich ungeeignet. Si verbrennt nur in der kondensierten Phase und bildet daher keine leuchtenden Flammen. Aus diesem Grund ist Si ein wesentlicher Bestandteil in visuell signaturarmen NIR-Leuchtsätzen und Leuchtspursätzen für den Einsatz mit Nachtsichtgeräten und Restlichtaufhellern. Si kann durch einfache nasschemische oder auch elektrochemische Behandlung mit HF-Lösungen geätzt und damit porös gemacht werden. Dieses poröse Silicium, Si_p, reagiert aufgrund seiner sehr großen spezifischen Oberfläche explosionsartig nach mechanischer oder optischer Anregung mit Oxidationsmitteln aller Art. Daher wird poröses Silicium in Wafer- und Pulverform für neuartige Anwendungen untersucht. Die Oberfläche von geätztem Silicium ist durch die Benetzung mit HF/Ethanol-Lösungen mit Wasserstoff funktionalisiert und trägt daher $\equiv$Si–H-, $=$SiH$_2$- und –SiH$_3$-Gruppen. Aufgrund dieser Funktionalisierung besitzen die Kavitäten von Si_p hydrophoben Charakter, so dass die Infiltration wässriger Medien erschwert wird. Aus diesem Grund erreichen viele Oxidator@Si_p-Mischungen mit wasserlöslichen Salzen (z. B. $NaClO_4$) nicht ansatzweise die theoretisch berechneten Leistungswerte.

- Schmied, Licht- und Farbintensitäten pyrotechnischer Sätze durch Variation der Metallkomponente, *Arbeitstagung-Wehrtechnik, Chemie und Physik der Explosivstoffe III*, **1968**, Mannheim.
- E.-C. Koch, D. Clément, Special Materials in Pyrotechnics VI. Silicon – An Old Fuel with New Perspectives, *Propellants Explos. Pyrotech.* **2007**, *32*, 205–212.
- M. DuPlessis, A Decade of Porous Silicon as Nano-Explosive Material, *Propellants Explos. Pyrotech.*, **2014**, *39*, 348–364.

Sinoxid®

Sinoxid® ist ein Markenname der RUAG Ammotec, Fürth. Sinoxid® bezeichnet korrosionsarme chloratfreie Zündsatzmischungen (ZSM) die zur thermischen Sensibilisierung Tetrazen enthalten. Tab. S.8 zeigt zwei typische Rahmenzusammensetzungen.

- H. Rathsburg, E. von Herz, *Verfahren zur Herstellung von Zündsätzen*, DE Patent 518885, **1931**, Deutschland.
- R. Hagel, K. Redecker, Sintox- A New, Non-Toxic Primer Composition by Dynamit Nobel AG, *Propellants Explos. Pyrotech.* **1986**, *11*, 184–187.

Tab. S.8: SINOXID®-Zusammensetzungen.

	Gew.-%	Gew.-%
Bleistyphnat	20–73	25–55
Tetrazen	1–40	0,5–5
Bariumnitrat	6–49	25–45
Bleidioxid	0–10	5–10
Calciumsilicid	0–16	3–15
Antimon(III)sulfid	0–27	0–10
Glasmehl	0–16	0–5

Sintox®

Sintox® ist ein Markenname der RUAG Ammotec, Fürth. Sintox® bezeichnet korrosionsarme sowie barium- und bleifreie Zündsatzmischungen (ZSM), die zur thermischen Sensibilisierung Tetracen enthalten. Tab. S.9 zeigt eine Beispielzusammensetzung.

Tab. S.9: SINTOX®-Zusammensetzungen.

Tetrazen	5
Diazodinitrophenol	20
Zinkperoxid	50
Titan	5
Nitrocellulose	19,5
Stabilisator	0,5

- R. Hagel, K. Redecker, *Blei- und bariumfreie Anzündsätze*, DE-OS-3321943A1, **1984**, Deutschland.

Soman, GD
3,3-dimethylbutan-2-yl methylphosphonofluoridate

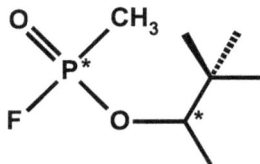

3,3-Dimethylbutoxy-(2)-methylphosphorylfluorid, Methanphosphonylfluorpinakolester, VR55
Formel $C_7H_{16}FO_2P$
CAS   [96-64-0]

m_r	g mol^{-1}	182,175
ρ	g cm^{-3}	1,022
Smp	°C	−70 bis −80
Sdp	°C	167 bis 200
Z	°C	150
Λ	Gew.-%	−193,22
LCt$_{50}$	ppm	10 (bei starker körperlicher Betätigung)
	ppm	70 (im Ruhezustand)
ICt$_{50}$	ppb min^{-1}	25–30

GD ist ein schnellwirkender Nervenkampfstoff der durch Inhalation oder dermale/okulare Resorption wirkt. GD enthält zwei Stereozentren (*) und tritt daher aus technischer Produktion stets als Gemisch von vier Stereoisomeren auf. Aus diesem Grund variieren auch Flüchtigkeit und Toxizität.

- S. Franke, *Lehrbuch der Militärchemie, Band 1*, Militärverlag der Deutschen Demokratischen Republik, 2. Auflage, Leipzig, **1977**, S. 398–422.

Sorguyl, TNGU
tetranitroglycoluril

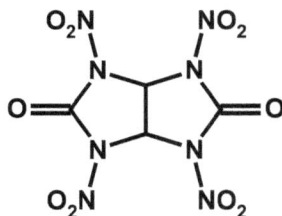

Formel		$C_4H_2N_8O_{10}$
REACH		LPRS
EINECS		259-682-5
CAS		[55510-03-7]
m_r	g mol^{-1}	322,107
ρ	g cm^{-3}	1,98
$\Delta_f H$	kJ mol^{-1}	41,48
$\Delta_{ex} H$	kJ mol^{-1}	−1878,6
	kJ g^{-1}	−5,832
	kJ cm^{-3}	−11,548
$\Delta_c H$	kJ mol^{-1}	−1901,9
	kJ g^{-1}	−5,905
	kJ cm^{-3}	−11,691
Λ	Gew.-%	+4,97
N	Gew.-%	34,79
Z	°C	250

Reib-E	N	70
Schlag-E	J	2
V_D	m s^{-1}	9073 @ ρ = 1,94 g cm^{-3} im Silber-Rohr ($\varnothing$ = 4 mm)
P_{CJ}	GPa	39,92 @ ρ = 1,94 g cm^{-3}

Sorguyl ist ein sehr leistungsfähiger Explosivstoff mit einer zu CL-20 vergleichbaren Empfindlichkeit. Allerdings wird Sorguyl bereits von sehr schwachen Nukleophilen wie Wasser angegriffen und hydrolysiert, so dass eine Verarbeitung ohne Feuchtigkeitsausschluss schwierig ist. Der formale Austausch einer Carbonylgruppe durch eine Methylen- oder Ethylengruppe liefert die ebenfalls hydrolyseempfindlichen Explosivstoffe K55 bzw. K56.

- J. Boileau, J.-M. L. Emeury, J.-P. Kehren, *Tetranitroglycuril, seine Herstellung und Verwendung als Explosivstoff*, DE-Patent 2435651, SNPE, **1980**, Frankreich.

Spezifische Wärme
specific heat

Die totalen Differentiale der Inneren Energie und der Enthalpie lauten:

$$dU = \left(\frac{\partial U}{\partial T} \right)_V dT + \left(\frac{\partial U}{\partial V} \right)_T dV,$$

$$dH = \left(\frac{\partial H}{\partial T} \right)_p dT + \left(\frac{\partial H}{\partial V} \right)_T dp.$$

Für die Fälle $dV = 0$ und $dp = 0$ ergibt sich die Bedeutung der Temperaturkoeffizienten:

$$\left(\frac{\partial U}{\partial T} \right)_V$$

und

$$\left(\frac{\partial H}{\partial T} \right)_p$$

als Wärmemenge, die benötigt wird, um ein 1 mol eines Stoffs um ein Kelvin unter isochoren bzw. isobaren Bedingungen zu erwärmen.

Dabei wird $\left(\frac{\partial U}{\partial T} \right)_V = c_v$ als spezifische Wärme bei konstantem Volumen und

$$\left(\frac{\partial H}{\partial T} \right)_p = c_p$$

als spezifische Wärme bei konstantem Druck bezeichnet. Für ideale Gase gilt weiterhin

$$c_p - c_v = R \, .$$

Bei realen Gasen weicht der Wert schon deutlich von R ab und bei kondensierten Stoffen beträgt die Differenz von $C_p - C_v$ nur knapp $R/10$.

$$\frac{c_p}{c_v} = \gamma$$

wird als Isentropenexponent bezeichnet.

Der Temperaturverlauf der spezifischen Wärme verschiedener Gase und Feststoffe (bis zu deren jeweiliger Dissoziationstemperatur bzw. Schmelztemperatur), die in typischen energetischen Materialien als Reaktionsprodukte auftreten, sind in Abb. S.5 und Abb. S.6 dargestellt.

- W. Schreiter, *Chemische Thermodynamik*, De Gruyter, Berlin, **2014**, 546 S.
- M. Binnewies, E. Milke, *Thermochemical Data of Elements and Compounds*, Wiley-VCH, Weinheim, **2002**, 928 S.

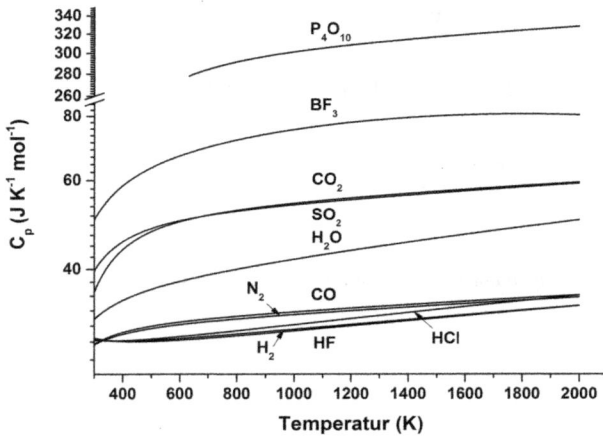

Abb. S.5: Verlauf der spezifischen Wärme typischer gasförmiger Reaktionsprodukte.

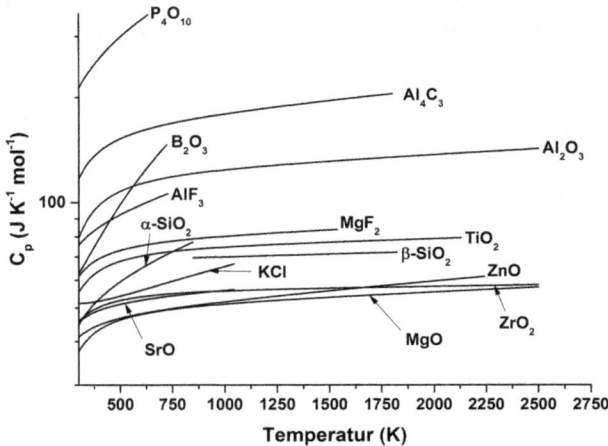

Abb. S.6: Verlauf der spezifischen Wärme typischer kondensierter Reaktionsprodukte.

Spezifischer Impuls
specific impulse

Der spezifische Impuls, I_{sp}, (s) beschreibt den Schub, F (kg m s^{-1}), den die pro Sekunde umgesetzte Gewichtseinheit, m' (kg s^{-1}), eines Treibstoffs liefert.

$$I_{sp} = \frac{F}{m' \cdot g}$$

Der Kehrwert von I_{sp} wird als der spezifische Treibstoffverbrauch bezeichnet. Mit der Ausströmgeschwindigkeit, w, (m s^{-1}), besteht der einfache Zusammenhang

$$I_{sp} = \frac{w}{g},$$

weshalb zur groben Annäherung von I_{sp} auch häufig der Ausdruck

$$I_{sp} \propto \sqrt{\frac{T_c}{\overline{M}}}$$

verwendet wird.

- A. Dadieu, R. Damm, E. W. Schmidt, *Raketentreibstoffe*, Springer, Wien, **1968**, 48–65.

Sprengplattieren
explosive welding, explosive cladding

Metalle können detonativ gefügt werden. Dazu wird eine flächige Sprengstoffladung mit einseitiger metallischer Belegung entweder parallel (*constant standoff*) oder in einem Winkel (*angled standoff*) zu einer anderen, damit zu verbindenden Metallplatte gestellt. Bei der Detonation des Sprengstoffs beginnt die Metallplatte im Bereich der Stoßfront gleichsam einer Auskleidung in einer Hohlladung durch den hohen Druck plastisch zu fließen und verbindet sich durch Materialfluss mit der anderen Platte.

- P. W. Cooper, *Explosives Engineering*, Wiley-VCH, New York, NY, **1996**, 444–451.

Sprengschnur
detonating cord

Eine Sprengschnur besteht aus einer Sprengstoffseele, die von einer Textilgarnumspinnung gestützt und einer Kunststoffumhüllung gegen äußere Einflüsse geschützt ist. Typische Sprengstoffe in Sprengschnüren sind Nitropenta, Hexogen und Oktogen. Sprengschnüre dienen selbst als Sprengladung und können auch zur Übertragung der Detonation verwendet werden. Sprengschnüre müssen mit einem Zündmittel zur Detonation gebracht werden. Typische Metergewichte reichen von 15 bis 100 g/m.

Sprengstoff

high explosive

Ein Sprengstoff ist ein Explosivstoff, der bestimmungsgemäß zur Detonation gebracht werden kann. Sprengstoffe die bereits durch thermische Einwirkung (Flamme, Funken) oder geringfügige mechanische Stimuli (Reibung, Schlag, Stich) zur Detonation gebracht werden können, bzw. praktisch unverzüglich von der Deflagration zur Detonation übergehen, werden als Initialsprengstoffe *(primary explosives)* bezeichnet. Alle anderen Sprengstoffe werden häufig auch als Sekundärsprengstoffe *(secondary explosives)* bezeichnet. Sekundärsprengstoffe, die direkt mit Initialsprengstoffen initiiert werden können, werden häufig als Verstärkersprengstoffe (Booster-Sprengstoffe) bezeichnet und finden daher Anwendung in Zündverstärkern *(Booster)*. Sekundärsprengstoffe, die nur durch Zündverstärker zur Detonation gebracht werden können, werden auch als Hauptladungssprengstoffe *(main charge explosives)* bezeichnet.

Stabilisatoren

stabiliser

Die O-NO_2-Bindung in Salpetersäureestern ist deutlich schwächer ($\Delta_{dis}H \sim 165-170$ kJ mol^{-1}) als z. B. die C–NO_2-Bindung in Nitroaromaten ($\Delta_{dis}H \sim 295$ kJ mol^{-1}). Daher zersetzen sich Salpetersäureester wie insbesondere Nitrocellulose schon bei Raumtemperatur unter Abspaltung von NO_2 bzw. HNO_2. Die freigesetzten Verbindungen NO_2 und HNO_2 reagieren exotherm mit der Nitrocellulose und beschleunigen so deren weiteren Zerfall. Um diesem Zerfall entgegenzuwirken werden Salpetersäureester mit organischen aber auch anorganischen Stoffen stabilisiert.

Die organischen Stabilisatoren sind meist aromatische Amine (z. B. Diphenylamin) und Harnstoffderivate (Akardite, Centralite, usw.), die bevorzugt mit HNO_2 und NO zu stabilen Nitro- und Nitrosoverbindungen reagieren und damit die Reaktionskette unterbrechen.

Zu den anorganischen Stabilisatoren zählen Stoffe wie Calciumcarbonat und Magnesiumoxid mit denen Säurespuren gebunden werden.

- T. Lindholm, Reactions in stabilizer and between stabilizer and nitrocellulose in propellants, *Propellants Explos. Pyrotech.* **2002**, *27*, 197–208.

Stauchungsapparat nach Kast

Kast apparatus

Der Stauchungsapparat nach Kast dient der vergleichsweisen Bestimmung der Arbeitsleistung von Explosivstoffen. Dabei wird ein Kupferzylinder über eine kraftschlüssige Verbindung durch die Umsetzung einer zylindrischen Sprengladung gestaucht. Die Stauchung korreliert dabei mit der Arbeitsleistung. Da Cu-Zylinder verschiedener Abmessungen verwendet werden können: 3 x 5 mm, 5 x 7 mm, 7 x 10,5 mm (Standardmaß) und 10 x 15 mm, wird die Stauchung nach Haid und Selle (1934) in einen Stauchungswert umgerechnet. Abb. S.7 zeigt eine schematische Darstellung des Apparats und Tab. S.10 Stauchungswerte für ausgewählte Explosivstoffe.

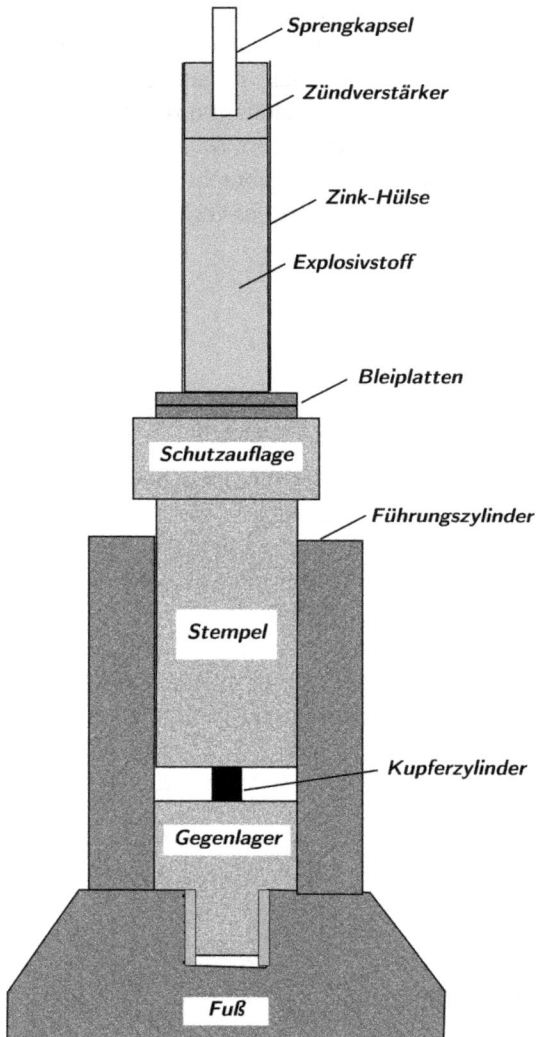

Abb. S.7: Stauchungsapparat nach *Kast* (1913).

Tab. S.10: Stauchungswerte verschiedener Explosivstoffe.

Name	ρ g cm^{-3}	Stauchungswert –
1-Chlor-2,4,6-trinitrobenzol	1,66	7,53
Hexal (70/30)	1,81	15,5
Hexanitrodiphenylamin	1,32	7,38
Macarite (70/30)	2,75	5,80
Oktal 70/30	1,81	20,76
Pentaerythrittetranitrat	1,69	17,00
Pikrinsäure	1,68	12,20
Tetryl	1,53	9,72
1,3,5-Trinitrobenzol	1,60	7,60
Trinitrotoluol	1,59	10,1
Knallquecksilber	3,5	18

- P. Langen, P. Barth, Investigation of the Explosive Properties of HMX/Al 70/30, *Propellants Explos.* 1979, *4*, 129–131.
- H. Ahrens, International Study Group for the Standardization of the Methods of Testing Explosives, *Propellants Explos.* 1977, *2*, 7–20.
- A. Haid, H. Selle, Über die Sprengkraft und ihre Ermittlung, *Z. Sch. u. Spr.* 1934, *29*, 11–14.
- H. Kast, Die Brisanzbestimmung und die Messung der Detonationsgeschwindigkeit von Sprengstoffen, *Z. Sch. u. Spr.* 1913, *8*, 88–93.

Stoppine
black match

Eine Stoppine ist ein offen brennendes Anzündmittel auf der Grundlage von langsam brennenden Schwarzpulver. Dazu wird eine angefeuchtete Bauwollschnur durch einen mit etwas *Gummi arabicum* angedickten Schwarzpulverbrei gezogen und über einen Trichter überstehendes Material abgestreift. Die so präparierten Schnüre werden aufgespannt, getrocknet und dann abgelängt. Die Brennzeit typischer Stoppinen liegt im Bereich von $u \sim 6$ cm s^{-1}. Als offen brennende Anzündmittel wurden Stoppinen viele Jahrzehnte lang im Feuerwerksbereich, bei Modellraketen und auch in der Abnahme von pyrotechnischen Sätzen verwendet. Ihre Eigenschaft, sehr leicht Feuer zu fangen und das Abblättern der Schwarzpulverschicht bei mechanischer Belastung hat weitgehend zum Ersatz durch gedeckte Anzündmittel wie *Visco*® *fuse* oder aber auch *Anzündlitzen* geführt.

Streichholz
safety match

Ein Streichholz, auch als Sicherheitszündholz oder nur Zündolz bezeichnet, ist ein Weichholzsplint, dessen eines Ende mit einem pyrotechnischen Sicherheitszündsatz beschichtet ist. Dieser Satz enthält hauptsächlich Kaliumchlorat, Brennstoffe und Füllmittel. Bis in die 1990er-Jahre enthielten Sicherheitszündsätze weiterhin geringe Mengen Schwefel zur Verbesserung der Anzündfähigkeit sowie Dichromate oder Bleiverbindungen als Abbrandmoderatoren (Tab. S.11). Neuere Sicherheitszündsätze sind frei von diesen Stoffen und enthalten stattdessen kleine Mengen roten Phosphors zur Sensibilisierung und als Brennstoff (Tab. S.11).

Tab. S.11: Zusammensetzung von Sicherheitszündsätzen für Streichhölzer.

	Sicherheitszündsatz „alt"	Sicherheitszündsatz „neu"
Kaliumchlorat (Gew.-%)	50	~ 50
Gelatine (Gew.-%)	9,3	~ 10
Schwefel (Gew.-%)	1,5	
Phosphor, rot (Gew.-%)		< 2
Kaliumdichromat (Gew.-%)	0,4	
Mangandioxid (Gew.-%)	4,3	
Glasmehl	24	
Binder	2,5	
Säurepuffer & Zusätze	8	~ 38 (Kaolin)

Zur Herstellung der Streichhölzer wird der meist aus gebleichtem Pappelholz bestehende Weichholzsplint (auch Holzdraht genannt) mit einer wässrigen Lösung aus Ammoniumphosphat, $NH_4H_2PO_4$, imprägniert. Ammoniumphosphat verhindert später das Nachglühen des Holzes. Zum Schutz vor Feuchtigkeit wird der Splint dann in warmem Paraffin getränkt und sodann mit der Spitze in die mit Wasser angeteigte Sicherheitsanzündmasse getaucht und schließlich getrocknet.

Zur Anzündung muss der Streichholzkopf gegen eine phosphorhaltige Reibfläche bewegt werden. Diese Reibsätze haben sich hinsichtlich der Zusammensetzung über die Zeit nur geringfügig verändert und allein das als Friktionsmittel verwendete Antimontrisulfid ist aufgrund seiner gesundheitlich bedenklichen Abbrandprodukte (SO_2 und Sb_2O_3) heute nicht mehr enthalten. Tab. S.12 zeigt alte und neue Reibsatzformulierungen.

- H. Hartig, *Zündwaren*, VEB Fachbuchverlag Leipzig, 2. Aufl. **1971**, 310 S.
- http://www.i-m.de/gefahrstoffe/261313.pdf 25.03.2019

Tab. S.12: Zusammensetzung von Reibsatzformulierungen für Streichholzschachteln.

	Reibsatz „alt"	Reibsatz „neu"
Phosphor, rot (Gew.-%)	40	40
Antimon(III)sulfid (Gew.-%)	28	
Mangandioxid (Gew.-%)		30
Polyvinylacetat (Gew.-%)	30	25
Säurepuffer & Zusätze (Gew.-%)	2	5 (CaCO$_3$)

Strontiumdichlorphthalat

strontium 3,4-dichlorophthalate

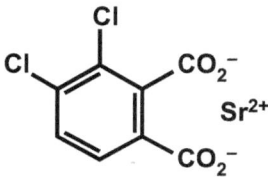

Strontium-3,4-dichlorphthalat		
Formel		C$_8$Cl$_2$H$_2$O$_4$Sr
EINECS		304-292-3
CAS		[94248-20-1]
REACH		LPRS
m_r	g mol^{-1}	320,62
$\Delta_f H$	kJ mol^{-1}	−1200 (geschätzt)
Λ	Gew.-%	−64,87

Strontiumdichlorphthalat wird analog der von Kränzlein und Schmied vorgeschlagenen Erdalkalisalze der Tetrachlorphthalsäure (siehe *Calciumtetrachlorophthalat*) als Farbverstärker für rot brennende Lichtsignal- und Lichtspursätze verwendet.

Strontiumnitrat

strontium nitrate

Formel		Sr(NO$_3$)$_2$
GHS		03, 07
H-Sätze		H272-H315-H319
P-Sätze		P210-P221-P302+P352-P305+P351+P338-P321-P501a
UN		1507
EINECS		233-131-9
CAS		[10042-76-9]
m_r	g mol^{-1}	211,63
ρ	g cm^{-3}	2,986

Smp	°C	570
Sdp	°C	645
$Pt_{(h \leftrightarrow k)}$	°C	160
Z	°C	584 (600)
$\Delta_f H$	kJ mol^{-1}	−505,97
Λ	Gew.-%	+37,80
N	Gew.-%	13,24
Spezifikation	MIL-S-20322B	

Strontiumnitrat bildet bei Zutritt von Luftfeuchtigkeit das zerfließliche Tetrahydrat $(Sr(NO_3)_2 \cdot 4H_2O)$[13470-05-8](ρ 2,249 g cm^{-3}, −4H$_2$O 36 °C, Z 1100 °C, $\Delta_f H$ −2154,8 kJ· mol^{-1}). Strontiumnitrat wird selten allein als einziges Oxidationsmittel in Leuchtsätzen eingesetzt. Es zerfällt bei thermischer Belastung wie das homologe Ca-Salz gemäß

$$Sr(NO_3)_2 \longrightarrow Sr(NO_2)_2 + O_2,$$

$$Sr(NO_2)_2 \longrightarrow SrO + NO_2 + NO.$$

Bei höheren Temperaturen erfolgt die Zersetzung gemäß

$$Sr(NO_3)_2 \longrightarrow SrO + N_2 \uparrow +2,5 O_2 \uparrow.$$

Zwischen T = 635–715 °C wird die Freisetzung von Stickoxiden beobachtet. Mit Hexamethylentetramin ($C_6H_{12}N_4$) bildet Strontiumnitrat eine Koordinationsverbindung, die mit rauchfreier roter Flamme abbrennt und die schon sehr lange bekannt ist (Scheele 1920; Ohlidal 1953), aber erst durch *Kruszynski* (2012) kürzlich charakterisiert werden konnte. Strontiumnitrat ist das für die Herstellung von roten Leucht- und Signalsätzen wichtigste Oxidationsmittel. Strontiumnitrat liefert sowohl in Gegenwart von Halogendonatoren (SrCl) als auch in ihrer Abwesenheit (SrOH) (Koch, 2015) rot leuchtende Flammen. Mischungen aus Strontiumnitrat und Bariumnitrat mit Magnesium liefern durch subtraktive Farbmischung weißes (Schladt 1934) bzw. gelbes Licht, was auch für verdeckte Signalzwecke genutzt werden kann (Tyroler 1974). Strontiumnitrat findet darüber hinaus auch Anwendung in L-Spursätzen. Ebenfalls wie das hygroskopische Natriumnitrat wird Strontiumnitrat häufig mit Leinöl zum Schutz vor Luftfeuchtigkeit geröstet.

- J. J. Sabatini, E.-C. Koch, J. Poret, J. Moretti, S. M. Harbol, Rote Pyrotechnische Leuchtsätze – Ohne Chlor! *Angew. Chem.* **2015**, *127*, 11118–11120.
- W. T. Scheele, *Pyrotechnic Composition*, USP 1.423.264, **1922**, USA.
- W. Ohlidal, E. Forster, *Verfahren zur Herstellung von farbig brennenden Illuminationskörpern*, DE873512, **1953**, Deutschland.
- T. Sierańksi, R. Kruszynski, On the governing of alkaline earth metal nitrate coordination spheres by hexamethylenetetramine, *J. Coord. Chem.* **2012**, *66*, 42–55.
- G. J. Schladt, *Pyrotechnic Composition*, USP 2.035.509, **1934**, USA.
- J. F. Tyroler, *Flare System*, USP 3.888.177, **1974**, USA.

Strontiumoxalat
strontium oxalate

Formel		SrC$_2$O$_4$
GHS		07
H-Sätze		302-312
P-Sätze		280-302+352-322-301+312-312-501a
UN		3288
EINECS		212-415-6
CAS		[814-95-9]
m_r	g mol^{-1}	175,64
ρ	g cm^{-3}	2,08
Z	°C	477 (-CO)
$\Delta_f H$	kJ mol^{-1}	−1371
Λ	Gew.-%	−9,11

Strontiumoxalat bildet an Luft rasch das Monohydrat CAS-Nr [6160-36-7], welches zwischen 90 und 170 °C sein Kristallwasser verliert. Strontiumoxalat dient als flammenfärbender Zusatz zu roten Lichtsignal- und Lichtspursätzen.

Strontiumperchlorat
strontium perchlorate

Formel		Sr(ClO$_4$)$_2$
GHS		03, 07
H-Sätze		H272-H315-H319-H335
P-Sätze		P210-P221-P302+P352-P305+P351+P338-P405-P501a
UN		1508
EINECS		236-614-2
CAS		[13450-97-0]
m_r	g mol^{-1}	286,521
ρ	g cm^{-3}	3,02
Z	°C	477
$\Delta_f H$	kJ mol^{-1}	−762,79
Λ	Gew.-%	+44,67

Douda beschrieb bereits *1964* die Anwendung von Strontiumperchlorat als Oxidationsmittel und farbgebendes Agens in pyrotechnischen Leucht- und Signalsätzen zusammen mit Magnesium in einer Acrylat-Matrix. *Wasmann* (1975) hat Blinksätze auf der Basis von Strontiumperchlorat-Tetrahydrat, Pentaerythrodinitratdiacrylat und Methacrylsäuremethylester hergestellt. In beiden Fällen wird offensichtlich, dass die Hygroskopizität des Salzes durch das Auflösen in einem Monomeren und nachfolgende Aushärtung zu einem wasserundurchlässigen Harz überwunden wird. Bei *Douda* wird ebenfalls ein Verfahren zur Polymerisierung Strontiumperchlorat enthaltender Acrylharze für Pyrotechnika und Treibstoffe entwickelt. *Douda* beschreibt schließlich die nicht hygroskopische (sic!) Komplexverbindung Trisglycin-κN, N', N''-strontiumdiperchlorat, $Sr[C_2H_5NO_2]_3(ClO_4)_2$ [12247-02-8], die in sehr guter Ausbeute herstellbar ist und nach dem Anzünden mit einer tiefroten Flamme langsam abbrennt. Dieser Stoff ist der Prototyp molekularer Pyrotechnika, da sowohl Brennstoff, Oxidationsmittel und farbgebendes Agens in diesem Molekül enthalten sind.

- B. E. Douda, *Plastic Pyrotechnic compositions containing strontium perchlorate and acrylic polymer*, US Patent 3.258.373, **1964**, USA.
- B. E. Douda, *Process for Polymerizing acrylic monomers with strontium perchlorate for pyrotechnics and propellants*, US Patent 3.369.946, **1964**, USA.
- B. E. Douda, *Pyrotechnic compound tris (glycine) strontium (ii) perchlorate and method for making same*, US Patent 3296045, USA, **1968**.
- F. W. Wasmann, Pulsierend abbrennende pyrotechnische Systeme, *ICT-Jata*, Karlsruhe, **1975**, S. 239–250.

Strontiumperoxid
strontium peroxide

Formel		SrO_2
CAS		[1314-18-7]
GHS		07, 03, 05
H-Sätze		H272-H315-H318-H335
P-Sätze		P220-P261-P280-P305+P351+P338
UN		1509
EINECS		215-224-6
m_r	g mol^{-1}	119,619
ρ	g cm^{-3}	4,56
Z	°C	488–512
$\Delta_f H$	kJ mol^{-1}	−633,46
Λ	Gew.-%	+13,38
Spezifikation:		JAN-S-612, TL-1370-0001T002Bl1830

Farbloses hygroskopisches Pulver bildet leicht das Hydrat und wird als solches auch verwendet. SrO_2 wird hauptsächlich in roten und NIR-Leuchtspursätzen als Oxidationsmittel eingesetzt. In roten Leuchtspursätzen wird es entweder mit chlorfreien Bindern z. B. Ca-Resinat *(Trickel)*, oder mit chlorhaltigen Bindern eingesetzt, welche die Bildung des molekularen Emitters SrCl fördern (Ellern 1968, Formel 175). In NIR-L-Spursätzen wird es zusammen mit einer äquimolaren Menge BaO_2 und halogenfreien Bindern und hochreinem Silicium als Brennstoff eingesetzt (Henry 2003). Auch wird SrO_2 in Anzündsätzen für L-Spursätze eingesetzt (Doris 1998). Weiterhin wird SrO_2 in vielen langsam brennenden Verzögerungssätzen zusammen mit Eisen, Mangan, Molybdän und zahlreichen Anzündmischungen eingesetzt.

- N. E. Trickel; S. V. Strommen, *Tracer for ammunition*, US Patent 4.597.810, **1985**, USA.
- T. A. Doris Jr., K. D. Vest, K. D, Igniter Composition, US Patent 6.036.794, **1998**, USA.
- G. Henry III, IR Dim Tracer for Ammunition, *Annual Guns & Ammunition Symposium*, Houston, TX, **2003**.

T

Tabun, GA

(RS)-Ethyl-N,N-Dimethylphosphoramidocyanidate

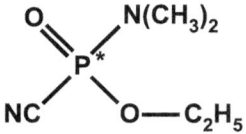

(RS)-Dimethylphosphoramidocyanidsäureethylester, Trilon 83, T83

Formel		$C_5H_{11}N_2O_2P$
CAS		[77-81-6]
m_r	$g\,mol^{-1}$	162,128
ρ	$g\,cm^{-3}$	1,077
Smp	°C	−48
Sdp	°C	237–240
Λ	Gew.-%	−157,89
LCt_{50}	ppm	400

Reines GA ist eine farblose wasserklare Flüssigkeit mit fruchtartigem Geruch. Das technische Produkt hat bedingt durch HCN-Abspaltung einen Geruch nach Bitter-mandeln.

- S. Franke, *Lehrbuch der Militärchemie, Band 1*, Militärverlag der Deutschen Demokratischen Republik, 2. Auflage, Leipzig, **1977**, S. 464–468.

z-Tacot

1,3,7,9-tetranitro-6H-benzotriazolo[2,1-a]benzotriazol-5-ium hydroxide inner salt

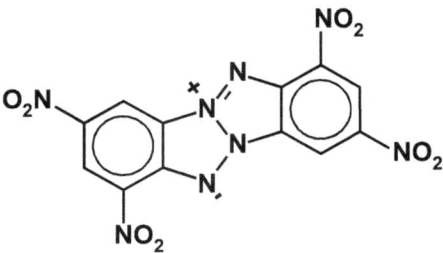

https://doi.org/10.1515/9783110559651-019

Tetranitrobenzo-1,3a,4,6a-tetraazapentalen

Aspekt		rotorange Kristalle
Formel		$C_{12}H_4N_8O_8$
REACH		LPRS
EINECS		246-752-5
CAS		[25243-36-1]
m_r	$g\,mol^{-1}$	388,213
ρ	$g\,cm^{-3}$	1,85
$\Delta_f H$	$kJ\,mol^{-1}$	−461,2
$\Delta_{ex}H$	$kJ\,mol^{-1}$	−1883,8
	$kJ\,g^{-1}$	−4,852
	$kJ\,cm^{-3}$	−8,977
$\Delta_c H$	$kJ\,mol^{-1}$	−4832,9
	$kJ\,g^{-1}$	−12,449
	$kJ\,cm^{-3}$	−23,031
Λ	Gew.-%	−74,18
N	Gew.-%	28,86
Smp	°C	378 (Z)
Reib-E	N	> 360 (BAM)
Schlag-E	J	> 50 (BAM)
	cm	> 300 (Tool 12)
V_D	$m\,s^{-1}$	7748 @ ρ = 1,85 $g\,cm^{-3}$
P_{CJ}	GPa	27,2 @ ρ = 1,85 $g\,cm^{-3}$

Die Bezeichnung z-TACOT leitet sich von der z-Anordnung der Stickstoffatome in der Tetraazapentalen-Einheit ab. z-TACOT zählt zu den sehr temperaturbeständigen Explosivstoffen.

Taliani-Test

Bei dieser TLP-Stabilitätsprüfung wird die Dauer für den Druckanstieg bis auf P = 100 mm Hg (13,33 kPa) nach Evakuierung des Prüfrohres gemessen. Prüftemperaturen sind hierbei für NC 135 °C und für TLP 110 °C. Der Gehalt an Lösemittel und Feuchtigkeit in der Probe beeinflusst den Test und muss vorab entfernt werden. Die Weiterentwicklung dieses Tests ist der Vakuumstabilitätstest.

- C. Boyars, W. G. Gough, The Taliani Test as a Criterion of Propellant Stability, *US NAVORD-Report 3023*, US Naval Powder Factory, September **1953**, 53 S.

Tapematch

Tapematch bezeichnet ein Klebeband (ca. 25 mm Breite), das mit einer Mittelspur (ca 10 mm Breite) aus feinem Kornschwarzpulver (3K oder 2K) bestreut ist. Tapematch wird überwiegend im Feuerwerksbereich verwendet (Abb. A.12, S. 49).

Terephthalsäure

terephthalic acid

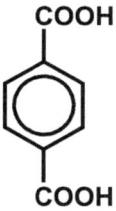

Benzol-1,4-dicarbonsäure, TPA		
Formel		$C_8H_6O_4$
EINECS		202-830-0
CAS		[100-21-0]
m_r	$g\,mol^{-1}$	166,13
$\rho_{25\,°C}$	$g\,cm^{-3}$	1,51
Smp	°C	402
Sub	°C	260
$\Delta_f H$	$kJ\,mol^{-1}$	−816
$\Delta_c H$	$kJ\,mol^{-1}$	−3189,7
	$kJ\,g^{-1}$	−19,200
	$kJ\,cm^{-3}$	−28,991
Λ	Gew.-%	−144,46

TPA wird in Übungsnebeln besonders in den USA verwendet. Anthony (1998) untersuchte die mit dem Einsatz von TPA-Übungsnebeln verbundene Emission von flüchtigen organischen Verbindungen. Tab. T.1 zeigt eine Beispielformulierung und Leistungsdaten.

Tab. T.1: Zusammensetzung und Leistung eines TPA-Nebels.

Saccharose (Gew.-%)	11
Kaliumchlorat (Gew.-%)	31
Terephthalsäure (Gew.-%)	58
α_{VIS} @ 20 °C, 50 %RH ($m^2\,g^{-1}$)	5,3
A_N @ 20 °C, 50 % RH (-)	0,58

- J. S. Anthony, W. T. Muse, S. A. Thomson, L. C. B. Crouse, C. L Crouse, Characterization of pyrotechnically disseminated terephthalic acid as released from light vehicle obscuration smoke system (LVOSS) canisters, *Smoke and Obscurants Symposium*, Aberdeen Proving Ground, **1998**.

Tetramethylammoniumnitrat
tetramethylammonium nitrate

Tetra-Salz, TMAN

Formel		$N(CH_3)_4NO_3$
GHS		03, 07
H-Sätze		H272-H315-H319-H335
P-Sätze		P210-P221-P302+P352-P305+P351+P338-P405-P501a
UN		1479
EINECS		217-723-4
CAS		[1941-24-8]
m_r	$g\,mol^{-1}$	136,151
ρ	$g\,cm^{-3}$	1,25
Z	°C	~ 360
$\Delta_f H$	$kJ\,mol\text{-}1$	−341,37
$\Delta_{ex} H$	$kJ\,mol^{-1}$	−505,4
	$kJ\,g^{-1}$	−3,712
	$kJ\,cm^{-3}$	−4,640
$\Delta_c H$	$kJ\,mol^{-1}$	−2948,1
	$kJ\,g^{-1}$	−21,653
	$kJ\,cm^{-3}$	−27,066
Λ	Gew.-%	−129,26
N	Gew.-%	20,58

TMAN ist mäßig hygroskopisch. Es wurde im 2. Weltkrieg in Mischung mit Nitraten in Treibladungspulvern und Sprengstoffen verwendet. TMAN wird durch Reaktion von Triethylamin mit Methylnitrat erhalten. TMAN wird heute in Frühanzündmischungen und Blinksätzen verwendet.

Tetramethylammoniumperchlorat
tetramethylammonium perchlorate

Formel		$N(CH_3)_4ClO_4$
GHS		03, 07
H-Sätze		H272-H315-H319-H335
P-Sätze		P210-P221-P302+P352-P305+P351+P338-P405-P501a
UN		1479
EINECS		219-805-5
CAS		[2537-36-2]
m_r	$g\,mol^{-1}$	173,595
ρ	$g\,cm^{-3}$	1,439
Z	°C	~ 340
$\Delta_f H$	$kJ\,mol^{-1}$	−277

$\Delta_{ex}H$	kJ mol^{-1}	−809,6
	kJ g^{-1}	−4,664
	kJ cm^{-3}	−6,711
$\Delta_c H$	kJ mol^{-1}	−3012,1
	kJ g^{-1}	−17,351
	kJ cm^{-3}	−24,968
$\varLambda$	Gew.-%	−87,56
N	Gew.-%	8,07

TMAP ist ein farbloses faseriges Kristallpulver, das hauptsächlich in der Pyrotechnik in *Blinksätzen* verwendet wird (siehe dort).

• E. Palacios, R. Burriel, P. Ferloni, The phases of [(CH$_3$)$_4$N](ClO$_4$) at low temperature, *Acta Cryst.*, **2003**, *B59*, 625–633.
• S. R. Jain, P. R. Nambiar, Effect of tetramethylammonium perchlorate on ammonium perchlorate and propellant decomposition, *Thermochim. Acta*, **1976**, *16*, 49–54.

Tetranitroadamantan

tetranitroadamantane

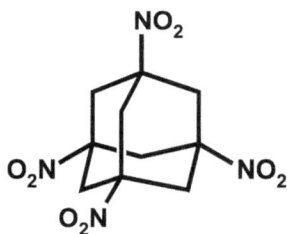

1,3,5,7-Tetranitrotricyclo[3.3.1.1^{3,7}]decan		
Formel		C$_{10}$H$_{12}$N$_4$O$_8$
CAS		[75476-36-7]
m_r	g mol^{-1}	316,224
ρ	g cm^{-3}	1,68
$\Delta_f H$	kJ mol^{-1}	−321,33
$\Delta_{ex}H$	kJ mol^{-1}	−1423,8
	kJ g^{-1}	−4,502
	kJ cm^{-3}	−7,564
$\Delta_c H$	kJ mol^{-1}	−5329,2
	kJ g^{-1}	−16,853
	kJ cm^{-3}	−28,312
$\varLambda$	Gew.-%	−91,07
N	Gew.-%	17,72
Smp	°C	361 (Z)
T_{5ex}	°C	400

Reib-E	N	> 360 (BAM)
Schlag-E	J	> 50 (BAM)
V_D	m s^{-1}	6702 @ 1,68 g cm^{-3}
P_{CJ}	GPa	18,17 @ 1,68 g cm^{-3}

Tetranitroadamantan ist ein unempfindlicher Explosivstoff mit hoher thermischer Stabilität und einer mit TNT vergleichbaren Leistung.

- G. P. Sollott, E. E. Gilbert, A Facile Route to 1,3,5,7-Tetraaminoadamantane. Synthesis of 1,3,5,7-Tetranitroadamantan, *J. Org. Chem.* **1980**, *45*, 5405–5408.

2,4,8,10-Tetranitrobenzopyrido-1,3A,6,6A-tetraazapentalen

2,4,8,10-tetranitro-,5H-pyrido[3',2':4,5][1,2,3]triazolo[1,2-a]benzotriazol-6-ium, inner salt

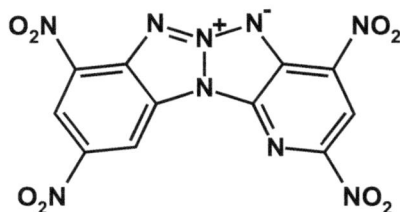

2,4,8,10-Tetranitrobenzopyrido-1,3A,6,6A-tetraazapentalen
BPTAP

Formel		C$_{11}$H$_3$N$_9$O$_8$
CAS		[86662-96-6]
m_r	g mol^{-1}	389,8
ρ	g cm^{-3}	1,84
$\Delta_f H$	kJ mol^{-1}	−444
$\Delta_{ex}H$	kJ mol^{-1}	−1898,2
	kJ g^{-1}	−4,870
	kJ cm^{-3}	−8,960
$\Delta_c H$	kJ mol^{-1}	−4313,5
	kJ g^{-1}	−11,083
	kJ cm^{-3}	−20,393
Λ	Gew.-%	−63,72
N	Gew.-%	32,39
Z	°C	375
Reib-E	N	> 355
Schlag-E	J	15 (BAM)
V_D	m s^{-1}	7430 @ 1,78 g cm^{-3}.
P_{CJ}	GPa	29,4 @ 1,78 g cm^{-3}
$\varnothing_{cr}$	mm	< 3

BPTAP ist ein hochtemperaturstabiler Explosivstoff mit sehr kleinem kritischem Durchmesser und geringer Empfindlichkeit, der für den Einsatz in EFIs geeignet ist. Hiskey et al. (2006) haben eine sehr einfache und günstige Synthesemethode entwickelt.

- H. V. Huynh, M. A. Hiskey, New Suitable Replacement for the High-Temperature Explosive HNS-4, *Nucl. Weap. J.* **2006**, 2–5.

1,3,6,8-(9H)-Tetranitrocarbazol, TNC
tetranitrocarbazole

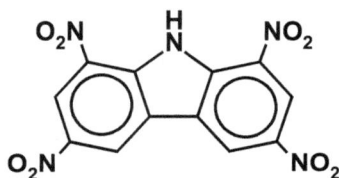

Gelbmehl		
Aspekt		gelbes Kristallpulver
Formel		$C_{12}H_5N_5O_8$
CAS		[28453-24-9]
m_r	$g\,mol^{-1}$	347,2
ρ	$g\,cm^{-3}$	1,893
$\Delta_f H$	$kJ\,mol^{-1}$	18
$\Delta_{ex}H$	$kJ\,mol^{-1}$	−1545,4
	$kJ\,g^{-1}$	−4,451
	$kJ\,cm^{-3}$	−8,426
$\Delta_c H$	$kJ\,mol^{-1}$	−5454,8
	$kJ\,g^{-1}$	−15,711
	$kJ\,cm^{-3}$	−29,741
Λ	Gew.-%	−85,25
N	Gew.-%	20,17
Smp	°C	296
T_{5ex}	°C	470
Schlag-E	J	7,6 (Picatinny Arsenal Maschine)
Spezifikation	MIL T-13723A	

TNC wurde in Deutschland während des 2. Weltkrieges als nichthygroskopischer Ersatz für Holzkohle in schwarzpulverähnlichen Anzündsätzen für pyrotechnische Munition verwendet. TNC dient heutzutage als Brennstoff in einer Reihe gaserzeugender Verzögerungssätze in den USA und Großbritannien (z. B. SR112).

Tetranitroethylen, TNE

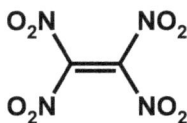

tetranitroethylene

$$\begin{array}{ccc} O_2N & & NO_2 \\ & \diagdown \diagup & \\ & \diagup\!\diagup\diagdown & \\ O_2N & & NO_2 \end{array}$$

Aspekt		gelbgrüne amorphe Substanz
Formel		$C_2N_4O_8$
CAS		[13223-78-4]
m_r	$g\,mol^{-1}$	208,04
ρ	$g\,cm^{-3}$	~2
$\Delta_f H$	$kJ\,mol^{-1}$	85
$\Delta_{ex}H$	$kJ\,mol^{-1}$	−883,5
	$kJ\,g^{-1}$	−4,247
	$kJ\,cm^{-3}$	−8,494
$\Delta_c H$	$kJ\,mol^{-1}$	−872,0
	$kJ\,g^{-1}$	−4,192
	$kJ\,cm^{-3}$	−8,379
Λ	Gew.-%	+30,76
N	Gew.-%	26,93

Baum (1980) erhielt TNE als gelbgrünen amorphen Feststoff erstmals durch vorsichtige Pyrolyse von Hexanitroethan. TNE ist bei RT nicht stabil und zersetzt sich fortwährend, so dass es keine technische Bedeutung hat. Es ist allerdings ein extrem starkes Dienophil (10× stärker als Tetracyanoethylen) und daher für den Aufbau von Polynitrocarbocyclen von Interesse. Dazu muss TNE allerdings nicht in Substanz isoliert werden, sondern es genügt, das Dien mit Hexanitroethan umzusetzen, da letzteres bei der Thermolyse TNE abspaltet.

- K. Baum, D. Tzeng, Synthesis and reactions of tetranitroethylene, *J. Org. Chem.* **1985**, *50*, 2736–2739.
- T. S. Griffin, K. Baum, Tetranitroethylene. In situ formation and Diels-Alder reactions, *J. Org. Chem.* **1980**, *45*, 2880–2883.

Tetranitromethan, TNM

tetranitromethane

Tetan, X-Stoff	
Formel	CN_4O_8
GHS	03, 06, 08
H-Sätze	271-301-315-319-330-335-351
P-Sätze	220-260-281-284-301+310-305+351+338

REACH		LPRS
EINECS		208-094-7
CAS		[509-14-8]
m_r	$g\,mol^{-1}$	196,033
ρ	$g\,cm^{-3}$	1,638
$\Delta_f H$	$kJ\,mol^{-1}$	38,49
$\Delta_{ex}H$	$kJ\,mol^{-1}$	−443,9
	$kJ\,g^{-1}$	−2,264
	$kJ\,cm^{-3}$	−3,709
$\Delta_{ex}H$	$kJ\,mol^{-1}$	−431,5
	$kJ\,g^{-1}$	−2,201
	$kJ\,cm^{-3}$	−3,606
Λ	Gew.-%	+48,97
N	Gew.-%	28,58
Smp	°C	14,2
Sdp	°C	126,2
$\Delta_v H$	$kJ\,mol^{-1}$	43,93
Z	°C	192
Reib-E	N	60 (BAM)
Schlag-E	J	19 (BAM)
	cm	> 100 (Tool 12)
V_D	$m\,s^{-1}$	6320 @ ρ = 1,60 $g\,cm^{-3}$

TNM wurde im 2. Weltkrieg in Mischungen mit Aluminiumpulver oder sauerstoffunterbilanzierten Nitroverbindungen als flüssiger Ersatzsprengstoff verwendet. TNM besitzt heutzutage nur Bedeutung als Trinitromethylsynthon bei der Synthese anderer Nitroverbindungen.

- Y. V. Vishnevskiy, D. S. Tikhonov, J. Schwabedissen, H.-G. Stammler, R. Moll, B. Krumm, T. M. Klapötke, N. W. Mitzel, Tetranitromethan – ein Albtraum molekularer Flexibilität in Gasphase und Festkörper, *Angew. Chem.* **2017**, *129*, 9748–9752.

2,2′,4,4′-Tetranitrooxanilid, TNO
tetranitrooxanilide

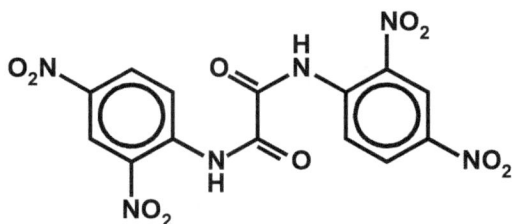

Aspekt		gelbes Kristallpulver
Formel		$C_{14}H_8N_6O_{10}$
REACH		LPRS
EINECS		238-872-1
CAS		[14805-54-0]
m_r	$g\,mol^{-1}$	420,254
ρ	$g\,cm^{-3}$	1,82
$\Delta_f H$	$kJ\,mol^{-1}$	−418
$\Delta_{ex}H$	$kJ\,mol^{-1}$	−2224,8
	$kJ\,g^{-1}$	−5,294
	$kJ\,cm^{-3}$	−9,635
$\Delta_c H$	$kJ\,mol^{-1}$	−6234,6
	$kJ\,g^{-1}$	−14,836
	$kJ\,cm^{-3}$	−27,001
Λ	Gew.-%	−83,76
N	Gew.-%	20,00
Smp	°C	313
T_{5ex}	°C	392
Schlag-E	J	15 (Picatinny Arsenal Maschine)

TNO wird in Großbritannien als Brennstoff in spektralen IR-Wirkmassen und Verzögerungssätzen verwendet (z. B. SR74).

Tetrazen, ZS-Z 9040

tetracene

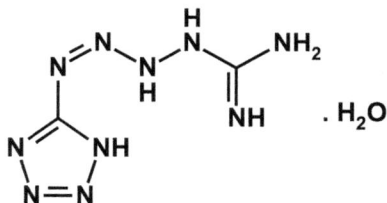

Synonyme		GNGT
Formel		$C_2H_8N_{10}O$
REACH		LPRS
EINECS		608-603-6
CAS		[31330-63-9]
m_r	$g\,mol^{-1}$	188,152
ρ	$g\,cm^{-3}$	1,653
$\Delta_f H$	$kJ\,mol^{-1}$	+189
$\Delta_{ex}H$	$kJ\,mol^{-1}$	−554,8
	$kJ\,g^{-1}$	−2,949
	$kJ\,cm^{-3}$	−4,874

$\Delta_c H$	kJ mol^{-1}	−2119,4
	kJ g^{-1}	−11,264
	kJ cm^{-3}	−18,620
Λ	Gew.-%	−59,52
N	Gew.-%	74,42
Z	°C	140
Reib-E	N	7
Schlag-E	J	0,1–0,3
V_D	m s^{-1}	1500 @ 1,60 g cm^{-3}
Trauzl	cm^3	155

Tetrazen ist als Initialsprengstoff sehr schwach, wird aber aufgrund seiner hohen Empfindlichkeit zur mechanischen und thermischen Sensibilisierung von Zündstoff-mischungen verwendet. Tetrazen ist kompatibel mit Bleiazid, aber chemisch unver-träglich mit Silberazid.

Tetryl, CE, SS C 8040
tetryl

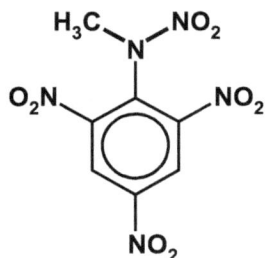

2,4,6-Trinitrophenylmethylnitramin		
Aspekt		schwachgelbes Kristallpulver
Formel		$C_7H_5N_5O_8$
REACH		LPRS
EINECS		207-531-9
CAS		[479-45-8]
m_r	g mol^{-1}	287,145
ρ	g cm^{-3}	1,731
$\Delta_f H$	kJ mol^{-1}	20
$\Delta_{ex} H$	kJ mol^{-1}	−1477,6
	kJ g^{-1}	−5,146
	kJ cm^{-3}	−8,908
$\Delta_{ex} H$	kJ mol^{-1}	−3489,2
	kJ g^{-1}	−12,151
	kJ cm^{-3}	−21,034
Λ	Gew.-%	−47,36

N	Gew.-%	24,39
c_p	$J\,K^{-1}\,mol^{-1}$	62,45
Smp	°C	129,45
$\Delta_m H$	$kJ\,mol^{-1}$	26,65
Z	°C	187
Reib-E	N	> 360 (BAM)
Schlag-E	J	3 (BAM)
V_D	$m\,s^{-1}$	7479 @ $\rho = 1{,}614\,g\,cm^{-3}$
P_{CJ}	GPa	22,64 @ $\rho = 1{,}614\,g\,cm^{-3}$
Trauzl	cm^3	410
$\varnothing_{cr}$	mm	< 4 @ $\rho = 1.860\,g\,cm^{-3}$
Koenen	mm	6
Spezifikation		STANAG 4021

Tetryl war über viele Jahrzehnte hinweg ein wichtiger Explosivstoff zum Einsatz in Verstärkerladungen. Aufgrund seiner Giftigkeit und damit sich aus der Verarbeitung von pulverförmigem (staubenden) Tetryl ergebenden Probleme wird Tetryl seit den 1990er-Jahren weitgehend durch Hexogen enthaltende Mischungen ersetzt. Tetryl ist in Wasser unlöslich, aber gut in Aceton löslich. Tetryl löst sich in geschmolzenem TNT und bildet mit diesem ein bei 65 °C schmelzendes Eutektikum. Mischungen mit 20–30 Gew.-% TNT wurden in der Vergangenheit als Tetrytol (SS-TC 8710) zur Füllung von Granaten und Torpedogefechtsköpfen verwendet.

- T. R. Gibbs, A. Popolato, *LASL Explosive Property Data*, University of California Press, **1980**, 163–171.

TEX, 4,10-Dinitro-2,6,8,12-tetraoxa-4,10-diazaisowurtzitan

4,10-dinitro-2,6,8,12-tetraoxa-4,10-diazaisowurtzitane

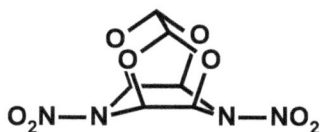

Formel		$C_6H_6N_4O_8$
CAS		[130919-56-1]
m_r	$g\,mol^{-1}$	262,136
ρ	$g\,cm^{-3}$	1,985
$\Delta_f H$	$kJ\,mol^{-1}$	−541
Λ	Gew.-%	−42,7
N	Gew.-%	21,37
$\Delta_{ex}H$	$kJ\,mol^{-1}$	−1137,3
	$kJ\,g^{-1}$	−4,339
	$kJ\,cm^{-3}$	−8,612

$\Delta_c H$	kJ mol^{-1}	-2677,6
	kJ g^{-1}	-10,215
	kJ cm^{-3}	-20,276
Z	°C	282
Reib-E	N	>355
Schlag-E	J	23–25 (BAM)
V_D	m s^{-1}	7075 @ 1,87 g cm^{-3}. (97 Gew.-% TEX, 3 Gew.-% Wachs)
P_{CJ}	GPa	29,2 @ 1,87 g cm^{-3}
$\varnothing_{cr}$	mm	< 20

TEX ist ein temperaturstabiler, preiswert herzustellender Explosivstoff mit hoher Dichte, großem kritischen Durchmesser und geringer Empfindlichkeit, der für den Einsatz in großen Ladungen geeignet ist.

- E.-C. Koch, TEX – 4,10-Dinitro-2,6,8,12-tetraoxa-4,10-diazatetracyclo[5.5.0.0^{5,9}.0^{3,11}]-dodecane – Review of a Promising High Density Insensitive Energetic Material, *Propellants Explos. Pyrotech.* **2015** 40, 374–387.

Thermalbatterie
thermal battery

Thermisch aktivierte Batterien oder kurz Thermalbatterien arbeiten grundsätzlich in ähnlicher Weise wie herkömmliche Alkali-Mangan-Batterien. Allerdings enthalten Thermalbatterien im Gegensatz zu herkömmlichen Batterien einen festen ionischen Elektrolyten (Salzmischung), der bei Raumtemperatur den elektrischen Strom nicht leitet. Daher unterliegen Thermalbatterien auch keinerlei Entladeerscheinungen und besitzen Lagerlebensdauern von mehr als 25 Jahren. Zur Aktivierung erfordern Thermalbatterien Wärme, mit der der Elektrolyt verflüssigt werden kann. Aufgrund der im Vergleich zu wässrigen Elektrolytlösungen bis zu 30-fach höheren elektrischen Leitfähigkeit von Salzschmelzen besitzen Thermalbatterien höhere Leistungsdichten als klassische Trockenbatterien oder Akkumulatoren. Die lange Lagerlebensdauer verbunden mit der hohen Leistungsdichte macht Thermalbatterien daher zu idealen Spannungsquellen für die Raumfahrt und militärische Anwendungen. Abb. T.1 zeigt das Schnittbild einer Thermalbatterie.

Die Zellanordnung besteht aus der Anode (meist einer temperaturbeständigen Legierung wie LiAl oder Li$_x$Si$_y$), dem Elektrolyten (meist eine eutektische Mischung von Alkalimetallhalogeniden), der Kathode sowie dem pyrotechnischen Heizelement, dass aufgrund seiner Zusammensetzung (Fe/KClO$_4$, siehe *Heat*) den elektrischen Strom nach der Abfeuerung leitet. Je nach Zellspannung enthält eine Thermalbatterie mehrere Zellanordnungen. Die laterale Anfeuerung ist ein auf einem elektrisch isolierenden Trägermaterial aufgebrachte heiße Anzündmischung meist auf Basis Zr/BaCrO$_4$.

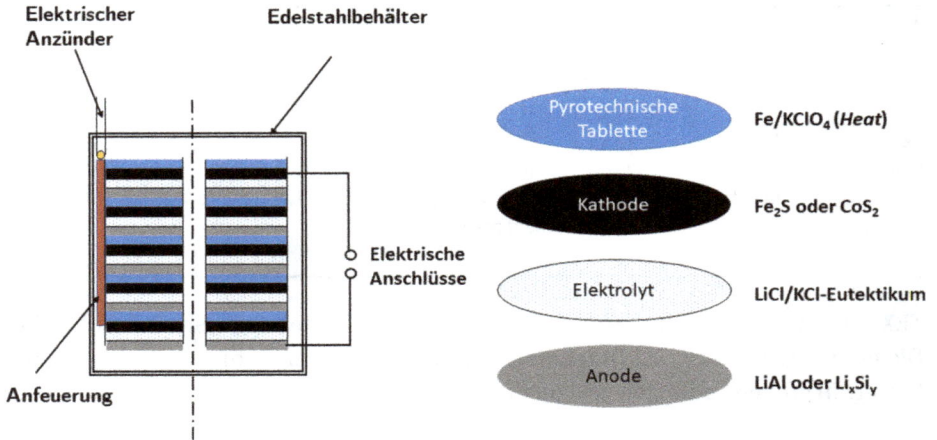

Abb. T.1: Schematischer Aufbau und Komponenten einer Thermalbatterie.

Tab. T.2: Typische Materialien und Leistungsdaten von Thermalbatterien.

System				
Anode		Calcium	LiX	LiSi
Elektrolyt		LiCl–KCl	LiCl–KCl	LiCl–KCl–LiBr
Kathode		CaCrO$_4$	FeS$_2$	CoS$_2$
Spannung	V	2.60–2.20	X = Al: 1.8, S = Si: 1.95	1.7
Leistungsdichte	mA cm^{-2}	100–800	100–1500	
Spezifische Energie (theo.)	Wh kg^{-1}	540	1380	
Spezifische Energie (prakt.)	Wh kg^{-1}	5–15	50–80	110
Temperaturbereich	°C	400–550	350–400	−650 °C
Betriebsdauer	min	Bis zu 5	Bis zu 60	Bis zu 120
Nachteile		CaLi$_2$-Bildung	LiK$_6$Fe$_{24}$S$_{26}$Cl-Bildung	CoS$_2$ ist teuer

Der gesamte Zellstapel ist in einem elektrisch und thermisch isolierenden Material eingewickelt und luftdicht in einem Edelstahlbehälter verschweißt. Die elektrischen Kontakte für die Aktivierung der Batterie und den Spannungsabgriff werden über thermisch beständige Glasmetalldurchführungen nach außen geleitet. Tab. T.2 zeigt typische Zellkonfigurationen und deren Leistung.

- R. A. Guidotti, P. Masset, Thermally activated ("thermal") battery technology: Part I: An Overview, *Journal of Power Sources* **2006**, *161*, 1443–1449.
- E.-C. Koch, Special materials in Pyrotechnics VII: Pyrotechnics Used in Thermal Batteries, *Def. Technol.* **2019**, *15*, in print, https://doi.org/10.1016/j.dt.2019.02.004.

Thermit

thermite

Mit Thermit werden Mischungen aus einem meist metallischen Brennstoff und einem Metalloxid bezeichnet, die gemäß nachfolgender Reaktionsgleichung exotherm abreagiert.

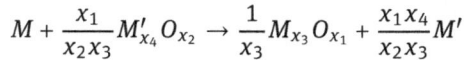

$$M + \frac{x_1}{x_2 x_3} M'_{x_4} O_{x_2} \rightarrow \frac{1}{x_3} M_{x_3} O_{x_1} + \frac{x_1 x_4}{x_2 x_3} M'$$

Im Besonderen wird unter Thermit eine Mischung aus Aluminiumgrieß (etwa 25 Gew.-%) und Eisen(II,III)oxid (FeO $\cdot$ Fe$_2$O$_3$) (etwa 75 Gew.-%) verstanden. Dieses Thermit brennt mit hoher Temperatur T ~ 2500 °C und liefert praktisch ausschließlich flüssige heiße Reaktionsprodukte.

$$3 \, Fe_3 O_{4(s)} + 8 \, Al_{(s)} \longrightarrow 9 \, Fe_{(l)} + 4 \, Al_2 O_{3(l)}$$

Aufgrund der hohen Zündtemperatur ($T_z \geq 500$ °C) ist Thermit in der Handhabung sehr sicher, verlangt aber auch geeignete Anzündmittel, die hohe Verbrennungstemperaturen erreichen können (z. B. Mg/BaO$_2$). Fischer und Grubelich (1998) haben eine Übersicht zur Wärmetönung vieler Thermitreaktionen gegeben. Andere Thermite, insbesondere mit Brennstoffen und oder Oxidationsmitteln hoher Flüchtigkeit und Partikelgrößen im einstelligen Mikrometerbereich oder gar Nanometerbereich (siehe *Nanothermit*), können extrem empfindlich gegenüber elektrostatischer Entladung und signifikant reib- und schlagempfindlich sein. Außerdem können diese Mischungen mit hohen Geschwindigkeiten deflagrieren oder sogar in stark poröser Schüttung auch in einer LVD reagieren.

- M. Comet, B. Siegert, F. Schnell, V. Pinchot, F. Cizsek, D. Spitzer, Phosphorus-Based Nanothermites: A New Generation of Pyrotechnics Illustrated by the Example of *n*-CuO/Red P Mixtures, *Propellants Explos. Pyrotech.* **2010**, *35*, 220–225.
- S. H. Fischer, M. C. Grubelich, Theoretical Energy Release of Thermites, Intermetallics, and Combustible Metals, *IPS*, Monterey, **1998**, 231–286.
- L. L. Wang, Z. A. Munir, Y. M. Maximov, Thermite reactions their utilization synthesis and processing of materials, *J. Mater. Sci.* **1993**, *28*, 3693–3708.

Thermobare Explosivstoffe, TBX

thermobaric explosives

TBX sind heterogene Explosivstoffe bzw. Ladungen, die aufgrund eines hohen Anteils leicht entzündlicher, metallischer, nichtmetallischer oder organischer Brennstoffe stark sauerstoffunterbilanziert sind ($\Lambda < -100$ Gew.-%). Die starke Unterbilanzierung von TBX erfordert und sorgt für eine Nachreaktion der primären Explosionsprodukte (CO, H$_2$, Ruß) bzw. der verteilten Brennstoffpartikel (z. B. Al, deren Temperatur über der jeweiligen Zündtemperatur liegen muss) mit der umgebenden Atmosphäre und

Druck, P

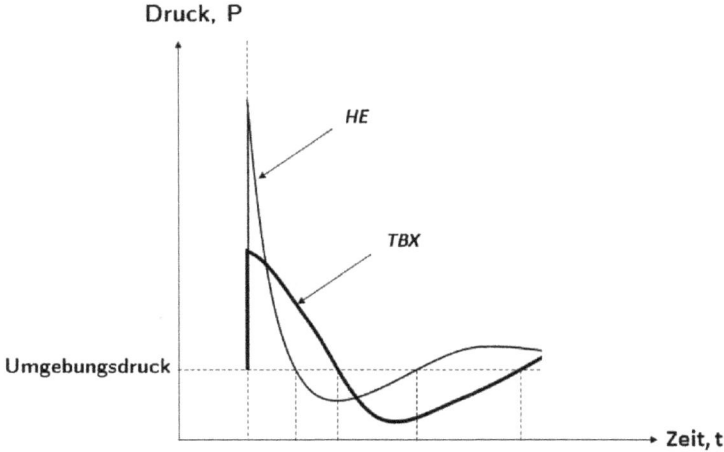

Abb. T.2: Druck-Zeit-Verlauf für herkömmliche (HE) und thermobare Explosivstoffe (TBX).

erzeugt daher gegenüber herkömmlichen Sprengstoffen eine zeitlich verlängerte positive Druckphase (Abb. T.2). Aus dem gleichen Grund wirken TBX auch nicht als Punktquelle, sondern erstrecken sich durch die erforderliche Durchmischung der Detonationsschwaden und Brennstoffe mit der Atmosphäre z. T. über ein beträchtliches Volumen und können daher von verschiedenen Seiten und im Vergleich zu herkömmlichen Sprengstoffen auch zeitlich gesehen deutlich länger auf ein Objekt einwirken. Aus diesem Grund werden TBX auch oftmals als volumetrische Explosivstoffe bezeichnet.

Ein typischer TBX ist PBXN-113, das vor der Qualifikation als PBXIH-135 bezeichnet wurde. Tab. T.3 zeigt die Zusammensetzung und Leistungsdaten. Abb. T.3 zeigt zeitlich hochaufgelöst zunächst die Anregung des Aluminiums und die erst einige Mikrosekunden später auftretende AlO-Bande als Folge der erst nach dem Passieren der Reaktionszone einsetzenden Oxidation (*post-detonation*) des Aluminiums.

Tab. T.3: Zusammensetzung und Leistung von PBXN-113.

Parameter	Wert
Aluminium (Gew.-%)	35
Oktogen Klasse 5 (Gew.-%)	45
HTPB (Gew.-%)	20
Dichte (g cm^{-3})	1,71
V_D (m s^{-1})	6980
Øcr (mm)	< 9,5
Schlag-E (cm)	98
VST (ml g-1)	0,09
UN-Prüfserie 7	erfüllt, EI(D)S[*]

[*] Extremely Insensitive (Detonating) Substance

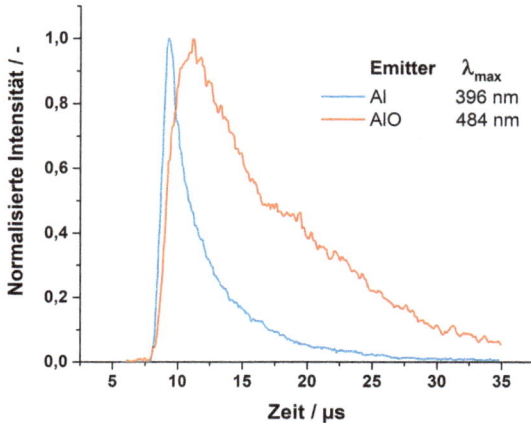

Abb. T.3: Konsekutives Auftretenden der Al- und AlO-Bande bei der Detonation von PBXN-113 (nach Carney, 2006).

- L. Türker, Thermobaric and enhanced blast explosives (TBX and EBX), *Defence Tech.* **2016**, *12*, 423–445.
- E.-C. Koch, *L-165 Volumetric Explosives Part 1 Fuel/Air Explosives*, MSIAC, Brüssel, **2010**, 25 S.
- J. R. Carney, J. S. Miller, J. C. Gump, G. I. Pangilinan, Time-resolved optical measurements of the post-detonation combustion of aluminized explosives, *Rev. Sci. Instruments* **2006**, *77*, 1-063103–6-063103.

Thermochemische Rechencodes
thermochemical codes

Mit thermochemischen Rechencodes kann die Gleichgewichtszusammensetzung umgesetzter Explosivstoffe berechnet werden. Dabei bleibt die Reaktionsdynamik bzw. Reaktionskinetik bis auf wenige Ausnahmen (z. B. Cheetah, EXPLO) praktisch unbeachtet und die Zusammensetzungen werden nur anhand rein thermodynamischer Parameter ermittelt (z. B. durch Minimierung der freien Enthalpie G). Während die Berechnung von C,H,N,O,Cl,F-Systemen mit hohen Anteilen zu erwartender gasförmiger Reaktionsprodukte für praktisch alle Codes unproblematisch ist und mit experimentellen Messungen (z. B. spektroskopische Methoden) vergleichbare bzw. verifizierbare Ergebnisse liefert, versagen viele Codes bei der Berechnung von Zusammensetzungen mit geringem bis keinem Gasanteil (z. B. Thermite und Koruskativstoffe) bzw. liefern unrealistische Ergebnisse, was bei der Auswertung und Interpretation unbedingt berücksichtigt werden muss. Freeware(f) bzw. kommerziell(k) verfügbare Rechencodes sind CEA(f), EKVI(k), EXPLO(k), Fact-Sage(k), ICT(k), Real(f) und AISTJAN(k). Ein Leistungsvergleich und Bezugsquellen zu einigen dieser Codes (z. B. CEA, CERV, Cheetah, EXPLO, ICT, REAL und Tanaka (AISTJAN) finden sich bei Koch et al. (2010).

- E.-C. Koch, R. Webb, V. Weiser, Review on Thermochemical Codes, O-138, MSIAC, Brüssel, **2010**, 35 S.

Thulium

thulium

Aspekt		silberfarben
Formel		Tm
GHS		02
H-Sätze		H260-H228
P-Sätze		P210-P231+P232-P240-P241-P280-P501a
UN		3178
EINECS		231-140-2
CAS		[7440-30-4]
m_r	$g\,mol^{-1}$	168,93421
ρ	$g\,cm^{-3}$	9,321
Smp	°C	1545
Sdp	°C	1944
c_p	$J\,mol^{-1}\,K^{-1}$	27,02
$\Delta_m H$	$kJ\,mol^{-1}$	16,84
$\Delta_v H$	$kJ\,g^{-1}$	190,7
$\Delta_c H$	$kJ\,mol^{-1}$	−944,35
	$kJ\,g^{-1}$	−5,59
	$kJ\,cm^{-3}$	−52,11
Λ	Gew.-%	−14,21

Thulium erfüllt das Glassman-Kriterium, daher verbrennen Späne und Pulver mit einer grünen Korona.

- E.-C. Koch, V. Weiser, E. Roth, S. Kelzenberg, Consideration of some 4*f*-Metals as New Flare Fuels Europium, Samarium, Thulium and Ytterbium, *ICT-Jata*, Karlsruhe, **2011**, V1.
- E. Roth, S. Knapp, A. Raab, V. Weiser, E.-C. Koch, Emission Spectroscopy of Some 4*f*-Metal Flames, *ICT-Jata*, Karlsruhe, **2013**, P68.

Titan

titanium

Aspekt		silberfarben
Formel		Ti
GHS		02
H-Sätze		H250-H251
P-Sätze		P210-P222-P235+P410-P280-P420-P422a
UN		2546
EINECS		231-142-3
CAS		[7440-32-6]
m_r	$g\,mol^{-1}$	47,88
ρ	$g\,cm^{-3}$	4,540
Smp	°C	1666
Sdp	°C	3358

c_p	J mol^{-1} K^{-1}	25,05
$\Delta_m H$	kJ mol^{-1}	14,15
$\Delta_v H$	kJ g^{-1}	410,0
c_L	m s^{-1}	6260
T_i	°C	250–400
$\Delta_c H$	kJ mol^{-1}	−944,7
	kJ g^{-1}	−19,73
	kJ cm^{-3}	−89,58
Λ	Gew.-%	−66,83

Titan verbrennt an der Luft mit gleißender Flamme und unter Funkenbildung. Titan wird im Feuerwerk vereinzelt als metallischer Brennstoff in Vulkansätzen verwendet. Dabei wird der Effekt genutzt, dass in die Luft geschleuderte weißglühende Titanpartikel schließlich eindrucksvoll unter großer Lichterscheinung zerplatzen. Der Grund für dieses Zerplatzen ist die Überschreitung des Löslichkeitsprodukts von Stickstoff im ternären System Ti-O-N und damit dessen Freisetzung.

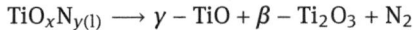

$$TiO_xN_{y(l)} \longrightarrow \gamma - TiO + \beta - Ti_2O_3 + N_2$$

In der technischen Pyrotechnik findet das Metall Anwendung als Brennstoff in Anzündmischungen, Verzögerungssätzen und Leuchtsätzen. Tab. T.4 zeigt typische Titanpulver des wichtigen Herstellers Rockwood Lithium (vormals Degussa, davor Chemetall).

Tab. T.4: Ti-Pulver und deren Eigenschaften.

Name	H-Gehalt (Gew.-%)	ESD (µJ)	Tz (°C)	Rinnenwert (50 cm s^{-1})	Partikelgröße (µm)	⌀-Partikelgröße nach Blaine (µm)
Ti-E	n.a.	0,32	>240	35 ± 10	< 45 µm, min 99,9 %	3 ± 1
Ti-S 9,5	<0,1	1,0	>400	35 ± 10	< 45 µm, min 99,9 %	9,5 ± 1,5

Titanhydrid
titanium hydride

Aspekt	dunkelgrau
Formel	TiH$_x$ ($x\leq2$)
GHS	02
H-Sätze	H228
P-Sätze	P210-P240-P241-P280-P370+P378a
UN	1871
EINECS	231-726-8
CAS	[7704-98-5]

m_r	$g\,mol^{-1}$	49,92
ρ	$g\,cm^{-3}$	3,91
Smp	°C	1000 (Z)
c_p	$J\,mol^{-1}\,K^{-1}$	30,3
$\Delta_f H$	$kJ\,mol^{-1}$	−144,3
$\Delta_c H$	$kJ\,mol^{-1}$	−1097,7
	$kJ\,g^{-1}$	−22,000
	$kJ\,cm^{-3}$	−86,02
Λ	Gew.-%	−96,15
T_i	°C	250–400

Titanhydrid ist ein mit Wasser zersetzliches dunkelgraues Pulver, das in Anzündsätzen zusammen mit $KClO_4$ Anwendung findet (Tab. T.5).

Tab. T.5: TiH_x-Pulver und dessen Eigenschaften.

Name	H-Gehalt (Gew.-%)	ESD (µJ)	T_z (°C)	Partikelgröße (µm)	⌀-Partikelgröße nach Blaine (µm)
TiH_2-N	> 3,8	56	> 400	< 63 µm, min 99,9 %	5 ± 1

- M. A. Cooper, M. S. Oliver, Titanium Subhydride Potassium Perchlorate ($TiH_{1.65}$/$KClO_4$) Burn Rates from Hybrid Closed Bomb-Strand Burner Experiments, *SAND 2012-7381*, Sandia National Laboratory, **2012**, 42 S.

Titantetrachlorid, FM (Nebel)

titanium(IV) chloride

Formel		$TiCl_4$
GHS		06, 08, 05
H-Sätze		330-314-370-372
P-Sätze		280-310-304+340-301+330+331-303+361+353-305+351+338
REACH		LRS
EINECS		231-441-9
CAS		[7550-45-0]
m_r	$g\,mol^{-1}$	189,692
ρ	$g\,cm^{-3}$	1,726
$\Delta_f H$	$kJ\,mol^{-1}$	−804,2
$\Delta_v H$	$kJ\,mol^{-1}$	−35,8
$\Delta_m H$	$kJ\,mol^{-1}$	−10
Smp	°C	−24,3
Sdp	°C	136,5
Λ	Gew.-%	0
c_p	$J\,K^{-1}\,mol^{-1}$	145,2

$TiCl_4$ ist eine farblose wasserklare Flüssigkeit, die aufgrund spontaner Hydrolyse an Luft stark raucht. Dabei erfolgt sehr rasch die Bildung verschiedener Hydroxychloride und Salzsäure und dann sukzessive die weitere Hydrolyse zu $Ti(OH)_4$ und Salzsäure wie nachfolgend dargestellt.

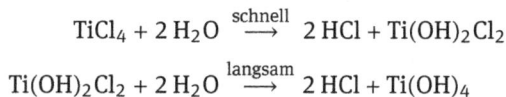

$$TiCl_4 + 2\,H_2O \xrightarrow{\text{schnell}} 2\,HCl + Ti(OH)_2Cl_2$$

$$Ti(OH)_2Cl_2 + 2\,H_2O \xrightarrow{\text{langsam}} 2\,HCl + Ti(OH)_4$$

$TiCl_4$ ist sehr korrosiv für ungeschützte Metalle und damit auch extrem gefährlich bei der Inhalation sowie der dermalen Exposition. $TiCl_4$ wird als nicht brandgefährliche Deutladung in Munition verwendet.

- M. Rigo, P. Canu, L. Angelin, G. Della Valle, Kinetics of $TiCl_4$ Hydrolysis in a Moist Atmosphere, *Ind. Eng. Chem. Res.* **1998**, *37*, 1189–1195.
- E. Murray, F. Llados, *Toxicological Profile for Titanium Tetrachloride*, U.S. Department of Health and Human Services, Public Health Service Agency for Toxic Substances and Disease Registry September **1997**, 145 S; verfügbar unter: https://www.atsdr.cdc.gov/ToxProfiles/tp101.pdf.

TKX-50

hydroxylammonium 5,5'-bistetrazolate 1,1'-dioxide

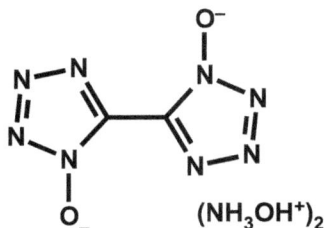

Hydroxylammonium-5,5'-bistetrazolat-1,1'-dioxid, HATO		
Formel		$C_2H_8N_{10}O_4$
CAS		[1403467-86-6]
m_r	$g\,mol^{-1}$	236,15
ρ	$g\,cm^{-3}$	1,877
$\Delta_f H$	$kJ\,mol^{-1}$	193
$\Delta_{ex}H$	$kJ\,mol^{-1}$	−1172,2
	$kJ\,g^{-1}$	−4,964
	$kJ\,cm^{-3}$	−9,317
$\Delta_c H$	$kJ\,mol^{-1}$	−2123,4
	$kJ\,g^{-1}$	−8,992
	$kJ\,cm^{-3}$	−16,877
Λ	Gew.-%	−27,10
N	Gew.-%	59,31

Z	°C	187–221
Reib-E	N	80–144 (BAM)
Schlag-E	J	17,5–20 (BAM)
V_D	m s^{-1}	6596 @ 1,15 g cm^{-3}.
	m s^{-1}	8233 @ 1,725 g cm^{-3} (T./Paraffin/Graphit: 94,4/4,5/1)
P_{CJ}	GPa	13,3 @ 1,15 g cm^{-3}
Koenen	mm	10, Typ H

TKX-50 wird als unempfindlicher Explosivstoff diskutiert. Die Heftigkeit der Reaktion im *Koenen-Test* indiziert allerdings Probleme bei Cook-off-Szenarien. Kalorimetrische Untersuchungen von Konkova et al. (2016) haben gezeigt, dass die Bildungsenthalpie von TKX-50 deutlich niedriger ist als die ursprünglich mit CBS-4M berechnete ($\Delta_f H$: 444 kJ mol^{-1}, Klapötke, 2012).

- N. Fischer, D. Fischer, T. M. Klapötke, D. G. Piercey, J. Stierstorfer, Pushing the limits of energetic materials – the synthesis and characterization of dihydroxylammonium 5,5'-bistetrazole-1,1'-diolate, *J. Mater. Chem.*, **2012**, *22*, 20418–20422.
- T. M. Klapötke, T. G. Witkowski, Z. Wilk, J. Hadzik, Determination of the Initiating Capability of Detonators Containing TKX-50, MAD-X1, PETNC, DAAF, RDX, HMX or PETN as a Base Charge, by Underwater Explosion Test, *Propellants Explos. Pyrotech.* **2016**, *41*, 92–97.
- T. S. Konkova, J. N. Matjushin, E. A. Miroshnichenko, A. F. Asacehnko, P. B. Dzhevakov, Thermochemical Properties of TKX-50, *ICT-JATA*, **2016**, P-90.

TMA, thermisch-mechanische Analyse
thermal mechanical analysis

Bei der TMA wird die Längenausdehnung eines Prüfkörpers als Funktion der Temperatur untersucht. Aus dieser Messung wird dann der thermische Ausdehnungskoeffizient α (K^{-1}) erhalten. Für Sprengstoffkörper typische Werte sind in Tab. T.6 angegeben.

- *STANAG 4525*, 1st edn., October **2001** Explosives, Physical/Mechanical Properties, Thermomechanical Analysis for Determining Coefficient of Linear Thermal Expansion (TMA)

Tab. T.6: Thermischer Ausdehnungskoeffizient ausgewählter Explosivstoffe.

Stoff	Wert (K^{-1})
Comp B	$5{,}46 \cdot 10^{-5}$
PBX 9011	$2{,}22 \cdot 10^{-5}$
PBX 9404	$4{,}70 \cdot 10^{-5}$
TATB	$2{,}36 \cdot 10^{-4}$
TNT	$5{,}00 \cdot 10^{-5}$

TNT, Trinitrotoluol, SS T 8010

trinitrotoluene

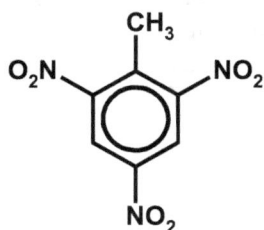

Trotyl

Aspekt		cremefarbenes Kristallpulver
Formel		$C_7H_5N_3O_6$
REACH		LRS
EINECS		204-289-6
CAS		[118-96-7]
m_r	$g\,mol^{-1}$	227,133
ρ	$g\,cm^{-3}$	1,654
$\rho_{lq@T}$	$g\,cm^{-3}$	$1,545 - 1,016 \cdot 10^{-3}\,T$ (°C)
$\Delta_f H$	$kJ\,mol^{-1}$	−67,07
$\Delta_{ex} H$	$kJ\,mol^{-1}$	−1056,8
	$kJ\,g^{-1}$	−4,653
	$kJ\,cm^{-3}$	−7,696
$\Delta_c H$	$kJ\,mol^{-1}$	−3402,2
	$kJ\,g^{-1}$	−14,979
	$kJ\,cm^{-3}$	−24,775
Λ	Gew.-%	−73,96
N	Gew.-%	18,50
c_p	$J\,K^{-1}\,mol^{-1}$	314,55
κ	$W\,K^{-1}\,m^{-1}$	0,260
Smp	°C	80,8
Sdp	°C	240 (Z)
Reib-E	N	> 360 (BAM)
Schlag-E	J	15 (BAM)
V_D	$m\,s^{-1}$	7290 @ ρ = 1,65 $g\,cm^{-3}$
P_{CJ}	GPa	22 @ ρ = 1,65 $g\,cm^{-3}$
Trauzl	cm^3	300
$\varnothing_{cr}$	mm	13 @ ρ = 1,62 $g\,cm^{-3}$
Koenen	mm	5
Spezifikation		STANAG 4025

2,4,6-TNT ist der meist verwendete militärische Sprengstoff des 20. Jahrhunderts. Die einfache Verarbeitbarkeit von geschmolzenem TNT in wassergeheizten Apparaturen hat zur weiten Verbreitung der TNT-Gießtechnik geführt. Aufgrund seiner umfangreichen Verwendung wurde TNT in den 1940er-Jahren auch für Skalierungsexperimente im Rahmen der Kernwaffenentwicklungen verwendet, weshalb seither die Sprengkraft nuklearer und nichtnuklearer Ladungen in *TNT-Äquivalenten* angegeben wird. TNT ist die Grundlage vieler schmelzgießbarer Mischungen mit anderen nicht schmelzbaren Sprengstoffen wie *Pentolit, Composition B, Oktol*, usw. Geschmolzenes TNT ist deutlich schlag- und stoßwellenempfindlicher als festes TNT.

- T. R. Gibbs, A. Popolato, *LASL Explosive Property Data*, University of California Press, Berkeley, CA, **1980**, 172–187.

TNT-Äquivalent
TNT equivalent

Das TNT-Äquivalent dient dem näherungsweisen Vergleich der Leistung von Explosivstoffen mit TNT als Bezugssprengstoff. Da unterschiedliche Methoden zur Leistungsbewertung verwendet werden, gibt es auch verschiedene TNT-Äquivalente die nicht direkt miteinander vergleichbar sind. Wichtige Äquivalente basieren auf der Messung von
- Blast-Druck, (MPa),
- Bleiblockvolumen bzw. Trauzl-Test, (cm^3),
- Explosionsenthalpie, (kJ g^{-1}),
- Beultiefe im Plate-Dent-Test, (mm)

und sind für ausgewählte Explosivstoffe in Tab. T.7 dargestellt.

Tab. T.7: TNT-Äquivalente ausgewählter Explosivstoffe.

	RDX	HMX	PETN	Comp B	C4	Octol[*]
Referenzdichte (g cm^{-3})	1,81	1,906	1,778	1,65		1,81
Blast-Druck	1,14–1,18	1,56	1,27	1,11	1,37	1,37
Explosionsenthalpie	1,24	1,26	1,27	1,09	1,20	1,22
Plate-Dent	6,12	6,04	6,07	5,14		
Trauzl	1,60–1,84	1,42	1,73	1,3		

[*] 90/10 (HMX/TNT)

Das TNT-Äquivalent, M_{TNT} (kg), bezogen auf den bezeichneten Parameter eines Explosivstoffs M_{Ex}(kg), kann mit nachfolgender Gleichung berechnet werden.

$$M_{TNT} = \left(\frac{\text{Parameter(Ex)}}{\text{Parameter(TNT)}} \right) \cdot M_{Ex}$$

- M. Held, TNT-Equivalent, *Propellants Explos. Pyrotech.* **1983**, *8*, 158–167.
- M. M. Swisdak, Simplified Kingery Airblast Calculations, *Proceedings of the 26th DoD Explosives Safety Seminar*, Miami, 16–18 August **1994**.
- J. L. Maienschein, Estimating Equivalency Of Explosives Through A Thermochemical Approach, *Preprint UCRL- JC-147683*, **2002**, 14 S.
- Z. Bajić, J. Bogdanov, R. Jeremić, Blast Effects Evaluation Using TNT Equivalent, *Sci. Tech. Rev.* **2009**, *59*, 50–53.
- V. Karlos, G. Solomos, Calculation of Blast Loads for Application to Structural Components, *Administrative Arrangement No JRC 32253-2011 with DG-HOME Activity A5 – Blast Simulation Technology Development*, Ispra, **2013**, 58 S.

Treibladungspulver, TLP
propellant, gun propellant

Treibladungspulver dienen dem Geschossantrieb in klein-, mittel- und großkalibrigen Rohrwaffen. Beim Abbrand dieser sauerstoffunterbilanzierten Formulierungen entstehen heiße Gase mit niedriger Molmasse, die über die Druck-Volumen-Arbeit Geschosse beschleunigen. Ihre bestimmungsgemäße Reaktion ist die Deflagration. Allerdings können TLP z. B. in patronierter Mittel- und Großkalibermunition durch akzidentelle Stimuli (Hohlladungsstachel, Splitter, sympathetische Reaktion etc.) auch zur Detonation gebracht werden. Es kann zwischen folgenden TLP-Typen unterschieden werden:

Einbasige TLP enthalten zwischen 80 und 98 Gew.-% NC und werden für Kleinkalibermunition sowie untere Artillerieladungen verwendet.

Zweibasige TLP enthalten neben 40–70 Gew.-% NC noch 20–45 Gew.-% NGL oder DEGN und finden Anwendung in Panzern, Mörsern und Mittelkalibermunition.

Dreibasige TLP enthalten wie zweibasige TLP NC und energetische Weichmacher sowie Nitroguanidin. Ursprünglich wurden diese TLP in Deutschland als Gudolpulver bezeichnet. Anwendungen sind hier höchste Ladungen für die Artillerie.

Vierbasige TLP, auch Semi-Nitramin-TLP genannt, enthalten schließlich noch Nitramine wie z. B. RDX oder seltener HMX als vierten Energieträger. Anwendungen hierfür sind Artillerie-TLP.

IM-TLP Unempfindliche TLP schließlich sind unkonventionell zusammengesetzt und enthalten oftmals nur geringe Anteile NC (bis 25 Gew.-%), Weichmacher mit einer im Vergleich zu NGL und DEGN geringeren Empfindlichkeit, z. B. TEGDN, sowie meist hohe Anteile Hexogen bzw. Oktogen oder Nitroguanidin.

TU-TLP Temperaturunabhängige TLP enthalten Weichmacher wie z. B. *DNDA-57* oder MEN-42, die zur Kaltsprödigkeit des Pulvers führen. Daher erfolgt bei diesen Pulvern bei niedrigen Temperaturen ein erosiver Abbrand, der den eigentlich langsameren Abbrand kompensiert.

Tab. T.8: Inhaltsstoffe von Treibladungspulvern.

Zweck	Stoffbeispiel	Zweck	Stoffbeispiel
Energieträger	Nitrocellulose (NC)	*Stabilisator*	Akardite, Centralite
	Nitroguanidin (NGu)		
	Hexogen (RDX)		
Bindemittel		*Rohrschonende Additive*	TiO_2, $CaCO_3$
energetisch	NC, CAN, GAP, BAMO,	*Mündungsfeuerdämpfer*	KNO_3, K_3AlF_6
	PNP, usw.		
nicht energetisch	CAB	*Anzündmoderatoren*	MnO_2
Weichmacher		*Walzhilfsmittel*	Stearinsäure (POL)
energetisch	NGl, DEGN, TEGDN,	*Abbrandmoderatoren*	Cu, Pb Bi-Salze organi-
	NENA, MEN, DNDA	*(für Feststoffraketen)*	scher Säuren
nicht energetisch	Campher, DBA, Akardite		

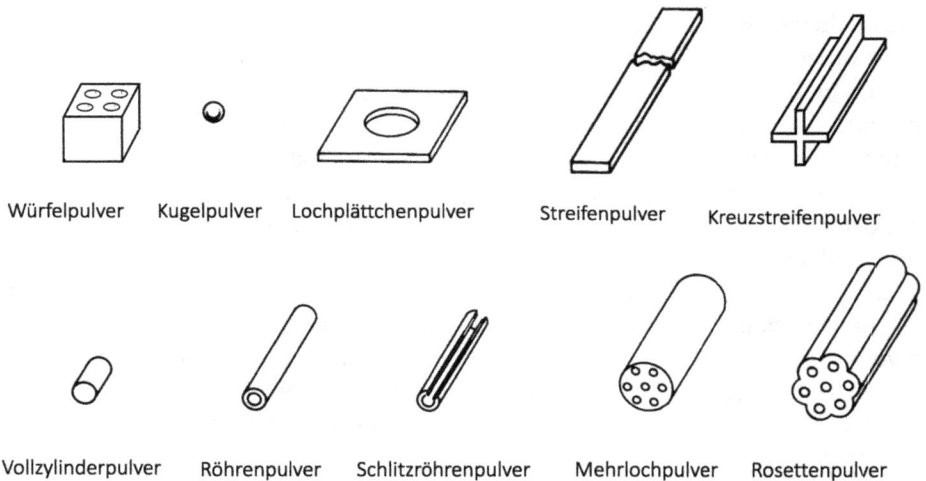

Würfelpulver **Kugelpulver** **Lochplättchenpulver** **Streifenpulver** **Kreuzstreifenpulver**

Vollzylinderpulver **Röhrenpulver** **Schlitzröhrenpulver** **Mehrlochpulver** **Rosettenpulver**

Abb. T.4: Typische Pulvergeometrien (Formen sind nicht maßstäblich zueinander).

Die Leistung von TLPs wird primär durch deren Zusammensetzung (Tab. T.8), Geometrie, Oberflächenbehandlung und die Ladedichte bestimmt. Typische Pulvergeometrien sind in Abb. T.4 dargestellt. Eine erst kürzlich kommerziell realisierte Pulvergeometrie ist die Würfelform mit Vierfachperforation. Diese liefert progressiven Abbrand und ermöglicht aufgrund der kubischen Geometrie sehr hohe Ladungsdichten. Je nach Kaliber und Geschosstyp können nur zwischen 15 und 30 % der chemischen Energie des TLPs in die kinetische Energie des Geschosses umgewandelt werden. Der Rest der Energie geht als Gas- und Wärmeverluste verloren. Zum Leistungsvergleich von TLPs wird die *Pulverkonstante f* $[m^2\,s^{-2}]$, auch *Force* genannt, herangezogen. *f* ist bestimmt durch

$$f = \frac{T_{ex}p_0 v_0}{T_0} = \frac{RT_{ex}}{M}.$$

Die aktuellen Entwicklungstrends von Treibladungspulvern betreffen die Reduktion der Empfindlichkeit und Rohrerosion, die Erhöhung der Funktionslebensdauer und schließlich als drängendste Herausforderung den Ersatz und Austausch giftiger und kommerziell nicht verfügbarer Komponenten. Typische Pulver und deren Charakteristika zeigt Tab. T.9

- K. Ryf, B. Vogelsanger, D. Antenen, A. Skriver, A. Huber, *Moderne Pulverentwicklungen*, Nitrochemie Wimmis, 17. September **2002**.

Tab. T.9: Tabelle Zusammensetzung (Gew.-%), Leistung und Empfindlichkeit von Pulvertypen.

	einbasig	zweibasig			dreibasig	vierbasig	TU
Bezeichnung	OD6320	NK1074	L5460	PUTE 8577 *)	R5730	NILE	M1000
NC	84,1	51,8	60	69,8	35		35
(N-Gehalt)	(13,15)	(13,1)	(13,2)	(13,1)	(12,5)		
ATEC						7,2	
NGl		40,5	15	22,3			
CAB						14,4	
DEGDN			25		22		
DNDA-57							23
DNT	9,66	1,5					
NGu				6,2	33		
GuDN						32	
RDX					8	40	40
K_2SO_4	2						
DBP	2,90			1,0			
DPA	0,97	1,0					
Centralit I		1,5				0,4	
Akardit II			0,7	0,7	X		X
Akardit III		3,7					
MgO			0,05				
Graphit			0,05				
T_{ex} (K)	2571		3390	3451	2700	2175	3128
Q_{ex} (J g^{-1})			4610	4603	3600		
f (J g^{-1})	938		1139	1127	1018	895	1213
M (g mol^{-1})	22,791			39,27	22,05		
T_i (°C)			168		172		
Schlag-E (J)					3		
Reib-E (N)					240		

*) (MRCA: 27x145 mm)

Triacetonperoxid, TATP

triacetone peroxide

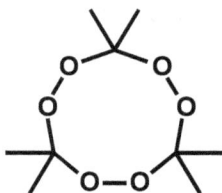

Formel		$C_9H_{18}O_6$
CAS		[17088-37-8]
m_r	$g\,mol^{-1}$	222,238
ρ	$g\,cm^{-3}$	1,272
$\Delta_f H$	$kJ\,mol^{-1}$	−664,5
$\Delta_{ex} H$	$kJ\,mol^{-1}$	−902,93
	$kJ\,g^{-1}$	−4,063
	$kJ\,cm^{-3}$	−5,168
$\Delta_c H$	$kJ\,mol^{-1}$	−5449,7
	$kJ\,g^{-1}$	−24,522
	$kJ\,cm^{-3}$	−31,192
Λ	Gew.-%	−151,18
Sub	°C	93,6
$\Delta_{subl} H$	$kJ\,mol^{-1}$	80,6
Z	°C	> 150
Reib-E	N	0,1 (BAM)
Schlag-E	J	2–3 (BAM)
V_D	$m\,s^{-1}$	5300 @ $1,18\,g\,cm^{-3}$.
Trauzl	cm^3	250

TATP ist eine farblose, kristalline Verbindung mit würzigem Geruch. TATP eignet sich als Initialsprengstoff, ist aber aufgrund des bereits bei Raumtemperatur hohen Dampfdrucks ($p_{25\,°C} \sim 8\,Pa$) und der damit verbundenen Sublimation und Rekristallisation zu hochempfindlichen Nadeln zu gefährlich und damit nicht brauchbar. TATP wurde bereits oft für terroristische Anschläge als Initialsprengstoff sowie als Hauptladungssprengstoff missbraucht. TATP ist unlöslich in Wasser aber gut löslich in vielen organischen Solventien wie z. B. Aceton und Chloroform. Bei der Synthese von TATP entstehen auch immer andere Peroxide wie z. B. *DADP*. Aufsehen erregte eine Mitteilung von Contini und Bellamy (2012) zu kalorimetrischen Untersuchungen, wonach TATP eine stark endotherme Verbindung sei ($\Delta_f H \sim +155\,kJ\,mol^{-1}$). Allerdings ergab eine Nachuntersuchung durch Sinditskii et al. (2014), dass diese Messung fehlerhaft war.

- A. Contini, A. J. Bellamy, L. N. Ahad, Taming the Beast Measurement of the Enthalpies of Combustion and Formation of Triacetone Triperoxide (TATP) and Diacetone Diperoxide (DADP) by Oxygen Bomb Calorimetry, *Propellants Explos. Pyrotech.* **2012**, *37*, 320–328.
- V. P. Sinditskii, V. I. Kolesov, V. Y. Egorshev, D. I. Patrikeev, O. V. Dorofeeva, Thermochemistry of cyclic acetone peroxides, *Thermochim. Acta* **2014**, *585*, 10–15.

2,4,6-Triamino-3,5-dinitropyridin, TADNP
2,4,6-triamino-3,5-dinitropyridine

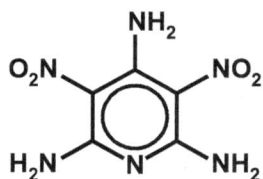

Aspekt		gelbe Kristalle
Formel		$C_5H_6N_6O_4$
CAS		[39771-28-3]
m_r	$g\,mol^{-1}$	214,14
ρ	$g\,cm^{-3}$	1,819
$\Delta_f H$	$kJ\,mol^{-1}$	−110
$\Delta_{ex} H$	$kJ\,mol^{-1}$	−813,2
	$kJ\,g^{-1}$	−3,798
	$kJ\,cm^{-3}$	−6,908
$\Delta_c H$	$kJ\,mol^{-1}$	−2715,1
	$kJ\,g^{-1}$	−12,679
	$kJ\,cm^{-3}$	−23,063
Λ	Gew.-%	−67,24
N	Gew.-%	39,25
Smp	°C	342 (Z)
P_{CJ}	GPa	26,9 @ $\rho = 1,81\,g\,cm^{-3}$

Triaminoguanidin-5,5'-azotetrazolat, TAGZT
triaminoguanidine-5,5'-azotetrazolate

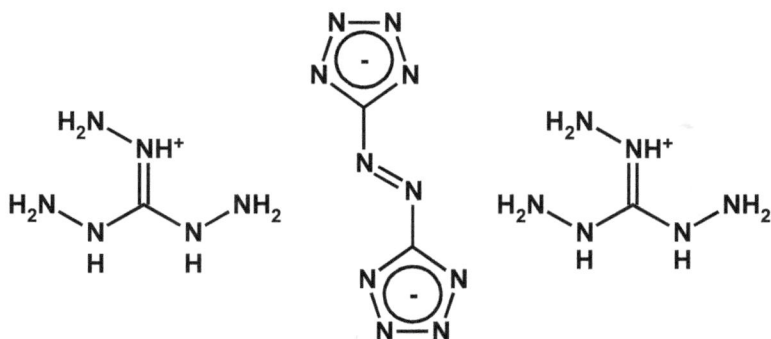

Aspekt		gelbe Kristalle
Formel		$C_4H_{14}N_{22}$
CAS		[2165-23-3]
m_r	$g\,mol^{-1}$	374,334
ρ	$g\,cm^{-3}$	1,608
$\Delta_f H$	$kJ\,mol^{-1}$	1075,3
$\Delta_{ex} H$	$kJ\,mol^{-1}$	−1374,4
	$kJ\,g^{-1}$	−3,672
	$kJ\,cm^{-3}$	−5,904
$\Delta_c H$	$kJ\,mol^{-1}$	−5221,9
	$kJ\,g^{-1}$	−13,950
	$kJ\,cm^{-3}$	−22,431
Λ	Gew.-%	−72,66
N	Gew.-%	82,32
Smp	°C	195 (Z)
Reib-E	N	84
Schlag-E	J	4

TAGZT wird als Brennstoff in raucharmen Feuerwerkssätzen und Gasgeneratoren verwendet.

- B. Tappan, A. N. Ali, S. F. Son, T. Brill, Decomposition and Ignition of the High-Nitrogen Compound Triaminoguanidinium Azotetrazolate (TAGzT). *Propellants Explos. Pyrotech.*, **2006**, *31*, 163–168.

Triaminoguanidindinitramid, TAGDN

triaminoguandine dinitramide

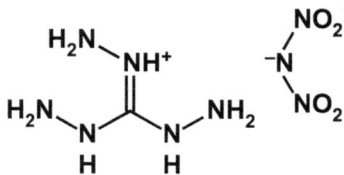

Formel		$CH_9N_9O_4$
CAS		[252062-65-0]
m_r	$g\,mol^{-1}$	211,17
ρ	$g\,cm^{-3}$	1,581
$\Delta_f H$	$kJ\,mol^{-1}$	183
$\Delta_{ex} H$	$kJ\,mol^{-1}$	−1149,7
	$kJ\,g^{-1}$	−5,445
	$kJ\,cm^{-3}$	−8,608
$\Delta_c H$	$kJ\,mol^{-1}$	−1862,8
	$kJ\,g^{-1}$	−8,822
	$kJ\,cm^{-3}$	−13,948

Λ	Gew.-%	−18,94
N	Gew.-%	59,70
Smp	°C	85
$\Delta_{sm}H$	J g^{-1}	93
Z	°C	150
Reib-E.	N	12 (BAM)
Schlag-E.	J	4 (BAM)
V_D	m s^{-1}	5300 @ $\rho = 0,95\,\mathrm{g\,cm^{-3}}$

TAGDN ist sehr empfindlich und erfüllt auch in geprillter Form nicht die Forderungen für einen Transport auf öffentlichen Verkehrswegen nach UN-Test Serie 3.

- N. Wingborg, N. V. Latypov, Triaminoguanidine Dinitramide, TAGDN Synthesis and Characterization, *Propellants Explos. Pyrotech.* **2003**, *28*, 314–318.

Triaminoguanidinnitrat, TAGN
triaminoguanidine nitrate

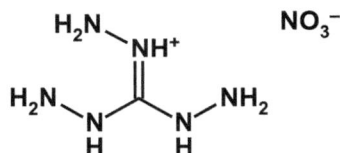

Formel		CH$_9$N$_7$O$_3$
REACH		LPRS
EINECS		223-647-2
CAS		[4000-16-2]
m_r	g mol^{-1}	167,128
ρ	g cm^{-3}	1,594
$\Delta_f H$	kJ mol^{-1}	−48,12
$\Delta_{ex}H$	kJ mol^{-1}	−748,4
	kJ g^{-1}	−4,477
	kJ cm^{-3}	−7,136
$\Delta_c H$	kJ mol^{-1}	−1631,8
	kJ g^{-1}	−9,764
	kJ cm^{-3}	−15,563
Λ	Gew.-%	−33,51
N	Gew.-%	58,67
Z	°C	215
Reib-E	N	120 (BAM)
Schlag-E	J	4 (BAM)
V_D	m s^{-1}	5300 @ $\rho = 0,95\,\mathrm{g\,cm^{-3}}$
Trauzl	cm^3	350

TAGN wurde aufgrund seiner niedrigen Explosionstemperatur und aufgrund der niedrigen Molmasse seiner Verbrennungsprodukte in der Vergangenheit als Energieträger in Rohrwaffentreibmitteln untersucht.

- N. Kubota, N. Hirata, S. Sakamoto, Decomposition of TAGN, *Propellants Explos. Pyrotech.* **1988**, *13*, 65–68.
- S. Eisele, F. Volk, K. Menke, Gas Generator Materials Consisting of TAGN and Polymeric Binders, *Propellants Explos. Pyrotech.* **1992**, *17*, 155–160.

1,3,5-Triamino-2,4,6-trinitrobenzol, TATB
1,3,5-triamino-2,4,6-trinitrobenzene

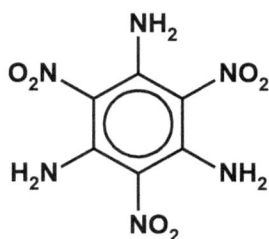

Aspekt		kanariengelbe Kristalle
Formel		$C_6H_6N_6O_6$
REACH		LPRS
EINECS		221-297-5
CAS		[3058-38-6]
m_r	g mol^{-1}	258,15
ρ	g cm^{-3}	1,937
$\Delta_f H$	kJ mol^{-1}	−154
$\Delta_{ex}H$	kJ mol^{-1}	−1136,4
	kJ g^{-1}	−4,402
	kJ cm^{-3}	−8,527
$\Delta_c H$	kJ mol^{-1}	−3064,6
	kJ g^{-1}	−11,872
	kJ cm^{-3}	−22,995
Λ	Gew.-%	−55,78
N	Gew.-%	32,55
c_p	J K^{-1} mol^{-1}	64,05
Smp	°C	448–449 (begleitet von rascher Zersetzung)
$\Delta_{sub}H$	kJ mol^{-1}	168
Reib-E	N	> 360 (BAM)
Schlag-E	J	> 50 (BAM)
	cm	> 320 (Tool 12)
V_D	m s^{-1}	7748 @ ρ = 1,847 g cm^{-3}
P_{CJ}	GPa	25,9 @ ρ = 1,847 g cm^{-3}
Trauzl	cm^3	175
$\varnothing_{cr}$	mm	< 4 @ ρ = 1,860 g cm^{-3}

TATB ist eine sehr unempfindliche Substanz. Aufgrund der im Kristall sehr starken Wasserstoffbrückenbindungen besitzt TATB einen hohen Schmelzpunkt und ist in gängigen Solventien nur sehr schlecht löslich. Selbst in DMSO lösen sich nur 0,230 g/l bei 21 °C sowie 6.6 g/l bei 148 °C. Hingegen ist TATB in ionischen Flüssigkeiten unter Bildung von Meisenheimer-Komplexen bereits bei RT gut löslich (Abb. T.5). In Mischungen aus DMSO und Ethylmethylimidazoliumacetat beispielsweise lösen sich bei 21 °C bis zu 25 g TATB pro Liter. Bei Schlag- und Stoßbelastung bildet TATB in schwach endothermer Reaktion verschiedene Furazane und Furoxane von denen beispielsweise CL-14 ebenfalls ein gezielt synthetisierter unempfindlicher Explosivstoff ist (Abb. T.6). Aufgrund dieses Reaktionsverhaltens ist TATB extrem unempfindlich gegenüber Stoßwellen und zeigt im NOL-LSGT bis $p = 6{,}58$ GPa keine Reaktion. Sonochemisch erzeugtes TATB kann in Abhängigkeit von der Beschallstärke und Frequenz mit variabler Porosität hergestellt werden. Über Porengröße und Verteilung kann schließlich die Empfindlichkeit gegenüber Stoßwellen eingestellt werden.

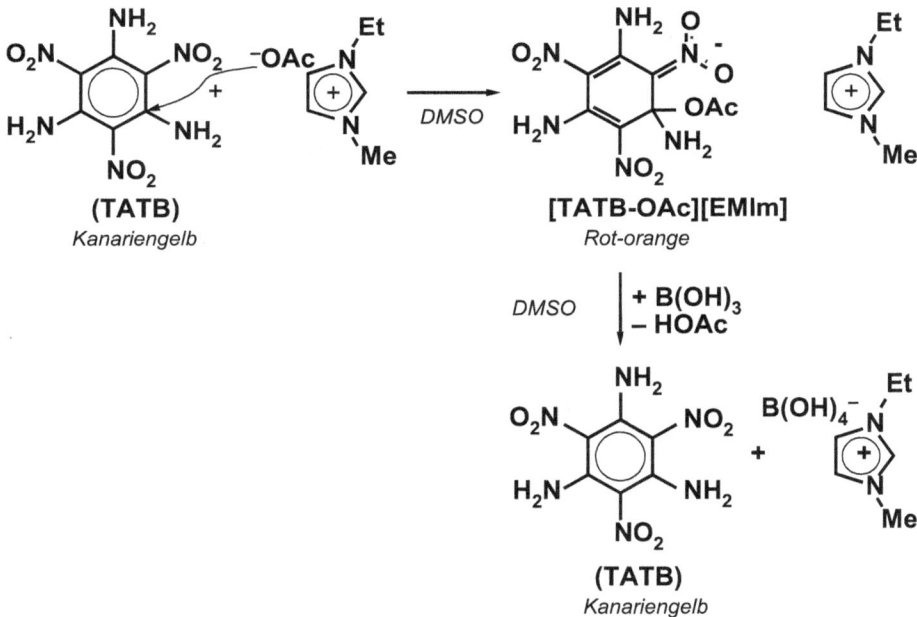

Abb. T.5: Auflösung von TATB in DMSO durch Bildung des Meisenheimer-Komplexes [TATB-OAc][EMIm] sowie nachfolgende Ausfällung durch Zusatz von Borsäure.

- T. Yong-Jin Han, P. F. Pagoria, A. E. Gash, A. Maiti, C. A. Orme, A. R. Mitchell, L. E. Fried, The solubility and recrystallization of 1,3,5-triamino-2,4,6-trinitrobenzene in a 3-ethyl-1-methylimidazolium acetate – DMSO co-solvent system, *New J. Chem.* **2009**, *33*, 50–56.

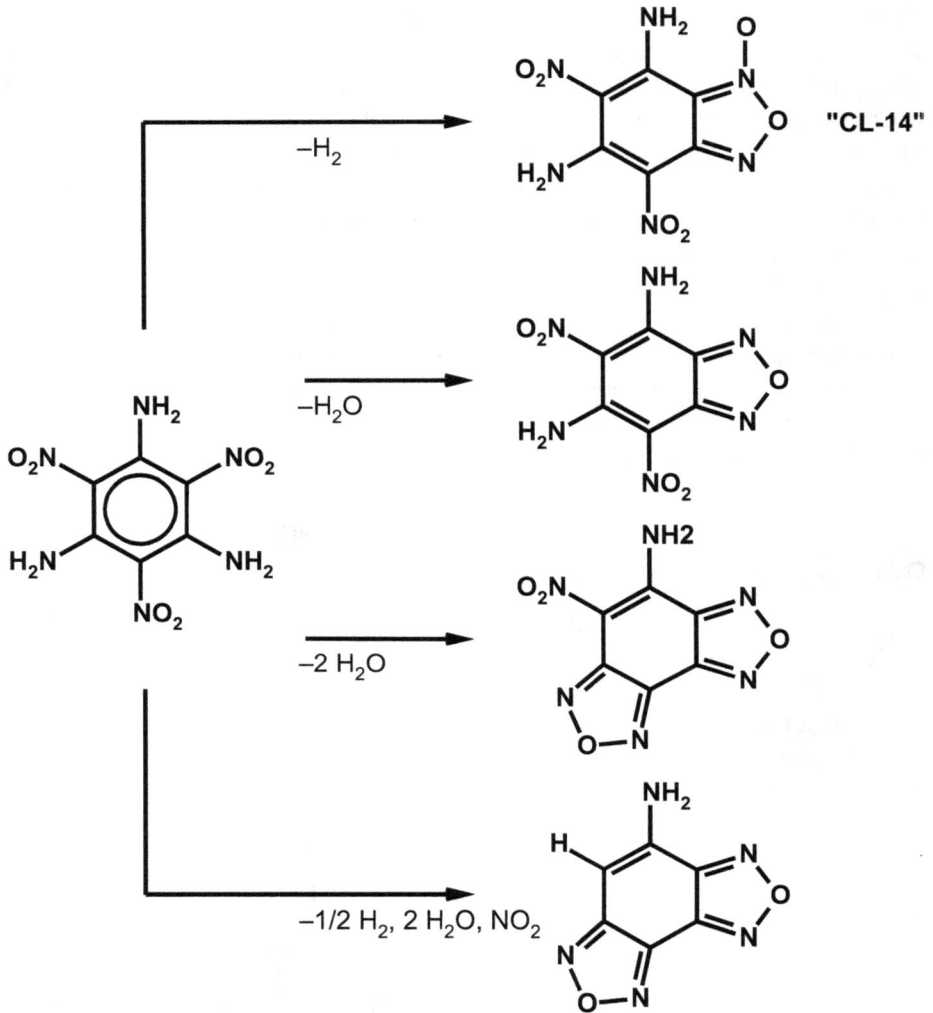

Abb. T.6: Reaktionsprodukte von TATB bei Schlag- und Stoßbelastung nach Sharma et al. (1985).

- B. M. Dobratz, The Insensitive High Explosive Triaminotrinitrobenzene (TATB): Development and Characterization, 1884–1994, *LA-13014-H*, Los Alamos National Laboratory, **1995**, 151 S.
- J. Sharma, J. W. Forbes, C. S. Coffey, T. P. Liddiard, The Physical and Chemical Nature of Sensitization Centers Left from Hot Spots Caused in Triaminotrinitrobenzene by Shock or Impact, *J. Phys. Chem.* **1987**, *91*, 5139–5144.
- J. Sharma, J. C. Hoffsommer, D. Glover, M. Gibson, C. S. Coffey, J. W. Forbes, T. P. Lippard, W. L. Elban, F. Santiago, Sub-Ignition Reactions at Molecular Levels in Explosives subjected to impact and underwater shock, 8th *International Detonation Symposium*, Albuquerque, NM, 15–19 July, **1985**, 725–733.

1,3,5-Tribrom-2,4,6-trinitrobenzol, TBTNB

1,3,5-tribromo-2,4,6-trinitrobenzene

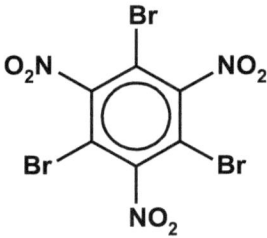

Formel		$C_6Br_3N_3O_6$
CAS		[83430-12-0]
m_r	$g\,mol^{-1}$	449,79
ρ	$g\,cm^{-3}$	2,40
$\Delta_f H$	$kJ\,mol^{-1}$	+209
Λ	Gew.-%	−21,34
N	Gew.-%	9,34
Smp	°C	297
Z	°C	337
Schlag-E	J	21,4
V_D	$m\,s^{-1}$	6600 @ 2,21 $g\,cm^{-3}$.

TBTNB besitzt nur Bedeutung als Zwischenstufe bei der Synthese von TATB. Trotz hoher Dichte (ρ 2,39 $g\,cm^{-3}$) zeigt TBTNB nur marginale Leistung.

1,3,5-Trichlor-2,4,6-trinitrobenzol, TCTNB

1,3,5-trichloro-2,4,6-trinitrobenzene

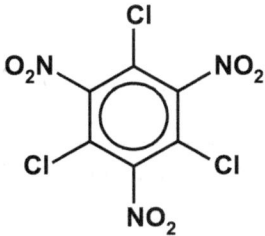

Formel		$C_6Cl_3N_3O_6$
REACH		LPRS
EINECS		220-115-1
CAS		[2631-68-7]
m_r	$g\,mol^{-1}$	316,441
ρ	$g\,cm^{-3}$	1,92
$\Delta_f H$	$kJ\,mol^{-1}$	−150

$\Delta_{ex}H$	kJ mol^{-1}	−1035,5
	kJ g^{-1}	−3,272
	kJ cm^{-3}	−6,283
Δ_cH	kJ mol^{-1}	−2211,1
	kJ g^{-1}	−6,987
	kJ cm^{-3}	−13,416
Λ	Gew.-%	−22,75
N	Gew.-%	13,28
Smp	°C	193
Sdp	°C	318
Schlag-E	J	21,5

TCTNB besitzt Bedeutung als Zwischenstufe bei der Synthese von TATB.

Triethylaluminium, TEA

Formel		Al(C$_2$H$_5$)$_3$
GHS		02, 05
H-Sätze		250-260-314
P-Sätze		210-231+232-280-302+334-303+361+353-304+340+310-305+351 +338-370+378-422
REACH		LRS
EINECS		202-619-3
CAS		[97-93-8]
m_r	g mol^{-1}	114,167
ρ	g cm^{-3}	0,837
Δ_fH	kJ mol^{-1}	−192,05
Δ_cH	kJ mol^{-1}	−5150,6
	kJ g^{-1}	−45,115
	kJ cm^{-3}	−37,762
Λ	Gew.-%	−294,30
c_p	J K^{-1} mol^{-1}	239
Smp	°C	−46
Sdp	°C	192
Δ_mH	kJ mol^{-1}	10,6
Δ_vH	kJ mol^{-1}	73,2

TEA ist eine wasserklare farblose pyrophore Flüssigkeit. Sie wird in verdickter Form als Brandmittel verwendet und dient in kleinen Mengen als Anzündmittel für *FAE*. Außerdem wurde TEA als Wirkmasse in spektral strahlenden IR-Scheinzielen verwendet. Die spezifische Energie in 9000 m Höhe beträgt $E_{3,6-4,5\,\mu m}$ = 311 J g^{-1} sr^{-1} und ist damit um den Faktor drei größer als bei den besten gegenwärtig (2018) bekannten spektralen pyrotechnischen Wirkmassen für Scheinziele.

- B. Gelin, *Använding av pyrofora material i motmedelsfacklor*, FOA Rapport C 20471-D1, **1982**, 30 S.
- B. Gelin, *Pyrofora alkylaluminium föreningar i motmedelsfacklor*, FOA Rapport C 20562-E4, **1984**, 38 S.

Triethylenglykoldinitrat, TEGDN
triethylene glycoldinitrate

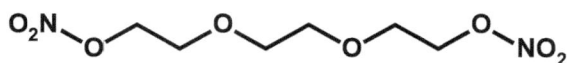

$O_2N\diagdown_O\diagup\diagdown_O\diagup\diagdown_O\diagup\diagdown_O\diagdown NO_2$

Triglykoldinitrat		
Formel		$C_6H_{12}N_2O_8$
REACH		LPRS
EINECS		203-847-6
CAS		[111-22-8]
m_r	$g\,mol^{-1}$	240,17
ρ	$g\,cm^{-3}$	1,327
$\Delta_f H$	$kJ\,mol^{-1}$	−629
Λ	Gew.-%	−66,62
N	Gew.-%	11,66
$\Delta_{ex}H$	$kJ\,mol^{-1}$	−1066,0
	$kJ\,g^{-1}$	−4,439
	$kJ\,cm^{-3}$	−5,890
$\Delta_c H$	$kJ\,mol^{-1}$	−3447,1
	$kJ\,g^{-1}$	−14,353
	$kJ\,cm^{-3}$	−19,046
Smp	°C	−19
Sdp	°C	160
p_{vap}	Pa	0,48
Z	°C	195
Reib-E	N	n. a.
Schlag-E	J	12
Trauzl	cm^3	320
Spezifikation		AOP-4719

TEDGDN wurde erstmals von Gallwitz (1944) als energetischer Weichmacher vorgeschlagen. Aufgrund der im Vergleich zu DEGDN geringeren Empfindlichkeit wird TEGDN auch für unempfindliche TLP verwendet, z. B. *HUX* (Tab. T.10)

- U. Gallwitz, *Die Geschützladung – Mit einem Anhang: Entwicklung und Eigenschaften neuzeitlicher Treibmittel*, J. Neumann-Neudamm, Berlin, **1944**, 179 S.

Tab. T.10: Zusammensetzung und Leistung von HUX-TLP.

Inhaltsstoff	(Gew.-%)	Leistung	
NC	52,0	ρ (g cm^{-3})	1,59
RDX	11,0	Explosionswärme (J g^{-1})	–
NGu	9,0	Pulverkonstante (J g^{-1})	1065
TEGDN	26,0	Flammentemperatur (K)	2820
Ethylcentralit	1,0	Covolumen (cm^3 kg^{-1})	0,1339
Sonstiges	1,0		

1,3,5-Trifluor-2,4,6-trinitrobenzol
1,3,5-trifluoro-2,4,6-trinitrobenzene

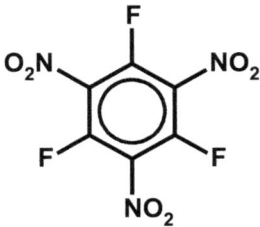

Formel		$C_6F_3N_3O_6$
CAS		[1423-11-6]
m_r	$g\,mol^{-1}$	267,08
ρ	$g\,cm^{-3}$	1,92
$\Delta_f H$	$kJ\,mol^{-1}$	−536
$\Delta_{ex}H$	$kJ\,mol^{-1}$	−1131,2
	$kJ\,g^{-1}$	−4,235
	$kJ\,cm^{-3}$	−8,132
$\Delta_c H$	$kJ\,mol^{-1}$	−1822,1
	$kJ\,g^{-1}$	−6,823
	$kJ\,cm^{-3}$	−13,099
Λ	Gew.-%	−26,96
N	Gew.-%	15,73
Smp	°C	87

TFTNB ist eine stark hydrolyseempfindliche Substanz.

1,3,5-Triiod-2,4-6-trinitrobenzol
1,3,5-triiodo-2,4,6-trinitrobenzene

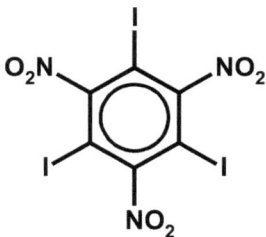

Formel		$C_6I_3N_3O_6$
CAS		[1698044-20-0]
m_r	$g\,mol^{-1}$	590,79
ρ	$g\,cm^{-3}$	2,82

$\Delta_f H$	kJ mol^{-1}	+209
Λ	Gew.-%	−16,24
N	Gew.-%	7,11
Smp	°C	360 (Z)
Schlag-E	J	7,8

1,3,5-Triiod-2,4-6-trinitrobenzol ist im Vergleich zu den anderen 1,3,5-Trihalogen (Cl bzw. Br)-trinitrobenzolderivaten sehr schlagempfindlich.

• K. B. Landenberger, O. Bolton, A. J. Matzger, Energetic-Energetic Cocrystals of Diacetone Diperoxide (DADP): Dramatic and Divergent Sensitivity Modifications via Cocrystallization, *J. Am. Chem. Soc.* **2015**, *137*, 5074–5079.

1,3,3-Trinitroazetidin, TNAZ
1,3,3-trinitroazetidine

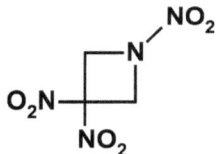

Formel		$C_3H_4N_4O_6$
CAS		[97645-24-4]
m_r	g mol^{-1}	192,088
ρ	g cm^{-3}	1,84
$\rho_{105\,°C}$		1,554
$\rho_{120\,°C}$		1,522
$\Delta_f H$	kJ mol^{-1}	11,72
$\Delta_{ex} H$	kJ mol^{-1}	−1172,8
	kJ g^{-1}	−6,105
	kJ cm^{-3}	−11,234
$\Delta_c H$	kJ mol^{-1}	−1763,9
	kJ g^{-1}	−9,183
	kJ cm^{-3}	−16,897
Λ	Gew.-%	−16,66
N	Gew.-%	29,17
Smp	°C	101
$\Delta_m H$	kJ mol^{-1}	30
$\Delta_v H$	kJ mol-1	66 @ 122 °C
p_{vap}	Pa	50 @ 122 °C
DSC-onset	°C	270
Reib-E.	N	160 (BAM)
Schlag-E.	J	7,4 (BAM)
V_D	m s^{-1}	7300 @ ρ = 1,64 g cm^{-3}
Trauzl	cm^3	325

TNAZ ist ein schmelzgießbarer Sprengstoff, der als Ersatz für das im geschmolzenen Zustand sehr stoßempfindliche TNT betrachtet wird. Einer größeren Verwendung stehen im Moment sowohl die hohen Herstellkosten als auch der hohe Dampfdruck beim Schmelzpunkt (50 Pa @ 122 °C) entgegen. Zur Zeit werden daher eutektisch wirkende Zusätze untersucht, mit deren Hilfe eine Verarbeitung von TNAZ bei niedrigeren Temperaturen möglich ist. Weiterhin erfolgt beim Erstarren von TNAZ eine beträchtliche Volumenreduktion (15 %), die zu mikroskopisch kleinen Kavitäten führt (10–12 % Porosität). Eine Mischung von TNAZ/RDX im gleichen Massenanteil RDX wie in Composition B liefert eine um 13 % höhere V_D und einen um 18 % höheren P_{CJ} (Tab. T.11).

Tab. T.11: Vergleich Composition B vs. ARX 4007.

	Comp B	ARX-4007
SSM	TR 8510	
Hexogen(Gew.-%)	60	60
TNAZ (Gew.-%)	–	40
TNT (Gew.-%)	40	–
Wachs (Gew.-%)	+1	–
ρ (g cm^{-3})	1.68	1,76
V_D (m s^{-1})	7920	8890
P_{CJ} (GPa)	29.5	34,8
Reib-E (N)	112	72
Dent (mm)	2,50	3,44

- D. S. Watt, M. D. Cliff, TNAZ Based Melt-Cast Explosives Technology Review and AMRL Research Directions, *DSTO-TR-0702*, July **1998**.
- N. Liu, S. Zeman, Y. Shu, Z. Wu, B. Wang, S. Yin, Comparative study on melting points of 3,4-bis(3-nitrofurazan-4- yl)furoxan(DNTF)/1,3,3-trinitroazetidine (TNAZ) eutectic compositions with molecular dynamic simulations, *RSC Adv.*, **2016**, *6*, 59141–59149.

Trinitrobenzol, 1,3,5-TNB
1,3,5-trinitrobenzene

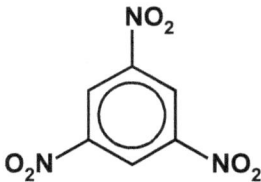

Aspekt		schwach gelbgrünes Kristallpulver
Formel		$C_6H_3N_3O_6$
REACH		LPRS
EINECS		202-752-7
CAS		[99-35-4]
m_r	$g\,mol^{-1}$	213,106
ρ	$g\,cm^{-3}$	1,76
$\Delta_f H$	$kJ\,mol^{-1}$	−37,24
$\Delta_{ex} H$	$kJ\,mol^{-1}$	−1118,9
	$kJ\,g^{-1}$	−5,250
	$kJ\,cm^{-3}$	−9,241
$\Delta_c H$	$kJ\,mol^{-1}$	−2752,9
	$kJ\,g^{-1}$	−12,918
	$kJ\,cm^{-3}$	−22,736
Λ	Gew.-%	−56,31
N	Gew.-%	19,72
Smp	°C	123
$\Delta_m H$	$kJ\,mol^{-1}$	14,32
Z	°C	232
Reib-E	N	> 355 (BAM)
Schlag-E	J	7,4 (BAM)
V_D	$m\,s^{-1}$	7300 @ ρ = 1,71 $g\,cm^{-3}$
Trauzl	cm^3	325

Trotz besserer Leistung und höherer Stabilität im Vergleich zu 2,4,6-TNT wird TNB wegen der sehr kostspieligen Synthese nicht verwendet.

Triphenylamin
triphenylamine

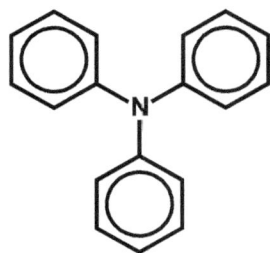

Formel		$C_{18}H_{15}N$
REACH		LPRS
EINECS		210-035-5
CAS		[603-34-9]
m_r	$g\,mol^{-1}$	245,324
ρ	$g\,cm^{-3}$	0,774
Smp	°C	127

Sdp	°C	365
$\Delta_f H$	kJ mol^{-1}	234,72
$\Delta_c H$	kJ mol^{-1}	−9461,8
	kJ g^{-1}	−38,569
	kJ cm^{-3}	−29,853
Λ	Gew.-%	−283,7
N	Gew.-%	5,71

Triphenylamin ist ein ungiftiger, effektiver Stabilisator für NC und mit dieser auch verträglich. Es reagiert langsamer mit NGl, dafür aber rascher als Akardit-II oder 2-NDPA. Triphenylamin bildet keine cancerogenen Produkte in TLPs. Zwei- und mehrbasige TLP mit Triphenylamin erfüllen die Anforderungen an die AOP48 wahrscheinlich nicht und erfüllen auch verschiedene Stabilitätstests nicht.

• S. Wilker, G. Heeb, B. Vogelsanger, J. Petrzilek, J. Skladal, Triphenylamine – a ,New' Stabilizer for Nitrocellulose Based Propellants – Part I Chemical Stability Studies, *Propellants Explos. Pyrotech.* **2007**, *32*, 135–148.

Tris(2-chlorethyl)amin, HN-3

2-Chloro-N,N-bis(2-chloroethyl)ethan-1-amine

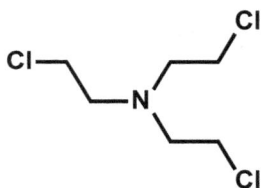

Stickstofflost, T9, TBA		
Formel		$C_6Cl_3H_{15}N$
CAS		[555-77-1]
m_r	g mol^{-1}	204,527
ρ	g cm^{-3}	1,2348
Smp	°C	−4
Sdp	°C	230 (Z)
Λ	Gew.-%	−129,07
LCt$_{50}$	ppm	1500
ICt50	ppm min^{-1}	200

HN-3 ist eine im reinen Zustand farb- und geruchlose ölige Flüssigkeit, die als Hautkampfstoff entwickelt wurde. HN-3 ist gegenüber Licht und Wärme relativ unbeständig und zersetzt sich vollständig bei Temperaturen im Bereich des Siedepunktes.

• S. Franke, *Lehrbuch der Militärchemie, Band 1*, Militärverlag der Deutschen Demokratischen Republik, 2. Auflage, Leipzig, **1977**, 292–304.

N,N',N''-Tris(2,4,6-trinitrophenyl)-2,4,6-pyrimidinetriamin

N,N',N''-tris(2,4,6-trinitrophenyl)-2,4,6-pyrimidinetriamine

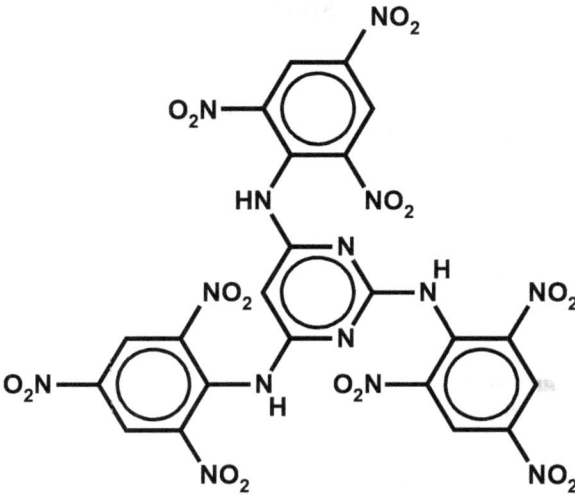

TPP		
Formel		$C_{22}H_{10}N_{14}O_{18}$
CAS		[41230-77-7]
m_r	$g\,mol^{-1}$	758,408
ρ	$g\,cm^{-3}$	1,90
$\Delta_f H$	$kJ\,mol^{-1}$	300
$\Delta_{ex}H$	$kJ\,mol^{-1}$	−3676,3
	$kJ\,g^{-1}$	−4,847
	$kJ\,cm^{-3}$	−9,210
$\Delta_c H$	$kJ\,mol^{-1}$	−10.386,6
	$kJ\,g^{-1}$	−13,695
	$kJ\,cm^{-3}$	−26,021
Λ	Gew.-%	−65,4
N	Gew.-%	25,86
Smp	°C	301(Z)

TZZ

TZZ steht für Tungsten-Zinc-Zirconium und beschreibt eine gepresste Metallpulvermischung, die für reaktive Splitter eingesetzt wird.

- D. P. Chonowski, MS-Thesis, *Small Scaled Reactive Materials Combustion Test Facility*, Urbana, **2011**, 107 S.

U

Unfallverhütungsvorschriften für die Explosivstoffverarbeitung
regulations for the prevention of accidents in the explosives industry

In der Vergangenheit (vor 2012) hatten die Berufsgenossenschaften sogenannte Unfallverhütungsvorschriften (UVV) herausgegeben. In den UVV wurden konkrete Handlungsanweisungen und Verbote für den Umgang und die Verarbeitung von Explosivstoffen generell und für spezielle Materialien, Gegenstände und Munitionen formuliert. Dies waren unter anderem die:
- BGV B5: Explosivstoffe – Allgemeine Vorschrift (138 Seiten)
- BGV D37: Schwarzpulver (8 Seiten)
- BGV D38: Treibladungspulver (18 Seiten)
- BGV D39: Feste einheitliche Sprengstoffe
- BGV D40: Sprengöle- und Nitratsprengstoffe
- BGV D41: Zündstoffe
- BGV D42: Pulveranzündschnüre und Sprengschnüre (9 Seiten)
- BGV D44: Munition, davor UVV 55 m, (58 Seiten)

Diese UVVn wurden offiziell 2012 durch die Regel
- DGUV 113-017 Tätigkeiten mit Explosivstoffen
ersetzt. Weiterhin gilt auch seit 2002 die Regel
- DGUV 113-008 Pyrotechnik (72 Seiten).

Damit erläutert die Deutsche Gesetzliche Unfallversicherung (DGUV) mit welchen konkreten Präventionsmaßnahmen die Pflichten zur Verhütung von Arbeitsunfällen, Berufskrankheiten und arbeitsbedingten Gesundheitsgefahren erfüllt werden können.

Die älteren oben bezeichneten Schriften sind zwar offiziell zurückgezogen, bilden aber weiterhin eine hilfreiche Grundlage bei der Entwicklung und Auslegung von Verfahrensschritten und der Erstellung der entsprechenden Arbeitsanweisungen.

- Weblink: http://www.dguv.de/fb-rci/sachgebiete/explo_stoffe/publikationen/index.jsp

Unterwasserdetonation
underwater detonation

Bei der Detonation einer Sprengladung unter Wasser wird zunächst ähnlich wie an Luft eine Stoßwelle gebildet. Hinter der Stoßwelle fällt der Druck exponentiell und bis zu einem Wert P_{max}/e, der als Abklingkonstante bezeichnet wird, ab. Danach sinkt der

https://doi.org/10.1515/9783110559651-020

Druck deutlich langsamer. Der Spitzendruck, P_{max}, an einem gegebenen Ort, R, und die Abklingkonstante, P_{max}/e, sind abhängig vom verwendeten Sprengstoff und der Ladungsmasse, M.

Nach der eigentlichen Stoßwelle gehen vom Detonationsort zeitlich stark verzögert weitere Stöße geringeren Drucks aus. Diese Stöße werden durch die Oszillation der Gasblase der Detonationsprodukte verursacht. Die Gasblase stammt zum einen aus den primären Detonationsprodukten und wird zum anderen aus der relativ langsamen Reaktion der primären Detonationsprodukte mit dem umgebenden Wasser gebildet. Zur Steigerung der Energie der Gasblasendruckstöße (engl. *bubble energy*) enthalten Unterwassersprengstoffe daher grundsätzlich mit Wasser reaktionsfähige Brennstoffe, die große Mengen heißen Wasserstoffs erzeugen.

Der Spitzendruck, P_{max} (MPa), am Ort, R (m), korreliert dabei mit dem Ladungsgewicht, M (kg), nach

$$P_{max} = K \cdot \left(\frac{\sqrt[3]{M}}{R} \right) \alpha.$$

Mit den folgenden Werten für typische Unterwassersprengstoffe in Tab. U.1.

Tab. U.1: Detonative Eigenschaften verschiedener Sprengstoffe unter Wasser.

Sprengstoff	ρ (g cm^{-3})	K	J	α	Gültigkeitsbereich (MPa)
H-6	1,76	59,2	4,08	1,19	10–138
HBX-1	1,72	56,1–56,7	3,95	1,15–1,37	3–60
HBX-3	1,84	50,3	4,27	1,14	3–60
Pentolit	1,71	56,5	3,52	1,14	3–138
TNT	1,60	52,4	3,50	1,13	3–138

Der Radius der Gasblase, A_{max} (m), in der Wassertiefe, H (m), kann wie folgt berechnet werden:

$$A = J \cdot \left(\frac{\sqrt[3]{M}}{H} \right)_{max}.$$

Der generelle Einfluss des Quotienten aus Aluminium/Sauerstoff-Gehalt beliebiger CHNO-Explosivstoffe auf die Blasenenergie und die Stoßenergie ist in Abb. U.1 dargestellt. Zur Bewertung des Stoßdrucks und der Gasblasenenergie verschiedener Explosivstoffe werden nach Swisdak (1978) folgende Leistungskennzahlen verwendet, die den zu betrachtenden Explosivstoff mit dem Referenzexplosivstoff (Pentolit) vergleichen.

SWE = *Equivalent Weight Shock Wave Energy*

RBE = *Relative Bubble Energy*

Nach Doherty (1989) können SWE- und RBE-Werte aus den Kamlet-Kennzahlen N und M sowie der Detonationsenthalpie für Sprengstoffe, in denen Al/O $\leq$ 1 gilt, abgeschätzt werden.

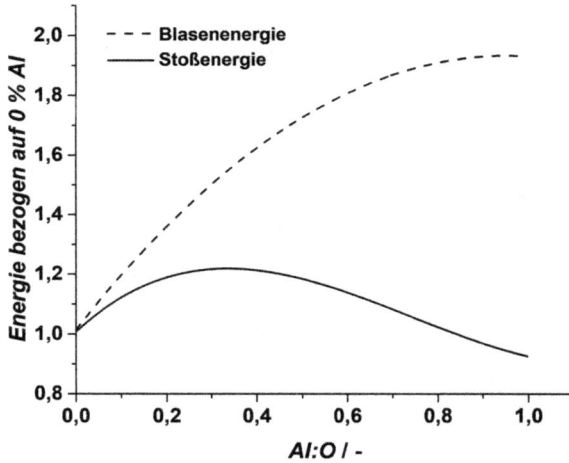

Abb. U.1: Einfluss des Al-O-Verhältnisses auf die Blasen- und Stoßenergie bei Unterwasserdetonationen nach Swisdak (1978).

- R. H. Cole, *Underwater Explosions*, Princeton Press, Princeton, NJ, **1948**, 437 S.
- M. M. Swisdak, *Explosion Effects and Properties Part II -Explosion Effects in Water, NSWC/NOL TR 76-116*, NSWC, Silver Spring, **1978**, 112 S.
- D. A. Chichra, R. M. Doherty, Estimation of Performance of Underwater Explosives, *Detonation Symposium*, Portland, **1989**, S. 633–639.
- P. V. Satyaratan, R. Vedam, Some Aspects of Underwater Testing Method, *Propellants Explos.* **1980**, *5*, 62–66.

UXO

unexploded ordnance

UXO steht für *Unexploded Ordnance* und beschreibt alle Arten und Zustände von nicht umgesetzter Fundmunition.

V

Vakuumstabilitätstest, VST
vacuum stability test

Der VST nach STANAG 4556 dient der Bestimmung der thermischen Stabilität eines Explosivstoffs. Dazu wird das von 5 g des Explosivstoffs (0,25 mg bei Initialsprengstoffen) entwickelte permanente (bei Raumtemperatur) Gasvolumen nach einer Erhitzungsdauer von 40 h auf T = 100 °C (Sprengstoffe, einbasige Treibmittel und Pyrotechnik) sowie 90 °C (zweibasige Treibmittel und Nitrat-ester-polyether-gebundene Treibmittel) bestimmt. Weniger als 3 ml werden als unbedenklich, 3–5 ml werden als bedenklich und mehr als 5 ml werden als unverträglich bezeichnet.

- *STANAG 4556 PPS (1st edn.) – Explosives Vacuum Stability Test*, NATO Military Agency for Standardization, Brüssel, November **1999**, 20 S.

Vaporific Effect

Bei der Kollision eines Projektils, Splitters oder eines Hohlladungsstachels mit einer Zielstruktur kann es zur Verdampfung eines oder beider Partner kommen, wenn die Impaktgeschwindigkeit größer als die Schallgeschwindigkeit wenigstens eines der beiden Materialien ist. Erfolgt die Kollision an Luft, so kann das gebildete Metalldampf-Luft-Gemisch bei Überschreitung der Zündtemperatur deflagrieren und dadurch die Wirkung im Ziel verstärken. Aus diesem Grund bestehen die Einlagen bestimmter Hohlladungsgefechtsköpfe aus leicht oxidierbaren Metallen wie Aluminium, Magnesium oder Zink bzw. aus Legierungen dieser Metalle. Auf dem Vaporific Effect basieren auch die erheblichen Zerstörungen bei der Splittereinwirkung auf Aluminiumstrukturen.

- Warren W. Hillstrom, Impact Thresholds for the Initiation of Metal Sparking, *ARBRL-MR-02820*, US Army Armament Research and Development Command Ballistic Research Laboratory, Aberdeen, **1978**, 36 S.
- M. A. Cook, *The Science of High Explosives*, ACS Publishing, **1958**, 259–263.

Verstärkerladungen
booster

Um die Detonation von einem Detonator erfolgreich auf eine Hauptladung zu übertragen, bedarf es oftmals einer Verstärkerladung bzw. eines Zündverstärkers. Verstärkerladungen müssen eine hinreichend niedrige kritische Initiierungsenergie, E_{cr}, auf-

https://doi.org/10.1515/9783110559651-021

weisen, um durch einen Detonator sicher initiiert werden zu können und selbst einen Stimulus

$$E_{cr} = \frac{P^2 \tau}{\rho_0 w}$$

liefern, der über der kritischen Initiierungsschwelle der Hauptladung liegt, um diese sicher zu zünden. Über viele Jahrzehnte war Tetryl ein häufig verwendeter Sprengstoff in Verstärkerladungen. Heutzutage werden kunststoffgebundene Ladungen mit Hexogen (CH-6) und Oktogen (PBXN-5) dazu verwendet.

- F. E. Walker, R. J. Wasley, A General Model for the Shock Initiation of Explosives, *Propellants Explos.* **1976**, *1*, 73–80.

Verzögerungselement
delay (element)

Ein Verzögerungselement, auch Anzündverzögerer genannt, dient dazu, die Reaktion der Anzündkette definiert zu verlangsamen. Verzögerungssätze (VZ-Sätze) decken einen Geschwindigkeitsbereich ab, der sich von $u < 1\,\mathrm{mm\,s^{-1}}$ bis zu über $u > 1000\,\mathrm{m\,s^{-1}}$ erstreckt. Bis zu Beginn des 20. Jahrhunderts war gepresstes Schwarzpulver der Standardverzögerungssatz. Auch heute noch wird entsprechend zusammengesetztes Schwarzpulver (SP) oder auch mit anderen Stoffen gemischtes SP im Feuerwerksbereich und bei bestimmten pyrotechnischen Munitionen weiterhin als verlässlicher Verzögerungssatz verwendet. Daneben gibt es heutzutage eine große Zahl unterschiedlicher Satzsysteme, die als VZ-Sätze verwendet werden (Tab. V.1 & Tab. V.2). Dabei kann grundsätzlich zwischen gasbildenden und nahezu gasfreien VZ-Sätzen unterschieden werden. Gaslose VZ-Sätze enthalten meist zwei komplementäre Oxidationsmittel wie $KClO_4$ und ein Chromat zusammen mit einem mehr oder minder energetischen metallischen Brennstoff aus der Gruppe der Metalle Molyb-

Tab. V.1: Gasbildende VZ-Sätze.

Bezeichnung	RL-58	SR74	SR112
Ammoniumperchlorat	87,38		
Bariumnitrat		60	
Kaliumnitrat			60
Mangandioxid	2,91		
Anthracen	6,80		
Stearinsäure	2,91		
Tetranitrooxanilid		40	
Tetranitrocarbazol			40
u (mm s^{-1}) @ 100 kPa	0,9	0,6	7,5
u (mm s^{-1}) @ 1 MPa		13	

Tab. V.2: Gaslose VZ-Sätze.

Bezeichnung	CP-22-5	SR92	AZM-961
Bariumchromat	50		59
Bismuth(IIII)oxid		66,3	
Chrom(III)oxid		22,1	
Kaliumperchlorat	10		14
Bor		11,6	
Wolfram	40		
Zirconium-Nickel 70-30			26
u (mm s^{-1}) @ 100 kPa	0,23	26	12,7
u (mm s^{-1}) @ 1 MPa		28	

dän, *Titan*, Wolfram, Zirconium und deren Hydride bzw. Legierungen mit weniger kalorischen Metallen. Abb. B.5 auf Seite 71 zeigt die Abbrandgeschwindigkeit von W/BaCrO$_4$/KClO$_4$ als Funktion der Stöchiometrie. Die vorbezeichneten VZ-Sätze werden meist durch stufenweises Verpressen in Metallröhrchen laboriert. In Australien, England, den USA und Frankreich werden VZ-Sätze auch in großkalibrige Blei- und Zinnrohre gepresst. Diese zunächst nur etwa 30 cm langen Rohrstücke werden dann mechanisch umgeformt und bis auf eine Länge von etwa 10 m gebracht. Diese Rohre werden dann für die entsprechenden Anwendungen abgelängt.

Moderne, mechanisch besonders robuste und hochpräzise VZ-Elemente basieren auf gedruckten Verzögerungen. Dazu werden thermitartige Sätze mit einem energetischen Binder wie z. B. Nitrocellulose oder PNP zu Tinten verarbeitet, die mit handelsüblichen Tintenstrahldruckern auf geeignete Substrate aufgebracht werden können. Die ausgehärteten Pigmente werden dann mit einer Polymerschicht geschützt.

- M. A. Wilson, R. J. Hancox, Pyrotechnic Delays and Thermal Sources, *Pyrotechnic Chemistry*, **2004**, 8-1–8-22.

Vieille, Paul (1854–1934)

Vieille war ein französischer Ingenieur, der in Zusammenarbeit mit Berthelot die Stoßwelle (1881) als wesentliches Charakteristikum von Detonationen entdeckte. Vieille entwickelte aus dem Ergebnis seiner ballistischen Untersuchungen das nach ihm benannte Verbrennungsgesetz und beschäftigte sich mit der Stabilität der Nitrocellulose und der darauf basierenden Pulver.

- E. Bollé, „Paul Vieille", *Z. Sch. Spreng.* **1934**, *29*, 323–326 und 368–371.

Vieille'sches Gesetz
Vieille's law

Nach dem französischen Ingenieur Paul Vieille ist der Fortschritt des Abbrands entlang der Strecke x in der Zeit t eine Funktion der Temperatur und des Druckes. Die Temperaturabhängigkeit des energetischen Materials wird mit dem Koeffizienten a, die Druckabhängigkeit mit dem Exponenten n beschrieben. Beide Parameter hängen mit der chemischen Zusammensetzung des energetischen Materials zusammen.

$$\frac{dx}{dt} = a \cdot p^n$$

Vieille-Test

Bei diesem Test wird eine Pulverprobe bei 110 °C in einem Gefäß so lange erhitzt, bis eine Rötung eines im Gefäß befindlichen Lackmusstreifen eintritt. Danach wird das Pulver dem Apparat für 10 h entnommen und die Prüfung danach so lange wiederholt, bis die Erhitzungsdauer bei 110 °C eine Stunde unterschreitet. Die Gesamtdauer der Heizphase ist ein Maß für die Stabilität.

Viton® A
1,1,2,3,3,3-hexafluoro-1-propene-1,1-difluoroethene copolymer

Hexafluorpropen-Vinylidenfluorid-Copolymer		
Aspekt		milchig durchscheinend, gummiartig
Formel		$[C_3F_6]_n - [C_2H_2F_2]_m$, $n = 1$, $m \sim 3,5$
REACH		LPRS
EINECS		618-470-6
CAS		[9011-17-0]
m_r	g mol^{-1}	374,145
ρ	g cm^{-3}	1,75–1,80
$\Delta_f H$	kJ mol^{-1}	−2784
Λ	Gew.-%	−72,7
LOI	Vol.-% O$_2$	31,5
κ	W K^{-1} m^{-1}	0,226
Smp	°C	n.a.
Z	°C	> 400

Viton® A ist ein Copolymer aus Hexafluorpropen, C_3F_6 und Vinylidenfluorid, $C_2H_2F_2$, in einem typischen Molverhältnis der Monomere von 13:5. Viton® A ist leicht löslich in Ketonen, überkritischem CO_2, Mischungen aus ionischen Flüssigkeiten und Ketonen, aber unlöslich in Kohlenwasserstoffen. Viton® A zeigt einen Glaspunkt, T_g, bei −27 °C und beginnt sich ab $T > 400$ °C, ohne vorher geschmolzen zu sein, zu zersetzen. Viton®A findet vielfach Anwendung als Bindemittel in Explosivstoffen (z. B. PBXN-5) und Pyrotechnika (z. B. *MTV*).

- E.-C. Koch, *Metal-Fluorocarbon Based Energetic Materials*, Wiley-VCH, Weinheim, **2012**, 27–28.
- H. G. Ang, S. Pisharath, *Energetic Polymers*, Wiley-VCH, Weinheim, **2012**, 156–159.

Volk, Fred (1930–2005)

Fred Volk wurde in Karlsruhe geboren und studierte dort an der Technischen Universität im Fach Chemie und wurde 1960 mit einer Arbeit zu Verbrennungsmechanismen zum Dr. rer. nat. promoviert. Er trat danach in das gerade gegründete ICT ein und baute dort das analytische Labor auf. 1975 wurde er zum stellvertretenden Institutsleiter ernannt. International bekannt wurde Volk durch seine umfangreichen Arbeiten zur Thermodynamik detonierender und deflagrierender Explosivstoffe, die den Grundstein für den von ihm zusammen mit seinem Mitarbeiter Helmut Bathelt entwickelten ICT-Thermodynamik-Code bildeten. In zahllosen Arbeiten widmete er sich der Chemie der Detonation und konnte hier in einer internationalen Kooperation auch über die erste erfolgreiche Synthese von Nanodiamanten bei der detonativen Umsetzung verschiedener Sprengstoffe berichten. Er trat 1999 in den Ruhestand und war danach weiterhin wissenschaftlich aktiv.

- F. Volk, Detonation Products as a Function of Initiation Strength, ambient gas and binder systems of explosives charges, *Propellants Explos. Pyrotech.* **1996**, *21*, 155–159.
- N. R. Greiner, D. S. Phillips, J. D. Johnson, F. Volk, Diamonds in detonation soot, *Nature* **1988**, *333*, 440–442.
- F. Volk, H. Bathelt, Application of the Virial Equation of State in Calculating Interior Ballistic Quantities, *Propellants Explos.* **1976**, *1*, 7–14.
- Eintrag in der Deutschen Nationalbibliothek: http://d-nb.info/gnd/105874256.

VX

ethyl ({2-[bis(propan-2-yl)amino]ethyl}sulfanyl)(methyl)phosphinate, EA 1701

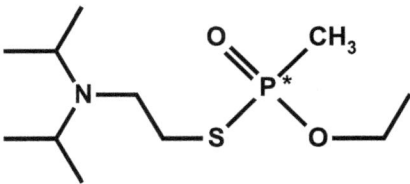

(RS)-O-Ethyl-S-2-diisopropylamino-ethylmethylphosphonothiolat, TX 60

Formel		$C_{11}H_{26}NO_2PS$
CAS		[50782-69-9]
m_r	$g\,mol^{-1}$	267,367
ρ	$g\,cm^{-3}$	1,008
Smp	°C	−51
Sdp	°C	298
Λ	Gew.-%	−224,40
LCt_{50}	ppm	36
ICt50	$ppm\,min^{-1}$	5

VX ist eine farb- und geruchlose, ölige Flüssigkeit. VX besitzt im Vergleich zu anderen Nervenkampfstoffen (z. B. G-Stoffe) die höchste Perkutantoxizität.

- S. Franke, *Lehrbuch der Militärchemie, Band 1*, Militärverlag der Deutschen Demokratischen Republik, 2. Auflage, Leipzig, **1977**, 438–445.

W

Wasserstoffperoxid

hydrogen peroxide

Perhydrol, Wasserstoffsuperoxid, T-Stoff

Aspekt		Farblose-gelbliche an Luft rauchende Flüssigkeit
Formel		H_2O_2
GHS		03, 05, 07
H-Sätze		271-302-314-332-335-412
P-Sätze		280-305+351+338-310
UN		2014
EINECS		231-765-0
CAS		[7722-84-1]
m_r	$g\,mol^{-1}$	34,015
ρ	$g\,cm^{-3}$	1,447 (100 % bei 20 °C)
	$g\,cm^{-3}$	1,4709 (100 % bei 0 °C)
$\Delta_f H$	$kJ\,mol^{-1}$	−187,78
Λ	Gew.-%	+47,04
c_p	$J\,K^{-1}\,mol^{-1}$	89,319
T_p	°C	0,42 bei 34,7 Pa
Smp	°C	−0,43
Sdp	°C	150
$\Delta_m H$	$kJ\,mol^{-1}$	12,50
$\Delta_v H$	$kJ\,mol^{-1}$	44,86 bei 160 °C

Hochkonzentriertes H_2O_2 wurde in den 1930er-Jahren als Monoergol bzw. Katergol verwendet, d. h. seine exotherme Zersetzung gemäß nachstehender Gleichung wurde durch Überleiten von H_2O_2 über eine Calciumpermanganatpaste erreicht.

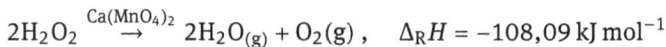

$$2H_2O_2 \xrightarrow{Ca(MnO_4)_2} 2H_2O_{(g)} + O_2(g)\,, \quad \Delta_R H = -108,09\,kJ\,mol^{-1}$$

Hochprozentiges (> 85 Gew.-%) H_2O_2 kann weiterhin als Oxidator in Raketentreibstoffen zusammen mit anderen Brennstoffen z. T. auch als *Hypergol* verwendet werden.

- Dadieu, R. Damm, E. W. Schmidt, *Raketentreibstoffe*, Springer Verlag, Wien, **1968**, 385–404; 668–674.

https://doi.org/10.1515/9783110559651-022

Wolfram

tungsten

Aspekt		silberfarben
Formel		W
GHS		02
H-Sätze		H228
P-Sätze		P210-P240-P241-P280-P370+P378a
UN		3089
EINECS		231-143-9
CAS		[7440-33-7]
m_r	g mol^{-1}	183,84
ρ	g cm^{-3}	19,300
Smp	°C	3407
Sdp	°C	5658
c_p	J mol^{-1} K^{-1}	24,30
$\Delta_m H$	kJ mol^{-1}	35,40
$\Delta_v H$	kJ g^{-1}	806,8
c_L	m s^{-1}	5320
Λ	Gew.-%	−17,40
$\Delta_c H(O_2)$	kJ mol-1	−843
$\Delta_c H(F_2)$	kJ mol-1	−1721

Wolfram ist ein ungiftiges Schwermetall. Es wird als Brennstoff in Verzögerungssätzen verwendet (siehe *Bariumchromat*). In Legierungen mit Cobalt dient es in Form gepresster Metallpulverkörper für *DIME*(Dense Inert Metal Explosives)-Ladungen mit Nahbereichswirkung. Wolframcarbid, WC, [12070-12-1], $\rho = 15,70$ g cm^{-3} wird für KE-Penetratoren von Treibkäfiggeschossen verwendet.

Wolframtrioxid

tungsten trioxide

Aspekt		zitronengelbes Pulver
Formel		WO_3
GHS		07
H-Sätze		H302-H315-H319-H335
P-Sätze		P261-P302+P352-P305+P351+P338-P321-P405-P501a
EINECS		215-231-4
CAS		[1314-35-8]
m_r	g mol^{-1}	231,85
ρ	g cm^{-3}	7,16
Smp	°C	1473
Sdp	°C	1800
c_p	J mol^{-1} K^{-1}	72,8

$\Delta_m H$	kJ mol^{-1}	73,4
Λ	Gew.-%	+6,90
$\Delta_f H$	kJ mol^{-1}	−842,9

WO_3 findet Anwendung als Oxidationsmittel in Thermit- und Nanothermitmischungen.

WTD 91

Die Wehrtechnische Dienststelle für Waffen und Munition WTD 91 ist das Technologiezentrum für die Bereiche Waffen und Munition der Bundeswehr. Die WTD 91 ist mit einer Fläche von 200 Quadratkilometern der größte instrumentierte Schießplatz Westeuropas. Historisch geht die Dienststelle aus dem 1876 von der Krupp AG eingerichteten Schießplatz hervor. Die größte heute mögliche Schussweite beträgt 28 km. Die Dienststelle beschäftigt ca. 1000 Personen und ist in neben dem Stab und zwei Servicebereichen in die Geschäftsbereiche Messtechnik, Explosivstoffe, Waffen, Munition, Flugkörper und Schutz, sowie Aufklärung, Simulation und Sensorik gegliedert.

- Weblink: https://www.baainbw.de/portal/a/baain/start/diensts/wtd91/!ut/p/z1/04_Sj9CPyks

Wunderkerzen
sparklers

Wunderkerzen sind Stahldrähte, auf die im Tauchverfahren eine pyrotechnische Wirkmasse aufgetragen wurde. Eine typische Zusammensetzung ist:
- 54,0 Gew.-% Bariumnitrat
- 9,0 Gew.-% Dextrin
- 28,0 Gew.-% Stahlpulver
- 7,0 Gew.-% schwarzes Aluminiumpulver
- 0,5 Gew.-% Holzkohle
- 1,5 Gew.-% Calciumcarbonat

Die Dichte beträgt etwa $\rho = 1,66 \, g \, cm^{-3}$. Die Zersetzung in der DSC beginnt bei $T = 216 \, °C$ und die Grenzschlagenergie mit dem *BAM-Fallhammer* beträgt 15 J.

Da die Zusammensetzung sauerstoffunterbilanziert ist, verbrennen nach dem Anzünden nur das Dextrin und das feine Aluminium direkt in der kondensierten Phase, während der Großteil des Stahls auf Zündtemperatur erhitzt, glühend aus der Reaktionszone herausgeschleudert wird, um dann mit dem Luftsauerstoff unter charakteristischer Funkenentwicklung abzubrennen. Beim Abbrand von Wunderkerzen werden Stickstoffmonoxid, NO, flüchtige Eisennitrosylverbindungen, $(Fe(NO)_x)$, sowie bariumhaltige Stäube, ($BaCO_3$, BaO), gebildet. Aufgrund der Toxizität dieser Stoffe sollten Wunderkerzen daher nicht in geschlossenen Räumen verwendet werden.

- C. Martin, T. deVries, Chemie der Wunderkerze – ein Thema nicht nur zur Weihnachtszeit, *Chemkon* **2004**, *11*, 13–20.

X

Xenondifluorid
xenon difluoride

Formel		XeF_2
GHS		03, 05, 06
H-Sätze		272-301-330-314
P-Sätze		221-301+310-303-361+353-304+340-305+351+338-320-330-405-591a
EINECS		237-251-2
CAS		[13709-36-9]
m_r	$g\,mol^{-1}$	169,287
ρ	$g\,cm^{-3}$	4,32
Smp	°C	127–129
Sub	°C	114
c_p	$J\,mol^{-1}\,K^{-1}$	
$\Delta_{sub}H$	$kJ\,mol^{-1}$	51,46
Φ	Gew.-%	22,45
	$g\,cm^{-3}$	0,97
$\Delta_f H$	$kJ\,mol^{-1}$	−128 bis −173

Das farblose, stark lichtbrechende XeF_2 ist eine kommerziell verfügbare Edelgasverbindung. XeF_2 ist bei Raumtemperatur stabil, löst sich in Wasser ($25\,g\,l^{-1}$) und zersetzt sich nur langsam in Lösung zu HF, Xe und O_2. Neben der hauptsächlichen Verwendung als Fluorierungsmittel in der Synthese ist XeF_2 bereits 1968 nach seiner Entdeckung als potentieller Oxidator in Raketenantrieben diskutiert worden. 2008 wurde erstmals über den tatsächlichen Einsatz von XeF_2 als Oxidator in einem pyrotechnischen Satz zusammmen mit Magnesium berichtet.

- E.-C. Koch, V. Weiser, E. Roth, S. Kelzenberg, Magnesium / Xenon difluoride (MAX) – A New High Energy Density Material, *39th International Annual Conference of ICT*, 24–27 June, Karlsruhe, **2008**, 127.1–127.4.

Xylokoll®

Xylokoll® ist der ehemalige Markenname der Nitrochemie Aschau für eine pulverförmige und rieselfähige, stabilisierte Nitrozellulose mit niedrigem Stickstoffgehalt. Im Gegensatz zu NC mit höheren Stickstoffgehalten, die beim Anzünden augenblicklich verpufft, verbrennt Xylokoll® langsam und mit gleichmäßiger Flamme. Xylokoll® wird im Bühnenfeuerwerk und als Flammenexpander in militärischen Leuchtsätzen verwendet.

- J. Wraige, *Energetic Compositions*, WO9730954, **1997**, UK.
- E. Lohmann, *Pyrotechnischer Satz zur Erzeugung von Lichtblitzen*, DE3402546A1, **1985**, Deutschland.

https://doi.org/10.1515/9783110559651-023

Y

Ytterbium
ytterbium

Aspekt		silberfarben
Formel		Yb
GHS		02
H-Sätze		H261-H228
P-Sätze		P210-P231+P232-P370+P378b-P402+P404
UN		3208
EINECS		231-173-2
CAS		[7440-64-4]
m_r	g mol^{-1}	173,04
ρ	g cm^{-3}	6,965
Smp	°C	824
Sdp	°C	1192
c_p	J mol^{-1} K^{-1}	26,74
$\Delta_m H$	kJ mol^{-1}	7,66
$\Delta_v H$	kJ g^{-1}	128,83
c_L	m s^{-1}	1820
$\Delta_c H$	kJ mol^{-1}	−907,25
	kJ g^{-1}	−5,243
	kJ cm^{-3}	−36,518
Λ	Gew.-%	−13,87

Atomisiertes Yb (< 40 μm) oxidiert an feuchter Luft deutlich langsamer als Mg-Pulver vergleichbarer Größe und unterscheidet sich damit von vielen anderen Seltenerdmetallen (z. B. Ce, La, Eu, Sm), die teilweise innerhalb weniger Tage vollständig zu Oxiden und Hydroxiden zerfallen. Ytterbium erfüllt das Glassman-Kriterium und brennt daher in Sauerstoff sowie mit Halogenen mit einer durch die Chemilumineszenz von YbO bzw. YbF und YbCl bedingten grün gefärbten, stark leuchtenden Diffusionsflamme. Ytterbiumhaltige Flammen besitzen ein größeres Emissionsvermögen im infraroten Spektralbereich als Mg-Flammen.

- E.-C. Koch, V. Weiser, E. Roth, S. Kelzenberg, Consideration of some 4*f*-Metals as New Flare Fuels: Europium, Samarium, Thulium and Ytterbium, *ICT-Jata*, Karlsruhe, **2011**, V1.
- E.-C. Koch, V. Weiser, E. Roth, S. Knapp, S. Kelzenberg, Combustion of Ytterbium Metal, *Propellants Explos. Pyrotech.* **2012**, *37*, 9–11.
- E.-C. Koch, A. Hahma, Metal-Fluorocarbon-Pyrolants. XIV High Density-High Performance Decoy Flare Compositions Based on Ytterbium/Polytetrafluorethylene/Viton®, *Z. Anorg. Allg. Chem.* **2012**, *638*, 721–724.
- E.-C. Koch, V. Weiser, E. Roth, S. Knapp, J. van Lingen, J. Moorhoff, Metal-Fluorocarbon Pyrolants. XV: Combustion of Two Ytterbium-Halocarbon Formulations, *J. Pyrotech.* **2012**, *31*, 3–9.

https://doi.org/10.1515/9783110559651-024

Z

E-Zimtsäure

cinnamic acid, CA

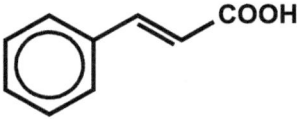

Formel		$C_9H_8O_2$
GHS		07
H-Sätze		H319
P-Sätze		P305+P351-P338
EINECS		205-398-1
CAS		[140-10-3]
m_r	$g\,mol^{-1}$	148,16
$\rho_{25\,°C}$	$g\,cm^{-3}$	1,25
Smp	°C	133–136
Sub	°C	300
$\Delta_f H$	$kJ\,mol^{-1}$	−315
$\Delta_c H$	$kJ\,mol^{-1}$	−4370,0
	$kJ\,g^{-1}$	−29,495
	$kJ\,cm^{-3}$	−36,869
Λ	Gew.-%	−215,97
c_p	$J\,K^{-1}\,mol^{-1}$	197,5

Zimtsäure dient als Aerosol in Trainingsnebeln. Diese sind ursprünglich in Großbritannien entstanden. Tab. Z.1 zeigt die Zusammensetzung der Formulierungen *PN 868* und *PN 907* und veröffentlichte Leistungsdaten.

Zimtsäurenebel zeigen in Tierversuchen und sogar Untersuchungen an freiwilligen männlichen Probanden bislang keine Hinweise auf nachhaltige pathologische Effekte.

Tab. Z.1: Zusammensetzung und Leistung von Trainingsnebeln mit Zimtsäure.

	PN 868	PN 907
Lactosemonohydrat (Gew.-%)	32,5	26 ± 1,0
Kaliumchlorat (Gew.-%)	32,5	26 ± 1,0
(*E*)-Zimtsäure (Gew.-%)	20,0	33 ± 1,0
Kaolin (Gew.-%)	15,0	15 ± 0,5
α_{VIS} @ 22 °C, 50 %RH	–	3,0
$\alpha_{3-5\,\mu m}$ @ 20 °C, 50 %RH	–	0,080
u (mm s^{-1})	–	0,39
A_N @ 20 °C, 50 % RH	–	0,82

https://doi.org/10.1515/9783110559651-025

- K. J. Smit, P. Berry, A. Lee, N. Potticaryand L. Redman, Pyrotechnic composition effects on cinnamic acid smoke obscuration in the infrared and visible regions, *IPS*, **2001**, Adelaide, Australia, 631–636.
- T. C. Marrs, H. F. Colgrave, J. A. G. Edginton, N. L. Cross, Repeated Dose Inhalation Toxicity of Cinnamic Acid Smoke, *J. Hazard. Mater.* **1989**, *21*, 1–13.

Zink

zinc

Aspekt		Graugrünlich(als feines Pulver)
Formel		Zn
GHS		02, 09
H-Sätze		H250-H251-H261-H400-H410
P-Sätze		P210-P222-P231+P232-P280-P422a-P501a
UN		1436
EINECS		231-175-3
CAS		[7440-66-6]
m_r	$g\,mol^{-1}$	65,37
ρ	$g\,cm^{-3}$	7,140
Smp	°C	419,6
Sdp	°C	907
c_p	$J\,mol^{-1}\,K^{-1}$	26,74
$\Delta_m H$	$kJ\,mol^{-1}$	6,67
$\Delta_v H$	$kJ\,g^{-1}$	114,2
c_L	$m\,s^{-1}$	3700
$\Delta_c H$	$kJ\,mol^{-1}$	−350,5
	$kJ\,g^{-1}$	−5,362
	$kJ\,cm^{-3}$	−38,283
Λ	Gew.-%	−24,47

Zn erscheint in pulverisierter Form dunkelgrau-grün. An der Luft erhitzt, verbrennt es mit bläulich-weißer Flamme und unter Bildung von dichtem weißem Rauch. Aufgrund der hohen Reaktivität von Zink mit Feuchtigkeit und Salzen findet es heute praktisch keine Verwendung mehr in kommerziellen Feuerwerksapplikationen. Schmied (1968) hat Zink als alleinigen Brennstoff in einem Leuchtsatz auf Basis Ba(NO$_3$)$_2$ untersucht. Brown (1994) hat das Abbrandverhalten verschiedener binärer Zink-/Oxidationsmittel(PbO$_2$, Pb$_3$O$_4$, PbO, SrO$_2$, BaO$_2$, KMnO$_4$-Mischungen untersucht. Wenngleich heute ohne Bedeutung im Feuerwerk, spielt Zink als Brennstoff in militärischen Nebelmitteln auf Basis von Organochlorverbindungen weiterhin eine wichtige Rolle in einigen Staaten (siehe *Berger-Mischung*).

- M. J. Tribelhorn, D. S. Venables, M. G. Blenkinsop, M. E. Brown, Comparison of Iron and Zinc as Pyrotechnic Fuels, *NIXT'94*, Pretoria, **1994**, 180–190,
- I. Schmied, Licht- und Farbintensitäten pyrotechnischer Sätze durch Variation der Metallkomponente, *14. Arbeitstagung Wehrtechnik- Chemie und Physik der Explosivstoffe*, Mannheim, **1968**.

Zinkperoxid
zinc peroxide

Formel		ZnO$_2$
GHS		03, 07
H-Sätze		H272-H332-H315-H319-H335
P-Sätze		P210-P221-P302+P352-P305+P351+P338-Ü405- P501a
UN		1516
EINECS		215-226-7
CAS		[1314-22-3]
m_r	g mol^{-1}	97,39
$\rho_{25\,°C}$	g cm^{-3}	5,5
Smp	°C	246 (Z)
$\Delta_f H$	kJ mol^{-1}	−300
Λ	Gew.-%	+16,43

Zinkperoxid wird als alternatives Oxidationsmittel in Glimmspursätzen und Anzündelementen eingesetzt, wo es die toxischen Schwermetalle Barium, Blei und Quecksil-
ber ersetzt.

- R. Hagel, K. Redecker, *Verwendung von Zinkperoxid in sprengstoffhaltigen oder pyrotechni-schen Gemischen*, DE2952069C2, **1980**, Deutschland.
- R. Hagel, K. Redecker, *Blei- und bariumfreie Anzündsätze*, WO 97/1639, **1996** Deutschland.
- L. Guindon, C. Jalbert, D. Lepage, *Non-toxic, heavy metal-free zinc peroxide-containing IR tracer compositions and IR tracer projectiles containing same generating a dim visability IR trace*, EP2360134A2, **2011**, USA.

Zirconium
zirconium

Aspekt		silberfarben
Formel		Zr
GHS		02
H-Sätze		H250-H260-H252
P-Sätze		P210-P222-P231+P232-P280-P422a-P501a
UN		2008
EINECS		231-176-9
CAS		[7440-67-7]
m_r	g mol^{-1}	91,22
ρ	g cm^{-3}	6,506
Smp	°C	1857
Sdp	°C	4200
c_p	J mol^{-1} K^{-1}	25,20
$\Delta_m H$	kJ mol^{-1}	20,92
$\Delta_v H$	kJ g^{-1}	561,3
c_L	m s^{-1}	4360

$\Delta_c H$	kJ mol^{-1}	−1097,5
	kJ g^{-1}	−12.031
	kJ cm^{-3}	−78,276
Λ	Gew.-%	−35,08

Zr ist ein graues Pulver, das in Blaine-Partikelgrößen im einstelligen μm-Bereich verwendet wird. Zr-Pulver ist sehr empfindlich gegenüber elektrostatischer Entladung, wobei die Empfindlichkeit mit zunehmender Partikelgröße und zunehmendem Wasserstoffgehalt abnimmt. Das Abbrandverhalten von Zr-Pulver wird als Brennzeit für eine Strecke von 50 cm angegeben (sogenannter Rinnenwert). Der Rinnenwert nimmt ebenfalls mit Wasserstoffgehalt und Korngröße zu, d. h. die Abbrandgeschwindigkeit nimmt ab. Tab Z.2 zeigt typische Zirconiumpulver des wichtigen Herstellers Rockwood Lithium (vormals Chemetall davor Degussa) und wichtige Eigenschaften. Zr entzündet sich an Luft ab 180 °C und verbrennt dann mit gleißend weißem Licht. Aufgrund des hohen Preises ist Zr kaum im Feuerwerksbereich anzutreffen. Hingegen ist es in der militärischen Pyrotechnik aufgrund seiner überragenden kalorischen Eigenschaften, seiner leichten Entzündbarkeit und seiner hohen Beständigkeit gegen Feuchtigkeit und Sauerstoff seit seiner Einführung durch *Feistel* in den 1930er-Jahren weit verbreitet.

Tab. Z.2: Zr-Pulver und deren Eigenschaften.

Name	H-Gehalt (Gew.-%)	ESD (μJ)	T_z (°C)	Rinnenwert (50 cm s^{-1})	Partikelgröße (μm)	∅-Partikelgröße nach Blaine (μm)
Zr CA	< 0,2	1,8	180 ± 20	13 ± 5	< 45 μm, > 99,9 %	2,0 ± 0,3
Zr FA	0,3 ± 0,05	3,2	200 ± 30	65 ± 20	< 45 μm, > 99,9 %	2,3 ± 0,5
Zr GA	< 0,25	18	240 ± 25	70 ± 20	< 45 μm, > 99,9 %	5,5 ± 1,0
Zr GH	0,8 ± 0,2	56	265 ± 50	460 ± 75	< 45 μm, > 99,9 %	5,5 ± 1,0

http://www.albemarle-lithium.com/fileadmin/media/Global/Documents/PDF-documents/
Rockwood-Lithium-Overview-Zirconium-Products-January-2013.pdf, 25.03.2019

Legierungen des Zr mit Nickel sind kostengünstiger und aufgrund der höheren Sprödigkeit im Vergleich zu Zr besser zu pulverisieren und werden daher ebenfalls intensiv in Verzögerungssätzen verwendet. Eine Vielzahl pyrotechnisch wichtiger Phasendiagramme mit Zr enthält die Monographie von Ondik (1998). Kubota (1996) hat das Abbrandverhalten von Zr/KNO$_3$-Mischungen untersucht. Rao (1995) hat das Abbrandverhalten von Zr/NaNO$_3$-Mischungen untersucht. Über das Anzündverhalten von Zr/BaCrO$_4$ berichtete Kuwahara (2002). Nach Koch (2000) wird Zr als energetischer Zusatz in IR-Tarnnebelsätzen auf Basis von rotem Phosphor verwendet, da das in Nebenreaktionen entstehende ZrP selbst gegenüber Säuren hydrolysebeständig ist und kein Phosphan bildet.

- T. Kuwahara, C. Tohara, Ignition Characteristics of Zr/BaCrO₄ Pyrolant, *Propellants Explos. Pyrotech.* **2002**, *27*, 284–289.
- E.-C. Koch, A. Dochnahl, *Pyrotechnische Wirkmasse zur Erzeugung eines im Infraroten stark emissiven und im Visuellen undurchdringlichen Aerosols*, DE 19914097, **2000**, Deutschland.
- H. M. Ondik, H. F. McMurdie, *Phase Diagrams for Zirconium and Zirconia Systems*, NIST, **1998**, USA.
- N. Kubota, K. Miyata, Combustion of Ti and Zr Particles with KNO₃, *Propellants Explos. Pyrotech.* **1996**, *21*, 29–35.
- R. B. Rao, P. N. Rao, H. Singh, H. A Combustion Study of Metal Powders in Contact with Sodium Nitrate, *Combust. Sci. and Tech.* **1995**, *110–111*, 185–195.

Zirconiumhydrid

zirconium hydride

Zirkonwasserstoff		
Formel		ZrH₂
GHS		02, 07
H-Sätze		H228-H315-H319-H335
P-Sätze		P210-P241-P302+P352-P305+P351+P338-P405-P501a
UN		1437
EINECS		231-727-3
CAS		[7704-99-6]
m_r	g mol⁻¹	93,236
$\rho_{25°C}$	g cm⁻³	5,61
Smp	°C	180 (Z)
$\Delta_f H$	kJ mol⁻¹	−169
$\Delta_c H$	kJ mol⁻¹	−1217
	kJ g⁻¹	−13,053
	kJ cm⁻³	−73,227
Λ	Gew.-%	−51,48

ZrH₂ wird in bestimmten Anzündsätzen und anderen Anwendungen die sehr unempfindlich gegenüber akzidenteller Auslösung sein müssen verwendet. Tab. Z.3 zeigt typische ZrH₂-Pulver und deren Eigenschaften.

- R. N. Broad, Replacement of First Fire Composition in M127A1 Ground Illumination Signal, Technical Report ARWEC-TR-97002, Picatinny Arsenal, New Jersey, Dezember **1997**, 23 S.

Tab. Z.3: ZrH₂-Pulver und deren Eigenschaften.

Name	H-Gehalt (Gew.-%)	ESD (µJ)	T_z (°C)	Rinnenwert (50 cm s⁻¹)	Partikelgröße (µm)	⌀-Partikelgröße nach Blaine (µm)
ZrH₂-F	>1,4	56		350 ± 60	< 45 µm, >99,9%	2,3 ± 0,5
ZrH₂-S	>1,9	3200	250 ± 50	600 ± 150	< 45 µm, >99,9%	2,6 ± 0,6
ZrH₂-G	>1,9	5600	255 ± 55	1300 ± 600	< 45 µm, >99,9%	5,5 ± 1,0

http://www.albemarle-lithium.com/fileadmin/media/Global/Documents/PDF-documents/Rockwood-Lithium-Overview-Zirconium-Products-January-2013.pdf, 25.03.2019

Zirconium-Nickel-Legierungen
zirconium nickel alloy

Zirconium bildet etwa acht Phasen mit Nickel mit Zusammensetzungen von $NiZr_2$ bis Ni_5Zr (Abb. Z.1). Die Phasen mit einem Gehalt von 30 % Nickel ($NiZr_2$), 50 % Nickel (NiZr) und 70 % Nickel (Ni_7Zr_2) werden gezielt industriell zum Einsatz in der Pyrotechnik hergestellt (Tab. Z.4). Die im Vergleich zu Zr höhere Sprödigkeit von ZrNi-Legierungen erleichtert die Zerkleinerung und die Herstellung feiner Pulver.

- I. Zaitseva, N. E. Zaitsevaa, E. Kh. Shakhpazova, A. A. Kodentsov, Thermodynamic properties and phase equilibria in the nickel-zirconium system. The liquid to amorphous state transition, *Phys. Chem. Chem. Phys.* **2002**, *4*, 6047–6058.
- H. Ellern. *Military and Civilian Pyrotechnics*, Chemical Publishing Company, New York, NY, **1968**, S. 384.

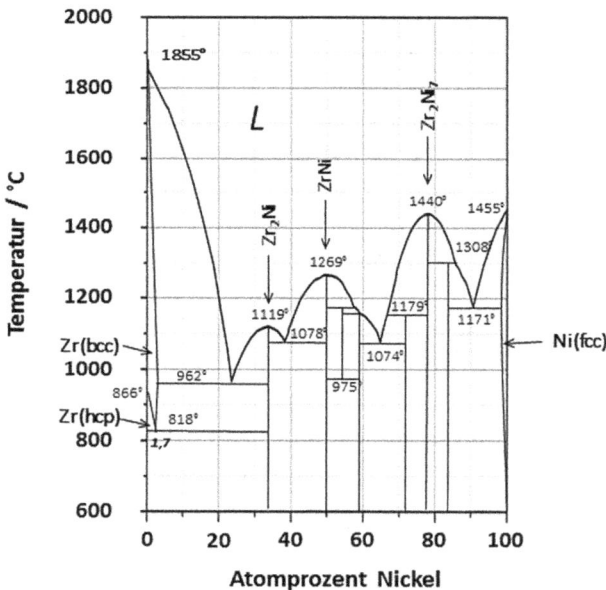

Abb. Z.1: Phasendiagramm Zr-Ni nach Zaitseva et al. (2002).

Tab. Z.4: ZrNi-Pulver und deren Eigenschaften.

Name Zr/Ni	H-Gehalt (Gew.-%)	ESD (µJ)	T_Z (°C)	Rinnenwert (50 cm s^{-1})	Partikelgröße (µm)	⌀-Partikelgröße nach Blaine (µm)
70/30 A		0,1	> 225	200 ± 75	< 45 µm, > 99,9 %	4 ± 2
70/30 B	< 1,5	18	> 225	1400 ± 600	< 45 µm, > 99,9 %	4 ± 2
70/30 C		–		1400 ± 500	< 45 µm, > 99,9 %	4 ± 2
30/70 A		3,3	> 240	575 ± 200	< 45 µm, > 99,9 %	5 ± 2
30/70 C				800 ± 400	< 45 µm, > 99,9 %	5 ± 2

http://www.albemarle-lithium.com/fileadmin/media/Global/Documents/PDF-documents/Rockwood-Lithium-Overview-Zirconium-Products-January-2013.pdf, 25.03.2019

Zündmittel
initiator

Zündmittel sind meist mit Initialsprengstoffen geladene Gegenstände, die zum Einleiten, Übertragen oder Verstärken einer Detonation bestimmt sind. Es wird zwischen primären und sekundären Zündmitteln unterschieden. Primäre Zündmittel werden meist auch Detonatoren genannt. Es gibt Anstich-, Schlag-, Flammen- und elektrische Detonatoren. Flammendetonatoren werden wegen ihres Aufbaus auch oft zu den sekundären Zündmitteln gezählt. Zu dieser Gruppe zählen weiterhin Zündverstärker, Zündübertrager und Sprengschnüre.

Zylindertest
cylinder test

Der Zylindertest ist ein Prüfverfahren, mit dem das relative Arbeitsvermögen eines Explosivstoffs bewertet werden kann. Dazu wird der zu prüfende Explosivstoff in einem Kupferrohr mit 0,5 Inch (12,7 mm) Innenradius (r_i) laboriert. Bei der Detonation des Explosivstoffs wird das Kupferrohr lateral beschleunigt, was mit Kurzzeitaufnahmen ausgewertet werden kann. Die Geschwindigkeit beim Zeitpunkt des Expansionsverhältnisses des Außenradius ($r_a - r_{a0}$ = 19 mm) wird als Maß für die Arbeitsenergie herangezogen, E_{19} [kJ cm^{-3}].

- M. Sućeska, *Test Methods for Explosives*, Springer, **1995**, 188–191.
- B. E. Fuchs, Picatinny Arsenal Cylinder Expansion Test and a Mathematical Examination of the Expanding Cylinder, *ARAED-TR-95014*, Picatinny Arsenal, October **1995**, Dover, NJ, 31 S.

Tabellenteil

Kunststoff-gebundene Sprengstoffmischungen (PBX), pressbar

Explosiv-stoff	CL-20 (Gew.-%)	HMX (Gew.-%)	RDX (Gew.-%)	TATB (Gew.-%)	ADNBF (Gew.-%)	DATB (Gew.-%)	Al (Gew.-%)	Bindemittel (Gew.-%)	P_{CJ} (GPa)	V_D (m s^{-1})	$\varnothing_{cr}$ (mm)
PBXN-1			68				20	12 Nylon			
PBXN-2		95						5 Nylon			
PBXN-3			86					14 Nylon			
PBXN-4						94		6 Nylon		7200 @ 1,70	
PBXN-5		95						5 VitonA	27 @ 1,86	8820 @ 1,86	
PBXN-6			95					5 Viton		8440 @ 1,77	
PBXN-7			35	60				5 Viton		7690	
PBXN-8			98 *)					1 Cellulose 1 Stearin			
PBXN-9		92						2 Hytemp 6 DOA	31,0 @ 1,73	8490 @ 1,73	
PBXN-10			94,00					1,5 Hytemp 4,5 DOA		8250 @ 1,69	
PBXN-11		96						1 Hytemp 3 DOA	35,4 @ 1,80	8820 @ 1,80	
PBXN-12 (PBXIH-18)		64,4					30	1,4 Hytemp 4,2 DOA			
PBXC-18		35			55			10 Viton	28,8		
PBXC-19	95							5 EVA	34,5 @ 1,896	9083 @ 1,896	
PBXW-7			35	60				5 PTFE		7600 @ 1,747	<6,4 @ 1,84
PBXW-14		50 $)	45					5 Viton		7540 @ 1,7 98	<3,175
PBXW-16	x							x DOS/ Hytemp			

*) 50 % RDX Class 5, 50 % RDX Class 7;
$) 37,5 Class 1, 12,5 Class 5

https://doi.org/10.1515/9783110559651-026

Kunststoffgebundene Sprengstoffmischungen (PBX), gießbar

Explosiv-stoff	CL-20 (Gew.-%)	HMX (Gew.-%)	RDX (Gew.-%)	NTO (Gew.-%)	Al (Gew.-%)	AP (Gew.-%)	Bindemittel (Gew.-%)	P_{CJ} (GPa)	V_D (m s^{-1})	$\varnothing_{cr}$ (mm)
PBXN-101		82					Polystyrol			
PBXN-102		59			23					
PBXN-103					27	40	33 NC		5400	
PBXN-104		70					30			
PBXN-105			7		25,8	49,8			5180	60–90 @ 1,90
PBXN-106			75				25 PEG/BDNPA/F		7840	3 @ 1,65
PBXN-107			86						8120 @ 1,65	
PBXN-108			82–85						8004 @ 1,54	
PBXN-109			64		20		16 HTPB		7500 @ 1,65	5–7 @ 1,66
PBXN-110		88					HTPB, IDP		8330 @ 1,672	5–7 @ 1,67
PBXN-111			20		25	43	HTPB		5597 @ 1,79	80 @ 1,79
PBXN-112		89					11 Laurylmethacrylat			
PBXN-113		45			35		HTPB		6980 @ 1,71	9,5 @ 1,71
PBXC-117			71		17		4,7 EHA, 3,4 DOM		7923 @ 1,752	
PBXC-119		82					18?	27,4 @ 1,635	8075 1,635	
PBXC-121		83					12,5 Laurylmeth-acrylat, 4 DOA		8230 @ 1,62	
PBXC-125			82				16,6 Formrez YA 23-4,1,4LDIM-100		7900 @ 1,6	
PBXC-126		79					8,4 GAP, 8,0 TMETN, 2,5 TEGDN	32,1 @ 1,74	8360 @ 1,74	

Kunststoffgebundene Sprengstoffmischungen (PBX), gießbar (Fortsetzung)

Explosiv-stoff	CL-20 (Gew.-%)	HMX (Gew.-%)	RDX (Gew.-%)	NTO (Gew.-%)	Al (Gew.-%)	AP (Gew.-%)	Bindemittel (Gew.-%)	P_{CJ} (GPa)	V_D (m s^{-1})	$\varnothing_{cr}$ (mm)
PBXIH-134		x					Binder			<12,7
PBXIH-136		x	x	x	x	x	TMETN, Polycaprolacton			
PBXIH-137			82				Binder			
PBXW-107			64		20		18,55 BDNPA/F, 4,5 PEG, 1,95 Rest		7780	<0,925
PBXW-114		78			10		5,37 HTPB, 5,37 IDP, Sonstige		8230 @ 1,72	6,1 @ 1.74
PBXW-119		80					13 FEFO, % Sonstige	33,9 @ 1,82	8300 @ 1,82	
PBXW-120		80					15 FEFO, 5 FPF	34 @ 1,82	8500 @ 1,82	
PBXW-121			10	63	15		12 HTPB			90
PBXW-122			5	47	15	20	7 IDP, Rest HTPB			>127
PBXW-123					30,2	44,8	18,8 TMETN, 6,2 PCL		5500@1,92	180
PBXW-124			20	27	20	20	7 IDP, Rest HTPB			
PBXW-125			20	22	18	20	6,5 IDP, Rest HTPB			
PBXW-126			20	22	26	20	6,5 IDP, rest HTPB	16	6470 @ 1,80	
PBXW-127					33	50	BTTN, PEG			
PBXW-128		77					11 IDP, 11 HTPB		7973 @ 1,48	<4,7
PBXW-129					38	49	6,5 TMETN, 6,5 PCL			
PBXW-131	88						HTPB		8652	
PBXW-132						?				

Kunststoffgebundene Sprengstoffmischungen (PBX), extrudierbar

Explosiv-stoff	PETN (Gew.-%)	RDX (Gew.-%)	Bindemittel (Gew.-%)	P_{CJ} (GPa)	V_D (m s^{-1})	$\varnothing_{cr}$ (mm)
PBXN-201		83	12 Viton/5 PTFE			
PBXN-202		91	9 EVA			
PBXN-301	80		20 Silikon			0,36

Literatur

- E. Anderson, Explosives in J. Carleone (Hrsg.) *Tactical Missile Warheads, Volume 155 Progress in Astronautics and Aeronautics*, AIAA-Press, Washington, **1993**, S. 81–163.
- G. Antic, V. Dzingalasevic, Characteristics of cast PBX with aluminium, *Sci. Tech. Rev.* **2006**, *56*, 52–58.
- R. Weinheimer, Properties of Selected Explosives, IPS, Grand Junction, **2000**, 649–661.
- H. S. Kim, B. S. Park, Characteristics of the Insensitive Pressed Plastic Bonded Explosive, DXD-59, *Propellants Explos. Pyrotech.* **1999**, *24*, 217–220.

Lawrence Livermore National Laboratory – Qualifizierte Formulierungen

LX	$\rho_{20°C}$ (g cm^{-3})	HMX	PETN	DATB	HNS	TATB	CL-20	Binder	P_{CJ} (GPa)	v_D (m s^{-1})	$\varnothing_{cr}$ (mm)
01								*			
02			73,5					17,6 BR; 6,9 ATEC, 2 Cabosil			
03		70		20				10 Viton			
04	1,865	85						15 Viton	34,5	8470	
07		90						10 Viton			
08	1,42		63,7					34,3 PDMS, 2 Carbosil	36,2	8640	
09	1,84	93						7 DNPA/ FEFO	37,7	8840	
10	1,864	94,5						5,5 Viton	38,6	8820	
11		95,5						4,5 Estane			
13			80					20 PDMS			
14	1,823	95,5						4,5 Estane	37,4	8800	
15					95			5 Kel-F			
16			96,5					3,5 FPC-461			
17	1,915					92,5		7,5 Kel-F		7600	6,6
18					99,5			0,5 Epoxy			
19	1,927						95,8	4,2 Estane			
20		74						20 PU/ 6 TMETN			

Literatur

- I. D. Tran, C. M. Tarver, J. Maienschein, P. Lewis, R. Pastrone, R. S. Lee, F. Roeske, Characterization of Detonation Wave Propagation in LX-17 Near the Critical Diameter, *Det. Symp.*, San Diego, 11.–16. August, **2002**, 684–692.

Deutsche kunststoffgebundene Sprengstoffmischungen

Explosiv-stoff	RDX (Gew.-%)	HMX (Gew.-%)	HNS (Gew.-%)	Al (Gew.-%)	AP	Bindemittel (Gew.-%)	EG (GPa)	V_D (m s^{-1})	E-Modul (N mm^{-2})	Anwendung
DXP-1380		92				Hytemp/DOA		8400 @ 1,75		
DXP-1340		96				Hytemp/DOA		8600 @ 1,78		
DXP-1460		94				Hytemp/DOA		1,80		
DXP-2340	96					Hytemp/DOA		8350 @ 1,70		
DXP-2380	92					Hytemp/DOA		8200 @ 1,68		
KS 11	85					HTPB				
KS 13	88					HTPB				
KS 22	67			18		HTPB		7350 @ 1,64	5	Unter Wasser
KS 32		85				HTPB			16	
KS 33		90				HTPB		1,71	30	
KS 51	X			X	X	HTPB				
KS 54c	28			18	40	HTPB				Unter Wasser
KS 56	32			22	32	HTPB				
KS 57/5	24			24	40	HTPB		5620 @ 1,84	2	Unter Wasser
KS 58	X			X	X	HTPB				Unter Wasser
KS 59	X			X	X	HTPB				Unter Wasser
KS 63			96			PU				
Rh 26	90 (i-RDX)					HTPB, IDP	2650	8150 @ 1,66	10,6	155 mm
Rh 29	70			20		HTPB		7900	13,5	155 mm

Literatur

- P. Wanninger, E. Rottenkolber, E. Kleinschmidt, Detonative Properties of Charges Containing Ammonium Perchlorate, *4e Congres International de Pyrotechnie*, La Grande Motte, France, 5–9 Juni **1989**, 55–59.
- M. Held, Steady Detonation Velocity D_∞ of Infinite Radius Derived from Small Samples, *Propellants Explos. Pyrotech.* **1992**, *17*, 275–277.
- K. P. Rudolf, Improved Insensitive Hytemp/DOA Bonded HMX and RDX Mixtures by Paste Process, *Insensitive Munitions Energetic Materials Technology Symposium*, Orlando, FL, USA, 10–13 March **2003**.
- P. Wanninger, Rh26 – An Insensitive Charge for Gun Ammunition, *36th International Annual Conference of ICT*, Karlsruhe, Deutschland, 28 Juni – 1 Juli **2005**, V-7.
- W. Arnold, Significant Parameters Influencing the Shock Sensitivity Part I and II, *36th International Annual Conference of ICT*, Karlsruhe, Deutschland, 28 Juni – 1 Juli **2005**, P-188.

Fraunhofer-ICT: Kunststoff-gebundene Sprengstoffmischungen (GAP)

Explosiv-stoff	RDX (Gew.-%)	CL-20 (Gew.-%)	Al (Gew.-%)	AP	Bindemittel (Gew.-%)	V_D (m s^{-1})	Gurney_E (m s^{-1})	Blasen-E (10^6 J kg^{-1})	E-Schlag (J)	E-Reibung (N)
GHX 78	67		15		GAP					
GHX 82	27		30 (5 µm)	25	GAP	6766 @ 1,91			2	20
GHX 83	62		20		GAP					
GHX 84	57		25		GAP					
GHX 85	52		30 (5 µm)		GAP	7653 @ 1,87		3,49	5	80
GHX 86	82				GAP			2,06		
GHX 87	42		40		GAP					
GHX 89	27		50		GAP					
GHX 99	47		30 (150 µm)		GAP			3,56		
GHX 100	47		30 (50 µm)		GAP			3,66		
GHX 101	47		30 (5 µm)		GAP			3,65		
GHX 106		27	30	25	GAP	6864 @ 1,95	2420		5	32
GHX 107		22	35	25	GAP	6560 @ 1,96	2215		7,5	36
GHX 116	27		25 (5 µm)	30 (200 µm)	GAP	6732 @ 1,88			3	24
GHX 117	27		25 (5 µm)	30 (15: 200 µm, 15: 5 µm)	GAP	7072 @ 1,87			4	30
GHX 118[*]	29		25 (5 µm)	35 (15: 200 µm, 20: 2,2 µm)	GAP				5	24
GHX 119[*]	29		25 (50 nm)	35 (15: 200 µm, 20: 2,2 µm)	GAP				2	16 (Explosion)
GHX 145										
GHX 147	75 (l-RDX)				GAP				20	324
GHX 148	75				GAP				15	324

[*] + 1 Gew.-% Graphit

Literatur

- T. Keicher, G. Langer, T. Rohe, A. Kretschmer, W. Ehrhardt, S. Kölle, A. Happ, Herstellung und Charakterisierung von Unterwassersprengstoffen, *30th International Annual Conference of ICT*, Karlsruhe, 29 Juni – 2 Juli **1999**, P-121.
- G. Langer, T. Keicher, W. Ehrhardt, A. Happ, A. Keßler, A. Kretschmer, The influence of particle size of AP and AL on the performance of underwater explosives, *34th International Annual Conference of ICT*, Karlsruhe, 24–27 Juni **2003**, V-12.
- M. A. Bohn, M. Herrmann, P. Gerber, L. Borne, Investigation of the change in thermal and shock sensitivity by ageing of RDX charges bonded by HTPB-IPDI and GAP-N100, *IMEMTS*, San Diego, USA, October **2013**.

Fraunhofer-ICT: Kunststoff-gebundene Sprengstoffmischungen (HTPB und andere)

Explosiv-stoff	RDX (Gew.-%)	NTO (Gew.-%)	HMX (Gew.-%)	NGu (Gew.-%)	Al (Gew.-%)	AP	Bindemittel (Gew.-%)	V_D (m s^{-1})	Gurney_E (m s^{-1})	Blasen-E (10^6 J kg^{-1})	E-Schlag (J)	E-Reibung (N)
HX-72	80 (10 µm)						HTPB	7750 @ 1,48				
HX-76	30			55			HTPB	7420 @ 1,55				
HXA-123	70				15		HTPB	7350 @ 1,62				
HXA-171	52				30		HTPB	7278 @ 1,67	2040		15	360
HXA-172	42				40		HTPB	6860 @ 1,72	1840		15	360
HXA-173	32				50		HTPB	6552 @ 1,77	1380		15	360
HXA-174	27				30	25	HTPB	5852 @ 1,70			10	192
HXA-177	67				15		HTPB	7580 @ 1,60	2760		10	360
HXA-178	42				15	25	HTPB	6617 @ 1,63	2230		20	120
HXA-179	27				30		Polynimmo	6325 @ 1,87	2230		7,5	36
HXA-180	52				30		Polynimmo	7487 @ 1,80	2550		10	120
HXA-181	42				15	25	Polynimmo	6916 @ 1,78	2970		7,5	40
HXA-182	67				15		Polynimmo	7815 @ 1,72	3030		7,5	144
HXA-192	64				20		HTPB	7100 @				
HXA-193	64				20		HTPB	6980 @				
HXA-194	64				20		HTPB					
HXA-195	64				20		HTPB					
HXA-196	64				20		HTPB					
HXA-197	64				20		HTPB					
HXA-201			64				HTPB					
HXA-202			64				HTPB					
HXA-213			64				HTPB	6800 @ 1,713				
HXA-224			64				HTPB					
HXA-244			X		X							
HX 310		25	42	10			HTPB	7750 @ 1,57				
PHX 31	85						Cariflex1107	7960 @ 1,57				
PHXA-81			65		25		PIB					
PHXA-82			60		30		PIB					

Literatur

- F. Volk, F. Schedlbauer, Detonation Products of Less Sensitive High Explosives formed under Different Pressures of Argon and in Vacuum, *9th International Detonation Symposium*, Portland, OR, **1989**, 962–971.
- S. Cumming, R. W. Torry, D. F. Debenham, B. J. Garaty, Insensitive High Explosives and Propellants – The United Kingdom Approach, Orlando, FL, *IMEMTS-1994*, **1994**, 348–356.
- P. Lamy, C. O. Leiber, A. S: Cumming, M. Zimmer, Air Senior National Representative Long Term Technology Project on Insensitive High Explosives)(IHEs) Studies of High Energy Insensitive High Explosives, *27th International Annual Conference of ICT*, Karlsruhe, 25–28 Juni **1996**, V-1.

Literaturverzeichnis

Monographien – Buchkapitel – Aufsätze

Allgemeines

T. M. Klapötke, *Chemistry of High Energy Materials*, 4. Aufl. DeGruyter, Berlin, **2018**, 380 S.

T. M. Klapötke, *Energetic Materials Encyclopedia*, DeGruyter, Berlin, **2018**, 505 S.

M. H. Keshavarz, T. M. Klapötke, *The Properties of Energetic Materials |Sensitivity, Physical and Thermodynamic Properties*, DeGruyter, Berlin, **2018**, 196 S.

E.-C. Koch, *Sprengstoffe Treibmittel Pyrotechnika*, 1. Aufl. Lutradyn, Kaiserslautern, **2018**, 476 S.

M. H. Keshavarz, T. M. Klapötke, *Energetic Compounds Methods for Prediction of their performance*, DeGruyter, Berlin, **2017**, 110 S.

M. Shukla, V. M. Boddu, J. A. Steevens, R. Damavarapu, J. Leszczynski (Hrsg.), *Energetic Materials – From Cradle to Grave*, Springer, New York, **2017**, 482 S.

D. Dilhan, *Dictionnaire de Pyrotechnie*, 7. Aufl., AF3P, **2016**, 358 S.

J. P. Agrawal, *High Energy Materials*, Wiley-VCH, **2010**, 464 S.

J. Akhavan, *The Chemistry of Explosives*, 2. Aufl. RSC, London, **2008**, 180 S.

J. Köhler, R. Meyer, A. Homburg, *Explosivstoffe*, 10. Auflage, Wiley-VCH, Weinheim, **2008**, 430 S.

U. Teipel (Hrsg.), *Energetic Materials*, Wiley-VCH, Weinheim, **2005**, 621 S.

A. Bailey, S. G. Murray, *Explosives, Propellants and Pyrotechnics*, Brassey's, London, **1989**, 187 S.

T. R. Gibbs, A. Popolato (Hrsg.), *LASL Explosive Property Data*, University of California Press, Berkeley, **1980**, 471 S.

G. Gorst, *Pulver und Sprengstoffe*, Militärverlag der Deutschen Demokratischen Republik, Berlin, **1977**, 227 S.

B. Fedoroff, S. Kaye (Hrsg.), *Encyclopedia of Explosives and Related Items, Volume 1 – 10*, Picatinny Arsenal, Dover, USA, **1960-1983**.

T. Urbanski, Chemie und Technologie der Explosivstoffe, 3 Bände, VEB Deutscher Verlag für Grundstoffindustrie, Leipzig, **1961-1964**.

B. T. Fedoroff, H. A. Aaronson, G. D. Clift, E. F. Reese, *Dictionary of Explosives Ammunition and Weapons (German Section)*, Dover, **1958**, 345 S.

H. Kast, L. Metz (Hrsg.), *Chemische Untersuchung der Spreng- und Zündstoffe*, Friedrich Vieweg, Braunschweig, **1931**, 583 S.

A. Stettbacher, *Schiess- und Sprengstoffe*, 2. Auflage, Verlag von Johann Ambrosius Barth, Leipzig, **1933**, 459 S.

Ballistik

B. P. Kneubuehl, *Ballistik*, Springer, Berlin, **2019**, 437 S.

Z. Rosenberg, E. Dekel, *Terminal Ballistics*, Springer, Heidelberg, **2012**, 323 S.

I. G. Assovskiy, *Physics of Combustion and Interior Ballistics*, Nauka, Moskau, **2005**, 357 S. (in russischer Sprache)

G. Weihrauch, *Ballistische Forschung im ISL*, ISL, Saint Louis **1994**, 393 S.

L. Stiefel (Hrsg.) Gun Propulsion Technology, Volume 109, Progress in Astronautics and Aeronautics, AIAA, Washington, **1979**, 563 S.

https://doi.org/10.1515/9783110559651-027

H. Krier, M. Summerfeld (Hrsg.), *Interior Ballistics of Guns*, Volume 66, Progress in Astronautics and Aeronautics, AIAA, Washington, **1979**, 384 S.

E. Schneider, *Beiträge zur Ballistik und Technischen Physik – Gedenkschrift für Hubert Schardin*, Mittler Verlag, Frankfurt am Main, **1967**, 327 S.

W. Wolff, *Raketen und Raketenballistik*, Deutscher Militärverlag, **1964**, 342 S.

R. E. Kutterer, *Ballistik*, 3. Aufl., Vieweg, Braunschweig, **1959**, 304S.

W. C. Nelson (Hrsg.), *Selected Topics on Ballistics, Cranz Centenary Colloquium*, Pergamon Press, New York, **1959**, 280 S.

H. Athen, *Ballistik*, 2. Aufl. Quelle & Meyer, Heidelberg, **1958**, 258 S.

N. N., *Internal Ballistics*, His Majesty's Stationary Office, London, **1951**, 311 S.

P. Curti, *Äussere Ballistik*, Verlag Huber, Frauenfeld, **1945**, 392.

U. Gallwitz, *Die Geschützladung*, J. Neumann-Neudamm, Berlin, **1944**, 179 S.

T. Vahlen, *Ballistik*, 2. Aufl. DeGruyter, Berlin, **1942**, 267 S.

E. Bollé, G. Seitz, *Einführung in die innere Ballistik*, Friedrich Vieweg, Braunschweig, **1941**, 139 S.

H. Schardin, *Beiträge zur Ballistik und Technischen Physik*, Verlag von Johann Ambrosius Barth, Leipzig, **1938**, 216 S.

L. Hänert, *Geschütz und Schuß*, 2. Verb. Auflage, Springer, Berlin, **1935**, 370 S.

C. Cranz, K. Becker, *Ballistik Bde 1–3* + Ergänzungsband, Springer Verlag, Berlin, **1926-1935**.

Detonationen

C. O. Leiber, *Assessment of Safety and Risk with a Microscopic Model of Detonation*, Elsevier, Amsterdam, 594 S., **2004**.

C. L. Mader, *Numerical Modeling of Explosives and Propellants*, 2nd edn., CRC Press, Boca Raton, **1998**, 439 S.

P. W. Cooper, *Explosives Engineering*, Wiley-VCH, New York, 460 S, **1996**.

R. Chéret, *Detonation of Condensed Explosives*, Springer, New York, 427 S., **1993**.

W. Fickett, W. C. Davis, *Detonation*, University of California Press, Berkeley, **1979**, 386 S.

H. D. Gruschka, F. Wecken, *Gasdynamic Theory of Detonation*, Gordon and Breach, Ney York, **1971**, 198 S.

C. H. Johansson, P. A. Persson, *Detonics of High Explosives*, Academic Press, London, **1970**, 330 S.

N. N., *Les Ondes de Détonation*, CNRS, Paris, **1962**, 486 S.

S. S. Penner, F. A. Williams (Hrsg.), *Detonation and Two Phase Flow*, Volume 6, Progress in Astronautics and Aeronautics, AIAA, **1962**, 368 S.

M. A. Cook, *The Science of High Explosives*, American Chemical Society, Malabar, FL, **1958**, 440 S.

J. Taylor, *Detonation in Condensed Explosives*, Clarendon Press, Oxford, **1952**, 192 S.

R. H. Cole, *Underwater Explosions*, Princeton University Press, Princeton, CA, **1948**, 437 S.

Pyrotechnik und pyrotechnische Munition

J. A. Conkling, C. J. Mocella, *Chemistry of Pyrotechnics*, 3. Aufl., CRC Press, New York, **2019**, 297 S.

E. Lafontaine, M. Comet, *Nanothermite*, ISTE-Wiley, New York, **2016**, 327 S.

V. E. Zarko, A. A. Gromov, *Energetic Nanomaterials*, Elsevier, Amsterdam, **2016**, 374 S.

C. Rossi, *Al-based Energetic Nanomaterials*, ISTE-Wiley, New York, **2015**, 154 S.

E.-C. Koch, *Metal-Fluorocarbon Based Energetic Materials*, Wiley-VCH, Weinheim, **2012**, 342 S.

J. A. Conkling, C. J. Mocella, *Chemistry of Pyrotechnics*, 2. Aufl., CRC Press, New York, **2011**, 225 S.

L. Scheit, *German Flare Pistols and Signal Ammunition*, Brad Simpson Publishing, Koblenz, **2011**, 703 S.

T. Shimizu, *Fireworks*, 4. Aufl., Pyrotechnica Publications, Midland, **2010**, 390 S.

G. Steinhauser, T. M. Klapötke, Pyrotechnik mit dem Ökosiegel, *Angew. Chem.* **2008**, *120*, 3376–3394.

R. Lancaster, *Fireworks*, 4. Aufl., Chemical Publishing, New York, **2006**, 497 S.

D. Brunel, *Le grand livre des feux d'artifice*, CNRS, Paris, **2004**, 312 S.

K. Kosanke, B. Kosanke, *Pyrotechnic Chemistry*, Journal of Pyrotechnics, Whitewater, CO, **2004**.

A. P. Hardt, *Pyrotechnics*, Pyrotechnica Publications, Post Falls, **2001**, 429 S.

M. S. Russell, *The Chemistry of Fireworks*, 2. Aufl. RSC, London, **2009**, 169- S.

J. A. Conkling, Chemistry of Pyrotechnics, Marcel Dekker, New York, **1985**, 190 S.

R. T. Barbour, *Pyrotechnics in Industry*, McGraw Hill, New York, **1981**, 190 S.

J. H. McLain, *Pyrotechnics*, The Franklin Institute Press, Philadelphia, PA, **1980**, 243 S.

T. Shimizu, *Feuerwerk vom physikalischen Standpunkt aus*, Hower Verlag, Hamburg, **1976**, 252 S.

K. O. Brauer, *Handbook of Pyrotechnics*, Chemical Publishing Company, New York, **1974**, 402 S.

H. Ellern, *Military and Civilian Pyrotechnics*, Chemical Publishing Company, **1968**, New York, 464 S.

E. W. Lawless, I. C. Smith, *Inorganic High-Energy Oxidizers*, Marcel Dekker Inc., New York, **1968**, 304 S.

T. F. Watkins, J. C. Cackett, R. G. Hall, *Chemical Warfare, Pyrotechnics and the Fireworks Industry*, Pergamon Press, Oxford, **1968**, 114 S.

A. A. Shidlovski, *Grundlagen der Pyrotechnik*, Bonn, **1965**.

J. C. Cakett, *Monograph on Pyrotechnic Compositions*, Ministry of Defence, Fort Halstead, **1965**, 131.

G. W. Weingart, *Pyrotechnics*, 2. Aufl., Chemical Publishing Company, New York, **1947**, 244.

H. B. Faber, *Military Pyrotechnics*, 3 Bände, Government Printing Office, Washington, **1919**.

Raketentechnik und -antriebe

R. H. Schmucker, M. Schiller, *Raketenbedrohung 2.0*, Mittler, Hamburg, **2015**, 407 S.

N. Kubota, *Propellants and Explosives*, 3. Aufl. Wiley-VCH, Weinheim, **2015**, 534 S.

G. D. Roy, *Advances in Chemical Propulsion*, CRC Press, Boca Raton, **2002**, 528 S.

F. S. Simmons, *Rocket Exhaust Plume Phenomenology*, The Aerospace Press, El Segundo, **2000**, 286.

G. P. Sutton, *Rocket Propulsion Elements*, Wiley, New York, **1992**, 636.

A. Dadieu, R. Damm, E. W. Schmidt, *Raketentreibstoffe*, Springer, Wien, **1968**, 805 S.

R. T. Holzmann, *Advanced Propellant Chemistry*, American Chemical Society, Washington, DC **1966**, 290 S.

J. Taylor, *Solid Propellant and Exothermic Compositions*, Interscience, New York, **1959**, 153 S.

A. J. Zaehringer, *Solid Propellant Rockets*, 2. Aufl., American Rocket Corp. Wyandotte, USA, **1958**, 306 S.

H. G. Mebus, *Berechnung von Raketentriebwerken*, C. F. Winter'sche Verlagsbuchhandlung, Füssen, **1957**, 120 S.

Chemie, Synthese und Theorie von Explosivstoffen

D. S. Viswanath, T. K. Ghosh, V. M. Boddu, *Emerging Energetic Materials: Synthesis, Physicochemical, and Detonation Properties*, Springer, New York, **2018**, 478 S.

594 —— Literaturverzeichnis

S. Venugopalan, *Demystifying Explosives: Concepts in High Energy Materials*, R. Sivabalan (Hrsg.), Elsevier, Amsterdam, **2015**, 224 S.

T. Brinck (Hrsg.), *Green Energetic Materials*, Wiley, New York, **2014**, 290 S.

J. R. Sabin (Hrsg.), *Advances in Quantum Chemistry – Energetic Materials*, Elsevier, Amsterdam, **2014**, 344 S.

R. Matyas, J. Pachman, *Primary Explosives*, Springer, Berlin, **2013**, 338.

H. G. Ang, S. Pisharath, *Energetic Polymers*, Wiley-VCH, Weinheim, **2012**, 218 S.

M. R. Manaa, C.-S. Yoo, E. J. Reed, M. S. Strano, *Advances in Energetic Materials Research*, Volume 1405, MRS, Pittsburgh, **2011**, 165 S.

J. P. Agrawal, R. D. Hodgson, *Organic Chemistry of Explosives*, Wiley, Weinheim **2007**, 384 S.

T. M. Klapötke (Hrsg.), *High Energy Density Materials*, Volume 125 of *Structure and Bonding*, Springer, Berlin, **2007**, 286 S.

N. N., *Multifunctional Energetic Materials*, Volume 896, MRS, Pittsburgh, **2005**, 242 S.

P. Politzer, J. S. Murray (Hrsg.) Energetic Materials Part 2. Detonation, Combustion, Elsevier, Amsterdam, **2003**, 453 S.

P. Politzer, J. S. Murray (Hrsg.) Energetic Materials Part 1. Decomposition, Crystal and Molecular Properties, Elsevier, Amsterdam, **2003**, 465 S.

N. N., *Synthesis, Characterization and Properties of Energetic/Reactive Nanomaterials*, Volume 800, MRS, Pittsburgh, **2003**, 366 S.

T. B. Brill, T. P. Russell, W. C. Tao, R. B. Wardle (Hrsg.) *Decomposition, Combustion, and Detonation Chemistry of Energetic Materials*, Volume 418, MRS, Pittsburgh, **1996**, 454 S.

A. T. Nielsen, *Nitrocarbons*, Wiley-VCH, Weinheim, **1995**, 190 S.

D. H. Liebenberg, R. W. Armstrong, J. J. Gilman (Hrsg.), *Structure and Properties of Energetic Materials*, Volume 296, MRS, Pittsburgh, **1992**, 390 S.

G. Olah, D. R Squire, *Chemistry of Energetic Materials*, Academic Press, San Diego, **1991**, 212 S.

S. N. Bulusu (Hrsg.), *Chemistry and Physics of Energetic Materials*, Kluwer Academic Publishers, Amsterdam, **1990**, 764 S.

H. Feuer, A. T. Nielsen (Hrsg.), Nitrocompounds, Wiley-VCH, Weinheim, **1990**, 636 S.

G. A. Olah, R. Malhotra, S. C. Narang, *Nitration*, Wiley-VCH, Weinheim, **1989**, 330 S.

K. B. G. Torssell, *Nitrile Oxides, Nitrones, and Nitronates in Organic Synthesis*, Wiley-VCH, Weinheim, **1988**, 332 S.

J. H., Boyer, *Nitroazoles*, Wiley-VCH, Weinheim, **1986**, 368 S.

K. Schofield, *Aromatic Nitration*, Cambridge University Press, **1980**, Cambridge, 376 S.

Prüfung, Reaktionsverhalten, Stabilität, Thermochemie von Explosivstoffen

A. Koleczko, N. Eisenreich, A. B. Vorozhtsov (Hrsg.), *Phenomena in Combustion of Propellants and Explosives*, Fraunhofer Verlag, Stuttgart, **2017**, 194 S.

S. R. Ahmad, M. Cartwright, *Laser Ignition of Energetic Materials*, Wiley, New York, **2015**, 283 S.

A. S. Shteinberg, *Fast Reactions in Energetic Materials*, Springer Verlag, Berlin, **2008**, 201 S.

M. Sućeska, *Test Methods for Explosives*, Springer, New York, **1995**, 225 S.

3D-Druck (*Additive Manufacturing*) von Pyrotechnika, Treib- & Explosivstoffen

L. J. Groven, M. J. Mezger, Printed Energetics: The Path toward Additive Manufacturing of Munitions. In *Energetic Materials – Advanced Processing Technologies for Next-Generation Materials* CRC Press, **2017**, S 115–128.
A. K. Murray, T. Isik, V. Ortalan, I. E. Gunduz, S. F. Son, G. T. C. Chiu, J. F. Rhoads, Two-component additive manufacturing of nanothermite structures via reactive inkjet printing. *J. Appl. Phys.* **2017**, *122*, 184901-1 – 184901-5.
M. Sweeney, L. L. Campbell, J. Hanson, M. L. Pantoya, G. F. Christopher, Characterizing the feasibility of processing wet granular materials to improve rheology for 3D printing. *J. Mater. Sci.*, **2017**, *52*, 13040–13053.
T. J. Fleck, A. K. Murray, I. E. Gunduz, S. F. Son, G. T.-C Chiu, J. F. Rhoads, Additive manufacturing of multifunctional reactive materials, *Additive Manufacturing*, **2017**, *17*, 176–182.
A. K. Murray, W. A. Novotny, T. J. Fleck, I. E. Gunduz, S. F. Son, G. T. C. Chiu, J. F. Rhoads, Selectively-deposited energetic materials: A feasibility study of the piezoelectric inkjet printing of nano-thermites. *Additive Manufacturing*, **2018**, *22*, 69–74.
J. van Lingen, M. Straathof, C. van Driel, A. den Otter, 3D printing of Gun Propellants, *43rd International Pyrotechnics Seminar*, Fort Collins, CO, USA, 8–13. Juli **2018**, 129–141.

Chemische Kampfstoffe & Brennstoffe

M. H. Keshavarz, *Liquid Fuels as Jet Fuels and Propellants: A Review of their Productions and Applications*, Nova Publishers, New York, **2018**, 175 S.
M. H. Keshavarz, *Combustible Organic materials*, DeGruyter, Berlin, **2018**, 220 S.
T. C. Marrs, R. L. Maynard, F. R. Sidell (Hrsg.), *Chemical Warfare Agents Toxicology and Treatment*, Wiley, New York, **2007**, 738 S.
J. F. Bunnett, M. Mikolajczyk (Hrsg.), *Arsenic and Old Mustard: Chemical Problems in the Destruction of Old Arsenical and Mustard Munitions*, Kluwer Academic Publishers, Amsterdam **1998**, 200 S.
K. Lohs, W. Spyra, *Chemische Kampfstoffe als Rüstungsaltlasten mit einem Anhang von W. Bretschneider*, EF-Verlag, München, **1992**, 314 S.
S. M. Somani, *Chemical Warfare Agents*, Academic Press, San Diego, **1992**, 443.
R. Stöhr, *Chemische Kampfstoffe und Schutz vor chemischen Kampfstoffen*, Militärverlag der Deutschen Demokratischen Republik, Berlin, **1977**, 446 S.
S. Franke (Hrsg.) *Lehrbuch der Militärchemie, Band 1 und 2*, 2. Auflage, Militärverlag der Deutschen Demokratischen Republik, Berlin, **1977**, 512 + 615 S.

Tagungen

- *Airbag Symposium*
- *AIAA Propulsion and Energy Forum and Exposition (AIAA)*
- *Ballistics Symposium (Ball Symp)*
- *Combustion Symposium (Comb Symp)*
- *Dinitramide & FOX-Meeting*, zuletzt **2011**.
- *Gordon Research Conference on Energetic Materials (GRC)*
- *ICT-Jahrestagung (ICT-JaTa)*
- *International Autumn Seminar on Pyrotechnics Explosive Propellants* (IASPEP)

- *International Detonation Symposium (IDS)*
- *International High Energy Materials Conference & Exhibits (HEMCE)*
- *International Heat Flow Calorimetry Symposium on Energetic Materials (HFCEM)*
- *International Fireworks-Symposium (IFWS)*
- *Insensitive Munitions and Energetic Materials Symposium (IMEMTS)*
- *International Pyrotechnics Seminar* (IPS)
- *Korean International Symposium on High Energy Materials (KISHEM)*
- *New Trends in Research of Energetic Materials* (NTREM)(http://www.ntrem.com/)
- *Nitrocellulose Symposium*
- *Ordnance, Munitions and Explosives Symposium (OME)*
- *Sprengstoffgespräch*
- *Wehrtechnik-Tag (WTT)*
- *Wehrtechnik-Symposium (WTS)*
- *Workshop on Pyrotechnic Combustion Mechanism (WPC)* (https://www.lutradyn.com/home/wpc/)

Periodika mit ISSN

- *Journal of Pyrotechnics*, 1995–2016, seitdem nicht mehr erschienen, 1082-3999
- *Pyrotechnica*, 1977–1994, danach eingestellt, 0272-6251
- *Explosivstoffe*, 1952–1974, danach eingestellt, 0014-505X
- *Propellants Explosives Pyrotechnics*, 0721-3115
- *Central European Journal of Energetic Materials*, 1733-7178
- *Journal of Energetic Materials*, 0737-0652
- *Combustion Explosion and Shock Wave*, 0010-5082
- *Combustion and Flame*, 0010-2180
- *Thermochimica Acta*, 0040-6031
- *Journal of Hazardous Materials*, 0304-3894
- *Journal of Propulsion and Power*, 0748-4658
- *Sprenginfo*, 0941-4584
- *Nobel-Hefte*, 0029-0858

Sachverzeichnis

https://doi.org/10.1515/9783110559651-028

CAS-Nr.-Verzeichnis

https://doi.org/10.1515/9783110559651-029

Summenformelverzeichnis

https://doi.org/10.1515/9783110559651-030

www.ingramcontent.com/pod-product-compliance
Lightning Source LLC
Chambersburg PA
CBHW080348220326
41598CB00030B/4639